Hug
Kaier
Schmid
Speth

Betriebswirtschaft

für das kaufmännische
Berufskolleg I

Hug
Kaier
Schmid
Speth

Betriebswirtschaft

für das kaufmännische Berufskolleg I

Merkur
Verlag Rinteln

Wirtschaftswissenschaftliche Bücherei für Schule und Praxis
Begründet von Handelsschul-Direktor Dipl.-Hdl. Friedrich Hutkap †

Verfasser:

Hartmut Hug, Dipl.-Hdl., Argenbühl

Alfons Kaier, Dipl-.Hdl., Überlingen

Matthias Schmid, Dipl.-Hdl., Sigmaringen

Dr. Hermann Speth, Dipl.-Hdl., Wangen im Allgäu

* * * * *

8., aktualisierte Auflage 2020

Gesamtherstellung:
MERKUR VERLAG RINTELN Hutkap GmbH & Co. KG, 31735 Rinteln

E-Mail: info@merkur-verlag.de
lehrer-service@merkur-verlag.de

Internet: www.merkur-verlag.de

ISBN 978-3-8120-**0578-4**

Vorwort

Dieses Schulbuch umfasst alle im aktuellen Bildungsplan „Betriebswirtschaft" für das kaufmännische Berufskolleg I des Landes Baden-Württemberg geforderten Kompetenzbereiche und Lerninhalte.

Für Ihre Arbeit mit dem vorgelegten Schulbuch möchten wir auf Folgendes hinweisen:

- Das Buch hat mehrere **Zielsetzungen.** Es soll Ihnen
  - alle Informationen liefern, die zur Erarbeitung der Kompetenzbereiche notwendig sind;
  - dabei helfen, die im Bildungsplan enthaltenen Lerninhalte in Allein-, Partner- oder Teamarbeit zu erarbeiten, Entscheidungen zu treffen, diese zu begründen und über die Ergebnisse verbal oder schriftlich zu berichten;
  - fächerübergreifende Zusammenhänge näherbringen.
- Um dem **Konzept des kompetenzorientierten Unterrichts** gerecht zu werden, bietet das Schulbuch berufsbezogene Situationen und Aufgaben in vorgegebenen Unternehmen aus verschiedenen Branchen an, die die Schülerinnen und Schüler – nach der Aneignung des entsprechenden Fachwissens – möglichst selbstständig oder in der Gruppe bearbeiten sollen. Die Schülerinnen und Schüler können dadurch eine umfassende berufliche, gesellschaftliche und personale Handlungskompetenz erwerben. Als Bezugspunkt für die Lernsituationen, Beispiele und weitere Aufgabenstellungen dienen die Modellunternehmen des vorangestellten **fiktiven Gewerbeparks Ulm** (branchenübergreifender Ansatz).
- Die Lerninhalte werden zu **klar abgegrenzten Einheiten** zusammengefasst, die sich in die Bereiche Lernsituation, Stoffinformation, Zusammenfassungen und Kompetenztraining aufgliedern. Viele Merksätze, Beispiele und Schaubilder veranschaulichen die praxisbezogenen Lerninhalte.
- Die **fakultativen Inhalte,** welche den späteren Einstieg in das zweite Jahr einer Wirtschaftsoberschule ermöglichen sollen, sind mit nebenstehendem Symbol gekennzeichnet.

- Fachwörter, Fachbegriffe und Fremdwörter werden grundsätzlich im Text oder in Fußnoten erklärt.
- Ein ausführliches Stichwortverzeichnis hilft Ihnen dabei, Begriffe und Erläuterungen schnell aufzufinden.
- Das vorliegende Schulbuch wird durch das „**Arbeitsheft Betriebswirtschaft für das kaufmännische Berufskolleg I"** (Merkurbuch 1578) ergänzt. Schulbuch und Arbeitsheft sind aufeinander abgestimmt, ein paralleler Einsatz ist daher optimal. In dem Arbeitsheft werden die vier Kompetenzbereiche in Form von **situativen Aufgabenstellungen** konkretisiert. Die Arbeitsaufträge sind mehrheitlich so formuliert, dass sie zielgenau auf die Aufgabenstellungen in den zentralen Klassenarbeiten vorbereiten. Das Arbeitsheft hat insofern nicht nur einen **unterrichtsbegleitenden Workbook-Charakter,** sondern auch eine **prüfungsvorbereitende Komponente.**

Wir wünschen Ihnen einen guten Lehr- und Lernerfolg!

Die Verfasser

Inhaltsverzeichnis

Kurzbeschreibung des Industrie- und Gewerbeparks Ulm und seiner Unternehmen

Kompetenzbereich 1: Unternehmensziele und -organisation

Kompetenzbereich 2: Auftragsbearbeitung und Vertragsgestaltung

Kompetenzbereich 3: Beschaffung und Lagerhaltung

Kompetenzbereich 4: Marketing

Bilderverzeichnis

S. 58: www.colourbox.de • **S. 65**: Picture-Factory – Fotolia.com • **S. 89**: Christian Buck – Fotolia.com • **S. 98**: thomaslerchphoto – Fotolia.com • **S. 134**: Picture-Factory – Fotolia.com • **S. 314**: stillkost – Fotolia.com • **S. 333**: Tashatuvango – www.colourbox.de • **S. 345**: www.colourbox.de • **S. 410**: vikpit74 – Fotolia.com • **S. 410**: vikpit74 – Fotolia.com •

Kurzbeschreibung des Industrie- und Gewerbeparks Ulm und seiner Unternehmen

1 Grundkonzept des Industrie- und Gewerbeparks Ulm

Die Stadt Ulm hatte zu Beginn des letzten Jahrzehnts einen Industrie- und Gewerbepark erschlossen. Im Südwesten des Stadtgebietes gelegen, umfasst er rund 90 ha und liegt in unmittelbarer Nähe eines Autobahnanschlusses. Inzwischen sind die verfügbaren Flächen des Industrie- und Gewerbeparks zu etwa 70 % verkauft. Rund 30 Betriebe unterschiedlicher Art haben sich dort angesiedelt und beschäftigen ca. 1 200 Mitarbeiter.

Der Vorteil für die Unternehmen liegt darin, dass sie viele Dienste wie z. B.

- Notfalldienste (Werkfeuerwehr, ärztliche Versorgung),
- soziale Einrichtungen (Kindertagesstätten, Kantine),
- Logistik innerhalb des Parks sowie
- Ver- und Entsorgungseinrichtungen

vom Parkmanagement in Anspruch nehmen können. Büro- und Gewerbeflächen können mit wachsender Unternehmensgröße hinzugemietet werden.

2 Exemplarisches Unternehmensportrait der dort angesiedelten Weber Metallbau GmbH

Firma und Sitz:
Weber Metallbau GmbH
Alfred-Nobel-Straße 8
89079 Ulm

Kontaktdaten:

Telefon: 0731 992-0 (Zentrale)
Fax: 0731 992-1 (Zentrale)
E-Mail: info@weber-metallbau-gmbh.de
Internet: www.weber-metallbau-gmbh.de

Die Weber Metallbau GmbH ist ein größerer, mittelständischer Handwerksbetrieb und hat sich auf die Planung, Fertigung und Montage von Brandschutztüren, auf Fassadenbau aus Stahl und Glas, auf Geländer- und Treppenbau, Wintergärten und diverse Sonderkonstruktionen spezialisiert.

In einem Nebenprogramm produziert sie auch Arbeitstische und Metallzäune. Dazu werden aus Blechstanzteilen Büroscheren und Ablage- bzw. Ordnungssysteme für Regale hergestellt.

Außengelände

Fertigungshalle

Firmengeschichte der Weber Metallbau GmbH

Das Unternehmen selbst hat eine lange Tradition, die bis ins 19. Jahrhundert zurückreicht. Johann Georg Weber übernahm 1952 die ehemalige Huf- und Wagenschmiede und machte daraus einen modernen Metallbaubetrieb. Seit 1987 leitet sein Sohn Hans-Jörg, ausgebildeter Metallbauer der Fachrichtung Konstruktionstechnik und Absolvent eines Studiengangs zum Fenster- und Fassadenbau, das Familienunternehmen und hat es seither konsequent zu einem führenden Stahl- und Metallbaubetrieb in der Region weiterentwickelt.

Im Jahre 2005 erfolgte die Ansiedlung im Industrie- und Gewerbepark Ulm, weil die ursprüngliche Gewerbefläche in der Zentrumsnähe zu klein geworden war. Der in diesem Zusammenhang erforderliche Kapitalbedarf konnte im gleichen Jahr durch die Gründung einer GmbH und die Aufnahme von Herrn Dr. Klaus Junginger als weiteren Gesellschafter teilweise bewältigt werden.

Dr. Junginger hat ein Studium der Betriebswirtschaft absolviert und ergänzt die Geschäftsführung durch seine betriebswirtschaftlichen Kenntnisse.

Produktprogramm der Weber Metallbau GmbH

Brandschutztüren

Fassade aus Stahl und Glas

Geländer- und Treppenbau

Wintergarten

2 Hug u.a. - ISBN 978-3-8120-0578-4

Geschäftspartner der Weber Metallbau GmbH

Bankverbindungen

Nr.	Name des Kreditinstituts	BIC	IBAN
1	Sparkasse Ulm	SOLADES1ULM	DE61 6305 0000 0000 6485 54
2	Deutsche Bank Ulm	DEUTDESS630	DE55 6307 0024 0008 7263 39
3	Commerzbank Ulm	COBADEFFXXX	DE58 6304 0053 0003 9936 54

Kunden

Die Auftraggeber kommen aus unterschiedlichen Bereichen. Ihre Ansprüche sind sehr vielfältig. Jeder Auftrag ist individuell und erfordert eine grundlegende Neuplanung und -kalkulation. Die Kostenvorteile durch die Herstellung größerer Stückzahlen eines einheitlichen Produktes können selten genutzt werden. Als Fertigungsorganisation liegt überwiegend Werkbank- und Werkstattfertigung vor.

Bereich	Angebotene Leistungen
Industrie und Gewerbe	Tragwerkskonstruktionen der verschiedensten Art, z.B. für Lagerhallen, Parkgebäude sowie Fassadenverkleidungen, Feuertreppen.
Öffentliche Hand (Kommunen, Landkreise)	Fassaden, Brandschutztüren, Treppen für öffentliche Gebäude wie Kindergärten, Schulen, Sportstätten, Fußgängerbrücken usw.
Private Bauträger	Z.B. Balkone, Unterkonstruktionen für Photovoltaikanlagen, Treppenkonstruktionen für innen und außen, Wintergärten, Gewächshäuser.
Nebenprogramm	Diverse Sonderkonstruktionen, Arbeitstische, Metallzäune.

Lieferer

Die Anzahl der Lieferer ist aufgrund des abgegrenzten Produktprogramms (Problemtreue) der Weber Metallbau GmbH sehr beschränkt. Die wichtigsten Zulieferer kommen aus folgenden Bereichen:

Bereich	Bezogene Leistungen
Metallgroßhandel	Bleche unterschiedlicher Stärke und Materialart, Stahlbänder, Rund- und Vierkantrohre, Stahlträger verschiedener Profile.
Glashandel	Einscheibensicherheitsglas (Schiebetüren, Trennwände, Duschen), Verbundsicherheitsglas (für erhöhten Sicherheitsbedarf, z.B. als Einbruchschutz), Isolierglas für den Fassadenbereich, Glas mit keramischem Siebdruck (ermöglicht hochwertige, repräsentative Raum- und Gebäudegestaltung).
Handel für Werkzeuge, Montage- und Befestigungsmaterial	Beschläge, Schrauben, Werkzeuge, Klebestoffe, Dichtungsmaterial, Schmiermittel, Fette, Reinigungsmaterial usw.

Organigramm der Weber Metallbau GmbH

Weber Metallbau GmbH

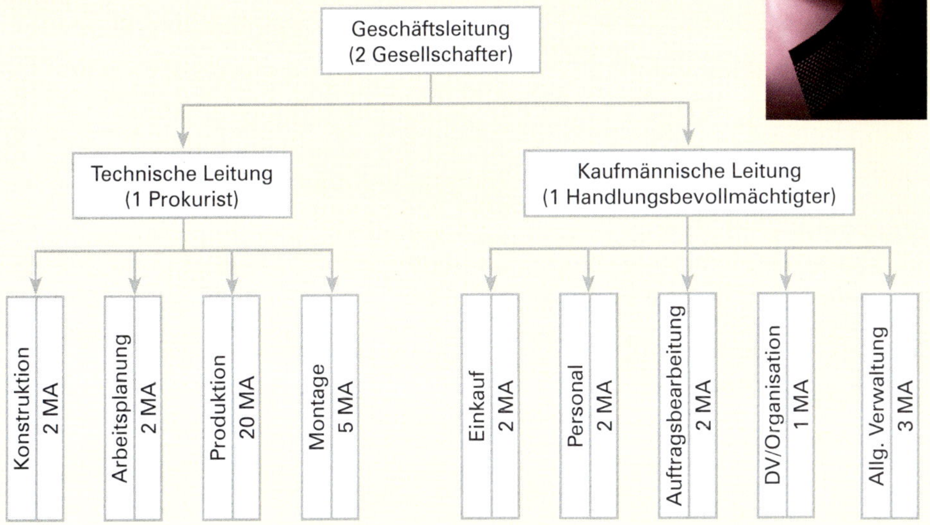

Gesellschaftsvertrag der Weber Metallbau GmbH

§ 1 Firma, Sitz

(1) Die Firma der Gesellschaft lautet: Weber Metallbau GmbH

(2) Sitz der Gesellschaft ist: 89079 Ulm, Alfred-Nobel-Str. 8

§ 2 Gegenstand des Unternehmens

(1) Gegenstand des Unternehmens ist die Fertigung und Montage von Brandschutztüren, Fassadenbau aus Stahl und Glas, Geländer- und Treppenbau, Wintergärten und Gewächshäusern sowie im Nebenprogramm Arbeitstische und Metallzäune.

(2) Die Gesellschaft darf Zweigniederlassungen errichten, sich an anderen Unternehmen beteiligen sowie andere Unternehmen gründen.

§ 3 Dauer der Gesellschaft

(1) Die Gesellschaft wird auf unbestimmte Dauer errichtet.

§ 4 Stammkapital, Stammeinlagen

(1) Das Stammkapital der Gesellschaft beträgt 750 000,00 EUR.

(2) Auf das Stammkapital übernehmen als ihre Stammeinlagen:

a) Hans-Jörg Weber: 400 000,00 EUR Nennbetrag
b) Dr. Klaus Junginger: 350 000,00 EUR Nennbetrag

§ 5 Geschäftsführer

(1) Die Gesellschaft hat einen oder mehrere Geschäftsführer.

(2) Die Bestellung und Abberufung von Geschäftsführern sowie deren Befreiung vom Wettbewerbsverbot erfolgt durch Gesellschafterbeschluss.

§ 6 Vertretung der Gesellschaft

(1) Ein alleiniger Geschäftsführer vertritt die Gesellschaft allein.

(2) Sind mehrere Geschäftsführer bestellt, so wird die Gesellschaft durch zwei Geschäftsführer gemeinsam vertreten oder durch einen Geschäftsführer in Gemeinschaft mit einem Prokuristen.

§ 7 Geschäftsführung

(1) Die Führung der Geschäfte der Gesellschaft steht mehreren Geschäftsführern gemeinschaftlich zu, sofern nicht durch Gesellschafterbeschluss etwas anderes bestimmt wird.

(2) Im Verhältnis zur Gesellschaft ist jeder Geschäftsführer verpflichtet, die Geschäftsführungsbeschränkungen einzuhalten, welche durch Gesetz, Gesellschaftsvertrag, Geschäftsführeranstellungsvertrag und Gesellschafterbeschlüsse festgesetzt sind oder werden.

(3) Geschäfte, die über den gewöhnlichen Betrieb der Gesellschaft hinausgehen, bedürfen der vorherigen Zustimmung durch Gesellschafterbeschluss.

§ 8 Gesellschafterbeschlüsse

(1) Jede 50,00 EUR Nennbetrag eines Geschäftsanteils gewähren eine Stimme.

(2) Sämtliche Gesellschafterbeschlüsse sind zu protokollieren.

(3) Das Protokoll ist von den Geschäftsführern zu unterzeichnen.

(4) Die Gesellschafter erhalten Abschriften.

§ 9 Geschäftsjahr und Jahresabschluss

(1) Geschäftsjahr ist das Kalenderjahr.

(2) Der Jahresabschluss ist von den Geschäftsführern in den ersten drei Monaten des Geschäftsjahres für das vergangene Geschäftsjahr aufzustellen.

§ 10 Gesellschafterveränderungen

(1) Das Ausscheiden eines Gesellschafters führt nicht zur Auflösung der Gesellschaft.

(2) Die verbleibenden Gesellschafter haben unverzüglich einen Beschluss zu den Modalitäten der Fortführung zu fassen.

§ 11 Wettbewerbsverbot

(1) Ein Gesellschafter darf ohne vorherigen zustimmenden Gesellschafterbeschluss in dem Geschäftsbereich des Gegenstandes der Gesellschaft keine Geschäfte machen.

(2) Das Verbot umfasst insbesondere auch direkte oder indirekte Beteiligung an Konkurrenzunternehmen oder deren Beratung.

§ 12 Schlussbestimmungen

(1) Bekanntmachungen der Gesellschaft werden im Bundesanzeiger veröffentlicht.

(2) Durch die Unwirksamkeit einzelner Bestimmungen dieses Vertrages wird die Wirksamkeit der übrigen Bestimmungen nicht berührt.

Ulm, den 14. Juli 2005

Hans-Jörg Weber
Unterschrift des Gesellschafters

Dr. Klaus Junginger
Unterschrift des Gesellschafters

Den vorstehenden Vertrag beurkundet:

Dr. Wilfried Beißner
Unterschrift des Notars

3 Überblick über weitere im Industrie- und Gewerbepark angesiedelte Unternehmen (Auswahl)

Unternehmen	Unternehmenszweck	Unternehmenstyp
Ulmer Büromöbel AG Industriepark 5 89079 Ulm 	Büromöbel, insbesondere ▪ Schreibtische, ▪ Bürostühle, ▪ Büroschränke. **Hinweis:** Weitere Informationen zum Unternehmensprofil finden Sie im Merkur-Arbeitsheft 1578!	Industrie 
Stefan Osann e. Kfm. Industriepark 25 89079 Ulm 	▪ Bürobedarf, ▪ Computertechnik, ▪ Drucker, ▪ Kopiergeräte, ▪ Business-Papier, ▪ usw.	Handel 
MicroTex Technologies GmbH Alfred-Nobel-Straße 42 89079 Ulm 	Hersteller technischer Garne.	Industrie 
CLEAN-TEC OHG Alfred-Nobel-Straße 17 89079 Ulm 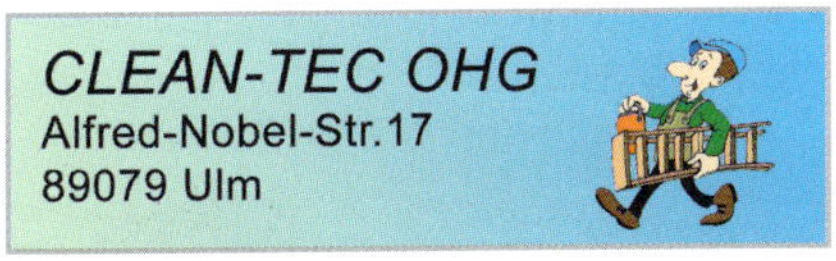	Facility Management, insbesondere ▪ Gebäude-, Fassaden- und Fensterreinigung, ▪ Grünanlagenpflege, ▪ Hausmeisterservice.	Dienstleister 
Beauty Moments Emmy Reisacher e. Kfr. Neuwerk 10 89079 Ulm 	Kosmetikinstitut für Anti-Aging mit ▪ Gesichtsbehandlung, ▪ Sauerstofflifting, ▪ Körper & Figur, ▪ Wellnessmassagen.	Dienstleister 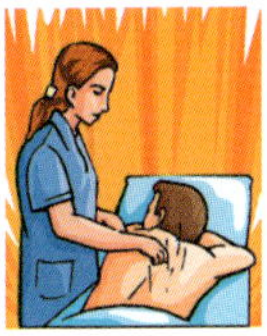

Unternehmen	Unternehmenszweck	Unternehmenstyp
Kramer GmbH Neuwerk 21 89079 Ulm  	■ Lagerhaltung, ■ Transport, ■ Logistik.	Dienstleister 
Motorenbau Anton Thomalla e. Kfm. Alfred-Nobel-Straße 24 89079 Ulm  	Herstellung von Motoren zum Betrieb von Blockheizkraftwerken.	Industrie 
Stolz & Krug OHG Industriepark 10 89079 Ulm  	■ Reparatur, ■ An- und Verkauf von Kraftfahrzeugen samt Zubehör.	Handwerk 
Sport-Burr KG Sportartikelfabrik Neuwerk 15 89079 Ulm  	Herstellung von Winter- und Sommersportgeräten: ■ Skier, ■ Snow-Swinger, ■ Skibobs, ■ Tennisschläger, ■ Nordic-Walking-Stöcke.	Industrie 
Kaffeerösterei Arabica KG Neuwerk 14 89079 Ulm  	Röstfrischer Kaffee: ■ Filterkaffee, ■ Crema, ■ Espresso, ■ usw.	Handwerk 

Hinweis:

Die obigen Unternehmensdaten beschreiben die Ausgangssituation. Im Laufe der einzelnen Kapitel werden die Unternehmensdaten teilweise geändert, z. B. durch Aufnahme eines weiteren Gesellschafters.

Kompetenzbereich 1: Unternehmensziele und -organisation

1 Grundlagen der nachhaltigen Unternehmensführung erarbeiten

KB 1 Lernsituation 1: Möglichkeiten der Umsetzung nachhaltiger Entwicklungsziele im Unternehmen ermitteln

Die MicroTex Technologies GmbH, Ulm, setzt für die Herstellung eines großen Sortiments von technischen Garnen verschiedene Chemikalien und Kunststoffgranulate ein, die mithilfe von speziellen, meist stark automatisierten Maschinen in teilweise aufwendigen Prozessen hergestellt werden. Die Garnherstellung ist ressourcenzehrend und führt zu Abwärme und teilweise giftigen Abfällen.

Etwa zwei Drittel der Mitarbeiter werden nach dem mit den Gewerkschaften ausgehandelten Tarif bezahlt. Die Verarbeitung der Kunststoffgranulate erfolgt jedoch mit angelernten Arbeitnehmern, die nur den gesetzlichen Mindestlohn erhalten.

Die Produktpalette reicht von Nylonfaden bis zu Kohle- und Glasfasern. Technische Garne werden beispielsweise in der Reifen-, Tau- und Netzherstellung, beim Karosseriebau und in der Telekommunikation eingesetzt.

Kompetenzorientierte Arbeitsaufträge:

Arbeiten Sie die folgenden Kapitel des Schulbuches durch und verwenden Sie die Aufzeichnungen aus dem Unterricht zur Bearbeitung der kompetenzorientierten Arbeitsaufträge!

1. Ordnen Sie jedem handlungsleitenden Prinzip der Agenda 2030 ein Nachhaltigkeitsziel zu und erläutern Sie es!
2. Zeigen Sie auf, zu welchen Zielen der nachhaltigen Entwicklung die MicroTex Technologies GmbH einen Beitrag leisten kann!

1.1 Begriffe Betriebswirtschaftslehre, Unternehmen und Nachhaltigkeit kennenlernen

(1) Begriff Betriebswirtschaftslehre

Die **Betriebswirtschaftslehre** hat zwei Schwerpunkte. Zum einen möchte sie die **betrieblichen Abläufe im Unternehmen erklären** und **Empfehlungen für unternehmerisches Handeln** entwickeln. Zum anderen untersucht sie die **Beziehungen zwischen dem Unternehmen und anderen Wirtschaftseinheiten** (z. B. private Haushalte, Banken, Staat), denn unternehmerisches Handeln muss sich an den rechtlichen und gesellschaftlichen Vorgaben ausrichten.

(2) Begriff Unternehmen

Unternehmen beziehen in aller Regel eine Reihe von Vorleistungen (Werkstoffe, Maschinen, Strom, Wasser, Erfindungen, Dienstleistungen). Durch den **Einsatz der eigenen Leistung** verändert das Unternehmen die übernommenen Vorleistungen und schafft **neue Sachgüter** (z.B. Lebensmittel, Kleidung, Fahrzeuge) oder **Dienstleistungen** (z.B. Transporte, Beratung durch einen Rechtsanwalt).

Ein **Unternehmen**[1] ist eine planvoll organisierte Wirtschaftseinheit, in der Sachgüter und Dienstleistungen beschafft, erstellt und verkauft werden.

Die **Grundfunktionen** (Hauptaufgabenbereiche) jedes Unternehmens sind:

- Beschaffung,
- Leistungserstellung,
- Absatz.

Erläuterungen:

Beschaffung. Sind alle Tätigkeiten, die darauf abzielen, die Güter und Dienstleistungen zu erwerben, die notwendig sind, um einen reibungslosen Warenabsatz (beim Handelsunternehmen) bzw. eine reibungslose Produktion (beim Industrieunternehmen) zu garantieren.

Leistungserstellung. Je nach Wirtschaftsbereich hat die Leistungserstellung unterschiedliche Aufgaben. Die Leistungserstellung

- eines **Industriebetriebs** umfasst z.B. die Produktion von Sachgütern.
- eines **Handelsbetriebs** umfasst z.B. die Bereitstellung eines Warensortiments.
- eines **Dienstleistungsbetriebs** umfasst z.B. die Erfüllung der angebotenen Dienstleistungen.

Absatz. Er beinhaltet den Verkauf der Sachgüter und Dienstleistungen und ermöglicht durch den Rückfluss der eingesetzten Geldmittel die Fortsetzung (Finanzierung) der Beschaffung, der Leistungserstellung und des Absatzes.

(3) Begriff Nachhaltigkeit

Der Begriff der Nachhaltigkeit stammt ursprünglich aus der Forstwirtschaft und wurde erstmals Anfang des 18. Jahrhunderts von *Hans Carl von Carlowitz* verwendet. Die vom Bergbau ausgelöste Holzknappheit veranlasste ihn zur Erarbeitung eines **Nachhaltigkeitskonzepts**[2] zur Sicherung des Waldbestands als natürliche Ressource für die Holzwirtschaft, wonach immer nur so viel Holz geschlagen wird, wie durch Wiederaufforstung nachwachsen kann. Auf heutige Verhältnisse übertragen ist außerdem dafür zu sorgen, dass den künftigen Generationen nicht die **natürlichen Lebensgrundlagen** entzogen werden, z.B. durch Schadstoffe im Boden und in der Luft (saurer Regen, Waldsterben), durch Klimawandel (Treibhauseffekt) oder durch Schädigung der Erdatmosphäre (Ozonloch).[3]

Deutschland zählt weltweit zu den größten **Rohstoffkonsumenten** und ist dabei in hohem Maße von Importen abhän-

1 Die Begriffe Unternehmen (Unternehmung) und Betrieb werden in diesem Schulbuch gleichbedeutend (synonym) verwendet.

2 **Konzept:** Entwurf, Plan.

3 Vgl. http://www.learn-line.nrw.de/angebote/agenda21/info/nachhalt.htm#Mag3eck [11.01.2017].

gig. **Versorgungssicherheit,** der **Schutz der natürlichen Ressourcen,** eine **sparsame Nutzung** sowie die **Wiederverwertung** sind daher von hoher Bedeutung für die Wirtschaft hierzulande.

Nachhaltige Entwicklung (Wirtschaften) erfordert, dass wir heute so leben und handeln, dass **künftige Generationen** überall eine **lebenswerte** Umwelt vorfinden und ihre Bedürfnisse befriedigen können.

1.2 Handlungsfelder der Nachhaltigkeit

Nachhaltigkeit als unternehmerische Zielsetzung ging hervor aus der ökologischen Diskussion, hat aber einen erheblich umfassenderen Anspruch. Nachhaltigkeit umfasst folgende vier Handlungsfelder:

Handlungsfelder der Nachhaltigkeit

ökologische Nachhaltigkeit

Diese befasst sich mit einem verantwortungsbewussten Umgang mit den benötigten Ressourcen, d.h. sparsamen Verbrauch von Energie und Rohstoffen, geringe Belastung der Umwelt durch die erforderlichen Transporte und Minimierung von Umwelt belastenden Emissionen.

wirtschaftliche Nachhaltigkeit

Sie zielt darauf ab, dass das Unternehmen auf Dauer eine wettbewerbsfähige Wertschöpfung erzielt und somit langfristig am Markt bestehen bleibt.

soziale Nachhaltigkeit

Humane Arbeitsbedingungen, gerechtes Einkommen und Förderung der Bildung sind Faktoren, die zur dauerhaften Stabilität einer gesellschaftlichen Infrastruktur[1] beitragen.

politische Nachhaltigkeit

Sie zielt darauf ab, dass sich die zentralen politischen Entscheidungskriterien an den Zielen der ökologischen, wirtschaftlichen und sozialen Nachhaltigkeit orientieren. Schwerpunktbereiche der nationalen und internationalen politischen Nachhaltigkeitsstrategie können dabei politische Fragestellungen (z.B. politische Stabilität, Demokratie, Bürgerbeteiligung, Menschenrechte), Klimaschutz, nachhaltige Mobilität, Digitalisierung und Integration sein.

In der öffentlichen Wahrnehmung wird Nachhaltigkeit in der Regel mit der ökologischen Nachhaltigkeit gleichgesetzt und damit auf die Umweltebene reduziert.

1 **Infrastruktur**: notwendiger wirtschaftlicher und organisatorischer Unterbau einer hoch entwickelten Wirtschaft (z.B. Verkehrsnetz, Arbeitskräfte, ...).

1.3 Die Leitidee einer nachhaltigen Entwicklung von Ökonomie, Ökologie und Gesellschaft beschreiben

1.3.1 Ziele nachhaltiger Entwicklung (Sustainable Development Goals, SDGs)

Die Agenda 2030 wurde im September 2015 auf einem Gipfel der **Vereinten Nationen** von allen Mitgliedstaaten verabschiedet und gilt für alle Staaten dieser Welt. Sie wurde mit **breiter Beteiligung der Zivilgesellschaft** in aller Welt entwickelt.

Dimensionen der Nachhaltigkeit

Die Agenda 2030 steht für ein neues globales Wohlstandsverständnis. Dies soll erreicht werden durch eine **Umgestaltung** von Volkswirtschaften hin zu nachhaltiger Entwicklung, beispielsweise durch verantwortungsvolle Konsum- und Produktionsmuster und saubere und erschwingliche Energie.

Das Kernstück der Agenda bildete ein ehrgeiziger **Katalog mit 17 Zielen für nachhaltige Entwicklung (Sustainable Development Goals)**, welche erstmals die **drei Dimensionen** der **Nachhaltigkeit** – Soziales, Wirtschaft (Ökonomie) und Umwelt (Ökologie) – gleichermaßen berücksichtigen. Die 17 Ziele sind unteilbar und bedingen einander.

! Die 17 Ziele nachhaltiger Entwicklung beinhalten fünf Kernbotschaften als **handlungsleitende Prinzipien:** Mensch, Planet, Wohlstand, Frieden und Partnerschaft.[1]

1 Im Englischen spricht man von den „5 Ps“: People, Planet, Prosperity, Peace und Partnership.

Die 17 Ziele nachhaltiger Entwicklung lassen sich wie folgt den fünf handlungsleitenden Prinzipien zuordnen:

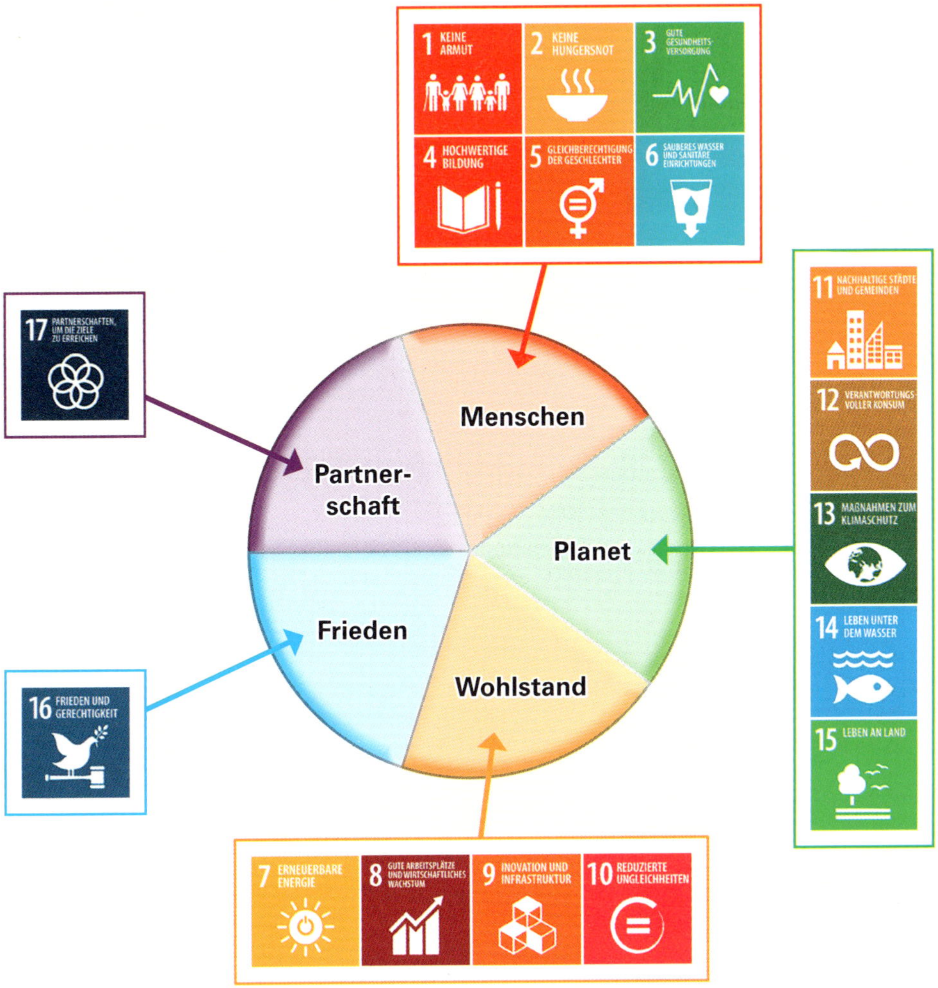

1.3.2 Umsetzung der Ziele einer nachhaltigen Entwicklung

Die SDGs können von einem Unternehmen beispielsweise wie folgt umgesetzt werden:

Bereich Ökonomie	■ Produkte entwickeln, die besonders umweltverträglich sind. ■ Nachwachsende Rohstoffe für die Produktion einsetzen. ■ Ständig auf die Wettbewerbsfähigkeit achten, um die geschaffenen Arbeitsplätze langfristig zu erhalten.

Bereich Ökologie	■ Vermeidung von überflüssigem und aufwendigem Verpackungsmaterial. ■ Recycelfähige Abfälle aussondern. ■ Maßnahmen ergreifen, um Energie einzusparen. ■ Umweltverträgliche sowie regionale Produkte in das Produktprogramm aufnehmen. ■ Umweltschädliche Produktionsprozesse bzw. umweltschädliches Verpackungsmaterial meiden.
Bereich soziale Gerechtigkeit	■ Mitarbeiter leistungsgerecht bezahlen und hierbei auf die Gleichstellung von Mann und Frau achten. ■ Sozialverträgliche Arbeitszeitmodelle anbieten. ■ Ausbildungsstellen anbieten. ■ Nur Lieferer berücksichtigen, die die Sozialstandards einhalten. ■ Soziale Einrichtungen unterstützen (z. B. durch Sponsoring).

1.3.3 Zielbeziehungen der drei Dimensionen der Nachhaltigkeit

Die Ansichten darüber, ob zwischen den ökonomischen, ökologischen und sozialen Zielen grundsätzlich eine **Konkurrenzbeziehung** (ein **Zielkonflikt**) oder eine sich ergänzende **Zielbeziehung (Zielharmonie)** besteht, sind unterschiedlich.

(1) Zielharmonie

Bisherige Untersuchungen zeigen weitgehend übereinstimmend, dass zumindest in den größeren, von Umweltproblemen besonders betroffenen Unternehmen (Branchen) zwischen den **ökologischen** und **ökonomischen Unternehmenszielen** grundsätzlich eine sich gegenseitig ergänzende, fördernde Zielbeziehung und **keine Zielkonkurrenz** besteht.

Beispiel:

Die Umstellung auf biodynamische Landwirtschaft spart Kosten für Dünge- und Spritzmittel, liefert gesündere Lebensmittel und sorgt für den Erhalt der Biodiversität (biologischen Vielfalt).

! Eine umweltbewusste Unternehmensleitung kann dazu beitragen, Kosten bei gleichzeitiger Schonung der Umwelt zu sparen.

(2) Zielkonflikt

Häufig bestehen dagegen **Zielkonflikte** zwischen den **ökonomischen** und den **sozialen Zielen.**

Beispiel:

Strebt ein Unternehmen zugleich Arbeitsplatzsicherung und Kostensenkung an, kann ein Zielkonflikt vorliegen, weil durch den Einsatz von kostensparenden Maschinen (z. B. Selbstbedienungswaagen, Leergutautomaten) Arbeitskräfte „freigesetzt", d. h. entlassen werden müssen.

1.4 Konzepte der Unternehmensführung erarbeiten

Die **Unternehmensführung** hat die Aufgabe (Funktion), den betrieblichen Leistungserstellungsprozess so zu gestalten, dass die Unternehmensziele erreicht werden.

Die Führung des Unternehmens übernehmen entweder die Eigenkapitalgeber selbst oder sie übertragen (delegieren) die Leitungsfunktion an entsprechend qualifizierte Dritte. Diese leiten dann unter eigener Verantwortung die Gesellschaft **(Prinzipal-Agent[1]-Ansatz).**

Im ersten Fall spricht man von **eigentümergeführten Unternehmen,** im zweiten Fall von **managementgeführten Unternehmen.**

(1) Eigentümergeführte Unternehmen

Bei eigentümergeführten Unternehmen üben die Eigentümer die Führungsfunktion selbst aus. Sie führen die Geschäfte, vertreten das Unternehmen nach außen, tragen das volle Verlustrisiko und übernehmen die Gesamtverantwortung für die wirtschaftliche Entwicklung des Unternehmens.

Beispiel:

Emmy Reisacher ist Eigentümerin des Einzelunternehmens Beauty Moments Emmy Reisacher e. Kfr. (vgl. S. 21). Als Einzelunternehmerin des Kosmetikinstituts führt sie die Geschäfte und vertritt das Unternehmen gegenüber Kunden, Lieferanten, Banken und Behörden. Sie trägt das volle Verlustrisiko und ist für die wirtschaftliche Entwicklung des Unternehmens gesamtverantwortlich.

(2) Managementgeführte Unternehmen

Bei managementgeführten Unternehmen werden die zentralen Führungsentscheidungen an qualifizierte Geschäftsführer (Manager) übertragen, die selbst nicht (wesentlich) am Unternehmen beteiligt sind. Typisches Beispiel ist die Aktiengesellschaft, bei der ein gewählter Vorstand die Leitungsfunktion übernimmt.

Um sich abzusichern, dass der Vorstand die Ziele der Eigentümer auch tatsächlich verfolgt und dazu fähig ist, versuchen die Eigenkapitalgeber einen **Ordnungsrahmen** für eine **erfolgreiche Unternehmensführung** zu schaffen. Ein solcher Ordnungsrahmen ist in den Regelungen der **Corporate Governance** festgehalten.

- Begriff **Corporate Governance** umfasst **Grundsätze verantwortungsvoller Unternehmensleitung** und **-überwachung.**[2]
- Die **Steuerungs- und Kontrollmechanismen** sollen durchschaubar gemacht werden, um so das Vertrauen von Investoren und Öffentlichkeit in die Führungskräfte der Wirtschaft zu stärken.

1 **Prinzipal:** Auftraggeber; **Agent:** Beauftragter.

2 Der Begriff Corporate Governance ist Bestandteil der Corporate Responsibility. Vgl. hierzu S. 41.

Wichtige **Instrumente** der Corporate Governance sind:

Instrumente	Erläuterungen	Beispiele
Gewaltenteilung	■ Die Leitungsaufgaben werden auf mehrere Beteiligte aufgeteilt und Grundsatzentscheidungen ständig überwacht. ■ Durch ein Anreizsystem soll die Geschäftsführung dazu gebracht werden, die Ziele der Eigentümer zu verfolgen. ■ Früherkennung von Fehlentscheidungen durch eine zeitnahe Risikoüberwachung.	Zustimmung des Aufsichtsrats zu Grundsatzentscheidungen. Erfolgsabhängige Entlohnung; Haftung bei Nichtbeachtung der Eigentümervorgaben. Ständige Informationspflicht des Vorstands gegenüber Aufsichtsrat und Wirtschaftsprüfern.
Umfassende Information und Kontrolle	Die Geschäftsführung ist verpflichtet, sowohl den Aktionären als auch den anderen Interessengruppen (z. B. Mitarbeiter, Kreditgeber, Staat) ständig über Risiken und Chancen des Unternehmens Bericht zu erstatten. Dadurch soll das Vertrauen der Investoren in die Zuverlässigkeit der Unternehmensführung gestärkt werden.	Informationen über die Unternehmensentwicklung sowie umfassende Risikoberichterstattung, z. B. an Aktienanalysten, Ratingagenturen, Banken, interessierte Öffentlichkeit. Kontrolle über die Jahresabschlussprüfer und den Aufsichtsrat.

In der Bundesrepublik Deutschland besteht mit dem **„Deutschen Corporate Governance Kodex (DCGK)“**[1] ein Regelwerk, das sich in erster Linie an börsennotierte Aktiengesellschaften richtet. Nach § 161 AktG müssen sich Vorstand und Aufsichtsrat in einer Erklärung **(Compliance-Erklärung)** dazu äußern, inwieweit sie die Empfehlungen des DCGK befolgen. Die Erklärung ist auf der Internetseite der Gesellschaft dauerhaft öffentlich zugänglich zu machen.

1.5 Unternehmensphilosophien, -leitbilder und -ziele auswerten und mit denen anderer Unternehmen vergleichen

KB 1 Lernsituation 2: Unternehmensleitbild entwerfen

Die Ulmer Büromöbel AG hatte in den letzten Jahren mit deutlichen Absatzproblemen zu kämpfen. Nicht nur, dass die Absatzmärkte ihre Sättigungsgrenze erreicht hatten. Das Unternehmen sah sich plötzlich in ernsthafter Konkurrenz mit asiatischen Billiganbietern, die den Markt mit Massengütern zu konkurrenzlos günstigen Preisen überschwemmten. Auch im Verhalten der Kunden kam es zu einem Wandel: Die traditionelle Kundschaft für die gehobenen Produktsegmente informierte sich ausgiebig im Internet und verlangte gleichzeitig flexible Lösungen mit hoher Qualität zum günstigen Preis.

Die Unternehmensleitung erkannte, dass das Unternehmen nur dann erfolgreich am Markt überleben würde, wenn das eigene Angebot in möglichst vielen Schlüsselbereichen den Wettbewerbern überlegen ist, z. B. in Bezug auf:

1 Zu Einzelheiten siehe: http://www.dcgk.de/de/kodex.html [17.01.2020].

- Produktqualität
- Servicequalität
- Sortimentsvielfalt
- Innovationskraft
- Preiswürdigkeit
- Mitarbeiterzufriedenheit
- Image
- Marktstärke

Die Unternehmensleitung entschied sich, den neuen Herausforderungen nicht mit schnelllebigen Werbeaktionen zu begegnen, sondern sie in ganz grundsätzlicher Weise anzupacken. Die Mitarbeiter der mittleren und oberen Führungsebene wurden zu einer „Zukunftskonferenz“ eingeladen. Deren Ziel ist es, das Grobkonzept für ein modernes Unternehmensleitbild und Zielsystem zu entwickeln.

Kompetenzorientierte Arbeitsaufträge:

1. Recherchieren Sie zunächst im Internet, welche Unternehmen in Ihrer Region oder über Ihre Region hinaus in der jüngeren Vergangenheit mit ähnlichen Absatzproblemen wie die Ulmer Büromöbel AG zu kämpfen hatten!

   Stellen Sie anschließend die konkreten Probleme dieser Unternehmen zusammen und erläutern Sie, mittels welcher Maßnahmen die Unternehmen versucht haben, ihre Schwierigkeiten zu meistern. Bereiten Sie eine entsprechende Präsentation Ihrer Rechercheergebnisse vor!

2. Erstellen Sie eine Übersicht von möglichen Gruppen (Stakeholder), die Ansprüche an ein Unternehmen erheben!

   Entwickeln Sie anschließend eine Übersicht zu diesen möglichen Anspruchsgruppen, indem Sie für die jeweilige Gruppe sowohl deren konkrete Ansprüche an ein Unternehmen formulieren als auch die Beiträge bzw. Leistungen dieser Gruppen gegenüber dem Unternehmen auflisten!

3. Sie sind Teilnehmer an der „Zukunftskonferenz“ der Ulmer Büromöbel AG. Auf der Basis der von Ihnen gefundenen Ansprüche der Stakeholder formulieren Sie einen Grobentwurf für das Unternehmensleitbild der Ulmer Büromöbel AG!

1.5.1 Unternehmensphilosophie und Unternehmensleitbild

(1) Unternehmensphilosophie

Grundelemente einer Unternehmensphilosophie[1] sind die Grundwerte und Überzeugungen, die Verhaltensregeln, Standards und Symbole[2] des Unternehmens.

Grundelemente	Erläuterungen	Beispiele
Grundwerte und Überzeugungen **(Wozu gibt es uns?)**	Sie fragen nach dem **„Warum“** des unternehmerischen Handelns und geben dem Unternehmen Orientierung.	„Mit unseren Produkten wollen wir stets Pioniere sein – dem Markt weit voraus. Wir glauben, dass es besser ist, der Öffentlichkeit neue Produkte vorzuführen, als sie zu fragen, was für Produkte sie gerne hätte.“

1 **Philosophie**: griechisch „Weisheitsliebe“.

2 **Symbol**: Kennzeichen.

Grundelemente	Erläuterungen	Beispiele
Verhaltensregeln **(Was wollen wir erreichen?)**	Sie sollen dafür sorgen, dass alle Beteiligten des Unternehmens sich entsprechend den Grundwerten und Überzeugungen verhalten.	„Wir liefern nur Erzeugnisse mit maximaler Qualität aus und gehen hierfür keine Kompromisse ein."
Standards und Symbole **(Welches sind unverwechselbare Elemente unseres Handelns?)**	Es handelt sich um unternehmenstypische Erkennungszeichen bezüglich **Verhalten, Kommunikation** und **Erscheinungsbild.**	**Verhalten:** Es wird eine kundenorientierte Produktberatung durchgeführt. **Kommunikation:** Die Produkte werden ausschließlich über das eigene Filialnetz verkauft und ausgeliefert. **Erscheinungsbild:** Es wird ein einheitliches Firmenlogo verwendet.

(2) Unternehmensleitbild

In aller Regel formuliert die Unternehmensleitung die im Unternehmen bestehende Unternehmensphilosophie und hält sie in einem **Unternehmensleitbild** fest.

Beispiel: Unternehmensleitbild der Sportartikelfabrik Sport-Burr KG

Steigerung der Unternehmenswerte

Wir möchten unsere Position als führender Sportartikelhersteller langfristig ausbauen und setzen dabei auf profitables Wachstum und nachhaltige Wertsteigerung.

Wir treiben INNOVATIONEN voran – und gestalten die Zukunft

Aus Ideen und Erfindungen entwickeln wir erfolgreiche Sportprodukte. Kreativität und Erfahrung sichern uns eine Spitzenstellung.

Dies erreichen wir auch dadurch, dass wir vertrauensvolle und langfristige Geschäftsbeziehungen mit zuverlässigen, innovativen Lieferanten pflegen.

Unsere Kunden

Die Zufriedenheit unserer Kunden steht im Mittelpunkt unserer Zielsetzungen. Wir pflegen langfristige, europaweite Kundenbeziehungen und erreichen mit hervorragenden Produkten sowie einem umfassenden Netz von Beratung und Dienstleistungen optimale Kundennähe.

Unsere Mitarbeiter

Die Basis unserer Unternehmung bilden unsere motivierten und verantwortungsbewussten Mitarbeiter. Die Kompetenz unserer Mitarbeiter fördern wir durch kontinuierliche Weiterbildung und sichern damit langfristig Arbeitsplätze.

Unsere Prozesse

Unsere Geschäftsprozesse werden laufend überprüft und nach technischen und wirtschaftlichen Maßstäben optimiert. Sämtliche Geschäftsprozesse werden durch schonenden Einsatz von Ressourcen umweltverträglich gestaltet.

Unterstützung

Wir unterstützen soziale und Umweltschutzprojekte und gehen Partnerschaften mit Unternehmen und Organisationen ein, deren Produkte und Dienstleistungen zu einer nachhaltigen Entwicklung beitragen.

Dialog mit unseren Stakeholdern[1]

Wir legen Wert darauf, mit allen Stakeholdern in einer Atmosphäre des gegenseitigen Vertrauens und Respekts zu kommunizieren, und informieren sie regelmäßig über die Fortschritte unseres Unternehmens im Hinblick auf Sozialverträglichkeit und Umweltschutz.

Sport-Burr KG

1 Nach dem **Stakeholder-Ansatz** hat die Unternehmensleitung alle, die einen Beitrag zum Unternehmen leisten (z. B. Kapitalgeber, Lieferanten, Kunden, Management) am Unternehmenshandeln und am Unternehmenserfolg teilhaben zu lassen (siehe auch S. 43 ff.).

1.5.2 Unternehmensziele untersuchen und hierbei den Gesichtspunkt der Nachhaltigkeit beachten

(1) Begriff Unternehmensziele

Die Unternehmensziele leiten sich aus dem Unternehmensleitbild ab. Sie geben der Unternehmensleitung, den Bereichsleitern, den Abteilungsleitern und den Mitarbeitern eine Orientierung für die Steuerung und Kontrolle der betrieblichen Prozesse. Damit diese Orientierung zweifelsfrei möglich ist, sind die Unternehmensziele **eindeutig zu formulieren** und **verbindlich festzulegen.**

Unternehmensziele beschreiben einen zukünftigen, erstrebenswerten Zustand des Unternehmens, den der zuständige Entscheidungsträger anzustreben hat.

(2) SMART-Zielformel

Die Zielformel **SMART** fasst komplett und einprägsam zusammen, welche Eigenschaften Unternehmensziele haben sollen. Jeder Buchstabe steht für eine bestimmte Eigenschaft.

	Kriterium	Erläuterungen	Kontrollfragen
S	**spezifisch, simpel**	Das Ziel soll genau beschrieben, einfach formuliert und für alle nachvollziehbar sein.	▪ Was genau soll erreicht werden? ▪ Welche Eigenschaften werden angestrebt? ▪ Wo soll das Ziel erreicht werden? ▪ Wer ist beteiligt?
M	**messbar**	Festgelegte Kennzahlen müssen es erlauben, dass die Erreichung des Ziels gemessen werden kann.	▪ Woran kann die Zielerreichung gemessen werden? ▪ Wann weiß das Unternehmen, dass das Ziel erreicht wurde?
A	**akzeptiert**	Das formulierte Ziel muss übereinstimmen mit den Wertvorstellungen des Unternehmensleitbildes.	▪ Wird das Ziel von den Beteiligten akzeptiert?
R	**realistisch**	Das Ziel darf nicht utopisch und damit demotivierend sein. Vielmehr benötigen die Mitarbeiter das Gefühl, dass das Ziel erreichbar ist.	▪ Ist das gewünschte Ziel im Rahmen des Projekts erreichbar?
T	**terminiert**	Der Zeithorizont, in welchem das Ziel zu erreichen ist, muss festgelegt sein.	▪ Bis wann soll das Ziel erreicht werden? ▪ In welchem Zeitrahmen soll das Ziel erreicht werden?

3 Hug u.a. - ISBN 978-3-8120-0578-4

Beispiel: Zielformulierung nach SMART bei der Sport-Burr KG

Ausgangssituation:

Die Geschäftsführung der Sportartikelfabrik Sport-Burr KG beschließt, auf der Grundlage der verschiedenen Teilbereiche des Unternehmensleitbildes (vgl. S. 32) gemeinsam mit dem Betriebsrat die entsprechenden Unternehmensziele abzuleiten. Für die Rubrik „Steigerung der Unternehmenswerte" soll das jährliche Umsatzwachstum bei 3 % liegen. Eine Analyse des Marktforschungsinstituts M+K bescheinigt, dass das Marktpotenzial dafür vorhanden ist.

Aufgabe:

Formulieren Sie das Unternehmensziel zur Rubrik **„Steigerung der Unternehmenswerte"** des Unternehmensleitbildes nach der SMART-Zielformel!

Lösung:

	Kontrollfragen	Antworten
S	▪ Was genau soll erreicht werden? ▪ Wo soll das Ziel erreicht werden?	*„Profitables Wachstum und nachhaltige Wertsteigerung des Unternehmens."* *„In Deutschland und im europäischen Ausland."*
M	▪ Woran kann die Zielerreichung gemessen werden?	*„Steigende Umsätze von 3 % jährlich bei mindestens durchschnittlicher Umsatzrentabilität[1] und steigendes Reinvermögen."*
A	▪ Wird das Ziel von den Beteiligten akzeptiert?	*„Die Geschäftsführung beschließt das Ziel gemeinsam mit den Arbeitnehmervertretern, die darin auch eine Sicherung ihrer Arbeitsplätze sehen."*
R	▪ Ist das gewünschte Ziel erreichbar?	*„Das Marktforschungsinstitut M+K bescheinigt das Marktpotenzial."*
T	▪ In welchem Zeitrahmen soll das Ziel erreicht werden?	*„Jährliches Umsatzwachstum von 3 %."*

Daraus lässt sich das Unternehmensziel für die Sport-Burr KG folgendermaßen formulieren:

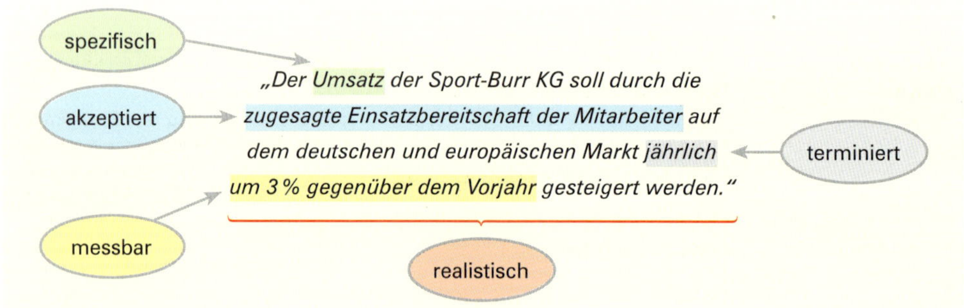

1 **Umsatzrentabilität** $= \frac{\text{Gewinn} \cdot 100}{\text{Umsatzerlöse}}$

(3) Gliederung der Unternehmensziele nach dem angestrebten Erfolg des Unternehmens

Die Ziele der Unternehmen nach dem angestrebten Erfolg sind dreifacher Art: Zum einen möchten die Unternehmen einen Erfolg erzielen **(ökonomische Ziele),** zum anderen tragen die Unternehmen Verantwortung gegenüber ihren Mitarbeitern **(soziale Ziele)** und gegenüber der Umwelt **(ökologische Ziele).**

Betrachtet man das Unternehmen unter dem Gesichtspunkt des angestrebten Erfolgs, so ist festzuhalten: Das Unternehmen ist ein

- ökonomisches,
- ökologisches und
- sozial (viele Interessengruppen befriedigendes)

verantwortlich handelndes System.

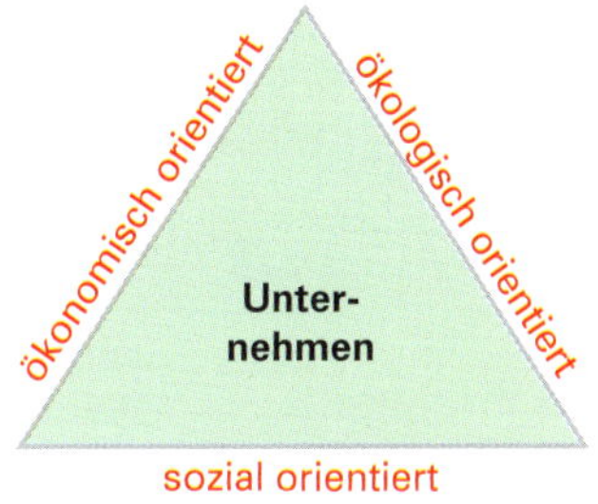

Alle Unternehmensziele sind so zu formulieren, dass mit all denen, mit denen das Unternehmen in Kontakt tritt (z. B. Lieferanten, Kunden) fair umgegangen wird. Außerdem hat das Unternehmen bei der Formulierung der Unternehmensziele darauf zu achten, dass künftige Generationen überall eine lebenswerte Umwelt vorfinden und ihre Bedürfnisse befriedigen können **(Gesichtspunkt der Nachhaltigkeit).**

Nachhaltigkeit bedeutet für die Unternehmen, dass bei jeder Entscheidung ökologische, ökonomische und soziale Ziele gleichermaßen berücksichtigt werden müssen.

Zu beachten ist, dass auch **politische Entscheidungen** (z. B. Gesetze, Verordnungen) Einfluss auf die Gesichtspunkte der Nachhaltigkeit und somit auf die Unternehmensziele nehmen können.

Ökonomische (wirtschaftliche) Ziele

Die ökonomischen Ziele von privaten und öffentlichen Unternehmen sind vielfältig. Im Folgenden werden beispielhaft wichtige ökonomische Zielsetzungen stichwortartig vorgestellt.

Langfristige Gewinnmaximierung	Maximaler Gewinn heißt, die größtmögliche Differenz zwischen Umsatzerlösen und Kosten anzustreben. Gleichzusetzen mit der Gewinnerzielung ist die **Steigerung des Eigenkapitalwertes** des Unternehmens. Im Mittelpunkt dieser Zielsetzung steht die **Interessenlage des Eigenkapitalgebers.** Begründet wird diese Zielsetzung mit dem Hinweis, dass die Eigenkapitalgeber das volle Verlustübernahmerisiko tragen, da die Fremdkapitalgeber in der Regel ihre Forderungen absichern **(Shareholder-Konzept).**[1]
Umsatzmaximierung	Umsatzsteigerungen werden durch die Stärkung der eigenen Wettbewerbsposition und Verdrängung der Konkurrenten vom Markt erreicht.

1 Vgl. hierzu S. 43.

Streben nach Marktmacht	Insbesondere etablierte[1] Unternehmen schützen sich durch den Aufbau hoher Markteintrittsbarrieren vor neuen Anbietern, z.B. durch aggressive Preispolitik. Ein Existenzgründer muss entweder eine völlig neue Geschäftsidee haben, gleich „groß" ins Geschäft einsteigen oder einen Kostennachteil hinnehmen.
Sicherung der Liquidität (Zahlungsfähigkeit)	Die Preispolitik soll die jederzeitige Zahlungsfähigkeit des Unternehmens erhalten.
Streben nach einem hohen Qualitätsstandard	Der Erreichung dieses Zieles dienen Ausgaben für Forschung und Entwicklung sowie ein umfangreiches Qualitätsmanagement.
Kundenzufriedenheit	Kundenorientierung und die damit verbundene Kundenzufriedenheit wird u.a. durch intensive Marktforschung erreicht. Das Halten auch ertragsschwacher Produkte im Produktprogramm erhöht außerdem die Kundentreue.
Mitarbeiterzufriedenheit	Die Mitarbeiterzufriedenheit soll insbesondere durch Förderung und Weiterbildung der Mitarbeiter, durch Übergabe von Verantwortung sowie durch Maßnahmen zur Arbeitsplatzsicherung erreicht werden.

Ökologische[2] Ziele

Alle menschlichen Handlungen beeinflussen das Ökosystem und somit auch wirtschaftliche Aktivitäten. Wirtschaft und Umwelt sind zwei Seiten einer Medaille. In der Vergangenheit sind sie lange zu Unrecht als Gegensätze gedacht worden. Ökologie und Ökonomie gehören jedoch zusammen. Eine gesunde Umwelt und der schonende Umgang mit den natürlichen Ressourcen sind Voraussetzung für eine langfristig stabile wirtschaftliche und soziale Entwicklung. Neben dem Staat tragen auch die Unternehmen Verantwortung für eine nachhaltige, umweltgerechte Entwicklung. Das dokumentieren die Unternehmen z.B. durch ihr Engagement für Klimaschutz. Nachhaltiges Wirtschaften wird zunehmend zum strategischen Unternehmensziel.

Im Folgenden werden beispielhaft wichtige ökologische Zielsetzungen stichwortartig vorgestellt.

1. Eine **nachhaltige Abfallwirtschaft** beinhaltet die Schonung der natürlichen Ressourcen und damit auch eine Verminderung von Emissionen.[3] Dabei gilt folgende Reihenfolge:

1. Abfallvermeidung	Durch die Vermeidung von Abfällen trägt das Unternehmen wirksam zum Schutz der Umwelt bei. Abfälle können z.B. im Produktionsverfahren oder durch eine abfallarme Produktgestaltung vermieden werden. Ohne Abfälle entstehen z.B. keine umweltschädlichen Belastungen der Lebewesen und deren Umwelt durch Schadstoffemissionen.

1 **Etablieren:** festsetzen, einen sicheren Platz gewinnen.

2 Die **Ökologie** ist die Wissenschaft von den Wechselwirkungen zwischen den Lebewesen untereinander und ihren Beziehungen zur übrigen Umwelt.

3 **Emission** (emittere [lat.]) bedeutet so viel wie Aussendung, Freilassung, Ausströmen z.B. von luft- und wasserverunreinigenden Stoffen (z.B. Chemikalien, Stäube usw.). Die auf die Umwelt (z.B. Menschen, Tiere, Pflanzen) einwirkenden (eindringenden) oder dort bereits vorhandenen Schadstoffkonzentrationen werden **Immissionen** genannt.

2. Recycling ↓	Eine wirksame umweltorientierte Recyclingpolitik der Unternehmen zielt darauf ab, nicht vermeidbare Abfälle zu verwerten und recycelbare Produkte herzustellen.
3. Entsorgung	Unvermeidbare Produktionsabfälle, die nicht verwertet werden können, sollen durch das Unternehmen umweltgerecht entsorgt werden.

2. Eine **nachhaltige Reduzierung von CO_2-Emissionen** im Produktionsprozess und in der Beschaffung sowie die Senkung der Lärmbelästigung stellen wichtige ökologische Ziele für die Unternehmen dar.

Verminderung von Produktionsemissionen	Mit dem Einsatz modernster Technologien im Produktionsprozess wird der Schadstoffausstoß vermindert.
Nutzung erneuerbarer Energien	Die Nutzung erneuerbarer Energiequellen (Wind, Sonne, Wasser, Biomasse) vermindern den CO_2-Ausstoß der Unternehmen.
Einsatz umweltfreundlicher Transportmittel	Im Bereich der Beschaffung wird auf eine ökologisch orientierte Zulieferung geachtet und es werden umweltfreundliche Transportmittel eingesetzt.
Reduzierung von Lärmbelastungen	Der Einsatz von z. B. lärmarmen Maschinen und bautechnischer Lärmschutz an Gebäuden führen zur Reduzierung der Lärmbelastung.

Soziale Ziele

Neben wirtschaftlichen und ökologischen Zielen verfolgen die Unternehmen auch soziale Ziele. Von sozialen Zielen wird dann gesprochen, wenn ein Unternehmen zum einen die Arbeitsplatzerhaltung in den Mittelpunkt seiner Unternehmenspolitik stellt und zum anderen seinen Mitarbeitern freiwillige Sozialleistungen gewährt. Durch die Zahlung von freiwilligen Sozialleistungen möchte das Unternehmen insbesondere das Folgende erreichen:

- **Wirtschaftliche Besserstellung der Arbeitnehmer** (z. B. Urlaubsgeld, Wohnungshilfe, Zuschüsse zur Werkskantine, Jubiläumsgeschenke).
- **Ausgleich familiärer Belastungsunterschiede** (z. B. Familienzulage, Geburts- und Heiratsbeihilfen).
- **Altersabsicherung und Absicherung gegen Risiken des Lebens** (z. B. Pensionszahlungen, Krankheitsbeihilfen, Beihilfe zur Rehabilitation).
- **Förderung geistiger und sportlicher Interessen** (z. B. Werksbücherei, Kurse zur Weiterbildung, Sportanlagen).

Mit den sozialen Zielen verfolgen die Betriebe in aller Regel auch wirtschaftliche Ziele. Die am häufigsten anzutreffenden **wirtschaftlichen Motive,** die ein Unternehmen mit der Gewährung freiwilliger betrieblicher Sozialleistungen verfolgt, sind

- Steigerung der Leistung der Arbeit,
- Bindung der Arbeitnehmer an das Unternehmen,
- Sicherung von Einflussmöglichkeiten auf die Arbeitnehmer,
- Steuerersparnisse bzw. Steuerverschiebungen.

Die Verfolgung sozialer Ziele wird den Arbeitgebern aber auch gesetzlich vorgeschrieben, insbesondere durch das **Arbeitsschutzrecht.**[1] Ziel des Arbeitsschutzrechts ist, die Gesundheit der Mitarbeiter bei ihrer Arbeit zu schützen, die betriebliche Unfallgefahr möglichst zu vermeiden und die Arbeitgeber zu einer menschengerechten Gestaltung der Arbeitsplätze und Arbeitsabläufe zu veranlassen. Als Beispiel für Vorschriften des Arbeitsschutzrechts soll der wesentliche Inhalt des **Arbeitsschutzgesetzes** dargestellt werden.

Wirkungskreis	Wesentlicher Inhalt
Alle Arbeitgeber, alle Beschäftigten, z. B. Arbeitnehmer und alle Auszubildenden [§ 2 II, III ArbSchG], soweit diese nicht nach § 1 ArbSchG ausgeschlossen sind.	■ Arbeitgeber sind verpflichtet, die zur Sicherheit und Gesundheit der Beschäftigten bei der Arbeit erforderlichen Maßnahmen des Arbeitsschutzes zu treffen und hierzu z. B. für eine geeignete Organisation zu sorgen und die erforderlichen Mittel bereitzustellen [§ 3 ArbSchG]. Arbeitgeber müssen z. B. die Arbeit so gestalten, dass die Gefährdung für Leben und Gesundheit möglichst vermieden und die verbleibende Gefährdung möglichst gering gehalten wird. ■ Gefahren sind an ihren Quellen zu bekämpfen. Arbeitsschutzmaßnahmen müssen den Stand der Technik, Arbeitsmedizin und Hygiene und spezielle Gefahren besonders schutzbedürftiger Beschäftigungsgruppen berücksichtigen. Hierzu sind den Beschäftigten geeignete Anweisungen zu erteilen.

- **Politische (gesellschaftliche Ziele)**

Mit den politischen Zielen sollen die Unternehmen die gesellschaftliche Weiterentwicklung unterstützen. Aktuell werden die Integration von Migranten und die Digitalisierung als besonders vordringlich betrachtet.

(4) Gliederung der Unternehmensziele nach der Zielhierarchie

Die **strategischen Ziele** geben die grundsätzliche Zielrichtung vor und beeinflussen den Unternehmenserfolg nachhaltig und langfristig. Es handelt sich um qualitative Ziele mit geringer Detailliertheit und Vollständigkeit.

Beispiel:

- Wir wollen uns für unsere Kunden unentbehrlich machen.
- Wir steigern unsere Marktmacht.

Die **operativen Ziele** dienen der kurzfristigen Unternehmensplanung, in der Umsetzung und Kontrolle der strategischen Ziele erfolgt. Es handelt sich um quantitative Ziele mit hoher Detailliertheit, die sich über Kennzahlen messen lassen. Jeder Abteilungsleiter kann in Zusammenarbeit mit seiner Abteilung spezifische Kennzahlen herausarbeiten.

Beispiel:

- Wir liefern 99 % der Bestellungen vollständig und termingerecht aus.
- Unser Marktanteil bei Bio-Produkten soll in diesem Jahr von 15 auf 18 % steigen.

Strategische und operative Ziele stehen in einer hierarchischen Ordnung, bei der die **strategischen Ziele** die **obere Planungsebene** (Unternehmensführung), die **operativen Ziele** die **untere Planungsebene** (Abteilungsleitung) bilden.

1 Zum **Arbeitsschutzrecht** zählen insbesondere das Arbeitszeitgesetz [ArbZG], Mutterschutzgesetz [MuSchG], Jugendarbeitsschutzgesetz [JArbSchG], Arbeitsschutzgesetz [ArbSchG], Arbeitssicherheitsgesetz [ArbSichG], Produktsicherheitsgesetz [ProdSG] und die Sozialgesetzbücher [SGB I bis XI].

(5) Beispiel für die Formulierung von Unternehmenszielen

Unternehmensziele werden auf der Grundlage des Unternehmensleitbildes entwickelt. Sie haben die Aufgabe, der Unternehmensleitung und allen Mitarbeitern konkrete Orientierung zur Bewältigung ihrer betrieblichen Aufgaben zu geben.

Beispiel: Unternehmensziele der Sportartikelfabrik Sport-Burr KG, abgeleitet aus dem Unternehmensleitbild von S. 32f.

- Wir streben hohe Kundenzufriedenheit und langfristige Kundenbeziehungen an. Wir liefern pünktlich.
- Wir entwickeln unsere Produkte kundenorientiert und gefährden niemals die Sicherheit unserer Kunden.
- Wir übernehmen bei der Gewinnerzielung soziale und ökologische Verantwortung gegenüber den im Unternehmen tätigen Menschen, den Kapitalgebern und Kunden.
- Wir streben die langfristige Sicherung und finanzielle Unabhängigkeit unseres Unternehmens an.
- Wir erreichen unsere Erfolge durch kompetente Mitarbeiter, deren Qualifikation wir intensiv fördern.
- Der Führungsstil ist von dem Ziel einer hohen Arbeitsmotivation, Arbeitszufriedenheit und Arbeitsqualität geprägt.
- Wir berücksichtigen bei unseren Planungen und Investitionsentscheidungen systematisch ökologische Anforderungen des Umwelt- und Klimaschutzes.
- Wir sehen uns als gute Bürger, die sich für das soziale und kulturelle Leben insbesondere in der Region Ulm engagieren. Wir fördern daher ausgewählte Projekte und Initiativen.

(6) Zielbeziehungen zwischen den Unternehmenszielen aufzeigen

Unternehmen formulieren Ziele, die miteinander in Beziehung stehen können. Folgende drei Arten von Zielbeziehungen lassen sich unterscheiden.

- **Zielkonflikt:** Die Verfolgung eines Ziels beeinträchtigt oder verhindert die Erreichung eines anderen Ziels **(konkurrierende Ziele).**
- **Zielharmonie:** Die Förderung eines Ziels begünstigt zugleich die Förderung eines oder mehrerer anderer Ziele **(komplementäre Ziele).**
- **Zielindifferenz:** Die Realisierung eines Ziels hat keinen Einfluss auf die Erreichung eines anderen Ziels. Die Ziele beeinflussen sich gegenseitig nicht **(indifferente Ziele).**

Zielharmonie zwischen ökologischen und ökonomischen Unternehmenszielen

Bisherige Untersuchungen zeigen weitgehend übereinstimmend, dass zumindest in den größeren von Umweltproblemen besonders betroffenen Unternehmen (Branchen) zwischen den **ökologischen** und **ökonomischen Unternehmenszielen** grundsätzlich eine sich gegenseitig ergänzende, fördernde Zielbeziehung **(Zielharmonie)** besteht.

Dies ist deshalb der Fall, weil gerade der Umweltschutz vielfältige Innovationsmöglichkeiten (z.B. Entwicklung und Anwendung umweltschonender Rohstoffe, Entwicklung einer Technologie für erneuerbare Energie) bietet.

In dem Ausmaß, in dem es den Unternehmen gelingt, ihre Umweltschutzziele zu verwirklichen, erhöht sich z. B. auch deren Umsatz, ihr Umsatzanteil am gesamten Markt, ihre Marktmacht, ihr langfristiger Gewinn und das Produkt- und Firmenimage in der Öffentlichkeit. Dadurch werden die Unternehmensexistenz und die Arbeitsplätze gesichert, neue Arbeitsplätze geschaffen sowie die Wettbewerbsfähigkeit verbessert.

- **Zielkonflikte/Zielharmonie zwischen ökonomischen und sozialen Unternehmenszielen**

Häufig bestehen dagegen **Zielkonflikte** zwischen den **ökonomischen** und den **sozialen Zielen**. Strebt ein Unternehmen z. B. zugleich Arbeitsplatzsicherung und Kostensenkung an, kann ein Zielkonflikt vorliegen, weil durch den Einsatz von Kosten sparenden Maschinen Arbeitskräfte „freigesetzt", d. h. entlassen werden müssen.

Ein Beispiel für **Zielharmonie** zwischen ökonomischen und sozialen Zielen ist das konjunkturelle Kurzarbeitergeld (Kug).[1] Angesichts einer globalen Rezession und sinkender Absatzzahlen bestünde die übliche Reaktion der Anpassung im Abbau von Arbeitsplätzen. Viele Unternehmen verzichten jedoch darauf und wählen dagegen das Instrument der Kurzarbeit. Dies bindet die Arbeitskräfte an das Unternehmen und erspart diesem beim beginnenden Aufschwung die Suche nach den knappen Fachkräften.

- **Zielindifferenz zwischen ökologischen und ökonomischen Unternehmenszielen**

Verfolgt ein Unternehmen das ökologische Ziel, den Feinstaub-Ausstoß durch den Einbau von Filteranlagen zu minimieren, so hat dies keinen Einfluss auf das ökonomische Ziel, die Qualität der Produkte zu erhöhen. Beide Ziele beeinflussen sich gegenseitig nicht.

1.6 Themenbereiche der Unternehmensverantwortung erfassen und Bezüge zur Nachhaltigkeitsberichterstattung herstellen

(1) Corporate Responsibility

Neben der Unternehmensphilosophie, den Unternehmensleitbildern und den Unternehmenszielen spielt die unternehmerische Verantwortung, die auch als **Corporate Responsibility** bezeichnet wird, eine zunehmend entscheidende Rolle für die Unternehmen.

- Die **Unternehmensverantwortung** wird mit dem Schlüsselbegriff **Corporate Responsibility (CR)** beschrieben. Hierbei geht es um die Auswirkungen, die die Unternehmenstätigkeit auf die Gesellschaft und Umwelt hat.
- Corporate Responsibility beschreibt den Grad des Verantwortungsbewusstseins eines Unternehmens.

Corporate Responsibility lässt sich aus dem Leitbild der nachhaltigen Entwicklung ableiten. Dieses Leitbild zielt darauf ab, wirtschaftliche Leistungsfähigkeit, soziale Verantwortung und die Regenerationsfähigkeit der Erde miteinander in Einklang zu bringen. Für die Unternehmen ergeben sich in einer nachhaltigen Wirtschaftsweise zahlreiche neue Chan-

1 **Konjunkturelles Kurzarbeitergeld (Kug)** wird gewährt, wenn in Betrieben oder Betriebsabteilungen die regelmäßige betriebsübliche wöchentliche Arbeitszeit infolge wirtschaftlicher Ursachen oder eines unabwendbaren Ereignisses vorübergehend verkürzt wird.

cen für Innovation und Wettbewerbsfähigkeit. Auch das verstärkte Interesse der Nachfrager an sozial verantwortlicher und umweltschonender Herstellung und Verarbeitung von Produkten unterstreicht die Bedeutung für die Unternehmen.

Corporate Responsibility umschließt die folgenden **Themenbereiche**:

Themenbereiche der Corporate Responsibility	Erläuterungen	Beispiele
Corporate Social Responsibility (CSR)	CSR umfasst das Kerngeschäft des Unternehmens. Dieses soll umweltverträglich, ethisch und sozial verantwortlich und zugleich ökonomisch erfolgreich betrieben werden.	■ Sparsamer Einsatz von natürlichen Ressourcen. ■ Schutz von Klima und Umwelt. ■ Faire Geschäftspraktiken. ■ Mitarbeiterorientierte Personalpolitik.
Corporate Citizenship (CC)	CC umfasst das bürgerliche oder gesellschaftliche Engagement des Unternehmens. Dies ist nur ein kleiner Teilbereich unternehmerischer Verantwortung und ist meistens nicht mit dem Kerngeschäft verbunden.	■ Spenden für wohltätige Zwecke. ■ Sponsoring eines Sportvereins. ■ Bekämpfung von Armut. ■ Förderung von Kunst und Kultur. ■ Stiftungsaktivitäten.
Corporate Governance (CG)[1]	CG umfasst Grundsätze verantwortungsvoller Unternehmensleitung und -überwachung.	Zielgerichtete Zusammenarbeit der Unternehmensleitung und -überwachung.

(2) Nachhaltigkeitsberichterstattung

Zu nachhaltigem Wirtschaften und unternehmerischer Verantwortung (Corporate Social Responsibility) gehört die **Offenlegung** derjenigen **Informationen,** die für die Stakeholder[2] eines Unternehmens wichtig sind.

Informationen über ökologische und soziale Themen der Unternehmensführung werden von Unternehmen u. a. in **Nachhaltigkeitsberichten (CSR-Berichten)** veröffentlicht.

Das **CSR-Richtlinie-Umsetzungsgesetz [CSR-RUG]** verpflichtet Unternehmen zur Erstellung von Nachhaltigkeitsberichten:[3]

Betroffene Unternehmen des CSR-RUG:

Große, insbesondere börsennotierte Unternehmen, Kreditinstitute und Versicherungsunternehmen mit mehr als 500 Arbeitnehmern.

1 Zur genauen Erläuterung siehe Kapitel 1.4, S. 29 f.

2 Vgl. Fußnote S. 32.

3 Zu Einzelheiten siehe https://www.csr-in-deutschland.de/DE/Politik/CSR-national/Aktivitaeten-der-Bundesregierung/CSR-Berichtspflichten/csr-berichtspflichten.html [09.07.2019].

Umsetzung des CSR-RUG:

Die betroffenen Unternehmen erstellen Nachhaltigkeitsberichte im Rahmen ihrer Lage- bzw. Konzernlageberichte oder gesonderte Nachhaltigkeitsberichte. Diese Informationen müssen der Öffentlichkeit zugänglich gemacht werden.

Inhalte der Nachhaltigkeitsberichte:

Die Nachhaltigkeitsberichte sollen die wesentlichen Risiken und Lösungsansätze der einzelnen Unternehmen in Bezug auf

- Umwelt-, Sozial- und Arbeitnehmerbelange,
- Bekämpfung von Korruption und Bestechung,
- Achtung der Menschenrechte

beinhalten und darstellen.

Einen Rahmen für die Berichterstattung des Nachhaltigkeitsengagements der Unternehmen bietet der **„Deutsche Nachhaltigkeitskodex (DNK)".**[1] Der DNK beschreibt dabei Mindestanforderungen der Inhalte eines Nachhaltigkeitsberichtes und erfüllt die Standards des **CSR-Richtlinie-Umsetzungsgesetzes.**

Der **Deutsche Nachhaltigkeitskodex (DNK)** ermöglicht Unternehmen, ihr Nachhaltigkeitsengagement transparent, vergleichbar und damit auch anschaulich für Investoren und Konsumenten darzulegen.

Beispiel: Auszug aus dem Nachhaltigkeitsbericht der Sportartikelfabrik Sport-Burr KG

Sport-Burr KG

- **Beteiligung von Anspruchsgruppen**
  Gemäß unserem Leitbild wird den unterschiedlichen Interessen der Stakeholder der Sport-Burr KG durch eine aktive Kommunikation Rechnung getragen.
- **Inanspruchnahme von natürlichen Ressourcen**
  Unsere Farben bei Skiern und Tennisschlägern sind wasserbasiert. Unsere Kleber sind nahezu lösungsmittelfrei.
- **Ressourcenmanagement**
  Wir haben unseren Energieverbrauch seit dem Jahr 2015 um 25 % gesenkt und in unserem Produktionsprozess werden seit 2019 ausschließlich erneuerbare Energien eingesetzt.
- **Klimarelevante Emission**
  Die Sport-Burr KG hat sich zum Ziel gesetzt, den Ausstoß von CO_2 gegenüber 2020 bis zum Jahr 2024 um 15 % zu reduzieren.
- **Arbeitnehmerrechte**
  Als sozial verantwortlich handelndes Unternehmen engagiert sich die Sport-Burr KG für den Schutz der Menschenrechte. Bei uns stehen nationale Standards hinsichtlich der Arbeitnehmerrechte im Vordergrund.
  Das Verhältnis zwischen Geschäftsführung und dem Betriebsrat ist als partnerschaftlich zu bezeichnen.
- **Chancengerechtigkeit**
  Betriebliche Sozialleistungen erhalten Voll- und Teilzeikräfte gleichermaßen. Wir bieten für alle Mitarbeiter Zulagen im Bereich Altersvorsorge.
- **Gemeinwesen**
  Wir unterstützen regionale Projekte in den Bereichen Bildung, Sport, Kultur und Soziales.

1 Zu Einzelheiten siehe http://www.deutscher-nachhaltigkeitskodex.de/de/dnk/der-nachhaltigkeitskodex.html [20.01.2020].

1.7 Zielkonflikte zwischen den Ansprüchen verschiedener Interessengruppen sichtbar machen

(1) Problemstellung

Bei der **Festlegung von Unternehmenszielen** sind folgende Fragen zu klären:

- Welche Ziele soll das Unternehmen verfolgen?
- Welche Person oder Personengruppe hat das Recht (die Macht), die Unternehmensziele festzulegen und unternehmerische Entscheidungen zu treffen?
- Wem steht der Unternehmenserfolg zu?

Auf alle drei Fragen geben das **Shareholder[1]-Konzept** und das **Stakeholder[2]-Konzept** unterschiedliche Antworten.

(2) Shareholder-Konzept

Nach dem Shareholder-Konzept hat die Unternehmensleitung die Aufgabe, die unternehmerischen Entscheidungen so zu treffen, dass der (Markt-)**Wert des Eigenkapitals (Shareholder-Value)** erhöht wird. Durch eine langfristige Gewinnmaximierung soll die Einkommens- und Vermögensposition der Eigenkapitalgeber verbessert werden.

Das **Shareholder-Konzept** ist durch **drei Kriterien** gekennzeichnet:

- Ziel der Unternehmensleitung muss es sein, für die **Eigenkapitalgeber** eine **langfristige Gewinnmaximierung** zu erreichen.
- Die **unternehmerische Entscheidungsgewalt** liegt bei den **Eigenkapitalgebern** bzw. bei den von ihnen eingesetzten Führungskräften (z. B. Vorstand, Geschäftsführer).
- Der **Unternehmenserfolg** steht in vollem Umfang den **Eigenkapitalgebern** zu.

Die einseitige Ausrichtung des Shareholder-Konzepts auf die Interessen der Eigenkapitalgeber wird häufig abgelehnt, weil die Interessen anderer Anspruchsgruppen vernachlässigt werden.

Beim **Shareholder-Konzept** sind vorrangig die Unternehmensziele zu verfolgen, die den Marktwert des Eigenkapitalanteils erhöhen.

(3) Stakeholder-Konzept

Übersicht über die Stakeholder (Anspruchsgruppen)

Nach Auffassung der Vertreter des Stakeholder-Konzepts haben alle Personen oder Personengruppen, die von den Entscheidungen des Unternehmens betroffen sind, Ansprüche an das Unternehmen.

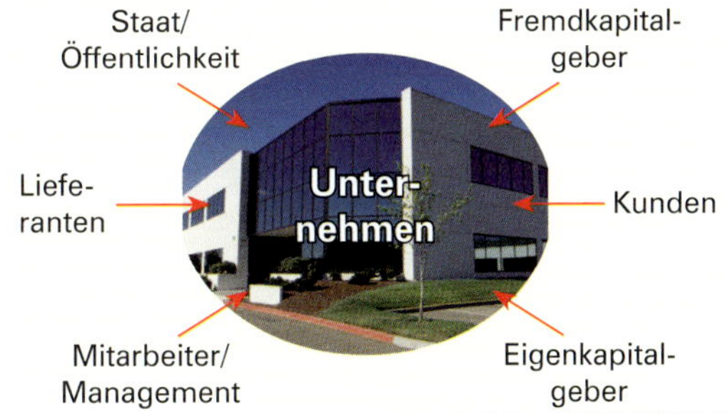

1 **Shareholder** (engl.): Aktionär (von share: Aktie und holder: Inhaber).

2 **Stakeholder** (engl.): Anspruchsberechtigter, Interessenbewahrer.

Eine Begründung für die Ansprüche leiten die Vertreter des Stakeholder-Konzepts von der Tatsache ab, dass die Anspruchsgruppen einen **Beitrag zum Unternehmen** leisten.

Beitrag der Anspruchsgruppen zum Unternehmen

In der nachfolgenden Tabelle sind die Anspruchsgruppen, der Anspruch gegenüber der Unternehmung und der Beitrag zur Unternehmung aufgelistet.[1]

Anspruchsgruppen	Anspruch gegenüber der Unternehmung	Beitrag zur Unternehmung
Eigenkapitalgeber (Eigentümer, Anteilseigner)	Langfristige Gewinnmaximierung, Steigerung des Eigenkapitalwertes, Unternehmenswachstum, Unternehmenssicherung	■ Eigenkapital ■ Übernahme des Risikos
Fremdkapitalgeber	Zeitlich und betragsmäßig festgelegte Tilgung und Verzinsung des eingesetzten Kapitals	Fremdkapital
Mitarbeiter	Leistungsgerechte Entlohnung, motivierende Arbeitsbedingungen, Arbeitsplatzsicherheit, betriebliche Sozialleistungen, Mitbestimmung, Beteiligung am Unternehmenserfolg	Ausführende Arbeit
Management	Gehalt, Macht, Einfluss, Prestige	Leitende Arbeit
Kunden	Preisgünstige und qualitative Güter	Abnahme hochwertiger Güter
Lieferanten	Zuverlässige Bezahlung, langfristige Lieferbeziehungen	Lieferung hochwertiger Güter
Staat/ Öffentlichkeit	Steuerzahlungen, Einhaltung der Rechtsvorschriften, schonender Umgang mit der Umwelt	■ Infrastruktur, ■ Rechtsordnung, ■ Umweltgüter

- Beim **Stakeholder-Ansatz** sind vorrangig die Unternehmensziele zu verfolgen, die Ansprüche und **Interessen der Stakeholder** zu erfassen, zu ordnen und bestmöglich zu erfüllen.
- Das **Stakeholder-Konzept** erweitert den Shareholder-Ansatz, indem neben einer rein **finanziellen Zielperspektive** auch eine **soziale** und **ökologische Verantwortung** verlangt wird.

Dass sich das Stakeholder-Konzept aufgrund der stark auseinanderstrebenden Interessen der Anspruchsgruppen in der Realität durchsetzen kann, ist kaum zu erwarten. Derzeit überwiegt in der Unternehmenspraxis eindeutig das Shareholder-Konzept.

1 In Anlehnung an Wöhe, Günter; Döring, Ulrich: Einführung in die Allgemeine Betriebswirtschaft, 24. Aufl., München 2010, S. 51.

Interessenkonflikte zwischen Stakeholdern

Aufgrund der stark auseinanderstrebenden Interessen zwischen den einzelnen Stakeholdern kommt es zu Interessenkonflikten. Deutlich wird dies, wenn die Hauptziele von drei ausgewählten Stakeholdern betrachtet werden.

Stakeholder (Anspruchsgruppen)	Ziele/Interessen
Eigenkapitalgeber	**Ökonomische Ziele** Wirtschaftliche Leistungsfähigkeit
Mitarbeiter	**Soziale Ziele** Soziale Gerechtigkeit/demokratische Politikgestaltung
Staat/Öffentlichkeit	**Ökologische Ziele** Ökologische Nachhaltigkeit

Zwischen den ökonomischen, sozialen und ökologischen Zielen der Stakeholder bestehen grundsätzlich Interessenkonflikte. Anhand der folgenden Szenarien des Unternehmens sollen diese beispielhaft verdeutlicht werden.[1]

Beispiel: Wirtschaftliche Leistungsfähigkeit im Konflikt mit sozialer Gerechtigkeit

- Die **Mitarbeiter** eines sich im scharfen Wettbewerb befindenden Unternehmens verfolgen das Ziel einer möglichst hohen Entlohnung. Aufgrund des Produktionsprozesses hätte eine höhere Entlohnung keinen Einfluss auf die Produktqualität. Eine höhere Entlohnung erhöht die Stückkosten des Unternehmens und somit den Preis der Produkte. Solange die Nachfrager ihre Kaufentscheidung nur von Produktqualität und Produktpreis, nicht aber von „Sozialleistungen" des Anbieters abhängig machen, wird das Unternehmen Marktanteile verlieren. Das Interesse der Eigenkapitalgeber an einer langfristigen Gewinnmaximierung wird nicht nur verfehlt, sondern es besteht auch die Gefahr, dass die Existenz des Unternehmens gefährdet ist und somit auch die Arbeitsplatzsicherheit.
- Die **Mitarbeiter** eines sich im scharfen Wettbewerb befindenden Unternehmens sind an einer uneingeschränkten Arbeitsplatzgarantie interessiert. Die **Eigenkapitalgeber** müssen jedoch flexibel auf die wirtschaftliche Lage reagieren können und sind daher unter Umständen gezwungen, Arbeitsplätze abzubauen.

Beispiel: Ökologische Nachhaltigkeit im Konflikt mit wirtschaftlicher Leistungsfähigkeit

Angenommen, dass in der Getränkeindustrie das Einwegsystem für die Hersteller und Händler kostengünstiger, das Mehrwegsystem dagegen umweltverträglicher ist und es kein Zwangspfand für Einwegflaschen gibt. Geht man zusätzlich davon aus, dass die Nachfrager Umweltschutz wünschen, aber nur in einem begrenzten Rahmen bereit sind, für Umweltschutz einen höheren Preis für Mehrweggetränkeflaschen zu bezahlen, so wird deutlich, dass ein ökologisch orientierter Getränkehersteller mit dem Mehrwegsystem auf einem wettbewerbsintensiven Getränkemarkt lediglich geringe Marktanteile erzielen wird. Die Interessen der **Öffentlichkeit** bzw. des **Staates** nach ökologischer Nachhaltigkeit werden zwar erfüllt, jedoch werden die ökonomischen Interessen der **Eigenkapitalgeber** verfehlt.

1 Quelle: In Anlehnung an Wöhe, Günther; Döring, Ulrich: Einführung in die Allgemeine Betriebswirtschaft, 24. Auflage, München 2010, S. 70 ff.

Für die Unternehmen ist es wichtig, Interessenkonflikte zwischen den Stakeholdern nach Möglichkeit zu vermeiden. Hierzu ist der Dialog zwischen den Stakeholdern und die Entwicklung von Vereinbarkeitsstrategien zwischen ökonomischer, sozialer und ökologischer Ziele entscheidend. Je stärker sich die Idee der **Nachhaltigkeit** in der Gesellschaft verfestigt, desto besser können die Interessengegensätze aufgelöst werden.

(4) Beziehungen zwischen Shareholder-Konzept und Stakeholder-Konzept

In der öffentlichen Meinung wird der Stakeholder-Ansatz meistens positiver dargestellt als der Shareholder-Ansatz. Die Ansätze sind bei genauer Betrachtung jedoch gar nicht so unversöhnlich: So liegt es auch in der Natur des Shareholder-Ansatzes, dass – wenngleich der Aktionär unbestritten im Vordergrund steht – die Interessen anderer Gruppierungen nicht vernachlässigt werden dürfen, wenn langfristig Gewinne für die Aktionäre erwirtschaftet werden sollen.

Kein Unternehmen kann in gesättigten Käufermärkten langfristig überleben, wenn es nicht die Wünsche seiner Kunden nach qualitativ hochwertiger Ware zu erschwinglichen Preisen verbunden mit hoher Lieferbereitschaft, guter Verfügbarkeit und zufriedenstellendem Kundendienst erfüllt.

In ähnlicher Weise ist es für innovative Technologieunternehmen, die auf hoch qualifizierte Arbeitnehmer angewiesen sind, ein Muss, ihre Mitarbeiter durch ein angenehmes Betriebsklima, hohe Löhne und gute Aufstiegschancen im Unternehmen zu halten, wenn weiterhin erfolgreiche Produkte entwickelt und auf den Markt gebracht werden sollen.

Beispiel:

Ein Unternehmen ist in die Verlustzone geraten. Der Aufsichtsrat stellt eine neue Unternehmensleitung auf Zeit ein, der für den Fall einer erfolgreichen Restrukturierung eine großzügige Abgangsentschädigung angeboten wird. Diese Unternehmensleitung setzt drastische Personalabbaumaßnahmen durch und verspricht eine maßgebliche Verbesserung der Rentabilität. Die Gewinnaussichten werden als sehr gut eingeschätzt, sodass die Aktienkurse massiv zulegen, und der Shareholder-Value sehr hoch wird. Nach Ablauf der Restrukturierung zieht sich die Geschäftsleitung auf Zeit mit der Abgangsentschädigung zurück. Nach einiger Zeit zeigt sich, dass der Personalabbau zu radikal war und sich das Unternehmen infolge eines Know-how-Verlusts nicht richtig erholt.

Beurteilung:

In diesem Beispiel ist sofort ersichtlich, dass die Unternehmensleitung kein anderes Ziel verfolgt hat, als den kurzfristigen Gewinn in ihrem eigenen Interesse zu manipulieren, was aus ethischer Sicht verwerflich ist. An die langfristige Fortentwicklung und damit an die langfristigen Interessen sowohl der Shareholder als auch aller anderen Stakeholder hat sie überhaupt nicht gedacht.

Zusammenfassung

- **Unternehmen** sind Wirtschaftseinheiten, die planvoll organisiert sind. Sie beschaffen Sachgüter und Dienstleistungen, stellen hieraus gegebenenfalls eigene Erzeugnisse her und verkaufen ihre Leistungen.
- **Hauptfunktionsbereiche** der Unternehmen sind:
  - Beschaffung
  - Leistungserstellung
  - Absatz
- **Nachhaltigkeit** bedeutet, dass wir heute so leben und handeln, dass künftige Generationen überall eine lebenswerte Umwelt vorfinden und ihre Bedürfnisse befriedigen können **(Agenda 2030).**
- 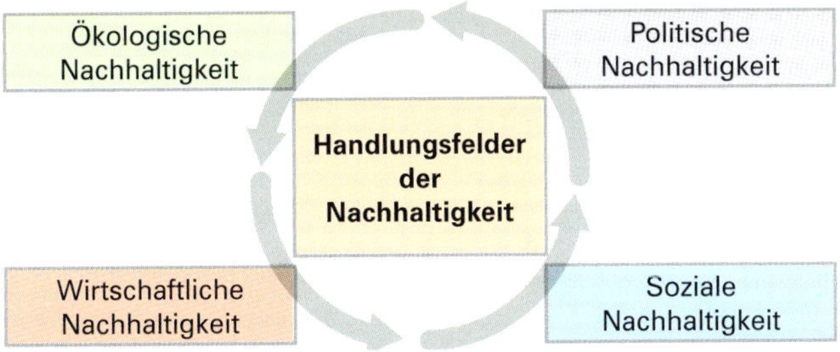

- Die Agenda 2030 fordert Maßnahmen, die **ökologisches Gleichgewicht, ökonomische Sicherheit** und **soziale Gerechtigkeit** schaffen **(drei Dimensionen der Nachhaltigkeit).**
- Während zwischen ökologischen und ökonomischen Zielen grundsätzlich **Zielharmonie** hergestellt werden kann, entstehen bei der gleichzeitigen Verfolgung sozialer und ökonomischer Ziele häufig **Zielkonflikte.**
- Die Vision vom nachhaltigen Wirtschaften spiegelt sich z. B. im Leitbild und den Kennzahlen eines Unternehmens wider.
- Aufgabe der **Unternehmensführung** ist es, den betrieblichen Leistungsprozess in der Art zu gestalten, dass die Unternehmensziele erreicht werden.
- Zu unterscheiden sind **eigentümergeführte** Unternehmen und **managementgeführte** Unternehmen.
- **Corporate Governance** umfasst Grundsätze verantwortungsvoller Unternehmensleitung und -kontrolle.
- Unter der **Unternehmensphilosophie** versteht man ein System gemeinsamer Grundwerte und Überzeugungen, Verhaltensregeln, Standards und Symbole.
- Das **Unternehmensleitbild** formuliert die grundlegenden Zwecke, Zielrichtungen, Gestaltungsprinzipien und Verhaltensnormen der Unternehmung.
- **Ziele** sind Maßstäbe – angestrebte Ereignisse oder Zustände –, an denen unternehmerisches Handeln gemessen werden kann.

- 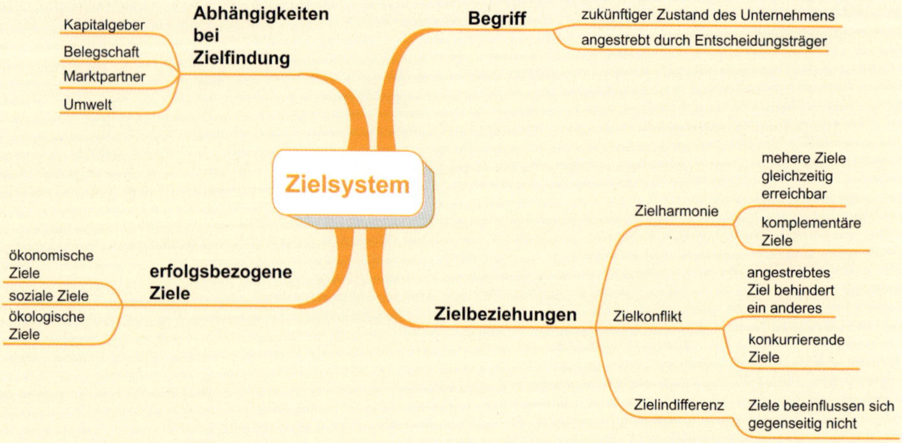

-

Ökonomische Ziele (Beispiele)	**Ökologische Ziele** (Beispiele)	**Soziale Ziele** (Beispiele)
■ Absicht der Gewinnerzielung ■ Steigerung des Umsatzes ■ Sicherung der ständigen Zahlungsbereitschaft ■ Risikostreuung durch breites Produktprogramm ■ Verdrängung von Konkurrenten ■ Streben nach Marktmacht ■ Streben nach hohem Qualitätsstandard	■ Abfallvermeidung ■ Benutzung umweltfreundlicher Werkstoffe ■ Produktion recycelbarer Produkte ■ Verminderung von Produktionsemissionen ■ Reduzierung von Lärmbelastungen ■ Nutzung erneuerbarer Energien	■ Gerechte Entlohnung ■ Gleich hohe Entgelte von Mann und Frau bei gleicher Arbeit ■ Arbeitsplatzsicherung ■ Ergonomische Arbeitsplatzgestaltung ■ Altersabsicherung und Betriebsrente ■ Aufgreifen von Anregungen der Mitarbeiter ■ Mitbestimmung

- Unter mehreren als wünschenswert erkannten Zielen kann ein **Zielkonflikt** (Konkurrenzbeziehung), eine **Zielharmonie** oder eine **Zielindifferenz** bestehen.
- **Zielkonflikte** ergeben sich z. B. aus den verschiedenen **Anspruchsgruppen** eines Unternehmens und deren Interessen.
- Die Ziele können auf eine **Anspruchsgruppe** oder auf **verschiedene Anspruchsgruppen** ausgerichtet sein.
- Die **Unternehmensverantwortung** wird auch als **Corporate Responsibility** bezeichnet. Diese zeigt die Auswirkungen unternehmerischen Handelns auf Gesellschaft und Umwelt.
- **Nachhaltigkeitsberichte** geben Informationen über ökologische und soziale Themen der Unternehmensführung.
- Beim **Shareholder-Ansatz** sind vorrangig die Unternehmensziele zu verfolgen, die den Marktwert des Eigenkapitalanteils erhöhen.
- Das **Stakeholder-Konzept** erweitert den Shareholder-Ansatz, indem neben einer rein finanziellen Zielperspektive auch eine soziale und ökologische Verantwortung verlangt wird, die eine gesellschaftliche Akzeptanz einschließt.

Kompetenztraining

1 Handlungsfelder der Nachhaltigkeit

1. Erläutern Sie die Handlungsfelder der Nachhaltigkeit!
2. In einer übergreifenden Abteilungssitzung der Ulmer Büromöbel AG wurden folgende Aussagen getroffen:

Steffi Kugler (Personal): *„Um unsere Mitarbeiterinnen und Mitarbeiter zu motivieren und die Arbeitsweise sowohl individuell als auch in Gruppen zu verbessern, aber auch nach außen Anreize für das Anwerben externer Fachkräfte zu schaffen, benötigen wir ein verbessertes betriebliches Gesundheitsmanagement am Arbeitsplatz, mehr Ausbildungsplätze und Möglichkeiten der Weiterbildung und zusätzliche Anreize wie das Angebot einer Kinderbetreuung und Sportangebote."*

Robert Heim (Vorstand): *„Unser oberstes Ziel für die Ulmer Büromöbel AG muss die Erhaltung unserer finanziellen Unabhängigkeit bleiben. Daher sollten wir verstärkt die erwirtschafteten Gewinne im Unternehmen belassen und für ein nachhaltiges Wachstum müssen neue Geschäftsfelder aufgebaut werden."*

Daniel Sutter (Produktion): *„Um Ressourcen zu schonen, werden wir in Zukunft Holzüberreste innerhalb des Produktionsprozesses wiederverwenden. Damit reduzieren wir unsere Holzabfälle."*

Michael Huth (Allg. Dienste): *„Durch das Inkrafttreten des CSR-Richtlinie-Umsetzungsgesetzes sind wir verpflichtet, einen Nachhaltigkeitsbericht zu erstellen und diesen der Öffentlichkeit zugänglich zu machen."*

Aufgabe:

Ordnen Sie diese Aussagen jeweils einem Bereich der Nachhaltigkeit zu!

2 Ziele nachhaltiger Entwicklung

Blue-Jeans-Produktion ist nicht grün

Beim Färben und Bleichen der Hosen kommt viel Chemie zum Einsatz. In China, wo viele Jeans produziert werden, fließen die Abwässer meist nur grob geklärt mit all ihren Giften in die Flüsse. Das Sandstrahlen schädigt die Lungen der Arbeiter. Der feine Sandstaub kann schon nach wenigen Jahren eine Silikose (Staublunge) verursachen, viele Arbeiter in chinesischen und türkischen Textilfabriken sterben daran. An einer Jeans, die für 50 EUR verkauft wird, verdient eine Näherin nur 50 Cent.

Nicht nur billige Kleidungsstücke werden unter solch schlechten Bedingungen hergestellt. Der Rückschluss „höherer Preis gleich bessere Bedingungen" geht nicht auf. [...]

Quelle: Vgl. http://www.3sat.de/page/?source-/nano/umwelt/166691/index.html [27. 10. 2017].

Aufgaben:

1. Arbeiten Sie aus dem Textauszug heraus, gegen welche Ziele nachhaltiger Entwicklung (SDGs) die Herstellung von Bluejeans unter den beschriebenen Bedingungen verstößt!

4 Hug u.a. - ISBN 978-3-8120-0578-4

2. Erläutern Sie anhand der Symbole im folgenden Schaubild die fünf handlungsleitenden Prinzipien der Ziele nachhaltiger Entwicklung (SDGs)!

Quelle: http://www.bmz.de/de/themen/2030_agenda/index.html [03.03.2020].

3 Unternehmensleitbilder und Arten von Unternehmenszielen

Die MicroTex Technologies GmbH, Hersteller technischer Garne, Alfred-Nobel-Str. 42, 89079 Ulm, hat folgendes Unternehmensleitbild formuliert (Auszüge):

1. Was wir sind

Wir sind ein mittelständisches Traditionsunternehmen, das seit 1860 besteht. In der Produktion von Baumwollgarnen, Viskosegarnen, Acrylgarnen und Chenille-Zwirn besitzen wir Weltruf. Es ist unsere Absicht, diesen Ruf im Interesse unserer Kunden und Mitarbeiter weiter auszubauen.

Für die Herstellung unserer Garne haben wir hohes handwerkliches Know-how. Dieses handwerkliche Können werden wir auch in Zukunft durch weitere industrielle Fertigungsprozesse ergänzen, um den Ausbau unserer Marktstellung zu festigen.

2. Was wir wollen

In der Zukunft können wir nur erfolgreich sein, wenn wir unser Wissen und unsere Erfahrungen ständig verbessern.

Wir wollen mit unseren Produkten (unseren Erzeugnissen und Dienstleistungen) ein führender Markenhersteller sein.

Wir bauen unsere Marktstellung auf traditionellen Märkten aus. Auf neue Märkte gehen wir nur, wenn dies mit unserer Unternehmensphilosophie übereinstimmt.

3. Unsere Kundenphilosophie

Unser Unternehmen lebt von den Aufträgen unserer Kunden. Wir sind uns bewusst, dass unsere Angebote erst dann zu lohnenden Aufträgen werden, wenn wir die Bedürfnisse der Kunden besser befriedigen als unsere Mitbewerber.

Die Bedürfnisse unserer Zielgruppen zu ergründen und Maßnahmen zu ihrer Befriedigung zu ergreifen ist deshalb eine unserer Hauptaufgaben.

Unser Streben nach absolut fehlerfreier Qualität soll Kundenreklamationen überflüssig machen. Mögliche Mängelrügen unserer Kunden wollen wir großzügig und kulant behandeln.

4. Unternehmenswachstum

Wir wollen schneller wachsen als die Mitbewerber. Eine Ausweitung der Produktpalette soll nur erfolgen, wenn Exklusivität und höchste Qualität gegeben sind.

Kooperationen[1] *gehen wir ein, wenn nachstehende Faktoren zutreffen:*
- *Es können Lösungen angeboten werden, mit denen die Bedürfnisse der Kunden noch besser befriedigt werden können.*
- *Es eröffnen sich neue Wachstumsmöglichkeiten.*
- *Es ergeben sich kostengünstigere Produktions- und Vertriebsstrukturen.*
- *Es bietet sich der Zugang zu neuem Know-how.*
- *Die finanzielle Basis unseres Unternehmens kann verbreitert werden.*

5. Personalpolitik

Unsere Personalpolitik beruht auf der Überzeugung, dass ein Unternehmen nur so gut wie seine Mitarbeiter ist. Sind diese engagiert, flexibel, sachkundig und erfolgreich, dann ist auch das ganze Unternehmen leistungsfähig und erfolgreich.

Unsere Mitarbeiter haben am Erfolg des Unternehmens teil. Ihr Arbeitsplatz soll aufgrund ihrer Leistungen sicher sein. Der Arbeitsplatz ist ansprechend zu gestalten und er darf keine Gefährdung für die Arbeitskraft darstellen. Die individuellen Leistungen sind anzuerkennen.

Für uns gelten folgende Führungsgrundsätze:
- *Alle Mitarbeiter haben die gleichen Entwicklungs- und Beförderungschancen.*
- *Durch Aus- und Weiterbildung wollen wir die Qualifikation unserer Mitarbeiter erhöhen.*
- *Wir stellen laufend Überlegungen an, wie die Arbeitsbedingungen einschließlich des Betriebsklimas verbessert werden können.*
- *In unserem Unternehmen praktizieren wir einen kooperativen Führungsstil.*[2]
- *Die Besetzung neuer Stellen wollen wir vorzugsweise aus den eigenen Reihen, d. h. betriebsintern vornehmen.*

6. Gesellschaftliche Verantwortung

Der Nutzen unseres Angebots besteht darin, dass wir unseren Kunden ihre Arbeit erleichtern und sicherer machen.

Wir betrachten uns als Teil der Gemeinde, in der wir produzieren und mit der wir uns eng verbunden fühlen.

Als Bürger ihrer Gemeinde können und sollen unsere Mitarbeiter z. B. in Vereinen, Kirchen, Parteien, Schulen, städtischen und karitativen Einrichtungen mitwirken.

Gegenüber unseren Kunden, Lieferern, Kreditgebern und Mitbewerbern verhalten wir uns fair. Unsere Zulieferer müssen eine Chance haben, ihrerseits Gewinne zu erzielen.

7. Verantwortung gegenüber der natürlichen Umwelt

Produktionsbedingte Belastungen der Umwelt mit Lärm, Abgasen und Abwasser müssen durch entsprechende Maßnahmen auf dem niedrigstmöglichen Niveau gehalten werden.

---

1 **Kooperation** ist jede Zusammenarbeit zwischen Unternehmen. Diese kann auf der einen Seite in sehr lockerer Form geschehen, auf der anderen Seite bis hin zum Aufkauf eines Unternehmens durch ein anderes führen.

2 Ein **kooperativer Führungsstil** liegt vor, wenn ein steter Informationsaustausch (Kommunikationsprozess) zwischen den vorgesetzten Personen und ihren Mitarbeiterinnen und Mitarbeitern stattfindet.

Wir streben einen integrierten[1] Umweltschutz an, d.h., der Umweltschutz umfasst alle Vor- und Folgestufen des gesamten Produktionsprozesses – von der Beschaffung, der Lagerung, der Herstellung, dem Verkauf, der Distribution[2] bis zur Entsorgung der Abfälle.

Alle wiederverwertbaren Abfälle vom Papier in den Büros bis hin zum Schrott in den Werkstätten werden gesondert gesammelt und in eigene oder fremde Produktionsprozesse zurückgeführt (Recycling).

Jedes Belegschaftsmitglied ist sich bewusst, dass der Umweltschutz bereits vor dem Beginn des Produktionsprozesses beginnt und während des gesamten Produktionsprozesses zu beachten ist.

Wir wollen durch Vermeidungsstrategien mögliche Nachsorgestrategien überflüssig machen.

8. Verpflichtung gegenüber unseren Gesellschaftern

Unser oberstes Ziel ist die Erhaltung und Weiterentwicklung unseres Unternehmens, um die Arbeitsplätze zu sichern und das eingesetzte Kapital zu erhalten und zu mehren. Dieses Ziel kann nur erreicht werden, wenn das Unternehmen einen ausreichenden Gewinn erwirtschaftet.

Der Gewinn muss so groß sein, dass die zur Erreichung der Unternehmensziele erforderlichen Ersatz- und Erneuerungsinvestitionen durchgeführt werden können und das Eigenkapital eine angemessene Verzinsung erhält.

Wir streben eine Vermehrung des Eigenkapitals an, um den Kreditbedarf und damit die Zins- und Tilgungsleistungen zu senken.

Als mittelständisches Unternehmen wollen wir keine Risiken eingehen, die die Existenz des Unternehmens gefährden können.

Aufgaben:

1. Arbeiten Sie heraus, welche Unternehmensziele (z.B. ökonomische, ökologische, soziale Ziele) sich aus den zitierten Unternehmensleitsätzen ableiten lassen! Nennen Sie in Ihrer Antwort die Punkte, auf die Sie sich beziehen!
2. Vergleichen Sie das Unternehmensleitbild der MicroTex Technologies GmbH mit dem der Sportartikelfabrik Sport-Burr KG!

4 SMART – Zielformulierung

Eine von der Sport-Burr KG in Auftrag gegebene Kundenbefragung kommt zu dem Ergebnis, dass 80 % der Neukunden mit dem Service des Unternehmens zufrieden sind. In Bezug auf das Leitbild möchte die Geschäftsführung bis zum Jahr 2024 die Zufriedenheit der Neukunden auf 90 % erhöhen. Dadurch soll eine stärkere Kundenbindung verbunden mit zusätzlichen Folgeaufträgen erreicht werden. Dies soll durch den weiteren Ausbau von Beratung und Dienstleistungen sowie durch stärkere Kundennähe erreicht werden.

Die Geschäftsführung formuliert das Unternehmensziel wie folgt: *„Wir müssen schnellstens die Kundenzufriedenheit von Neukunden steigern."*

Aufgabe:

Präzisieren Sie das Unternehmensziel mit den gegebenen Informationen und der Zielformel SMART!

---

1 **Integrieren** (lat.): einbeziehen, einbauen, in ein übergeordnetes Ganzes aufnehmen.

2 **Distribution** (lat.): Verteilung. In der Betriebswirtschaftslehre ist unter Distribution die Verteilung der Güter, d.h. die Art und Weise zu verstehen, wie die Verteilung der Güter nach ihrer Fertig- oder Bereitstellung zum Abnehmer vorgenommen wird.

5 Zuordnung von Unternehmenszielen und Zielbeziehungen

1. Entscheiden Sie, welche(s) der nachgenannten Ziele zu den ökonomischen Zielen, den ökologischen Zielen, den sozialen Zielen gehören (gehört)!

   1.1 Gewinnziel,
   1.2 Streben nach Macht und/oder Prestige,
   1.3 Gewinnung politischen Einflusses,
   1.4 Umsatzsteigerung,
   1.5 Erhöhung des Marktanteils,
   1.6 Unternehmenswachstum,
   1.7 Verminderung der Umweltbelastungen,
   1.8 Arbeitsplatzsicherung,
   1.9 Streben nach Unabhängigkeit,
   1.10 Versorgung der Bevölkerung mit lebensnotwendigen Erzeugnissen oder Dienstleistungen,
   1.11 Verpflichtung gegenüber Familientradition,
   1.12 Kostendeckung,
   1.13 Kostensenkung.

2. Nennen Sie ein Beispiel für eine Zielkombination, bei der ein Zielkonflikt besteht!

3. Nennen Sie ein Beispiel für eine Zielkombination, bei der Zielharmonie besteht!

4. **Erkundungsauftrag:** Erkunden Sie (in Gruppen) auf einer Mülldeponie, was unter einem gewöhnlichen Müll bzw. einem Sondermüll zu verstehen ist. Fragen Sie im Rahmen dieser Erkundung auch danach, welche recycelbaren Güter („Wertstoffe") gesammelt werden. Verfassen Sie über diese Erkundung einen kurzen Bericht und tragen Sie diesen im Klassenverband vor!

6 Zielbeziehungen zwischen den Unternehmenszielen

1. Zwischen dem Umweltschutzziel und den ökonomischen und sozialen Zielen ergeben sich teils konkurrierende, teils komplementäre und teils indifferente Beziehungen.

   Aufgaben:

   Stellen Sie dar, welcher Zielkonflikt, welche Zielharmonie bzw. welche Zielindifferenz zwischen dem Umweltschutzziel und den nachstehend genannten Zielen besteht! Begründen Sie Ihre Antworten!

   1.1 Langfristige Gewinnmaximierung,
   1.2 Sicherung und Vermehrung der Arbeitsplätze,
   1.3 Verbesserung des Unternehmensimages,
   1.4 Senkung der Mitarbeiterfluktuation.[1]

2. Frank Mahle hat vor Kurzem die Werkzeugfabrik seines Vaters übernommen. Er beabsichtigt, einige Änderungen vorzunehmen. Insbesondere will Frank Mahle neben dem Unternehmensziel „Betriebserhaltung" auch das Ziel „Umweltbewusstsein" verstärkt verfolgen.

   Aufgaben:

   2.1 Erläutern Sie die genannten Unternehmensziele!
   2.2 Nennen Sie außerdem zwei weitere Unternehmensziele!

7 Themenbereiche der Unternehmensverantwortung

1. Erläutern Sie die Begriffe Corporate Responsibility, Corporate Social Responsibility, Corporate Citizenship und Corporate Governance!

2. Ordnen Sie die nachfolgenden unternehmerischen Tätigkeiten den Begriffen CSR, CC oder CG zu und begründen Sie Ihre Entscheidung!

   2.1 Für die Büromitarbeiter führt die Ulmer Büromöbel AG flexible Arbeitszeiten ein.
   2.2 Der faire und verantwortungsvolle Umgang sowohl miteinander im Unternehmen als auch mit Kunden und Geschäftspartnern sowie die Achtung von Rechten und Gesetzen sind wesentliche Prinzipien der Ulmer Büromöbel AG.

---

1 Unter **Mitarbeiterfluktuation** wird der Abgang oder die Abgangsrate von Arbeitnehmern verstanden. Im weiteren Sinne kann auch die Austauschrate oder der Wechsel von Personal gemeint sein.

2.3 Aufgrund hoher Energiekosten werden bei der Ulmer Büromöbel AG neue energieeffiziente Produktionsanlagen angeschafft. Diese senken den Energiebedarf um 25 %.

2.4 Die Ulmer Büromöbel AG spendet 10 000,00 EUR an einen Kindergarten im Stadtteil Böfingen.

3. **Erkundungsauftrag:** Suchen Sie (in Gruppen) drei regionale Unternehmen und vergleichen Sie die Unternehmensleitbilder nach den Kriterien ökonomische, ökologische und soziale Unternehmensziele. Überprüfen Sie, inwieweit sich die von Ihnen gewählten Unternehmen auf die Corporate Responsibility beziehen und ob sie Nachhaltigkeitsberichte veröffentlichen. Erstellen Sie zu Ihrer Recherche einen Bericht und tragen Sie diesen im Klassenverband vor!

8 Analyse eines Nachhaltigkeitsberichts

Die Ulmer Büromöbel AG hat im Jahr 2015 im Rahmen der Corporate Social Responsibility (CSR) einen 10-Jahres-Plan mit Nachhaltigkeitszielen definiert. In der Nachhaltigkeitsberichterstattung veröffentlicht das Unternehmen jährlich den aktuellen Stand der Zielerreichung. Für das Jahr 2020 liegt folgender Auszug aus dem Nachhaltigkeitsbericht vor:

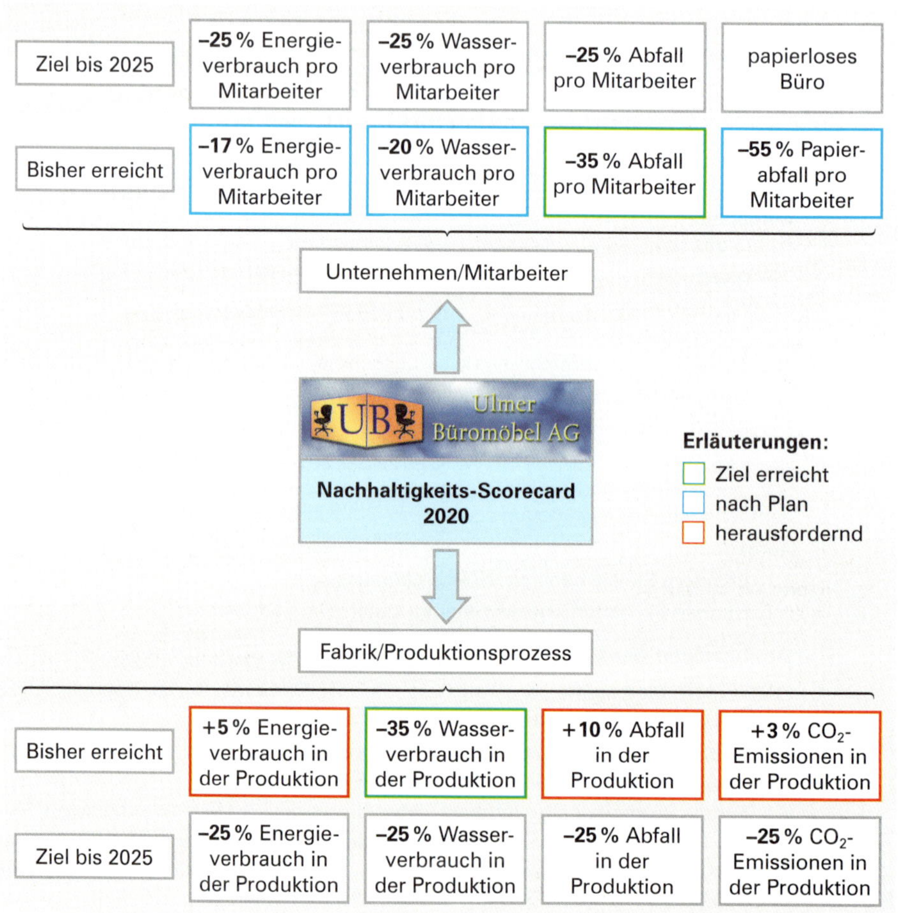

Aufgaben:

Die Unternehmensleitung der Ulmer Büromöbel AG soll über den Stand der Zielerreichung informiert werden.

1. Analysieren Sie die Nachhaltigkeits-Scorecard der Ulmer Büromöbel AG und erstellen Sie einen Bericht über den Stand der Zielerreichung für die Unternehmensleitung!
2. Unterbreiten Sie der Unternehmensleitung Maßnahmenvorschläge für die Ziele, die sich im „herausfordernden Bereich" befinden!

9 Nachhaltigkeitsbericht und Ziele nachhaltiger Entwicklung (SDGs)

Der Automobilhersteller Audi verbindet in seinem Nachhaltigkeitsbericht strategische Ziele im Bereich Nachhaltigkeit mit konkreten Maßnahmen. Die folgende Tabelle zeigt davon einen Ausschnitt.

Ziel	Maßnahme	Abgleich SDGs
Erweiterung des Angebots elektrifizierter Antriebskonzepte.	40 Prozent der Audi Neufahrzeuge verfügen über einen elektrifizierten Antrieb.	
Sicherstellung der Verfügbarkeit von Schnellladeinfrastruktur entlang der Langstreckenverkehrsachsen in Europa und den USA zur Förderung der Langstreckentauglichkeit von Elektrofahrzeugen.	Infrastrukturausbau in Kooperation mit verschiedenen Partnern in Europa und den USA als Anschubleistung für Elektrofahrzeuge.	
Erhöhung der Verkehrssicherheit.	Weiterentwicklung von Technologien hin zum autonomen Fahren.	
Nachhaltigkeit in die Lieferantenbeziehung integrieren.	Schulungen aller Mitarbeiter der Beschaffung, um für Nachhaltigkeitsstandards in der Lieferantenbeziehung zu sensibilisieren.	
Alle Werke CO_2-neutral.	Planung und Umsetzung von standortspezifischen Maßnahmenpaketen zur Zielerreichung.	
Methodische und inhaltliche Aktualisierung der Berufsausbildung und Weiterbildung.	Beibehaltung der Ausbildungszahlen und Weiterbildungstage auf hohem Niveau.	
Förderung von Chancengleichheit.	Steigerung des Frauenanteils in der ersten Führungsebene unterhalb des Vorstands auf 8 % und in der zweiten Führungsebene auf 16 %.	

Quelle: Audi AG, Nachhaltigkeitsbericht 2018 – Zwischenbericht, Ingolstadt 2018.

Aufgabe:

Ordnen Sie den einzelnen Nachhaltigkeitszielen mit ihren Maßnahmen die passenden Ziele nachhaltiger Entwicklung (SDGs) zu!

Hinweis: Teilweise werden mehrere SDGs je Ziel angestrebt.

10 Shareholder- und Stakeholder-Konzept

1. Erläutern Sie die Grundzüge des Shareholder-Konzepts!
2. 2.1 Nennen Sie die Stakeholder einer Personengesellschaft!
   2.2 Beschreiben Sie, welchen wichtigen Anspruch ein Stakeholder abgesehen von den finanziellen Ansprüchen hat!
   2.3 Erläutern Sie, inwiefern Stakeholder das Unternehmen beeinflussen können!
3. Zitat eines Verfechters des Shareholder-Values, dem liberalen Ökonomen Milton Friedman:

   „Die einzige soziale Verantwortung der Unternehmung ist es, im Rahmen geltender Gesetze Gewinne zu erzielen. Jedes weitere Verfolgen sozialer Ziele ist Diebstahl an den Aktionären.

   Die Geschäftsleitungen sind nicht gewählte Volksvertreter und haben deshalb auch kein soziales Mandat. Sie dürften sich deshalb auch nicht anmaßen, das Geld des Aktionärs im Namen der sozialen Verantwortung nach nicht-ökonomischen Kriterien auszugeben."

   Aufgabe:

   Nehmen Sie zu Kernaussagen des Textes Stellung!

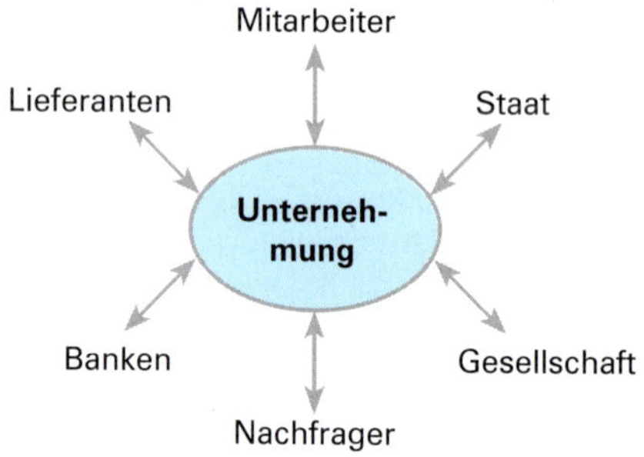

4. Erläutern Sie die nebenstehende Abbildung!
5. 5.1 Erklären Sie, warum die Eigenkapitalgeber großer Unternehmen gezwungen sind, einen Ordnungsrahmen für die Unternehmensführung zu schaffen!
   5.2 Erläutern Sie die wesentliche Zielsetzung der Corporate Governance!

11 Zielbeziehungen und Shareholder-/Stakeholder-Konzept

Wir greifen auf das Unternehmensleitbild der Sportartikelfabrik Sport-Burr KG zurück (siehe S. 32).

Aufgaben:

1. Beschreiben Sie anhand des Unternehmensleitbilds einen Zielkonflikt und eine Zielharmonie!
2. Das im Unternehmensleitbild genannte Stakeholder-Konzept stellt eine Erweiterung des Shareholder-Konzepts dar.

   Nehmen Sie Stellung zu dieser Aussage!

2 Funktionsbereiche eines Unternehmens und die im Unternehmen ablaufenden betriebswirtschaftlichen Prozesse skizzieren sowie die Aufbauorganisation beschreiben und beurteilen können

KB 1 Lernsituation 3: Funktionsbereiche skizzieren

Die Weber Metallbau GmbH ist ein mittelständisches Unternehmen im Industrie- und Gewerbepark Ulm. Sie beschäftigt 41 Mitarbeiter und hat sich auf den Bereich der Bautechnik spezialisiert, insbesondere auf die Herstellung von Brandschutztüren, Fassaden-, Geländer- und Treppenbau. Aufgrund der hohen fachlichen Anforderungen wird ein aufwendiges Bewerbungsverfahren durchgeführt.

Weber Metallbau GmbH

Kompetenzorientierte Arbeitsaufträge:

Arbeiten Sie das folgende Kapitel des Schulbuches durch, verwenden Sie die Aufzeichnungen aus dem Unterricht und führen Sie eine Internetrecherche zur Bearbeitung der Arbeitsaufträge durch!

Mit dem Leiter der Personalabteilung, Jupp Weiss, werden die Funktionsbereiche eines Unternehmens besprochen.

1. Sie erhalten die Aufgabe, eine Recherche zu den Aufgaben der Personalwirtschaft durchzuführen. Gliedern Sie anschließend die Aufgaben der Personalwirtschaft in Planungs-, Steuerungs-, und Controllingprozesse und beschreiben Sie diese!
2. Erstellen Sie für die Weber Metallbau GmbH ein Schaubild, in welchem Sie die betrieblichen Grundfunktionsbereiche und Unterstützungsfunktionsbereiche einzeichnen!

2.1 Funktionsbereiche eines Unternehmens am Beispiel des Industriebetriebs kennenlernen und diese skizzieren können

2.1.1 Überblick über die Funktionsbereiche (Aufgabenbereiche) eines Unternehmens am Beispiel des Industriebetriebs

Betriebswirtschaftlich kann ein Industriebetrieb in **Grundfunktionsbereiche** (Grundaufgabenbereiche) und in **Unterstützungsfunktionsbereiche** (Unterstützungsaufgabenbereiche) unterteilt werden.

(1) Grundfunktionsbereiche

Als Grundfunktionsbereiche bezeichnet man die Aufgabenbereiche, die für einen Industriebetrieb charakteristisch (unverzichtbar) sind.[1]

1 Ausführliche Darstellung der Grundfunktionsbereiche siehe S. 60ff.

Materialwirtschaft	Produktionswirtschaft	Absatzwirtschaft
Um fertigen (produzieren) zu können, braucht der Industriebetrieb vor allem Materialien[1] und Maschinen. Den Grundfunktionsbereich, der die Materialien beschafft, verwaltet und an die Produktionswirtschaft weiterleitet, bezeichnet man als **Materialwirtschaft.**	Charakteristisch für einen Industriebetrieb ist, Erzeugnisse zu fertigen. Den Grundfunktionsbereich, der die Fertigung zu organisieren hat, bezeichnet man als **Produktionswirtschaft.**	Produktions- und Materialwirtschaft sind nicht Selbstzweck. Erzeugnisse müssen abgesetzt, d.h. verkauft werden. Die dritte Grundfunktion des Industriebetriebs ist somit die **Absatzwirtschaft.**

(2) Unterstützungsfunktionsbereiche

Die Unterstützungsfunktionsbereiche erbringen Leistungen, die die Bewältigung der Grundfunktionen teilweise erst ermöglichen oder aber erleichtern bzw. optimieren und somit das ganze Unternehmen betreffen.

Zu den wichtigsten Unterstützungsfunktionsbereichen gehören insbesondere:

Finanzwirtschaft 	Die Finanzwirtschaft lässt sich in die Bereiche Finanzierung und Investition unterteilen. ▪ **Finanzierung** ist die Bereitstellung von finanziellen Mitteln zur Durchführung des betrieblichen Leistungsprozesses sowie aller sonstiger finanzieller Vorgänge (z. B. Unternehmensgründung). ▪ Als **Investition** bezeichnet man allgemein die Verwendung der finanziellen Mittel. Werden im Rahmen der Beschaffungs- und Produktionsphase größere Beträge für einzelne Vermögensgegenstände (z. B. Grundstücke, Maschinen) aufgewendet und ist die Kapitalbindung längerfristig, so spricht man von Investition.
Personalwirtschaft 	Die Personalwirtschaft umfasst die Summe aller Aufgaben, die sich mit der Arbeit von Personen in einem Unternehmen befassen. Zu den Aufgaben der Personalwirtschaft gehört u. a. die Personalbedarfsplanung und Personalführung/Personalmotivation. ▪ Die **Personalbedarfsplanung** ermittelt die Anzahl und die Qualifikation der Mitarbeiter, die das Unternehmen in absehbarer Zeit benötigt. ▪ **Personalführung** und **Personalmotivation** umfasst die zielorientierte Einflussnahme auf die Mitarbeiter und die Steigerung der Mitarbeitermotivation.

1 Bei **Materialien** handelt es sich um **Werkstoffe** (Roh-, Hilfs- und Betriebsstoffe) sowie **Vorprodukte**. Zur Erläuterung der Begriffe siehe S. 97.

Rechnungswesen 	Das Rechnungswesen erfasst die betrieblichen Prozesse eines Unternehmens und stellt die Ergebnisse der Geschäftsleitung zur Auswertung zur Verfügung. Nach dem Informationsempfänger unterscheidet man zwischen internem Rechnungswesen und externem Rechnungswesen. ■ Das **interne Rechnungswesen** umfasst die Kosten- und Leistungsrechnung, die Betriebsstatistik und die Planungsrechnung. Interne Informationsempfänger sind z. B. Geschäftsführer, Abteilungsleiter, Mitarbeiter und Betriebsrat. ■ Das **externe Rechnungswesen** umfasst die Buchführung und die Jahresabschlussrechnung. Externe Informationsempfänger sind z. B. Gesellschafter, Steuerbehörden, Banken und Gerichte.
Controlling 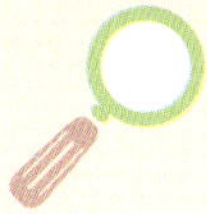	■ **Generelle Aufgabe des Controllings** ist es, die Geschäftsleitung bei der Steuerung des Unternehmens durch Beschaffung und Aufbereitung von Informationen, durch Koordinieren, Analysieren und Kontrollieren zu unterstützen, um die Unternehmensziele optimal erreichen zu können. ■ Die **speziellen Aufgaben des Controllings** betreffen insbesondere die Planungs- und Kontrollrechnung, das Rechnungswesen als Dokumentationsrechnung, die Erstellung ergebnisorientierter Informationen sowie Organisationsfragen.

Die Unterstützungsfunktionsbereiche haben eine **Querschnittsfunktion,** was besagt, dass die einzelnen Unterstützungsfunktionsbereiche jeweils **allen Grundfunktionsbereichen** zuarbeiten. So regelt beispielsweise die Personalwirtschaft im Einvernehmen mit der Geschäftsleitung jeweils alle Personalentscheidungen, also sowohl in der Absatz- wie in der Produktions- oder Materialwirtschaft.

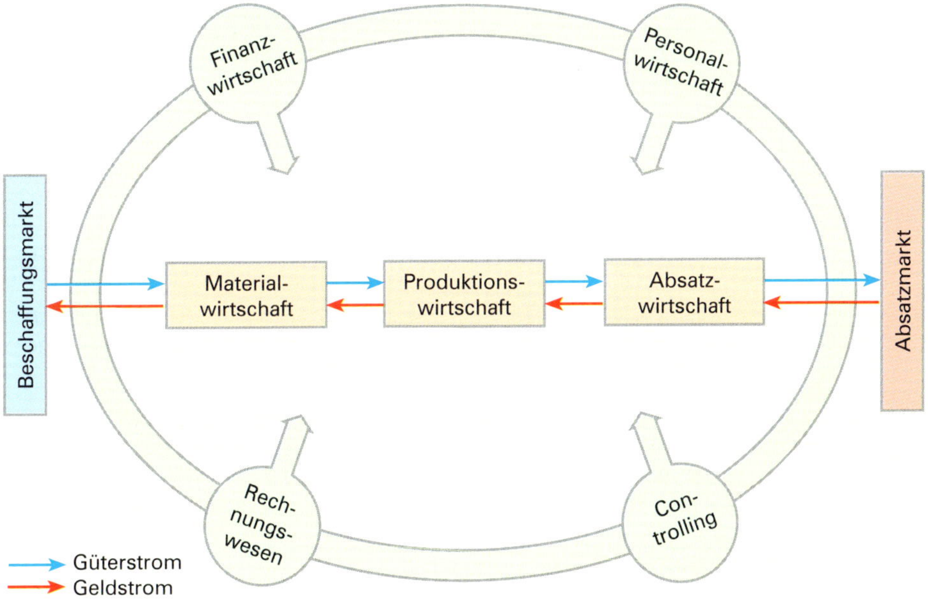

Die Gestaltung und Lenkung aller Grund- und Unterstützungsfunktionsbereiche obliegt grundsätzlich der Geschäftsführung. Je nach Unternehmensart und -größe sind die einzelnen Grund- bzw. Unterstützungsfunktionsbereiche institutionalisiert (z. B. zu Bereichen oder Abteilungen) und werden von Führungskräften[1] (Managern) geleitet. Bei den Führungskräften (Managern) handelt es sich um Personen, die mit verschiedenen Aufgaben, Kompetenzen[2] und Verantwortlichkeiten ausgestattet sind und auf unterschiedlichen hierarchischen[3] Stufen angesiedelt sind. An der Spitze sind dies die Eigentümerunternehmer oder die Geschäftsführer bzw. Vorstandsmitglieder. Die Führungskräfte der Haupt- bzw. Unterstützungsfunktionsbereiche haben, je nach hierarchischer Stellung z. B. die Bezeichnungen Bereichs- bzw. Werksdirektoren, Abteilungsleiter bzw. Meister, Gruppenführer bzw. Vorarbeiter.

2.1.2 Grundlegendes zu den Grundfunktionsbereichen

(1) Materialwirtschaft

- Die **Materialwirtschaft** ist zuständig für die Beschaffung, die Lagerung und den Transport der Materialien, die im Produktionsprozess be- und weiterverarbeitet werden.
- Das Material muss in der **erforderlichen Menge** und **Qualität** zur **rechten Zeit**, am **richtigen Ort** und zu **optimalen Kosten** bereitgestellt werden.

Die Materialwirtschaft lässt sich in einen Planungs-, Steuerungs- und Controllingprozess gliedern.[4]

Prozessart	Aufgaben	Beispiele
Planungsprozess	■ Beschaffungsmarkt erforschen	Informationen über Lieferer einholen, Informationsquellen ermitteln ...
	■ Beschaffungsplanung vornehmen	Materialbedarf planen, Zeitplanung erstellen, notwendige Lagervorräte ermitteln, Kriterien für die Materialauswahl festlegen ...
Steuerungsprozess	■ Liefererauswahl treffen	Bewertung der Lieferer vornehmen, Entscheidung für einen oder mehrere Lieferer treffen ...
	■ Beschaffungsprozess abwickeln	Angebote einholen, Angebotsvergleiche durchführen, Bestellungen vornehmen, Kaufverträge abschließen, Wareneingänge prüfen, gegebenenfalls Leistungsstörungen regeln ...

1 Für das Wort **Führung** wird häufig auch die englisch-amerikanische Bezeichnung **Management** benutzt. Der Begriff Management wird als Tätigkeit im Sinne des Managens oder als Bezeichnung für eine Institution (z. B. Bereich, Abteilung) verwendet.

2 **Kompetenz** (lat.): Zuständigkeit, Befugnis.

3 **Hierarchie** (griech.): strenge Rangordnung.

4 Detailliert wird im Kompetenzbereich 3 (S. 218 ff.) auf die Beschaffungsprozesse eingegangen.

Prozessart	Aufgaben	Beispiele
Controllingprozess	Überwachung der Materialwirtschaft, gegebenenfalls Vorschläge zur Optimierung der Materialwirtschaft unterbreiten	Beschaffungsvorgänge überprüfen, Lagerkosten und Lagerrisiken prüfen, Materialfluss im Unternehmen kontrollieren und gegebenenfalls korrigieren, Erstellen eines Logistikkonzepts für die Auslieferung der Erzeugnisse ...

(2) Produktionswirtschaft

Die Prozesse der Produktionswirtschaft schließen sich an jene der Materialwirtschaft an und werden angestoßen, wenn entweder

- ein Kundenauftrag aus den vorhandenen Fertigerzeugnissen nicht bedient werden kann, weil es sich um eine reine Auftragsfertigung handelt oder die Vorräte an Fertigerzeugnissen nicht ausreichend sind, oder
- weil aufgrund des Absatzplanes von einem Standarderzeugnis der Vorrat an verkaufsfähigen Einheiten ergänzt werden muss. In diesem Fall spricht man von einem Betriebsauftrag.

Zweck der **Produktionswirtschaft** ist es, durch den Einsatz von Arbeitskräften, Anlagen, Material, Energie und Dienstleistungen sowie Informationen und technischen Verfahren Produkte zu schaffen.

Die **Aufgaben der Produktionswirtschaft** lassen sich wie die der Materialwirtschaft in einen Planungs-, Steuerungs- und Controllingprozess aufgliedern.

Prozessart	Aufgaben	Beispiele
Planungsprozess	▪ Produkte planen und Produktprogramm erstellen	Neue Produkte entwickeln, Probeprodukte erstellen und testen, Produktdokumente (z. B. Konstruktionszeichnungen) abfassen, Produktprogramm planen ...
	▪ Neue Produkte schützen	Patente, Gütezeichen, Marken usw. für die neuen Produkte beantragen ...
	▪ Fertigungsverfahren planen	Festlegen, mit welchen Fertigungsverfahren (z. B. Einzelfertigung, Serienfertigung, Fließbandfertigung) produziert wird ...
Steuerungsprozess	▪ Konkrete Planung des Produktionsprozesses	Festlegung des Materialeinsatzes, der Losgrößen, der Fertigungszeiten, des Kapazitätsbelegungsplans ...
	▪ Durchführung der Produktion	Produktion veranlassen, Auftrag überwachen, Fertigungsdokumente erstellen ...
Controllingprozess	Überwachung der Produktionswirtschaft, gegebenenfalls entwickeln neuer Planungs- und Steuerungsmaßnahmen	Kostenentwicklung überprüfen, Qualitätsmanagement vornehmen, Qualität der betrieblichen Prozesse überprüfen und gegebenenfalls Vorschläge für neue Prozessabläufe entwickeln ...

(3) Absatzwirtschaft

Die **Absatzwirtschaft** hat **zwei Zielsetzungen:**

- Zum einen muss sie versuchen, möglichst viele Informationen über den Markt, die Kundenwünsche und die Wettbewerbssituation zu gewinnen, um sicherzustellen, dass das Unternehmen markt- und kundengerechte Produkte herstellt.
- Zum anderen hat sie Strategien zu entwickeln, die eine optimale Vermarktung der hergestellten Sachgüter und Dienstleistungen gewährleisten.

Auch die **Aufgaben der Absatzwirtschaft** lassen sich in einen Planungs-, Steuerungs- und Controllingprozess aufgliedern.[1]

Prozessart	Aufgaben	Beispiele
Planungsprozess	■ Marktforschung	Markt analysieren, Markt beobachten, Marktprognosen erstellen ...
	■ Produktpolitik	Kundengerechte Produkte fördern, veraltete Produkte eliminieren, Garantieleistungen festlegen, Kundendienst planen ...
	■ Kontrahierungspolitik	Preisstrategien entwickeln, Lieferungs- und Zahlungsbedingungen festlegen ...
	■ Kommunikationspolitik	Werbung, Verkaufsförderung, Public Relationsmaßnahmen planen ...
	■ Distributionspolitik	Absatzwege festlegen, Absatzlogistik entwerfen ...
Steuerungsprozess	■ Akquirieren[2] und Abwickeln von Kundenaufträgen	Anfragen beantworten, Angebote erstellen, Kaufverträge abschließen, Ausgangsrechnungen erstellen, Zahlungen überwachen ...
	■ Vertragsstörungen bearbeiten	Abnahmeverweigerung durch den Kunden überprüfen, nicht rechtzeitige Zahlungen durch den Kunden mahnen, Rechtsansprüche sichern und durchsetzen ...
Controllingprozess	■ Überwachung und Beaufsichtigung der Absatzwirtschaft	Überprüfung, ob das erreicht wurde, was man sich im Rahmen der Planung vorgenommen hat ...
	■ Planungs- und Steuerungsmaßnahmen entwickeln	Überprüfen, ob der gewählte Weg tauglich oder untauglich ist und ob die Ziele richtig gesetzt wurden. Gegebenenfalls neue Wege aufzeigen bzw. andere Ziele setzen ...

1 Ausführlich wird im Kompetenzbereich 4 auf die Marketingprozesse eingegangen.

2 **Akquirieren:** erwerben, anschaffen.

2.2 Aufbauorganisation beschreiben und beurteilen

2.2.1 Von der Aufgabengliederung zum Organigramm

(1) Aufgabengliederung

Begriff Aufbauorganisation

> Die **Aufbauorganisation** legt die **Aufgaben** und **Zuständigkeiten** von Mitarbeitern fest. Die Gestaltung erfolgt über die Bildung von **Stellen** und **Abteilungen**.

Aufgabengliederung

Zu Beginn der organisatorischen Arbeiten muss die bereits festgelegte Gesamtaufgabe des Betriebs zerlegt werden. Die Zerlegung der Gesamtaufgabe kann grundsätzlich nach zwei Gesichtspunkten vorgenommen werden: nach **Aufgaben (Funktionen)** oder nach **Objekten.**

Einteilungsgesichtspunkte	Erläuterungen	Beispiele
Aufgaben (Funktionen)	Die Aufgliederung der Gesamtaufgabe erfolgt nach den betrieblichen Aufgaben. Die Gesamtaufgaben werden in **Hauptaufgaben** und in größeren Betrieben noch in **Teilaufgaben** gegliedert.	**Hauptaufgabe:** Materialwirtschaft **Teilaufgabe:** ■ Einkauf ■ Lager
Objekte	Die Aufgliederung der Gesamtaufgabe erfolgt nach Objekten, z. B. Warengruppen, Kundengruppen u. Ä.	Eine Möbelfabrik gliedert sich z. B. nach den Warengruppen ■ Wohnzimmermöbel ■ Küchenmöbel ■ Schlafzimmermöbel

Wird die Unternehmensorganisation nach den Funktionen ausgerichtet, so spricht man auch von einer **aufgabenorientierten Unternehmensorganisation.**

(2) Stellenbildung

Begriff Stellenbildung

Ziel der Aufgabengliederung ist es, abgegrenzte Teilaufgaben zu definieren. Mehrere dieser Teilaufgaben (z. B. Werkstoffe und Dienstleistungen einkaufen, Belege buchen, Eingangsrechnungen prüfen) werden im folgenden Schritt, der Stellenbildung, zu größeren Aufgabeneinheiten zusammengefasst, die von einer Person bewältigt werden können. Die von einer Person durchzuführende Arbeit nennt man **Stellenaufgabe.** Die mit einer Stellenaufgabe betraute Person besetzt eine **Stelle,** sie ist Stelleninhaber. Die Stelle ist das **Grundelement der Aufbauorganisation.**

> Die Zusammenfassung von Teilaufgaben zu einem Arbeitsbereich für eine Person bezeichnet man als **Stellenbildung.**

Stellenbeschreibung

Die **Stellenbeschreibung** hat die Einordnung einer Stelle in den hierarchischen Aufbau eines Betriebs sowie die Aufgaben (Funktionen) einer Stelle deutlich zu machen.

Vorteile der Stellenbeschreibung sind z. B.

- schnelle Einarbeitung neuer Stelleninhaber,
- Verringerung von Streitigkeiten wegen unklarer Zuständigkeiten,
- eindeutige Regelung der Über-, Neben- und Unterordnungen (Weisungsrechte),
- Grundlage für die Personalentwicklungsplanung.

Die Vorteile verkehren sich jedoch ins Gegenteil, wenn die Stellenbeschreibungen nicht an die sich ständig verändernden Arbeitsbedingungen angepasst werden.

Beispiel einer Stellenbeschreibung:

Stellenbeschreibung für die Terminkontrolle im Einkauf

1. **Bezeichnung der Stelle:** Terminsachbearbeiter.
2. **Zeichnungsvollmacht:** keine.
3. **Der Stelleninhaber ist unterstellt:** dem Facheinkäufer von Arbeitsplatz 2.
4. **Vertretung des Stelleninhabers:** Facheinkäufer des Arbeitsplatzes 2.
5. **Anforderungen an den Stelleninhaber:**
   - allgemeine Einkaufskenntnisse,
   - Zuverlässigkeit,
   - schnelles Erfassen von Zusammenhängen und
   - selbstständiges Arbeiten im Rahmen des ihm übertragenen Aufgabengebiets.
6. **Aufgaben und Zielsetzung der Stelle:**

   Der Stelleninhaber ist für die Überwachung der vereinbarten Liefertermine aller von uns erteilten Bestellungen verantwortlich. Er hat dafür zu sorgen, dass diese auch termingerecht erfüllt werden.

   Er hat die erforderlichen Maßnahmen zu ergreifen, um einen Lieferverzug durch rechtzeitige Erinnerung und Mahnung beim Lieferanten zu vermeiden. Im Fall eines unabwendbaren Lieferverzugs ist die unverzügliche Information der betreffenden Facheinkäufer erforderlich. Zur Erfüllung dieser Aufgabe steht dem Stelleninhaber Folgendes zur Verfügung:
   - ein an Lieferterminen orientiertes EDV-System,
   - eine wöchentliche Terminüberwachungs-Liste,
   - ein selbstständig geführtes Wiedervorlage-System, das es ermöglicht, ein ganzes Kalenderjahr im Überblick zu behalten,
   - ein EDV-gesteuertes Mahnwesen mit den Mahnstufen I, II und III sowie
   - eine wöchentliche Terminbesprechung mit der Arbeitsvorbereitung.

   Darüber hinaus steht dem Stelleninhaber ein PC mit Internetverbindung, das Telefax und ein Telefon zur Verfügung. Bei extrem wichtigen Terminen ist der Facheinkäufer zu verständigen, der sich in diesen Fällen direkt mit dem Lieferanten wegen einer geeigneten Lösung in Verbindung zu setzen hat.

7. Tätigkeitsbeschreibung:

7.1 Routinemäßige Kontrollen:

- Jeder Auftrag ist mit einem Liefertermin versehen. Ist dieser vorgegebene Termin überschritten, erscheint der Auftrag in der Terminüberwachungs-Liste.
- Ist die Lieferung eine Woche nach dem geforderten bzw. vereinbarten Liefertermin noch nicht erfolgt, wird eine Mahnung abgesandt. Diese Mahnung wird mit einem zusätzlichen Durchschlag versehen, wobei der Lieferant aufgefordert wird, diesen, mit den aktuellen Lieferdaten ausgefüllt, an uns zurückzusenden.
- Gleichzeitig nimmt der Stelleninhaber diesen Auftrag auf „Termin", d.h., er legt ihn in sein Ablagesystem zur Wiedervorlage ab.

  Wichtig: Innerhalb einer Woche müssen sämtliche Aufträge mindestens einmal terminlich bearbeitet werden.

7.2 Gezielte Terminreklamationen:

- Bearbeitung der Reklamationslisten der Fertigungssteuerung LABOR und METALL.

  Die in diesen Listen aufgeführten Aufträge sind per E-Mail, Telefax oder per Telefon zu reklamieren. Diese Aufträge werden ebenfalls zur Wiedervorlage einsortiert. Das signalisiert dem Stelleninhaber, dass diese Aufträge einer ganz besonders scharfen Überwachung und Kontrolle zu unterziehen sind. Das reklamierte Material wird bereits in der Fertigung benötigt oder muss innerhalb weniger Tage vorliegen, um einen kontinuierlichen Fertigungsablauf zu gewährleisten. Nach Erhalt der Reklamationsantworten ist die Reklamationsliste mit den entsprechenden Angaben an die jeweilige Fertigungssteuerung zurückzugeben.

- In gleicher Weise wird verfahren, wenn Terminanfragen direkt aus dem Meisterbereich bzw. den jeweiligen Betriebsleitungen und der Dispostelle kommen.
- Aufträge aus wichtigen und dringenden Kommissionen behält der Facheinkäufer bei sich. Dies bedeutet, dass alle Aufträge aus dieser Kommission zweimal wöchentlich zu überwachen sind.
- Einmal pro Woche erfolgt eine Terminüberwachung im Laborbereich durch die Auftragskontrolldatei (AUKODA). Aus dieser Auftragskontrolldatei ist einmal zu entnehmen, ob überhaupt Zukaufteile in dieser Kommission enthalten sind und welchen Versand- bzw. Auslieferungstermin die jeweilige Kommission hat. Aufträge dieser Kommission werden terminlich anhand der in der AUKODA festgelegten Produktionsendtermine überprüft. Der Terminsachbearbeiter entscheidet selbstständig, ob und in welcher Form diese Aufträge zu reklamieren sind. Wird eine Mahnung vorgenommen, ist dieser Auftrag zusätzlich zur „Wiedervorlage" zum entsprechenden Termin einzusortieren.

7.3 Prüfung der Eingangsrechnungen:

Täglich erhält der Stelleninhaber alle Rechnungen. Dadurch ist er laufend über die Eingänge unterrichtet und kann deshalb gegebenenfalls notwendige Terminreklamationen verhindern. Zu diesen Rechnungen sind die jeweiligen Aufträge herauszusuchen.

8. Zusammenarbeit mit anderen Abteilungen:

Vom Stelleninhaber wird eine gute und positive Zusammenarbeit mit den entsprechenden Sachbearbeitern folgender Abteilungen verlangt: Wareneingang, Fertigungssteuerung und Dispositionsstelle.

9. Vergütung:

Die Stelle ist der Entgeltgruppe 10 zugeordnet.

5 Hug u.a. - ISBN 978-3-8120-0578-4

(3) Abteilungsbildung

Ein formales Kriterium zur Aufgabenverteilung ist die **Rangbildung** der Stellen. Dies rührt daher, dass es im Betrieb **Ausführungsaufgaben** und **Leitungsaufgaben** gibt. Aufgabe der **Instanz**[1] ist es, die rangniedrigeren Stellen zu leiten. Die Instanz mit den dazugehörigen rangniedrigeren Stellen zusammen bilden eine Abteilung.

> Eine **Abteilung** besteht aus mindestens einer **Instanz** und mehreren zugeordneten rangniedrigeren Stellen.

Werden mehrere Instanzen stufenweise wiederum einer übergeordneten Instanz zugeordnet, so entsteht damit die Unternehmenshierarchie.

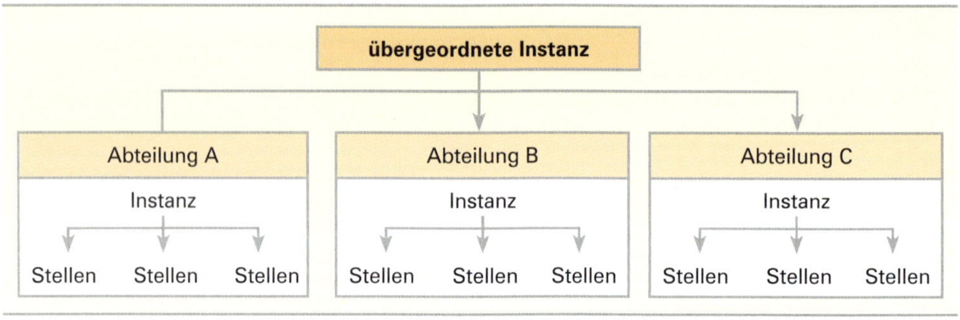

(4) Organisationsplan (Organigramm)

Das Ziel der Aufgabengliederung ist die Bildung von Stellen und Abteilungen. Deren Zuordnung wird in Stellen- und Abteilungsplänen dokumentiert. Damit sind die organisatorischen Einheiten in ihrer Aufgabenstellung, Rangordnung zueinander und Beziehungsgestaltung festgeschrieben.

> **Stellen- und Abteilungspläne** weisen die in einem Betrieb zu bildenden Stellen und Abteilungen aus und beschreiben deren Aufgabenbereiche, Rangordnung und Stellung im Betriebsaufbau.

Werden die einzelnen Stellen- und Abteilungspläne zu einem Gesamtplan zusammengefasst, so ergibt dies den Organisationsplan (ein Organigramm). Er bildet die organisatorische Aufbaustruktur des Betriebs vollständig ab.

> - Der **Organisationsplan (das Organigramm)** fasst die einzelnen Stellen- und Abteilungspläne zusammen. Er zeigt die vollständige organisatorische Aufbaustruktur des Betriebs.
> - Der Organisationsplan ist in der Regel eine **grafische Darstellung** der formalen Organisation.

Beispielhaft wird hier der Organisationsplan einer Kaffeerösterei vorgestellt (siehe Darstellung S. 67).

---

1 **Instanz:** zuständige Stelle.

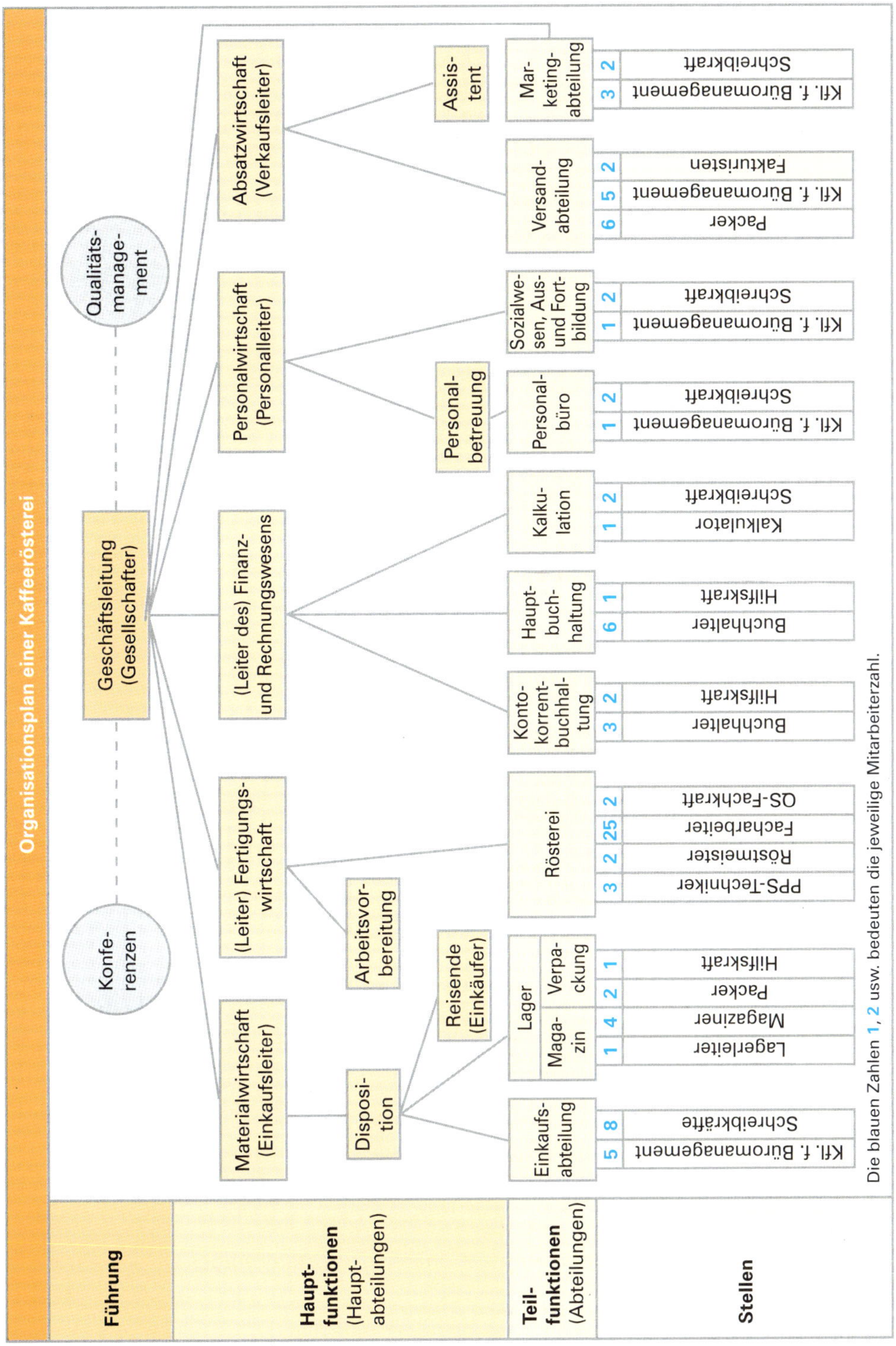
Organisationsplan einer Kaffeerösterei
Führung
Haupt-funktionen (Haupt-abteilungen)
Teil-funktionen (Abteilungen)
Stellen
Konferenzen
Geschäftsleitung (Gesellschafter)
Qualitätsmanagement
Materialwirtschaft (Einkaufsleiter)
(Leiter) Fertigungswirtschaft
(Leiter des) Finanz- und Rechnungswesens
Personalwirtschaft (Personalleiter)
Absatzwirtschaft (Verkaufsleiter)
Disposition
Reisende (Einkäufer)
Arbeitsvorbereitung
Personalbetreuung
Assistent
Einkaufsabteilung
Lager
Magazin
Verpackung
Rösterei
Kontokorrentbuchhaltung
Hauptbuchhaltung
Kalkulation
Personalbüro
Sozialwesen, Aus- und Fortbildung
Versandabteilung
Marketingabteilung
5 Kfl. f. Büromanagement
8 Schreibkräfte
1 Lagerleiter
4 Magaziner
2 Packer
1 Hilfskraft
3 PPS-Techniker
2 Röstmeister
25 Facharbeiter
2 QS-Fachkraft
3 Buchhalter
2 Hilfskraft
6 Buchhalter
1 Hilfskraft
1 Kalkulator
2 Schreibkraft
1 Kfl. f. Büromanagement
2 Schreibkraft
1 Kfl. f. Büromanagement
2 Schreibkraft
6 Packer
5 Kfl. f. Büromanagement
2 Fakturisten
3 Kfl. f. Büromanagement
2 Schreibkraft
Die blauen Zahlen 1, 2 usw. bedeuten die jeweilige Mitarbeiterzahl.

2.2.2 Formen der betrieblichen Aufbauorganisation

2.2.2.1 Grundsätzliches

Durch die bildliche Darstellung der bestehenden Unternehmensstruktur in Form eines Organigramms gewinnt man ein ganzheitliches Bild vom Unternehmensaufbau mit den vorhandenen Abteilungen, Stellen, Hierarchien und Aufgabenzuordnungen. Diese Arbeit ist unentbehrlich für die spätere Modellierung der Geschäftsprozesse, da die Organisationseinheiten in den Geschäftsprozessen auf dem betrieblichen Organigramm beruhen.

2.2.2.2 Leitungssysteme

Leitungssysteme (auch Weisungssysteme) betrachten die Unternehmensstruktur unter dem Aspekt der **Über- und Unterordnung** und damit der Weisungsbefugnis.[1] Sie geben Auskunft darüber, **wer wem Anweisungen erteilen kann** bzw. **wer wem Bericht erstatten** muss.

(1) Einliniensystem (Einlinienorganisation)

Organigramm

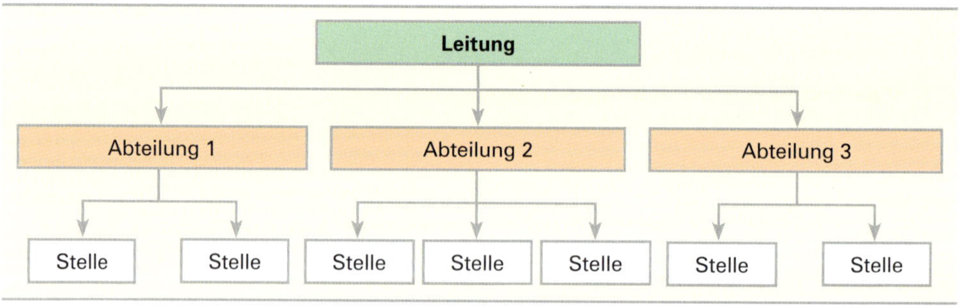

Kennzeichen

- Alle Mitarbeiter sind in einer strengen Weisungs- und Meldehierarchie eingebunden.
- Jede Stelle bezieht Anweisungen nur von der unmittelbar übergeordneten Stelle.
- Im Gegenzug dürfen Berichte und Meldungen auch nur an diese übergeordnete Stelle weitergeleitet werden.
- Nur dieser eine vertikale Dienstweg ist vorhanden und dieser muss eingehalten werden.
- Kontakte zu gleichrangigen Stellen führen zwingend über die gemeinsame übergeordnete Stelle.

1 Andere Aspekte sind z. B. Führungsstile, Führungstechniken und Entscheidungssysteme.

Positive und negative Auswirkungen

Vorteile	■ Übersichtlicher Unternehmensaufbau. ■ Eindeutige und abgegrenzte Dienstwege und Zuständigkeiten. ■ Keine Kompetenzüberschneidungen. ■ Starke Kontrollmöglichkeiten des Vorgesetzten nach unten.
Nachteile	■ Überlastung der oberen Führungsebene mit Routineaufgaben (Informationsweitergabe). ■ Lange Dienstwege mit dem Risiko der Zeitverzögerung. ■ Bei Großunternehmen besteht das Risiko eines schwerfälligen „Wasserkopfes" durch Überorganisation und Bürokratisierung. ■ Zwischeninstanzen können unliebsame Informationen verfälschen oder unterdrücken. ■ Wenig Spielraum für eigenverantwortliches Handeln.

Beurteilung

Da mit zunehmender Betriebsgröße auch die Anzahl der Hierarchieebenen steigt, führt dies zunehmend zu Unüberschaubarkeit und langen Informationswegen. Damit erhalten die Nachteile ein immer stärkeres Gewicht. Die wenig wertschöpfenden Routineaufgaben binden mehr und mehr die kostbaren Ressourcen der Führungsebenen und die Unzufriedenheit der mündigen, aber eingeengten Mitarbeiter steigt. In seiner Reinform eignet sich das Einliniensystem daher nur für kleinere Betriebe.

(2) Mehrliniensystem (Mehrlinienorganisation)

Mit zunehmender Betriebsgröße steigt der Arbeitsumfang insgesamt. Die Arbeit muss also aufgeteilt werden und führt in der Regel zu einer zunehmenden Spezialisierung der Mitarbeiter. Die Erledigung der Gesamtaufgabe verlangt folglich häufigen Kontakt zu anderen Stellen oder Abteilungen. Zur Verkürzung des Instanzenweges kann ein Mitarbeiter von verschiedenen übergeordneten Vorgesetzten (Funktionsstellen) fachliche Anweisungen erhalten, daher auch die Bezeichnung Funktionalsystem.

Organigramm

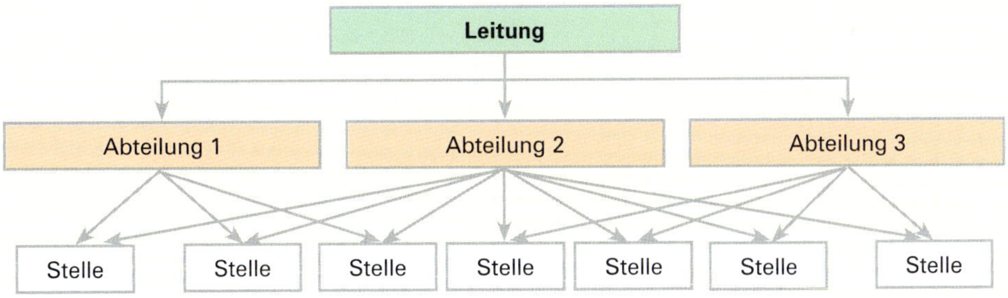

Kennzeichen

- Ein Mitarbeiter kann von mehreren übergeordneten Vorgesetzten (Funktionsstellen) fachliche Anweisungen erhalten.
- Im Gegenzug leitet er Berichte und Meldungen auch an die jeweilige übergeordnete Stelle zurück.

Positive und negative Auswirkungen

Vorteile	■ Entlastung der Führungsebenen von Routinearbeiten. ■ Instanzenwege werden verkürzt. ■ Die betrieblichen Hierarchien werden flacher. ■ Das Unternehmen kannn flexibler reagieren. ■ Stelleninhaber können sich spezialisieren.
Nachteile	■ Instanzenaufbau wird unübersichtlicher. ■ Bei nicht klar abgegrenzten Kompetenzen besteht das Risiko von Konflikten (Vorgesetzte konkurrieren um Arbeitsleistung des Stelleninhabers). ■ Reibungsverluste, Verunsicherung und Überlastung des Stelleninhabers bei konkurrierenden statt kooperierenden Vorgesetzten. ■ Erheblicher Abstimmungsaufwand.

Beurteilung

Mit zunehmender Betriebsgröße steigt die Komplexität der Gesamtaufgabe, sodass nur Spezialisten im Team diese Aufgaben bewältigen können. Die Verkürzung der Instanzenwege durch ein fachliches Weisungsrecht in direktem Durchgriff entlastet von Routineaufgaben und erhöht damit die Effizienz des Gesamtsystems. So hat z. B. der Ausbildungsleiter für alle Fragen der Berufsausbildung eine Weisungsbefugnis gegenüber allen Auszubildenden in den verschiedenen betrieblichen Abteilungen.

(3) Stabliniensystem (Stablinienorganisation)

Beim Stabliniensystem handelt es sich im Grundaufbau um ein Einliniensystem. Dabei werden die dort vorhandenen Vorteile beibehalten und dessen Schwächen durch die Ergänzung um Stabsstellen gemildert.

Organigramm

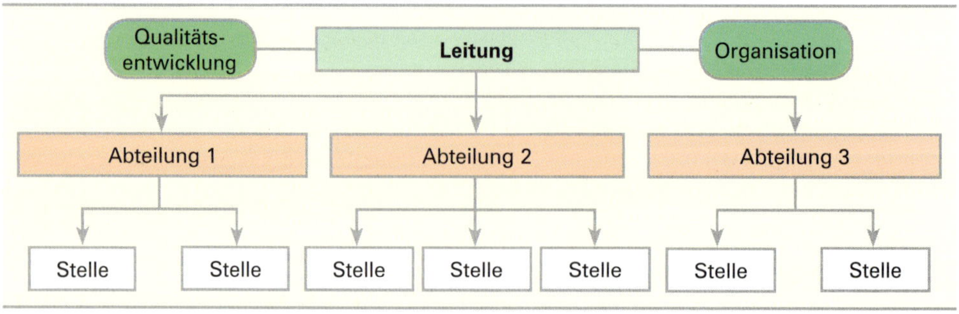

Kennzeichen

- Die Stabsstellen sind gegenüber den ihnen zugeordneten Leitungsstellen weisungsgebunden.
- Stabsstellen liegen außerhalb des Instanzenaufbaus.
- Sie haben keine Weisungsbefugnis gegenüber den nachgeordneten Stellen, wohl aber ein Informationsrecht, wenn sie Auskünfte anderer Stellen zur Bewältigung ihrer Aufgabe benötigen.
- Typische Aufgaben von Stabsstellen: Beratung der Leitungsstelle, Begutachtung, Prüfung, Informationsbeschaffung und deren Auswertung, Entscheidungsvorbereitung, Erstellung von Richtlinien.
- Beispiele: Revision,[1] EDV, Organisation, Qualitätsentwicklung, Unternehmensplanung.

Positive und negative Auswirkungen

Vorteile	■ Die Vorteile des Einliniensystems (straffe Struktur, eindeutige Zuständigkeiten) bleiben erhalten. ■ Die Entscheidungsbasis der Führungsebene wird verbessert durch die qualifizierten Mitarbeiter der Stabsstellen. ■ Nachwuchskräfte sammeln Erfahrung durch ihre Mitarbeit in verschiedenen Stabsstellen.
Nachteile	■ Grundprobleme des Einliniensystems werden nicht völlig beseitig (z. B. lange Dienstwege). ■ Personalkosten steigen durch teure Spezialisten in den Stäben. ■ Risiko, dass aufgrund der hohen fachlichen Kompetenz in den Stabsstellen deren Einfluss auf die Geschäftsleitung sehr groß wird. ■ Liniensysteme können gute Vorschläge der Stabsstellen weiterhin unterbinden.

Beurteilung

Das Stabliniensystem bewahrt die Vorteile des Einliniensystems, unterstützt die Geschäftsführung in der Qualität ihrer Entscheidungen wirkungsvoll durch die fachliche Kompetenz der Stäbe und vermeidet gleichzeitig die organisatorischen Risiken des Mehrliniensystems.

(4) Projektorganisation

Eine Projektorganisation ist dann erforderlich, wenn in einem Unternehmen **komplexe Aufgaben (Projekte)** zu erledigen sind.[2] Solche Projekte sind gekennzeichnet durch ihre Neuartigkeit, Einmaligkeit und Wichtigkeit für das Gesamtunternehmen. Weiteres Kennzeichen für ein Projekt ist, dass nicht auf Erfahrungswissen zurückgegriffen werden kann.

Beispiele:

- Einführung einer neuen Software;
- Errichtung eines Zweigwerkes;
- erstmalige Produktionsverlagerung ins Ausland;
- Vorbereitung und Durchführung einer Fusion.

1 **Revision:** Nachprüfung, Änderung.

2 Vgl. hier und im Folgenden Wöhe, Günter: Einführung in die Allgemeine Betriebswirtschaftslehre, 24. Aufl., München 2010, S. 123.

Die Projektorganisation ist in folgenden **Formen** möglich:

Kollegienlösung	Die Beauftragten der betroffenen Unternehmensbereiche treffen sich regelmäßig, um die jeweils erforderlichen Projektschritte festzulegen.
Stabsstelle	Verantwortlich für das Projekt ist eine Stabsstelle. Sie koordiniert die Projektumsetzung mit den betroffenen Unternehmensbereichen.
Selbstständiger Projektleiter auf Zeit	Der Projektleiter ist für die Planung und Projektdurchführung verantwortlich. Die Funktionsleiter delegieren Mitarbeiter für eine begrenzte Zeit in das Projektteam. Der Projektleiter hat für die Projektdauer die alleinige Weisungsbefugnis.

2.2.2.3 Kritik an der Aufbauorganisation

Die Aufbauorganisation führt zu Nachteilen, denn die Anstrengungen der einen Abteilung, im Sinne des Gesamtunternehmens gewinnmaximierend zu handeln, kann den Anstrengungen der anderen Abteilungen zuwiderlaufen. Die folgende Grafik zeigt einen derartigen **Konflikt zweier Aufgabenbereiche** auf, die im Grunde dasselbe Ziel verfolgen, nämlich den Gewinn des Unternehmens zu maximieren.

Beispiel:

Das Unternehmen möchte einen hohen Gewinn erzielen. Die Abteilung Einkauf möchte dazu durch möglichst günstige Einkaufspreise beitragen. Dies erreicht sie, indem sie in großen Mengen einkauft, was zwangsläufig zu hohen Lagerbeständen führt. Genau dieses Ergebnis steht aber im Konflikt zum Teilziel der Lagerhaltung, welche ihre Kosten dadurch minimieren will, indem sie die Lagerbestände möglichst gering hält.

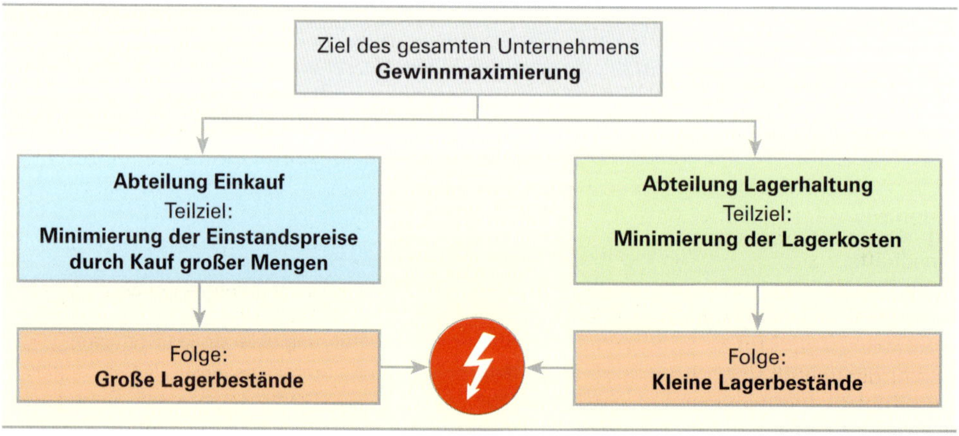

Weitere mögliche Nachteile der Aufbauorganisation sind:

- Es besteht die Gefahr, dass sich die Mitarbeiter weitestgehend an der **mengenmäßigen** Leistung orientieren. Orientierung an den Bedürfnissen der Kunden, Arbeitsqualität, Termintreue haben nachrangige Priorität.

- Die Arbeitszerlegung führt zu Tätigkeiten mit **geringem Arbeitsinhalt, Monotonie** und – besonders im Fertigungsbereich – zu **einseitiger Belastung** und **Taktbindung.** Höherrangige Bedürfnisse (z. B. nach Selbstständigkeit, autonomer Gestaltung der Abläufe, Selbstverwirklichung) können im Rahmen einer Funktionsorientierung weniger verwirklicht werden.
- In der Regel verlaufen die betrieblichen Prozesse „quer" zu den Funktionen.
- Die nebenstehende vereinfachte Abbildung verdeutlicht, wie der Prozess einer „Auftragsbearbeitung" quer durch die verschiedenen Aufgabenbereiche verläuft.

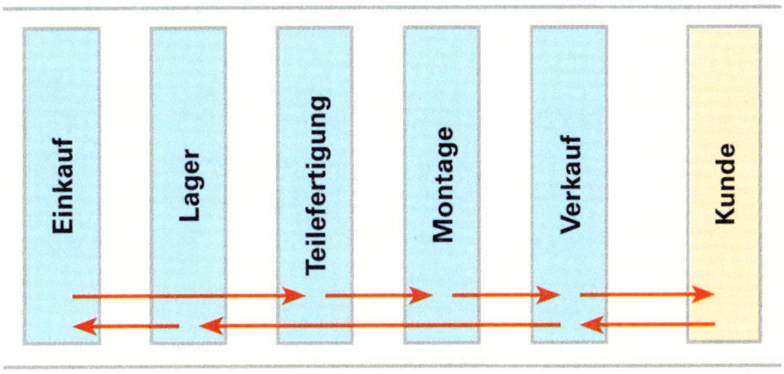

- Dies führt zwangsläufig zu Transport- und Wartezeiten zwischen den einzelnen spezialisierten Funktionsbereichen, zu **Zeitverzögerungen** aufgrund nicht nahtloser Weiterbearbeitung, Rückfragen usw. Es bilden sich also zunächst **Informationsbestände** und zusätzlich zwischen den Produktionsabteilungen noch **Materialbestände,** weil Zwischenlager eine hohe Kapazitätsauslastung sicherstellen sollen. Durch die langen Durchlaufzeiten für die Beantwortung von Kundenanfragen, Auftragsbestätigungen, Auftragsabwicklung **leidet die Servicequalität** und die **Nähe zum Kunden.**

2.3 Geschäftsprozesse untersuchen und die im Unternehmen ablaufenden betriebswirtschaftlichen Prozesse skizzieren

2.3.1 Optimierung der Arbeitsabläufe durch die Bildung von Geschäftsprozessen

(1) Merkmale von Geschäftsprozessen

Beim Konzept der Geschäftsprozesse ist das Unternehmen bestrebt, die anfallenden Aufgaben in **zusammenhängende Folgen von Tätigkeiten (Geschäftsprozesse)** einzubinden (z. B. Auftragsabwicklung, Personaleinstellung, Mahnwesen, Zahlungsabwicklung), um einen zuvor festgelegten Auftrag zu erfüllen.

Geschäftsprozesse werden nur für solche betrieblichen Abläufe beschrieben (modelliert), die sich in einer **gewissen Regelmäßigkeit wiederholen** (z. B. Bewerbungsverfahren für neue Mitarbeiter, Lagerbestandsbuchführung, Kundenservice, Bearbeiten und Buchen von Eingangsrechnungen). Für einmalig durchzuführende Projekte (z. B. Erstellen einer neuen Lagerhalle, Gründung eines Unternehmens), wird kein modellhafter Prozessablauf beschrieben.

Merkmale von Geschäftsprozessen

- Zusammenhängende Folge von Tätigkeiten.
- Betrieblicher Ablauf wiederholt sich in gewisser Regelmäßigkeit.
- Wertzuwachs beim Output gegenüber dem Input.
- Geschäftsprozess bringt dem Kunden einen Nutzen.

Ein weiteres Kriterium von Geschäftsprozessen ist, dass durch den Einsatz von betrieblichen Leistungsfaktoren (z. B. Mitarbeiter, Funktionen der Software) der Outputfaktor einen höheren Wert aufweist als der Inputfaktor, d. h. eine **Wertschöpfung** (ein **Wertzuwachs**) entstanden ist. Die Wertschöpfung verursacht Kosten (z. B. Verbrauch von Material, Arbeitsstunden, Betriebsmittel). Die aufgewendeten Kosten sind jedoch nur dann sinnvoll eingesetzt, wenn der erstellte Wert dem **Kunden einen Nutzen** bringt, d. h. er bereit ist, hierfür einen Preis zu zahlen. Der **Kunde** ist somit der **entscheidende Bezugspunkt** für Geschäftsprozesse: Er **löst den Geschäftsprozess** aus, er bestimmt Art und **Umfang des Wertschöpfungsprozesses** und er **beendet** ihn, indem er seinen Kundenwunsch als erfüllt betrachtet.

- Geschäftsprozesse bestehen aus einer **zusammenhängenden, abgeschlossenen Folge von Tätigkeiten,** die zur **Erfüllung einer betrieblichen Aufgabe** notwendig sind und den **Kunden einen Nutzen liefern.**
- Geschäftsprozesse werden nur für sich **wiederholende betriebliche Abläufe** beschrieben (modelliert).

(2) Arten von Geschäftsprozessen

Kernprozesse

- **Kernprozesse** sind jene Geschäftsprozesse, die **direkt** zur **Wertschöpfung**[1] beitragen. Sie erbringen zum einen die **Hauptleistung** des Unternehmens und liefern zum anderen den **Hauptnutzen für die Kunden.**
- Kernprozesse machen die **Kernkompetenz (den Wettbewerbsvorteil) eines Unternehmens** aus und besitzen daher eine hohe strategische Bedeutung.
- Wir unterscheiden **vier Kernprozesse:**
  - den **Innovationsprozess** (Forschung und Produktentwicklung),
  - den **Absatzprozess,**
  - den **Leistungserstellungsprozess** und
  - den **Beschaffungsprozess.**

Im Einzelnen sind die Kernprozesse durch folgende **Merkmale** gekennzeichnet:

- Kernprozesse tragen direkt zur **Wertschöpfung** des Unternehmens bei,
- Kernprozesse bringen dem Kunden einen wahrnehmbaren Nutzen, für den dieser zu zahlen bereit ist **(Kundennutzen),**
- Kernprozesse nutzen die eingesetzten Ressourcen[2] unternehmensspezifisch einmalig **(Nicht-Imitierbarkeit**[3]**),**
- Kernprozesse liefern eine Problemlösung (z. B. Produkt, Dienstleistung), die kein anderes Unternehmen in vergleichbarer Weise erbringen kann **(Nicht-Substituierbarkeit),**
- Kernprozesse sind langfristig ausgelegt und leiten sich aus der entwickelten Unternehmensphilosophie ab **(unternehmensstrategisch bedeutsam)** und
- Kernprozesse besitzen einen nach klaren Maßstäben (z. B. Qualität, Kosten, Geschwindigkeit) definierten Output **(Ergebnisorientierung).**

---

1 Die **Wertschöpfung** entsteht dadurch, dass **bezogene Mittel** durch die **Leistung des Unternehmens** in andere **Erzeugnisse (Dienstleistungen)** mit einem **höheren Wert** umgewandelt werden. Die Wertschöpfung zeigt somit die **Differenz** zwischen dem **Wert der erstellten Leistung** und den **eingesetzten Vorleistungen** auf.

2 **Ressource** (franz.): Hilfsmittel, Hilfsquellen.

3 **Imitation** (lat., franz.): Nachahmung.

Unterstützende Prozesse

Unterstützende Prozesse sind notwendig, um die Kernprozesse ausführen zu können. Sie leisten eine **Wertschöpfung für die Kernprozesse** und sind wichtig für das langfristige Überleben des Unternehmens.

Die unterstützenden Prozesse kann man in **Serviceprozesse** und in **Managementprozesse** aufgliedern.

- Zu den **Serviceprozessen** gehören z. B. die Beschaffung von Mitarbeitern, deren Fort- und Weiterbildung, die Personalbetreuung und die Beschaffung von Finanzmitteln.
- Zu den **Managementprozessen** gehören z. B. die Formulierung der Unternehmenspolitik, die strategische Planung, die Führung und Steuerung des Unternehmens.

(3) Zusammenhänge zwischen Kern-, Management- und Serviceprozessen

Schematisch gesehen können die Zusammenhänge zwischen Kern-, Management- und Serviceprozessen im Industriebetrieb wie folgt dargestellt werden:

Erläuterungen:

An den so gekennzeichneten Stellen schneiden sich die Kern- mit den Service- bzw. den Managementprozessen.

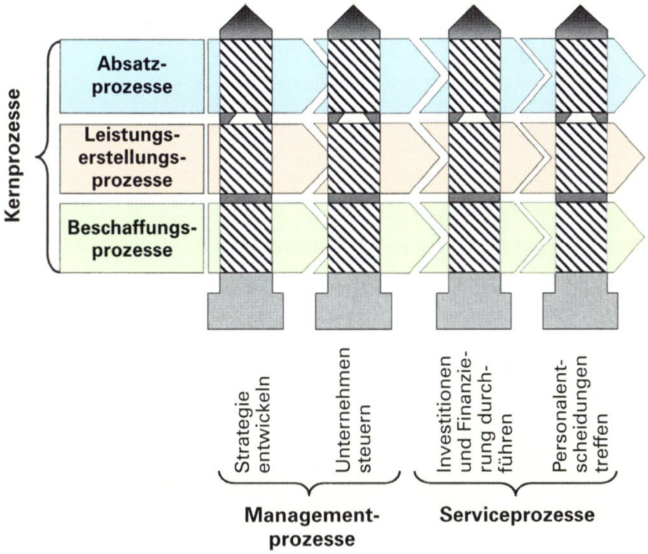

2.3.2 Auswirkungen der Geschäftsprozessbildung auf die Organisationsform nachvollziehen

In einer **prozessorientierten Organisation** wird die dargestellte Form der **Auftragsbearbeitung** z. B. dadurch gelöst, dass alle bisher isolierten Teilaufgaben **einem** oder **mehreren Prozessverantwortlichen** übertragen werden. Eine Weitergabe der Aufgabe mit den beschriebenen negativen Wirkungen ist damit vermieden. Der Geschäftsprozess wird angestoßen durch den Eingang des Kundenauftrags, und er wird beendet mit der Leistungsübergabe an den Kunden **(„Kunde-Kunde"-Prozesskette).**

Schematisch gesehen ist der **Ablauf** der **Auftragsbearbeitung** damit wie folgt denkbar:

Durch die **prozessorientierte Organisation** ergeben sich insbesondere folgende **Vorteile:**

- Eine teamorientierte Arbeitsorganisation der Prozessverantwortlichen unterstützt **kurze Kommunikationswege.**
- Die Denkrichtung der Mitarbeiter orientiert sich nicht mehr an den Bereichsinteressen, sondern stellt die **reibungslose Abwicklung des Auftrags** in den Vordergrund.
- Die Gestaltung der Prozesse ist ausgerichtet auf die **Bedürfnisse der Kunden** bzw. auf die **Anforderungen des Markts.**
- Die Mitarbeiter tragen ein höheres Maß an Verantwortung und entwickeln daher ein **ausgeprägteres Kostenbewusstsein.**
- **Flachere Hierarchien.**

2.3.3 Ereignisgesteuerte Prozesskette am Beispiel der Kundenauftragsbearbeitung beschreiben

KB 1 **Lernsituation 4: Geschäftsprozess „Auftragsbearbeitung" beschreiben und präsentieren**

Die Ulmer Büromöbel AG steht vor allem auf der Absatzseite vor Herausforderungen: Gesättigte Märkte und die Konkurrenz asiatischer Billiganbieter sind Herausforderungen, die von außen an das Unternehmen herangetragen werden.

Hinzu kommen aber auch hausinterne Schwierigkeiten, und zwar in der Abwicklung der Kundenaufträge. Neben Mängeln in der Produktqualität, der Einhaltung zugesagter Termine und der Überwachung der Zahlungseingänge zeigt sich immer wieder folgende Schwachstelle:

Dem Kunden wurde ein Angebot gemacht. Sein Auftrag wich jedoch in einigen Einzelheiten vom Angebot ab. Wiederholt kam es schon vor, dass diese Unterschiede nicht aufgedeckt wurden. Der Auftrag wurde angenommen und zu den Angaben des Angebotes durchgeführt. Die böse Überraschung kam dann nach der Auslieferung.

Kompetenzorientierte Arbeitsaufträge:

1. Beschreiben Sie mögliche Konsequenzen, die sich für die Ulmer Büromöbel AG aus dieser Schwachstelle ergeben!
2. Die Geschäftsleitung hatte entschieden, die Abläufe im Rahmen der Auftragsbearbeitung als Geschäftsprozess modellieren zu lassen, und zwar von der Anfrage bis zum Versand. Herr Scharpf, Leiter der Qualitätssicherung, formulierte den (vereinfachten) Geschäftsprozess. Die Darstellung in Form einer ereignisgesteuerten Prozesskette ist für die Mitglieder der Geschäftsleitung ein Buch mit sieben Siegeln.

   Sie sind Mitarbeiter in der Qualitätssicherung und sollen den vorliegenden Geschäftsprozess den Mitgliedern der Geschäftsleitung präsentieren.

   2.1 Stellen Sie – zur leichteren Merkbarkeit für die Mitarbeiter – die ereignisgesteuerte Prozesskette von S. 78f. als eine Kette von Funktionen dar!

   2.2 Wandeln Sie für die Mitarbeiter den Geschäftsprozess in eine verbale Beschreibung um und präsentieren Sie ihn der Klasse!
3. Ein Mitglied der Geschäftsleitung stellt Ihnen folgende Fragen:

   3.1 Warum sind die folgenden Funktionen **nicht** im Geschäftsprozess enthalten?
   - Kunde stellt Anfrage
   - Kunde erteilt Auftrag

   3.2 Durch welchen Baustein innerhalb des Prozesses kann die eingangs beschriebene Schwachstelle in Zukunft vermieden werden?

Geschäftsprozess: „Von der Kundenanfrage bis zum Versand“

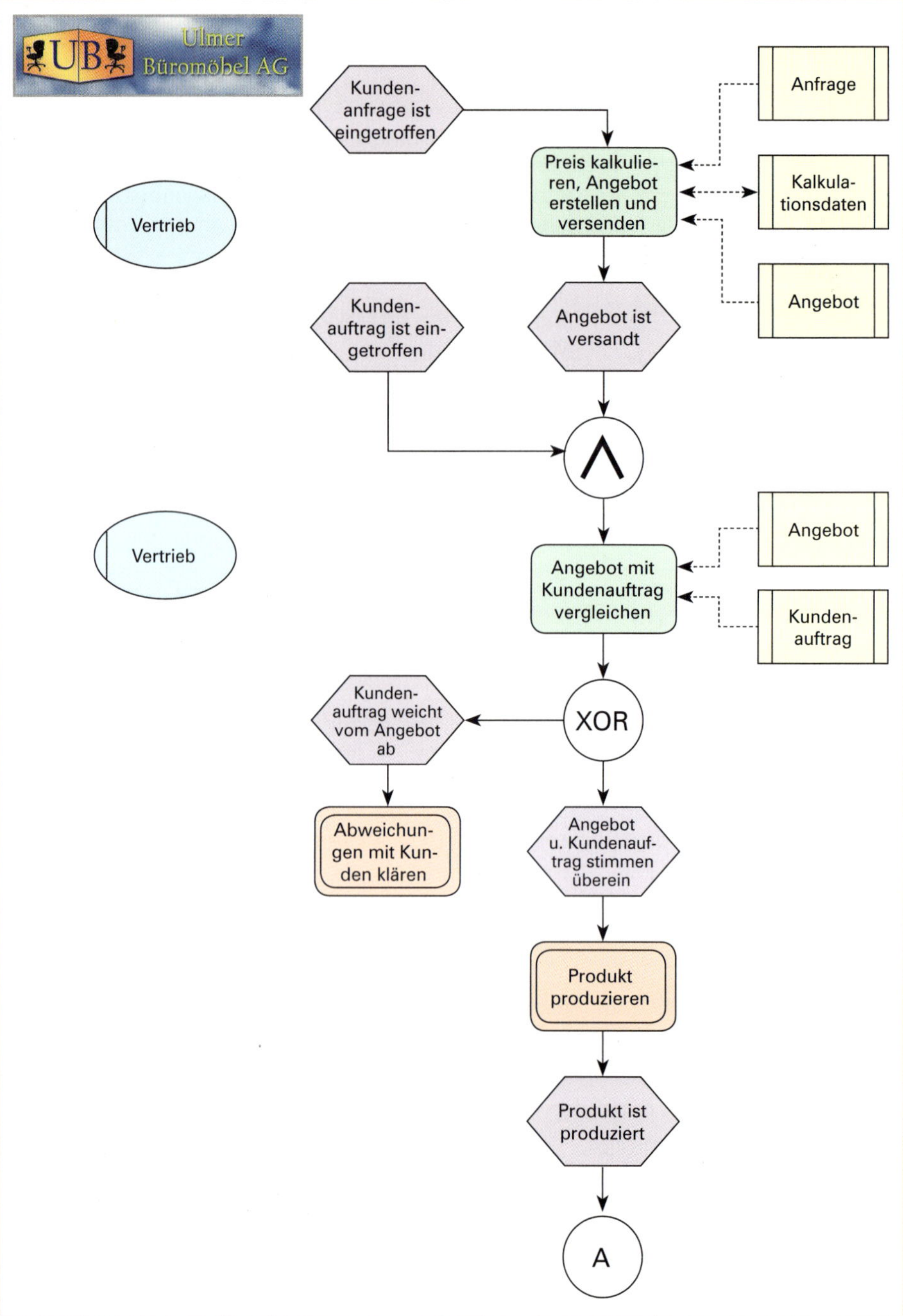

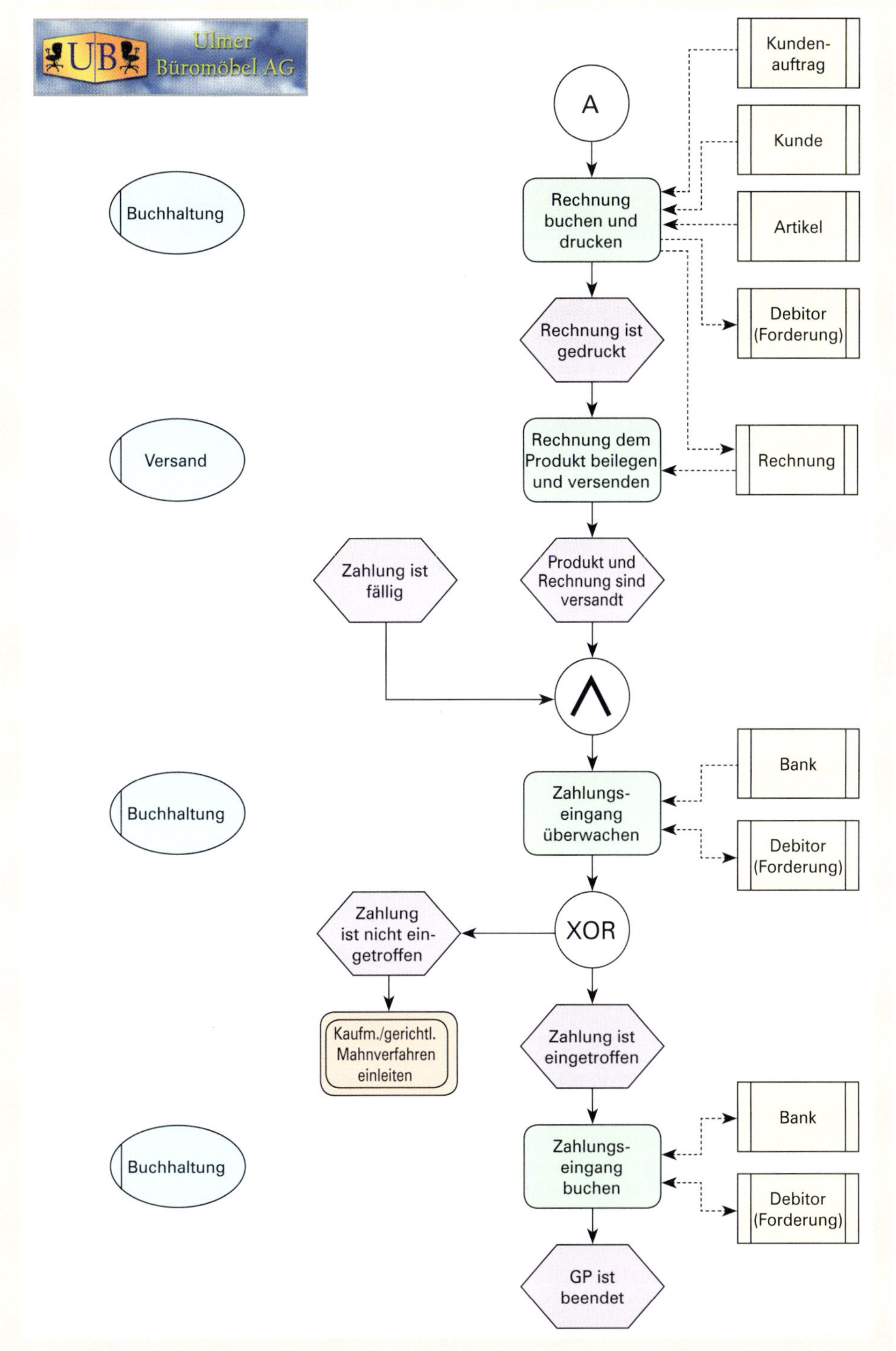
Ulmer Büromöbel AG
A
Kunden-auftrag
Kunde
Artikel
Buchhaltung
Rechnung buchen und drucken
Debitor (Forderung)
Rechnung ist gedruckt
Versand
Rechnung dem Produkt beilegen und versenden
Rechnung
Zahlung ist fällig
Produkt und Rechnung sind versandt
∧
Buchhaltung
Zahlungs-eingang überwachen
Bank
Debitor (Forderung)
XOR
Zahlung ist nicht ein-getroffen
Kaufm./gerichtl. Mahnverfahren einleiten
Zahlung ist eingetroffen
Buchhaltung
Zahlungs-eingang buchen
Bank
Debitor (Forderung)
GP ist beendet

2.3.3.1 Darstellung von Geschäftsprozessen mit der EPK-Methode

Die Geschäftsprozessbeschreibungen stellen Organisationsrichtlinien und Handlungsanweisungen dar. Für die Beschreibung von Geschäftsprozessen bieten sich textliche und grafische Darstellungsformen an. Im Folgenden beschränken wir uns auf die grafische Darstellung von Geschäftsprozessen nach der Methode der **ereignisgesteuerten Prozessketten (EPK).**

Die wichtigsten Beschreibungsmittel der EPK-Methode sind **Funktionen** zur Beschreibung von betriebswirtschaftlichen Vorgängen, **Ereignisse,** die einen eingetretenen Zustand repräsentieren, und **Operatoren,** die die Ablauflogik von Geschäftsprozessen beschreiben. In der Darstellung wechseln sich Ereignisse und Funktionen ab, wobei diese Folge durch Operatoren unterbrochen sein kann. Die Regeln der Geschäftsprozessmodellierung geben dabei vor, dass eine Tätigkeit (Funktion) begonnen wird, wenn ein bestimmtes Ereignis eingetreten ist. Zusätzlich ist zu beachten, dass eine ausgeführte Funktion durch ein Ereignis beendet wird.

Im Einzelnen werden folgende grafische Elemente (Darstellungsweisen) verwendet:[1]

Elemente	Beschreibung der Elemente	Zusätzliche Bemerkungen
Ereignis	Das **Ereignis** beschreibt das Eintreten eines Zustandes, der eine Handlung (Funktion) auslöst bzw. das Ergebnis einer Funktion sein kann.	Jeder Geschäftsprozess beginnt mit einem **Start-/Auslöseereignis** und endet mit einem **End-/Ergebnisereignis.** Da dieses Element ein Ereignis beschreibt, das soeben eingetroffen ist, sollte hierfür auch als Zeitangabe das Partizip Perfekt[2] verwendet werden. (Beispiel: Auftrag **ist eingetroffen,** Rechnung **ist bezahlt.**)
Funktion	Eine **Funktion** beschreibt, was nach einem auslösenden Ereignis gemacht werden soll.	Funktionen verbrauchen Mittel (Ressourcen) und Zeit. Da dieses Element eine Tätigkeit beschreibt, sollten auch Tätigkeitswörter verwendet werden. (Beispiel: Mahnung schreiben, Fälligkeit prüfen.)
Organisations-einheit	Die **Organisationeinheit** gibt an, welche Stelle die bestimmte Funktion ausführt.	Die Organisationseinheit gibt an, **wer** die angegebene Funktion ausführt. Dieses Element ist daher mit der betreffenden Funktion auf gleiche Höhe zu zeichnen.
Informations-objekt	Mit dem **Informationsobjekt** werden die für die Durchführung der Funktion benötigten Daten angegeben.	Das Informationsobjekt kann nur mit Funktionen verbunden werden.
$\wedge$ $\vee$ XOR	Die drei verschiedenen logischen **Operatoren** ermöglichen es, Verzweigungen zwischen Ereignissen und Funktionen bzw. umgekehrt einzufügen.	$\wedge$ = UND $\vee$ = ODER XOR = **exklusives** ODER

1 Die dargestellten Elemente sind der LEU-Handreichung LP O2 BK WI 0302.doc (Baden-Württemberg) entnommen. Autoren sind: Heinz Baumgartner, Klaus Ebert und Karsten Schleider.

2 Das Partizip Perfekt stellt den Abschluss oder Vollzug eines Geschehens als eine (im Sprechzeitpunkt) gegebene Tatsache oder Eigenschaft fest.

Elemente	Beschreibung der Elemente	Zusätzliche Bemerkungen
Prozess-wegweiser	Der **Prozesswegweiser** (Unterprozess) ermöglicht es, einzelne Geschäftsprozesse miteinander zu verbinden.	
↓	Der **Kontrollfluss** gibt alle möglichen Durchgänge durch eine EPK wieder. Der Kontrollfluss kann mittels der Operatoren aufgespaltet werden.	Die Elemente der EPK sollten so angeordnet werden, dass der Kontrollfluss weitgehend von oben nach unten verläuft.
→ ← ↔	Der **Informationsfluss** zeigt den Datenfluss zwischen Informationsobjekt und Funktion auf.	■ Schreiben ■ Lesen ■ Schreiben und Lesen

2.3.3.2 Sichten eines Geschäftsprozesses

Beispiel: Darstellung des Teilprozesses „Angebote vergleichen und bestellen"

Die eingegangenen Angebote werden mithilfe eines Kalkulationsprogramms verglichen. In der Regel erhält der günstigste Lieferer den Zuschlag. Bei ihm wird daher bestellt.

Teilprozess: Angebote vergleichen und bestellen

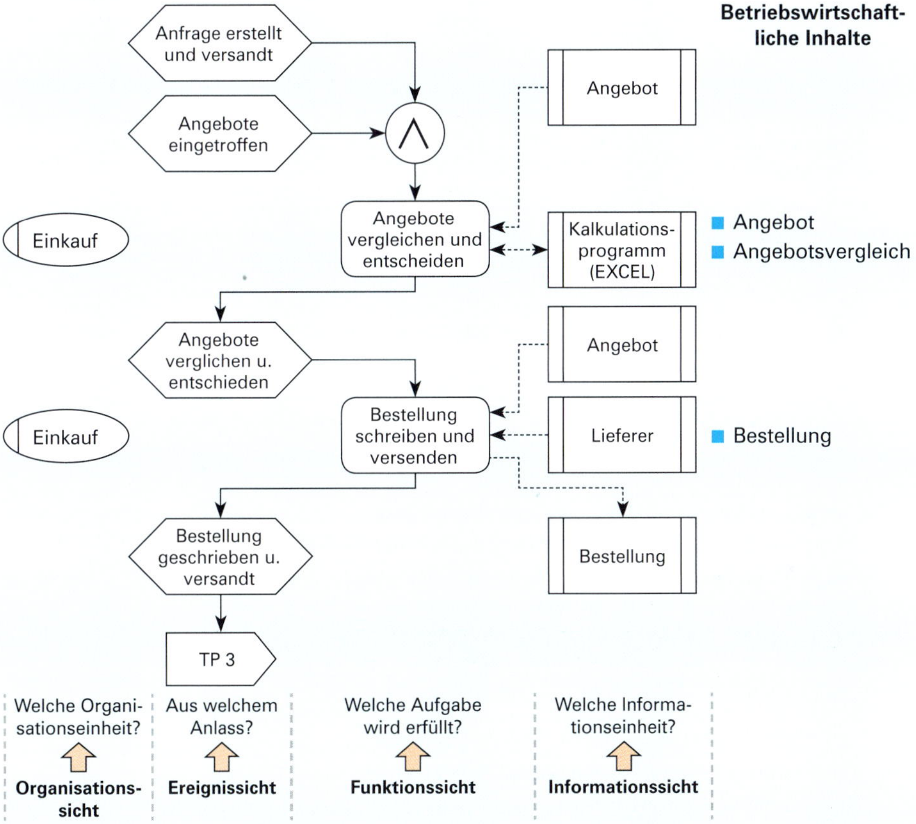

6 Hug u.a. - ISBN 978-3-8120-0578-4

Zusammenfassung

- Betriebswirtschaftlich kann der Industriebetrieb in **Grundfunktionsbereiche** (Materialwirtschaft, Produktionswirtschaft, Absatzwirtschaft) und in **Unterstützungsfunktionsbereiche** (Finanzwirtschaft, Personalwirtschaft, Rechnungswesen, Controlling) untergliedert werden.
- **Organisation** ist ein System von Regelungen und Arbeitsanweisungen, durch das der Betriebsaufbau und die betrieblichen Abläufe gestaltet werden.
- Die **Aufbauorganisation** legt die Aufgaben und Zuständigkeiten von Mitarbeitern fest.
- Die Aufgabenbereiche können nach **Aufgaben (Funktionen)** und nach **Objekten** untergliedert werden.
- Nach dem **Umfang der Aufgabenbereiche** entstehen

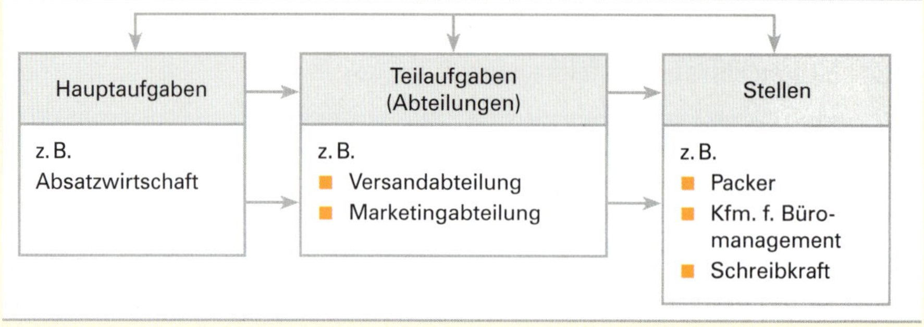

- Unter einer **Stelle** verstehen wir die Zusammenfassung von Teilaufgaben zu einem Arbeitsbereich für eine Person. Für eine Stelle wird in der Regel eine Stellenbeschreibung angefertigt.
- Eine **Abteilung** besteht aus mindestens einer **Instanz** und mehreren zugeordneten rangniedrigeren **Stellen.**
- Das Ergebnis der Aufgabengliederung ist die Festlegung von **Stellen- und Abteilungsgliederungsplänen.** Ihre Zusammenfassung ergibt den **Organisationsplan** (das **Organigramm**) des Betriebs.
-

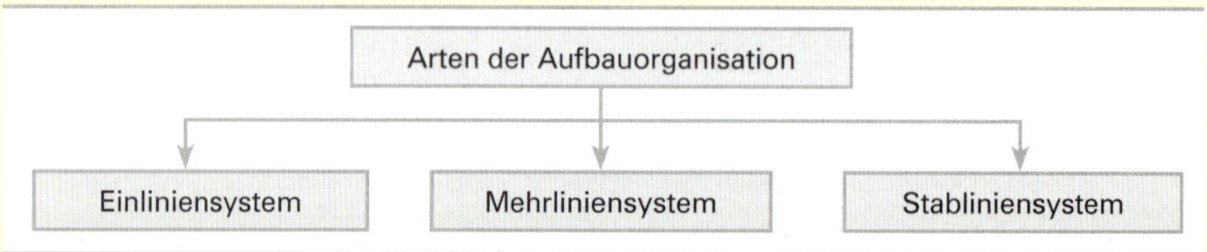

- **Nachteile** der aufgabenorientierten Organisation sind:
  - Zwischen den einzelnen Aufgabenbereichen können Konflikte entstehen.
  - Bei der Auftragsabwicklung kommt es zu Zeitverzögerungen, worunter die Servicequalität und die Nähe zum Kunden leidet.
- **Geschäftsprozesse** sind durch folgende Merkmale charakterisiert:
  - Zusammenhängende abgeschlossene Folgen von Tätigkeiten zur Erfüllung einer betrieblichen Aufgabe,
  - sich wiederholende betriebliche Abläufe beschreiben,
  - führen zu einem Wertzuwachs (einer Wertschöpfung),
  - liefern einen Kundennutzen.

- Geschäftsprozesse können nach der **Bedeutung der Geschäftsprozesse** für den Betrieb in Kernprozesse und unterstützende Prozesse untergliedert werden.
  - **Kernprozesse** tragen direkt zur Wertschöpfung bei, erbringen die Hauptleistung des Unternehmens, liefern den Hauptnutzen für die Kunden. Wichtige Kernprozesse sind: der Innovationsprozess, der Absatzprozess, der Leistungsprozess und der Beschaffungsprozess.
  - **Unterstützende Prozesse** leisten einen Wertschöpfungsbeitrag für Kernprozesse. Zu unterscheiden sind **Serviceprozesse** und **Managementprozesse.**
- Der logische und zeitliche Ablauf eines Geschäftsprozesses lässt sich durch **„ereignisgesteuerte Prozessketten"** grafisch darstellen.
- Die **Unternehmensorganisation** kann sich auch an **Geschäftsprozessen** ausrichten.
- Die **prozessorientierte Organisation** gliedert die Organisation des Unternehmens nach **kundenorientierten Prozessen.**
- **Vorteile** der **Geschäftsprozessorientierung** sind z. B.:
  - **Bereichsübergreifende Denkweise** der Mitarbeiter und reibungslose Abwicklung stehen im Vordergrund.
  - Prozesse sind **zielorientiert** am Nutzen der Kunden bzw. an den Anforderungen des Markts ausgerichtet.
  - **Teamarbeit** unterstützt **kurze Kommunikationswege.**

Kompetenztraining

12 Funktionsbereiche eines Unternehmens

Ordnen Sie die folgenden Tätigkeiten den betrieblichen Grundfunktionsbereichen der Weber Metallbau GmbH zu und tragen Sie diese in das Schaubild (vgl. Lernsituation 3, Aufgabe 2, S. 57) ein!

1. Die Weber Metallbau GmbH benötigt für einen Kundenauftrag von einem Lieferanten Isolierglas für den Fassadenbereich.
2. Das Unternehmen plant für das Produkt „Wintergarten" die Schaltung von Werbeanzeigen in regionalen Zeitungen.
3. Für einen Kundenauftrag wird die Fertigung von 20 Brandschutztüren veranlasst.
4. Für den Transport der fertig erstellten 20 Brandschutztüren wird eine Spedition beauftragt.
5. Ein Kunde reklamiert eine fehlerhafte Brandschutztür.
6. Die Weber Metallbau GmbH erhält einen Großauftrag im Fassadenbau. Hierfür werden Bleche benötigt. Um den preisgünstigsten Lieferanten zu ermitteln, führt das Unternehmen einen Angebotsvergleich durch.
7. Im kommenden Jahr möchte die Weber Metallbau GmbH ein um 20 % leichteres Modell bei den Brandschutztüren auf den Markt bringen. Die ersten Probemodelle der neuen Brandschutztür wurden bereits erfolgreich getestet.

13 Aufbauorganisation, Einlinien-, Mehrlinien-, Stabliniensystem

1. Beschreiben Sie den Begriff Aufbauorganisation mit eigenen Worten!
2. Beschreiben Sie die Kriterien, nach denen die betriebliche Gesamtaufgabe gegliedert werden kann!
3. Erläutern Sie den Begriff Stellenbildung!
4. Beschreiben Sie anhand eines Beispiels die Möglichkeiten der Stellenbildung!
5. Stellen Sie dar, was durch eine Stellenbeschreibung alles geregelt werden muss!
6. Erklären Sie den Begriff Abteilungsbildung!
7. Grenzen Sie die Begriffe Stelle, Instanz und Abteilung voneinander ab! Fertigen Sie hierzu eine Skizze an!
8. Nennen Sie die Hauptaufgabenbereiche, die ein Industriebetrieb hat!
9. Beschreiben Sie die Aufgabe eines Organisationsplans!
10. Geben Sie den nachfolgend dargestellten Leitungssystemen die richtige Bezeichnung!

10.1

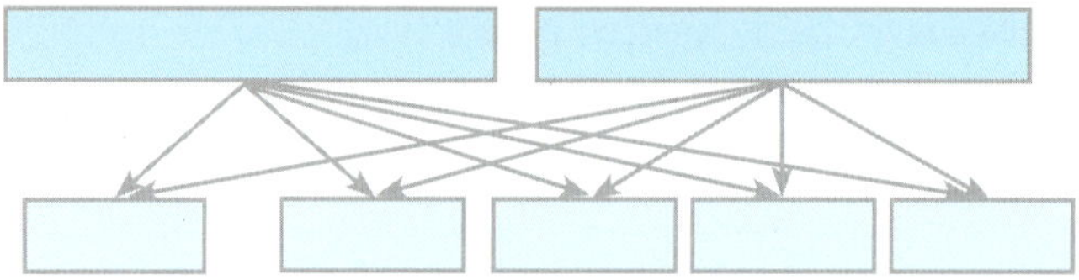

10.2

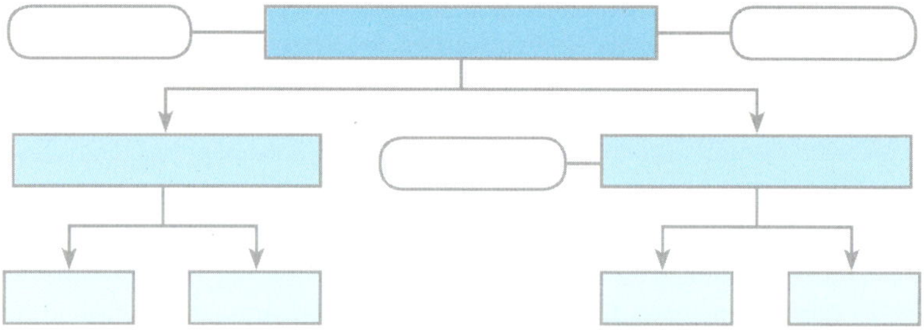

10.3

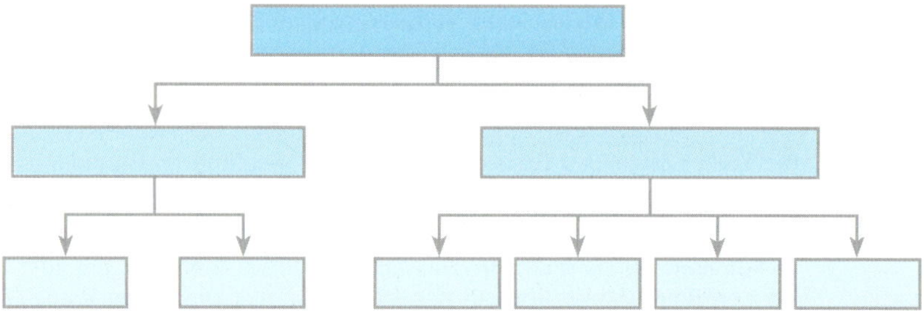

11. Beschreiben Sie die charakteristischen Merkmale dieser Leitungssysteme und stellen Sie deren Vor- und Nachteile einander gegenüber!

14 Aufgabenorientierte und prozessorientierte Unternehmensorganisation

1. Erklären Sie, welche Nachteile mit einer aufgabenorientierten Unternehmungsorganisation verbunden sind!
2. Vergleichen Sie die Durchführung der Auftragsbearbeitung innerhalb einer aufgabenorientierten Organisation mit jener innerhalb einer prozessorientierten Organisation!
3. Nennen Sie Vorteile, die sich aus einer prozessorientierten Unternehmensorganisation ergeben!
4. Bei der Wohnmobilvermietung Lustig OHG wird die eintreffende Post von Kunden, die ein Wohnmobil mieten möchten, von Frau Abel geöffnet und zur Bearbeitung an Herrn Kleiner oder Frau Seitz weitergereicht. Bisher gab es keine feste Regel dafür, an wen Frau Abel die Post zur Bearbeitung weiterreichte. Dies führte schon wiederholt zu Problemen, wenn z.B. Frau Seitz einen Vorgang zur Bearbeitung erhielt, von dem sie nicht wusste, dass Herr Kleiner bereits Vorarbeiten und u.U. auch bindende Zusagen geleistet hatte.

Aufgabe:

Erstellen Sie Regeln für den Ablauf der Weitergabe, damit in Zukunft solche Probleme vermieden werden können!

15 Geschäftsprozesse untersuchen

1. 1.1 Beschreiben Sie die Kernaussage der Geschäftsprozess-Konzeption!
   1.2 Stellen Sie dar, welche Zielsetzungen die Geschäftsprozess-Konzeption verfolgt!
2. Erläutern Sie an einem Beispiel die Merkmale von Geschäftsprozessen und stellen Sie dar, warum es für die Praxis wichtig ist, zwischen Kern-, Management- und Serviceprozessen zu unterscheiden!
3. Entscheiden Sie, ob es sich bei den nachfolgenden Prozessen um Geschäftsprozesse handelt. Begründen Sie Ihre Entscheidung!
   3.1 Überprüfung eines Rohstoffeinkaufs,
   3.2 Gründung einer Filiale,
   3.3 Abwicklung der monatlichen Lohnbuchhaltung,
   3.4 Inventur im Fertigungslager,
   3.5 Schulung der Auszubildenden,
   3.6 Schadensfeststellung nach einer Überschwemmung des Fabrikgeländes,
   3.7 Einstellung eines Mitarbeiters als Softwareverwalter,
   3.8 Qualitätsprüfung.
4. Ausgangspunkt ist die Ulmer Büromöbel AG. Sie produziert Büromöbel und Regale. Es fallen folgende Geschäftsprozesse an:
   4.1 Die Ulmer Büromöbel AG bestätigt einen Auftrag über 150 m^2 Spanplatten.
   4.2 Die Ulmer Büromöbel AG stellt einen neuen Außendienstmitarbeiter ein.
   4.3 Die Geschäftsleitung entschließt sich für die Herstellung einer neuen Kollektion von Regalen. Die Konstruktionsabteilung entwickelt entsprechende Modelle.
   4.4 Die Geschäftsleitung veranlasst die Überprüfung der Kundendatensätze.

4.5 Die Buchhaltung erstellt den Jahresabschluss für die Ulmer Büromöbel AG.

4.6 Der Fertigungsleiter der Ulmer Büromöbel AG erstellt einen Maschinenbelegungsplan für die anstehende Kalenderwoche.

4.7 Die Geschäftsleitung der Ulmer Büromöbel AG überlegt, in Zukunft auch Polstermöbel herzustellen und will damit in den kommenden zwei Jahren eine Umsatzsteigerung von 20 % erzielen.

Aufgabe:

Entscheiden Sie, ob es sich bei den Geschäftsprozessen jeweils um einen Kernprozess oder um einen unterstützenden Prozess handelt. Begründen Sie Ihre Entscheidung!

5. 5.1 Erklären Sie in Worten den nachfolgenden Auszug aus dem Teilprozess „Rechnung prüfen und bezahlen"!

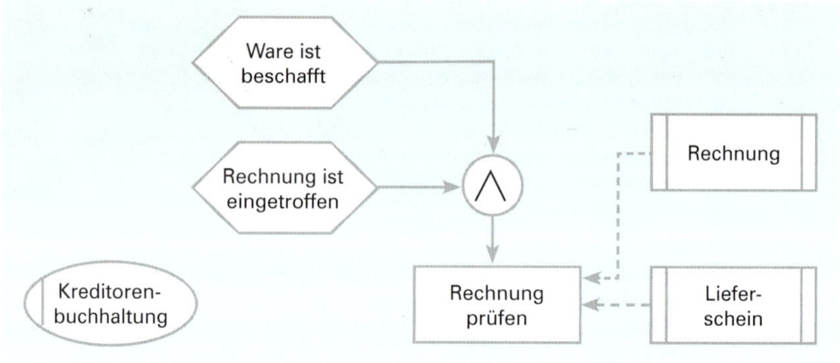

5.2. Beschreiben Sie, in welcher Weise hierbei die Dokumente benutzt werden!

5.3 Erläutern Sie, welchen Vorteil es bringt, dass bei der Organisationseinheit der Name der Stelle (hier: Kreditorenbuchhaltung) und nicht der Name des Sachbearbeiters angegeben wird!

16 Geschäftsprozesskette erstellen

Innerhalb des wertschöpfenden Geschäftsprozesses „Beschaffung von Handelswaren" gibt es den Teilprozess „Ware annehmen und prüfen", der verbal wie folgt beschrieben ist:

„Ist die Ware eingetroffen, wird von der Warenannahme geprüft, ob sie der bestellten Ware entspricht und ob die vorgegebenen Qualitätsanforderungen eingehalten wurden. Gegebenenfalls wird zur Prüfung ein Mängelbericht erstellt. Ist die Ware nicht in Ordnung, dann wird vom Einkauf eine Mängelrüge erstellt und versandt. Die Schreibkraft des Einkaufs benötigt hierfür den Mängelbericht, die Qualitätsanforderungen und die Lieferdaten. Andernfalls wird die Ware durch die Lagerverwaltung eingelagert und in der Tabelle ‚Teile' der Bestand fortgeschrieben."

Aufgabe:

Stellen Sie die vorangegangene verbale Beschreibung als Prozesskette dar!

3 Standortfaktoren bestimmen und eine Standortbestimmung mithilfe der Nutzwertanalyse durchführen

KB 1 Lernsituation 5: Standortsituationen beurteilen

Die Weber Metallbau GmbH hat eine lange Tradition als Familienunternehmen. Im Jahr 2005 entschied sich das Unternehmen für den Industrie- und Gewerbepark Ulm als neuen Standort. Um langfristig im internationalen Wettbewerb bestehen zu können, prüft das Unternehmen regelmäßig die Attraktivität des Standorts Deutschland.

Weber Metallbau GmbH

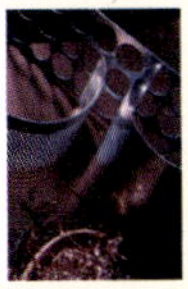

Beim morgendlichen Lesen der Ulmer Zeitung finden die Gesellschafter Hans-Jörg Weber und Klaus Junginger den folgenden Artikel:

Ulmer Zeitung

Deutschland rutscht im Länderindex Familienunternehmen deutlich ab. Erstmals überholt ein früherer Euro-Krisenstaat die Bundesrepublik.

Der „Länderindex Familienunternehmen" 2018 bewertet die **Attraktivität** des **deutschen Standorts** im internationalen Vergleich aus Sicht von Familienunternehmen zum siebten Mal seit 2006. Der „Länderindex Familienunternehmen" untersucht mittels objektiv messbarer Daten die wichtigsten Standortfaktoren für Familienunternehmen anhand von sechs ausgewählten Themenfeldern: Steuern, Arbeitskosten, Produktivität, Humankapital, Regulierung, Finanzierung, Infrastruktur und Institutionen und Energie.

Alle **Informationen** unter:

https ://www.familienunternehmen.de/laenderindex-familienunternehmen

Quelle: Textauszug in Anlehnung an: https://www.familienunternehmen.de/de/pressebereich/meldungen/2019/2019-01-07/deutschland-rutscht-im-laenderindex-familienunternehmen-deutlich-ab [20.01.2020].

Für die nächste Besprechung der Gesellschafter mit den Abteilungsleitern werden Sie gebeten, die wesentlichen Ergebnisse des „Länderindex Familienunternehmen" für das Jahr 2018 vorzustellen.

Kompetenzorientierte Arbeitsaufträge:

Arbeiten Sie das folgende Kapitel des Schulbuches durch und verwenden Sie die Aufzeichnungen aus dem Unterricht zur Bearbeitung der Arbeitsaufträge.

1. Bilden Sie Arbeitsgruppen. Führen Sie eine **Internetrecherche** durch und analysieren Sie mithilfe des „Länderindex Familienunternehmen" die Attraktivität des deutschen Standorts in den ausgewählten Themenfeldern im internationalen Vergleich!

   Nutzen Sie dabei die folgenden Quellen:[1]

   Länderindex Familienunternehmen

   Interaktive Grafiken:
   https://www.familienunternehmen.de/laenderindex-familienunternehmen

1 Der Zugriff auf die Quellen erfolgte am 20.01.2020.

Erklär-Videos

Erklär-Video:
Deutschland als Standort für Familienunternehmen:
https://www.familienunternehmen.de/de/erklaer-videos/deutschland-als-standort-fuer-familienunternehmen

Studien

Pressebericht:
https://www.familienunternehmen.de/media/public/pdf/pressebereich/meldungen/2019/pi_laenderindex-familienunternehmen-07_2019-01-07.pdf

2. Erstellen Sie ein Handout mit den wesentlichen Ergebnissen der Studie für das Jahr 2018!
3. Präsentieren Sie das von Ihrer Gruppe erstellte Handout vor Ihrer Klasse!

3.1 Erläuterung der Standortfaktoren

(1) Begriffe Standort und Standortfaktoren

Die Standortwahl gehört zu den Entscheidungen mit sehr langfristigen Auswirkungen auf das Wohlergehen des Unternehmens. Eine Fehlentscheidung bei der Standortwahl kann später oft nur mit erheblichen Kosten korrigiert werden. Im schlimmsten Fall kann sie das Unternehmen sogar in seiner Existenz bedrohen. Eine Standortanalyse ist daher vor dieser strategischen Entscheidung dringend geboten.

- Der **Standort** ist die **örtliche Lage** eines **Betriebs.**
- **Standortfaktoren** sind alle standortspezifischen Faktoren (Gesichtspunkte), die den Erfolg des Unternehmens beeinflussen.

Im Zuge der Entwicklung moderner Fertigungs-, Transport- und Kommunikationstechniken hat die Globalisierung dazu geführt, dass international ausgerichtete Unternehmen ihre Standorte zunehmend grenzübergreifend planen. Der weltweite Warenhandel wächst und immer mehr deutsche Industrieunternehmen planen, im Ausland in bestehende oder neue Standorte zu investieren.

Gründe für die **internationale Standortwahl** und damit verbundenen Auslandsinvestitionen sind z. B.:

- Kostensenkung durch die Verlagerung arbeitsintensiver bzw. energieintensiver Produktionsprozesse in sogenannte Niedriglohnländer.
- Erschließung neuer Absatzmärkte (Markterschließungsmotive).
- Direkter Marktzugang und höhere Flexibilität durch Vertrieb und Kundendienst direkt vor Ort.

- Umgehung von Einfuhrbeschränkungen und Zöllen sowie geringere Umweltschutzauflagen.
- Ausnutzung von Subventionen und Steuerersparnissen im Ausland.
- Teilhabe an Innovationen und Know-how in branchenspezifisch wissensstarken Regionen.
- Bessere Verfügbarkeit von qualifiziertem Personal (branchenabhängig).
- Klimatische Bedingungen (branchenabhängig).

(2) Arten von Standortfaktoren

Im Folgenden werden die Standortfaktoren unterteilt in solche, die direkt gemessen werden können **(quantitative bzw. harte Standortfaktoren)** und in solche, die subjektiv geschätzt werden müssen **(qualitative bzw. weiche Standortfaktoren).**

Quantitative (harte) Standortfaktoren

Das sind Standortfaktoren, deren Beitrag zum Unternehmenserfolg direkt gemessen werden kann. Wichtige quantitative Standortfaktoren sind:

Standortfaktoren	Beispiele
Produktionskosten	■ Grundstückskosten ■ Kosten für die Errichtung der Gebäude ■ Höhe der Personalkosten ■ Standortabhängige Finanzierungskosten ■ Energiekosten ■ ...
Abgaben **Subventionen**	■ Steuern, z. B. Höhe der Grund- und Gewerbesteuer der Gemeinde ■ Umweltabgaben ■ Regionale Förderungsmaßnahmen der öffentlichen Hand ■ ...
Auflagen	■ Gewerbeeinschränkungen ■ Umweltschutzauflagen ■ Dauer von Genehmigungsverfahren ■ ...
Absatzkosten **Absatzpotenzial**	■ Transportkosten der Produkte vom Standort zum Absatzmarkt ■ Regionales Marktvolumen ■ ...

Qualitative (weiche) Standortfaktoren

Das sind Standortfaktoren, deren Beitrag zum Unternehmenserfolg **nicht direkt gemessen** werden kann. Qualitative Standortfaktoren müssen von den Planungs- und Entscheidungsträgern subjektiv geschätzt werden.

Wichtige qualitative Standortfaktoren sind:

Standortfaktoren	Beispiele
Produktionsumfeld	■ Grundstück (Lage, Form, Bodenbeschaffenheit, Bebauungsvorschriften, Ausdehnungsmöglichkeiten). ■ Verkehrsanbindung (Personen- und Güterverkehrsnetz, Speditionsunternehmen, Nähe eines Binnen- oder Seehafens). ■ Arbeitskräftebeschaffung (Bevölkerungsstruktur und -ausbildung, Konkurrenz auf dem Arbeitsmarkt, Arbeitskräftereserven). ■ ...
Absatzbereich	■ Kaufkraft der Bewohner, Region ist bekannt für die Branche (z. B. Nürnberger Lebkuchen), Stärke der regionalen Konkurrenz. ■ ...
Infrastruktur	■ Wohnraum, Technologie- bzw. Handelszentren, Bildungs- und Kultureinrichtungen, Universität. ■ Landschaftliche Lage, Umgebung. ■ Informations- und Kommunikationsinfrastruktur („schnelles Internet“). ■ ...

3.2 Durchführung einer Standortbestimmung mithilfe der Nutzwertanalyse

Für die Wahl des Standorts sind immer mehrere Standortfaktoren von Bedeutung. Sie fallen unterschiedlich ins Gewicht und stehen häufig im Widerstreit miteinander (z. B. günstige Verkehrswege, hohes Lohnniveau).

Ein Instrument, um eine Standortwahl unter Berücksichtigung mehrerer Kriterien durchzuführen, ist die **Nutzwertanalyse.**[1] Dabei werden den Auswahlkriterien zunächst Gewichtungen zugeordnet (Spalte 2), die für alle Standorte gleichermaßen gelten. Danach werden die ausgewählten Standortfaktoren einzeln dahingehend analysiert, inwieweit sie die Auswahlkriterien erfüllen. Hierfür werden Punkte vergeben, z. B. 5: hohe Zielerfüllung, 0: keine Zielerfüllung (z. B. Spalte 3). Durch Multiplikation der Gewichtungen mit den einzelnen Punkten erhält man je Standortfaktor die gewichteten Punkte (z. B. Spalte 4). Ausgewählt wird jener Standort, dessen Summe der gewichteten Punkte maximal ist.

Die Verwendung der Nutzwertanalyse hat den Vorteil, dass neben rein **quantifizierbaren Standortfaktoren** (z. B. Lohnkosten) auch die Einbeziehung von **qualitativen Standortfaktoren** (z. B. Infrastruktur) möglich ist.

Beispiel:

Die Weber Metallbau GmbH in Ulm möchte ein Zweigwerk bauen. Es stehen folgende Standorte zur Wahl: Mannheim, Passau und Jucu in Rumänien. Als entscheidende Standortfaktoren sind ausgewählt: Grundstückskosten, Lohn- und Energiekosten, Steuern und Subventionen, Umweltschutzauflagen, Transportkosten, Arbeitskräftebeschaffung, Infrastruktur. Eine Beurteilung ergab jeweils die in den Spalten 3, 5 und 7 dargestellten Punkte.

1 Synonym werden die Begriffe Scoring-Modell, Punktebewertungstabelle und Entscheidungsbewertungstabelle verwendet. (**Scoring-Modell**: Modell zur Bewertung von Handlungsalternativen).

Entscheidungsbewertungstabelle:

ausgewählte Standortfaktoren	Gewichtung	Mannheim		Passau		Jucu (Rumänien)	
		Punkte	Gewichtete Punkte	Punkte	Gewichtete Punkte	Punkte	Gewichtete Punkte
(1)	(2)	(3)	(4) = (2) · (3)	(5)	(6) = (2) · (5)	(7)	(8) = (2) · (7)
Grundstückskosten	10	4	40	3	30	5	50
Lohn- und Energiekosten	20	3	60	3	60	5	100
Steuern und Subventionen	10	4	40	3	30	5	50
Umweltschutzauflagen	20	4	80	4	80	5	100
Transportkosten	10	5	50	4	40	1	10
Arbeitskräftebeschaffung	20	5	100	3	60	2	40
Infrastruktur	10	3	30	3	30	2	20
Summe der Punkte	**100**		**400**		**330**		**370**

Erläuterung:

Die zeilenweise Multiplikation der Gewichtungen mit den Punkten für die einzelnen Kriterien ergibt jeweils die gewichteten Punkte. Deren Summe beträgt beim Standort Mannheim 400. Die Standorte Passau und Jucu erhielten jeweils 330 bzw. 370 Punkte. Somit fällt die Entscheidung zugunsten des Standortes Mannheim.

Obwohl die Nutzwertanalyse in der Vorgehensweise sehr systematisch ist und in der Praxis gute Dienste leistet, sind mit ihr insbesondere folgende **Nachteile** verbunden:

- Die Merkmale der qualitativen Standortfaktoren lassen sich nicht bei jedem Standort auf der Gewichtungsskala genau abbilden.
- Die Gewichtung der Standortfaktoren ist subjektiv und damit nicht nachprüfbar.
- Quantitative Größen wie Erlöse und Kosten werden nicht genügend berücksichtigt.

Zusammenfassung

- Unter einem **Standort** versteht man die **örtliche Lage** eines **Betriebs**.
- Bei der **Standortwahl** sind in der Regel **mehrere Standortfaktoren** von Bedeutung.
- Standortfaktoren, deren Beitrag zum Unternehmenserfolg **direkt gemessen** werden kann, nennt man **quantitative (harte) Standortfaktoren**.
- Standortfaktoren, deren Beitrag **nicht direkt gemessen** werden kann, nennt man **qualitative (weiche) Standortfaktoren**.
- Die **Nutzwertanalyse** ist ein Instrument, um eine Standortwahl unter Berücksichtigung mehrerer Kriterien begründet durchzuführen.

Kompetenztraining

17 Fallstudie zur Beurteilung der Standortsituationen

1. Lesen Sie zunächst die folgenden zwei Textauszüge!

MAN[1]

Im Sommer 2000 erfuhren die Penzberger, dass die komplette Kabelbaumfertigung aus Oberbayern ins südpolnische MAN-Werk Starachowice abwandern soll. Gut 370 Mitarbeiter, zwei Drittel davon Frauen, werden damit in Penzberg überflüssig. 15,00 EUR in der Stunde verdienen die meist angelernten Kräfte in Bayern, die Kollegen in Polen aber geben sich mit nur 3,00 EUR zufrieden. Die Konsequenz lag für MAN auf der Hand.

BMW[1]

Auch BMW hätte in Osteuropa weit geringere Löhne zahlen müssen. Zwar liegt der Anteil der Personalkosten (...) bei der Autoproduktion in Deutschland im Schnitt bei 18 % der Gesamtkosten und ist damit deutlich niedriger als etwa bei der arbeitsintensiven Kabelbaumfertigung (...). Aber er ist immer noch weit höher als an möglichen osteuropäischen Standorten. (...)

Im Frühjahr 2001 hat BMW (...) beschlossen, sein Angebot nach unten auszuweiten und künftig auch die untere Mittelklasse mit einem 1er BMW zu bedienen. Dafür brauchte der Konzern ein zusätzliches Werk, und zwar möglichst schnell. Von 250 Standortvorschlägen aus dem In- und Ausland bleiben nach genauerer Prüfung fünf Städte übrig: Schwerin, Leipzig, Augsburg, das französische Arras und Kolin in Tschechien. BMW hat sich für Leipzig entschieden.

Aufgabe:

Suchen Sie Gründe, warum MAN die Produktion nach Polen verlegt hat und BMW in Deutschland produziert!

2. Beurteilen Sie anhand der zwei nachfolgenden Statistiken, inwiefern der Standort Deutschland gut aufgestellt ist!

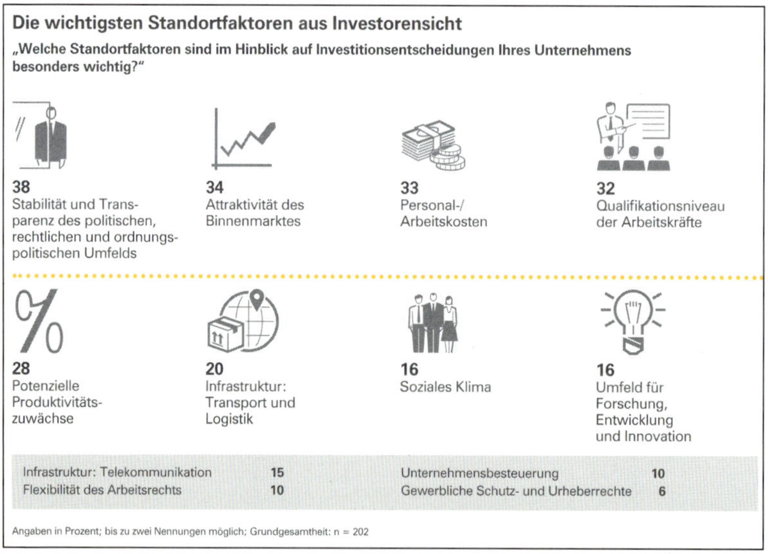

Quelle: Standort Deutschland 2015, hrsg. von Ernst & Young GmbH 2015.

1 Quelle: DIE ZEIT, zitiert nach: http://www.economics.phil.uni-erlangen.de/lehre/bwl-archiv/Schulbuch/kap5/standortw/standortw.pdf [03.01.2016].

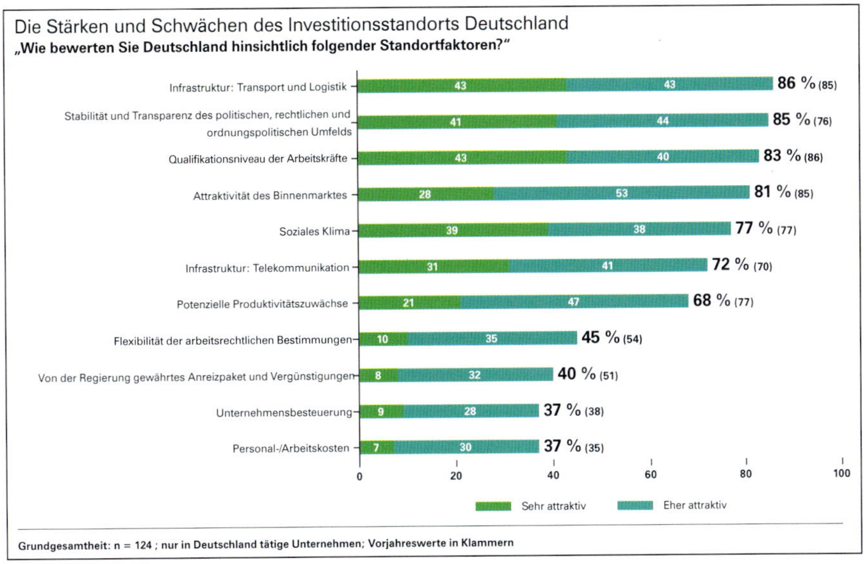

Quelle: Standort Deutschland 2019, hrsg. von Ernst & Young GmbH 2019.

3. Stellen Sie einen Bezug zwischen dem statistischen Datenmaterial (Aufgabe 2) und den Standortentscheidungen von MAN und BMW (Aufgabe 1) her!

4. Erläutern Sie anhand von drei selbst gewählten Beispielen, inwiefern der Gegenstand eines Unternehmens Einfluss auf die Bedeutung einzelner Standortfaktoren hat! Gehen Sie dabei insbesondere auf im jeweiligen Beispiel besonders wichtige Standortfaktoren ein!

18 Standortfaktoren analysieren und Standortattraktivität untersuchen

Lesen Sie zunächst nachfolgenden Textauszug!

Weitere Verbesserung der Standortattraktivität erwartet

Internationale Investoren sehen Deutschland nach wie vor grundsätzlich auf einem guten Weg: Ihrer Einschätzung nach wird sich die Standortattraktivität in den kommenden Jahren weiter verbessern.

43 Prozent der befragten Manager rechnen für die kommenden drei Jahre mit einer Erhöhung der Attraktivität des Standorts Deutschland, 11 Prozent gehen von einer Verschlechterung aus. [...]

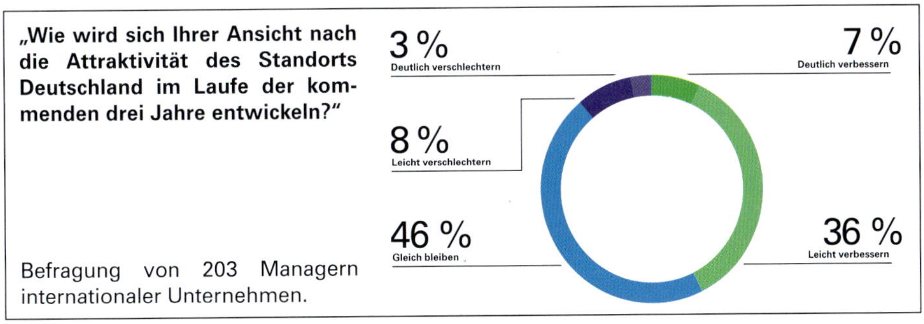

Quelle: Standort Deutschland 2019, hrsg. von Ernst & Young GmbH 2019.

Aufgaben:

1. Begründen Sie mithilfe der quantitativen und qualitativen Standortfaktoren die Attraktivität der Bundesrepublik Deutschland als Investitionsstandort!

2. Analysieren Sie mithilfe der folgenden Grafik, in welchen Regionen deutsche Unternehmen in bestehende oder neue Standorte im Jahr 2019 investieren!

   Gehen Sie dabei auch auf die Motive Kostenersparnis, Markterschließung und Vertrieb/Kundendienst ein!

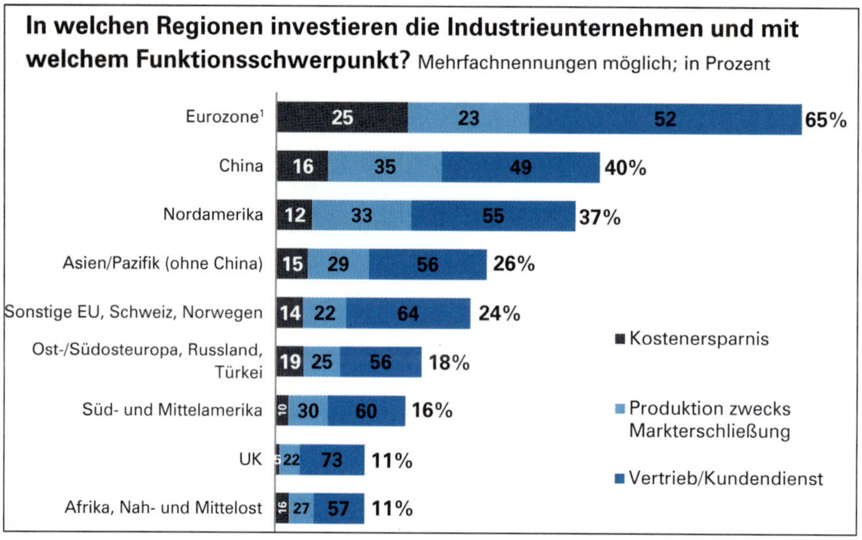

Quelle: DIHK-Umfrage – Auslandsinvestitionen in der Industrie 2019.

3. **Erkundungsauftrag:** Erkunden Sie (in Gruppen) bei den an Ihrem Ort ansässigen Unternehmen, auf welche Gründe ihre Standortentscheidungen im Wesentlichen zurückzuführen sind und erfragen Sie die Probleme, die mit dem gegenwärtigen jeweiligen Standort verbunden sind.

   Verfassen Sie über diese Erkundung einen kurzen Bericht und tragen Sie diesen im Klassenverband vor!

   Alternativ:

   Unternehmergespräch in der Schule: Organisieren Sie im Klassenverband ein Unternehmergespräch an Ihrer Schule. Laden Sie eine Unternehmerin oder einen Unternehmer Ihrer Region ein und führen Sie ein Gespräch über die Standortattraktivität Ihrer Region.

19 Standortbestimmung mithilfe der Nutzwertanalyse

1. Beschreiben Sie die Zielsetzung der Nutzwertanalyse an einem selbst gewählten Beispiel!
2. Nennen Sie die Schritte, die zur Durchführung einer Nutzwertanalyse erforderlich sind!
3. Erläutern Sie an einem selbst gewählten Beispiel die Bedeutung der Standortwahl für die Entwicklung eines Betriebs!

1 Zur **Eurozone** gehören alle Mitgliedstaaten der Europäischen Union, die den Euro als offizielle Währung eingeführt haben. Das sind also Belgien, Deutschland, Estland, Finnland, Frankreich, Griechenland, Irland, Italien, Lettland, Litauen, Luxemburg, Malta, Niederlande, Österreich, Portugal, Slowakei, Slowenien, Spanien und Zypern.

4. Interpretieren Sie auf Grundlage der Entscheidungsbewertungstabelle der Weber Metallbau GmbH (S. 91) das Ergebnis der ausgewählten Standortfaktoren für den Standort Jucu in Rumänien.

5. Die Sport-Burr KG plant den Bau eines Zweigwerkes.[1] Folgende Mindestanforderungen werden an den Standort gestellt:
   - Mindestgröße des Grundstücks 5 000 m^2.
   - Die nächste Autobahnauffahrt darf höchstens 10 km vom Grundstück entfernt liegen.
   - Auf dem Arbeitsmarkt dürfen höchstens drei bedeutende andere Unternehmen in Konkurrenz stehen.
   - Die Miete für angemessenen Wohnraum der Belegschaft darf 7,50 EUR nicht übersteigen.

   Untersucht werden vier Standorte. Für die Standorte liegen folgende Daten vor:

Standortfaktoren / Standort	I Grundstücksgröße m^2	II Autobahnentfernung km	III Konkurrenzfirmen Arbeitsmarkt	IV Miete/ Wohnraum EUR/m^2
I	7 000	1	1	7,50
II	10 000	8	1	7,00
III	5 000	3	3	6,10
IV	8 000	12	2	6,80

   Die Sport-Burr KG legt folgende, bereits gewichtete Standortfaktoren zugrunde:

	Gewichtung
1. Grundstück	40
2. Verkehrslage des Grundstücks	20
3. Arbeitsbeschaffung	30
4. Infrastruktur	10

   Aufgaben:

   5.1 Legen Sie aufgrund der Angaben die Bedeutung der einzelnen Standortfaktoren auf einer Skala von Null (Mindestanforderung nicht erfüllt!) bis zehn Punkten fest. Begründen Sie Ihre Entscheidung!

   5.2 Treffen Sie eine begründete Entscheidung, welchen Standort die Sport-Burr KG bestimmen soll!

1 Quelle: Hansmann, Karl-Werner: Industrielles Management, 8. Auflage, Oldenburg Verlag München 2006, S. 110f.

4 Die Wertschöpfungskette eines Produkts von der Rohstoffgewinnung bis zum Endverbraucher beurteilen

4.1 Wirtschaftssektoren und betriebliche Leistungsfaktoren kennenlernen

(1) Wirtschaftssektoren

Unternehmen lassen sich Wirtschaftssektoren zuordnen. Diese können weiter nach Branchen (Wirtschaftszweigen) unterteilt werden.

Wirtschaftssektoren	Erläuterungen	Branche
Erzeugung (primärer Sektor) 	Diese Unternehmen produzieren Rohstoffe.	■ Land- und Forstwirtschaft ■ Fischerei ■ Bergbau ■ Erdöl- und Erdgasförderung
Weiterverarbeitung (sekundärer Sektor) 	Diese Unternehmen verarbeiten die Rohstoffe zu Investitions- und Konsumgütern.	■ Industrie, Handwerk ■ Baugewerbe ■ Energieversorgung ■ Wasserversorgung
Verteilung (tertiärer Sektor) 	Diese Unternehmen übernehmen die Verteilung der Güter vom Produzenten bis zum Endverbraucher. Zu diesem Bereich zählen auch die Dienstleistungsunternehmen.	■ Handel ■ Gastgewerbe ■ Verkehr ■ Banken, Versicherungen ■ Nachrichtentechnik ■ Rechtsanwalt

(2) Betriebliche Leistungsfaktoren

Zur Herstellung der vorgegebenen Produkte muss sich zunächst jedes Unternehmen die erforderlichen betriebswirtschaftlichen Produktionsfaktoren beschaffen. Betriebliche Produktionsfaktoren sind:

- **Menschliche Arbeitskraft**

Zur Leistungserstellung bedarf es geistiger und körperlicher Anstrengungen der Menschen. Jedes Unternehmen benötigt somit Mitarbeiter, die Maschinen bedienen, Fahrzeuge führen oder Handarbeiten ausführen. Es handelt sich hierbei um **ausführende Arbeiten.**

Daneben bedarf es Mitarbeiter, die die betriebliche Leistungserstellung planen, entscheiden, anordnen, organisieren und kontrollieren. Man bezeichnet diese Form der Arbeit als **dispositive (leitende) Arbeit.**

Betriebsmittel

Darunter werden die Gegenstände erfasst, mit deren Hilfe die Leistungen erstellt werden: Gebäude, Grundstücke, Maschinen, Werkzeuge usw. Neben diesen **materiellen**[1] Betriebsmitteln gibt es auch noch **Rechte (immaterielle**[1] **Betriebsmittel)** wie z. B. Lizenzen,[2] Markenzeichen, Miet- und Pachtverträge.

Materialien (Werkstoffe)

Rohstoffe	Rohstoffe werden nach der Bearbeitung oder Verarbeitung wesentliche Bestandteile der Fertigerzeugnisse, z. B. Eisen und Stahl im Maschinenbau; Wolle und Baumwolle in der Textilindustrie.	
Fremdbauteile (Vorprodukte)	Fremdbauteile sind zusammengesetzte Produkte von Vorlieferern, die zur Erstellung eigener Produkte benötigt werden, z. B. Schlösser in einer Möbelfabrik, Autositze für die Automobilindustrie, Elektromotoren in der Maschinenindustrie.	
Hilfsstoffe	Dies sind Stoffe, die bei der Bearbeitung verbraucht werden, um das Erzeugnis herzustellen, die aber nicht als wesentliche Bestandteile der Fertigerzeugnisse zu betrachten sind, z. B. Farben in der Tapetenherstellung oder Lacke, Schrauben, Muttern, Nieten in der Automobilindustrie.	
Betriebsstoffe	Sie dienen dazu, die Maschinen zu „betreiben", z. B. Schmierstoffe, Kühlmittel, Reinigungsmittel. Sie gehen nicht in das fertige Produkt ein.	
Handelswaren	Sie sind fertige Waren, die der Industriebetrieb bezieht und unverändert weiterverkauft, z. B. ein Automobilhersteller führt Dach- und Gepäckträgersysteme in seinem Programm.	

1 **Materiell:** stofflich, körperlich.
Immateriell: unstofflich, geistig.

2 **Lizenz** ist das Recht, ein Patent zu verwerten.

7 Hug u.a. - ISBN 978-3-8120-0578-4

4.2 Stellung des Unternehmens im gesamtwirtschaftlichen Zusammenhang am Beispiel des Industriebetriebs beschreiben

(1) Überblick

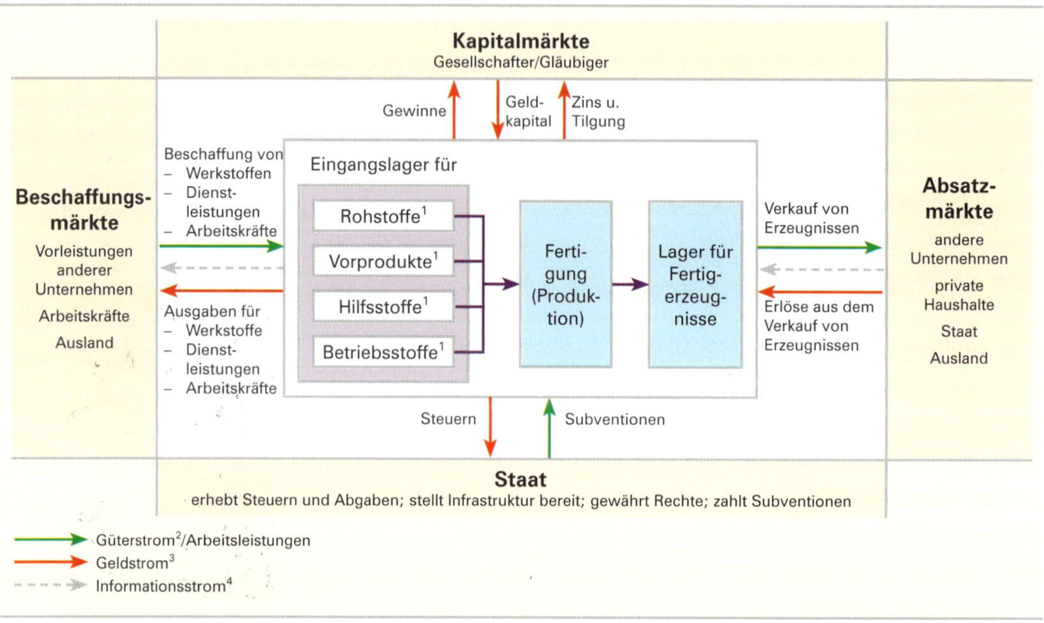

Die Unternehmen sind über die Beschaffungs-, Absatz- und Kapitalmärkte sowie durch Gesetze und Verordnungen des Staates mit der Gesamtwirtschaft verbunden. Welchen Stellenwert die Einbindung des Unternehmens in die Gesamtwirtschaft hat, hängt insbesondere von seiner Größe, der Art der hergestellten Produkte sowie seiner Stellung im Markt ab.

(2) Beschaffungsmärkte

Auf den Beschaffungsmärkten kaufen die Unternehmen Material, Dienstleistungen, Betriebsmittel, Rechte sowie Informationen für den Leistungserstellungsprozess.

1 Zur Erläuterung der Begriffe siehe S. 97.

2 **Güterstrom.** Die Lieferung der bestellten Werkstoffe löst einen Güterstrom vom Lieferer zum Kunden aus, denn die bezogenen Werkstoffe wurden zu Produkten verarbeitet und an die Kunden ausgeliefert. Der Güterstrom läuft dem Informationsstrom entgegen.

3 Im Gegenzug für die Lieferung der Erzeugnisse erhält das Unternehmen von den Kunden Geld. Damit finanziert das Unternehmen seine Einkäufe. Es entsteht ein **Geldstrom** vom Kunden zum Lieferer.

4 **Informationsstrom.** Der Industriebetrieb erhält von seinen Kunden Anfragen, gibt Angebote ab und erhält so Aufträge. Damit entsteht ein Informationsstrom vom Kunden über den eigenen Betrieb bis zum Lieferer.

Außerdem suchen sie auf dem Arbeitsmarkt Mitarbeiter, die dem Anforderungsprofil der jeweiligen Stellen entsprechen und binden sie mit einem Arbeitsvertrag an das Unternehmen.

(3) Absatzmärkte

Auf den Absatzmärkten besteht derzeit ein **Käufermarkt,** d.h., das Angebot an Gütern ist größer als die Nachfrage. Dies führt dazu, dass die Unternehmen die Bedürfnisse und Wünsche der Kunden ermitteln müssen, um diese dann wirksamer und wirtschaftlicher zufriedenzustellen als die Mitbewerber. Dazu werden gezielt Informationen beschafft, die im Unternehmen ausgewertet und an die Beschaffungsmärkte weitergegeben werden **(Informationsstrom).**

Durch den Verkauf der Erzeugnisse erhält das Unternehmen Einnahmen. Diese Geldmittel werden benötigt, um die Ausgaben für die Leistungserstellung (z.B. Löhne, Energie, Materialverbrauch, Zinsen) und die Anlagegüter (z.B. Gebäude, Maschinen, Fahrzeuge) zu finanzieren **(Geldstrom).**

(4) Kapitalmärkte

Die Kapitalbeschaffung erfolgt über die Kapitalmärkte. Die Bereitstellung des Kapitals kann entweder durch die **Eigentümer (Eigenkapital)** oder durch **Gläubiger (Fremdkapital)** erfolgen. Für die Kapitalbereitstellung erhalten die Eigentümer einen Gewinnanteil, die Gläubiger Zinsen. Außerdem muss das Fremdkapital zurückgezahlt werden.

Große, weltweit agierende Aktiengesellschaften können sich weltweit Eigen- und Fremdkapital beschaffen. Kleinere Unternehmen beschaffen sich das benötigte Kapital bei ihren Gesellschaftern bzw. durch Aufnahme eines Darlehens bei ihrer Hausbank.

(5) Staat

Der Staat setzt für die Unternehmen den Rechtsrahmen, stellt die Infrastruktur[1] zur Verfügung und greift über wirtschafts- und sozialpolitische Maßnahmen (z.B. Arbeitsschutzgesetz, Sozialgesetzbuch, Kündigungsschutz, Umweltschutzgesetze zum Gewässerschutz oder der Luftreinhaltung und Lärmbekämpfung) in die Entwicklung der Wirtschaft ein.

1 **Infrastruktur:** Ist die Grundausstattung eines Landes mit öffentlichen Einrichtungen, z.B. Straßen, Post, Telefon, Gas, Strom, Eisenbahn, Krankenhäuser, Kindergärten, Schulen, Hochschulen.

4.3 Wertschöpfungsketten darstellen

KB 1 **Lernsituation 6: Die Wertschöpfungskette eines Produktes darstellen und erläutern**

Die Kaffeerösterei Arabica KG möchte für ihre Außendienstmitarbeiter ein neues einheitliches „Unternehmensoutfit“ beschaffen. Neben Hemden mit dem Logo der Kaffeerösterei Arabica sollen die Mitarbeiter Jeanshosen in der Farbe Dunkelblau erhalten. Da das Unternehmen bei seinen Produkten verstärkt auf Nachhaltigkeit achtet, möchten sich die Geschäftsführer ein Bild über die Entstehung bzw. die Wertschöpfungskette einer Jeanshose machen. Dafür bittet Sie die Geschäftsführung um eine Präsentation in der nächsten Geschäftsführungssitzung.

Kompetenzorientierte Arbeitsaufträge:

Arbeiten Sie das folgende Kapitel des Schulbuches durch. Bilden Sie **Arbeitsgruppen** und verwenden Sie die Aufzeichnungen aus dem Unterricht zur Bearbeitung der Arbeitsaufträge!

1. Zeichnen Sie auf einem Plakat eine Weltkarte. Tragen Sie den Weg einer Jeans in die Weltkarte ein (Wertschöpfungskette). Nutzen Sie dafür den Informationstext **(Anlage 1).** Nummerieren Sie die einzelnen Stationen der Wertschöpfungskette auf dem Plakat und beschreiben Sie diese stichwortartig!

2. Stellen Sie auf einem Handout die negativen Faktoren bei der Herstellung einer Jeans zusammen! Nutzen Sie dazu die **Anlage 2,** S. 101)!

   Tipp: Schauen Sie sich zur Vertiefung den Film „Der Preis der Blue-Jeans“ an. Dieser ist u. a. auf Youtube zu sehen. Link: https://www.youtube.com/watch?v=nNQnVjlmaMQ [20.01.2020].

3. Präsentieren Sie das von Ihrer Gruppe erstellte Plakat und Handout vor Ihrer Klasse!

Anlage 1

Die Weltreise einer Jeans

Bis eine Jeans in den deutschen Geschäften ankommt, hat sie einen Weg von ca. 60 000 Kilometern zurückgelegt und bis zu 8 000 Liter Wasser verbraucht. Der Baumwollanbau erfolgt u. a. in großen Plantagen in Kasachstan. Hier werden zahlreiche Düngemittel und Pestizide eingesetzt, um Schädlingen entgegenzuwirken und die Ernte zu vergrößern. Diese werden zumeist aus den USA bezogen. Die Baumwolle wird von Hand oder mit Maschinen geerntet, anschließend verpackt und in die Türkei verschickt. Dort wird in großen Spinnereien die Baumwolle zu Garn gesponnen und nach Taiwan verschickt, wo aus dem Baumwollgarn in Webereien der Jeansstoff hergestellt wird. Der Jeansstoff muss nun gefärbt werden. Dafür wird der Stoff nach China geflogen und mit der chemischen Indigofarbe Blau gefärbt. Die Farbe wird u.a. in Polen produziert und für die Färbung nach China transportiert. Der fertige Jeansstoff wird nach Bulgarien zum Veredeln geflogen, d.h. er wird so bearbeitet, dass er weich und knitterarm ist. Hierbei werden chemische Bleich- und Waschmittel eingesetzt. In Bangladesch oder einem anderen Billiglohnland werden die Jeans zusammengenäht. Die Nieten und Knöpfe kommen dabei meistens aus Italien und der Futterstoff aus der Schweiz. Anschließend werden die Jeans nach Frankreich geflogen. Hier erhält die Jeans den letzten Schliff, indem sie den „Stone washed" Effekt durch Waschen mit Bimsstein aus Griechenland bekommen. In Deutschland erhält die Jeans das Firmen-Label und den Aufdruck „Made in Germany". Von hier aus gelangen die Jeans in den Einzelhandel und somit zum Konsumenten. Nach der Nutzung durch den Konsumenten werden die Jeans in Ostafrika entsorgt oder dort der Altkleidersammlung zugeführt.

Quelle: In Anlehnung an http://www.schule-bw.de/faecher-und-schularten/gesellschaftswissenschaftliche-und-philosophische-faecher/gemeinschaftskunde/materialien-und-medien/globalisierung/weltreise-einer-jeans [20.01.2020].

Anlage 2

Blue-Jeans ist nicht grün

Die Produktion schädigt Umwelt und Gesundheit

Die Herstellung von Jeans verbraucht viel Energie und Wasser. Damit die Hosen den richtigen Look bekommen, werden sie oft gebleicht oder mit dem Sandstrahler bearbeitet.

Beim Färben und Bleichen der Hosen kommt viel Chemie zum Einsatz. In China, wo viele Jeans produziert werden, fließen die Abwässer meist nur grob geklärt mit all ihren Giften in die Flüsse.

Laut Greenpeace kommen bei der Produktion von Kleidung bestimmte Tenside, die Nonylphenolethoxylate, zum Einsatz. Sie gelangen beim Waschen auch in deutsche Gewässer. „Beim Tragen auf der Haut macht das aber keine Probleme", sagt Greenpeace-Mitarbeiterin Christiane Huxdorff.

Das Sandstrahlen schädigt die Lungen der Arbeiter. Der feine Staub kann schon nach wenigen Jahren eine Silikose (Staublunge) verursachen, viele Arbeiter in chinesischen und türkischen Textilfabriken sterben daran.

Nicht nur billige Kleidungsstücke werden unter solch schlechten Bedingungen hergestellt. Christiane Huxdorff von Greenpeace stellt klar: „Der Rückschluss ‚höhere Qualität gleich höherer Preis gleich weniger Chemikalieneinsatz' geht nicht auf." (...)

Quelle: http://www.3sat.de/page/?source=/nano/umwelt/166691/index.html [27.10.2017].

Bei einer Jeans, die für 50,00 EUR verkauft wird, erhalten prozentual:

- 1 % (50 Cent) Arbeiterin
- 50 % Einzelhandel, Verwaltung und Mehrwertsteuer
- 25 % Markenname, Verwaltung und Werbung
- 13 % Material und Gewinn der Fabrik im Billiglohnland
- 11 % Transport, Steuern, Import

Quelle: http://www.leipzig-handelt-fair.de/preise-und-kosten [20.01.2020].

4.3.1 Begriff Wertschöpfungskette

Die Wertschöpfungskette eines Produktes beginnt beim Anbau eines Rohstoffes (z. B. Landwirtschaft) oder Abbau eines Rohstoffes (Bergbau) und reicht über die Weiterverarbeitung und Produktionsstufen bei Zulieferern oder dem Unternehmen selbst sowie über den Handel und Zwischenhandel bis hin zur Nutzungsphase bei Geschäftskunden oder privaten Verbrauchern.

Der Begriff Wertschöpfungskette beinhaltet darüber hinaus die Wiederverwendung und/oder Entsorgung abgenutzter Produkte, weil diese wiederum Rohstoffe für andere Produkte im selben Unternehmen oder in anderen Unternehmen darstellen. Die Wertschöpfungskette umfasst folglich sämtliche Aspekte des Lebenszyklus eines Produktes.

Die **Wertschöpfungskette** beschreibt den **gesamten Weg** eines Produktes vom **Erzeuger** der Rohstoffe über den Verarbeiter und den Vermarkter bis zum **Konsumenten** und der abschließenden **Entsorgung** oder Wiederverwertung des Produktes.

4.3.2 Globale und regionale Wertschöpfungsketten

Bei der Betrachtung von Wertschöpfungsketten lassen sich u. a. **globale Wertschöpfungsketten** und **regionale Wertschöpfungsketten** unterschieden.

(1) Globale Wertschöpfungskette

In einer globalen Wertschöpfungskette wird der überwiegende Teil der Stufen bzw. Tätigkeiten in **verschiedenen Ländern weltweit** erbracht. Der größte Teil der Wertschöpfung verbleibt in den jeweiligen Ländern (z. B. Jeans, Mobiltelefone).

Beispiel: Globale Wertschöpfungskette am Beispiel von Smartphones[1]

Pro Sekunde werden weltweit 36 Smartphones produziert. Von der Rohstoffgewinnung bis zur Entsorgung durchläuft ein Smartphone mehrere Länder innerhalb der Wertschöpfungskette. Ein Smartphone besteht aus bis zu 60 verschiedenen Stoffen, der größte Teil davon sind Metalle. Die führenden Hersteller von Mobiltelefonen wie Samsung oder Apple konzentrieren sich überwiegend auf die Entwicklung und das Marketing ihrer Produkte. Die eigentliche Herstellung der Mobiltelefone wird größtenteils an Lieferanten abgegeben.

Auf den folgenden Seiten wird die Wertschöpfungskette eines Mobiltelefons und die damit verbundene „Reise um die Welt" anschaulich dargestellt:

1 Für das dargestellte Beispiel wurden folgende Quellen verwendet: Südwind e. V.: Die Wertschöpfungskette von Mobiltelefonen; www.pcglobal.org/rohstoffe; www2.weed-online.org/uploads/karte_diereiseeinessmartphone.pdf [20.01.2020].

Die globale Wertschöpfungskette von Smartphones

Stufen	Merkmale/Länder	Problemfelder
1. Rohstoffe/ Rohstoffabbau 	■ Abbau von Erzen/Erdöl ■ Rohstoffhandel ■ Weiterverarbeitung zu Metallen/Kunststoffen **Länder:** Chile (Kupfer), Kongo (Coltan), Südafrika (Gold), Bolivien (Lithium), Indonesien (Zinn)	■ Kinderarbeit ■ Lebensbedrohliche Arbeit in ungesicherten Minen ■ Finanzierung von Bürgerkriegen ■ Gewaltsame Vertreibung der einheimischen Urbevölkerung ■ Vergiftete Böden und Grundwasser
2. Produktion 	■ Produktion der Einzelteile ■ Endmontage ■ Programmierung **Länder:** China, Taiwan, Indien, Philippinen	■ Lange Arbeitszeiten (84 Stunden pro Woche, täglich 12-Stunden-Schichten) ■ Viele Überstunden ■ Extremer Zeitdruck in der Produktion mit wenig Pausen ■ Erschöpfungszustände bei den Arbeitnehmern ■ Keine Gewerkschaften, die die Arbeitnehmerinteressen vertreten ■ Niedrige Löhne unter dem Existenzminimum ■ Hohes Unfallrisiko ■ Ungeschützter Kontakt mit giftigen Chemikalien
3. Vertrieb/ Handel und Nutzung 	■ Markenfirma übernimmt Vertrieb über internationale Standorte ■ Auslieferung an Händler ■ Verkauf an Endkunden (lokal oder online) **Länder (z. B.):** Deutschland, Irland, England, Skandinavien	■ Durchschnittliche Lebensdauer eines Smartphones: 18 Monate ■ Weltweit besitzt jeder Fünfte ein Smartphone, in Deutschland jeder Zweite ■ Viele Mobilfunkanbieter versprechen bei Vertragsabschluss alle 12–24 Monate ein neues Smartphonemodell. Dann beginnt der gesamte Produktionsprozess von vorne.
4. Entsorgung 	■ Entsorgung beim lokalen Händler oder auf einer lokalen Mülldeponie ■ Ca. 23 % des Elektroschrotts wird illegal ins Ausland transportiert ■ Nur ca. 1 % der Smartphones werden fachgerecht recycelt **Länder:** Deutschland, Ghana, Nigeria, China, Indien	■ Unsachgemäßes Recycling (Entstehung giftiger Dämpfe) ■ Gesundheitsgefährdende Verschrottung (krebserregend, organschädigend etc.) ■ Verschmutzung von Trinkwasser und Böden ■ Der weltweite Elektroschrott ist der am schnellsten wachsende Müllberg

Die Wertschöpfungskette eines Smartphones

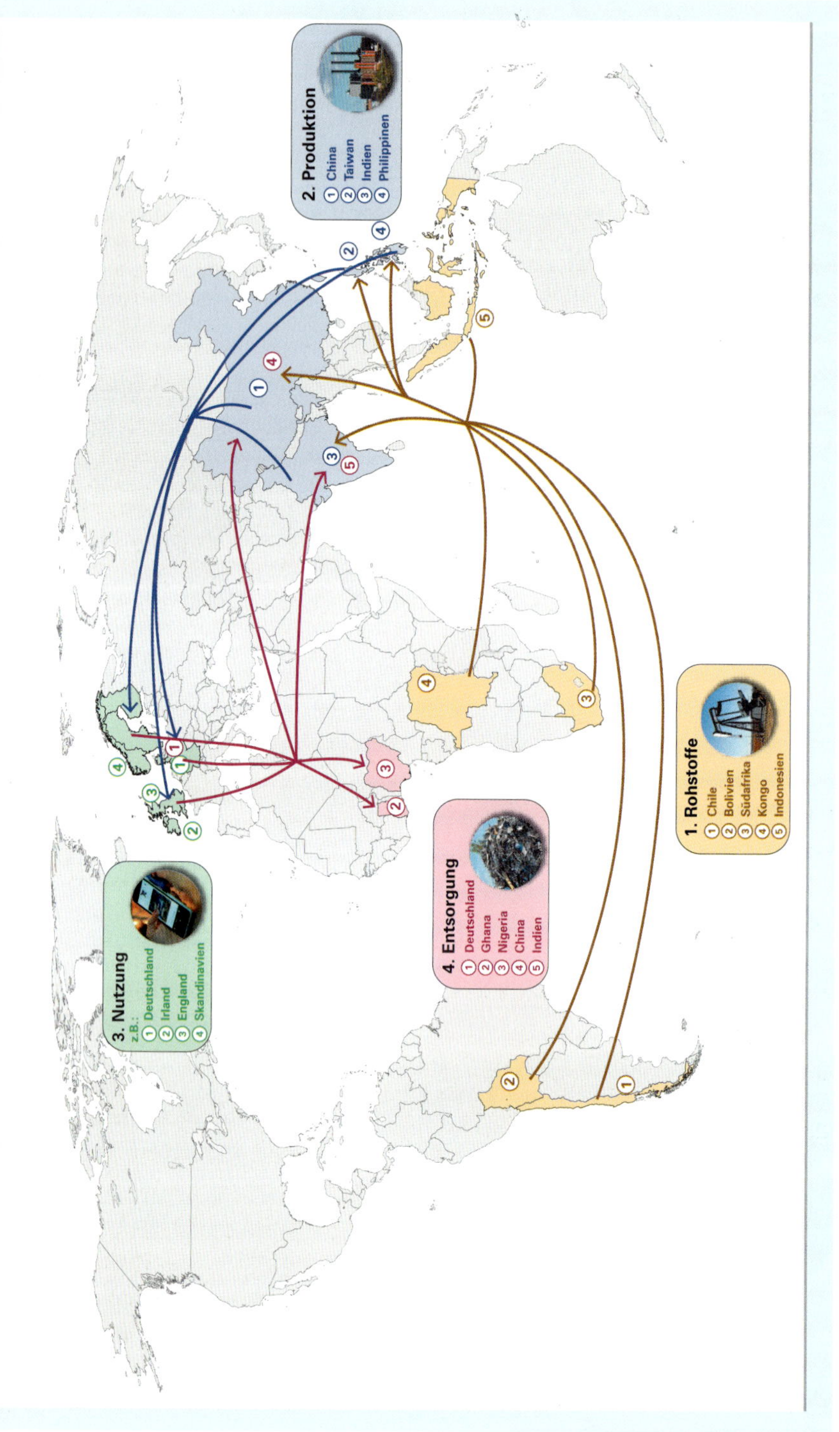

(2) Regionale Wertschöpfungskette

In einer **regionalen Wertschöpfungskette** wird der überwiegende Teil der Stufen bzw. Tätigkeiten in der Region erbracht. Der größte Teil der Wertschöpfung verbleibt in der Region (z. B. regionale Backwaren, regionale Getränke).

Beispiel: Regionale Wertschöpfungskette am Beispiel der Erzeugergemeinschaft Albkorn[1]

Auf der **Schwäbischen Alb** haben 23 Bauern, eine Mühle, 10 Bäckereien und eine Brauerei eine **regionale Wertschöpfungskette** und Regionalmarke für Mehl und Backwaren realisiert. Vom **Acker** bis zur **Mühle** und zu den **Bäckereien** sind Getreide und Mehl **höchstens 50 Kilometer** unterwegs.

Stufe 1: Getreideanbau

Auf der Reutlinger, Münsinger und Ehinger Alb bauen 23 Vertragslandwirte auf 300 Hektar Weizen, Roggen, Dinkel und Braugerste an.

Dabei beachten die Landwirte die folgenden Richtlinien:

- Möglichst geringer Einsatz von chemischem Dünger und Pflanzenschutzmitteln
- Keine Gentechnik im Saatgut
- Blütenstreifen am Ackerrand und Gehölzpflege fördern den Naturschutz
- Festgelegte Fruchtfolge zur Schonung der Böden

Stufe 2: Verarbeitung (Mühle)

In der Getreidemühle Luz in Buttenhausen im Lautertal wird das Getreide der Vertragslandwirte getrocknet, gereinigt und weiterverarbeitet. Weizen, Roggen und Dinkel werden vermahlen, die Braugerste für die Brauerei aufbereitet.

Stufe 3: Verarbeitung und Vertrieb

Die 10 **Bäckereien** der Region verwenden für die Herstellung der Brot- und Backwaren ausschließlich das Albkornmehl.

Stufe 3: Verarbeitung und Vertrieb

Die Berg **Brauerei** in Ehingen braut ausschließlich mit der Albkorn-Braugerste ihre Biersorten.

Stufe 4: Verbraucher

Der Verbraucher unterstützt durch den Kauf bei den Albkorn-Partnern die regionale Wirtschaftsstruktur.

1 Quelle: www.albkorn.de [29. 10. 2019].

Zusammenfassung

- **Wirtschaftssektoren** sind:
  - primärer Sektor (Erzeugung)
  - sekundärer Sektor (Weiterverarbeitung)
  - tertiärer Sektor (Verteilung)
- Betriebliche **Leistungsfaktoren** sind:
  - menschliche Arbeitskraft
  - Betriebsmittel
  - Materialien
- Die **Wertschöpfungskette** beschreibt den **gesamten Weg** eines Produktes vom **Anbau und Abbau** der Rohstoffe über die **Weiterverarbeitung** und **Produktion** bei Zulieferern oder dem Unternehmen sowie über den Handel bis zur **Nutzungsphase** beim Konsumenten und der abschließenden **Entsorgung** oder **Wiederverwertung** des Produktes.
- Es wird zwischen **globalen Wertschöpfungsketten** und **regionalen Wertschöpfungsketten** unterschieden.
- In Bezug auf **Nachhaltigkeitsaspekte** ist insbesondere die globale Wertschöpfungskette kritisch zu betrachten.

Kompetenztraining

20 Wertschöpfungskette von Getränkekartons erläutern

Erläutern Sie anhand des Schaubildes die Wertschöpfungskette von Getränkekartons in Deutschland!

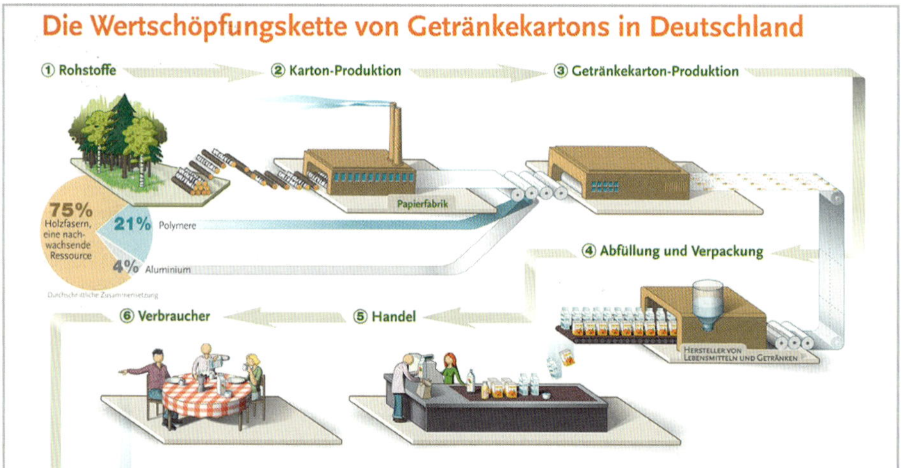

Quelle: obs/Fachverband Kartonverpackung für flüssige Nahrungsmittel e. V.

21 Globalisierung und internationale Produktionsstandorte

Die nächste Welle der Globalisierung

Autoren: Olaf Storbek, Dirk Heilmann

Paradigmenwechsel: Die Jagd nach dem billigsten Produktionsstandort geht derzeit zu Ende. Unternehmen von morgen bauen reißfeste Lieferketten und suchen Talente auf der ganzen Welt.

Der Mann, der den Begriff der Globalisierung in die Umgangssprache einführte, hat in vielen Dingen Recht behalten. [...] Theodore Levitt sagte 1983 „den Aufstieg globaler Märkte für standardisierte Konsumprodukte in einem bisher unvorstellbaren Ausmaß" voraus. Die dadurch mögliche Massenproduktion werde die Preise drücken und globale Konzerne entstehen lassen.

Was Levitt damals noch nicht einmal ahnen konnte, waren spätere Großereignisse wie das Ende des Ostblocks oder die Öffnung der Milliardenmärkte China und Indien. Diese ergänzten die Globalisierung der Produktwelt um die Globalisierung der Arbeitswelt, die noch viel größere Kostensenkungen ermöglichte als Levitt erwartet hatte. Ein aktuelles Symbol für beide Facetten Globalisierung ist das iPhone: Zum einen stellt es das universell begehrte Konsumprodukt der vergangenen Jahre dar, zum anderen das Vorbild für die optimale Ausnutzung weltumspannender Wertschöpfungsketten. Erdacht und gestaltet von Apple-Ingenieuren im kalifornischen Cupertino, zusammengebaut in den Fabriken des Auftragsfertigers Foxconn in der chinesischen Provinz Shenzhen mit Teilen aus aller Welt, hat es seinen Siegeszug um die Welt angetreten und Apple enorme Gewinne verschafft.

Wie perfekt die Maschinerie läuft, zeigen die Ökonomen Yuqing Xing und Neal Detert in einer faszinierenden Fallstudie. Von den Speicherbausteinen über den Touchscreen bis hin zur Kamera werden sämtliche Einzelteile des iPhones in anderen Ländern produziert und nach China zur Endmontage verschifft. Wichtigster Zulieferer ist Toshiba, der japanische Konzern liefert Teile im Wert von 60 Dollar. Infineon steuert Komponenten für 29 Dollar bei, Samsung aus Korea für 23 Dollar und US-Firmen nur Teile für elf Dollar. Bei Foxconn wird all das nur noch zusammengesetzt. Die chinesische Wertschöpfung beläuft sich gerade einmal auf 3,6 Prozent der gesamten Herstellungskosten: 6,50 von 179 Dollar.

Bei einem Kaufpreis von 499 Dollar bleiben hingegen 320 Dollar bei Apple hängen – was einer rekordverdächtigen Gewinnmarge von 64 Prozent entspricht. Die Berechnung zeigt eindrucksvoll, welche Profite ein Konzern einstreichen kann, der die Spielregeln der globalen Wirtschaft perfekt beherrscht.

Es ist eine Welt, in der die Etiketten wie „Made in Germany" nicht mehr viel aussagen – der Wertschöpfungsanteil des Herkunftslandes wird immer kleiner. Es ist vielmehr die Leistung der Ingenieure und Designer, die heute einem globalen Produkt seine Einzigartigkeit gibt. Da sich die Konzerne aus dem globalen Talentpool bedienen, um die besten Techniker und kreativsten Köpfe zu finden, sind auch die Schöpfer der Güter längst multinationale Teams. Dass das iPhone ein amerikanisches Smartphone ist oder der BMW ein deutsches Auto, spielt sich heute vor allem im Kopf des Kunden ab. In Wahrheit regiert Levitts standardisiertes Weltprodukt – wo nötig angepasst an lokale Konsumgewohnheiten. In den vergangenen zwei Jahrzehnten war die Weltwirtschaft davon geprägt, dass sich ein Land nach dem anderen öffnete und sich den Unternehmen so eine immer größere Auswahl an Standorten für Fabriken und Call-Center bot. Die Firmen schickten ihre Einkäufer um die Welt, um die Lieferketten zu optimieren. [...]

Quelle: http://www.handelsblatt.com/unternehmen/management/manager-die-naechste-welle-der-globalisierung/5913130.html [19.02.2015].

Aufgaben:

1. Stellen Sie die globalisierte Produktion eines iPhones grafisch dar!
2. Erklären Sie die Differenz der im Text genannten Kosten zu den gesamten Herstellkosten von 179 USD!
3. Nehmen Sie Stellung zu den Chancen und Risiken der globalisierten iPhone-Produktion!
4. Begründen Sie, weshalb das Etikett „Made in Germany" häufig nicht mehr viel aussagt!

22 Problemfelder innerhalb der Wertschöpfungskette von Smartphones erkennen und Lösungswege aufzeigen

Nach wie vor gibt es innerhalb der Wertschöpfungskette von Mobiltelefonen zahlreiche Problemfelder.

Aufgaben:

1. Lesen Sie nachfolgenden Text über das weltweit größte Fertigungsunternehmen für Elektronik. Benennen Sie die dargestellten Missstände bei der Produktion des Unternehmens FOXCONN!

Foxconn

Das Unternehmen Foxconn, dessen offizieller Name Hon Hai Precision Industry lautet, hat seinen Sitz in Taiwan und wurde im Jahr 1974 gegründet. Inzwischen beschäftigt das Unternehmen rund 1,3 Mio. Menschen, den größten Teil davon in China.

In chinesischen Produktionsstätten von Foxconn gab es Anfang 2011 eine ganze Serie von Selbstmorden. In einer für Apple verfassten Untersuchung wurde Mitte des Jahres 2012 festgestellt, dass die Arbeitszeiten oft weit über die in China gesetzlich erlaubten 40 Wochenstunden und 36 Überstunden pro Monat hinausgingen: Die Beschäftigten arbeiteten im Schnitt 56 Stunden die Woche, teilweise sogar 61 Stunden, und der gesetzlich vorgeschriebene freie Tag pro Woche wurde den Beschäftigten bei dringenden Aufträgen oft nicht zugestanden. Darüber hinaus wurden Gesundheitsgefährdungen der Beschäftigten festgestellt und viele Sicherheitsbestimmungen nicht eingehalten. Zudem häuften sich Berichte über unmenschliche Behandlung durch Vorgesetzte und äußerst schlechte Unterbringung von Wanderarbeitern/-innen in Massenunterkünften.

Seit dem Jahr 2010 wird der Konzern umgebaut. 2013 und 2014 gab es aber erneut Vorwürfe, die Arbeitszeiten seien weiterhin zu lang und es gäbe Verstöße gegen interne Konzernrichtlinien.

Kritiker/-innen räumen jedoch ein, dass die Zustände in anderen chinesischen Unternehmen teilweise noch schlechter sind. Zudem wird oft darauf hingewiesen, dass Foxconn mit sehr niedrigen Gewinnmargen arbeitet und so vermutlich der hohe Druck auf das Unternehmen entsteht, der dann an die Beschäftigten weitergeleitet wird.

Quelle: Südwind e. V.: Die Wertschöpfungskette von Mobiltelefonen.

2. Das Unternehmen FAIRPHONE mit Sitz in Amsterdam hat eine Bewegung für fair produzierte Elektrogeräte ins Leben gerufen. Dabei verfolgt das Unternehmen u. a. das folgende Ziel:

„(...) Dabei verfolgen wir unser Ziel, die Wertschöpfungskette in den Bereichen Bergbau, Design, Produktion und Produktlebenszyklus positiv zu beeinflussen und den Markt für Produkte zu öffnen, bei deren Herstellung ethische Werte an erster Stelle stehen.(...)"

Quelle: https://www.fairphone.com/de/uber/uber-uns/ [20. 01. 2020].

Gehen Sie auf die Internetseite www.fairphone.com/de/unsere-ziele/. Zeigen Sie mithilfe der dort dargestellten Informationen auf, inwiefern das Unternehmen FAIRPHONE in der Wertschöpfungskette von Smartphones Verbesserungen anstrebt!

23 Projekt „Handy-Aktion Baden-Württemberg“

Informieren Sie sich auf der Internetseite www.handy-aktion.de über die Handy-Aktion Baden-Württemberg.

Aufgaben:

1. Organisieren Sie in Ihrer Schule eine Sammelaktion für gebrauchte Handys!
2. Nehmen Sie Kontakt mit den Ansprechpartnern der Hand-Aktion Baden-Württemberg auf und organisieren Sie eine Veranstaltung für die weitere Themenvertiefung (www.handy-aktion.de/mitmachen/veranstaltung-organisieren/)!

Kompetenzbereich 2: Auftragsbearbeitung und Vertragsgestaltung

1 Grundlegende rechtliche Inhalte und Methoden des Vertragswesens erarbeiten und anwenden

Beachte:

Ziel der folgenden Kapitel ist es, Sie zu befähigen, einen Kundenauftrag rechtssicher bearbeiten zu können. Rechtssicherheit soll so verstanden werden, dass Sie sich über die Rechtsfolgen eines bestimmten Verhaltens (innerhalb der Auftragsbearbeitung) bewusst sind. Daher ist es von Bedeutung, eine klare Vorstellung zu haben von den fundamentalen Rechtsbegriffen in diesem Handlungsumfeld.

1.1 Den Gesamtzusammenhang der Auftragsbearbeitung und Vertragsgestaltung erfassen

In der folgenden Abbildung lässt sich von der orange hervorgehobenen Prozesskette des Verkaufs eine Verbindung zu den betriebswirtschaftlichen Inhalten herstellen:

Rahmenbedingungen und Teilprozesse	Rechtliche und betriebswirtschaftliche Inhalte
Rechtliche Rahmenbedingungen	■ Rechts- und Geschäftsfähigkeit ■ Rechtsgeschäfte ■ Besitz und Eigentum
Anfragen der Kunden bearbeiten	■ Anfrage ■ Angebot
Auftrag der Kunden ausführen	■ Auftragseingang (Bestellung) ■ Auftragsbestätigung ■ Auftragsdurchführung
Zahlung abwickeln	■ Buchen der Ausgangsrechnung ■ Zahlungseingang ■ Buchen des Zahlungseingangs
Umgang mit Vertragsstörungen	■ Mangelhafte Lieferung ■ Lieferungsverzug ■ Zahlungsverzug ■ Sicherung und Durchsetzung von Ansprüchen

Die rechtlichen Rahmenbedingungen stellen zwar keine Teilprozesse des Verkaufs dar, sie liefern jedoch die rechtlichen und ordnungspolitischen Rahmenbedingungen, die die Voraussetzung dafür sind, dass der Verkaufsprozess für beide Vertragspartner verlässlich durchgeführt werden kann.

1.2 Die Rechtsgrundlagen bewusst machen

KB 2 **Lernsituation 1: Geschäftsfähigkeit beurteilen**

Die beiden Brüder Philipp (5 Jahre) und Linus (9 Jahre) kaufen sich von ihrem Taschengeld Süßigkeiten. Als die Eltern davon erfahren, verlangen sie das Geld vom Kaufmann zurück. Dieser ist hierzu jedoch nicht bereit.

KOMPETENZORIENTIERTE ARBEITSAUFTRÄGE:

Arbeiten Sie zunächst das folgende Kapitel des Schulbuches durch und verwenden Sie die Aufzeichnungen aus dem Unterricht zur Bearbeitung der Arbeitsaufträge!

1. Stellen Sie die Regelungen zur Geschäftsfähigkeit mithilfe eines Zeitstrahls dar!
2. Prüfen Sie, ob der Kaufmann das Geld zurückgeben muss!

1.2.1 Rechts- und Geschäftsfähigkeit

1.2.1.1 Rechtsfähigkeit

(1) Begriff Rechtsfähigkeit

Rechtsfähigkeit ist die Fähigkeit von Personen, Träger von Rechten und Pflichten sein zu können.

Rechtsfähig sind natürliche Personen (Menschen) und juristische Personen. Man nennt die **Personen** auch **Rechtssubjekte.**[1]

(2) Natürliche Personen

Natürliche Personen sind **alle Menschen.** Der Gesetzgeber verleiht ihnen **Rechtsfähigkeit.**

Beispiele:

- Das Recht des Erben, ein Erbe antreten zu dürfen.
- Das Recht des Käufers, Eigentum zu erwerben.
- Die Pflicht, Steuern zahlen zu müssen. (Das Baby, das ein Grundstück erbt, ist Steuerschuldner, z. B. in Bezug auf die Grundsteuer.)

Die **Rechtsfähigkeit des Menschen** (der **natürlichen Personen**) **beginnt** mit der Vollendung der Geburt [§ 1 BGB] und **endet** mit dem Tod. **Jeder Mensch** ist rechtsfähig.

1 Die „Gegenstände" des Rechtsverkehrs (z. B. Abschluss und Erfüllung von Verträgen) bezeichnet man als **Rechtsobjekte.** Hierzu gehören die **Sachen** als körperliche Gegenstände [§ 90 BGB] und die Rechte (z. B. Miet- und Pachtrechte, Patent- und Lizenzrechte).

(3) Juristische Personen[1]

Juristische Personen sind „künstliche" Personen, denen der Staat die Eigenschaft von Personen kraft Gesetzes verliehen hat. Sie sind damit rechtsfähig, d.h. Träger von Rechten und Pflichten. Juristische Personen sind

- **privatrechtliche Personenvereinigungen,** z.B. eingetragene Vereine, Gesellschaft mit beschränkter Haftung (GmbH),
- **Vermögensmassen,** z.B. Stiftungen,
- **Körperschaften des öffentlichen Rechts,** z.B. Ärzte- und Rechtsanwaltskammern, Gemeinden, Handwerkskammern, öffentlich-rechtliche Hochschulen und
- **Anstalten des öffentlichen Rechts,** z.B. öffentliche Rundfunkanstalten.[2]

1.2.1.2 Geschäftsfähigkeit

(1) Begriff Geschäftsfähigkeit

Geschäftsfähigkeit ist die Fähigkeit von Personen, Willenserklärungen rechtswirksam abgeben, entgegennehmen (empfangen) und widerrufen zu können.

Zum Schutz Minderjähriger hat der Gesetzgeber die folgenden Vorschriften erlassen.

(2) Gesetzliche Regelungen zur Geschäftsfähigkeit

Geschäftsunfähigkeit

Kinder vor Vollendung des siebten Lebensjahres sind **geschäftsunfähig** [§ 104 Nr. 1 BGB]. Den Kindern sind Menschen, die sich in einem dauernden Zustand krankhafter Störung der Geistestätigkeit befinden, gleichgestellt [§ 104 Nr. 2 BGB].

Rechtsfolge:

Kinder und Geschäftsunfähige können keine rechtswirksamen Willenserklärungen abgeben. Verträge mit Kindern und Geschäftsunfähigen sind **immer nichtig,** d.h. von vornherein ungültig.

Da Geschäftsunfähige keine Rechtsgeschäfte abschließen können, brauchen sie einen **Vertreter,** der für sie handeln kann. Bei Kindern sind dies in der Regel kraft Gesetzes die Eltern. Man bezeichnet die Eltern daher auch als **„gesetzliche Vertreter".**

Beschränkte Geschäftsfähigkeit

Minderjährige, die zwar das siebte Lebensjahr, aber noch nicht das achtzehnte Lebensjahr vollendet haben, sind **beschränkt geschäftsfähig** [§ 106 BGB].

Rechtsgeschäfte mit einem beschränkt Geschäftsfähigen bedürfen der Zustimmung des gesetzlichen Vertreters. Diese Zustimmung kann **im Voraus** erteilt werden. Sie heißt dann

1 **Juristisch**: rechtlich.

2 Bei den **Körperschaften** stehen die Mitglieder im Vordergrund, z.B. die Mitglieder einer gesetzlichen Krankenkasse. Bei den **Anstalten** steht das Sachvermögen im Vordergrund, wie dies z.B. bei den Rundfunkanstalten der Fall ist. Die Nutzer von Anstalten haben im Gegensatz zu den Mitgliedern der Körperschaften keine Mitwirkungsrechte.

Einwilligung [§§ 107; 183, S. 1 BGB]. Sie kann aber auch **nachträglich** gegeben werden. Die nachträglich erfolgte Zustimmung heißt **Genehmigung** [§§ 108, 184 I BGB].

Rechtsgeschäfte mit einem beschränkt Geschäftsfähigen bedürfen der **vorherigen Einwilligung** des gesetzlichen Vertreters. Sie können aber auch durch eine **nachträgliche Genehmigung** des gesetzlichen Vertreters rechtswirksam werden.

Rechtsfolge:

Solange die Genehmigung des gesetzlichen Vertreters fehlt, ist ein durch den beschränkt Geschäftsfähigen abgeschlossenes **Rechtsgeschäft schwebend unwirksam.** Dies bedeutet, dass z. B. ein Vertrag (noch) nicht gültig, wohl aber genehmigungsfähig ist. Wird die **Genehmigung verweigert,** ist der **Vertrag von Anfang an ungültig.** Wird sie erteilt, ist der Vertrag **von Anfang an wirksam** [§§ 108 I, 184 I BGB].

Beispiel:

Die 17-jährige Schülerin Sabine kauft sich ein Smartphone mit 2-jähriger Vertragsbindung, ohne dass sie die Eltern vorher gefragt hat. Genehmigen die Eltern nachträglich den Kauf, ist der Kauf rechtswirksam.

Verweigern sie die Genehmigung, kommt kein Kaufvertrag zustande.

Keiner Zustimmung bedürfen folgende Rechtsgeschäfte:

Bringt nur rechtlichen Vorteil	Verträge, die dem beschränkt Geschäftsfähigen lediglich einen **rechtlichen Vorteil** bringen [§ 107 BGB];
Erfüllung mit frei zur Verfügung stehendem Mittel	Verträge, bei denen die vertragsmäßigen Leistungen (z. B. Kaufpreiszahlung) mit Mitteln erfüllt werden, die der beschränkt geschäftsfähigen Person vom gesetzlichen Vertreter (z. B. Eltern) oder von Dritten (z. B. Großeltern, Patenonkel) zur freien Verfügung überlassen wurden (**Taschengeldparagraf** [§ 110 BGB]);
Im Rahmen eines Arbeits- und Dienstverhältnisses	Rechtsgeschäfte, die die Eingehung, Erfüllung (Verpflichtungen) oder Aufhebung eines **Arbeits- oder Dienstverhältnisses** betreffen, wenn der gesetzliche Vertreter des Minderjährigen diesen zur Eingehung eines Dienst- oder Arbeitsverhältnisses ermächtigt hat [§ 113 I S. 1 BGB];[1]
Im Rahmen eines selbstständigen Erwerbsgeschäftes	Rechtsgeschäfte, die der Betrieb eines **selbstständigen Erwerbsgeschäfts** (z. B. Handelsgeschäfts) mit sich bringt, wenn der gesetzliche Vertreter den beschränkt geschäftsfähigen Minderjährigen mit der erforderlichen Genehmigung des Familiengerichts zum selbstständigen Betrieb eines Erwerbsgeschäfts ermächtigt hat [§ 112 I S. 1 BGB].

Unbeschränkte Geschäftsfähigkeit

Personen, die das achtzehnte Lebensjahr vollendet haben, sind **unbeschränkt geschäftsfähig** [§ 2 BGB]. Ausnahmen bestehen nur für Menschen, die sich in einem dauernden Zustand krankhafter Störung der Geistestätigkeit befinden.

1 Die gesetzliche Regelung gilt nicht für Berufsausbildungsverträge nach dem Berufsbildungsgesetz.

8 Hug u.a. - ISBN 978-3-8120-0578-4

Rechtsfolge:

Die unbeschränkte Geschäftsfähigkeit bedeutet, dass von dem Erklärenden (der natürlichen Person) jedes Rechtsgeschäft, soweit dies gesetzlich erlaubt ist, **rechtsgültig** abgeschlossen werden kann. Eine Zustimmung gesetzlicher Vertreter und/oder die Genehmigung eines Familiengerichts ist nicht (mehr) erforderlich.

Zusammenfassung

- **Rechtsfähigkeit** bedeutet, Rechte und Pflichten haben zu können.
- **Unbeschränkte Geschäftsfähigkeit** bedeutet, Rechtsgeschäfte ohne Zustimmung des gesetzlichen Vertreters abschließen, ändern und auflösen zu können.
- **Beschränkte Geschäftsfähigkeit** bedeutet, dass Rechtsgeschäfte eines beschränkt Geschäftsfähigen grundsätzlich der Zustimmung des gesetzlichen Vertreters bedürfen.
  Ausgenommen sind folgende Rechtsgeschäfte:

Rechtsgeschäft bringt lediglich einen rechtlichen Vorteil.	Die eingesetzten Mittel sind zur freien Verfügung überlassen worden.	Rechtsgeschäfte im Rahmen des genehmigten Arbeits- und Dienstverhältnisses.	Rechtsgeschäfte im Rahmen des genehmigten selbstständigen Erwerbsgeschäfts.

- **Geschäftsunfähigkeit** heißt, dass die Willenserklärungen geschäftsunfähiger Personen rechtlich unerheblich sind. Geschäftsunfähige können z. B. keine Rechtsgeschäfte abschließen und auflösen.

Kompetenztraining

24 Rechts- und Geschäftsfähigkeit

1. Unterscheiden Sie die Begriffe Rechtsfähigkeit und Geschäftsfähigkeit!
2. Erklären Sie, welche Rechtsgeschäfte eine beschränkt geschäftsfähige Person ohne Einwilligung des gesetzlichen Vertreters abschließen darf! Bilden Sie hierzu jeweils ein Beispiel!
3. Begründen Sie, warum das BGB bei den Stufen (Arten) der Geschäftsfähigkeit feste Altersgrenzen zugrunde legt! Nennen Sie die Altersgrenzen!
4. Erklären Sie, welche Rechtsfolgen eintreten, wenn geschäftsunfähige, beschränkt geschäftsfähige oder voll geschäftsfähige Personen Willenserklärungen abgeben!
5. Lösen Sie folgende Rechtsfälle! Prüfen Sie jeweils die Rechtslage und begründen Sie Ihre Lösungen ausführlich mit den gesetzlichen Vorschriften (§§) des BGB:

   Aufgaben:

   5.1 Ein Kranker, der sich in einem Zustand dauernder Störung der Geistestätigkeit befindet, erhält von seinem Bruder ein Mietshaus geschenkt. Erklären Sie, ob der kranke Eigentümer des Hauses wegen der Mieteinkünfte steuerpflichtig werden kann!

   5.2 Das Finanzamt verlangt von einem vier Jahre alten Kind die Bezahlung rückständiger Steuern. Prüfen Sie, ob dies rechtlich möglich ist!

6. Der 17-jährige Schüler Fabian entnimmt seiner Sparbüchse 400,00 EUR und kauft sich davon ein Tablet, welches er auch gleich mitnimmt.

   Aufgaben:

   Klären Sie die Rechtslage, wenn

   6.1 keine Einwilligung der Eltern vorliegt,

   6.2 eine Einwilligung der Eltern vorliegt,

   6.3 die Eltern den Kauf nachträglich genehmigen,

   6.4 die Eltern nach Aufforderung durch den Verkäufer

   6.4.1 die Genehmigung verweigern,

   6.4.2 schweigen,

   6.4.3 erst nach drei Wochen den Kauf genehmigen und das Tablet inzwischen (ohne dass dies die Eltern wissen konnten) stark beschädigt ist!

7. Die achtjährige Mona erhält von ihrer Großmutter einen sehr wertvollen Ring geschenkt.

   Aufgabe:

   Prüfen Sie, ob Mona den Ring ohne Zustimmung ihrer Eltern annehmen (behalten) kann und ob Mona auch ohne Zustimmung der Eltern Eigentümerin des Rings wird!

8. Der 17-jährige Auszubildende Karl wohnt und arbeitet mit Zustimmung seiner Eltern in Stuttgart, während seine Eltern in Mannheim zu Hause sind.

   Aufgaben:

   8.1 Am Monatsende ist die Miete zu zahlen. Prüfen Sie, ob Karl aus rechtlicher Sicht mit seiner Ausbildungsvergütung sein Zimmer bezahlen darf!

   8.2 Karl möchte sich von seiner Vergütung einen Smart-TV kaufen. Klären Sie die Rechtslage!

   8.3 Prüfen Sie, ob Karl, falls er 750,00 EUR gewinnt, einen Smart-TV kaufen kann!

   8.4 Klären Sie die Rechtslage, wie im Fall 8.1 zu entscheiden ist, wenn Karl von zu Hause fortgelaufen ist und seit mehreren Monaten ohne Wissen der Eltern unter falschem Namen in Tübingen arbeitet!

1.3 Die Willenserklärung als wesentlichen Bestandteil eines Rechtsgeschäfts erkennen

KB 2 Lernsituation 2: Wirksamkeit einer Willenserklärung prüfen

Georg Merk will zur Feier seines 20. Geburtstags eine Kiste Radler einkaufen. Er geht deshalb in einen Getränkemarkt, entnimmt eine Kiste Radler und erklärt dem Verkäufer: „Ich kaufe diese Kiste." Im Geschäft trifft Georg seinen Freund Hannes und lädt ihn zur Geburtstagsfeier ein; der nimmt die Einladung sofort freudig an. Hannes dachte nicht daran, dass er sich am gleichen Abend unbedingt das Fußballländerspiel „Deutschland – England" ansehen wollte, das im Fernsehen übertragen wird.

Weil Hannes doch lieber das Fußballspiel ansieht und deshalb nicht kommt, ist Georg sehr böse und verlangt von seinem Freund, ihm die nicht getrunkenen zwei Flaschen Radler abzukaufen. Er sei ja durch die Annahme seiner Einladung eine Verpflichtung eingegangen und die hätte er einhalten müssen.

Kompetenzorientierte Arbeitsaufträge:

Arbeiten Sie das folgende Kapitel des Schulbuches durch und verwenden Sie die Aufzeichnungen aus dem Unterricht zur Bearbeitung der Arbeitsaufträge!

1. Klären Sie mithilfe des Schulbuches oder Internets, welche Voraussetzungen für eine wirksame Willenserklärung gegeben sein müssen!
2. Erläutern Sie, welche Rechtswirkung Georg mit dem Satz *„Ich kaufe diese Kiste"* erreichen möchte!
3. Hannes weigert sich, die zwei Flaschen abzukaufen, mit dem Hinweis, er sei hierzu nicht verpflichtet. Begründen Sie Ihre Entscheidung, ob Hannes oder Georg Recht hat!

1.3.1 Willenserklärung als wesentlicher Bestandteil eines Rechtsgeschäfts

Wir schließen tagtäglich Verträge ab, ohne uns dessen bewusst zu sein. Wenn wir beim Bäcker Brot kaufen, liegt ein Kaufvertrag vor. Mieten wir ein Zimmer oder eine Wohnung, haben wir einen Mietvertrag abgeschlossen. Leihen wir unserem Freund ein paar Euro, handelt es sich um einen Gelddarlehensvertrag. In jedem dieser Fälle handelt es sich um ein Rechtsgeschäft.

(1) Willenserklärungen und Rechtsgeschäfte

Wenn wir Rechtsgeschäfte abschließen wollen (z. B. einen Kauf tätigen möchten), müssen wir unseren Willen äußern (erklären). Dies geschieht durch **Willenserklärungen.**

- **Rechtsgeschäfte** kommen durch **Willenserklärungen** zustande.
- **Willenserklärungen** sind Äußerungen (Handlungen) einer Person (oder mehrerer Personen), die mit der Absicht vorgenommen werden, eine **rechtliche Wirkung** herbeizuführen.

(2) Bestandteile und Formen der Willenserklärung

Die Willenserklärung besteht aus dem **Willen,** der den Erklärenden zu einer Willensäußerung veranlasst, und der tatsächlichen **Erklärung.**

- **Willenselemente** sind der Handlungswille und der Geschäftswille.

Handlungswille	Die Erklärung muss **gewollt** sein. Keine Willenserklärung liegt z. B. vor, wenn eine Erklärung unter Zwang oder unter Drogeneinfluss abgegeben wird.
Geschäftswille	Der Erklärende muss eine **rechtsverbindliche Wirkung** beabsichtigen. Eine ausgesprochene Einladung ins Theater ist z. B. keine Willenserklärung.

- Der Handlungs- und Geschäftswille allein genügt nicht, wenn dieser nicht erklärt wird. Die **Erklärung** des Willens kann abgegeben werden durch:

Unmittelbare Handlungen	Unmittelbare oder ausdrückliche Willenserklärungen (mündlich, fernmündlich, schriftlich, per Fax, E-Mail).
Mittelbare (schlüssige) Handlungen	Konkludente[1] Willenserklärungen (z. B. Einsteigen in die Straßenbahn, Münzeinwurf in einen Automaten, Kopfnicken auf ein Angebot).
Ausnahmsweise Schweigen	Grundsatz: Schweigen gilt als Ablehnung [§§ 108 II, S. 2; 177 II, S. 2 BGB]. Schweigen gilt z. B. als Zustimmung, wenn dies vertraglich vereinbart war.

1.3.2 Form der Rechtsgeschäfte

(1) Formfreiheit und Formzwang

Formfreiheit

Formfreiheit bedeutet, dass die Rechtsgeschäfte in jeder möglichen Form abgeschlossen werden können. Im Rahmen unserer geltenden Rechtsordnung besteht für die **weitaus** meisten Rechtsgeschäfte der Grundsatz der Formfreiheit. Die meisten Rechtsgeschäfte können somit mit beliebigen Mitteln, z. B. durch **Worte** (mündlich, fernmündlich, per E-Mail, mittels Fax), durch **schlüssige Handlungen** (Kopfnicken, Handheben, Einsteigen in ein Taxi usw.) und in bestimmten Fällen sogar durch **Schweigen** abgeschlossen werden.

Formzwang

Für einige Rechtsgeschäfte hat das Gesetz (z. B. BGB) bestimmte Formen vorgeschrieben **(gesetzliche Formen).** Daneben können auch die Vertragspartner bestimmte Formen vereinbaren **(vertragliche Formen).** Dieser sogenannte Formzwang dient vor allem der **Beweissicherung** (Rechtssicherheit) und dem **Schutz vor voreiligen Verpflichtungen** (z. B. des Schenkers und des Bürgen[2]).

(2) Gesetzliche Formen[3]

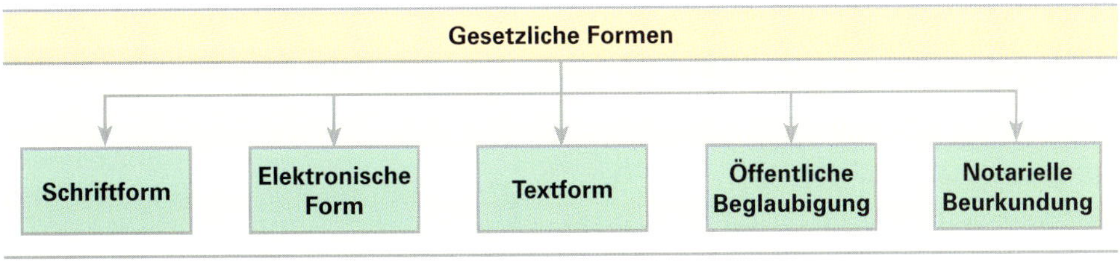

1 **Konkludent** (lat.): was eine bestimmte Schlussfolgerung zulässt.

2 Ein **Bürge** verpflichtet sich gegenüber dem Gläubiger eines Dritten, für nicht erfüllte Verbindlichkeiten des Dritten aufzukommen.

3 Die jeweils strengere („höhere") Form kann die weniger strenge („niedere") Form generell ersetzen, ohne dass hierauf in einem Gesetz besonders hingewiesen werden muss. Wird z. B. die Textform gefordert, dann kann diese durch eine elektronische Form oder (erst recht) auch durch die gesetzliche Schriftform ersetzt werden. Rechtsgeschäfte, die nicht in der gesetzlich vorgeschriebenen Form erfolgen, sind grundsätzlich ungültig. Dies gilt im Zweifel auch für die Nichteinhaltung vertraglich vereinbarter Formen [§ 125 BGB].

Schriftform

Die Schriftform verlangt, dass die Erklärung niedergeschrieben und vom Erklärenden **eigenhändig** durch **Namensunterschrift** unterzeichnet wird [§ 126 I BGB]. Bei **mehrseitigen** Rechtsgeschäften (z. B. Verträgen) muss die Vertragsurkunde grundsätzlich von **allen** Vertragsparteien unterschrieben sein [§ 126 II BGB].

Beispiele:

Bürgschaftsversprechen bei Nichtkaufleuten [§ 766 BGB], Beendigung von Arbeitsverhältnissen durch Kündigung [§ 623 BGB].

Elektronische Form

Die gesetzliche Schriftform kann grundsätzlich (soweit im Gesetz nichts Abweichendes bestimmt ist) durch die **elektronische Form** ersetzt werden [§ 126 III BGB]. Zur Rechtswirksamkeit muss der Aussteller der Erklärung seinen Namen hinzufügen und das elektronische Dokument mit einer qualifizierten elektronischen Signatur versehen [§ 126a BGB].

Textform

Unter Textform versteht man die Fixierung einer Erklärung in **lesbar zu machenden Schriftzeichen.** Diesen Anforderungen genügt die elektronische Speicherung. Doch das bloße Lesbarmachen reicht nicht aus. Vielmehr muss eine „dauerhafte Wiedergabe" in Schriftzeichen **bei dem Empfänger** möglich sein. Zur dauerhaften Wiedergabe von Schriftzeichen geeignet sind z. B. eine Website im Internet oder eine E-Mail.

Die Textform verlangt, dass

- die Erklärung in einer **Urkunde** abgegeben,
- die **Person des Erklärenden** genannt und
- der Abschluss der Erklärung durch eine Nachbildung der **Namensunterschrift (Faksimile)** oder anders erkennbar gemacht wird [§ 126 BGB].

Geeignet ist die Textform für Erklärungen, bei denen die Informations- und Dokumentationsfunktion im Vordergrund steht und bei denen die Rechtsfolgen einer Erklärung nicht erheblich oder leicht rückgängig zu machen sind.

Beispiele:

Im BGB ist die Textform z. B. in folgenden Fällen vorgeschrieben: Wenn ein Verbraucher von seinem Widerrufsrecht Gebrauch macht und für Garantieerklärungen beim Verbrauchsgüterkauf.

Öffentliche Beglaubigung

Die öffentliche Beglaubigung ist eine Schriftform, bei der die **Echtheit der eigenhändigen Unterschrift** des Erklärenden von einem hierzu **befugten Notar** beglaubigt wird [§ 129 I BGB]. Der Notar beglaubigt **nur die Echtheit der Unterschrift,** nicht jedoch den Inhalt der Urkunde.

Beispiele:

Beglaubigungen sind häufig erforderlich, wenn Erklärungen gegenüber Behörden abgegeben werden müssen. Hierzu gehört z. B. die Anmeldung zum Handelsregister, zum Güterrechtsregister oder zum Vereinsregister.

Notarielle Beurkundung

Die notarielle Beurkundung erfordert ein Protokoll, in welchem der Notar die vor ihm abgegebenen Erklärungen beurkundet [§ 128 BGB]. Die Willenserklärungen werden also in einer öffentlichen Urkunde aufgenommen. Der **Notar** beurkundet damit die **Unterschrift** und den **Inhalt** der Erklärungen.

Beispiele:

Die notarielle Beurkundung ist für Grundstückskaufverträge, für Schenkungsversprechen, für Erbverzichtsverträge und für Erbverträge gesetzlich vorgeschrieben.

1.3.3 Arten von Rechtsgeschäften

(1) Einseitige Rechtsgeschäfte

Rechtsgeschäfte, die nur **eine Willenserklärung** benötigen, bezeichnet man als **einseitige Rechtsgeschäfte.**

!

Rechtsgeschäfte	Erläuterungen	Beispiele
Empfangsbedürftige Willenserklärungen (Rechtsgeschäfte)	Bei **empfangsbedürftigen Willenserklärungen (empfangsbedürftigen Rechtsgeschäften)** ist die Willenserklärung erst rechtswirksam, wenn sie demjenigen zugegangen ist, für den sie bestimmt ist.	Eine **Kündigung** ist erst dann rechtswirksam, wenn sie dem Erklärungsempfänger rechtzeitig zugegangen ist.
Nicht empfangsbedürftige Willenserklärungen (Rechtsgeschäfte)	Bei **nicht empfangsbedürftigen Willenserklärungen (nicht empfangsbedürftigen Rechtsgeschäften)** ist die Willenserklärung rechtswirksam, sobald sie **abgegeben worden ist.**	Ein **Testament** ist bereits mit der Niederschrift rechtswirksam und nicht erst dann, wenn der Erbe das Testament empfangen oder gelesen hat.

Beim **Zugang** der empfangsbedürftigen Willenserklärung ist zu unterscheiden, ob sie unter Anwesenden oder unter Abwesenden abgegeben wird.

Unter Anwesenden	Abgegebene Willenserklärungen sind mit ihrer **Abgabe rechtswirksam.**
Unter Abwesenden	Die Willenserklärung ist dann zugegangen, wenn der Empfänger normalerweise von ihr **Kenntnis nehmen kann** (z. B. die Kündigung liegt im Briefkasten des Mitarbeiters zu Hause. Ob er sie liest, ist seine Sache).

Beachte:

Solange eine Willenserklärung **noch nicht rechtswirksam** geworden ist, kann sie **widerrufen** werden. Es reicht, wenn der Widerruf dem Empfänger spätestens gleichzeitig mit der Erklärung zugeht [§ 130 I, S. 2 BGB].

(2) Zweiseitige Rechtsgeschäfte (Verträge)

- Rechtsgeschäfte, die zu ihrer Gültigkeit **mindestens zwei sich inhaltlich deckende Willenserklärungen benötigen,** sind **mehrseitige (zweiseitige) Rechtsgeschäfte.** Sie bezeichnet man als **Verträge.**
- Alle Verträge haben gemeinsam, dass sie durch **Antrag (1. Willenserklärung)** und **Annahme (2. Willenserklärung)** zustande kommen.

Je nachdem, ob sich aus den abgeschlossenen Verträgen nur für einen oder für beide Vertragspartner Leistungsverpflichtungen ergeben, unterscheidet man folgende Vertragsarten:

Rechtsgeschäfte	Erläuterungen	Beispiele
Einseitig verpflichtende Verträge	Sie liegen vor, wenn nur einem Vertragspartner eine Verpflichtung zur Leistung auferlegt ist.	Ein einseitig verpflichtender Vertrag ist der Schenkungsvertrag. Der Schenker verpflichtet sich, dem Beschenkten das Geschenk zu übergeben und zu übereignen, während der Beschenkte keine Gegenleistung zu erbringen hat.
Mehrseitig verpflichtende Verträge	Es handelt sich um Rechtsgeschäfte, bei denen jeder Vertragsteil zu einer Gegenleistung als Entgelt für die Leistung des anderen Vertragsteils verpflichtet ist. Die weitaus meisten Rechtsgeschäfte sind zweiseitig verpflichtende Verträge.	■ Kaufvertrag, ■ Mietvertrag, ■ Pachtvertrag, ■ Darlehensvertrag, ■ Berufsausbildungsvertrag und ■ Reisevertrag.

Zusammenfassung

- **Rechtsgeschäfte** kommen durch Willenserklärungen zustande.
- **Willenserklärungen** sind Äußerungen (Handlungen) einer Person (oder mehrerer Personen), die mit der Absicht abgegeben werden, eine **rechtliche Wirkung** herbeizuführen.
- Willenserklärungen können **nicht empfangsbedürftig** oder **empfangsbedürftig** sein.
- Die meisten Willenserklärungen sind **empfangsbedürftig,** d. h., sie sind an bestimmte Personen zu richten. Sie werden rechtswirksam, wenn sie der Erklärungsempfänger rechtzeitig erhalten hat.
- Die Willenserklärung ist **rechtswirksam:**
  - bei **Abwesenden:** wenn sich die Willenserklärung im Zugriffsbereich des Empfängers befindet.
  - bei **Anwesenden:** mit der Abgabe der Willenserklärung.

■ 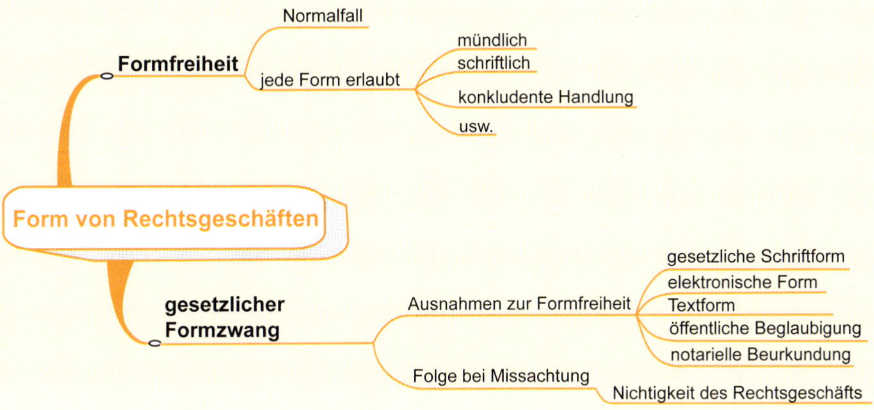

■ 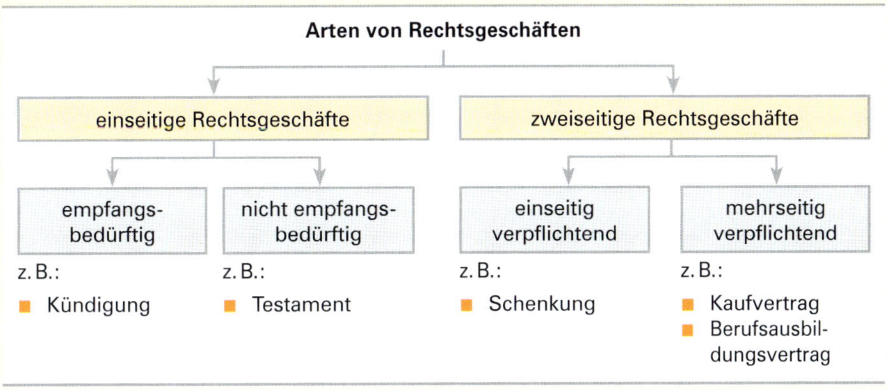

Kompetenztraining

25 Arten von Rechtsgeschäften

1. Erklären Sie den Begriff „Rechtsgeschäft"!
2. Erläutern Sie, warum eine Willenserklärung zugleich ein Rechtsgeschäft sein kann und sich in anderen Fällen die Begriffe Willenserklärung und Rechtsgeschäft nicht decken!
3. 3.1 Erklären Sie den Unterschied zwischen einseitig verpflichtenden und zweiseitig verpflichtenden Verträgen!

   3.2 Nennen Sie einen einseitig und drei zweiseitig verpflichtende Verträge!
4. Prüfen Sie mithilfe des Gesetzestextes, inwieweit es rechtlich von Bedeutung ist, ob eine empfangsbedürftige Willenserklärung unter Anwesenden oder unter Abwesenden abgegeben wurde!
5. Prüfen Sie, ob ein- oder zweiseitige Rechtsgeschäfte vorliegen und wie die Willenserklärungen abgegeben wurden:

   5.1 Der Hauseigentümer schließt mit Ihren Eltern einen Vertrag über die Benutzung von Wohnräumen ab.

5.2 Thomas Müller steigt in München in die U-Bahn ein.

5.3 Renate Kaiser bestellt bei amazon.de eine DVD.

5.4 Der Angestellte Max Lehmann kündigt seinen Arbeitsvertrag.

5.5 Herr Thein verliert seinen wertvollen Ring und lässt öffentlich bekanntgeben, dass er dem ehrlichen Finder 150,00 EUR Finderlohn zahlt (man nennt dies „Auslobung“; siehe § 657 BGB!).

5.6 Ein Unternehmen nimmt eine ohne Auftrag gelieferte Maschine in Betrieb.

26 Form der Rechtsgeschäfte

1. Begründen Sie, warum in der Bundesrepublik Deutschland für die weitaus meisten Rechtsgeschäfte der Grundsatz der Formfreiheit gilt!
2. Begründen Sie, warum gesetzliche Formvorschriften bisweilen notwendig sind!
3. Erklären Sie, welchen Zweck die Vertragsparteien verfolgen, wenn diese für die abzuschließenden Rechtsgeschäfte eine bestimmte Form vereinbaren!
4. Erklären Sie den Unterschied zwischen der öffentlichen Beglaubigung und der notariellen Beurkundung!
5. Erläutern Sie, welche Bedeutung der „Textform“ zukommt! Geben Sie zwei Beispiele an, bei denen die Textform gesetzlich vorgesehen ist!
6. Erklären Sie, welchen Zweck das BGB verfolgt, wenn es bestimmt, dass Rechtsgeschäfte, die nicht in der vorgeschriebenen gesetzlichen Form erfolgt sind, grundsätzlich ungültig sind!

1.4 Ein kundenorientiertes und rechtsverbindliches Angebot verfassen

KB 2 Lernsituation 3: Auf eine Kundenanfrage antworten

Die Ulmer Büromöbel AG war auf der letzten **imm cologne,** der internationalen Möbelmesse in Köln, durch einen Ausstellungsstand vertreten. Insbesondere der elektrisch verstellbare Schreibtisch „e-Desk" fand bei den Besuchern reges Interesse.

Drei Wochen später trifft die Anfrage eines bundesweit tätigen Bürogroßhändlers ein:

Business-Expert GmbH

Der Profi für IHR Büro

Business-Expert GmbH, Postfach 1836, 47533 Kleve
Ulmer Büromöbel AG
Industriepark 5
89079 Ulm

Ihr Zeichen:
Ihre Nachricht vom:
Unser Zeichen: fd
Unsere Nachricht vom:

Name: Florian Derksen
Telefon 02821 487364-28
Fax: 02821 487364-12
E-Mail: florian.derksen@businessexpert.de

Datum: 14.10.20..

Anfrage „e-Desk"

Sehr geehrte Damen und Herren,

wir beziehen uns auf unser erstes Kontaktgespräch auf der letzten imm cologne. Ihr Sortiment hat uns sehr überzeugt, insbesondere Ihr neuer und innovativer e-Desk. Wir bitten Sie um ein qualifiziertes Angebot über

100 e-Desks

zum nächstmöglichen, verlässlichen Liefertermin und um präzise Angaben Ihrer Liefer- und Zahlungsbedingungen. Wir bitten um äußerste Preiskalkulation und stellen in Aussicht – sorgfältige Auftragsabwicklung vorausgesetzt – Sie in unser Lieferantenlisting aufzunehmen.

Mit freundlichen Grüßen

Business-Expert GmbH

i.A. Florian Derksen

Florian Derksen

Business-Expert GmbH
Winterdeich 37
47533 Kleve
Geschäftsführer
Gernot van Duin

Deutsche Bank Kleve
IBAN: DE32 3247 0024 0000 6538 27
BIC: DEUTDEDB324

Phone: 02821 487364-0
www.businessexert.de
Mail: info@businessexpert.de
USt-Ident-Nr. DE 736498748

KOMPETENZORIENTIERTER ARBEITSAUFTRAG:

Arbeiten Sie die folgenden Kapitel des Schulbuches durch und verwenden Sie die Aufzeichnungen aus dem Unterricht zur Bearbeitung des Arbeitsauftrages!

Sie sind Mitarbeiter im Vertrieb der Ulmer Büromöbel AG. Ihr Vorgesetzter bittet Sie, die Anfrage zu beantworten.

Dabei gibt er Ihnen die nachfolgenden Zusatzinformationen:

e-Desk

- in der Höhe (680–1 200 mm) verstellbar,
- erlaubt daher wechselnde Arbeitshaltung,
- unterstützt Ergonomie am Arbeitsplatz,
- Platte in vielen Dekoren verfügbar,
- Gestell weiß oder Chrom.

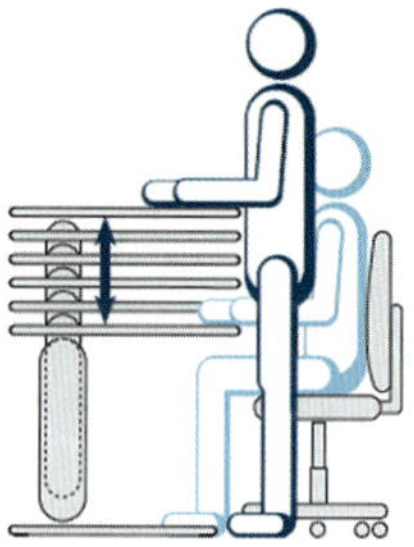

Quelle: www.ergo-online.de

Er übergibt Ihnen ferner einen Verkaufsprospekt und bittet Sie, diesen dem Angebot beizulegen.

Listenverkaufspreis für Grundmodell,
Platte weiß, Gestell weiß: 950,00 EUR

Mengenrabatt:

Mehr als fünf Schreibtische:	5 %
Mehr als 50 Schreibtische:	10 %
Einmaliger Begrüßungsrabatt:	5 %

Lieferungsbedingungen:

frei Haus
5,00 EUR Verpackungskosten je Schreibtisch.
Erfüllungsort und Gerichtsstand für beide Teile ist Ulm.
Die Ware bleibt bis zur vollständigen Bezahlung unser Eigentum.

Zahlungsbedingungen:

2 % Skonto innerhalb 10 Tage, 30 Tage Ziel

Lieferzeit:

10 Tage nach Auftragseingang

Erstellen Sie mit Datum vom 17. 10. 20.. ein verbindliches Angebot für die Business-Expert GmbH über die angefragten 100 e-Desks!

1.4.1 Anfrage

(1) Begriff Anfrage

Durch die **Anfrage** wird der Verkäufer in aller Regel zur **Abgabe** eines **verbindlichen Angebots** aufgefordert.

Der Käufer ist durch seine Anfrage **rechtlich nicht gebunden** (keine Willenserklärung). Er kann deshalb auch gleichzeitig bei mehreren möglichen Verkäufern anfragen.

(2) Inhalt der Anfrage

Arten der Anfragen	Inhalt der Anfragen
Allgemeine Anfragen (unbestimmt gehaltene Anfragen)	Hier wird der Anbieter unter allgemeiner Schilderung des Problems gebeten, z. B. die aus seiner Sicht geeignetsten Materialien und Qualitäten anzubieten. Allgemeine Anfragen sind besonders dann sinnvoll, wenn neue Sachgüter beschafft werden sollen, mit denen der Anfragende noch keine Erfahrung hat.
Bestimmte Anfragen	Sie beziehen sich auf ein bestimmtes Erzeugnis bzw. auf eine bestimmte Dienstleistung.

(3) Form der Anfrage

Für die Anfrage ist gesetzlich **keine bestimmte Form** vorgeschrieben. Ob diese mündlich, fernmündlich, schriftlich oder elektronisch (per Fax, E-Mail) erfolgt, hängt vor allem vom Umfang der Anfrage und der Art der angefragten Güter ab.

(4) Prüfung der Anfrage

Unter Umständen (z. B. bei Anfragen neuer Kunden) ist eine mehrfache Prüfung der Anfrage erforderlich. Hierbei können folgende Fragen von Bedeutung sein:

- Welche Erfahrung haben wir mit der **Bonität** des Kunden in der Vergangenheit gemacht?
- Gehört das angefragte Erzeugnis überhaupt in unser **Produktprogramm?**
- Ist das Erzeugnis ein **Standardprodukt** und kann es aus den Vorräten der Fertigerzeugnisse geliefert werden?
- Sind notwendige Produkte der Vorstufe innerhalb der Zeit **verfügbar,** dass das Erzeugnis zum Kundenwunschtermin hergestellt werden kann?
- Sind die Preisvorstellungen des Kunden so, dass die Herstellung des Erzeugnisses für uns einen **Gewinn** bringt?
- Sind die **technischen Voraussetzungen** zur Erfüllung des Kundenwunsches vorhanden?
- Sind genügend **freie Kapazitäten** vorhanden, dass die Fertigstellung zum Kundenwunschtermin zugesichert werden kann?

1.4.2 Angebot

1.4.2.1 Begriff Angebot

Das **Angebot** ist eine bestimmte, verbindliche Willenserklärung des Verkäufers, die an eine **bestimmte Person** oder **Personengruppe – nicht an die Allgemeinheit** – gerichtet ist.

Inserate in Zeitungen, im Internet, Schaufensterauslagen, Verkaufsprospekte, Wurfsendungen, Plakate sowie das Aufstellen von Waren in Selbstbedienungsläden sind an die Allgemeinheit gerichtet, somit **nicht bestimmt.** Sie sind deshalb keine Angebote, sondern Aufforderungen an den möglichen Käufer, einen Auftrag zu erteilen.

Ausnahme: Wenn nach Sachlage nur ein Angebot an die Allgemeinheit möglich ist und der Anbieter mit **jedem,** der auf das Angebot eingeht, abschließen will, liegt ein Angebot vor.

Beispiele für Angebote an die Allgemeinheit:

Aufstellen eines Automaten, Angebote öffentlicher Verkehrsmittel. Mit dem Geldeinwurf in den Automaten, mit dem Lösen der Fahrkarte, Einsteigen in das Verkehrsmittel wird das Angebot angenommen.

Eine bestimmte **Form** ist für das Angebot **gesetzlich nicht vorgeschrieben.** Zur Vermeidung von Irrtümern ist jedoch die **Schriftform** angebracht und auch praxisüblich.

1.4.2.2 Bindung an das Angebot

Gibt ein Anbieter ein **Angebot ohne Einschränkung** ab, so ist er an dieses **Angebot gebunden.**

Bindungsfristen	Erläuterungen	Beispiele
Gesetzliche Bindungsfrist unter Anwesenden (auch fernmündlich)	Die Angebote müssen sofort, d.h. solange das Gespräch dauert, angenommen werden.	Verlässt z.B. ein Kunde einen Laden, weil er sich noch nicht zum Kauf der angebotenen Waren entschließen kann und deshalb weitere Geschäfte aufsucht, muss er mit dem Verkauf der ihm angebotenen Ware an einen anderen Kunden rechnen.
Gesetzliche Bindungsfrist unter Abwesenden[1]	Die Bindungsfrist für den Anbieter besteht, solange er unter regelmäßigen Umständen mit dem Eingang der Antwort (Auftrag) rechnen kann. Dabei muss das Angebot mindestens mit dem gleich schnellen Nachrichtenmittel angenommen werden wie es abgegeben wurde.	Ein Angebot per E-Mail erfordert z.B. eine Annahme (Auftrag) auf gleich schnellem Weg. Ein Briefangebot im Expressdienst erfordert mindestens eine Annahme (Auftrag) durch den Expressdienst.

1 Die Annahmefrist setzt sich zusammen aus der Zeit für die **Übermittlung** des Angebots, einer angemessenen **Überlegungs-** und **Bearbeitungszeit** beim Empfänger und der Zeit für die **Übermittlung der Antwort** an den Anbieter.

Bindungsfristen	Erläuterungen	Beispiele
Vertragliche Bindungsfrist	Die Annahme bei einem befristeten Angebot kann nur **innerhalb der gesetzten Frist** erfolgen. Der Auftrag muss dem Anbieter bis zur gesetzten Frist zugegangen sein.	Das vorliegende Angebot ist gültig bis zum 28. Juli 20..
Freiklauseln	Der Anbieter kann die Bindung an das Angebot durch Freiklauseln ausdrücklich ganz ausschließen oder einschränken.	Das vorliegende Angebot ist unverbindlich. Zwischenverkauf vorbehalten.

Wird das Angebot vom Empfänger **abgelehnt, abgeändert** oder **nicht rechtzeitig** angenommen, so **erlischt die Bindung** an das Angebot. Ein abgeändertes Angebot bzw. eine verspätete Annahme des Angebots gilt als **neuer Antrag** [§ 150 BGB].

Die Bindung an ein Angebot entfällt auch, wenn der Anbieter sein Angebot **rechtzeitig widerruft**. Das ist möglich, da das Angebot erst mit Zugang beim Empfänger rechtswirksam wird. Der Widerruf muss jedoch vor, spätestens **zusammen mit dem Angebot** beim Empfänger eingehen [§ 130 I, S. 2 BGB].

1.4.2.3 Inhalt des Angebots

1.4.2.3.1 Art, Güte, Beschaffenheit und Menge der Produkte

Art der Produkte	Genaue Bezeichnung der Produkte wie z. B. Verpackungsmaschine MX3, Laptop 3000, Bürotisch Typ B1.
Güte der Produkte	■ **Qualitätsangabe.** Es sind Angaben zu machen in Bezug auf die **Haltbarkeit** (z. B. bei Lebensmitteln), auf den **Geschmack** (z. B. Wein, Schokolade), auf die **äußere Form** (z. B. Möbel, Büromaschinen, Autos), auf die **Leistungsfähigkeit** (z. B. Kassenautomat), auf die **Nutzungsdauer** (z. B. Abfüllanlage, Autos), auf die **Belastungsfähigkeit** (z. B. Zerbrechlichkeit von Glas oder Kunststoff) usw. ■ **Umweltverträglichkeit.**[1] Eine Prüfung der Umweltverträglichkeit ist erforderlich, denn durch die Verschärfung der Gesetze, die dem Schutz der Umwelt dienen, wurde die Haftung der Unternehmen ständig erhöht.
Beschaffenheit der Produkte	■ **Gattungswaren** sind Produkte, die nur der **Art nach bestimmt** sind (z. B. Mehl einer bestimmten Type, serienmäßig hergestellte Autos eines bestimmten Typs, Eier einer bestimmten Handelsklasse). Im Angebot müssen keine ausdrücklichen Regelungen hinsichtlich der Güte und Beschaffenheit getroffen werden, weil das Gesetz hier bestimmt, dass bei fehlender Vereinbarung **Produkte mittlerer Art und Güte** zu liefern sind. ■ Bei **Speziessachen** wird eine ganz genau bestimmte Sache geschuldet (z. B. **dieses** Ölgemälde, **das** Springpferd „Rex", **dieser** Modellmantel).
Menge der Produkte	In der Regel wird die Menge in handelsüblichen Maßeinheiten geschuldet (z. B. t Kohle, l Heizöl, Stück Vieh, m^3 Boden, kg Getreide usw.).

1 Siehe ökologische Ziele, S. 36f.

1.4.2.3.2 Preis der Produkte

Der Preis der Produkte muss **unbedingt** im Angebot angegeben und zum Vertragsabschluss **unverändert** angenommen werden. Mögliche **Preisstellungen** sind z. B.:

(1) Nettopreis

Beim Nettopreis sind keinerlei Preisabzüge mehr möglich. Der Anbieter hat knapp kalkuliert, d. h. mögliche Abzüge bereits vorweggenommen. Die Formulierung lautet z. B. „Zahlbar netto Kasse" oder „Zahlbar ohne jeden Abzug".

(2) Bruttopreis

Beim Bruttopreis lässt der Anbieter noch Preisabzüge zu, die allerdings an bestimmte Bedingungen geknüpft sind. Mögliche Abzüge sind:

- **Rabatt**

Der Rabatt ist ein Preisnachlass. Er wird gewährt als

Mengenrabatt	Er wird bei Abnahme größerer Mengen gewährt. Steigt der Rabattsatz mit zunehmenden Abnahmemengen an, spricht man von „Staffelrabatt".
Personalrabatt	Er wird den Mitarbeitern des Unternehmens eingeräumt.
Treuerabatt	Er wird langjährigen Kunden gewährt.
Wiederverkäuferrabatt	Er wird solchen Kunden eingeräumt, die die Produkte weiterverkaufen oder -verarbeiten.
Naturalrabatt	Der Kunde erhält eine (unberechnete) Dreingabe oder Draufgabe. ▪ **Dreingabe:** Es wird weniger berechnet als geliefert wurde (z. B. 10 Packungen bestellt, 10 Packungen geliefert, 8 Packungen berechnet). ▪ **Draufgabe:** Es wird eine bestimmte Menge zusätzlich unentgeltlich geliefert (z. B. 10 Packungen bestellt, 12 Packungen geliefert, 10 Packungen berechnet).

- **Bonus**

Bonus ist ein Preisnachlass, der **nachträglich** gewährt wird.

Beispiel:

Ein Hersteller gewährt einem Großhändler einen Bonus von 5 %, wenn dieser im Jahr für mindestens 30 000,00 EUR bei ihm einkauft. Kauft der Großhändler z. B. für 35 000,00 EUR im Jahr ein, erhält er nachträglich einen Preisnachlass von 1 750,00 EUR.

1.4.2.3.3 Lieferungsbedingungen

(1) Beförderungsaufwendungen

Ist im Angebot nichts anderes gesagt und wird das Angebot unverändert angenommen, so hat der **Käufer** grundsätzlich die **Beförderungsaufwendungen** (z. B. Frachten, Porti) **zu bezahlen.**

Warenschulden sind **gesetzlich im Zweifel**[1] **Holschulden** [§ 269 BGB].[2] Das bedeutet: Der Verkäufer kann im Angebot andere Regelungen vorschlagen.

Im Kaufvertrag sind z. B. folgende andere Regelungen denkbar:

Verkäufer	Vorlauf	Versand-station	Hauptlauf	Empfangs-station	Nachlauf	Käufer
①	②	③	④	⑤	⑥	⑦
Übergabe-kosten	Rollgeld Hausfracht	Verlade-kosten	Fracht	Entlade-kosten	Rollgeld Hausfracht	Abnahme-kosten

Lieferung:

Lieferung	Verkäufer	Käufer
ab Werk, ab Lager, ab Fabrik	Verkäufer ①	Käufer zahlt ② – ⑦ gesetzliche Regelung beim Platzkauf
unfrei, ab hier, ab Bahnhof	Verkäufer ① – ②	Käufer ③ – ⑦ gesetzliche Regelung beim Versendungskauf
frei Waggon	Verkäufer ① – ③	Käufer ④ – ⑦
frachtfrei, frei dort, frei Bahnhof	Verkäufer ① – ④	Käufer ⑤ – ⑦
frei Haus, frei Lager	Verkäufer zahlt ① – ⑥	Käufer ⑦

(2) Verpackungsaufwendungen

Ist im Angebot nichts anderes gesagt und wird das Angebot unverändert angenommen, trägt der **Käufer** die **Aufwendungen** für die **Versandverpackung.**

Im Geschäftsleben sind nähere Vereinbarungen über die Frage, wer die Aufwendungen für die Verpackung tragen soll, zweckmäßig. In einem Angebot könnten sich z. B. folgende Angaben finden:

- „32,00 EUR je Verkaufspackung", d. h., die Verpackung wird nicht getrennt berechnet.
- „Leihpackung! Bei Rücksendung erhalten Sie den berechneten Wert gutgeschrieben." Hier trägt der Verkäufer die gesamten Verpackungsaufwendungen.
- „Die Verpackungskosten gehen zulasten des Käufers".
- Eine andere handelsübliche Klausel ist „brutto für netto", abgekürzt „bfn" (z. B. auf Farbdosen), d. h., der Kunde zahlt das Verpackungsgewicht (Tara) wie das Inhaltsgewicht (Nettogewicht).

(3) Lieferzeit

Ist im Angebot die Lieferzeit nicht bestimmt, muss der **Verkäufer** auf Verlangen des **Käufers sofort liefern** [§ 271 I BGB].

1 **Im Zweifel** bedeutet, dass die Regel nur dann gilt, wenn durch individuelle vertragliche Vereinbarungen nichts anderes bestimmt ist.

2 In der Geschäftspraxis sind die Warenschulden bei zweiseitigen Handelskäufen jedoch meistens **Schickschulden**.

9 Hug u.a. - ISBN 978-3-8120-0578-4

Abweichend von der gesetzlichen Regelung kann der Verkäufer im Angebot **andere Regelungen** vorschlagen:

- Lieferung innerhalb eines **bestimmten Zeitraums** (z. B. Lieferung innerhalb von 10 Tagen).
- Lieferung zu einem **bestimmten Termin** (z. B. Lieferung bis Ende Mai).
- Lieferung zu einem **genau bestimmten Termin** (z. B. Lieferung am 30. April 20.. fix). Es handelt sich hier um einen Fixkauf.[1]

1.4.2.3.4 Zahlungsbedingungen

(1) Skonti

Unter **Skonti** (Einzahl: Skonto) versteht man einen Preisnachlass, der dann gewährt wird, wenn der Schuldner innerhalb einer bestimmten Frist bezahlt.

Beispiel:

„3 % Skonto bei Zahlung innerhalb von 10 Tagen, 30 Tage netto ab Rechnungsdatum". (Zweck: Anreiz für den Kunden, früher zu zahlen, d. h. in diesem Fall am 10. anstatt am 30. Tag.)

(2) Zahlungsfristen

Ist im Angebot der **Zahlungszeitpunkt nicht bestimmt,** muss der **Käufer sofort nach Übergabe der Ware** bezahlen [§ 271 I BGB].

Der Anbietende kann bestimmte Zahlungsbedingungen vorschlagen, die von der gesetzlichen Regelung abweichen:

- **Teilweise oder vollständige Zahlung vor der Lieferung.** Die Zahlungsbedingungen können z. B. lauten: „Nur gegen Vorauskasse", „Nur gegen Vorauszahlung", „Anzahlung $^1/_3$ des Kaufpreises bei Auftragserteilung, $^1/_3$ bei Lieferung, $^1/_3$ drei Monate nach Erhalt der Ware".
- **Zahlung nach der Lieferung.** In diesem Fall erhält der Käufer ein **Zahlungsziel.** Die Klauseln im Angebot können z. B. lauten: „Zahlbar innerhalb 4 Wochen nach Rechnungserhalt", „Zahlbar innerhalb 8 Tagen mit 2 % Skonto", „14 Tage Ziel".

1.4.2.3.5 Leistungsort und Gerichtsstand

In einem Angebot muss festgelegt werden, wo der Anbieter seine Leistung zu erbringen hat.

Der **Leistungsort** ist der Ort, an dem der Anbieter (Schuldner) seine Leistung zu erbringen hat.[2]

Gleichzeitig wird in der Regel im Angebot festgelegt, welcher Gerichtsort[2] bei eventuellen Streitigkeiten zuständig sein soll.

1 Ein **Fixkauf** liegt dann vor, wenn mit der genauen Einhaltung bzw. Nichteinhaltung des vereinbarten Liefertermins das Geschäft steht oder fällt.

2 Leistungsort und Gerichtsstand werden auf S. 142 f. behandelt.

1.4.2.4 Allgemeine Geschäftsbedingungen

1.4.2.4.1 Zielsetzungen und Begriff der allgemeinen Geschäftsbedingungen

(1) Zielsetzungen

Die Verkäufer (Unternehmen) sind unter Berufung auf den Grundsatz der Vertragsfreiheit bestrebt, durch **verbindliche allgemeine Geschäftsbedingungen** für sie günstigere vertragliche Vereinbarungen zu erzielen. Außerdem werden allgemeine Geschäftsbedingungen formuliert, um nicht immer wieder in jedem neuen Vertrag dieselben Dinge neu regeln zu müssen (z. B. Festlegung des Leistungsortes, der Zahlungsbedingungen).

(2) Begriff „Allgemeine Geschäftsbedingungen"

Allgemeine **G**eschäfts**b**edingungen **(AGB)** sind alle für eine **Vielzahl von Verträgen** vorformulierte **Vertragsbedingungen,**[1] die **eine** Vertragspartei (Verwender) der anderen Vertragspartei bei Abschluss eines Vertrags stellt [§ 305 I, S. 1 BGB].

Werden „Allgemeine Vertragsbedingungen" zwischen den Vertragsparteien im Einzelnen ausgehandelt, liegen keine AGB vor [§ 305 I, S. 3 BGB]. Solche Individualvereinbarungen gehen den AGB immer vor [§ 305b BGB].

Beispiele:

In den allgemeinen Geschäftsbedingungen eines Unternehmens steht: „Liefertermine sind unverbindlich". Haben sich Käufer und Verkäufer auf den Liefertermin 15. Juli geeinigt, so gilt diese Vereinbarung.

1.4.2.4.2 Allgemeine Geschäftsbedingungen und Verbraucherschutz

(1) Gültigkeit der allgemeinen Geschäftsbedingungen

Ein „Trick" mancher Verwender allgemeiner Geschäftsbedingungen ist, diese möglichst klein[2] in für Kunden unverständlicher juristischer Sprache in einer blassen Farbe auf die Rückseite der Angebote oder gar Auftragsbestätigungen bzw. Rechnungen zu drucken. Solche Unterschiebungen sind nach dem BGB verboten.

Allgemeine Geschäftsbedingungen werden vielmehr **nur dann Vertragsbestandteil,**

- wenn der **Verkäufer** beim Vertragsabschluss die andere Vertragspartei **ausdrücklich** auf sie hinweist,
- der andere **Vertragspartner in zumutbarer Weise vom Inhalt der AGB Kenntnis nehmen kann** und
- mit deren Geltung **einverstanden** ist [§ 305 II BGB].

(2) Vorschriften zum Verbraucherschutz

Um einen Missbrauch durch allgemeine Geschäftsbedingungen zu verhindern und Verbraucher vor Übervorteilung zu schützen, hat der Gesetzgeber Gesetzesvorschriften erlas-

1 Allgemeine Geschäftsbedingungen werden vor allem von den Wirtschaftsverbänden der Industrie, des Handels, der Banken, der Versicherungen, der Spediteure usw. normiert (vereinheitlicht) und den Verbandsmitgliedern zur Verwendung empfohlen (z. B. „Allgemeine Lieferbedingungen für Erzeugnisse und Leistungen der Elektroindustrie", „Allgemeine Deutsche Spediteurbedingungen").

2 Deswegen werden die AGB in der Umgangssprache auch als das „Kleingedruckte" bezeichnet.

sen, die die allgemeinen Geschäftsbedingungen inhaltlich auf ihre Rechtsgültigkeit hin überprüfen. Sie umfassen die §§ 307–309 BGB.

- § 307 BGB Generalklausel,
- § 308 BGB Klauselverbote mit Wertungsmöglichkeit,
- § 309 BGB Klauselverbote ohne Wertungsmöglichkeit.

Generalklausel

In der Generalklausel schreibt das BGB vor [§ 307 I BGB], dass Bestimmungen von allgemeinen Geschäftsbedingungen dann unwirksam sind, wenn sie den Vertragspartner des Verwenders entgegen dem Gebot von Treu und Glaube (siehe § 242 BGB) **unangemessen benachteiligen.**

Eine unangemessene Benachteiligung liegt im Zweifel vor, wenn der **Grundgedanke einer gesetzlichen Regelung** verletzt wird oder wenn die Rechte und Pflichten des Verbrauchers so eingeschränkt sind, dass das **Erreichen des Vertragszweckes gefährdet** ist.

Klauselverbote ohne Wertungsmöglichkeit [§ 309 BGB]

Hier handelt es sich um Klauseln, deren Unwirksamkeit auch **ohne richterliche Wertung** feststeht. Dazu gehören Klauseln, die gesetzliche Rechte des Verbrauchers einschränken. Beispielhaft werden folgende Klauseln vorgestellt:

Klausel	Erläuterungen	Beispiele
Pauschalierung von Schadensersatzansprüchen [§ 309, Nr. 5 BGB]	Eine Schadenspauschalierung ist stets unwirksam, wenn dem anderen Vertragsteil z. B. nicht ausdrücklich der Nachweis gestattet wird, dass ein Schaden oder eine Wertminderung gar nicht oder nur in wesentlich niedrigerer Höhe eingetreten ist.	In den AGB einer Autovermietung steht: Bei jedem Unfall, bei dem ein Schaden an dem gemieteten Pkw entsteht, wird, ohne dass der Vermieter einen Nachweis zu führen hat, ein Mindestentgelt von 750,00 EUR fällig.
Kurzfristige Preiserhöhungen [§ 309, Nr. 1 BGB]	Räumen die allgemeinen Geschäftsbedingungen die Möglichkeit ein, dass bei einer Warenlieferung innerhalb von 4 Monaten nach Abschluss des Kaufvertrags eine kurzfristige Preiserhöhung erlaubt ist, so ist diese für Verbraucher unwirksam.	In einem am 2. März abgeschlossenen Kaufvertrag über die Lieferung eines Pkw ist als Liefertermin der 15. Mai festgelegt. Eine in der Zwischenzeit eingetretene Preiserhöhung ist für den Käufer ohne Bedeutung.
Leistungsverweigerungsrecht/Verzug, Unmöglichkeit [§ 309, Nr. 2, Nr. 8 BGB]	Ein Gewährleistungsausschluss bei neu hergestellten Waren und eine Einschränkung des Leistungsverweigerungsrechts sind unwirksam.	■ Die AGB eines Elektrofachgeschäfts legen fest, dass der Kunde im Fall einer zu Recht bestehenden Beanstandung lediglich ein Recht auf Beseitigung des Mangels haben soll. ■ Die AGB eines Baumarkts enthalten folgende Klausel: „Bei Ratenkäufen entbindet auch eine berechtigte Reklamation den Käufer nicht von seiner Verpflichtung zur pünktlichen Ratenzahlung."

Klausel	Erläuterungen	Beispiele
Haftungsausschluss bei Verletzung von Leben, Körper, Gesundheit und bei grobem Verschulden [§ 309, Nr. 7 BGB]	Der Anspruch auf Schadensersatz wegen **Verletzung des Lebens, des Körpers** oder der **Gesundheit** kann nicht ausgeschlossen werden. Auch die Haftung für sonstige Schäden kann für vorsätzliche oder grobe Fahrlässigkeit nicht ausgeschlossen werden. Ausgeschlossen werden kann jedoch ein Schadensersatzanspruch, der auf einer einfachen Fahrlässigkeit beruht, sofern der Schaden untypisch für den Vertrag ist.	Eine Fahrradfabrik schließt in ihren AGB einen Schadensersatzanspruch für Verletzungen wegen eines Materialfehlers aus.

Klauselverbote mit Wertungsmöglichkeit [§ 308 BGB]

Für diese nach § 308 BGB verbotenen Klauseln ist kennzeichnend, dass sie **unbestimmte Rechtsbegriffe** verwenden, weshalb die Unwirksamkeit erforderlichenfalls eine **richterliche Wertung** notwendig macht.

Beispiele:[1]

- **Annahme und Leistungsfrist (Nr. 1):** Bestimmungen, durch die sich der Verwender unangemessen lange oder nicht hinreichend bestimmte Fristen für die Annahme oder Ablehnung eines Angebots oder die Erbringung einer Leistung vorbehält.
- **Zahlungsfrist (Nr. 1 a):** Eine Bestimmung, durch die sich der Verwender eine unangemessen lange Zeit für die Erfüllung einer Entgeltforderung des Vertragspartners vorbehält; ist der Verwender kein Verbraucher, ist im Zweifel anzunehmem, dass eine Zeit von mehr als 30 Tagen nach Empfang der Gegenleistung unangemessen lang ist.
- **Überprüfungs- und Abnahmefrist (Nr. 1 b):** Eine Bestimmung, durch die sich der Verwender vorbehält, eine Entgeltforderung des Vertragspartners erst nach unangemessen langer Zeit für die Überprüfung oder Abnahme der Gegenleistung zu erfüllen; ist der Verwender kein Verbraucher, ist im Zweifel anzunehmen, dass eine Zeit von mehr als 15 Tagen nach Empfang der Gegenleistung unangemessen lang ist.
- **Nachfrist (Nr. 2):** Bestimmungen, durch die sich der Verwender für die von ihm zu erbringenden Leistungen eine von Rechtsvorschriften abweichende unangemessen lange oder nicht hinreichend bestimmte Nachfrist vorbehält.
- **Rücktrittsvorbehalte (Nr. 3):** Sachlich nicht gerechtfertigte Rücktrittsvorbehalte.

(3) Rechtsfolgen bei Nichteinbeziehung und Unwirksamkeit allgemeiner Geschäftsbedingungen

Wenn allgemeine Geschäftsbedingungen ganz oder teilweise kein Vertragsbestandteil geworden oder rechtsunwirksam sind, dann bleiben die anderen Vertragsbestandteile trotzdem wirksam. Für den Vertragsinhalt gelten dann die gesetzlichen Vorschriften [§ 306 I, II BGB].

---

1 Weitere Beispiele: siehe § 308 BGB Nr. 4 bis Nr. 7.

1.4.2.4.3 Allgemeine Geschäftsbedingungen im Geschäftsverkehr mit Unternehmen

Geschäftsverkehr mit Unternehmen bedeutet, dass beide Vertragsparteien Unternehmen sind. Beim **zweiseitigen Handelskauf** gelten gelockerte gesetzliche Bestimmungen. So finden in diesem Fall einige der Vorschriften der **§§ 305 ff. BGB keine Anwendung** [§ 310 BGB]. Die AGB unterliegen im Geschäftsverkehr mit Unternehmen nur einer beschränkten Inhaltskontrolle, durch die eine unangemessene Benachteiligung eines Vertragspartners ausgeschlossen werden soll.

1.4.3 Kundenauftrag (Bestellung)

(1) Begriff Kundenauftrag

Der **Kundenauftrag**[1] ist eine **empfangsbedürftige Willenserklärung des Käufers,** bestimmte Güter (z. B. Erzeugnisse) zu den im Auftrag **angegebenen Bedingungen** zu kaufen.

Zu diesen Bedingungen gehören, wie beim Angebot z. B.

- Angaben über die Art, Güte, Beschaffenheit der Produkte,
- Bestellmenge,
- Preise mit Preiszu- und/oder -abschlägen,
- Zahlungsbedingungen usw.

Gesetzlich ist für die Erteilung eines Auftrags **keine bestimmte Form vorgeschrieben.** Um ein „Beweismittel" in der Hand zu haben und möglichen Irrtümern vorzubeugen, sollten vor allem mündliche und fernmündliche Aufträge schriftlich wiederholt werden.

(2) Rechtliche Bindung an den Auftrag

Grundsatz	■ Der Kunde ist rechtlich an seinen Auftrag gebunden. Diese Bindung tritt mit Zugang des Auftrags beim Verkäufer ein. ■ Mit dem unveränderten Auftrag aufgrund eines vorausgegangenen Angebots verpflichtet sich der Käufer, alle im Angebot enthaltenen Vertragsbedingungen einzuhalten.
Widerruf	Der Widerruf eines Auftrags muss vor, spätestens gleichzeitig mit dem Auftrag beim Verkäufer eingehen.

1 Aus der Sicht des Käufers handelt es sich bei dem Auftrag um eine **Bestellung.** Bestellung und Kundenauftrag sind somit zwei verschiedene Begriffe für ein und denselben Vorgang – je nach Standpunkt des Betrachters.

Zusammenfassung

- Durch **Anfragen** werden Angebote eingeholt.
- **Anfragen sind erforderlich,** wenn
  - die zur Bestellung erforderlichen Beschaffungskonditionen (z.B. Preise, Lieferqualitäten, Lieferfristen) nicht bekannt oder überholt sind (z.B. alte Preislisten),
  - zum günstigen Einkauf Konkurrenzangebote eingeholt,
  - der Liefererkreis zur Absicherung der Bedarfsdeckung erweitert und/oder
  - völlig neue Güter eingekauft werden sollen.
- Der Anfragende ist durch seine **Anfrage rechtlich nicht gebunden,** er muss die angefragten Erzeugnisse oder Fremdleistungen nicht bestellen (kaufen).
- Für die Anfrage besteht **kein gesetzlicher Formzwang.** Bei komplizierten Produkten und einem umfangreichen Bedarf sollen die Anfragen zur Vermeidung von Fehlern möglichst schriftlich erfolgen.
- Das **Angebot** ist eine Willenserklärung des Verkäufers an eine bestimmte Person.
- Der Anbieter ist **rechtlich** an sein Angebot **gebunden.** Die rechtliche Bindung an das Angebot **kann eingeschränkt werden.**
- Der **Inhalt eines Angebots** sollte alle Einzelheiten festlegen, sodass der Käufer nur noch zuzustimmen braucht.

Wichtige Inhalte des Angebots
- Art, Güte, Beschaffenheit und Menge der Produkte
- Preis der Produkte
- Lieferungs- und Zahlungsbedingungen
- Leistungsort und Gerichtsstand

- Der **Auftrag** ist eine **empfangsbedürftige Willenserklärung des Käufers,** bestimmte Sachen zu dem im **Auftrag** und/oder im **Angebot enthaltenen Bedingungen** (z.B. Preise, Qualitäten, Mengen, Lieferungs- und Zahlungsbedingungen) **zu kaufen.** Aus der Sicht des Käufers handelt es sich bei dem Auftrag um eine **Bestellung.**
- Für den Auftrag besteht **keine gesetzliche Form** und **kein gesetzlich vorgeschriebener Inhalt.** Um Irrtümer und Streitigkeiten zu vermeiden (aus Gründen der Rechtssicherheit), sollten jedoch umfangreiche und wichtige Aufträge grundsätzlich schriftlich erfolgen.
- Der **Auftraggeber** (z.B. Käufer) ist an seinen Auftrag **grundsätzlich rechtlich gebunden.** Bei einem vorausgegangenen verbindlichen Angebot muss er somit die bestellten Produkte abnehmen und bezahlen.
- Die **Bindung des Auftraggebers** an seinen Auftrag **entfällt** bei einer **verspäteten Annahme des Auftrags,** bei einer von dem Auftrag **abweichenden Auftragsbestätigung** des Verkäufers, wenn der **Verkäufer den erhaltenen Auftrag ablehnt** oder der **Auftraggeber seinen Auftrag rechtzeitig widerruft.**
- Die Verkäufer versuchen, durch die Vorgabe von verbindlichen **allgemeinen Geschäftsbedingungen** für sie günstigere vertragliche Vereinbarungen (z.B. Einschränkung der Gewährleistungsansprüche der Kunden) zu erzielen.
- Nach der **Generalklausel** sind AGB-Klauseln dann ungültig, wenn sie den Vertragspartner unangemessen benachteiligen.
- In den §§ 308 und 309 BGB sind Klauseln formuliert, die im Falle ihrer Anwendung die **Rechtsunwirksamkeit der AGB** zur Folge haben.

Kompetenztraining

27 Einordnung von Anfrage, Angebot und Auftrag

1. Erklären Sie, aus welchen Gründen ein Käufer Anfragen stellt!
2. Begründen Sie, warum die Anfrage keine Willenserklärung ist!
3. Erläutern Sie, unter welchen Bedingungen Sie eine Anfrage schriftlich abfassen würden!
4. Erklären Sie, welche rechtlichen Voraussetzungen erfüllt sein müssen, damit ein Angebot eine Willenserklärung ist!
5. Erläutern Sie, was die rechtliche Bindung an ein Angebot bedeutet!
6. 6.1 Begründen Sie, warum gesetzliche Annahmefristen notwendig sind!

   6.2 Erklären Sie, bis zu welchem Zeitpunkt der Anbieter an sein Angebot unter Anwesenden bzw. Abwesenden und bei einer bestimmten Annahmefrist rechtlich gebunden ist!
7. Der Inhaber einer Textilfabrik informiert sich auf der Modemesse über Neuheiten und Modetrends für die Sommersaison. Er führt mit mehreren Stoffherstellern Einkaufsgespräche, wobei ihm ein günstiges Angebot unterbreitet wird.

   Aufgaben:

   7.1 Stellen Sie dar, wie lange der Hersteller an das mündliche Angebot gebunden ist!

   7.2 Nennen Sie vier wesentliche Bestandteile eines vollständigen schriftlichen Angebots!

   7.3 Nennen Sie zwei weitere Gründe, die für die Kaufentscheidung des Geschäftsinhabers von Bedeutung sind!

   7.4 Begründen Sie, bei welchen Gütern der Einkaufspreis der wichtigste Entscheidungsgrund bei der Beschaffung sein wird!
8. Erklären Sie die wirtschaftlichen und rechtlichen Merkmale des Auftrags!
9. Begründen Sie, warum der Auftraggeber an seinen Auftrag rechtlich gebunden ist!
10. Erläutern Sie mit den §§ des BGB, unter welchen Bedingungen die rechtliche Bindung des Auftraggebers an seinen Auftrag entfällt!
11. Erläutern Sie die Rechtswirkungen, wenn ein Auftrag vom Angebot abweicht, der Empfänger das erhaltene Angebot ablehnt oder der Anbieter sein Angebot nach dessen Zugang beim Empfänger widerruft!
12. Die Ulmer Büromöbel AG erhält folgende Anfrage (Auszug):

   Wir ersuchen Sie um ein unverbindliches und kostenloses Angebot über 50 Rollcontainer aus massiver, geölter Asteiche, 3 Schubladen mit Selbsteinzug und Metallgriffen. Maße ca. 30 cm x 50 cm x 60 cm, Belastbarkeit mindestens 8 kg.

   Unsere allgemein gültigen Bedingungen:

Zahlung:	*Nach Erhalt und Prüfung der Ware innerhalb von 14 Tagen mit 3 % Skonto oder 90 Tagen netto*
Lieferung:	*frei Haus, verpackt*
Verpackung:	*ohne Berechnung*

   Beachten Sie bitte unsere umseitigen Einkaufsbedingungen.

   Erläutern Sie, welche Unzulänglichkeiten die Anfrage enthält!

28 Rechtliche Wirkung des Angebots

1. Stellen Sie dar, durch welche Zusätze die Bindung an ein Angebot
   1.1 eingeschränkt (zwei Beispiele),
   1.2 ganz ausgeschlossen werden (zwei Beispiele) könnte!
2. Im Angebot wurde festgehalten: „Lieferung frachtfrei"
   2.1 Erläutern Sie diesen Begriff!
   2.2 Stellen Sie dar, wer die Beförderungskosten übernehmen müsste, wenn vertraglich nichts vereinbart worden wäre!
3. Im Angebot wurde außerdem festgehalten: „Zahlungsziel 30 Tage, bei Zahlung innerhalb von 8 Tagen 2 % Skonto ... Bei Abnahme von 800 Stück gewähren wir 5 % Rabatt."
   3.1 Erklären Sie den Unterschied zwischen Rabatt und Skonto!
   3.2 Erklären Sie den Unterschied zwischen Rabatt und Bonus!
   3.3 Begründen Sie, warum ein Verkäufer Skonti gewährt!

29 Allgemeine Geschäftsbedingungen

1. Erläutern Sie, welchen Zweck die Vorschriften des BGB zur Gestaltung rechtsgeschäftlicher Schuldverhältnisse durch allgemeine Geschäftsbedingungen [§§ 305–310 BGB] verfolgen!
2. Prüfen Sie, ob folgende Klauseln in allgemeinen Geschäftsbedingungen gegenüber Nichtkaufleuten rechtswirksam sind: Lesen Sie hierzu §§ 308, 309 BGB!
   2.1 „Vereinbarte Liefertermine sind unverbindlich. Wir sind jedoch bemüht, die Liefertermine pünktlich einzuhalten."
   2.2 „Erfolgt die Lieferung nicht zum vereinbarten Termin, so kann uns der Käufer eine dreimonatige Nachfrist setzen mit der Erklärung, dass er nach deren fruchtlosem Ablauf vom Kaufvertrag zurücktreten werde."
   2.3 „Wir sind jederzeit berechtigt, vom Kaufvertrag zurückzutreten."
   2.4 „Kleinere fabrikationstechnisch bedingte Farbabweichungen müssen wir uns vorbehalten."
   2.5 „Verlangt ein Käufer aufgrund berechtigter Reklamation Nacherfüllung, müssen wir eine Nutzungsgebühr in Höhe von 50 % des Barverkaufspreises verlangen."
   2.6 „Reparaturleistungen werden nur gegen Vorauskasse erbracht."
   2.7 „Das Recht eines Kunden, mit einer unbestrittenen Gegenforderung aufzurechnen, ist ausgeschlossen."
   2.8 „Der Preis richtet sich nicht nach dem Bestell-, sondern nach dem Lieferdatum und zwar auch dann, wenn die Lieferung innerhalb von 4 Monaten erfolgt."
3. Nennen Sie die Voraussetzungen, unter welchen die AGB Vertragsbestandteil werden!
4. Notieren Sie, welchen Vorteil die Formulierung von allgemeinen Geschäftsbedingungen hat!
   4.1 Die AGB beschleunigen den Abschluss eines Vertrages.
   4.2 Die AGB führen dazu, dass der Käufer bessere Bedingungen erhält.
   4.3 Die AGB erleichtern Vertragsabschlüsse, weil sie die Grundlage für viele Verträge bilden.
   4.4 Die AGB erschweren häufig einen Vertragsabschluss.
   4.5 Die AGB werden vom Gesetzgeber festgelegt.
5. Ein Autohaus verweist den Käufer eines Neuwagens bei einem Motordefekt an den Autohersteller.

   Aufgabe:

   Beurteilen Sie diese AGB-Klausel rechtlich!

1.5 Wichtige Inhalte des Kaufvertrags beschreiben

KB 2 **Lernsituation 4: Eine Kundenbestellung mit dem abgegebenen Angebot vergleichen und die rechtliche Situation beurteilen**

Aufgrund Ihres Angebots (siehe Lernsituation 3, S. 123f.) trifft am 21.10.20.. folgendes Schreiben ein:

Business-Expert GmbH

Der Profi für IHR Büro

Business-Expert GmbH, Postfach 1836, 47533 Kleve
Ulmer Büromöbel AG
Industriepark 5
89079 Ulm

Ihr Zeichen:
Ihre Nachricht vom:
Unser Zeichen: fd
Unsere Nachricht vom:

Name: Florian Derksen
Telefon 02821 487364-28
Fax: 02821 487364-12
E-Mail: florian.derksen@businessexpert.de

Datum: 20.10.20..

Bestellung

Sehr geehrter Herr Pieper,

vielen Dank für Ihr Angebot vom 17.10.20.. Nach nochmaliger Rücksprache mit unserem Produktprogrammleiter geben wir folgende Bestellung auf:

50 e-Desks zum Listenverkaufspreis von 950,00 EUR je Stück,
abzüglich 10 % Mengen- und 5 % Begrüßungsrabatt.

Lieferungs- und Zahlungsbedingungen:
5,00 EUR Verpackungskosten je Schreibtisch
3 % Skonto innerhalb von 14 Tagen, 30 Tagen netto.

Mit freundlichen Grüßen

Business-Expert GmbH

i. A. *Florian Derksen*

Florian Derksen

Business-Expert GmbH
Winterdeich 37
47533 Kleve
Geschäftsführer
Gernot van Duin

Deutsche Bank Kleve
IBAN: DE32 3247 0024 0000 6538 27
BIC: DEUTDEDB324

Phone: 02821 487364-0
www.businessexert.de
Mail: info@businessexpert.de
USt-Ident-Nr. DE 736498748

KOMPETENZORIENTIERTE ARBEITSAUFTRÄGE:

Arbeiten Sie die folgenden Kapitel des Schulbuches durch und verwenden Sie die Aufzeichnungen aus dem Unterricht zur Bearbeitung der Arbeitsaufträge!

Ulmer Büromöbel AG

1. Erläutern Sie, wann man von Bestellung und wann von Auftrag redet!
2. Aufgabe von Frau Klinger, Sachbearbeiterin in der Auftragsabteilung der Ulmer Büromöbel AG, ist es, den Kundenauftrag der Business-Expert GmbH mit dem Angebot (Lernsituation 3) zu vergleichen. Nach einem Abgleich des Angebots mit dem Auftrag kommen Frau Klinger Zweifel. Sie wendet sich an Sie und bittet Sie
   2.1 um die rechtliche Beurteilung der Situation,
   2.2 um einen Vorschlag, wie weiter verfahren werden soll,
   2.3 um eine Auskunft darüber, wie die rechtliche Situation in Bezug auf Rabattnachlass und Skontoabzug zu beurteilen wäre, wenn sie den Auftrag – so wie er vorliegt – erfasst und 50 Schreibtische ausgeliefert würden!

1.5.1 Abschluss des Kaufvertrags (Verpflichtungsgeschäft)

1.5.1.1 Begriff und Zustandekommen von Kaufverträgen

(1) Begriff Kaufvertrag

Ein **Kaufvertrag** kommt durch **inhaltlich übereinstimmende, rechtsgültige Willenserklärungen** von mindestens **zwei Personen** – Käufer und Verkäufer – und durch **rechtzeitigen Zugang** der zweiten Willenserklärung beim Erklärungsempfänger zustande.

Beide Willenserklärungen müssen in allen wesentlichen Vertragsbedingungen übereinstimmen. Die Vertragspartner müssen sich somit über alle wichtigen Einzelheiten geeinigt haben [§ 154 I, S. 1 BGB].

(2) Kaufvertragsarten nach der rechtlichen Stellung der Vertragspartner

Kaufvertragsart	Erläuterungen	Beispiele
Bürgerlicher Kauf	Er liegt vor, wenn **beide Vertragspartner** als **Privatleute** handeln.	Der Auszubildende Peter kauft seinem Freund Hans dessen Moped ab.
Einseitiger Handelskauf als Verbrauchsgüterkauf	Er liegt vor, wenn ein **Verbraucher** von einem **Unternehmer** eine **bewegliche Sache** kauft.[1]	Ein Privatmann kauft einen Pkw bei einem Autohaus.
Zweiseitiger Handelskauf	Er liegt vor, wenn **beide Vertragspartner** als **Kaufleute** handeln.	Ein Lebensmittelgroßhändler verkauft Lebensmittel an eine Einzelhandelsgeschäft.

1 **Verbraucher** ist jede natürliche Person (jeder Mensch), die ein Rechtsgeschäft zu Zwecken abschließt, die überwiegend weder ihrer gewerblichen noch ihrer selbstständigen beruflichen Tätigkeit zugerechnet werden können.
Unternehmer ist eine natürliche oder juristische Person (z. B. GmbH, AG), die bei Abschluss eines Rechtsgeschäfts (z. B. Kaufvertrag) in Ausübung ihrer gewerblichen oder selbstständigen beruflichen Tätigkeit handelt.
Der Verbrauchsgüterkauf ist ein fakultativer Inhalt des Bildungsplans.

Beim **bürgerlichen Kauf** gelten ausschließlich die Bestimmungen des **allgemeinen Kaufvertragsrechts** [§§ 433ff. BGB].

Beim einseitigen Handelskauf in Form des **Verbrauchsgüterkaufs** gelten zusätzlich die **Schutzvorschriften** der §§ 474ff. BGB.

Für den **zweiseitigen Handelskauf** greifen die weiterführenden Regelungen der §§ 373ff. HGB. Sie sollen die rechtliche Stellung des Verkäufers stärken und eine möglichst unkomplizierte Abwicklung eines Kaufvertrags ermöglichen. Die Regelungen des BGB gelten nur insoweit, als das HGB keine eigenen Regelungen vorsieht.

(3) Verschiedene Möglichkeiten des Kaufvertragsabschlusses (Verpflichtungsgeschäft)

- **Der Verkäufer macht ein verbindliches Angebot, der Käufer bestellt (unter Bezugnahme auf das Angebot) rechtzeitig und ohne Änderung.**

Der Kaufvertrag ist zustande gekommen (geschlossen), sobald der Verkäufer die **Bestellung** erhalten hat, diese ihm **rechtzeitig zugegangen** ist.

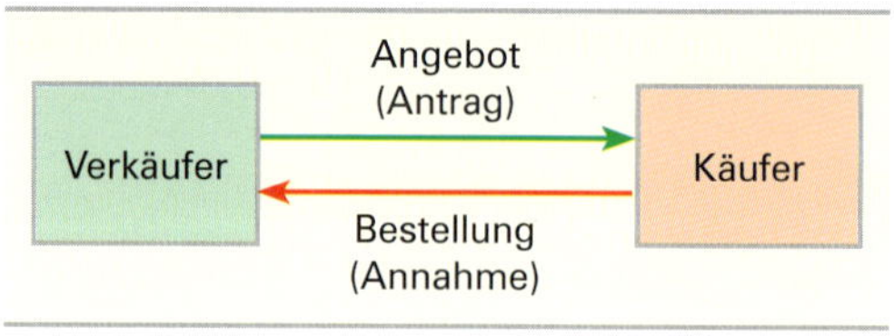

- **Der Käufer erteilt einen Auftrag ohne vorhergehendes verbindliches Angebot des Verkäufers und der Verkäufer nimmt den Auftrag rechtzeitig und ohne Änderung an.**

Dies kann z.B. der Fall sein, wenn der Käufer den Verkäufer (seine Waren, Preise) aus früheren Lieferungen kennt und aufgrund gültiger Verkaufsprospekte mit Preislisten oder aufgrund eines freibleibenden (unverbindlichen) Angebots einen **Auftrag** erteilt.

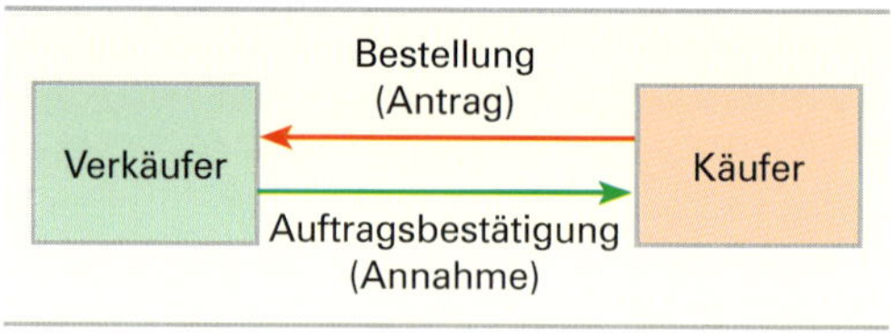

Der Kaufvertrag ist zustande gekommen (geschlossen), sobald die Annahme des Auftrags **(Auftragsbestätigung)** des Verkäufers dem Käufer rechtzeitig zugegangen ist.

- **Der Verkäufer macht ein verbindliches Angebot, der Käufer erteilt den Auftrag jedoch zu spät oder mit Abänderungen des Angebots, z.B. mit kürzerer Lieferzeit, höheren Mengen, niedrigeren Preisen.**

Der Kaufvertrag kommt erst zustande, wenn der Verkäufer den verspäteten oder abgeänderten Auftrag des Käufers (neuer Antrag) angenommen hat, d.h. durch die Auftragsbestätigung des Verkäufers und nach deren rechtzeitigem **Zugang** beim Käufer.

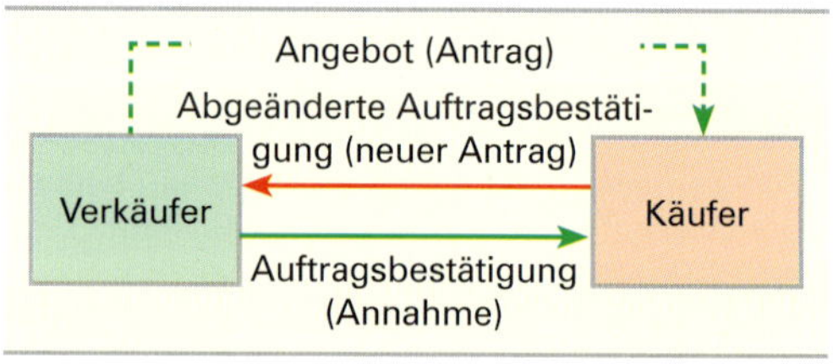

Die Auftragsbestätigung ist deshalb erforderlich, weil die verspätete Annahme eines Antrags oder eine Annahme mit Erweiterungen, Einschränkungen oder sonstigen Änderungen als Ablehnung gilt, verbunden mit einem neuen Antrag [§ 150 I, II BGB].

1.5.1.2 Rechte und Pflichten aus dem Kaufvertrag

Mit dem Abschluss des Kaufvertrags übernehmen Käufer und Verkäufer Rechte und Pflichten, die sie zu erfüllen haben. Der Abschluss des Kaufvertrags ist daher ein **Verpflichtungsgeschäft,** dem ein **Erfüllungsgeschäft** folgen muss.

Verpflichtungsgeschäft: Übernahme von Rechten und Pflichten

Pflichten des Verkäufers (Rechte des Käufers) [§ 433 I BGB]	**Kaufvertrag**	**Pflichten des Käufers (Rechte des Verkäufers)** [§ 433 II BGB]
▪ Die bestellte Sache muss mängelfrei und fristgemäß übergeben[1] werden. ▪ Das Eigentum an der Kaufsache muss auf den Käufer übertragen werden.		▪ Die bestellte Sache muss abgenommen werden. ▪ Die ordnungsgemäß gelieferte Sache muss vereinbarungsgemäß bezahlt werden.

↓

Erfüllungsgeschäft: Erfüllung der eingegangenen Verpflichtungen

Das Verpflichtungsgeschäft erlischt, wenn die geschuldeten Leistungen nach den Vereinbarungen des Kaufvertrags gegenüber dem **Gläubiger erfüllt sind** [§ 362 I BGB].[2]

Dies ist der Fall, wenn die mängelfreie und fristgemäße Übergabe und Übereignung der Sache durch den Verkäufer sowie die Abnahme der Sache und die Kaufpreiszahlung durch den Käufer vereinbarungsgemäß erfolgt ist.

1.5.2 Erfüllung des Kaufvertrags

1.5.2.1 Erfüllung des Kaufvertrags durch den Verkäufer

Die **Erfüllung** des **Kaufvertrags** durch den **Verkäufer** umfasst

- die **Lieferung (Besitzverschaffung** durch **Übergabe** der **Kaufsache** an den **Käufer)** und
- die **Eigentumsübertragung** an den Käufer [§ 433 I BGB].

---

1 **Übergabe:** Verschaffung des unmittelbaren Besitzes nach § 854 I oder II BGB.

2 Bei **„Zug-um-Zug-Geschäften“** (z B. Käufe im Ladengeschäft, bei denen Waren und Geld „Zug um Zug“ übergeben werden) fallen Vertragsabschluss und Erfüllung des Vertrags zeitlich zusammen.

Bei **Zielgeschäften** (Warenlieferung später oder Zahlung später) wird jedoch deutlich, dass hinter dem Kauf **zwei Rechtsgeschäfte** unterschiedlicher Art stehen, nämlich ein **Verpflichtungsgeschäft** und ein **Erfüllungsgeschäft.**

1.5.2.1.1 Lieferung der Kaufsache

(1) Leistungszeit und Leistungsort

Leistungszeit	Ist eine Zeit für die Leistung weder bestimmt noch aus den Umständen zu entnehmen, so kann der Käufer die vertragliche Leistung **sofort verlangen,** der Verkäufer sie **sofort bewirken** [§ 271 I BGB].
Leistungsort	■ Leistungsort ist der Ort, an dem die **Warenschuld** des Verkäufers bzw. die **Geldschuld** des Käufers **erfüllt** wird. ■ Leistungsort ist nach der gesetzlichen Regelung der **Wohn- bzw. Geschäftssitz** des **Warenschuldners (Verkäufer)** bzw. des **Geldschuldners (Käufer).** **Beispiel:** Hat der Verkäufer seine gewerbliche Niederlassung in Pforzheim und der Käufer seine Niederlassung in Biberach, so ist der gesetzliche Leistungsort für den Warenschuldner Pforzheim, der gesetzliche Leistungsort für den Geldschuldner Biberach.

(2) Bedeutung des Leistungsorts

■ **Für den Warenschuldner (Verkäufer)**

Warenschulden sind gesetzlich im **Zweifel Holschulden** [§ 269 BGB]. Wenn nichts anderes vereinbart ist, „reisen die Waren auf Gefahr und Kosten des Käufers".

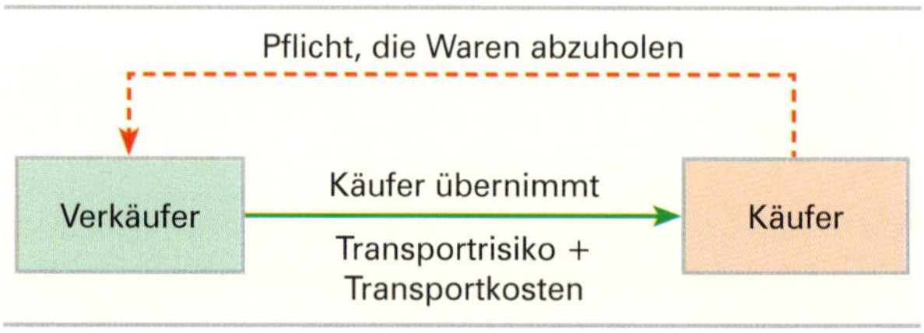

Der **Käufer** trägt somit beim gesetzlichen Leistungsort mit der **Übergabe** der **Kaufsache** das **Transportrisiko** (Gefahr des zufälligen Untergangs oder der zufälligen Verschlechterung der Ware auf dem Weg vom Verkäufer zum Käufer) und die **Transportkosten** [§ 446 S. 1 BGB].

Beachte:

Werden die Waren **mit dem unternehmenseigenen Fahrzeug transportiert,** dann befinden sich die Waren beim Transport noch in der Verfügungsgewalt des Verkäufers. Deswegen hat in diesem Fall der Verkäufer erst erfüllt, wenn die Waren dem Käufer übergeben worden sind.

■ **Für den Geldschuldner (Käufer)**

Geldschulden sind gesetzlich im Zweifel **Schickschulden.** Der Geldschuldner hat den geschuldeten Zahlungsbetrag auf **seine Gefahr** und **seine Kosten** dem Gläubiger zu übermitteln. [§ 270 I, II BGB].

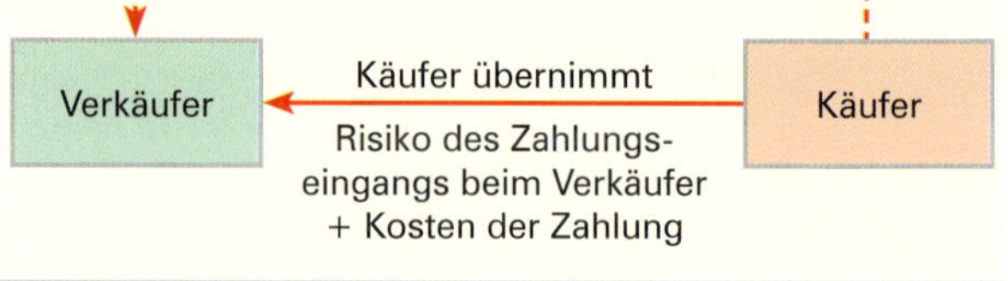

- **Für den Gerichtsstand**

Für Streitigkeiten aus einem Vertragsverhältnis ist das Gericht des Ortes zuständig, an dem die streitige Verpflichtung zu erfüllen ist [§ 29 I ZPO],[1] also der Leistungsort.

Der gesetzliche Leistungsort zieht den **gesetzlichen Gerichtsstand** nach sich.

Dies bedeutet, dass der **Käufer** den Verkäufer bei dem **Gericht** verklagen muss (z. B. auf Lieferung der Ware), das für den **Leistungsort des Verkäufers** zuständig ist. Will hingegen der **Verkäufer** den Käufer verklagen (z. B. auf Zahlung des Kaufpreises), so muss er die Klage bei dem **Gericht** einreichen, das für den **Leistungsort des Käufers** zuständig ist.

Beachte:

Zum **Käuferschutz** sind Vereinbarungen über den **Gerichtsstand** mit **Nichtkaufleuten** grundsätzlich **unzulässig.** Vertragliche Vereinbarungen über den Gerichtsstand sind daher nur unter **Kaufleuten** möglich.

1.5.2.1.2 Eigentumsübertragung an den Käufer

(1) Besitz und dessen Übertragung

Besitz ist die **tatsächliche Gewalt** über eine Sache [§ 854 BGB].

Der Besitz wird bei **beweglichen Sachen** durch **Übergabe,** bei **unbeweglichen Sachen** durch **Gebrauchsüberlassung** verschafft.

(2) Eigentum und dessen Übertragung

- **Begriff Eigentum**

Eigentum im Privatrecht (BGB) ist die **rechtliche Verfügungsgewalt** einer Person über Sachen [§ 903 BGB].

- **Eigentumsübertragung an beweglichen Sachen**

Ausgangssituation	Eigentumsübertragung durch	Beispiel
Ware ist beim Verkäufer (Eigentümer).	**Einigung** und **Übergabe** [§ 929, S. 1 BGB]	Emmy Reisacher, die Inhaberin des Kosmetikinstituts Beauty Moments, übergibt Frau Schnurr die gekaufte Bio-Gesichtscreme. Mit der Einigung und der Übergabe der Bio-Gesichtscreme ist Frau Schnurr Eigentümerin geworden.

1 **ZPO**: Zivilprozessordnung.

Ausgangssituation	Eigentumsübertragung durch	Beispiel
Ware ist bereits beim Käufer.	**Einigung,** dass das Eigentum auf den Käufer übergehen soll. [§ 929, S. 2 BGB]	Herr Schmidt hat sich von einem Fernsehfachgeschäft einen LCD-Fernseher ins Wohnzimmer stellen lassen, um diesen auszuprobieren. Nach 8 Tagen teilt er dem Händler mit, dass er das Gerät erwerben möchte. Stimmt der Händler zu, wird Herr Schmidt Eigentümer des Geräts. (Der Eigentumsübergang hat nichts damit zu tun, ob Herr Schmidt das Gerät bereits bezahlt hat oder nicht!)

- **Eigentumsübertragung an unbeweglichen Sachen**

Ausgangssituation	Eigentumsübertragung durch	Beispiel
Verkäufer verkauft ein Grundstück bzw. Gebäude.	**Einigung (Auflassung)** und **Eintragung des Eigentumsübergangs im Grundbuch** [§§ 925 I, 873 I BGB]	Die Einigung zwischen dem Eigentümer und dem Erwerber ist ein zweiseitiges Rechtsgeschäft mit dem Inhalt, dass das Eigentum vom bisherigen Eigentümer (Verkäufer) auf den Käufer übergehen soll. Da ein Grundstück nicht wie eine bewegliche Sache „übergeben" werden kann, tritt anstelle der körperlichen Übergabe die Eintragung ins Grundbuch. Jeder, der ein berechtigtes Interesse hat, kann daraus ersehen, wie die Eigentumsverhältnisse bei einem bestimmten Grundstück sind.

(3) Eigentumsvorbehalt[1]

- **Begriff Eigentumsvorbehalt**

Will der Käufer sofort in den Besitz der Kaufsache kommen, aber erst zu einem späteren Zeitpunkt bezahlen, so können Verkäufer und Käufer vereinbaren, dass der Verkäufer bis zur Zahlung des Kaufpreises Eigentümer der Kaufsache bleibt [§ 449 I BGB].

> Der **Eigentumsvorbehalt** ist eine zusätzliche Vereinbarung beim Abschluss eines Kaufvertrags, wonach der **Käufer** mit der Übergabe der Kaufsache zunächst nur **unmittelbarer Besitzer,** nicht aber Eigentümer werden soll.

Die Einigung über den Eigentumsübergang ist zwar erfolgt, der Käufer erwirbt jedoch durch die sogenannte **aufschiebend bedingte Einigung** [§§ 929, 158 I BGB] nur ein Recht auf Erlangung des vollständigen Eigentums an der Kaufsache. Die Vereinbarung des Eigentumsvorbehalts bedarf keiner bestimmten Form. Allerdings muss der Käufer in irgendeiner Art und Weise sein Einverständnis zum Ausdruck bringen.

1 Ein Eigentumsvorbehalt kann nur beim Kauf beweglicher Sachen und beim Werkvertrag, nicht jedoch beim Grundstückskauf [§ 925 II BGB], bei Forderungen und sonstigen Rechten vereinbart werden.

Zweck des Eigentumsvorbehalts

Der Eigentumsvorbehalt sichert den Anspruch des Verkäufers auf Zahlung des Kaufpreises durch den Käufer **(Mittel der Kreditsicherung).** Der Eigentumsvorbehalt gibt dem Verkäufer einen Rückforderungsanspruch (Herausgabeanspruch auf das „Vorbehaltseigentum"), wenn der Käufer nicht zahlt und der Verkäufer vom Kaufvertrag zurückgetreten ist [§§ 449 II, 323 BGB].[1]

Ende des Eigentumsvorbehalts

Der Eigentumsvorbehalt erlischt z. B., wenn die Ware

- vom Käufer bezahlt wird,
- verarbeitet oder umgebildet wird [§ 950 BGB],
- mit einem Grundstück als wesentlicher Bestandteil fest verbunden wird [§ 946 BGB],
- an einen gutgläubigen Dritten veräußert wird [§ 932 BGB],
- zerstört wird, oder wenn
- der Verkäufer nach §§ 449 II, 323 I BGB vom Kaufvertrag zurücktritt und die Kaufsache zurückverlangt.

1.5.2.2 Erfüllung des Kaufvertrags durch den Käufer

Die **Erfüllung des Kaufvertrags durch den Käufer umfasst**

- die **Abnahme des Kaufgegenstands** und
- die **Zahlung des Kaufpreises.**

(1) Abnahme[2] des Kaufgegenstands

Warenabnahme und Warenannahme

Vertragsgemäß gelieferte Waren muss der Käufer **abnehmen** (körperliche Entgegennahme, § 433 II BGB). Da immer die Möglichkeit besteht, dass die Ware beim Transport beschädigt wird, muss das Unternehmen die Sendung **im Beisein des Frachtführers**[3] auf der Grundlage des Lieferscheins prüfen, um nicht das Recht zur Reklamation zu verlieren.

Zu prüfen sind insbesondere:

- die Richtigkeit der Adresse und des Transportmittels,
- das Vorliegen einer entsprechenden Bestellung,
- die Verpackung auf äußerliche Beschädigungen,
- der Inhalt der Sendung (Stückzahl, Gewicht u. Ä.) mit den Zahlen auf den Warenbegleitpapieren (z. B. Lieferschein).

---

1 Voraussetzung für den Rücktritt des Verkäufers ist, dass der Käufer eine angemessene Frist zur Leistung setzt und diese Frist erfolglos abgelaufen ist.

2 Die Abnahme und Annahme des Kaufgegenstands ist rechtlich scharf zu trennen.
- Die **Abnahme** ist die tatsächliche Entgegennahme der Ware, wodurch der Käufer (unmittelbaren) Besitz erlangt.
- Die **Annahme** des Kaufgegenstands ist hingegen eine Willenserklärung und bedeutet die Erklärung der vertragsmäßigen Erfüllung des Kaufvertrags. Auf die Annahme der Leistung durch den Käufer hat der Verkäufer keinen Anspruch.

3 Der **Frachtführer** ist ein selbstständiger Kaufmann, der gewerbsmäßig die Beförderung von Gütern durchführt.

10 Hug u.a. - ISBN 978-3-8120-0578-4

Ulmer Büromöbel AG

Ulmer Büromöbel AG · Industriepark 5 · 89079 Ulm
Business-Expert GmbH
Herrn Derksen
Postfach 1836
47533 Kleve

Bei Rückfragen bitte stets angeben:

Kundennummer: 378 672
Ihre Zeichen: fd
Telefon: 02821 4897364-28

Name: Herr Pieper
Telefon: 0731 1234-56

Datum: 24.11.20..

Lieferschein Nr. 2401378

Aufgrund Ihrer Bestellung liefern wir Ihnen folgende Artikel:

Menge	Artikelnummer	Artikel
50	200203	e-desk, Buche massiv

Ulmer Büromöbel AG
Industriepark 5, 89079 Ulm
Registergericht Ulm HRB 84759
USt-ID Nr. DE 68 837 465
Vorstand: Kai Sörensen (Vorsitzender), Thomas Werner, Helene Sims
Vorsitzende des Aufsichtsrats: Sarah Kern

Bankverbindungen:
Commerzbank Ulm
IBAN: DE 92 6304 0053 0006 7523 04
Sparkasse Ulm
IBAN: DE 66 6305 0000 0000 6375 26

Warenprüfung

Da die Warenprüfung meistens während der Übergabe der Ware zeitlich nicht abgeschlossen werden kann, ist es angebracht, eine Empfangsbestätigung stets mit einem Vermerk zu versehen, der darauf hinweist, dass mit dieser Bestätigung nicht die vertragsgemäße (ordnungsgemäße) Lieferung bescheinigt wird (übliche Klausel z. B. „Vorbehaltlich der noch nicht abgeschlossenen Warenprüfung …"). Werden Mängel festgestellt, so muss der Käufer diese Mängel dem Verkäufer **unverzüglich**[1] anzeigen.

1 **Unverzüglich** bedeutet ohne schuldhaftes Zögern [§ 121 I, S. 1 BGB].

(2) Zahlung des Kaufpreises

Der Käufer ist nach § 433 II BGB verpflichtet, dem Verkäufer den vereinbarten Kaufpreis zu zahlen. Nach § 270 BGB übernimmt der Käufer im Zweifel die Gefahr und die Kosten der Geldübertragung. Die Zahlungsart ist in der Regel dem Käufer überlassen. Eine sorgfältige Kontrolle des Zahlungseingangs sichert dem Verkäufer die eigene Zahlungsfähigkeit.

Zusammenfassung

- **Abschluss des Kaufvertrags**
  - Der **Kaufvertrag** kommt durch mindestens **zwei inhaltlich übereinstimmende** und rechtzeitig aufeinanderfolgende empfangsbedürftige Willenserklärungen zustande.
  - Die erste Willenserklärung ist der **Antrag,** die auf den Antrag folgende zweite Willenserklärung die **Annahme.**
  - Durch den Abschluss eines Kaufvertrags ist zunächst ein gegenseitiges Schuldverhältnis entstanden, das zu gegenseitigen Leistungen verpflichtet, das sogenannte **Verpflichtungsgeschäft.**
- **Rechte und Pflichten aus dem Kaufvertrag**
  - Dem Verpflichtungsgeschäft muss das **Erfüllungsgeschäft** folgen, weil erst durch das Erfüllungsgeschäft die tatsächlichen Rechtsänderungen (z. B. Besitz- und Eigentumsübertragung), d. h. die Erfüllung, erfolgt.
  - Der **Verkäufer ist verpflichtet,** dem Käufer die verkaufte Sache in der richtigen Art und Weise, mängelfrei, rechtzeitig und am richtigen Ort zu übergeben und dem Käufer das Eigentum an dem Kaufgegenstand frei von Rechtsmängeln zu übertragen.
  - Der **Käufer ist verpflichtet,** den vereinbarten Kaufpreis zu zahlen und die ordnungsgemäß (mängelfrei) gelieferte Kaufsache abzunehmen.
  - Ist über die **Leistungszeit** nichts vereinbart und ist diese auch nicht aus den Umständen des Rechtsgeschäfts zu entnehmen, kann der Gläubiger die vereinbarte Leistung sofort verlangen, der Schuldner sie sofort bewirken.
- Der **Leistungsort** ist der Ort, an dem die geschuldete **Leistung zu erbringen** ist.
- Der Leistungsort hat folgende **Bedeutung:**

Am Leistungsort befreit sich der Schuldner von seiner Leistungspflicht	Der Leistungsort bestimmt den Gefahrenübergang (Ausnahme: Geldschulden)	Ab Leistungsort trägt der Gläubiger die Versendungskosten (Ausnahme: Geldschulden)	Der Leistungsort bestimmt den Gerichtsstand

- Unter **Besitz** versteht man die **tatsächliche Gewalt** über eine Sache. („Besitz hat man".)
- Unter **Eigentum** versteht man das Recht, über eine Sache (oder eine Forderung) im Rahmen der gesetzlichen Vorschriften frei verfügen zu können. („Eigentum gehört einem".)

- Wichtige **Möglichkeiten des Eigentumserwerbs** sind
  - an **beweglichen Sachen**:

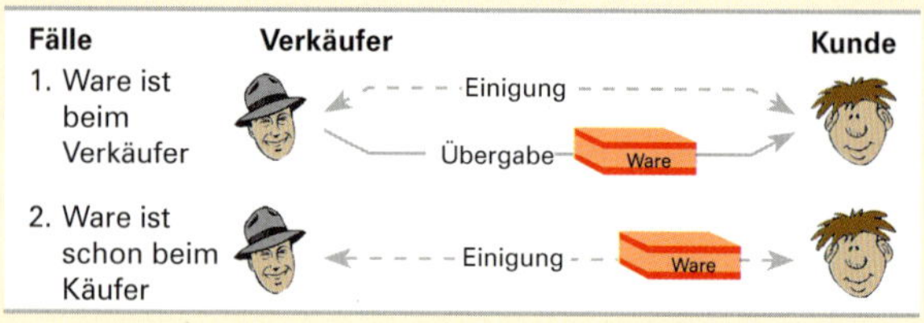

  - an **unbeweglichen Sachen**: Einigung (Auflassung) und Eintragung im Grundbuch.
- Beim **Eigentumsvorbehalt** vereinbaren Verkäufer und Käufer, dass der **Käufer** mit der Übergabe der Kaufsache zunächst nur **unmittelbarer Besitzer** und **nicht Eigentümer** werden soll.
  - Mit der vollständigen Zahlung des Kaufpreises geht das Eigentum ohne weitere Willenserklärungen (automatisch) auf den Käufer über.
  - Der Eigentumsvorbehalt muss vereinbart werden. Eine einseitige Erklärung des Verkäufers, nur unter Eigentumsvorbehalt zu liefern, reicht nicht.

Kompetenztraining

30 Kaufvertrag

1. Erläutern Sie, unter welchen Bedingungen ein Kaufvertrag bereits mit dem Auftrag zustande kommt!
2. Erklären Sie den Unterschied zwischen Verpflichtungsgeschäft und Erfüllungsgeschäft!
3. Erläutern Sie die Bedeutung des gesetzlichen Leistungsorts für den Warenschuldner!
4. Stellen Sie die Abweichungen beim gesetzlichen Leistungsort zwischen Waren- und Geldschulden dar!
5. Die Ulmer Büromöbel AG bestellt aufgrund eines freibleibenden Angebots Eichenholz bei dem Sägewerk Wattenbach GmbH.

   Aufgaben:

   5.1 Erläutern Sie, wie der Kaufvertrag zwischen den beiden Unternehmen zustande kommt!

   5.2 Notieren Sie die Pflichten, die die Ulmer Büromöbel AG aus diesem Kaufvertrag hat!

   5.3 Begründen Sie, wo sich der gesetzliche Leistungsort für die Holzlieferung befindet!
6. Die Maschinenfabrik Friedrichshafen AG liefert Bohrmaschinen an die Sigmaringer Handelsmarkt GmbH zu folgenden Geschäftsbedingungen:

   a) Wiederverkäuferrabatt 20 %; b) Lieferung ab Werk; c) Zahlungsbedingungen: 30 Tage netto Kasse, innerhalb 8 Tagen 2 % Skonto; d) Erfüllungsort: gesetzliche Regelung; e) Gerichtsstand: für beide Teile Friedrichshafen.

   Aufgaben:

   6.1 Erläutern Sie kurz den Inhalt der Geschäftsbedingungen!

   6.2 Stellen Sie dar, worin sich die Geschäftsbedingungen b) und e) von den jeweiligen gesetzlichen Bestimmungen unterscheiden!

6.3 Die Sigmaringer Handelsmarkt GmbH bestellt am 15. Februar aufgrund des Katalogs 10 Schlagbohrmaschinen. Erläutern Sie, wie in diesem Fall ein Kaufvertrag zustande kommt!

7. Betrachten Sie die nachstehende Skizze! Begründen Sie, in welchen Fällen (7.1, 7.2) der Käufer den Kaufpreis für die auf dem Transport durch den Unfall vernichtete oder beschädigte Ware zahlen muss! Stellen Sie dar, ob der Verkäufer nochmals liefern muss!

Aufgaben:

7.1 Über den Leistungsort wurden keine Vereinbarungen getroffen.

7.2 Der vereinbarte Leistungsort ist Münster.

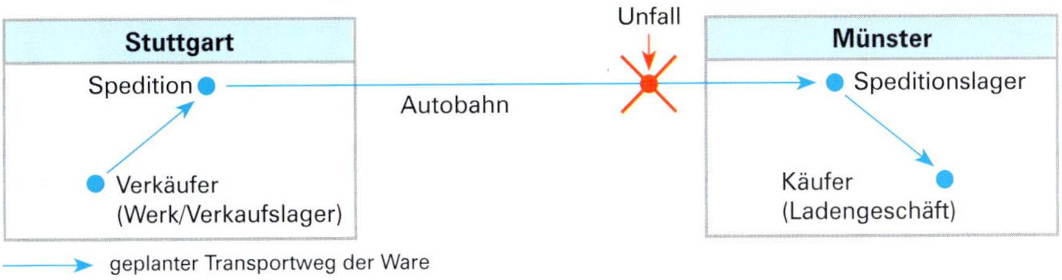

7.3 Stellen Sie die Rechtslage dar, wenn der Käufer die Ware abholt und der Unfall auf der Wegstrecke zwischen dem Werk des Verkäufers und dem Ladengeschäft des Verkäufers passieren würde!

8. Kontrollieren Sie mithilfe des Kontoauszugs und der Ausgangsrechnung, ob die Hans Schäfer GmbH ihre Zahlungsverpflichtung ordnungsgemäß erfüllt hat! Überlegen Sie, ob eine eventuelle Nachforderung sinnvoll wäre!

SIK - KAD 8/98 S

Bitte beachten Sie die Hinweise auf der Rückseite

IBAN		BIC
DE35 7605 0101 0004 0506 09	STADTSPARKASSE NÜRNBERG	SSKNDE77XXX

Buchungstag	Tag der Wertstellung	Verwendungszweck/Buchungstext		alter Kontostand + 18 500,00
02.07.	02.07.	Baumarkt Hans Schäfer GmbH Rechnung 482/20 – 3 % Skonto	1597	+ 6 503,48

Großhandlung
Heinz Stocker KG
Glaserstr. 40
90427 Nürnberg

+ 25 003,48
neuer Kontostand

Kontoauszug vom	Auszug	Blatt
03.07.20..	76	1

50/00

GROSSHANDLUNG
HEINZ STOCKER KG

Heinz Stocker KG, Glaserstr. 40, 90427 Nürnberg
Baumarkt
Hans Schäfer GmbH
Dürerstr. 14–18
75173 Pforzheim

Kunden-Nr.: 24021
Rechnungs-Nr.: 89226-20
Rechnungsdatum: 01.06.20..

Unser Zeichen:
Name:
Tel. +49(0)911 3067505
Fax: 49(0)911 30603007
Mobil: 0171 6567770

Datum: 25.06.20..

Rechnung-Nr. 486/20

Sehr geehrter Herr Huchler,

aufgrund unserer Lieferung stellen wir Ihnen folgende Artikel in Rechnung:

Pos.	Artikel	Beschreibung	Menge	Einheit	Einzelpreis in EUR	Rabatt	Warenwert in EUR
1	221249	Taschenlampe	2500	Stück	2,24	15	4760,00
2		Sonderprägung „50 Jahre Baumarkt Hans Schäfer GmbH“	2500	Stück	0,35	–	875,00

Warenwert in EUR	Verpackung, Fracht in EUR	Entgelt, netto inEUR	MwSt. %	MwSt. in EUR	Gesamtbetrag in EUR
5635,00	0,00	5635,00	19	1070,65	6705,65

Zahlungsbedingungen: 3 % Skonto bis 02.07.20.., 14 Tage netto

Vielen Dank für Ihren Auftrag.

Heinz Stocker KG
Verkauf

1.5.3 Nichtigkeit und Anfechtbarkeit von Rechtsgeschäften

KB 2 **Lernsituation 5: Rechtliche Grundlagen zu Nichtigkeit und Anfechtbarkeit erarbeiten und beurteilen**

Auf Anfrage eines Kunden wurde diesem ein Angebot gemacht. Seine einige Tage später erteilte Bestellung wich jedoch in einigen Einzelheiten vom Angebot ab. Wiederholt kam es vor, dass diese Unterschiede nicht entdeckt wurden. Der Auftrag wurde widerspruchslos angenommen, aber zu den Angaben des Angebotes durchgeführt. Die böse Überraschung kam dann nach der Auslieferung.

KOMPETENZORIENTIERTE ARBEITSAUFTRÄGE:

Arbeiten Sie zunächst die folgenden Kapitel des Schulbuches durch und verwenden Sie die Aufzeichnungen aus dem Unterricht zur Bearbeitung der Arbeitsaufträge!

1. Erstellen Sie eine Mindmap zur Nichtigkeit und Anfechtbarkeit von Rechtsgeschäften!
2. Prüfen Sie, ob eine Anfechtung des Kaufvertrags möglich ist!
3. Begründen Sie, durch welche Maßnahme innerhalb des Prozesses die eingangs beschriebene Schwachstelle bei der Ulmer Büromöbel AG in Zukunft vermieden werden kann!

1.5.3.1 Nichtigkeit von Rechtsgeschäften

Rechtsgeschäfte, die nach dem **Gesetz ungültig** sind, gelten als **von Anfang an nichtig** (ungültig).

Die Rechtsordnung verweigert Rechtsgeschäften, die nach dem Gesetz ungültig sind, jede Rechtsfolge. Sie möchte damit von derartigen Rechtsgeschäften abschrecken. Die Vertragspartner sollen von vornherein wissen, dass sie die Erfüllung nichtiger Rechtsgeschäfte gerichtlich nicht erzwingen können.

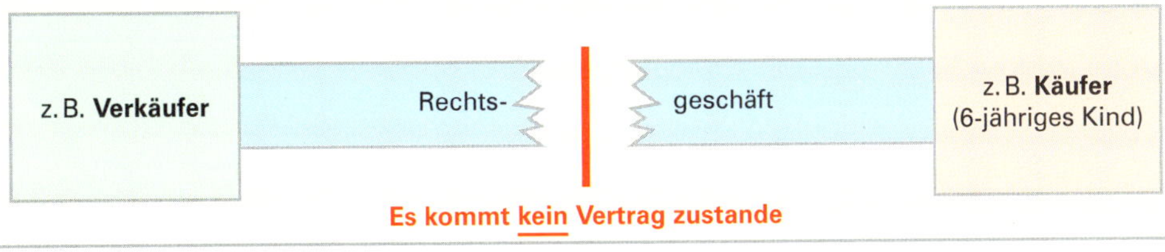

Die folgenden **Mängel** führen dazu, dass Verträge von Anfang an nichtig sind:

Arten der Mängel	Erläuterung
Mangel in der Geschäftsfähigkeit	■ Rechtsgeschäfte mit Geschäftsunfähigen [§ 105 I BGB]; ■ Rechtsgeschäfte mit **beschränkt Geschäftsfähigen,** sofern die **Zustimmung vom gesetzlichen Vertreter verweigert wird,** die Ausnahmeregelung des § 110 BGB (Taschengeldparagraf) nicht vorliegt und das Rechtsgeschäft dem beschränkt Geschäftsfähigen nicht ausschließlich rechtliche Vorteile bringt [§ 107 BGB].
Mangel im rechtsgeschäftlichen Willen	■ Zum Schein abgegebene Willenserklärungen **(„Scheingeschäfte"),** die ein anderes Rechtsgeschäft verdecken sollen [§ 117 BGB], z. B. Grundstückskaufvertrag über 230 000,00 EUR, wobei mündlich ein Kaufpreis von 280 000,00 EUR vereinbart wird, um Grunderwerbsteuer zu sparen;[1] ■ Offensichtlich nicht ernst gemeinte Willenserklärungen **(„Scherzgeschäfte")** [§ 118 BGB], z. B. das Angebot eines Witzbolds, seine Fahrkarte zum Mond für 5 000,00 EUR verkaufen zu wollen; ■ Rechtsgeschäfte, die im **Zustand der Bewusstlosigkeit** oder **vorübergehender Störung der Geistestätigkeit** abgeschlossen werden [§ 105 II BGB], (z. B. ein Betrunkener verkauft sein Auto).
Mangel im Inhalt des Rechtsgeschäfts	■ Rechtsgeschäfte, die ihrem **Inhalt nach gegen ein gesetzliches Verbot verstoßen** [§ 134 BGB], z. B. Rauschgift- und Waffengeschäfte. ■ Rechtsgeschäfte, die ihrem **Inhalt nach gegen die guten Sitten verstoßen** [§ 138 I BGB], insbesondere Wuchergeschäfte. Ein Wuchergeschäft liegt vor, wenn die Zwangslage (z. B. Notlage), die Unerfahrenheit, ein mangelndes Urteilsvermögen oder eine erhebliche Willensschwäche (z. B. der Leichtsinn) eines anderen vorsätzlich ausgenutzt wird **(subjektiver Tatbestand)** und ein auffälliges Missverhältnis zwischen der Leistung und Gegenleistung besteht **(objektiver Tatbestand)** [§ 138 II BGB].
Mangel in der Form	Rechtsgeschäfte, die gegen die **gesetzlichen Formvorschriften verstoßen** (z. B. ein mündlich abgeschlossener **Verbraucherdarlehensvertrag**), sind grundsätzlich nichtig [§§ 125, S. 1; 492 BGB].

1.5.3.2 Anfechtbarkeit von Rechtsgeschäften

> **Anfechtbare Rechtsgeschäfte** sind **bis zu der erklärten Anfechtung** voll **rechtswirksam** (gültig). **Nach einer rechtswirksamen Anfechtung** wird das Rechtsgeschäft jedoch **von Anfang an nichtig (ungültig)** [§ 142 I BGB].

1 Das Scheingeschäft (Kaufvertrag über 230 000,00 EUR) ist nichtig. Das gewollte Geschäft wäre gültig, wenn die Formerfordernisse gewahrt worden wären. Da in diesem Beispiel aber nur eine mündliche Absprache vorliegt, ist das gewollte Geschäft wegen Formmangels ebenfalls nichtig. Der Mangel wird aber durch eine nachfolgende Übereignung durch Einigung (Auflassung) und Grundbucheintragung [§§ 873 I; 925 BGB] des Grundstücks geheilt, sodass der Käufer 280 000,00 EUR zu zahlen hat [§ 311 b I, S. 2 BGB].

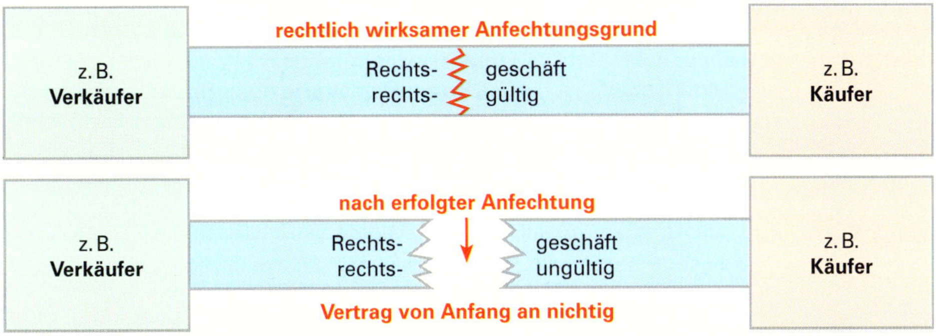

(1) Anfechtung wegen Irrtums

Eine Anfechtung wegen Irrtums ist nur bei folgenden gesetzlich geregelten Fällen möglich [§§ 119, 120 BGB]:

Formen des Irrtums	Beispiele
Irrtum in der Erklärungshandlung Hier verspricht oder verschreibt sich der Erklärende.	Der Verkäufer eines Autos will dieses für 12 000,00 EUR anbieten, schreibt in seinem Angebot jedoch nur 10 000,00 EUR.
Irrtum über den Erklärungsinhalt In diesem Fall hat sich der Erklärende über den Inhalt seiner Willenserklärung geirrt.	Herr Segmüller besucht in Köln die Messe „Inter Karneval". Beim Besuch einer Gaststätte liest er auf der Speisekarte „halver Hahn". Erfreut bestellt er in Erwartung eines halben Hähnchens.[1]
Irrtum bei der Übermittlung einer Willenserklärung	Ein Vertreter übermittelt ein Angebot falsch. Statt des richtigen Angebotspreises von 500,00 EUR enthält das Fax nur einen Preis von 50,00 EUR, weil sich die Sekretärin des Vertreters vertippt hat.
Irrtum über verkehrswesentliche Eigenschaften einer Person oder einer Sache	Eine Bank stellt einen Kassierer ein, über den sie nachträglich erfährt, dass dieser bereits Unterschlagungen bei seinem früheren Arbeitgeber begangen hat.

In den genannten Fällen muss die Anfechtung unverzüglich[2] nach Entdeckung des Anfechtungsgrunds erfolgen [§ 121 I, S. 1 BGB]. Der Anfechtende (der Irrende) ist höchstens zum Ersatz des Schadens verpflichtet, den der andere dadurch erlitten hat, dass er auf die Gültigkeit der Erklärung vertraute **(Vertrauensschaden)** [§ 122 I BGB].[3]

1 Ein halver Hahn ist in Köln ein Roggenbrötchen.

2 **Unverzüglich** bedeutet ohne schuldhaftes Zögern [§ 121 I, S. 1 BGB].

3 Wenn die Erfüllung des Kaufvertrags bereits erfolgt ist (Übergabe und Übereignung der Kaufsache, Zahlung des Kaufpreises [§§ 929f. BGB]), sind Verkäufer und Käufer verpflichtet, das Geld bzw. die Ware wegen ungerechtfertigter Bereicherung wieder herauszugeben [§ 812 BGB].

Beachte:

Nicht anfechtbar sind:

Rechtsgeschäfte, die aufgrund eines rechtsunerheblichen Irrtums im Beweggrund **(Motivirrtum)** abgeschlossen worden sind (ausgenommen bei verkehrswesentlichen Eigenschaften von Personen und Sachen [§ 119 II BGB]).

Beispiel:

Ein Anleger kauft eine Aktie in der Erwartung, dass deren Kurs steigt. Sinkt der Kurs, kann er den Kaufvertrag nicht rechtswirksam anfechten.

(2) Anfechtung wegen arglistiger Täuschung

Eine **arglistige Täuschung** liegt beim **Vorspiegeln falscher** oder bei der **Unterdrückung wahrer Tatsachen** vor.

Beispiele:

- Ein Verkäufer verkauft einen Unfallwagen, verschweigt dem Käufer jedoch den Unfall, da dieser den Wagen bei Kenntnis des Unfalls nicht gekauft hätte. Der Käufer kann den Kaufvertrag nach § 123 I BGB wegen arglistiger Täuschung durch den Verkäufer anfechten.
- Ein Werbekaufmann wird aufgrund gefälschter Zeugnisse als Werbeleiter angestellt. Das Unternehmen kann den Anstellungsvertrag nach Kenntnis der Täuschung anfechten.
- Ein Kunde erhält unter Vorlage unwahrer Bauunterlagen einen Bankkredit. Die Bank kann den Kreditvertrag anfechten.

Die Anfechtung wegen arglistiger Täuschung muss **innerhalb eines Jahres nach Entdeckung der Täuschung** erfolgen [§ 124 I, II, S. 1, 1. HS BGB].

(3) Anfechtung wegen widerrechtlicher Drohung

Damit eine widerrechtliche Drohung vorliegt, müssen folgende Tatbestandsmerkmale vorliegen: Dem Erklärungsempfänger wird, falls er sich weigert, ein „Übel" (z.B. eine Körperverletzung) angedroht. Die Drohung muss widerrechtlich sein und der Drohende muss sich außerdem bewusst sein, dass seine Drohung den Willensentschluss des Bedrohten herbeiführt oder mitbestimmt hat. Die Anfechtung wegen widerrechtlicher Drohung muss **innerhalb eines Jahres vom Wegfall der Zwangslage** gerechnet, angefochten werden [§ 124 I, II, S. 1, 2. HS BGB].

Beispiele:

- Ein Räuber droht Ihnen: „Geld her oder das Leben!"
- Ein Gläubiger droht: „Bezahlung der Schulden oder das Leben"; oder er droht „sanft": „Wenn Sie nicht zahlen, erzähle ich Ihrer Frau, dass ich Sie am letzten Sonntag mit Ihrer Sekretärin gesehen habe."

Beachte:

Eine **Widerrechtlichkeit** liegt **nicht** vor, wenn der Erklärende ein Recht auf eine Erklärung des anderen hat und er ihn hierzu mit angemessenen Mitteln zwingt.

Beispiel:

Der Gläubiger droht dem säumigen Schuldner damit, ihn – falls er nicht leistet – „zu verklagen" oder „den Kaufvertrag durch Rücktritt aufzulösen".

Zusammenfassung

- **Nichtige Rechtsgeschäfte** sind von Anfang an nichtig (ungültig). Sie kommen erst gar nicht zustande. Das BGB versagt ihnen jede Rechtswirkung (Rechtsfolge).
- **Anfechtbare Rechtsgeschäfte** sind bis zur Anfechtung voll rechtswirksam (gültig).
- Nach einer rechtswirksamen (gesetzlich zugelassenen und fristgemäßen) **Anfechtung** werden die anfechtbaren **Rechtsgeschäfte rückwirkend, d.h. von Anfang an, nichtig.**

Gründe für eine Anfechtung

- Rechtserheblicher Irrtum
  - Irrtum in der Erklärungshandlung (Erklärungsirrtum)
  - Irrtum über die Erklärungsbedeutung (Inhaltsirrtum)
  - Irrtum bei der Übermittlung einer Willenserklärung
  - Irrtum über verkehrswesentliche Eigenschaften einer Person oder Sache
- Arglistige Täuschung
- Widerrechtliche Drohung

- Rechtsgeschäfte (Willenserklärungen), die einen der nachfolgenden Mängel aufweisen, sind von Anfang an nichtig.

- Mangel in der Geschäftsfähigkeit
  - Willenserklärungen von **Geschäftsunfähigen** und beschränkt Geschäftsfähigen bei **fehlender Zustimmung des gesetzlichen Vertreters**
- Mangel im rechtsgeschäftlichen Willen
  - **Scheingeschäfte**
  - **Scherzgeschäfte** (offensichtlich nicht ernst gemeinte Willenserklärungen)
  - Im **Zustand der Bewusstlosigkeit** oder **vorübergehender Störung der Geistestätigkeit** abgegebene Willenserklärungen
- Mangel im Inhalt des Rechtsgeschäfts
  - Rechtsgeschäfte, die gegen ein **gesetzliches Verbot** verstoßen
  - **Sittenwidrige Rechtsgeschäfte,** insbesondere Wuchergeschäfte
- Mangel in der Form
  - Rechtsgeschäfte, die **nicht in der gesetzlich vorgeschriebenen** oder **in der im Rechtsgeschäft vereinbarten Form** abgeschlossen wurden

Kompetenztraining

31 Nichtigkeit und Anfechtbarkeit

1. Erklären Sie, worin sich Nichtigkeit und Anfechtbarkeit von Verträgen unterscheiden, insbesondere hinsichtlich der Rechtsfolgen!
2. Erklären Sie, welchen Zweck das BGB mit der Nichtigkeit bestimmter Verträge verfolgt!
3. Erklären Sie den Unterschied zwischen Scheingeschäft und Scherzgeschäft!
4. Erklären Sie, unter welchen Voraussetzungen ein sittenwidriger Vertrag vorliegt!
5. Bilden Sie vier verschiedenartige „Irrtumsfälle", die eine Anfechtung des Irrenden zulassen!
6. Begründen Sie, warum bei einem Motivirrtum grundsätzlich keine Anfechtung möglich ist, in bestimmten Fällen das BGB jedoch dem Irrenden eine Anfechtung wegen eines Motivirrtums nicht verweigert!
7. Erklären Sie die Tatbestände einer „arglistigen Täuschung" und „widerrechtlichen Drohung"!
8. Entscheiden Sie in folgenden Rechtsfällen und begründen Sie Ihre Lösung mit den §§ des Gesetzes:

   8.1 Der Landkreis Freiburg nimmt das preisgünstige Angebot der Mannheimer Baugesellschaft mbH über 18,2 Mio. EUR zum Bau eines neuen Berufschulzentrums an. Nach Abschluss des Werkvertrages stellt die Mannheimer Baugesellschaft mbH fest, dass sie sich bei der Abgabe ihres Kostenvoranschlags (Angebots) geirrt hat. Die voraussichtliche Entwicklung der Einkaufspreise für die benötigten Baumaterialien (Zement, Ziegel, Kies, Baustahl usw.) wurde falsch eingeschätzt. Durch die angezogene Baukonjunktur sind die Preise der Baumaterialien stärker als erwartet gestiegen. Ein kostendeckendes Angebot müsste 20 Mio. EUR betragen. Die Mannheimer Baugesellschaft mbH ficht deshalb ihr Angebot über 18,2 Mio. EUR wegen Irrtums in der Erklärungshandlung nach § 119 I BGB an.

   8.2 Der Mannheimer Baugesellschaft mbH ist bei der Addition der Angebotssumme ein Fehler unterlaufen und deshalb beträgt der Angebotspreis nicht 20 Mio. EUR, sondern nur 18,2 Mio. EUR.

   8.3 Herr Huber möchte seinem Nachbarn, Herrn Schreiner, schriftlich einen gebrauchten Pkw für 8 500,00 EUR zum Verkauf anbieten, vertippt sich jedoch und schreibt statt 8 500,00 EUR nur 6 500,00 EUR. Schreiner nimmt das Angebot an. Der Wagen wird am folgenden Tag übergeben.

   Als Schreiner kurz darauf bezahlen will, klärt sich alles auf.

   8.4 Herr Huber bekommt seinen Pkw nicht los. Unter der Drohung, er werde ihn wegen Fahrens ohne Führerschein anzeigen, zwingt Huber seinen Freund Wolf zur Unterschrift des Vertrags. Der Wagen wird übergeben und sofort bezahlt.

9. Im Vertragsrecht unterscheidet man zwischen Nichtigkeit und Anfechtbarkeit. Entscheiden Sie, in welchem Fall Nichtigkeit vorliegt!

   9.1 Verstoß gegen gesetzliche Formvorschriften,

   9.2 Fehlen einer zugesicherten Eigenschaft,

   9.3 Irrtum in der Erklärungshandlung,

   9.4 arglistige Täuschung,

   9.5 widerrechtliche Drohung.

1.6 Verbraucherschutzrechte beim Fernabsatzvertrag beschreiben

1.6.1 Besonderheiten beim Abschluss eines Fernabsatzvertrags

(1) Merkmale des Fernabsatzvertrags

Fernabsatzverträge sind

- Verträge über die **Lieferung von Waren** oder über die **Erbringung von Dienstleistungen,** die
- zwischen einem **Unternehmer** und einem **Verbraucher**
- unter **ausschließlicher Verwendung** von **„Fernkommunikationsmitteln"**
- im Rahmen eines für den Fernabsatz organisierten **Vertriebs- oder Dienstleistungssystems** abgeschlossen werden [§ 312c I BGB].

Fernkommunikationsmittel sind z.B. Briefe, Kataloge, Telefonanrufe, Telefaxe, Internet-Homepages, SMS-Nachrichten, E-Mails [§ 312c II BGB].[1] Der Fernabsatzvertrag knüpft allein an die **Art und Weise seines Abschlusses** und nicht an einem bestimmten Vertragsinhalt an. Damit gelten die Vorschriften des BGB zu Fernabsatzverträgen für althergebrachte Absatzwege wie den Katalogverkauf ebenso wie für das Telefonshopping und den Vertrieb über das Internet (E-Commerce).

Beispiel:

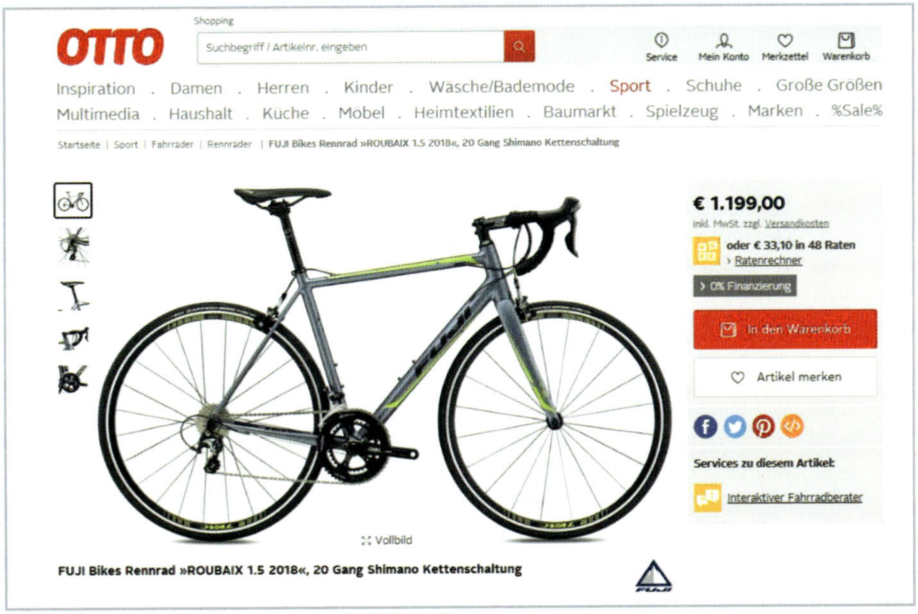

Quelle: www.otto.de/p/fuji-bikes-rennrad-roubaix-1-5-2018-20-gang-shimano-kettenschaltung-640986049/?variationId=638373174#variationId=638373174 [06.02.2018].

1 Zwischen Unternehmer und Verbraucher dürfen z.B. folgende Bereiche nicht in der Form eines Fernabsatzvertrags abgeschlossen werden: Vermittlung von Versicherungen, Immobiliengeschäfte, Fernunterricht, Lieferung von Lebensmitteln, Getränken und sonstigen Haushaltsgegenständen des täglichen Bedarfs. Vgl. § 312 II bis VI BGB.

Beachte:

Entscheidend für das Vorliegen eines Fernabsatzvertrages ist das Schlüsselwort **„ausschließlich"**.

- Wenn ein Vertragsabschluss zwar über Fernkommunikationsmittel, etwa per Telefon, angebahnt, dann aber infolge eines persönlichen Vertreterbesuchs beim Kunden abgeschlossen wird, kann dies nicht mehr als „ausschließlich" bezeichnet werden und es gelten nicht die Vorschriften über Fernabsatzverträge.
- Die Vorschriften zu Fernabsatzverträgen gelten auch dann nicht, wenn der Vertragsabschluss nicht im Rahmen eines speziell für den Fernabsatz organisierten Vertriebs- oder Dienstleistungssystems erfolgt. Wird also nur ausnahmsweise oder gelegentlich eine Bestellung per Telefon angenommen und dann per Postversand abgewickelt, dann liegt ebenfalls kein Fernabsatzvertrag vor.

Ob ein Fernabsatzvertrag vorliegt, hängt daher von den **Bedingungen des einzelnen Falls** ab.

(2) Informationspflichten des Unternehmers

Setzt ein Unternehmen Fernkommunikationsmittel zur Anbahnung oder zum Abschluss von Fernabsatzverträgen ein, dann muss es den Verbraucher rechtzeitig vor Abschluss eines Fernabsatzvertrags in einer dem eingesetzten Fernkommunikationsmittel entsprechenden Weise klar und verständlich aufklären über:

- die **Einzelheiten des Vertrags,** z. B. über die Identität und Anschrift des Unternehmens, wesentliche Merkmale der Ware oder Dienstleistung, den Gesamtpreis der Ware oder Dienstleistung einschließlich Liefer- und Versandkosten, Zahlungbedingungen, das Bestehen eines Widerrufsrechts,
- den **geschäftlichen Zweck des Vertrags** [§ 312a I BGB i. V. m. Art. 246 EGBGB].

Diese strenge Informationspflicht gilt nur für **entgeltliche Verträge** [§ 312 I BGB].

Beispiel einer Widerrufsbelehrung bei Fernabsatzverträgen:

Widerrufsbelehrung

Widerrufsrecht[1]

Sie haben das Recht, binnen vierzehn Tagen ohne Angabe von Gründen diesen Vertrag zu widerrufen. Die Widerrufsfrist beträgt vierzehn Tage ab dem Tag, an dem Sie oder ein von Ihnen benannter Dritter die Waren in Besitz genommen haben bzw. hat.

Um Ihr Widerrufsrecht auszuüben, müssen Sie uns (Mustermann GmbH, Musterstraße 1, 12345 Musterstadt, Tel.: 0123 12345; Fax: 0123 12345, E-Mail-Adresse: max@mustermann.de) mittels einer eindeutigen Erklärung (z. B. Brief, Telefax oder E-Mail) über Ihren Entschluss informieren, diesen Vertrag zu widerrufen. Nutzen Sie unser Muster-Widerrufsformular auf www.mustermannsshop.de, so werden wir Ihnen unverzüglich per E-Mail eine Bestätigung über den Eingang Ihres Widerrufs übermitteln.

Zur Wahrung der Widerrufsfrist reicht es aus, dass Sie die Mitteilung über die Ausübung des Widerrufsrechts vor Ablauf der Widerrufsfrist absenden.

1 Vgl. http://www.haendlerbund.de/hinweisblaetter/finish/1-hinweisblaetter/127-widerrufsbelehrung-2014-ein-beispiel [12.06.2015]; vgl. auch Anlage 1 zu Art. 246a, § 1 II, S. 2 EGBGB.

Folgen des Widerrufs

Wenn Sie diesen Vertrag widerrufen, haben wir Ihnen alle Zahlungen, die wir von Ihnen erhalten haben, einschließlich der Lieferkosten der Standardlieferung, spätestens binnen vierzehn Tagen ab dem Tag zurückzuzahlen, an dem die Mitteilung über Ihren Widerruf dieses Vertrags bei uns eingegangen ist. Für diese Rückzahlung verwenden wir dasselbe Zahlungsmittel, das Sie eingesetzt haben, es sei denn, mit Ihnen wurde ausdrücklich etwas anderes vereinbart. In keinem Fall werden Ihnen wegen dieser Rückzahlung Entgelte berechnet.

Wir können die Rückzahlung verweigern, bis wir die Waren wieder zurückerhalten haben oder bis Sie den Nachweis erbracht haben, dass Sie die Waren zurückgesandt haben. Sie müssen die Waren unverzüglich und in jedem Fall spätestens binnen vierzehn Tagen ab dem Tag, an dem Sie uns über den Widerruf dieses Vertrags unterrichten, an uns zurücksenden oder übergeben. Die Frist ist gewahrt, wenn Sie die Waren vor Ablauf der Frist von vierzehn Tagen absenden.

Sie tragen die unmittelbaren Kosten der Rücksendung der Waren.

Für einen etwaigen Wertverlust der Waren müssen Sie nur aufkommen, wenn dieser Wertverlust auf einen zur Prüfung der Beschaffenheit, Eigenschaften und Funktionsweise der Waren nicht notwendigen Umgang zurückzuführen ist.

1.6.2 Widerrufsrecht

Dem Verbraucher steht ein **14-tägiges Widerrufsrecht** zu [§ 312g i.V.m. § 355 II BGB]. Die Widerrufsfrist **beginnt mit dem Erhalt der Ware**. Den **Widerruf muss der Verbraucher** gegenüber dem Unternehmer **ausführlich erklären**. Aus Gründen der Beweissicherheit sollte grundsätzlich per E-Mail, Fax oder auf dem Postweg und nicht am Telefon widerrufen werden. In der Praxis genügt es für einen wirksamen Widerruf, der Rücksendung ein Widerrufsschreiben oder -formular beizulegen.[1]

(1) Rückabwicklung nach Widerruf

Bei Widerruf muss der Kaufvertrag binnen **14 Tagen rückabgewickelt** werden [§ 357 BGB].

Das bedeutet, dass der **Käufer** die Ware **innerhalb von 14 Tagen zurücksenden** und der **Unternehmer** den **Kaufpreis in der gleichen Zeit zurückerstatten** muss. Allerdings darf der Händler die Rückerstattung des Kaufpreises so lange verweigern, bis er die **Ware zurückerhalten** hat oder der Verbraucher **nachweist,** dass er die **Ware abgesandt** hat [§ 357 IV BGB].

(2) Hin- und Rücksendekosten

Bis zur Höhe einer günstigen **Standardsendung** muss der **Unternehmer** dem Verbraucher die **Hinsendungskosten** bei einem Widerruf **erstatten** [§ 357 II BGB].

Für die **Rücksendung** trägt **grundsätzlich der Verbraucher die Kosten,** vorausgesetzt, der Unternehmer hat ihn hierüber vorab **unterrichtet.** Für den Unternehmer besteht auch die Möglichkeit, die Kosten der Rücksendung freiwillig zu übernehmen [§ 357 VI BGB].

1 Für die Erklärung des Widerrufs durch den Verbraucher gibt es ein EU-einheitliches Formular (siehe Anlage 2 zu Art. 246a Nr. 1 EGBGB). Der Unternehmer muss dem Verbraucher das Muster-Formular zur Verfügung stellen und ihn informieren. Der Verbraucher kann, muss es aber nicht nutzen.

Beachte:

- **Kein Widerrufsrecht** besteht bei bestimmten Fernabsatzverträgen, z. B. bei schnell verderblichen Waren, Sonderanfertigungen, Audio-/Videoaufzeichnungen und Software (sofern die gelieferten Datenträger vom Verbraucher entsiegelt wurden), Lieferung von Zeitungen, Zeitschriften und Illustrierten [§ 312g II BGB].
- Von den **verbraucherschützenden Rechtsvorschriften** zu den Fernabsatzverträgen darf grundsätzlich **nicht zum Nachteil des Verbrauchers** oder Kunden abgewichen werden.

Die besonderen Gewährleistungsrechte werden auf S. 170 dargestellt.

Zusammenfassung

- **Fernabsatzverträge** werden unter ausschließlicher Verwendung von Fernkommunikationsmitteln (z. B. Briefe, Faxe, E-Mails) zwischen einem Unternehmen und einem Verbraucher geschlossen.
  - Neben den üblichen Einzelheiten (Beschreibung der Leistung, Lieferungs- und Zahlungsbedingungen) sind die Anschrift des Unternehmers und eine Widerrufsbelehrung **zwingende Bestandteile** des Fernabsatzvertrags.
  - Der Verbraucher hat ein gesetzliches **Widerrufsrecht** innerhalb von 14 Tagen. Er muss jedoch in der Regel die Kosten der Rücksendung tragen.

Kompetenztraining

32 Fernabsatzverträge

1. 1.1 Erläutern Sie unter Angabe des Gesetzesparagrafen den Begriff des Fernabsatzvertrages!

   1.2 Nennen Sie zwei Pflichten, die der Unternehmer gegenüber dem Verbraucher beim Abschluss von Fernabsatzverträgen beachten muss!

   1.3 Prüfen Sie die Rechtsfolgen, die sich für den Verbraucher ergeben, wenn er einen abgeschlossenen Fernabsatzvertrag fristgerecht widerruft!

   1.4 Nennen Sie zwei Vorteile und zwei Nachteile aus Sicht des Kunden, die der Einkauf über das Internet mit sich bringt!

   1.5 Nennen Sie zwei Vorteile und zwei Nachteile, die dem Verkäufer aus dem Angebot seiner Produkte und Dienstleistungen im Internet entstehen können!

2. Prüfen Sie, in welchen Fällen die Vorschriften des BGB über Fernabsatzverträge Anwendung finden:

   2.1 Unternehmen kaufen Waren von anderen Unternehmen im Internet (B2B; business to business).

   2.2 Ein Verbraucher schließt im Internet mit einer Versicherungsgesellschaft einen Kfz-Versicherungsvertrag für seinen neuen Pkw ab.

   2.3 Klara Müller ruft bei ihrem Bäcker an und bestellt zur Lieferung frei Haus täglich 10 Brötchen. Da Frau Müller in der Nachbarschaft wohnt, ist der Bäcker ausnahmsweise dazu bereit.

2.4 Sie bestellen telefonisch bei einem Pizza-Service drei Pizzen zur Lieferung frei Haus.

2.5 Sie bestellen durch Fax beim Versandhaus Schön GmbH einen Bademantel nach den Katalogbedingungen.

2.6 Sie bestellen im Anschluss an eine Fernsehwerbung das dort angebotene Fahrrad durch Anruf bei der in der Sendung angegebenen Rufnummer.

3. Sie haben als Verbraucher am 15.03. d.J. bei dem Onlinehändler Computer-Versand GmbH nach deren Katalog ein Notebook zum Preis von 418,00 EUR bestellt. Die Lieferung erfolgt nach vier Werktagen. Nachdem Sie das Notebook am Empfangstag gestartet haben, um dessen Qualität zu prüfen, entschließen Sie sich, dieses unter Berufung auf das BGB wieder zurückzugeben. Am nächsten Tag senden Sie das Notebook per Post an den Versender zurück.

   Nach einer Woche erhalten Sie von der Computer-Versand GmbH einen Brief mit der Aufforderung, den Kaufpreis von 418,00 EUR und die bisher entstandenen Versandkosten in Höhe von 14,00 EUR innerhalb von 7 Tagen zu überweisen, da Ihre Rücksendung der Ware nicht berechtigt gewesen sei.

   Aufgaben:

   3.1 Prüfen Sie, ob Sie das Notebook abnehmen und die entstandenen Kosten zahlen müssen!

   3.2 Untersuchen Sie, ob sich die rechtliche Situation ändert, wenn Sie anstelle des Notebooks ein versiegeltes Softwareprogramm bei der Computer-Versand GmbH bestellt, getestet und zurückgegeben hätten!

4. Ein Versandunternehmen schreibt auf seinen Katalog mit dicken Lettern: „Bei uns haben Sie 30 Tage Rückgabe- bzw. Rücktrittsrecht".

   Aufgabe:

   4.1 Erklären Sie, warum das Rücktritts- bzw. Rückgaberecht bei Katalogbestellungen wichtig ist!

   4.2 Erläutern Sie, inwiefern das Versandunternehmen dem Verbraucher entgegen kommt!

11 Hug u.a. - ISBN 978-3-8120-0578-4

2 Kaufvertragsstörungen erklären, die Rechte und Pflichten der Vertragsparteien untersuchen und dabei die unterschiedlichen Interessenlagen beachten

KB 2 Lernsituation 6: Eine Mängelrüge bearbeiten

Frau Sigg, Leiterin des Verkaufs bei der Ulmer Büromöbel AG, hat die Vertriebszahlen der letzten beiden Quartale mithilfe einer Tabellenkalkulation analysiert und zur Teamsitzung der Abteilungsleiter mitgebracht.

	A	B	C	D	E	F	G
1	**Prozesskennziffern Vertrieb**						
2							
3		**Quartal I**			**Quartal II**		
4		**EUR**	**%**	**%**	**EUR**	**%**	**%**
5	Forderungen, in Rechnung gestellt	2.578.830,00 €	100		2.638.927,00 €	100	
6	**- Gutschriften, Retouren**	**48.783,00 €**	**1,89**		**41.869,00 €**	**1,59**	
7	= tatsächliche Forderungen	2.530.047,00 €	98,11	100,00	2.597.058,00 €	98,41	100
8	- Einnahmen hieraus	2.496.783,00 €		98,69	2.564.893,00 €		98,76
9	**= Nicht bezahlte Forderungen**	**33.264,00 €**		**1,31**	**32.165,00 €**		**1,24**
10							

Frau Sigg wendet sich an Herrn Sutter, den Leiter der Produktion:

„Jetzt schauen Sie sich mal diese Zahlen an! Unsere Kalkulation können wir doch glatt vergessen. Im 2. Quartal haben wir 2 638 927,00 EUR fakturiert. 41 869,00 EUR mussten wir wieder zurückbuchen, weil wir wegen Qualitätsmängeln Nachlässe geben mussten. Oder noch schlimmer, Produkte kamen zurück und wir mussten die entsprechende Forderung wieder gutschreiben – was machen wir jetzt mit den Möbeln?

Und was Sie hier überhaupt nicht sehen: Es vergeht kein Monat, in welchem ich nicht bei irgendeinem Kunden „Gut Wetter" machen muss, weil wir mit der Auslieferung in Verzug sind. Den Schaden sieht keiner in einer Tabelle – die Kunden kommen einfach nicht wieder.

Ich möchte aber, dass die Kunden wieder kommen – und nicht unsere Büromöbel!"

Kompetenzorientierte Arbeitsaufträge:

UB Ulmer Büromöbel AG

1. Beschreiben Sie den Ausschnitt aus der Tabellenkalkulation, den Frau Sigg mit in die Teamsitzung gebracht hat!
2. Erläutern Sie, was Frau Sigg mit „Ich möchte aber, dass die Kunden wiederkommen – und nicht unsere Büromöbel!" meint!
3. Arbeiten Sie die folgenden Kapitel des Schulbuches durch und verwenden Sie die Aufzeichnungen aus dem Unterricht zur Bearbeitung der kompetenzorientierten Arbeitsaufträge.

Die Ulmer Büromöbel AG liefert am 17. 04. 20..
- 10 Computertische, Artikelnummer M10302, Gesamtpreis netto 1 540,00 EUR
- 5 Aktenschränke, Artikelnummer M20503, Gesamtpreis netto 990,00 EUR

an die Bergmann Bürowelt GmbH in 58093 Hagen, Preußerstr. 65.

Drei Tage später trifft eine Mängelrüge der Bergmann Bürowelt GmbH ein:
- Bei drei Computertischen haben die Auszugsplatten einen tiefen Riss.
- Die Lackfarbe der fünf Aktenschränke wirft an mehreren Stellen große Luftblasen.

3.1 Notieren Sie, welche Pflichten die Bergmann Bürowelt GmbH hat, um die Gewährleistungsrechte in Anspruch nehmen zu können!

3.2 Nennen Sie jeweils die Mängelart, um die es sich in den beiden Fällen handelt!

3.3 Erläutern Sie, welche Gewährleistungsansprüche die Bergmann Bürowelt GmbH gegenüber der Ulmer Büromöbel AG jeweils fordern wird!

3.4 Frau Klinger, Sachbearbeiterin in der Auftragsabteilung der Ulmer Büromöbel AG, wird beauftragt, die Mängelrüge der Bergmann Bürowelt GmbH zu bearbeiten.
Verfassen Sie für Frau Klinger ein Schreiben, in dem Sie formgerecht auf die Mängelrüge der Bergmann Bürowelt GmbH reagieren! Gehen Sie dabei davon aus, dass die Bergmann Büromöbel GmbH Anspruch auf ihre Gewährleistungsrechte hat und eine langjährige Geschäftsbeziehung zur Ulmer Büromöbel AG unterhält.

3.5 Nennen Sie die Voraussetzungen, die gegeben sein müssen, damit die Bergmann Bürowelt GmbH das Recht „Rücktritt vom Kaufvertrag" verlangen kann!

Nicht alle Kaufverträge werden den getroffenen Vereinbarungen entsprechend erfüllt. Es kommt zu **Leistungsstörungen.**

Zu einer **Leistungsstörung** kommt es, wenn der Schuldner die geschuldete Leistung nicht, nicht rechtzeitig oder nicht in der geschuldeten Weise erbringt.

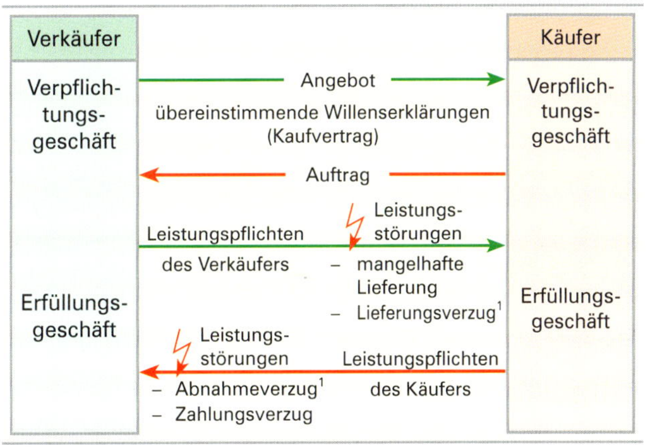

2.1 Beschwerden richtig managen

2.1.1 Begriff, Ziele und Aufgaben des Beschwerdemanagements[2]

(1) Begriff

Beschwerdemanagement umfasst die Planung, Durchführung und Kontrolle aller Maßnahmen, die ein Unternehmen im Zusammenhang mit Kundenbeschwerden ergreift.

1 Der **Abnahmeverzug** wird im Folgenden aufgrund des Bildungsplans nicht behandelt. Zum **Lieferungsverzug** (Nicht-Rechtzeitig-Lieferung) siehe Kompetenzbereich 3, Kapitel 8, S. 295ff.

2 Vgl. http://wirtschaftslexikon.gabler.de/Archiv/2659/beschwerdemanagement-v12.html; 28.01.2020.

(2) Ziele und Aufgaben

Die wichtigsten Ziele des Beschwerdemanagements liegen darin, **Abwanderungen** unzufriedener Kunden zu **verhindern** und betriebliche **Schwachstellen aufzudecken.** Ferner lassen sich die Fehlerkosten (z. B. Kosten für Nachbesserungen) reduzieren und damit der Gewinn steigern.

Das Beschwerdemanagement hat somit eine kundenbeziehungsrelevante und eine qualitätsrelevante Komponente.

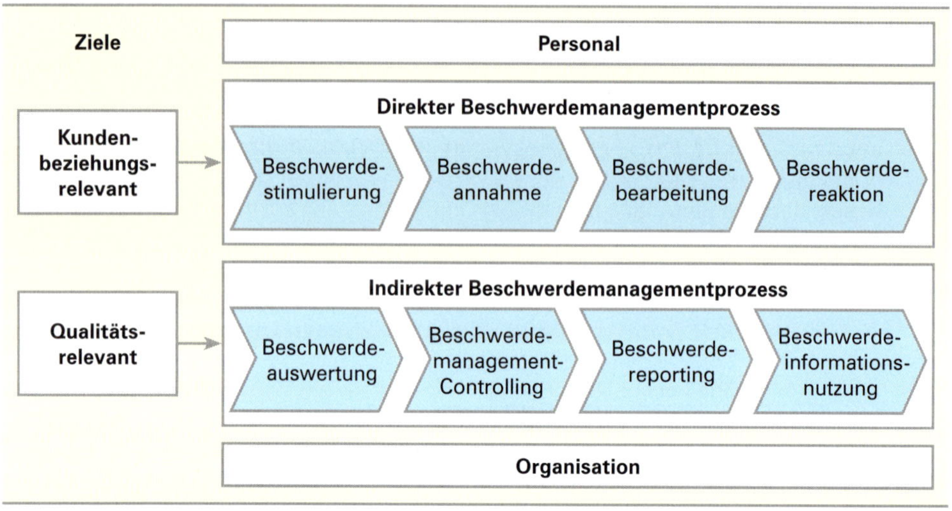

Im **kundenbeziehungsrelevanten Teilprozess** ist es zunächst wichtig, die Kunden durch leicht nutzbare Beschwerdekanäle zu bewegen, ihre Probleme mitzuteilen. Im Rahmen der schnellen Bearbeitung ist zu klären, welche einzelfallspezifische Lösung (z. B. ein Preisnachlass) angeboten werden kann.

Damit sich ähnliche Beschwerden nicht laufend wiederholen, ist im **qualitätsrelevanten Teilprozess** dafür zu sorgen, dass Verbesserungsmöglichkeiten umgesetzt werden.

2.1.2 Handlungsempfehlungen nach DIN ISO 10002

Die DIN ISO 10002 „Qualitätsmanagement – Kundenzufriedenheit – Leitfaden für die Behandlung von Reklamationen in Organisationen" liefert folgende Handlungsempfehlungen:[1]

1. **Signalisieren Sie Bereitschaft,** Kritik aufzunehmen und Lösungen zu finden.
2. **Machen Sie Ihr Beschwerdemanagement zugänglich,** indem Sie Kontaktpersonen benennen und sie z. B. bereits auf Ihrer Website nennen. Dort können Sie auch den Ablauf der Beschwerdebearbeitung beschreiben, den die Kunden erwarten können.
3. **Reagieren Sie zügig** auf eingehende Beschwerden. Dafür muss z. B. geklärt werden, wer für die Entgegennahme der Beschwerde, für die Kommunikation mit dem reklamierenden Kunden, die Bearbeitung, die Lösungsfindung und für die Dokumentation der Beschwerde zuständig ist.

1 Vgl. https://www.certqua.de/qm-blog/beschwerden-richtig-managen-empfehlungen-der-din-iso-10002/ [28.01.2020].

4. **Bleiben Sie objektiv.** Der Mitarbeiter sollte jede Beschwerde unvoreingenommen prüfen und bearbeiten.
5. **Behandeln Sie Beschwerden vertraulich.** D.h., dass Informationen über die Beschwerde nur insoweit weitergegeben werden sollten, wie sie für die Bearbeitung nötig sind.
6. **Zeigen Sie eine positive, kundenfreundliche Einstellung.** Dies umfasst immer eine Lösung für den Sachverhalt, über den sich der Kunde beschwert hat.
7. **Verbessern Sie Ihr Beschwerdemanagement ständig.** Um dies zu ermöglichen, sollten sich alle zuständigen Mitarbeiter über die Weiterentwicklung des Beschwerdeprozesses austauschen können.

2.2 Mangelhafte Lieferung (Schlechtleistung)

2.2.1 Begriff mangelhafte Lieferung

Eine mangelhafte Lieferung liegt vor, wenn

- eine im Kaufvertrag vereinbarte Sache (Leistung) vom Verkäufer an den Käufer **übergeben und übereignet** und
- diese Sache **mit Mängeln behaftet** ist.

Dies stellt eine Pflichtverletzung im Sinne des § 280 I BGB dar.

2.2.2 Mängelarten

(1) Erkennbarkeit der Mängel

Mängelarten	Erläuterungen	Beispiele
Offene Mängel	Sind Mängel, die bei gewissenhafter Prüfung der Kaufsache **sofort** entdeckbar sind.	Brot ist schimmlig, Spiegel hat einen Sprung.
Versteckte Mängel	Diese Mängel sind bei der Übergabe der Waren trotz gewissenhafter Prüfung zunächst **nicht** entdeckbar. Sie werden erst später, z.B. während ihres Gebrauchs oder ihrer Verarbeitung, erkennbar.	Regenmantel ist nicht wasserdicht, Konserven sind verdorben.
Arglistig[1] verschwiegene Mängel	Es sind versteckte Mängel, die der Verkäufer dem Käufer **absichtlich** verschweigt.	Beim Pkw-Verkauf wird ein Unfall verschwiegen.

1 **Arglistig** handelt, wer wahre Tatsachen unterdrückt (der Verkäufer kennt z.B. den erheblichen Mangel der Kaufsache bereits bei Übergabe der Kaufsache an den Käufer) oder falsche Tatsachen „vorspiegelt" (der Verkäufer erklärt z.B. wahrheitswidrig, dass das verkaufte Auto für 100 km Fahrstrecke auch bei Höchstgeschwindigkeit höchstens 6,0 Liter Treibstoff verbraucht).

(2) Sachmängel

Mängel	Beispiele
Mangel in der **Beschaffenheit**	▪ Im Kaufvertrag ist vereinbart, dass die maximale Leistung der Stanzmaschine 1 200 Teile je Maschinenstunde betragen soll. Die tatsächliche Leistung beträgt jedoch nur 1 080 Stück je Maschinenstunde. ▪ Das E-Bike hat eine defekte Steuerungselektronik und liefert daher am Berg nicht die erforderliche Unterstützung. ▪ Die Abstände der Regalbretter eines Ordnerschrankes sind kleiner als die Höhe eines DIN-A4-Ordners.
Mangel durch **falsche Werbeversprechungen** bzw. **falsche Produktbeschreibung**	Der Energieverbrauch eines Schleifautomaten wird als besonders niedrig beschrieben, obwohl er nur geringfügig unter dem durchschnittlichen Energieverbrauch von vergleichbaren Schleifautomaten liegt.
Fehlerhafte Montageanleitungen bzw. Montagemangel[1]	Kevin Huber kauft eine Küche und übernimmt die Aufstellung der Küche selbst. Aufgrund einer falschen Montageanleitung misslingt der Einbau der Dunstabzugshaube.
Falschlieferung (Aliud) oder **Minderlieferung**	▪ Geliefert wurden Gurken in Dosen statt Bohnen in Dosen. ▪ Geliefert wurden 20 Stück statt 200 Stück.

2.2.3 Fristen für die Mängelrüge

Beim **zweiseitigen Handelskauf** muss der **offene Mangel** dem Verkäufer unverzüglich nach der Entdeckung bei der Wareneingangskontrolle angezeigt werden. **Versteckte Mängel** müssen unverzüglich nach ihrer Entdeckung, spätestens aber innerhalb der Frist für Sachmängelhaftung von 2 Jahren angezeigt werden.

	offene Mängel	versteckte Mängel
Zweiseitiger Handelskauf	unverzüglich [§ 377 I HGB]	unverzüglich, nach Entdeckung, spätestens innerhalb von 2 Jahren

Beachte:

Versäumt ein Unternehmen einen Mangel termingerecht zu rügen, **verliert es alle Rechte** aus der mangelhaften Lieferung **gegenüber dem Lieferer** [§ 377 II HGB].

1 Man spricht hier auch von der **IKEA-Klausel,** da in der Vergangenheit insbesondere einige IKEA-Montageanleitungen schwer verständlich waren.

2.2.4 Rechte des Käufers (Gewährleistungsrechte)

(1) Überblick

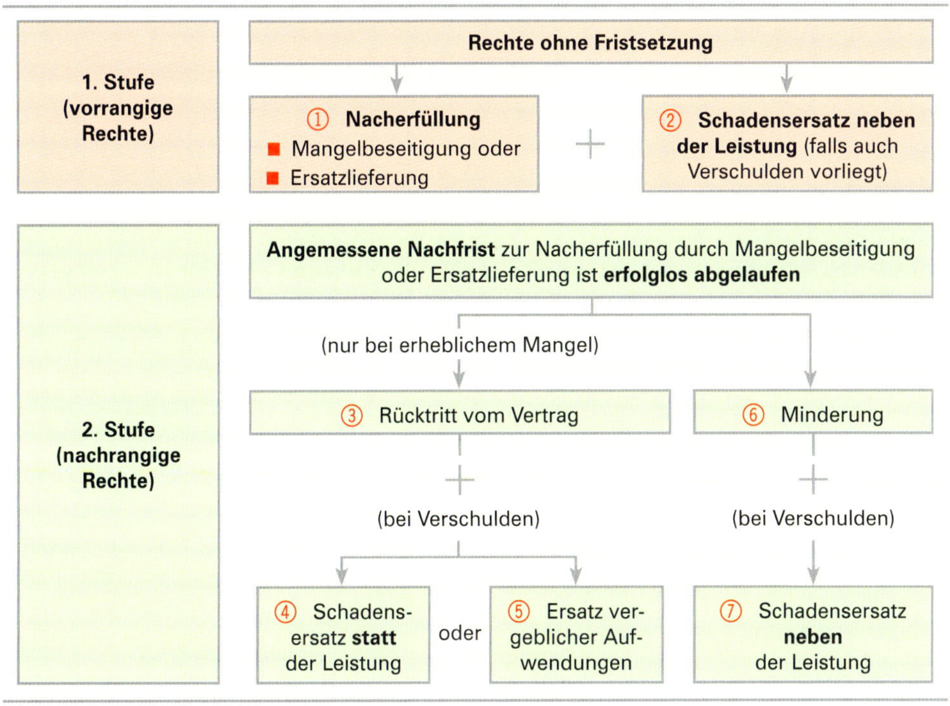

(2) Rechte ohne Fristsetzung

① **Nacherfüllung** [§ 439 BGB]

Der Käufer kann, **unabhängig vom Verschulden** des Verkäufers, auf **Nacherfüllung** bestehen. Dabei kann der **Käufer** nach **seiner Wahl**

- die **Beseitigung des Mangels** oder
- die **Lieferung einer mangelfreien Sache (Ersatzlieferung)**

verlangen. Er hat hierfür dem Verkäufer eine **angemessene**[1] **Zeit** einzuräumen. Die Kosten der Nacherfüllung hat der Verkäufer zu tragen. Der **Verkäufer** kann allerdings die Leistung **verweigern,** wenn die vom Käufer gewählte Art der Nacherfüllung für ihn nur mit **unverhältnismäßigen Kosten** verbunden ist. Eine Nacherfüllung ist nur bei **Gattungswaren (Gattungskauf),** nicht aber bei **Speziessachen (Stückkauf)** möglich.[2]

---

1 **Angemessen** besagt, dass die Frist so lange sein muss, dass der Schuldner die Leistung tatsächlich noch erbringen kann. Allerdings muss sie dem Schuldner nicht ermöglichen, mit der Leistungserbringung erst zu beginnen. Der Schuldner soll nur die Gelegenheit bekommen, die bereits in Angriff genommene Leistung zu beenden.

2 Zu den Begriffen siehe S. 127.

Eine Nacherfüllung gilt als fehlgeschlagen, wenn der **zweite Nachbesserungsversuch erfolglos** war [§ 440, S. 2 BGB]. Die **Fristsetzung** zur Nacherfüllung ist **entbehrlich bei** ernsthafter und endgültiger **Leistungsverweigerung** durch den Schuldner [§ 281 II BGB].

Beispiel:

Kimmerle kauft eine Armbanduhr für 60,00 EUR. Nach einer Woche stellt sich heraus, dass das Glas innen mit Feuchtigkeit beschlägt. Kimmerle verlangt die Reparatur. Der Verkäufer weigert sich und bietet als Alternative eine neue Uhr des gleichen Typs an.

② **Schadensersatz neben der Leistung** [§ 280 I BGB]

Neben dem Recht auf Nacherfüllung hat der Käufer **zusätzlich** noch einen **Anspruch auf Schadensersatz neben der Leistung.** Dabei gilt: Der **Verkäufer (Schuldner)** muss gegenüber dem **Käufer** beweisen, dass er die Pflichtverletzung nicht zu vertreten hat.

Schadensersatz neben der Leistung wird der Käufer verlangen, wenn er den **Kaufgegenstand behält** und einen zusätzlich angefallenen **Schaden ersetzt haben will.**

Beispiel:

Die Ulmer Büromöbel AG kauft eine Lackiereinrichtung. Bei der Inbetriebnahme wird übersehen, dass die Absaugvorrichtung der neuen Anlage defekt ist. Die Anlage wird zwar unverzüglich repariert, dennoch kann sie erst drei Tage später in Betrieb genommen werden. Dadurch entsteht ein Gewinnausfall von 1400,00 EUR. Dieser Betrag kann als Schadensersatz neben der Leistung geltend gemacht werden.

Beachte:

Für **alle Formen des Schadensersatzes** gilt: Der Anspruch hängt davon ab, ob ein **Verschulden vorliegt,** der Verkäufer (Gläubiger) den Mangel also zu vertreten hat.

Ein **Verschulden („Vertretenmüssen")** setzt voraus:

- **Pflichtverletzung**: Sie kann darin bestehen, dass der Schuldner **überhaupt nicht leistet** (z. B. weil die Leistung unmöglich geworden ist),[1] zu **spät leistet**[2] oder **schlecht leistet**.

+

- **Schuldhaftes Verhalten** (Vorsatz oder Fahrlässigkeit)
  - **Vorsätzlich** handelt, wer einen bestimmten Erfolg willentlich herbeiführt und sich dabei der Rechtswidrigkeit bewusst ist. Anders ausgedrückt: Wer vorsätzlich handelt, der **will** die Rechtsverletzung.
  - **Fahrlässig** handelt, wer die im Verkehr erforderliche Sorgfalt außer Acht lässt [§ 276 II BGB]. Da das Gesetz an dieser Stelle den Begriff „Fahrlässigkeit" nicht näher bestimmt, ist **jede** (!) Fahrlässigkeit gemeint – sowohl grobe als auch leichte.

1 In diesem Fall ist der Anspruch auf Leistungserfüllung ausgeschlossen [§ 275 I BGB]. Auf die Unmöglichkeit der Leistung wird im Folgenden nicht eingegangen.

2 Die Sache wird vom Verkäufer zu spät geliefert (Lieferungsverzug, siehe S. 295ff.) oder der fällige Zahlungsbetrag wird vom Käufer zu spät entrichtet (Zahlungsverzug, siehe S. 177f.).

(3) Rechte nach Ablauf einer angemessenen Frist zur Mangelbeseitigung (erfolglose Nacherfüllung)

③ Rückritt vom Kaufvertrag [§§ 323–326 BGB]

- Durch den **Rücktritt vom Vertrag** wird der **Kaufvertrag rückgängig gemacht.**[1] Bereits gelieferte Ware ist zurückzuschicken, ein bereits gezahlter Kaufpreis ist zu erstatten.
- Das Rücktrittsrecht ist **nicht von einem Verschulden des Verkäufers** abhängig.

Beim Rücktritt muss der Käufer die erhaltene **Leistung zurückgeben** und den **Nutzen** aus der Leistung **ersetzen.**

Beispiel:

Ein Käufer, der einen mangelhaften Pkw erhalten und genutzt hat, muss zum einen den Pkw zurückgeben und zum anderen sich vom Verkäufer ein Nutzungsentgelt anrechnen lassen.

Der Rücktritt des Käufers ist **ausgeschlossen,** wenn der **Mangel unerheblich** ist.

Beispiel:

Befindet sich an einem neuen Pkw ein kleiner Kratzer unter der Motorhaube, ist kein Rücktritt möglich, weil die Schlechtleistung unerheblich ist.

Einen Rücktritt vom Kaufvertrag wird der Käufer z. B. dann verlangen, wenn

- er den Lieferer nicht für leistungsfähig hält,
- der Preis für die Ware in der Zwischenzeit gefallen ist,
- er die Ware nicht mehr benötigt.

④ Schadensersatz statt der Leistung [§ 325; § 280 I, II; § 281 BGB]

Liegt ein Verschulden des Verkäufers vor, dann kann der Käufer **zusätzlich** zum Rücktritt Ersatz des ihm entstandenen Schadens verlangen.

Damit ist aber der Anspruch auf Erfüllung der Leistung ausgeschlossen.

Einen Schadensersatz statt der Leistung wählt der Käufer, wenn er den gelieferten **Kaufgegenstand zurückgibt** und ihm ein **Schaden entstanden** ist. Abgedeckt wird sowohl der **eigentliche Mangelschaden** als auch ein sich anschließender eventueller **Mangelfolgeschaden.**

Beispiel:

Eine Bäckerei kauft für ihre Kaffeeecke eine neue Espressomaschine. Diese ist jedoch fehlerhaft und erzeugt nicht den erforderlichen Druck. Nachdem die Nacherfüllung zweimal fehlgeschlagen ist und der Hersteller die Schuldvermutung nicht widerlegen kann, tritt der Bäcker vom Vertrag zurück und erwirbt bei einem anderen Verkäufer eine gleichartige Maschine **(Deckungskauf).** Dabei entstehen Mehrkosten in Höhe von 180,00 EUR. Außerdem kann eine Woche lang kein Kaffee ausgeschenkt werden. Der dadurch entgangene Gewinn beträgt 250,00 EUR. Die gesamte Schadenssumme in Höhe von 430,00 EUR kann als Schadensersatz statt der Leistung geltend gemacht werden.

1 Als Folge des Rücktritts wird der ursprüngliche Kaufvertrag in ein neues Schuldverhältnis, ein sogenanntes **Rückabwicklungsschuldverhältnis** umgewandelt.

⑤ **Ersatz vergeblicher Aufwendungen** [§ 284 BGB]

Anstelle des Schadensersatzes statt der Leistung kann der Käufer auch Ersatz vergeblicher Aufwendungen verlangen. Vergebliche Aufwendungen sind solche, die im Vertrauen auf eine ordnungsgemäße Leistung erbracht wurden, die aber aufgrund der mangelhaften Leistung unnütz geworden sind.

⑥ **Minderung** [§ 441 BGB]

- **Minderung** bedeutet, dass der ursprüngliche Kaufpreis um die Wertminderung, die der Mangel verursacht hat, gekürzt wird.
- Der **Kaufvertrag bleibt bestehen.**

Minderung wird in der Regel verlangt, wenn die Ware nur kleinere Mängel aufweist, sodass der Käufer die Ware weiterverwenden (z.B. verarbeiten oder weiterveräußern) kann.

Das Recht auf Minderung gilt auch für **unerhebliche Mängel.**

Beispiel:

Eine Musikanlage, die von einem Medienhaus für 300,00 EUR gekauft wurde, leistet nicht wie vertraglich vorgesehen 500 Watt, sondern nur 400 Watt. Da es nicht innerhalb einer gesetzten Frist zur Nacherfüllung durch den Lieferer kommt, verlangt das Medienhaus Minderung. Eine Musikanlage mit einer Leistung von 400 Watt könnte es für 200,00 EUR erwerben. Dem Medienhaus steht ein Minderungsanspruch in Höhe von 100,00 EUR zu.

⑦ **Schadensersatz neben der Leistung**

Liegt ein Verschulden des Verkäufers vor, dann kann der Käufer neben der Minderung auch noch Schadensersatz neben der Leistung verlangen.

Sonderregelungen zu den Gewährleistungsrechten beim Verbrauchsgüterkauf

- **Gefahrübergang**

  Beim Verbrauchsgüterkauf tritt der Gefahrübergang erst ein, wenn der Verbraucher die Kaufsache erhalten hat [§ 474 II, S. 2 BGB].

- **Beweislastumkehr**

  Beim Auftreten eines Sachmangels in den ersten sechs Monaten nach Gefahrübergang wird zugunsten des Verbrauchers gesetzlich vermutet, dass der Mangel bereits beim Gefahrübergang der Kaufsache vorhanden war.

  Beispiel:

  Bei einem im Juli erworbenen Dachfenster tritt im Oktober bei Regen Wasser ein. Es zeigt sich, dass sich Dichtungen im Rahmen großflächig ablösen. Hier spricht die Vermutung für eine von Anfang an fehlerhafte Qualität der Dichtungen bzw. ihrer Verklebung.

  Bestreitet der Verkäufer, dass der Mangel bereits beim Gefahrübergang bestand, dann muss er dies dem Verbraucher beweisen. Die Beweislastumkehr kann durch „Allgemeine Geschäftsbedingungen" nicht ausgeschlossen werden.

- **Abweichende vertragliche Regelungen**

  Abweichende Regelungen zum Nachteil des Verbrauchers sind unwirksam [§ 475 I, II BGB].

2.2.5 Verjährungsfristen[1] von Mängelansprüchen

Der Käufer muss seine Gewährleistungsansprüche innerhalb bestimmter Fristen geltend machen. Werden diese Fristen vom Käufer nicht beachtet, kann er seine Rechte, die sich aus der mangelhaften Lieferung ergeben, nicht mehr gerichtlich durchsetzen.

Verjährungsgegenstand	Verjährungsfrist	Beginn der Verjährung
Ansprüche auf Nacherfüllung, Schadensersatz, Ersatz vergeblicher Aufwendungen bei **offenen** und **versteckten Mängeln.**	2 Jahre (Regelfall)	Unmittelbar mit Lieferung der beweglichen Sache.
Mängelansprüche, bei denen der Verkäufer einen **Mangel arglistig verschwiegen** hat.	3 Jahre (regelmäßige Verjährungsfrist)	Mit Schluss des Jahres, in dem der Anspruch entstanden ist und der Gläubiger davon und vom konkreten Schuldner Kenntnis erlangt oder grob fahrlässig nicht erlangt hat.

Zusammenfassung

- Das **Beschwerdemanagement** soll Abwanderungen von Kunden verhindern und betriebliche Schwachstellen aufdecken.
- Eine **mangelhafte Lieferung** liegt vor, wenn die im Kaufvertrag vereinbarte Lieferung zum **Zeitpunkt** der **Übergabe** mit einem **Mangel** behaftet ist.
- Wir unterscheiden folgende **Sachmängel:**

Mängel in der **Beschaffenheit**	Mängel durch **falsche Werbeversprechungen/ Produktbeschreibung**	Mängel in der **Montage bzw. Montageanleitung**	**Falschlieferung** oder **Minderlieferung**

- Bei der Lieferung mangelhafter Sachen hat der Käufer folgende **Gewährleistungsrechte ohne Fristsetzung:**
  - Nacherfüllung durch Mangelbeseitigung oder Ersatzlieferung,
  - Schadensersatz neben der Leistung (bei Verschulden).
- Ist eine angemessene **Nachfrist** zur Nacherfüllung oder Ersatzlieferung **erfolglos abgelaufen,** verfügt der Käufer über folgende **(nachrangige) Rechte:**
  - Rücktritt vom Kaufvertrag und Schadensersatz statt der Leistung/Ersatz vergeblicher Aufwendungen,
  - Minderung und Schadensersatz neben der Leistung.
- Bei einem **Verbrauchsgüterkauf** gelten zu den Gewährleistungspflichten **ergänzende Vorschriften zum Schutz des Verbrauchers** z. B. in Bezug auf
  - Gefahrübergang,

1 Unter **Verjährung** versteht man den Ablauf der Frist, innerhalb der ein Anspruch erfolgreich gerichtlich geltend gemacht werden kann. Nach Eintritt der Verjährung ist dies z. B. nur noch dann möglich, wenn der Gläubiger den Schuldner verklagt, der Beklagte während der Gerichtsverhandlung die Einrede der Verjährung unterlässt und der Beklagte z. B. zur Zahlung verurteilt wird. Näheres zur Verjährung in Kapitel 2.6, S. 193f.

  - Beweislastumkehr,
  - abweichende vertragliche Regelungen.
- Der Käufer muss seine Gewährleistungsansprüche innerhalb bestimmter Fristen (im Regelfall 2 Jahre) geltend machen. Ansonsten unterliegen sie der **Verjährung.**

Kompetenztraining

33 Begriffe zu den Störungen des Kaufvertrags

Klären Sie folgende Begriffe:

1. Leistungsstörung
2. mangelhafte Lieferung
3. Pflichtverletzung
4. Vorsatz
5. Fahrlässigkeit
6. Sachmangel
7. Nacherfüllung durch Mangelbeseitigung
8. Nacherfüllung durch Ersatzlieferung
9. Rücktritt vom Vertrag
10. Minderung
11. Ersatz vergeblicher Aufwendungen
12. Verbrauchsgüterkauf

34 Leistungsstörungen

1. Stellen Sie dar, welche Leistungsstörungen vom Verkäufer ausgehen und welche vom Käufer!
2. Nennen Sie die Voraussetzungen, die gegeben sein müssen, damit ein Verschulden des Verkäufers vorliegt!
3. Notieren Sie die entscheidende Voraussetzung, die gegeben sein muss, damit Schadensersatz verlangt werden kann!
4. Erklären Sie den Unterschied zwischen Schadensersatz statt der Leistung und Schadensersatz neben der Leistung!
5. Erläutern Sie, warum der Gesetzgeber vorsieht, dass die Erfüllung durch den Schuldner zunächst Vorrang hat gegenüber einem Anspruch des Gläubigers auf Schadensersatz statt der Leistung!
6. Unterscheiden Sie zwischen einem versteckten Mangel und einem arglistig verschwiegenen Mangel!
7. Beschreiben Sie, warum für die Vorschriften des § 434 II BGB (fehlerhafte Montageanleitung bzw. Montagemangel) auch die Bezeichnung IKEA-Klausel verwendet wird!
8. Nennen Sie die Voraussetzungen, unter denen die folgenden Rechte geltend gemacht werden können:
   - 8.1 Nachbesserung durch Mangelbeseitigung
   - 8.2 Nachbesserung durch Ersatzlieferung
   - 8.3 Mangelbeseitigung + Schadensersatz neben der Leistung
   - 8.4 Minderung
   - 8.5 Minderung + Schadensersatz neben der Leistung
   - 8.6 Rücktritt vom Vertrag
   - 8.7 Rücktritt vom Vertrag + Schadensersatz statt der Leistung
9. Begründen Sie, ob ein Rücktritt vom Vertrag und Schadensersatz neben der Leistung möglich ist!
10. Sowohl in § 280 BGB als auch in § 476 BGB wird die Beweislast zugunsten des Käufers umgedreht. Erläutern Sie, worin der Unterschied liegt!

35 Rechtsfälle zur mangelhaften Lieferung

Klären Sie die folgenden Rechtsfälle (jeweils mit Begründung!):

1. Käufer Claus Kimmerle kauft vom Autohaus Stolz & Krug OHG einen Neuwagen. Vier Wochen nach Übergabe funktioniert die Klimaanlage auf langen Fahrten nicht ordnungsgemäß. Der Mangel war für das Autohaus Stolz & Krug OHG trotz intensiver Prüfung des Pkw nicht zu erkennen.

   Aufgabe:

   Erklären Sie, welche Rechte Claus Kimmerle gegen das Autohaus Stolz & Krug OHG geltend machen kann und welche Voraussetzungen dabei zu beachten sind!

2. Käufer Karl Kern kauft im Elektrogeschäft Lisa Vetter e. Kfr. einen DVD-Player. Beim Anschluss an sein Fernsehgerät stellt Karl Kern kleinere Farbflecken fest, die dem Elektrohaus Lisa Vetter e. Kfr. nicht aufgefallen waren.

   Aufgabe:

   Begründen Sie, ob Karl Kern Nachbesserung bzw. Neulieferung verlangen kann!

3. Emma Kramer kauft vom Autohaus Stolz & Krug OHG einen Neuwagen. Nach einigen Wochen stellt Emma Kramer erhebliche Mängel fest. Außerdem ist ihr durch die Mängel ein Schaden in Höhe von 200,00 EUR entstanden.

   Aufgabe:

   Nennen Sie die Voraussetzungen, die vorliegen müssen, damit Emma Kramer im Normalfall das Recht „Schadensersatz statt Leistung" geltend machen kann!

4. Leon Krimmer kauft vom Autohaus Stolz & Krug OHG einen neuen Pkw (Marke „SX") des Produzenten Pollux, der in Werbebroschüren mit dem Slogan „Mit durchschnittlich fünf Litern pro 100 km sind Sie beim SX dabei" wirbt. Nach Übergabe stellt Leon Krimmer fest, dass der tatsächliche Verbrauch des „SX" bei sieben Litern liegt.

   Aufgabe:

   Stellen Sie die Rechte dar, die Leon Krimmer zustehen!

5. Der Juwelier Vollmer e. Kfm. verkauft einen 30 Jahre alten Ohrring aus „echtem Gold" an Linda Krebs. Letztere entdeckt später, dass der Ring nicht aus Gold, sondern nur aus vergoldetem Messing war. Juwelier Vollmer konnte hiervon nichts wissen.

   Aufgabe:

   Stellen Sie die Rechte dar, die Linda Krebs zustehen!

6. Max Krupp (Privatmann) kauft von der Vorbach KG ein neues Motorrad. Drei Monate nach Übergabe streikt der Motor. Es ist nicht feststellbar, ob der Mangel aufgrund eines Materialfehlers bereits bei Übergabe vorhanden war oder auf fehlerhafte Bedienung von Max Krupp zurückzuführen ist.

   Aufgabe:

   Begründen Sie, ob Max Krupp Gewährleistungsrechte geltend machen kann!

7. Saskia Kehrer kaufte am 10. Mai 2020 bei der Motorenwelt Vochezer GmbH einen Rasenmäher, der am gleichen Tag geliefert wird. Infolge eines Produktionsfehlers versagt am 10. September des Folgejahres der Motor. Saskia Kehrer verlangt einen neuen Rasenmäher, die Motorenwelt Vochezer GmbH beruft sich auf Verjährung.

   Aufgabe:

   Klären Sie die Rechtslage!

8. Andi Klotz kaufte am 5. Juni 2020 vom Motorradhaus van Venn OHG ein gebrauchtes Motorrad, das am gleichen Tag geliefert wird. Ein Verkäufer des Motorradhauses van Venn OHG verschweigt **arglistig** einen Mangel. Zwei Jahre später entdeckt Andi Klotz den Mangel am 10. Juli und macht Gewährleistungsansprüche geltend.

   Aufgabe:

   Klären Sie die Rechtslage!

9. Bei der Überprüfung einer Getreidesendung stellt ein Händler fest, dass 40 % des Getreides feucht sind. Das Getreide kann an die Mühlen nur weiterverkauft werden, wenn es unter erheblichem Aufwand getrocknet wird.

   Aufgaben:

   9.1 Nennen Sie den Mangel, der vorliegt!

   9.2 Nennen und begründen Sie zwei Gewährleistungsrechte, die aufgrund der Feuchtigkeit des Getreides geltend gemacht werden können!

36 Ansprüche bei mangelhafter Lieferung

1. Franz Fuchs, Gesellschafter der CLEAN-TEC OHG, hat am 8. April 20.. im Baumarkt Baufix KG einen neuen Rasenmäher gekauft. Am 22. Mai 20.. brach beim Rasenmähen der Gashebel ab. Nun verlangt er von der Baufix KG einen neuen Rasenmäher.

   Aufgaben:

   1.1 Erklären Sie, warum der Rasenmäher wegen des Abbrechens des Gashebels einen Sachmangel hat!

   1.2 Stellen Sie dar, wie die Baufix KG auf die Forderung von Herrn Fuchs nach einem neuen Rasenmäher reagieren kann!

   1.3 Angenommen, die Baufix KG lehnt alle Gewährleistungsrechte von Herrn Fuchs ab. Sie verweist auf ihre allgemeinen Geschäftsbedingungen, in denen sich folgende Klausel befindet:

   > „Unsere Produkte unterliegen einer strengen Qualitätskontrolle. Rechte wegen Mängeln an unseren Produkten können nur gegenüber den Herstellern geltend gemacht werden."

   Zeigen Sie auf, ob die Baufix KG einen Anspruch von Herrn Fuchs auf Nachlieferung und/oder Schadensersatz ablehnen darf!

2. Falko Luchs fährt mit seinem neuen Rennrad auf einer Trainingsfahrt steil bergab. Als plötzlich der rechte Bremsgriff (Hinterradbremse) abbricht, stürzt er schwer. Ein entgegenkommendes Auto muss, um Schlimmeres zu verhindern, ausweichen und fährt dabei gegen einen Baum. Schaden am Auto: 3500,00 EUR. Falko Luchs muss im Krankenhaus behandelt werden. Kosten des Krankenhausaufenthaltes: 4800,00 EUR.

   Aufgabe:

   Überprüfen Sie, welche Ansprüche/Rechte Falko Luchs gegen wen geltend machen kann!

2.3 Zahlungsverzug (Nicht-Rechtzeitig-Zahlung)

KB 2 Lernsituation 7: Mit einer nicht rechtzeitigen Zahlung umgehen

... wieder bei der Teamsitzung der Abteilungsleiter (siehe S. 162). Frau Sigg, Leiterin des Verkaufs, präsentiert weiter ihre Vertriebszahlen. Nachdem sie sich bei Herrn Sutter, dem Leiter der Produktion, über die teils mangelhaften, teils verspäteten Auslieferungen beschwert hat, wendet sie sich Frau Vollmer, der Leiterin der Buchhaltung, zu:

„Liebe Frau Vollmer! Ein bis zwei Prozent Forderungsausfall – wie stellen Sie sich das vor? Wenn wir Glück haben, sehen wir noch einen Teil davon. Aber das wird mühsam, dem Geld nachzulaufen, das sag ich Ihnen! Wir sollten dringend darüber nachdenken, wie wir diese Quote senken können – am besten schon durch Maßnahmen im Vorfeld."

Nach einer ausgeführten Lieferung liegen Frau Vollmer folgende Informationen vor:

Die Ulmer Büromöbel AG lieferte am 24. Februar 20.. an die Rotthal GmbH in Hamburg zehn komplette Bürosysteme im Wert von 94 000,00 EUR. Laut Lieferungs- und Zahlungsbedingungen sind die Bürosysteme 4 Wochen ab Rechnungsdatum zu bezahlen. Erfüllungsort und Gerichtsstand ist Ulm. Die Rechnung wurde am 24. Februar 20.. (Rechnungsdatum) abgesandt und ging am 26. Februar 20.. bei der Rotthal GmbH ein. Die Lieferung wurde ordnungsgemäß ausgeführt und ohne Beanstandungen von der Rotthal GmbH an- und abgenommen.

Am 30. März 20.. hat die Rotthal GmbH die Rechnung noch nicht beglichen.

UB Ulmer Büromöbel AG

Ulmer Büromöbel AG · Industriepark 5 · 89079 Ulm
Rotthal GmbH
Ralf Rotthal
Hafentor 234
20459 Hamburg

Bei Rückfragen bitte stets angeben:
Kundennummer: 378 665
Rechnungsnummer: 2400378
Rechnungsdatum: 24.02.20..

Auftragsnummer: 02-2400
Lieferdatum: 24.02.20..

Ihr Ansprechpartner: Georg Pieper

Rechnung Nr. 2400378

Wir berechnen Ihnen folgende Lieferungen und Leistungen:

Artikel-Nr.	Menge	Bezeichnung	Einzelpreis EUR	Gesamtpreis EUR
200014	1	Bürosystem für Ihr Großraumbüro lt. Bestellung vom 15.12.20..	pauschal	78 991,60
		Warenwert, netto		78 991,60
		+ 19 % USt		15 008,40
		Rechnungsbetrag		94 000,00

Zahlungsbedingungen: 4 Wochen Ziel ab Rechnungsdatum

Wir danken für Ihren Auftrag.

Ulmer Büromöbel AG
Industriepark 5, 89079 Ulm
Registergericht Ulm HRB 84759
USt-ID Nr. DE 68 837 465
Vorstand: Kai Sörensen (Vorsitzender), Thomas Werner, Helene Sims
Vorsitzende des Aufsichtsrats: Sarah Kern

Bankverbindungen:
Commerzbank Ulm
IBAN: DE 92 6304 0053 0006 7523 04
Sparkasse Ulm
IBAN: DE 66 6305 0000 0000 6375 26

Kompetenzorientierte Arbeitsaufträge:

Arbeiten Sie das folgende Kapitel durch und verwenden Sie die Aufzeichnungen aus dem Unterricht zur Bearbeitung der kompetenzorientierten Arbeitsaufträge.

1. In der Praxis erfolgen die kaufmännischen Mahnungen in vier Stufen:

   ① Zahlungserinnerung,
   ② erste Mahnung,
   ③ zweite Mahnung,
   ④ dritte Mahnung.

   Ordnen Sie die vier Stufen den folgenden Beschreibungen A.–D. zu:

   A. In dieser Mahnung wird ausdrücklich auf die Fälligkeit der Schuld (Zahlung) hingewiesen und eine neue Zahlungsfrist gesetzt. Wie bei der „Zahlungserinnerung" können die entsprechenden Zahlungsformulare beigelegt werden.

   B. Ist die Zahlung noch nicht erfolgt, hat der Schuldner eine Nachnahme nicht eingelöst oder die Zahlung an das Inkassoinstitut verweigert, so erfolgt eine verschärfte Mahnung mit letzter Fristsetzung. In dieser wird eine Klage auf Zahlung oder ein gerichtlicher Mahnbescheid angedroht.

   C. Diese Stufe ist eine höfliche Erinnerung an die fällige Zahlung (meistens mit einer Rechnungskopie oder einem Kontoauszug), die häufig mit einem neuen Angebot verbunden wird.

   D. In dieser Mahnung wird dem Schuldner unter Hinweis auf die ihm entstehenden zusätzlichen Kosten angedroht, die überfällige Zahlung durch eine Nachnahme oder ein Inkassoinstitut einziehen zu lassen, falls die Zahlung nicht innerhalb einer kurzen Frist von z. B. 3–6 Tagen eintrifft. In großen Unternehmen wird oft auch angedroht, die Rechtsabteilung einzuschalten.

2. Als Mitarbeiter des Forderungsmanagements der Ulmer Büromöbel AG werden Sie am 2. April 20.. damit beauftragt, die Rotthal GmbH an die Zahlung der Rechnung zu erinnern (erste Stufe).

   Verfassen Sie ein formgerechtes Schreiben!

3. Nehmen Sie begründet Stellung zu der Frage, ob eine Mahnung überhaupt notwendig ist, um die Rotthal GmbH in Verzug zu setzen!

4. Die Rotthal GmbH hat weder auf Ihre erste noch auf die zweite Mahnung reagiert.

   Verfassen Sie eine formgerechte dritte und letzte Mahnung!

5. Nennen Sie Gründe, warum die Ulmer Büromöbel AG dreimal mahnt!

6. Das kaufmännische Mahnverfahren bleibt ohne Erfolg. Füllen Sie das Antragsformular für die Ulmer Büromöbel AG online auf der Internetseite http://www.online-mahnantrag.de aus und drucken Sie es aus (einschließlich der gesetzlichen Verzugszinsen und Mahnpauschale; Antragsdatum: 2. Juni 20..)!

   Hinweis:

   Klicken Sie im Online-Mahnantrag als Ergebnis den Ausdruck an. Wählen Sie die Jahreszahl so, dass der Verzugszeitraum in der Vergangenheit liegt. Als gesetzlichen Vertreter der Ulmer Büromöbel AG tragen Sie bitte die Hauptbevollmächtigte Anna Hermle, Industriepark 5, 89079 Ulm, ein. Der gesetzliche Vertreter der Rotthal GmbH ist der geschäftsführende Gesellschafter Hans Rotthal, Hafentor 234, 20459 Hamburg.

2.3.1 Begriff Zahlungsverzug

Ein Schuldner gerät mit seiner geschuldeten Zahlung **in Verzug,**[1] wenn

- der **Gläubiger** seinen Teil des **Vertrags erfüllt** hat,
- der **Gläubiger** den fälligen Betrag **nicht oder nicht rechtzeitig** erhalten hat und
- der **Schuldner** den Zahlungsverzug **verschuldet**[2] hat.

Nach dem „Gesetz zur Bekämpfung von Zahlungsverzug im Geschäftsverkehr" vom 29. Juli 2014 dürfen bei allen **Geschäften zwischen Unternehmen** nur noch Zahlungsfristen von maximal 60 Tagen[3] vertraglich vereinbart werden [§ 271 a I BGB]. Die Zahlungsfrist beginnt zum Zeitpunkt

- des **Empfangs der Leistung** (z. B. der Waren) oder
- des **Rechnungszugangs** oder
- des in der Rechnung **genannten Zeitpunkts.**

Der Gläubiger muss **in der Regel** den Zahlungspflichtigen **nicht mahnen,** es sei denn, der Zahlungszeitpunkt ist nicht genau bestimmt und nicht berechenbar.

Beim Zahlungsverzug handelt es sich um eine **nur vorübergehende Leistungsstörung.** Die Nachholbarkeit ist grundsätzlich immer möglich.[4]

2.3.2 Eintritt des Zahlungsverzugs

(1) Zahlungszeitpunkt nach dem Kalender genau bestimmt oder berechenbar

Ist der **Zahlungszeitpunkt** nach dem Kalender **genau bestimmt** oder lässt sich der Zahlungszeitpunkt **kalendermäßig genau berechnen,** so tritt der Zahlungsverzug **unmittelbar nach Überschreiten** des Zahlungstermins ein [§ 286 II BGB].

Ein **Zahlungstermin** ist nur dann **genau bestimmt,** wenn er **vertraglich vereinbart** ist.

Eine Leistungszeit kann nicht durch eine einseitige Erklärung bestimmt werden. Durch den bloßen Aufdruck des Zahlungstermins durch den Verkäufer auf einer Rechnung kann somit der Zahlungstermin nicht festgelegt werden.

Beispiele:

- Im Vertrag wird ein **kalendermäßig genau bestimmter Zahlungszeitpunkt** vereinbart:
  - *„Der Kaufpreis ist bis zum 15. Januar auf das vom Verkäufer genannte Konto zu überweisen."* Der Käufer kommt mit Ablauf des 15. Januars in Verzug.
  - *„Der Kaufpreis ist zahlbar im Mai 20.."* Der Käufer kommt mit Ablauf des 31. Mai 20.. in Verzug.

1 Der Zahlungsverzug ist ein Schuldnerverzug.

2 Ein Verschulden wird bei Zahlungsverzug immer unterstellt (siehe auch Fußnote 4).

3 Im Einzelfall können längere Zahlungsfristen vereinbart werden, sofern sie **ausdrücklich getroffen** werden und den **Gläubiger nicht grob benachteiligen.**

4 Der Käufer kann nicht auf eine unverschuldete Mittellosigkeit verweisen: „Geld hat man zu haben", gegebenenfalls durch Aufnahme eines Darlehens.

12 Hug u.a. - ISBN 978-3-8120-0578-4

- Im Vertrag wird ein **kalendermäßig genau berechenbarer Zahlungszeitpunkt** vereinbart:
  - *„Der Kaufpreis ist innerhalb von 10 Kalendertagen nach Rechnungs**datum** zu leisten."* Ist die Rechnung auf den 17. Juni datiert, ist der Käufer mit Ablauf des 27. Juni in Zahlungsverzug.
  - *„Der Kaufpreis ist innerhalb von 8 Kalendertagen nach dem Mitteilungsdatum des Notars vom Vorliegen der Eintragungsvoraussetzungen auf das vom Verkäufer benannte Konto zu überweisen."* Lautet das Mitteilungsdatum des Notars am 1. Juli, so befindet sich der Käufer mit Ablauf des 9. Juli in Zahlungsverzug.

(2) Zahlungszeitpunkt nicht genau bestimmt und nicht berechenbar

Ist der Zahlungszeitpunkt weder genau bestimmt noch kalendermäßig berechenbar, dann kommt der Käufer in Zahlungsverzug, wenn er auf eine vom Verkäufer **nach der Fälligkeit erfolgte Mahnung** nicht zahlt [§ 286 i, S. 1 BGB].

Beispiele:

- „zahlbar 14 Tage nach Rechnungs**erhalt**"
- „zahlbar sofort"
- „zahlbar ab 20. April 20.."

Beachte:

- **Verzichtet der Verkäufer auf eine Mahnung** oder **verweigert der Käufer die Zahlung** ernsthaft und endgültig, so befindet sich der Käufer **spätestens 30 Tage nach Fälligkeit und Zugang einer Rechnung** in Zahlungsverzug [§ 286 III, S. 1 BGB].[1]
- Der **Verkäufer kann** somit **wählen,** ob er z. B.
  - nach Zugang einer Rechnung beim Käufer durch eine **rasche Mahnung nach Fälligkeit** schon **vor Ablauf von 30 Tagen** den Zahlungsverzug herbeiführen will oder ob er
  - durch **bloßes Zuwarten** den Verzug **erst nach 30 Tagen** eintreten lässt.
- Beim **Verbrauchsgüterkauf** gilt diese Regel nur, wenn in der **Rechnung besonders darauf hingewiesen** wurde. Fehlt dieser Hinweis, dann bedarf es einer **Mahnung,** damit Verzug eintritt.

Beispiel:

Die Elektroeinzelhandlung Heinz Strom e. K. erhält am 2. August 20.. von der Tele-AG München eine Rechnung über gelieferte Fernseher. Bei Nichtzahlung ist die Elektroeinzelhandlung Heinz Strom e. K. **ohne Mahnung am 2. September 20..** in Zahlungsverzug.

Erhält die Elektroeinzelhandlung Heinz Strom e. K., am 17. August eine **Mahnung** der Tele-AG München wegen Nichtzahlung, dann ist sie **ab dem 17. August** in Zahlungsverzug, sofern sie auf die Mahnung nicht zahlt.

1 Die **30-Tage-Regelung** gilt nur für **Entgeltforderungen.**

2.3.3 Rechtsfolgen (Rechte des Verkäufers)

(1) Überblick

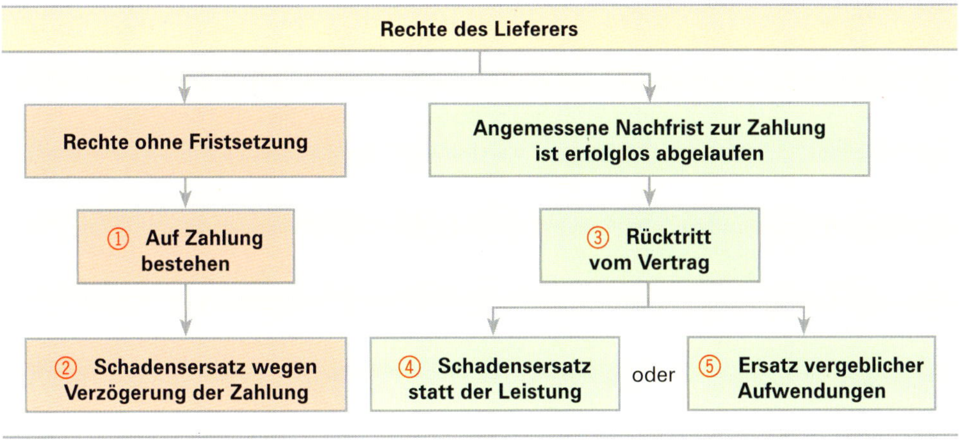

(2) Rechte ohne Fristsetzung

① Auf Zahlung bestehen

Der Verkäufer besteht auf dem vereinbarten Kaufpreis. Zahlt der Käufer nach dem Zahlungstermin, stellt der Verkäufer keine weiteren Ansprüche.

② Schadensersatz wegen Verzögerung der Zahlung

Der Verkäufer ist berechtigt, vom Käufer einen angemessenen Ersatz **aller** durch den Zahlungsverzug bedingten Verzugsschäden zu verlangen. Der Verkäufer ist so zu stellen, wie er vermögensmäßig stehen würde, wenn der Käufer rechtzeitig gezahlt hätte [§ 249 I BGB].

Beispiele für Verzugsschäden:

- Gesetzliche Verzugszinsen (beim Verbrauchsgüterkauf 5 %, beim zweiseitigen Handelskauf 9 % über dem Basiszinssatz).[1]
- Kosten des Inkassobüros,[2] Anwalts- und Gerichtskosten, Porto.

1 Der **Basiszinssatz** wird von der Europäischen Zentralbank bestimmt.

2 **Inkasso**: Einzug von Geldforderungen.

Berechnung der Verzugszinsen

Bei der **kaufmännischen Zinsrechnung** unter Kaufleuten wird das Jahr mit 360 Tagen und jeder Monat mit 30 Tagen angesetzt. Ausnahme: Geht die Verzinsung bis zum 28. Februar, werden nur 28 Tage angesetzt (im Schaltjahr dementsprechend 29 Tage).

Beispiel für die Berechnung der Tage im kaufmännischen Bereich:[1]

		Vorgehensweise:		
(1) 14. Febr. – 29. Mai	= 105 Tage	14. Febr. – 14. Mai sind 3 x 30	=	90 Tage
		14. Mai – 29. Mai	=	15 Tage
				105 Tage
(2) 24. Juni – 8. Nov.	= 134 Tage	24. Juni – 24. Okt. sind 4 x 30	=	120 Tage
		24. Okt. – 30. Okt.	=	6 Tage
		30. Okt. – 8. Nov.	=	8 Tage
				134 Tage
(3) 17. Jan. – 28. Febr.	= 41 Tage	17. Jan. – 17. Febr. sind 1 x 30	=	30 Tage
		17. Febr. – 28. Febr.	=	11 Tage
				41 Tage

Beispiel:

Ein Industriebetrieb kauft Rohstoffe im Wert von 2460,00 EUR. Er erhält ein Zahlungsziel bis zum 27. Januar. Die Zahlung erfolgt erst am 2. Mai.

Aufgabe:

Berechnen Sie die Zahlungssumme, welche der Industriebetrieb am 2. Mai zu überweisen hat, wenn der Basiszinssatz –0,88 % beträgt!

Lösung:

Für 100,00 EUR in 360 Tagen 8,12 EUR Zinsen[1]
Für 2460,00 EUR in 95 Tagen x EUR Zinsen

$$x = \frac{8{,}12 \cdot 2460 \cdot 95}{100 \cdot 360}$$

$$x = 52{,}71 \text{ EUR}$$

durch Umstellung erhält man →

Berechnung der Tageszinsen mithilfe der Formel:

$$\text{Tageszinsen} = \frac{\text{Kapital} \cdot \text{Zinssatz} \cdot \text{Tage}}{100 \cdot 360}$$

abgekürzt:

$$Z = \frac{K \cdot p \cdot t}{100 \cdot 360}$$

Ergebnis:

Der Überweisungsbetrag lautet über 2512,71 EUR (2460,00 EUR + 52,71 EUR).

Für Schuldverhältnisse aus **zweiseitigen** Handelsgeschäften hat der Gläubiger gemäß § 288 V BGB ferner Anspruch auf eine zusätzliche Verzugspauschale in Höhe von 40,00 EUR.

1 Die taggenaue Eurozinsmethode wird in diesem Zusammenhang i. d. R. nicht verwendet.

1 Der gesetzliche Zinssatz liegt beim zweiseitigen Handelskauf 9 % über dem Basiszinssatz. Somit fallen 8,12 % Verzugszinsen an.

(3) Rechte nach erfolgloser angemessener Fristsetzung zur Zahlung[1]

③ Rücktritt vom Kaufvertrag

Ist eine vom Verkäufer gesetzte angemessene Frist zur Zahlung erfolglos abgelaufen, kann der Verkäufer vom Vertrag zurücktreten [§ 323 I BGB]. Beim Rücktritt sind alle bereits erbrachten Leistungen zurückzuerstatten, beispielsweise die gelieferte Ware durch den Käufer oder eine erhaltene Zahlung durch den Verkäufer.

Ein Rücktritt ist **nicht möglich,** wenn der **Schaden unerheblich** ist [§ 323 V, S. 2 BGB].

④ Schadensersatz statt der Leistung

Dies kann der Verkäufer zusätzlich zum Rücktritt vom Vertrag verlangen. Voraussetzung ist, dass den Käufer ein Verschulden trifft. Der Anspruch auf Zahlung ist damit ausgeschlossen.

Beispiel:

Ein Käufer zahlt nicht. Der Verkäufer nimmt die Ware zurück und verkauft sie anderweitig, jedoch zu einem niedrigeren Preis. Den Preisunterschied, die Rücknahmekosten und gegebenenfalls weitere entstandene Verzugskosten (z.B. Verzugszinsen) hat der Käufer zu tragen.

⑤ Ersatz vergeblicher Aufwendungen

Anstelle des Schadensersatzes statt der Leistung kann der Verkäufer auch Ersatz vergeblicher Aufwendungen verlangen.

Zusammenfassung

- **Voraussetzungen** für den Zahlungsverzug sind:
  - Fälligkeit der Schuld,
  - Verschulden des Schuldners (wird unterstellt).
- Der **Zahlungsverzug** tritt ein:

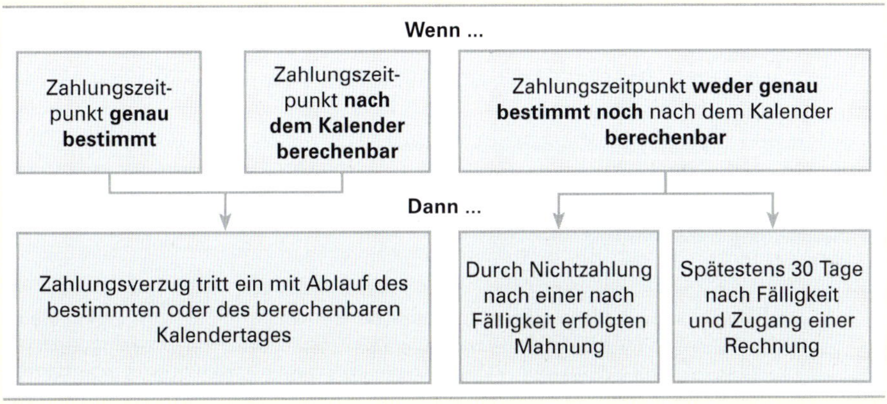

1 Beim Zahlungsverzug ist eine Fristsetzung nicht erforderlich, wenn z.B. der Käufer die Zahlung ernsthaft und endgültig verweigert oder ein Fixgeschäft vorliegt.

- Die **Rechte des Lieferers (Gläubigers) beim Zahlungsverzug** sind:
  - **ohne** Setzen einer **Nachfrist** das Bestehen auf Zahlung **und,** sofern eine evtl. notwendige Mahnung erfolgt ist und Verschulden aufseiten des Zahlungspflichtigen vorliegt, Schadensersatz wegen Verzögerung der Zahlung (insbesondere Verzugszinsen);
  - **nach erfolglosem Ablauf einer angemessenen Frist:** Rücktritt vom Kaufvertrag **und,** sofern eine notwendige Mahnung erfolgt ist und ein Verschulden aufseiten des Zahlungspflichtigen vorliegt, Schadensersatz statt der Leistung oder Ersatz vergeblicher Aufwendungen.

Kompetenztraining

37 Eintritt des Zahlungsverzugs

1. Nennen Sie die Voraussetzungen, die geprüft werden müssen, wenn beurteilt werden soll, ob ein Zahlungsverzug vorliegt oder nicht!
2. Geben Sie Vertragsformulierungen an, die einer Mahnung bedürfen, damit Zahlungsverzug eintritt!
3. Nennen Sie die Bedingungen unter welchen eine Mahnung entbehrlich ist!
4. Erläutern Sie die 30-Tage-Regel!
5. Geben Sie für die folgenden Fälle an, wann das Entgelt spätestens zu zahlen ist, wenn Zahlungsverzug vermieden werden soll!

Nr.	Vereinbarte Zahlungsbedingung
5.1	Zahlbar innerhalb von 10 Tagen ab Rechnungsdatum unter Abzug von 3% Skonto, Ziel 30 Tage ab Rechnungsdatum (zweiseitiger Handelskauf)
5.2	Ziel 20 Tage ab Rechnungsdatum (zweiseitiger Handelskauf)
5.3	Sofort (zweiseitiger Handelskauf)
5.4	Sofort (einseitiger Handelskauf, kein Hinweis auf „30-Tage-Regel")
5.5	Keine Zahlungsbedingungen vereinbart (zweiseitiger Handelskauf)
5.6	Keine Zahlungsbedingungen vereinbart (einseitiger Handelskauf, mit Hinweis auf „30-Tage-Regel")
5.7	Keine Zahlungsbedingungen vereinbart (einseitiger Handelskauf, Hinweis auf „30-Tage-Regel" fehlt)

38 Rechtsfälle zum Zahlungsverzug

Klären Sie die folgenden Rechtsfälle:

1. Die Baumaschinenhandlung Feuchtbeiner e. Kfm. erhält am 2. Juni 20.. von ihrem Lieferer folgende Rechnung 44000,00 EUR zuzüglich 19% USt. Als Zahlungsbedingungen wurden vereinbart: Zahlung innerhalb von 10 Tagen ab Rechnungsdatum mit 2% Skonto oder 30 Tage netto Kasse. Rechnungsdatum ist der 1. Juni 20..

   Aufgaben:

   Erläutern Sie, ob die Baumaschinenhandlung Feuchtbeiner e. Kfm. in Zahlungsverzug ist, wenn sie

   1.1 den Rechnungsbetrag abzüglich 2% Skonto am 12. Juni 20.. überweist,

1.2 den Rechnungsbetrag ohne Skonto am 15. Juli 20.. bezahlt hat!

2. Privatmann Schneider kauft sich einen Pkw vom Autohaus Stolz & Krug OHG. Er leistet eine Anzahlung, der Rest von 25 000,00 EUR ist fällig und bereits angemahnt zum 10. November. Der Restbetrag trifft beim Autohaus jedoch erst am 10. Januar ein. Das Autohaus hat in der Zwischenzeit bei seiner Bank einen Kontokorrentkredit zu 9 % Zins über dem Basiszinssatz in Anspruch genommen.

   Aufgaben:

   2.1 Klären Sie rechtlich, ob das Autohaus Stolz & Krug OHG die Erstattung der Zinsen verlangen kann!

   2.2 Erläutern Sie die Rechtslage, wenn beide Personen Kaufleute und dieser Kauf für beide ein Handelsgeschäft gewesen wäre!

3. Das Hotel „Goldener Adler" schickt am 20.05.20.. eine Rechnung über 3800,00 EUR zuzüglich 19 % USt an die Sport-Burr KG wegen Durchführung einer Schulungstagung. Zugang der Rechnung ist am 22.05.20.. Als Zahlungsbedingung wurde vereinbart: „Zahlung sofort ohne Abzug".

   Aufgaben:

   3.1 Stellen Sie dar, ob sich die Sport-Burr KG in Zahlungsverzug befindet, wenn beim Hotel am 10.06. noch keine Zahlung eingegangen ist!

   3.2 Die Sport-Burr KG erhält am 12.06. eine Mahnung. Der „Goldene Adler" weist darauf hin, dass die Rechnung bis zum 20.06. gezahlt sein muss. Erläutern Sie, zu welchem Zeitpunkt die Sport-Burr KG in Verzug ist!

4. Eine Liefererrechnung über 2 150,00 EUR, fällig am 20. Juli, wurde durch ein Versehen der Buchhaltung nicht rechtzeitig gezahlt. Am 10. September erfolgt eine Mahnung des Lieferers. Der Lieferer fordert Verzugszinsen in Höhe von 9 Prozentpunkten über dem Basiszinssatz und Ersatz seiner Auslagen in Höhe von 10,80 EUR. Der Basiszinssatz beträgt 0,5 %.

   Berechnen Sie den Betrag laut der Mahnung!

5. Die Ulmer Büromöbel AG geht am 25. September die Kundenkonten durch und stellt fest, dass das Möbelhaus Emil Mayr e. Kfm., Industriestraße 8, 76646 Bruchsal, eine am 13. Mai fällige Rechnung über die Lieferung eines Büroschrankes in Höhe von 630,00 EUR immer noch nicht beglichen hat. Eine erste Mahnung, ohne Berechnung von Verzugzinsen, erfolgte am 30. Juni.

   Berechnen Sie die Summe, über welche die zweite Mahnung auszuschreiben ist, wenn die Ulmer Büromöbel AG 6 % Verzugszinsen berechnet!

6. Stefan Osann e. Kfm. lieferte am 15. Juni an den Einzelhändler Hans Rausch e. K. und an den Privatmann David Kolb Waren im Wert von je 1 000,00 EUR. Die Waren gingen den Käufern am 18. Juni zu. Die Rechnungen lagen bei. Laut Zahlungsbedingungen, die Hans Rausch e. K. und David Kolb vor Vertragsabschluss bekannt waren, sind die Warenlieferungen sofort nach Rechnungserhalt zu bezahlen. Weder Hans Rausch e. K. noch David Kolb bezahlten. Nunmehr ist der 20. Juli.

   6.1 Prüfen Sie, ob Hans Rausch e. K. und David Kolb in Verzug sind!

   6.2 Stefan Osann e. Kfm. mahnt am 30. Juli ausdrücklich und berechnet sowohl Hans Rausch e. K. als auch David Kolb Verzugszinsen in Höhe von 9 Prozentpunkten über dem Basiszinssatz von – 0,88 % für 42 Tage.

   6.2.1 Berechnen Sie die Höhe der Verzugszinsen!

   6.2.2 Begründen Sie, ob David Kolb sich gegen die hohen Verzugszinsen wehren kann!

2.4 Interessenlagen der Vertragspartner

Interessenlage des Schuldners

- **Verkäufer bei mangelhafter Lieferung**
- **Käufer bei Zahlungsverzug**

- Störungen beruhen in vielen Fällen auf Vergessen oder Fahrlässigkeit und können zumeist rasch und unkompliziert behoben werden.
- Er möchte nicht, dass der Gegner gleich „großes Geschütz" auffahren kann, sondern dass dieser auf zunächst sanfte Rechte festgelegt ist.
- Die Geschäftsbeziehung an sich soll in aller Regel nicht gefährdet werden.

Interessenausgleich durch das Gesetz

- Das Vertragsverhältnis bleibt zunächst zum Schutz beider Vertragspartner bestehen.
- Der Gesetzgeber geht davon aus, dass beide ein Interesse an der vollständigen Erfüllung des Vertrages haben.
- Die Regelungen des BGB sehen eine behutsame Eskalation[1] der Rechtsmittel vor, wie z. B. Mangelbeseitigung, Ersatzlieferung oder Schadensersatz neben der Leistung, Schadensersatz wegen Verzögerung der Leistung.
- Bei schwerwiegenden Störungen und erst nach Ablauf einer Nachfrist und ggf. Mahnung und Verschulden gibt das Gesetz dem Gläubiger die entsprechenden Rechtsmittel an die Hand, seine Ansprüche auch mit Nachdruck durchzusetzen, z. B. durch Vertragsrücktritt und Schadensersatz statt der Leistung.
- Verschulden wird zunächst widerlegbar aufseiten des Schuldners vermutet. Dieser muss den Entscheidungsbeweis führen.

Interessenlage des Gläubigers

- **Käufer bei mangelhafter Lieferung**
- **Verkäufer bei Zahlungsverzug**

- Die Geschäftsbeziehung an sich soll in aller Regel nicht gefährdet werden.
- Für hartnäckige Fälle möchte er gewappnet sein und über das erforderliche Durchsetzungsinstrumentarium verfügen.
- Er möchte nicht, dass seine Rechtsansprüche daran scheitern, schwierig zu führende Beweise erbringen zu müssen.
- Da die Pflichtverletzungen sehr unterschiedliche Ursachen haben können, möchte er flexibel darauf reagieren und situationsgerechte Rechtsansprüche geltend machen können.

Mit den **gesetzlichen Regelungen** zu den Kaufvertragsstörungen wird versucht, die teils entgegengesetzten **Interessenlagen** von Schuldner und Gläubiger **auszugleichen.**

1 **escalier** (frz.): wörtl. „Treppe", hier: allmähliche Steigerung, Verschärfung.

2.5 Sicherung und Durchsetzung von Ansprüchen

2.5.1 Kaufmännisches (außergerichtliches) Mahnverfahren

Mit jedem Zielverkauf ist für den Verkäufer trotz aller Kreditsicherungsmaßnahmen ein Zahlungsrisiko (Kreditrisiko) verbunden. Der Verkäufer hat dem Käufer die Kaufsache bereits übergeben, ohne vom Käufer den Kaufpreis „Zug-um-Zug" zu erhalten. Um Zahlungsverzögerungen und Zahlungsausfällen vorzubeugen, ist die laufende Überwachung der Forderungen notwendig.

(1) Form und Stufen der Mahnung

Es gibt keine gesetzlich vorgeschriebene Form der kaufmännischen (außergerichtlichen) Mahnung. Die meisten Mahnungen erfolgen jedoch aus Gründen der Beweissicherheit in **schriftlicher Form.**

In der Praxis erfolgen die kaufmännischen Mahnungen im Allgemeinen in folgenden Stufen:

Zahlungserinnerung	Sie ist eine höfliche Erinnerung an die fällige Zahlung (meistens mit einer **Rechnungskopie** oder einem **Kontoauszug**), die häufig mit einem neuen Angebot verbunden wird.
Erste Mahnung	In ihr wird ausdrücklich auf die Fälligkeit der Schuld (Zahlung) hingewiesen und eine **neue Zahlungsfrist** gesetzt. Wie bei der Zahlungserinnerung können die entsprechenden Zahlungsformulare beigelegt werden.
Zweite Mahnung	In dieser Mahnung wird dem Schuldner unter Hinweis auf die ihm entstehenden zusätzlichen Kosten angedroht, die überfällige Zahlung durch eine **Postnachnahme**[1] oder ein **Inkassoinstitut** einziehen zu lassen, falls die Zahlung nicht innerhalb der nächsten Tage eingeht.
Dritte Mahnung	Ist die Zahlung auch aufgrund der zweiten Mahnung noch nicht erfolgt, hat der Schuldner eine Postnachnahme nicht eingelöst oder die Zahlung an das Inkassoinstitut verweigert, so erfolgt eine letzte verschärfte Mahnung mit letzter Fristsetzung. In dieser wird eine **Klage auf Zahlung** oder ein **gerichtlicher Mahnbescheid** angedroht.

(2) Beispiel für ein außergerichtliches Mahnverfahren

Der folgende Brief zeigt beispielhaft auf, wie in der Praxis das außergerichtliche Mahnverfahren durchgeführt werden kann.

1 Bei der Zahlung mit Postnachnahme händigt die Deutsche Post AG Briefe und Paketsendungen erst aus, wenn der Empfänger den Nachnahmebetrag an den Zusteller bar bezahlt hat.

Beispiel einer 3. Mahnstufe:

Ulmer Büromöbel AG

Bei Rückfragen bitte stets angeben:

Ihr Zeichen:	rot
Ihre Nachricht vom:	
Unser Zeichen:	ge-pi
Unsere Nachricht vom:	
Name:	Georg Pieper
Telefon:	+49 (0)731 3879-28
Fax:	+49 (0)731 3879-44
E-Mail:	georg.pieper@ubmag.de
Datum:	29.04.20..

Ulmer Büromöbel AG · Industriepark 5 · 89079 Ulm
Rotthal GmbH
Ralf Rotthal
Hafentor 234
20459 Hamburg

Rechnung Nr. 2400378 – Zweite Mahnung

Sehr geehrter Herr Rotthal,

Ihr Konto ist trotz Zahlungserinnerung und erster Mahnung noch nicht ausgeglichen:

Rechn.-Nr.	Rechn.-Datum	fällig am	Mahnstufe	Betrag in EUR
2400378	24.02.20..	24.03.20..	3	94 000,00

Zahlungseingänge berücksichtigt bis 26.04.20..

Wir bitten dringend um Überprüfung und Überweisung des Betrags

bis zum 10.05.20..

Sollte der fällige Betrag bis zu diesem Zeitpunkt nicht bei uns eingegangen sein, werden wir den Betrag zuzüglich Verzugszinsen von einem Inkassoinstitut einziehen lassen. Auch diese Kosten hätten Sie zu tragen.

Mit freundlichen Grüßen

Ulmer Büromöbel AG

i.V. *G. Pieper*

Georg Pieper

Ulmer Büromöbel AG
Industriepark 5, 89079 Ulm
Registergericht Ulm HRB 84759
USt-ID Nr. DE 68 837 465
Vorstand: Claus Sörensen (Vorsitzender), Helmut Werner, Gernot Sims
Vorsitzender des Aufsichtsrats: Sigrun Lebert

Bankverbindungen:
Commerzbank Ulm
IBAN: DE 92 6304 0053 0006 7523 04
Sparkasse Ulm
IBAN: DE 66 6305 0000 0000 6375 26

2.5.2 Gerichtliches Mahnverfahren (Mahnbescheid)

(1) Begriff gerichtliches Mahnverfahren

Wenn das kaufmännische (außergerichtliche) Mahnverfahren keinen Erfolg hat, der Schuldner also nicht zahlt, kann der Gläubiger zur Durchsetzung seiner Forderungen gerichtliche Maßnahmen ergreifen. Mit dem gerichtlichen Mahnverfahren, das vom Amtsgericht durchgeführt wird, hat der Gläubiger die Möglichkeit, seine Forderungen schnell und kostensparend einzutreiben. Mit diesem Verfahren können allerdings nur **Geldschulden** eingefordert werden.

(2) Abwicklung des gerichtlichen Mahnverfahrens

Zur Einleitung des gerichtlichen Mahnverfahrens ist es notwendig, dass der Gläubiger **(Antragsteller)** den Erlass eines **Mahnbescheids** beantragt, durch den der Schuldner **(Antragsgegner)** zur Zahlung aufgefordert wird.

Der Antrag auf Erlass eines Mahnbescheids ist beim zentralen Amtsgericht des Bundeslandes im **Onlineverfahren** zu stellen, in dem der Antragsteller seinen allgemeinen Gerichtsstand, also seinen Geschäfts- oder Wohnsitz hat. In Baden-Württemberg ist dies das **Amtsgericht Stuttgart.** Der Mahnbescheid wird vom **Rechtspfleger erlassen** und dem Antragsgegner von **Amts wegen** zugestellt. Das Gericht **prüft nicht,** ob die Forderung zu Recht erhoben wird. Der Mahnbescheid enthält die Aufforderung an den Antragsgegner (Schuldner), innerhalb von **zwei Wochen nach Zustellung des Mahnbescheids zu zahlen** oder **Widerspruch einzulegen.**

Der Ablauf des gerichtlichen Mahnverfahrens kann der Übersicht auf S. 188 entnommen werden.

(3) Auswirkungen auf die Kundenbeziehungen

Legt der Kunde gegen den Mahnbescheid keinen Widerspruch ein, wird der Mahnbescheid für vorläufig vollstreckbar erklärt. In einem solchen Fall führt dies häufig zum Abbruch der Geschäftsbeziehungen. Zudem kann dies dazu führen, dass der Gläubiger den Vorgang in der Schufa-Datenbank hinterlegt. Ein negativer Schufa-Eintrag kann beim Kunden zukünftig zu Schwierigkeiten bei der Bezahlung per Rechnung oder bei einer Kreditvergabe führen.

2.5.3 Streitiges Verfahren (Klage auf Zahlung)

Ist der Antragsteller der Meinung, dass der Schuldner dem Mahnbescheid widersprechen wird, ist es zweckmäßig, auf das gerichtliche Mahnverfahren zu verzichten und sofort **Klage auf Zahlung (Klageverfahren; streitiges Verfahren)** zu erheben.

Beim **streitigen Verfahren** handelt es sich um ein Gerichtsverfahren (Prozess). **Sachlich** zuständig für die Klageerhebung ist bei vermögensrechtlichen Ansprüchen in der Regel das Amtsgericht (über 5000,00 EUR Streitwert das Landgericht). **Örtlich** zuständig ist i. d. R. das Prozessgericht, in dessen Bezirk der **Beklagte** seinen Geschäfts- oder Wohnsitz hat (allgemeiner Gerichtsstand). Vor dem Amtsgericht können sich die Parteien selbst vertreten. Vor dem Landgericht müssen sich die Parteien durch Rechtsanwälte vertreten lassen **(Anwaltszwang).**

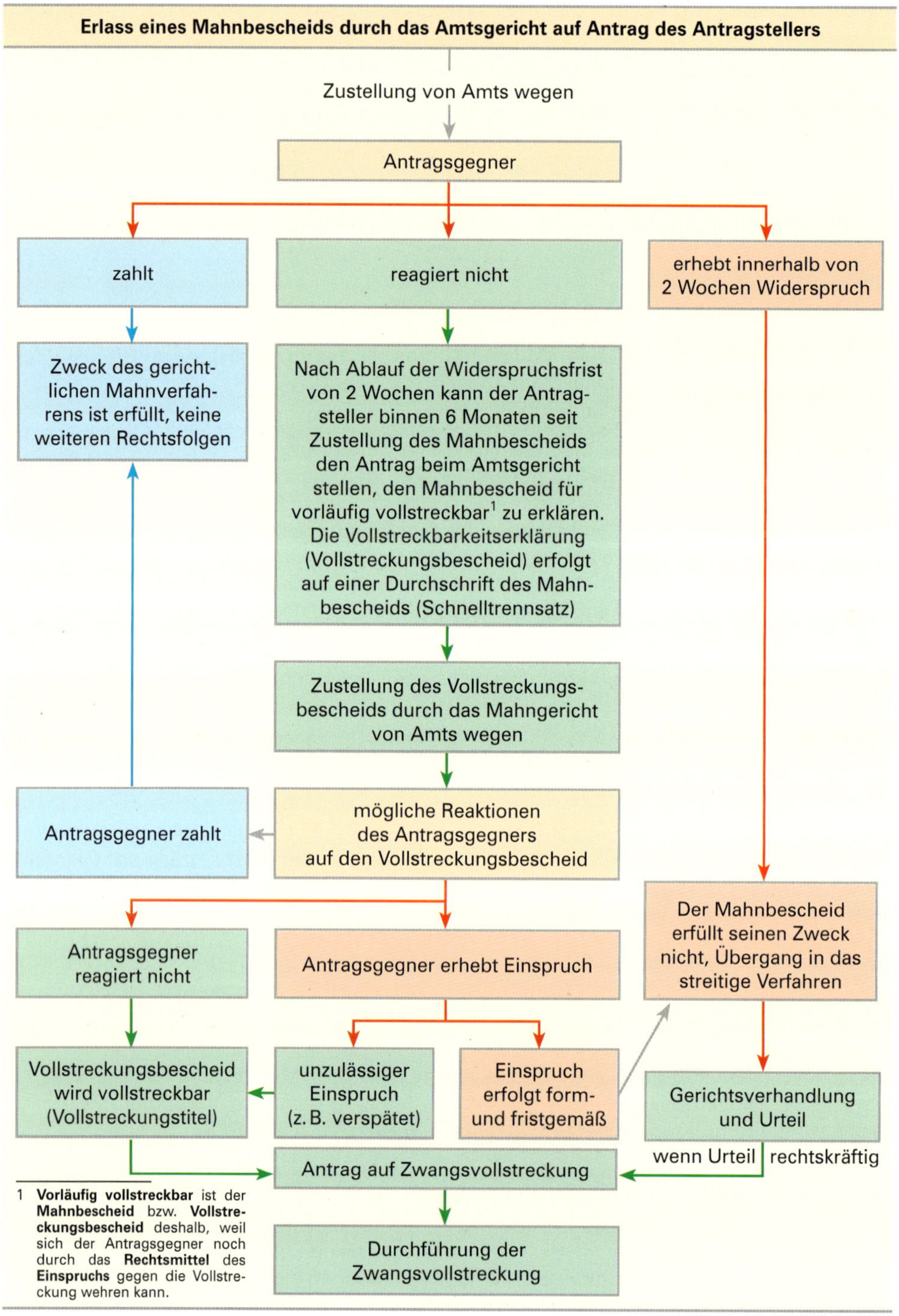

1 **Vorläufig vollstreckbar** ist der **Mahnbescheid** bzw. **Vollstreckungsbescheid** deshalb, weil sich der Antragsgegner noch durch das **Rechtsmittel** des **Einspruchs** gegen die Vollstreckung wehren kann.

Ein Gerichtsurteil wird **rechtskräftig** (vollstreckbar), wenn es weder durch **Berufung** noch durch **Revision** angefochten wird.

Berufung	Sie bedeutet, dass der Tatbestand von neuem untersucht wird.
Revision	Bei der Revision (z. B. beim Bundesgerichtshof gegen Endurteile des Oberlandesgerichts) wird der Tatbestand **nicht mehr neu untersucht** und geprüft. Die Tatsachen werden als gegeben betrachtet. Aufgabe des Revisionsgerichts ist es vielmehr, das Urteil der Berufungsinstanz in **rechtlicher Hinsicht zu prüfen,** z. B. ob das Gericht mit den zuständigen Richtern besetzt war.

2.5.4 Grundzüge des Vollstreckungsrechts

(1) Begriff Zwangsvollstreckung

Wenn ein Schuldner seine Verpflichtungen **nicht freiwillig** vertragsgemäß erfüllt (der Käufer z. B. nicht vertragsgemäß zahlt), so muss er dazu **gezwungen** werden. Eine gewaltsame Durchsetzung seiner Forderungen im Wege der Selbsthilfe kann die Rechtsordnung dem Berechtigten (dem Gläubiger) jedoch nicht gestatten. Während sich der wirtschaftlich Schwache nicht durchsetzen könnte, besteht beim wirtschaftlich Starken die Gefahr, dass er die wirtschaftliche Existenz des Schuldners durch Übergriffe vernichtet.

Anstelle der Selbsthilfe muss deshalb der Staat die Durchsetzung der unbefriedigten Ansprüche übernehmen.

Die **Zwangsvollstreckung** ist ein Verfahren, mit dem Ansprüche des Gläubigers durch staatlichen Zwang durchgesetzt werden [§§ 704 ff. ZPO].

(2) Voraussetzungen der Zwangsvollstreckung

Um die Zwangsvollstreckung zu erwirken, muss der Antragsteller beim Amtsgericht einen **Vollstreckungsantrag** einreichen. Dem Vollstreckungsantrag sind beizulegen: der Vollstreckungstitel, die Vollstreckungsklausel und der Zustellungsnachweis.

Vollstreckungstitel	Der Vollstreckungstitel (z. B. ein vollstreckbares Urteil) ist eine öffentliche Urkunde. Er beinhaltet das Recht, in das Vermögen eines Antraggegners zwangsweise mithilfe des Gerichtsvollziehers eingreifen zu dürfen.
Zustellungsnachweis	Der Vollstreckungstitel wird dem Antragsgegner von Amts wegen zugestellt.
Vollstreckungsklausel	Die Vollstreckungsklausel ist eine auf den Vollstreckungstitel gesetzte amtliche Bescheinigung, dass dieser vollstreckt werden kann.

(3) Durchführung der Zwangsvollstreckung

- **Pfändung und Verwertung von Geld, Wertpapieren und beweglichen Sachen**

Geld, Wertpapiere und Kostbarkeiten (z. B. Schmuck, Goldmünzen) nimmt der Gerichtsvollzieher sofort in Besitz. Andere Gegenstände (z. B. Bilder, Schränke, Musikgeräte) werden mit einem Pfandsiegel versehen und damit als gepfändet gekennzeichnet.

Der zweite Schritt der Zwangsvollstreckung ist die **Verwertung** der Pfänder.

- Bei **gepfändetem Bargeld** liefert der Gerichtsvollzieher das Geld nach Abzug der Vollstreckungskosten an den **Gläubiger ab.**
- Gepfändete **bewegliche Sachen und Wertpapiere** werden durch den Gerichtsvollzieher **öffentlich versteigert.**

Wenn durch eine andere Verwertung z. B. ein höherer Erlös erzielt werden kann, dann kann das Vollstreckungsgericht auf Antrag des Gläubigers oder Schuldners auch eine andere Verwertung der gepfändeten Sachen anordnen [§ 825 ZPO].

Zwangsversteigerung
Versteigerung Am Dienstag, dem 10. Februar 20.., 10:00 Uhr, versteigere ich meistbietend gegen Barzahlung: ein Farbfernsehgerät Die Versteigerung findet im Amtsgericht, Bergstraße 5, 71229 Leonberg statt. gez. Abele, Gerichtsvollzieher in Leonberg

Gegenstände, Zeit und Ort der Versteigerung werden öffentlich bekannt gemacht. Bei der Versteigerung können Gläubiger und Schuldner mitbieten. Den Versteigerungserlös zahlt der Ersteigerer an den Gerichtsvollzieher, der den Erlös (abzüglich der Vollstreckungs- und Versteigerungskosten) an den Gläubiger überweist. Reicht der Erlös zur Deckung der Forderungen des Gläubigers aus, wird die Versteigerung eingestellt. Die Zwangsvollstreckung ist hiermit beendet.

Zwangsvollstreckung in das unbewegliche Vermögen

Eine Zwangsvollstreckung in das unbewegliche Vermögen kann zum einen durch eine **Zwangsversteigerung** von Grundstücken und Gebäuden erfolgen. Zum anderen können die Erträge aus dem unbeweglichen Vermögen (z. B. Miete oder Pacht) dem Gläubiger zur Verfügung gestellt werden **(Zwangsverwaltung).**

(4) Schuldnerschutz

Bestimmte **bewegliche Sachen** sind unpfändbar, um die wirtschaftliche Existenz des Schuldners nicht zu gefährden. Unpfändbar sind vor allem

- die dem **persönlichen Gebrauch** oder dem **Haushalt des Schuldners** dienenden Sachen, insbesondere Kleidungsstücke, Wäsche, Betten, Haus- und Küchengeräte, soweit diese Gegenstände zu einer bescheidenen Lebens- und Haushaltsführung des Schuldners erforderlich sind.
- die für den Schuldner und seine Familie für vier Wochen erforderlichen **Nahrungs-, Feuerungs- und Beleuchtungsmittel** oder der zu ihrer Beschaffung erforderliche Geldbetrag.
- die der **Fortsetzung der Erwerbstätigkeit des Schuldners dienenden Gegenstände.** Unpfändbar sind z. B. das Auto eines Taxifahrers, den Laptop eines Schriftstellers oder der Pkw eines Handelsvertreters.

Im Einzelfall kann eine **Austauschpfändung** in Betracht kommen. Bei der Austauschpfändung werden wertvolle Gegenstände des Schuldners, die ihrer Art nach unpfändbar sind (z.B. goldene Uhr), auf Antrag des Gläubigers gegen andere gleichartige Sachen (z.B. einfache Quarzuhr) ausgetauscht.

Beachte:

Eine Pfändung ist **nicht statthaft,** wenn der Erlös der Pfänder keinen Überschuss über die Kosten der Zwangsvollstreckung erwarten lässt. Der Gläubiger würde keine Vorteile, der Schuldner hingegen nur Nachteile erleiden.

(5) Eidesstattliche Versicherung

In vielen Fällen ist es dem Gläubiger nicht möglich, sich einen Überblick über die tatsächlichen Vermögensverhältnisse des Schuldners zu verschaffen. Die **eidesstattliche Versicherung** des Schuldners soll diesem Mangel abhelfen. Kann sich nämlich der Gläubiger aus der Pfandverwertung nicht oder nicht vollständig befriedigen, so hat der Schuldner **auf Antrag des Gläubigers** ein **Vermögensverzeichnis** anzufertigen und vorzulegen. Mit seiner eidesstattlichen Versicherung bestätigt der Schuldner vor dem Vollstreckungsgericht (Amtsgericht) die Vollständigkeit und Richtigkeit dieses Verzeichnisses.

Falls der Schuldner die Abgabe einer eidesstattlichen Versicherung verweigert oder gar zum Termin zur Abgabe der eidesstattlichen Versicherung nicht erscheint, kann der Gläubiger die **Verhaftung des Schuldners** beantragen. Die Verhaftung wird durch den Gerichtsvollzieher vorgenommen. Die Haftdauer darf nicht länger als 6 Monate dauern. Die Haftkosten sind vom Gläubiger zu tragen. Sinn der Verhaftung ist, den Schuldner zur Abgabe der eidesstattlichen Versicherung zu zwingen.

Zusammenfassung

- Das **außergerichtliche (kaufmännische) Mahnverfahren** vollzieht sich in mehreren „Stufen“. In der Regel werden drei bis vier Mahnungen versandt, die sich von der höflichen Zahlungserinnerung bis zur Androhung gerichtlicher Maßnahmen steigern.
- Die **Mittel des außergerichtlichen Mahnverfahrens** sind – außer den Mahnschreiben – die Zusendung von Rechnungskopien, Kontoauszügen sowie der Forderungseinzug durch Nachnahme oder durch ein Inkassoinstitut.
- Das **gerichtliche Mahnverfahren** umfasst den Erlass eines gerichtlichen Mahnbescheids und – soweit der Schuldner nicht reagiert – die Erwirkung eines Vollstreckungsbescheids.
- Der **Mahnbescheid** ist eine gerichtliche Zahlungsaufforderung an den Antragsgegner.
- Der **Vollstreckungsbescheid** ist, sofern er für vollstreckbar erklärt worden ist, neben den rechtskräftigen Urteilen der wichtigste Vollstreckungstitel.
- Die wichtigsten Voraussetzungen der Zwangsvollstreckung sind der **Vollstreckungstitel** und die **Vollstreckungsklausel.**
- Die Zwangsvollstreckung wegen Geldforderungen kann in das **bewegliche Vermögen** und in **Grundstücke** (unbewegliches Vermögen) erfolgen.

- Bei **beweglichen Sachen** pfändet der Gerichtsvollzieher, indem er diese in Besitz nimmt und sie anschließend öffentlich versteigert oder freihändig verkauft.
- Die **Zwangsvollstreckung in das unbewegliche Vermögen** kann durch die **Zwangsversteigerung** oder die **Zwangsverwaltung** erfolgen.
- Die **Aufgabe des Vollstreckungsverfahrens** ist, durch ein staatliches Verfahren die Ansprüche des Gläubigers gegen den Schuldner durchzusetzen.

Kompetenztraining

39 Außergerichtliches und gerichtliches Mahnverfahren

1. Erläutern Sie die Gründe, warum die Unternehmen auf eine pünktliche Bezahlung ihrer Ausgangsrechnungen angewiesen sind!
2. Beschreiben Sie die „Stufen" des kaufmännischen (außergerichtlichen) Mahnverfahrens!
3. Erklären Sie mögliche Vor- und Nachteile des Forderungseinzugs durch Postnachnahme und Inkassoinstitute aus der Sicht des Geldgläubigers!
4. Stellen Sie den Zweck dar, den das gerichtliche Mahnverfahren verfolgt!
5. Nennen Sie das Gericht, bei welchem der Antrag auf Erlass eines Mahnbescheids gestellt werden muss!
6. Nennen Sie zwei Möglichkeiten, wie der Antragsgegner auf die Zustellung eines Mahnbescheids reagieren kann, und beschreiben Sie die Rechtsfolgen, die sich daraus ergeben!
7. Nennen Sie die „Rechtsmittel", mit denen sich der Antragsgegner gegen einen Mahnbescheid und einen Vollstreckungsbescheid wehren kann! Notieren Sie die Fristen, die er dabei zu beachten hat!
8. Stellen Sie dar, warum beim gerichtlichen Mahnverfahren die Beteiligten „Antragsteller" und „Antragsgegner" genannt werden und nicht „Gläubiger" und „Schuldner"!
9. Zeigen Sie an einem Beispiel auf, unter welchen Bedingungen ein Gläubiger nicht das gerichtliche Mahnverfahren in Anspruch nehmen, sondern den Schuldner sofort verklagen wird!
10. Erklären Sie den Begriff der Zwangsvollstreckung!
11. Nennen Sie die Organe, welche die Zwangsvollstreckung durchführen!
12. Nennen Sie die Vermögensgegenstände, in welche vollstreckt werden kann!
13. 13.1 Beschreiben Sie die Zwangsvollstreckung in bewegliche Sachen!
    13.2 Notieren Sie, was außer beweglichen Gegenständen eventuell noch gepfändet werden kann!
14. Begründen Sie die Notwendigkeit der Unpfändbarkeit bestimmter Vermögensgegenstände und der Pfändungsbeschränkungen!
15. 15.1 Erklären Sie den Begriff „Eidesstattliche Versicherung"!
    15.2 Zeigen Sie die Rechtsfolgen auf, die eintreten können, wenn der Schuldner die Abgabe einer „Eidesstattlichen Versicherung" verweigert!

40 Antrag auf Erlass eines Mahnbescheids

Josef und Anna Waldner haben in ihrem Einfamilienhaus (Wiesenweg 16, 88400 Biberach) wegen einer Stauballergie von der im Gewerbepark Ulm angesiedelten CLEAN-TEC OHG eine Komplettreinigung durchführen lassen. Sie sind die Rechnung (Nr. 10675 vom 30.09.20..) in Höhe von 1200,00 EUR seit fünf Monaten schuldig geblieben. Auch die Mahnungen durch den zuständigen CLEAN-TEC-Gesellschafter, Martin Nolle, bringen keinen Erfolg. Herr Nolle will daraufhin einen Antrag auf Erlass eines Mahnbescheids stellen.

Aufgaben:

1. Nennen Sie das Gericht, bei welchem Martin Nolle den Mahnbescheid beantragen muss!
2. Laden Sie von der Internetseite http://www.online-mahnantrag.de das Antragsformular, füllen Sie es für Martin Nolle aus (mit Verzugszinsen und gesetzlicher Verzugspauschale, Antragsdatum: 2. März 20.., Kontoverbindung: IBAN DE66 6305 0000 0000 6444 35, Sparkasse Ulm) und drucken Sie es aus!
3. Angenommen, die Zustellung des Mahnbescheids erfolgt am 10. März 20.. Erläutern Sie, wann die Waldners spätestens bezahlen oder Widerspruch einlegen müssten, um einem streitigen Verfahren zu entgehen!
4. Ermitteln Sie das Datum, zu dem Martin Nolle frühestens einen Vollstreckungsbescheid beantragen kann!

2.6 Verjährung

2.6.1 Gegenstand, Begriff und Zweck der Verjährung

- Unter **Verjährung** versteht man den **Ablauf** der **Frist,** innerhalb der ein **Anspruch erfolgreich gerichtlich geltend gemacht werden kann.**
- Unter einem **Anspruch** versteht man das Recht, von einem anderen ein **Tun** oder ein **Unterlassen** zu verlangen.

Die Verjährung bedeutet jedoch nicht, dass der Anspruch nach vollendeter Verjährung erloschen ist. Dem Schuldner wird nach Ablauf der Verjährungsfrist gesetzlich lediglich das Recht eingeräumt, sich nach seinem freien Ermessen auf die vollendete Verjährung zu berufen und die Leistung zu verweigern. Er hat das Recht zur **„Einrede der Verjährung“**.[1] Erfüllt ein Schuldner jedoch einen bereits verjährten Anspruch, kann er die Leistung nicht mehr erfolgreich zurückfordern.

Beispiel:

In Unkenntnis der bereits eingetretenen Verjährung des Zahlungsanspruchs seines Verkäufers zahlt der Käufer den Kaufpreis. Der Käufer kann die Zahlung nicht nach den Grundsätzen der ungerechtfertigten Bereicherung vom Verkäufer zurückfordern.

Zweck der **Verjährung** ist vor allem die **Rechts- und Beweissicherheit** des **Rechtsverkehrs** zu erhöhen.

1 Der Richter muss die Verjährung von Amts wegen nicht berücksichtigen.

13 Hug u.a. - ISBN 978-3-8120-0578-4

2.6.2 Verjährungsfrist

Für die Verjährung gilt grundsätzlich die Regelfrist von 3 Jahren. Daneben gibt es noch eine Reihe von Sonderregelungen.

Verjährungsfristen			
Regelmäßige	**Besondere (Beispiele)**[1]		
3 Jahre [§ 195 BGB]	2 Jahre [§ 438 I, Nr. 3 BGB]	5 Jahre [§ 438 I, Nr. 2 BGB]	30 Jahre [§§ 197, 199 II, III BGB]
Geltung ■ wiederkehrende Leistungen (Miete, Pacht, Zinsen) ■ Rechtsgeschäfte zwischen Kaufleuten bzw. Privatleuten ■ Ansprüche aus unerlaubten Handlungen (z. B. Körperverletzung) ■ Forderungen aufgrund arglistig verschwiegener Mängel ■ ...	**Geltung** Sachmängelhaftung aus Kauf- und Werkverträgen	**Geltung** Sachmängelhaftung aus Kauf von Baumaterial und Bauwerken	**Geltung** ■ rechtskräftige Urteile ■ Forderungen aus Insolvenz ■ Vollstreckungsbescheide ■ Schadensersatzansprüche aus Verletzungen des Lebens oder des Körpers ■ ...
Fristbeginn mit Schluss des Jahres, in dem der Anspruch entstanden ist [§ 199 BGB]	**Fristbeginn** Ablieferung der Kaufsache bzw. Abnahme des Werkes [§ 634a I, Nr. 1 BGB]	**Fristbeginn** Ablieferung der Kaufsache bzw. Übergabe des Bauwerkes [§ 634a I, Nr. 2 BGB]	**Fristbeginn** mit dem Datum der Fälligkeit des Anspruchs bzw. Rechtskraft der Entscheidung [§ 200 BGB]

Beispiel für eine regelmäßige Verjährungsfrist:

Das Kaufhaus Velter GmbH verkauft an das Einzelhandelsgeschäft Josef Krieger e.K. mit Vertrag vom 15. Februar 2020 seinen zwei Jahre alten Kombiwagen. Zu welchem Zeitpunkt verjähren die Ansprüche auf Zahlung des Kaufpreises und Lieferung des Fahrzeugs?

Die Ansprüche sind am 15. Februar 2020 entstanden. Das Kaufhaus Velter GmbH und Josef Krieger e.K. haben jeweils Kenntnis von den den Anspruch begründenden Umständen und der Person des Schuldners erlangt. Die Verjährung beginnt daher gemäß § 199 I BGB am 31. Dezember 2020. Für das Rechtsgeschäft kommt die dreijährige regelmäßige Verjährungsfrist in Betracht. Die Ansprüche verjähren mit Ablauf des 31. Dezember 2023.

1 Die besonderen Verjährungsfristen sind fakultative Inhalte des Bildungsplans.

Zusammenfassung

- Nur **Ansprüche** unterliegen der Verjährung.
- Die **Verjährung** dient vor allem der **Rechts- und Beweissicherheit.**
- **Nach Vollendung der Verjährung** kann ein Anspruch bei einer berechtigten Einrede der Verjährung durch den Schuldner gerichtlich nicht mehr erfolgreich durchgesetzt werden.
- Die **regelmäßige Verjährungsfrist** beträgt 3 Jahre.
- Die Abhängigkeit des Beginns der regelmäßigen Verjährungsfrist von dem Kriterium „Kenntnis oder grob fahrlässige Unkenntnis“ des Gläubigers kann zu einem endlosen Aufschub des Fristbeginns führen. Der Gesetzgeber hat deshalb **Verjährungshöchstfristen** festgelegt, nach deren Ablauf in jedem Fall – unabhängig von der Anspruchsentstehung oder Anspruchskenntnis – die Verjährung eintritt [§ 199 II, III, IV BGB].
- Die **Höchstfristen** betragen z. B. für
  - Schadensersatzansprüche aus der Verletzung des Lebens, der Gesundheit oder Freiheit von Personen 30 Jahre [§ 199 II BGB].
  - Schadensersatzansprüche wegen falscher Beratung 10 Jahre.

Kompetenztraining

41 Verjährung

1. 1.1 Erklären Sie den Begriff Verjährung!

   1.2 Begründen Sie die Notwendigkeit (den Zweck) und den Gegenstand der Verjährung!
2. Erläutern Sie, warum die regelmäßige Verjährungsfrist erst mit Ablauf des Jahres, in dem eine Forderung fällig wurde, beginnt!
3. Die Biehler Baustoffhandel KG in Nagold lieferte einem Tapezier- und Polstergeschäft mit Rechnung vom 20. April 20 Nadelfilz, Rechnungsbetrag 12300,00 EUR.

   Aufgaben:

   3.1 Nennen Sie das Verjährungsdatum!

   3.2 Stellen Sie die Folgen dar, die die Verjährung für den Gläubiger hat!
4. Das Schreibwarengeschäft Franz Fritzmaier e. Kfm. schuldet der Großhandlung Karl Klein OHG einen Rechnungsbetrag über 1465,20 EUR, fällig am 14. April 20. Die Rechnung ist dem Schreibwarengeschäft Franz Fritzmaier e. Kfm. am 6. April 20 zugegangen.

   Aufgabe:

   Notieren Sie, von welchem Tag an sich Fritzmaier im Zahlungsverzug befindet!

3 Ausgewählte Zahlungssysteme vergleichen und deren Vor- und Nachteile nachweisen

KB 2 Lernsituation 8: Die Zahlungsabwicklung mit Kunden organisieren

Das Kosmetikinstitut Beauty Moments von Emmy Reisacher, Neuwerk 10, in 89079 Ulm, hat sich im Gewerbepark sehr gut etabliert. Viele der Beschäftigten im Industrie- und Gewerbegebiet gehören zu den Stammkunden. Der Terminkalender ist in der Regel eine Woche im Voraus ausgebucht.

Inzwischen hat Emmy Reisacher fünf weitere Mitarbeiter eingestellt, darunter Lina Glogger, eine Teilzeitkraft, die sie in der Abwicklung der kaufmännischen Arbeiten unterstützt. Für Emmy Reisacher war die Entscheidung, ihren Betrieb in das Gewerbegebiet zu verlegen, mit viel Herzklopfen verbunden. Deshalb wollte sie auch lange Zeit die kaufmännischen Arbeiten nicht aus der Hand geben. Insbesondere den Zahlungsverkehr wollte sie stets unter Kontrolle haben und handelte nach dem Motto: *„Nur Bares ist Wahres".*

Aus diesem Grund war sie gegenüber Kartenzahlungen sehr reserviert. Es kam auch schon vor, dass Kundinnen, die soeben von der Wohltat einer Gesichtsmassage begeistert waren, diese Produkte kaufen wollten. Verfügten sie in solch einer Situation nicht über genügend Bargeld, scheiterte der Kaufabschluss. Hinzu kam, dass Firmenkunden nur gegen Rechnung einkaufen wollten.

Emmy Reisacher möchte ihren Zahlungsverkehr besser organisieren. Sie macht hierzu folgende Bestandsaufnahme über ihre Umsatzarten:

Käufer	Ware/Dienstleistung	Betrag	Regelmäßigkeit
Privatkunden	Kosmetikprodukte	verschieden	einmalig bzw. unregelmäßig
Privatkunden	Behandlung	30,00 EUR bis 60,00 EUR	in unregelmäßigen Abständen
Privatkunden und Firmenkunden	Gutscheine	je 20,00 EUR bis 40,00 EUR	einmalig bzw. unregelmäßig
Firmenkunden	Geschenkkörbe	verschieden	sehr unregelmäßig
Privatkunden	Beauty Abbonnement	100,00 EUR	monatlich
Privatkunden	Artikel aus dem Onlineshop	Mindestumsatz 20,00 EUR	einmalig bzw. unregelmäßig

Sie bittet Lina Glogger darum, Vorschläge zu machen, auf welche Weise diese Zahlungen verlässlich abgewickelt werden können. Diese Vorschläge soll sie jeweils durch die damit verbundenen Vor- und Nachteile begründen.

KOMPETENZORIENTIERTE ARBEITSAUFTRÄGE:

Arbeiten Sie die folgenden Kapitel des Schulbuches durch und verwenden Sie die Aufzeichnungen aus dem Unterricht zur Bearbeitung der kompetenzorientierten Arbeitsaufträge!

Versetzen Sie sich in die Rolle von Lina Glogger.

1. Machen Sie zu den obigen Zahlungsvorgängen jeweils einen Vorschlag zu dessen Abwicklung!
2. Unterstützen Sie Ihre Vorschläge, indem Sie die Zahlungssysteme SEPA-Basis-Lastschriftverfahren, SEPA-Überweisungen, SEPA-Dauerauftrag, Girocard und Kreditkarte mit ihren jeweiligen Vor- und Nachteilen – jeweils aus der Sicht des Zahlungsempfängers bzw. Zahlungspflichtigen – in einer Übersicht zusammenstellen!

3.1 Überblick über die Geld- und Zahlungsarten

(1) Geldarten

Im Zahlungsverkehr unterscheidet man drei Geldarten:

Bargeld	Hierzu zählen **Banknoten** und **Münzen**. Die Eurobanknoten sowie die Euromünzen sind die **gesetzlichen Zahlungsmittel** der Bundesrepublik Deutschland.
Buchgeld (Giralgeld)	Es entsteht durch **Bareinzahlung** der Kunden auf **Girokonten**[1] und durch **Kreditgewährung der Kreditinstitute**. Vernichtet wird es durch Barabhebung und Kredittilgung durch die Bankkunden.
Elektronisches Geld	■ Es handelt sich um Werteinheiten in Form einer **Forderung gegen die ausgebende Stelle**, die auf **elektronischen Datenträgern** gespeichert sind (z. B. Geldkarte, ausgegeben von einer Bank). ■ **Kein elektronisches Geld** liegt vor, wenn die Werteinheiten lediglich **Voraussetzungen für bestimmte Sach- und Dienstleistungen** darstellen (z. B. Telefonkarten).

(2) Zahlungsarten

Im Folgenden beschränken wir uns auf die **bargeldlose Zahlung**. Sie erfolgt ausschließlich mit **Buchgeld** und ist nur möglich, wenn sowohl der Zahler als auch der Zahlungsempfänger ein **Konto** haben.

3.2 Bargeldlose Zahlung

3.2.1 Girokonto

Voraussetzung für die Teilnahme am bargeldlosen Zahlungsverkehr ist die Eröffnung eines **Girokontos**. Mit der Eröffnung des Girokontos wird ein **Girovertrag** begründet.

1 Das Wort „Giro" kommt von „Kreis", „Ring". Gelder, die auf Girokonten liegen, kann man nämlich von Konto zu Konto überweisen, weil die Kreditinstitute gewissermaßen „ringförmig" miteinander in Verbindung stehen.

- Der **Girovertrag** verpflichtet das Kreditinstitut, für den Kunden ein **Girokonto einzurichten, eingehende Zahlungen** auf dem Girokonto **gutzuschreiben** und abgeschlossene **Überweisungsverträge** zulasten des Girokontos **abzuwickeln.**
- Das Kreditinstitut ist verpflichtet, **Angaben zur Person** des Überweisenden und zum **Verwendungszweck** dem Zahlungsempfänger mitzuteilen.

Auf dem **Girokonto** werden die Forderungen und Verbindlichkeiten der Banken gegenüber dem Kunden einander gegenübergestellt.

- **Forderungen der Bank** (Verbindlichkeiten des Kunden) werden im **Soll,**
- **Verbindlichkeiten der Bank** (Guthaben des Kunden) werden im **Haben** gebucht.[1]

Der Kontoinhaber kann über die auf dem Girokonto gebuchten Gelder bzw. über einen eingeräumten Kredit täglich und uneingeschränkt verfügen.

Aufbau des Girokontos

Soll	Haben
Forderungen der Bank (= Verbindlichkeiten des Kontoinhabers)	Verbindlichkeiten der Bank (= Guthaben des Kontoinhabers)

3.2.2 SEPA-Zahlungen

3.2.2.1 SEPA-Überweisungen

Der einheitliche Euro-Zahlungsverkehrsraum SEPA (SEPA – **S**ingle **E**uro **P**ayments **A**rea) zielt darauf ab, dass bargeldlose Zahlungen der zugehörigen 34 Staaten[2] einfach, sicher und effizient abgewickelt werden können.

(1) Begriff und Beispiel

- Bei einer **Überweisung** wird **mittels Buchgeld** bezahlt.
- **Auftraggeber** und damit Einreicher der Überweisung ist der **Zahlungspflichtige.**
- Der Geldbetrag wird vom Girokonto des Zahlungspflichtigen abgebucht und **auf einem Konto** (z.B. Girokonto) **des Zahlungsempfängers** gutgeschrieben.

Beispiel:

Die Ulmer Büromöbel AG bezahlt am 17.06.20.. die Rechnung Nr. 54872 vom 04.06.20.. über 3570,00 EUR per Überweisung.

Kontoverbindung:
Sparkasse Ulm
IBAN: DE 66 6305 0000 0000 6375 26

Zahlungsempfänger:
Beauty Moments Emmy Reisacher e.Kfr.

Kontoverbindung:
Commerzbank Ulm
IBAN: DE 92 6304 0053 0006 7523 04

1 Auf dem Kontoauszug weist die Bank statt des Begriffs „Soll" häufig nur ein Minuszeichen und statt des Begriffs „Haben" ein Pluszeichen aus.

2 Der Geltungsbereich der SEPA umfasst die 31 Länder des Europäischen Wirtschaftsraums sowie die Schweiz, Monaco und San Marino.

IBAN – International Bank Account Number = Internationale Bankkontonummer

Sie dient der eindeutigen Identifikation eines Kontos, enthält vier Bausteine und darf nur von der kontoführenden Stelle berechnet und ausgegeben werden.

Beispiel:

Aufbau der IBAN der Ulmer Büromöbel AG:

Länder-kennzeichen	Prüfziffer 2-stellig	Bankleitzahl 8-stellig	Kontonummer 10-stellig (ggf. führende Nullen)
DE	**66**	**6305 0000**	**0000 6375 26**

Erläuterungen:

- **DE** als Länderkennzeichen steht für Deutschland.
- Die 2-stellige **Prüfziffer** wird bei der Erstermittlung der IBAN berechnet und an Position 3 und 4 der IBAN integriert. Verschreibt sich ein Verwender bei dieser IBAN, dann wird dieser Fehler aufgedeckt: Der Zahlungsdienstleister, der den Kundenauftrag entgegennimmt, ist verpflichtet, die angegebene IBAN auf Richtigkeit zu prüfen. Die Absicherung durch eine Prüfziffer fördert die reibungslose und automatisierte Abwicklung des Zahlungsverkehrs.
- Es folgt die bisherige **Bankleitzahl.**
- Die **Kontonummer** wird gegebenenfalls mit führenden Nullen auf 10 Stellen aufgefüllt.

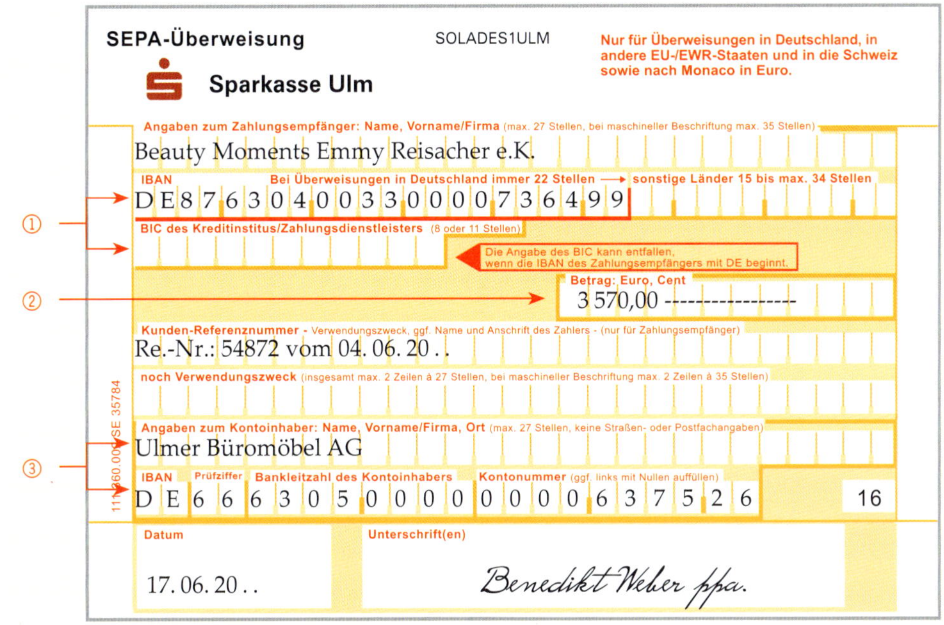

①
②
③

SEPA-Überweisung
SOLADES1ULM
Nur für Überweisungen in Deutschland, in andere EU-/EWR-Staaten und in die Schweiz sowie nach Monaco in Euro.
Sparkasse Ulm
Angaben zum Zahlungsempfänger: Name, Vorname/Firma (max. 27 Stellen, bei maschineller Beschriftung max. 35 Stellen)
Beauty Moments Emmy Reisacher e.K.
IBAN Bei Überweisungen in Deutschland immer 22 Stellen → sonstige Länder 15 bis max. 34 Stellen
DE87630400330000736499
BIC des Kreditinstituts/Zahlungsdienstleisters (8 oder 11 Stellen)
Die Angabe des BIC kann entfallen, wenn die IBAN des Zahlungsempfängers mit DE beginnt.
Betrag: Euro, Cent
3 570,00 ----------------
Kunden-Referenznummer - Verwendungszweck, ggf. Name und Anschrift des Zahlers - (nur für Zahlungsempfänger)
Re.-Nr.: 54872 vom 04. 06. 20..
noch Verwendungszweck (insgesamt max. 2 Zeilen à 27 Stellen, bei maschineller Beschriftung max. 2 Zeilen à 35 Stellen)
Angaben zum Kontoinhaber: Name, Vorname/Firma, Ort (max. 27 Stellen, keine Straßen- oder Postfachangaben)
Ulmer Büromöbel AG
IBAN Prüfziffer Bankleitzahl des Kontoinhabers Kontonummer (ggf. links mit Nullen auffüllen)
DE66630500000000637526 16
Datum
17. 06. 20..
Unterschrift(en)
Benedikt Weber ppa.

Erläuterungen zum Überweisungsbeleg:

① Zur eindeutigen Identifikation des Zahlungsempfängers muss bei der SEPA-Überweisung die IBAN angegeben werden.

② Die SEPA-Überweisung kann nur für Euro-Zahlungen genutzt werden.

③ Angaben zum Kontoinhaber und dessen IBAN.

(2) Ablauf des Zahlungsvorgangs

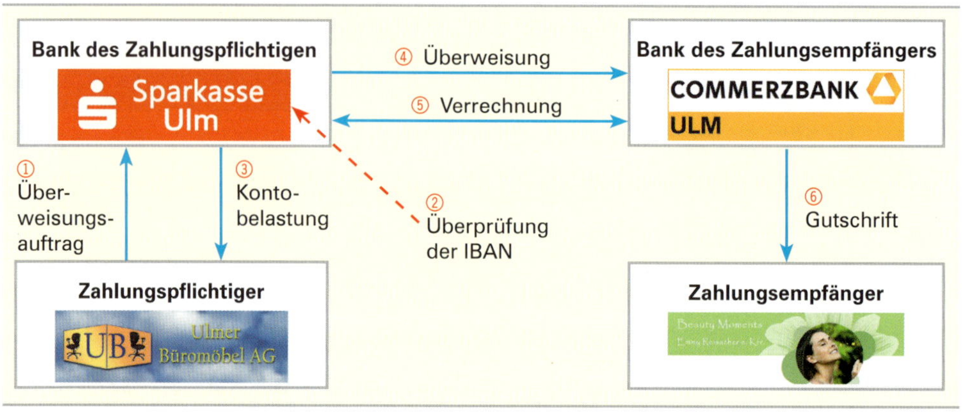

(3) SEPA-Dauerauftrag

Der SEPA-Dauerauftrag ist ein Sonderfall der SEPA-Überweisung. Hier erteilt

- der **Zahlungspflichtige seiner Bank** einen
- **einmaligen Auftrag,**
- bis **auf Widerruf**
- von **seinem Konto**
- einen **feststehenden Betrag**
- zu **bestimmten Terminen** (z.B. jeweils zum 1. eines Monats)
- auf das angegebene **Konto des Zahlungsempfängers**

zu überweisen.

Beispiel:

Die Beauty Moments Emmy Reisacher e.Kfr., Neuwerk 10, 89079 Ulm, lässt die Miete für ihre Geschäftsräume jeweils zum 5. eines Monats vom Geschäftskonto abbuchen und auf das Konto des Vermieters überweisen.

3.2.2.2 SEPA-Basis-Lastschriftverfahren (SEPA Core Direct Debit Scheme)

(1) Begriff

- Eine **SEPA-Lastschrift** ist ein **Zahlungsvorgang zulasten des Kontos des Zahlungspflichtigen** bei dessen Kreditinstitut, bei dem die **Höhe des jeweiligen Zahlungsbetrages** und der **Fälligkeitstermin** vom **Zahlungsempfänger** angegeben werden.
- **Auftraggeber** und damit Einreicher der Lastschrift ist der **Zahlungsempfänger.**

Das Lastschriftverfahren ist geeignet, wenn Beträge abgebucht werden sollen, die im Zeitablauf in **wechselnder Höhe** und/oder zu **unregelmäßigen Zeitpunkten** anfallen.

Sowohl Privatpersonen als auch Firmen[1] sind als **Zahlungspflichtiger** und als **Zahlungsempfänger** zugelassen.

1 Beim **SEPA-Firmen-Lastschriftverfahren** gelten strengere Vorschriften. U.a. **verzichtet** der Zahlungspflichtige **auf** seinen **Erstattungsanspruch.** Diesen Verzicht erklärt er im Text des SEPA-Firmenmandats. **Verbraucher** sind beim SEPA-Firmen-Lastschriftverfahren als Zahlungspflichtige nicht zugelassen.

- Der Zahlungspflichtige hat einen **Erstattungsanspruch** innerhalb von **8 Wochen** nach Belastung – ohne Angabe von Gründen.
- Erfolgt die Belastung **ohne gültiges SEPA-Mandat,** beträgt der Erstattungsanspruch bis zu **13 Monate** nach der Belastung.

(2) Ablauf der SEPA-Basislastschrift

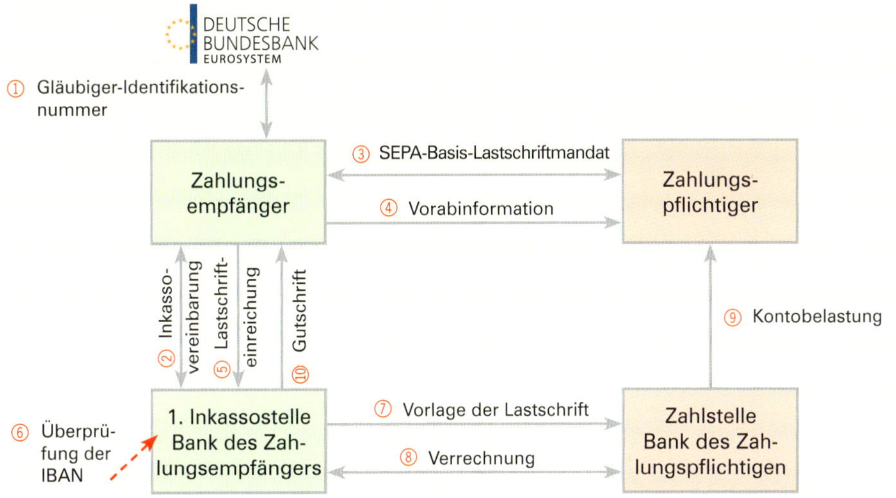

Erläuterungen:

① Der **Zahlungsempfänger benötigt** eine **Gläubiger-Identifikationsnummer** (kurz: Gläubiger-ID).
- Sie dient der eindeutigen Identifikation eines Lastschrifteinreichers und ist unabhängig von seiner Bankverbindung.
- Sie kann ausschließlich über das Internet bei der Deutschen Bundesbank beantragt werden.
- Sie ist im SEPA-Lastschriftmandat und in allen SEPA-Lastschriften anzugeben.

② Der **Zahlungsempfänger und seine Bank** schließen eine **Inkassovereinbarung** über den Einzug von Forderungen durch SEPA-Basislastschriften bzw. SEPA-Firmenlastschriften. Dies ist eine einmalige Vereinbarung zwischen dem Zahlungsempfänger und seiner Bank. Die Gläubiger-ID muss hierbei vorgelegt werden.

③ **Zahlungsempfänger und Zahlungspflichtiger** vereinbaren ein **SEPA-Basis-Lastschriftmandat.**[1]
Bevor der Zahlungsempfänger SEPA-Lastschriften einreicht, muss er vom Zahlungspflichtigen ein SEPA-Basis-Lastschriftmandat einholen. Es enthält die
- Ermächtigung des Zahlungsempfängers, Zahlungen vom Konto des Zahlungspflichtigen mittels SEPA-Basis-Lastschriften einzuziehen,
- Weisung an sein Kreditinstitut, die Lastschriften einzulösen.

④ Der **Zahlungsempfänger** hat dem Zahlungspflichtigen mindestens **14 Tage vor der Fälligkeit der ersten Zahlung** mittels SEPA-Basislastschrift den Lastschrifteinzug anzukündigen (z.B. im Text der Rechnung), damit dieser die erforderliche Deckung bereitstellen kann.

⑤ Der **Zahlungsempfänger reicht die Lastschrift bei seiner Bank** (1. Inkassostelle) **ein (zwingend: elektronisch).**

1 **Mandat,** lat. mandare: beauftragen, hier: Ermächtigung des Zahlungsempfängers durch den Zahlungspflichtigen, von seinem Konto Zahlungen durch Lastschrift einzuziehen.

⑥ Die **Bank des Zahlungsempfängers** als erste Inkassostelle **überprüft die formale Korrektheit** (IBAN, Pflichtfelder) der eingereichten Datensätze.

⑦ **Vorlage bei Zahlstelle** (Bank des Zahlungspflichtigen).

⑧ **Zahlungsverrechnung der Banken** untereinander.

⑨ **Belastung auf dem Konto des Zahlungspflichtigen.**

⑩ **Gutschrift auf dem Konto des Zahlungsempfängers.**

Die Schritte ⑨–⑩ finden im Regelfall am Fälligkeitstag statt.

Beispiel eines SEPA-Basis-Lastschriftmandats:

Beauty Moments Emmy Reisacher e. Kfr.
Neuwerk 10, 89079 Ulm

Gläubiger-Identifikationsnummer: DE85BMR00000305087

SEPA-Basis-Lastschriftmandat

Mandatsreferenz 982736

- Ich ermächtige/Wir ermächtigen den Zahlungsempfänger (Name siehe oben), Zahlungen von meinem/unserem Konto mittels Lastschrift einzuziehen.
- Ich weise/Wir weisen zugleich mein/unser Kreditinstitut an, die vom Zahlungsempfänger (Name siehe oben) auf mein/unser Konto gezogenen Lastschriften einzulösen.
- Hinweis: Ich kann/Wir können innerhalb von acht Wochen beginnend mit dem Belastungsdatum, die Erstattung des belasteten Betrages verlangen. Es gelten dabei die mit meinem/unserem Kreditinstitut vereinbarten Bedingungen.

Zahlungsart: ☐ Einmalige Zahlung ☒ Wiederkehrende Zahlung

Vorname und Name (Kontoinhaber)

Anna Schlecker

Straße und Hausnummer

Glasgasse 12

Postleitzahl und Ort

89073	Ulm

IBAN

D	E	1	0	6	3	0	5	0	0	0	0	0	0	0	1	4	5	2	0	7	3

Ort und Datum

Ulm	03. 10. 20 . .

Anna Schlecker

Unterschrift

Außer durch die **Gläubiger-ID** wird jedes Mandat durch eine eindeutige **Mandatsreferenz** identifiziert. Letztere ermöglicht es dem Zahlungspflichtigen, bei der Belastungsbuchung zu prüfen, ob ein SEPA-Lastschriftmandat besteht.

Beachte:

- Die Bank prüft die **formale** Korrektheit der im Lastschriftauftrag enthaltenen Daten. Fehlerhafte Lastschriftaufträge werden zurückgewiesen. Nach dieser Prüfung befinden sich **nur fehlerfreie Daten im Prozessablauf,** sodass dieser **vollautomatisch abgewickelt** werden kann.
- Die **Verantwortung für die Richtigkeit der Daten** liegt somit außerhalb des Bankensystems und ausschließlich **beim Auftraggeber** (bei der SEPA-Überweisung = Zahlungspflichtiger, bei der SEPA-Lastschrift = Zahlungsempfänger).

3.2.3 Zahlungen mit der Girocard

3.2.3.1 Begriff Girocard und Girocard-Zahlung

(1) Begriff Girocard[1]

Girocards werden von Banken ausgegeben. Sie sind mit einer Geheimzahl **(Personal Identification Number: PIN)** ausgestattet. Dadurch ist eine **Zwei-Faktoren-Authentifizierung** möglich. Für die Freigabe einer Zahlung müssen zwei Komponenten aus den Kategorien „Haben" (z.B. Karte), „Sein" (z.B. Fingerabdruck) oder „Wissen" (z.B. PIN) eingesetzt werden. Damit sind Kartenzahlungen sehr sicher. Jeder Karte ist ein **Girokonto zugeordnet,** das bei einer Zahlung sofort belastet wird.

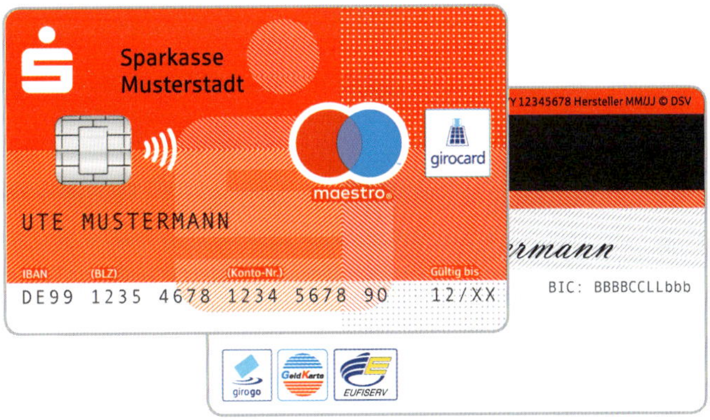

Quelle: Deutscher Sparkassenverlag

(2) Girocard-Zahlung

Girocard-Zahlung ist eine bargeld- und beleglose Zahlungsart, bei der die Zahlung an einer automatisierten Ladenkasse unter Verwendung einer Girocard direkt am Verkaufsort **(Point of Sale: POS)**[1] vorgenommen wird.

Die elektronischen Zahlungen mithilfe der maschinell lesbaren Karten sind möglich, weil die Einzelhandelsgeschäfte, Kaufhäuser und Tankstellen in Verbindung mit den Banken elektronische Kassen (Girocard-Terminals) eingerichtet haben. Werden die Karten bei der Zahlung vertragsgemäß verwendet, garantieren die Banken die Einlösung der Kartenzahlung. Die Girocard-Zahlung kann online oder offline abgewickelt werden.

girocard

1 Die **Girocard** bezeichnet man auch als **Debitkarte. Debit** (engl.): Schulden, Belastung (des Kontos).

1 **Point of Sale (POS)**: „Punkt des Verkaufs"; Verkaufsort.

3.2.3.2 Electronic Cash (Pay-now-Karte)[1]

(1) Girocard-Zahlung online[2]

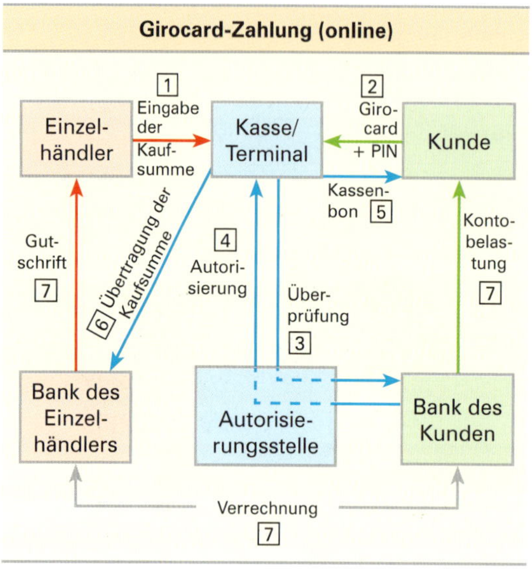

Ist die Kaufsumme vom Verkäufer in die Kasse eingegeben und vom Kunden kontrolliert, gibt der Kunde seine Girocard und die Geheimnummer (PIN) in einen Kartenleser ein, der mit dem Rechenzentrum des betreffenden Netzbetreibers verbunden ist. Das Rechenzentrum überprüft bei der Bank, die die Karte ausgestellt hat, in Sekundenschnelle die Geheimnummer, die Echtheit der Karte, eine mögliche Sperre sowie das Guthaben bzw. das Kreditlimit **(Autorisierungsprüfung).**[3] Wird die Zahlung genehmigt (autorisiert), erhält der Kunde den quittierten Kassenbeleg ausgehändigt.

Der Verkäufer erhält automatisch von seiner Bank die Gutschrift (abzüglich Gebühren). Dem Käufer wird der Rechnungsbetrag auf dem Konto belastet.

(2) Kontaktlose Zahlung mit der Girocard

Mit der Funktion **girogo** auf der Grundlage der NFC-Technologie können Einkäufe sicher kontaktlos beglichen werden. Die Girocard muss nur an das Bezahlterminal gehalten werden. Das herkömmliche Stecken der Karte entfällt. Bei Kleinbeträgen bis 50,00 EUR entfällt in der Regel auch die PIN-Eingabe.

Die Vorteile liegen auf der Hand: Der Bezahlvorgang geht wesentlich schneller und die Schlange an der Kasse wird kürzer.

(3) Nutzung der Girocard als Geldkarte (Pay-before-Karte)[4]

Der Karteninhaber lädt den in der Girocard integrierten Chip an einem Geldautomaten oder einem speziellen Ladeterminal in der Bank bis zu einem Betrag von 200,00 EUR zulasten seines Kontos auf. Die Eingabe seiner PIN ist hierbei erforderlich. Somit verfügt der Kunde über eine „elektronische Geldbörse".

GeldKarte

Beim Händler erfolgt die Legitimation allein über den Besitz der Karte. Zur Bezahlung sind weder PIN noch Unterschrift erforderlich. Der Rechnungsbetrag wird nicht dem Konto belastet, sondern vom Chip abgebucht.

1 **pay now** (engl.): bezahle jetzt. Charakteristisch für Pay-now-Karten ist, dass ihre Verfügung sehr zeitnah dem Konto des Karteninhabers belastet wird.

2 Auf die Darstellung des **Chip-offline-Verfahrens** wird verzichtet, da es aufgrund des schnellen Internets ständigt an Bedeutung verliert.

3 **Autorisieren**: ermächtigen.

4 **pay before** (engl.): bezahle vorher. Das Konto wird belastet durch das Aufladen des Chips. Die Geldkarte wird aufgrund der geringen Akzeptanz zunehmend von der kontaktlosen Zahlung verdrängt.

Bei Kassenabschluss werden die gespeicherten Umsätze online an die Hausbank übertragen. Diese veranlasst, dass das Karten ausgebende Institut an den Händler zahlt (Einzug per Lastschrift). Die Zahlung ist für den Händler garantiert.

Geht die Geldkarte verloren oder wird sie gestohlen, kann der Finder oder Dieb über das gespeicherte Guthaben verfügen, da keinerlei Legitimationsprüfung durch PIN-Eingabe oder Unterschrift durchgeführt wird.

Girocard-Zahlungen sind für den Kunden im Euro-Raum gebührenfrei. Die Kosten für den Händler sind durch eine EU-Verordnung auf 0,2 % des Umsatzes gedeckelt. Dieses Entgelt erhält die Karten ausgebende Bank (Bank des Kunden) und wird im Zusammenhang mit dem Einzug der Girocard-Zahlung abgerechnet.

(4) Internationale Zahlung mit der Girocard

Symbole wie **V-PAY** und **Maestro** zeigen an, dass mit der entsprechenden Girocard europa- bzw. weltweit bezahlt werden kann. Eine Girocard mit diesen Symbolen bietet auch die Möglichkeit, das internationale Geldautomatennetz zu nutzen.

maestro

V PAY

Bei internationalen Zahlungen und Geldabhebungen muss der Karteninhaber insbesondere bei Beträgen in Fremdwährungen mit erheblichen Gebühren rechnen.

3.2.3.3 Elektronisches Lastschriftverfahren (ELV)

SEPA Lastschrift

Beim elektronischen Lastschriftverfahren (ELV) wird die PAN (**Primary Account Number,** vergleichbar der IBAN) vom Terminal aus der Girocard gelesen. Es wird ein Lastschriftbeleg erstellt. Durch seine Unterschrift erteilt der Kunde dem Händler eine einmalige Einzugsermächtigung. Der Händler zieht die Lastschrift über seine Hausbank vom Konto des Kunden ein.

-K-A-S-S-E-N-B-E-L-E-G-

Stolz & Krug OHG
89079 Ulm
Tel. 0731/936800
Fax 0731/936810

Terminal-ID 54114342
TA-Nr. 022982
BNr 2051

Kartenzahlung
ELV Offline
EUR 350,72

PAN #############34206
Karte 0 gültig bis 12/XX
Datum 12.05... 15:41 Uhr

*** Zahlung erfolgt ***
BITTE BELEG AUFBEWAHREN

Rückseite:

1. Ermächtigung zum Lastschrifteinzug

Hiermit ermächtige ich das umseitig genannte Unternehmen den umseitig ausgewiesenen Rechnungsbetrag von meinem umseitig durch PAN bezeichneten Konto durch Lastschrift einzuziehen.

2. Ermächtigung zur Adressenweitergabe

Ich weise mein Kreditinstitut, das durch die umseitig angegebenen PAN bezeichnet ist, unwiderruflich an, bei Nichteinlösung der Lastschrift oder bei Widerspruch gegen die Lastschrift das umseitig ausgewiesene Unternehmen oder einem von ihm beauftragten Dritten auf dessen Aufforderung hin meinen Namen und meine Anschrift vollständig mitzuteilen, damit das umseitig ausgewiesene Unternehmen seinen Anspruch gegen mit geltend machen kann.

3. Ermächtigung zur Speicherung und Weitergabe der Sperrdatei

Ich bin damit einverstanden, dass meine Daten für den Zweck der Zahlungsabwicklung elektronisch gespeichert und verarbeitet werden. Ich bin damit einverstanden, dass nur im Falle der Nichteinlösung diese Tatsache in eine Sperrdatei aufgenommen und an andere Unternehmen zur Nutzung übermittelt wird, die ebenfalls ein solches Lastschriftverfahren anwenden. Die Sperrung wird nach Begleichung des Rechnungsbetrages wieder aufgehoben.

Isabella Müller

Unterschrift (Betrag siehe Vorderseite)

Diese Zahlungsform ist für den Händler zwar kostengünstig, aber auch risikoreich, da weder eine Autorisierungs- noch eine Sperrprüfung der Girocard vorgenommen werden. Außerdem hat der Händler keine Zahlungsgarantie durch die Bank.

3.2.4 Kreditkarte (Pay-later-Karte)[1]

Die Kreditkarte ist ein Ausweis, der dem Verkäufer den Zahlungseingang garantiert.

Legt der Inhaber eine **klassische[2] Kreditkarte** vor, dann erhält er Waren oder Dienstleistungen, ohne dass sein Konto sofort belastet wird. Am Terminal wird die entsprechende PAN (Primary Account Number, wiederum vergleichbar der IBAN) ausgelesen und nach PIN-Eingabe ein Kassenbeleg mit den Transaktionsdaten erstellt (vgl. nebenstehenden Kassenbeleg). Die Abrechnung auf dem Girokonto des Käufers erfolgt nachträglich, in der Regel einmal monatlich. Solange hat er Kredit.

-K-A-S-S-E-N-B-E-L-E-G-

Sport-Burr KG
Sportartikelfabrik
Neuwerk 5
89079 Ulm

Terminal-ID 54342447
TA-Nr. 023765 BNr 7574

Kartenzahlung VISA
EUR 201,89

PAN ############1867
EMV-AID A0000Q00031010
VU-Nr. 142124643
AIDPara 0100000002
Genehmigungs-Nr. 166335
Datum 13.04... 14:10 Uhr
EMV-Daten 0000008000/E800
110000000/D84004F800/
DC4000F800/5E0300///5068
FA9D/40

Zahlung erfolgt

AS-Proc-Code = 00 053 00
Capt.-Ref. = 0455
AID59: 237691

BITTE BELEG AUFBEWAHREN

Die Transaktionskosten trägt der Händler, bei dem der Karteninhaber seine Waren oder Dienstleistungen erwirbt. Diese Interbankenentgelte sind durch eine EU-Verordnung auf 0,3 % des Umsatzes gedeckelt. Zusätzlich entstehen dem Verkäufer monatliche Fixkosten durch die Bereitstellung der Systeme. Somit sind die Gebühren höher als bei der Zahlungsabwicklung mit einer Girocard.

1 **pay later** (engl.): bezahle später.

2 Neben der klassischen Kreditkarte mit dem Aufdruck Credit gibt es seit einiger Zeit auch Kreditkarten mit dem Aufdruck Debit (= Pay-now-Karte) und dem Aufdruck Prepaid (= Pay-before-Karte). Auf diese Sonderformen wird hier nicht eingegangen.

Die nachfolgende Grafik zeigt den Ablauf des **Kreditkartenverfahrens.**

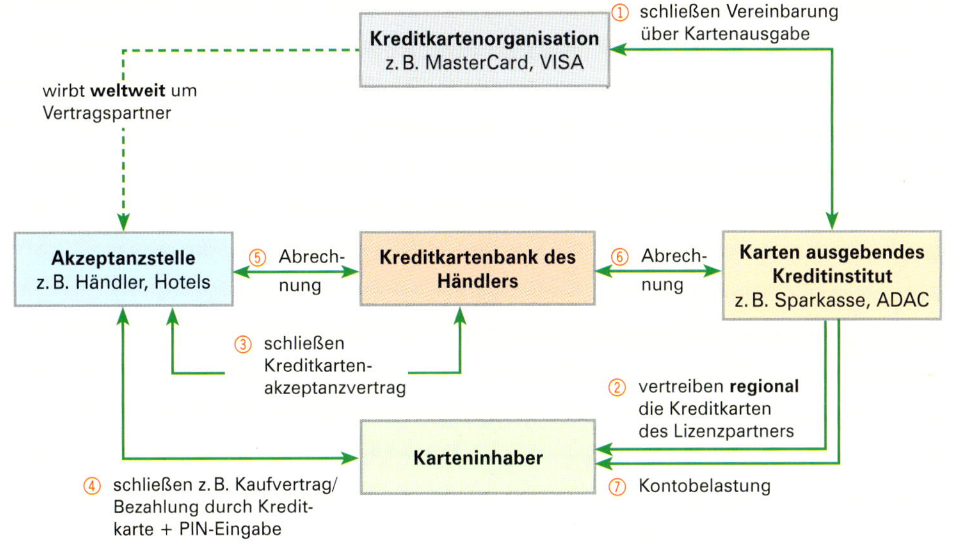

Erläuterungen:

① Das Karten ausgebende Kreditinstitut schließt eine Vereinbarung mit einer **Kreditkartenorganisation** zum Vertrieb von deren Karten.

② Wer eine Kreditkarte erwerben will, besorgt sich diese z. B. über seine Hausbank. Für die Kreditkarte ist eine jährliche Gebühr zu bezahlen.

③ Die Kreditkartenorganisationen schließen selbst keine Verträge mit Händlern ab. Deshalb benötigt ein Händler einen Kreditkartenakzeptanzvertrag (vergleichbar einem Kreditvertrag) mit einer Kreditkartenbank. Da es sich um einen kreditähnlichen Vertrag handelt, prüft die Kreditkartenbank sorgfältig das Geschäftsmodell des Händlers.

④ Mit der Karte kann der **Inhaber** bei allen Unternehmen **(Akzeptanzstelle),** die Vertragspartner dieser Kartenorganisation sind, Rechnungen bis zu einem bestimmten Verfügungsrahmen bargeldlos begleichen. Der Karteninhaber erlaubt durch PIN-Eingabe die Belastung seines Kontos mit dem Rechnungsbetrag (Zwei-Faktoren-Authentifizierung).

⑤ Die Daten sendet der Händler an seine Kreditkartenbank. Diese überweist den Rechnungsbetrag unter Abzug der Transaktionskosten in Höhe von 0,3 % vom Rechnungsbetrag.

⑥ Mit dem Karten ausgebenden Kreditinstitut rechnet die Kreditkartenbank des Händlers im Normalfall monatlich ab. Per Lastschrift werden die angefallenen Beträge beim Kreditinstitut des Karteninhabers eingezogen.

⑦ Mit seinem Kontoauszug erhält der Karteninhaber eine detaillierte Aufstellung der Rechnungsbeträge.

Wird eine Karte gestohlen, haftet der Karteninhaber bis zur Sperrung bis maximal 50,00 EUR. Danach ist er von der Haftung befreit.

3.2.5 Bedeutung der Kartenzahlungen

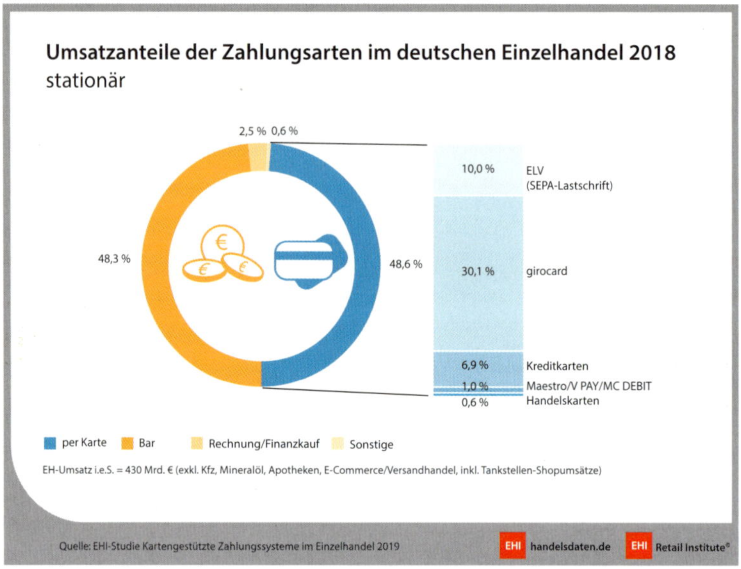

Quelle: https://www.ehi.org/de/pressemitteilungen/liebe-zum-bargeld-laesst-nach/

Die am häufigsten genutzte Zahlungskarte ist die Girocard. Mehr als 30% der Einzelhandelsumsätze werden mittlerweile damit bezahlt. Die Girocard ist das mit Abstand wichtigste bargeldlose Zahlungsmittel an den Ladenkassen.

Mit deutlichem Abstand folgen die Kreditkarten auf dem dritten Platz. Kreditkartenbesitzer nutzen sie in nennenswertem Umfang nur an Tankstellen, auf Auslandsreisen und beim Bezahlen im Internet.

Die bargeldlosen Kundenzahlungen durch Giro- und Kreditkarten bringen für den Verkäufer folgende **Vorteile**:

- kein zeitaufwendiges Herausgeben von Bargeld,
- keine Aufbewahrung und Sicherung von Bargeld,
- billiger und sicherer als Barzahlung,
- macht Spontankäufe der Kunden möglich,
- Erleichterung der Zahlungsabläufe (z. B. Drucken der Belege).

3.2.6 Alternative Zahlungssysteme: Bezahlen per Handy

Das bargeldlose Bezahlen per Handy **(mobile Payment)** wird seitens der Anbieter sehr unterschiedlich realisiert. Insbesondere zwei Verfahren sind in Deutschland im Einsatz: die Nutzung der NFC-Technologie[1] oder eines gescannten QR-Codes[2] sowie jeweils einer speziellen, auf dem Handy installierten App.

1 **NFC**: **N**ear **F**ield **C**ommunication (engl.): Datenaustausch im Nahbereich von wenigen Zentimetern.

2 **QR**: **Q**uick **R**esponse (engl.): schnelle Antwort durch programmierten Link.

Die bisherige Zurückhaltung der Kunden ist neben der technischen Hürde vermutlich auch durch Sicherheits- und Datenschutzbedenken mitbestimmt. Dennoch gewinnt das Bezahlen per Handy, auch aufgrund einflussreicher Kooperationspartner (z. B. ALDI-Nord, OTTO, REWE), zunehmend an Bedeutung.

(1) Bezahlen mit einem NFC-fähigen Handy[1]

Für den Bezahlvorgang muss der Kunde lediglich das NFC-fähige Smartphone in einem Abstand von bis zu vier Zentimetern über das Display des Bezahlterminals (NFC-Lesegerät) an der Kasse halten. Der entsprechende Betrag wird dann mithilfe der Wallet-App des genutzten Mobilfunkanbieters vom Girokonto abgebucht. Die Datenübertragung zwischen Handy und Terminal erfolgt dabei sicher über NFC. Ähnlich wie der Girocard-Zahlung ist eine PIN-Eingabe erforderlich (Zwei-Faktoren-Authentifizierung).

(2) Bezahlen durch Scannen des QR-Codes

Bei diesem Verfahren scannt der Kunde per Smartphone-Kamera einen QR-Code, der ihm auf dem Kassendisplay (oder dem Monitor beim Online-Einkauf) angezeigt wird, ein und startet so den Bezahlvorgang. Der Nutzer muss sich vor dem erstmaligen Einsatz bei dem Dienst (z. B. Girocode) anmelden und die Bezahl-App auf seinem Smartphone installieren. Das System funktioniert wie die Geldkarte nach dem Prepaid-Prinzip, d. h., der Kunde zahlt vor dem Einkauf Geld auf sein Konto ein.

3.3 Bevorzugte Zahlungsformen beim E-Commerce[2]

Zahlungsformen	Erläuterungen
Vorauskasse	Nach Eingang des Überweisungsbetrags versendet der Anbieter die vom Kunden im Internet oder per E-Mail bestellte Ware bzw. erbringt die Dienstleistung.
Kauf auf Rechnung	Beim Kauf auf Rechnung ist der Rechnungsbetrag erst **nach** Erhalt der Ware vom Käufer zu begleichen (z. B. durch eine Überweisung).
Nachnahme	Die vom Anbieter als Nachnahmesendung z. B. mit der Post versandte Ware wird erst dann ausgehändigt, wenn die Barzahlung an die Zustellkraft erfolgt ist. 

1 Vgl. http://www.teltarif.de/mobile-payment [29. 01. 2020].

2 **E-Commerce** (electronic commerce, engl.): elektronischer Handel.

14 Hug u.a. - ISBN 978-3-8120-0578-4

Zahlungsformen	Erläuterungen
Lastschrift	Hier übermittelt der Kunde bei seiner Bestellung dem Anbieter elektronisch eine einmalige Ermächtigung zum Einzug des Kaufpreises.
Kauf mit Kreditkarte	Hier gibt der Zahler dem Anbieter seinen Namen, seine Kreditkartennummer und das Verfalldatum der Kreditkarte an. Die Unterschrift des Zahlers ist nicht erforderlich. Für den Käufer besteht das Risiko, dass der Anbieter z. B. unberechtigte Zahlungen veranlasst. Außerdem können Kreditkartendaten von „Hackern" ausgespäht (entziffert) und anschließend missbräuchlich verwendet werden. Der Nutzer kann bereits im Vorfeld sein Risiko verringern, indem er z. B. nur **SSL** (**S**ecure **S**ocket **L**ayer)-verschlüsselte Verbindungen wählt. Sie sind daran zu erkennen, dass die Internetadresse mit **https**:// beginnt (statt mit **http**://) und am angezeigten Schloss-Symbol. SSL **verschlüsselt die Kreditkartendaten** bei dem Transport durch das Internet und stellt einen sicheren Übertragungsweg zwischen Zahlungspflichtigem (Sender) und Zahlungsempfänger dar. Das SSL-Verfahren wird heute von den meisten Onlineshops angeboten.
Giropay	Die Kunden, die bei einem Unternehmen kaufen, das dem Internetbezahlsystem „Giropay" angeschlossen ist, werden nach dem Kaufabschluss mit einem Klick auf die **Online-Banking-Seite ihrer Hausbank** geleitet. Dort steht eine ausgefüllte Überweisung zur Genehmigung (Autorisierung) durch eine Transaktionsnummer (TAN) bereit. Der Kunde erhält die Bestätigung, dass die Überweisung vorgenommen wurde und das Unternehmen erhält elektronisch eine Zahlungsgarantie. Das Internet-Bezahlsystem „Giropay" wird von den Sparkassen, Volks- und Raiffeisenbanken sowie der Postbank angeboten.
PayPal	Bei PayPal-Zahlungen überweist der Käufer von seinem Bankkonto den entsprechenden Betrag auf das PayPal-Konto. Nach Eingang des Betrags auf dem PayPal-Konto wird dieses sofort automatisch dem PayPal-Konto des Verkäufers gutgeschrieben.
Karten mit Geldkartenfunktion	Für die Zahlung von Kleinstbeträgen (Micropayments) sind Karten mit einer Geldkartenfunktion (z. B. Bankkarten und andere **SmartCards,** die mit einem Geldbetrag aufgeladen werden können) besonders geeignet.

3.4 Internationaler Zahlungsverkehr in Fremdwährung

Insbesondere bei Bestellungen mit längerer Lieferzeit vereinbaren ausländische Kunden den Kaufpreis in ihrer eigenen Währung, um Währungsrisiken aufgrund von Kursschwankungen auszuschließen. In diesen Fällen muss der EUR-Rechnungsbetrag in die Fremdwährung umgerechnet werden.

- Die bargeldlosen Transaktionen in Fremdwährung werden zum **Devisenkurs** umgerechnet.
- **Devisen** sind Zahlungsmittel (Buchgeld), die auf eine ausländische Währung lauten.
- Banken berechnen beim Ankauf von Fremdwährungen den Verkaufskurs (Briefkurs), d. h., sie verkaufen EUR gegen Fremdwährung.

Die nachfolgenden Devisenkurse entsprechen dem Gegenwert von einem Euro aus der Sicht der Bank (Geld = Verkauf der Fremdwährung; Brief = Kauf der Fremdwährung).

ISO	Land	Geld	Brief
USD	USA	1,1072	1,1132
GBP	Großbritannien	0,77505	0,77905
CHF	Schweiz	1,1009	1,1049
DKK	Dänemark	7,4422	7,4822

Beispiel:

Das Ulmer Unternehmen Motorenbau Anton Thomalla e. Kfm. hat ein komplettes Blockheizkraftwerk nach Dänemark verkauft. Aufgrund der schwankenden Wechselkurse wurde dem Käufer zugestanden, den Rechnungsbetrag bei Fälligkeit in DKK zu bezahlen. Am 19. Februar sind die vereinbarten 195 390,00 DKK auf dem Geschäftskonto eingegangen.

Aufgabe:

Berechnen Sie den Kurs in EUR, der auf dem Konto gutgeschrieben wird!

Lösung:

7,4822 DKK ≙ 1,00 EUR
195 390,00 DKK ≙ x EUR

$$x = \frac{1{,}00 \cdot 195\,390}{7{,}4822} = \underline{\underline{26\,113{,}98 \text{ EUR}}}$$

Zusammenfassung

- Es sind **drei Geldarten** zu unterscheiden: Bargeld, Buchgeld und elektronisches Geld.
- Voraussetzung für den **bargeldlosen Zahlungsverkehr** ist, dass Zahler und Empfänger ein **Konto** (i. d. R. **Girokonto**) bei einem Kreditinstitut haben.
- Eine wichtige Art des Zahlungsauftrags ist die **Überweisung.** Bei der Überweisung wird der Zahlende belastet, der Empfänger erhält eine Gutschrift.
- **SEPA-Überweisungen** können im Inland und in den Mitgliedstaaten des einheitlichen Euro-Zahlungsverkehrsraums durchgeführt werden. Sie können **ausschließlich in Euro** abgewickelt werden.
- Beim **Lastschriftverfahren** ist ein Kontoinhaber damit einverstanden, dass von seinem Konto wiederkehrende, jedoch unterschiedlich hohe Zahlungen vom Zahlungsempfänger abgerufen werden.
- Das **SEPA-Basis-Lastschriftverfahren** ist durch folgende Kriterien charakterisiert:
  - Kundenkennung durch IBAN
  - Gläubiger-Identifikationsnummer
  - Vorgabe eines Fälligkeitsdatums
  - Erteilung eines SEPA-Lastschriftmandats durch den Zahler an den Zahlungsempfänger
  - Widerspruchsrecht des Zahlers innerhalb 8 Wochen ab Belastungstag.
- Beim **SEPA-Firmen-Lastschriftverfahren** kann der Zahler der Lastschrift nach der Einlösung **nicht mehr widersprechen.** Der Zahlungsempfänger hat damit eine **Zahlungssicherheit.**
- Das **Onlinebanking** gibt dem Bankkunden die Möglichkeit, eine Vielzahl von Bankgeschäften (z. B. Abrufen des Finanzstatus, Überweisung) über das Internet zu tätigen.
- Zu den **Zahlungsformen im Internet** siehe Tabelle S. 209 f.

Vergleich wichtiger Zahlungsverfahren

	Electronic Cash Onlineverfahren	Elektronisches Lastschriftverfahren (ELV)	Geldkarte	Maestro und V-Pay	Kreditkarte
Kartensysteme	Girocard	Girocard	Girocard	In Girocard integriert	Kreditkarte
Akzeptanzzeichen	girocard	SEPA Lastschrift	GeldKarte	V PAY maestro	mastercard VISA
Kurzbeschreibung	Elektronisches Zahlungssystem für inländische Debitkarten	Verfahren zwischen Händlern und Netzbetreibern	Bezahlfunktion für Kleinzahlungen über Chip – integriert in der Debitkarte (Girocard)	Elektronisches Zahlungssystem für Debitkarten im Ausland	Ausweis für ein elektronisches Bezahlsystem im In- und Ausland
Legitimation	Persönliche Geheimzahl	Unterschrift	Keine	Persönliche Geheimzahl	persönliche Geheimzahl
Sperrabfrage	Ja	Nein	Nein	Ja	Je nach Bedarf
Autorisierung	Ja	Nein	Im Chip	Ja	Ja
Ablauf	Zahlung wird mit Kontostand verglichen und freigegeben	Kunde unterschreibt einmalige Einzugsermächtigung für Lastschrift	Rechnungsbetrag wird vom Guthaben der „elektronischen Geldbörse“ abgebucht	Zahlung wird mit Kontostand verglichen und freigegeben	Zahlung wird über die Kreditkartenbank des Händlers und über das Karten ausgebende Kreditinstitut abgewickelt
Sicherheit für Händler	Zahlung garantiert bis max. 2 000,00 EUR/Tag	Nein, daher hohes Risiko	Zahlung garantiert bis max. Chip-Guthaben bzw. 200,00 EUR	Zahlung garantiert bis max. 2 000,00 EUR/Tag	Zahlung garantiert
Kosten	0,2 % vom Umsatz	Nur geringe Verbindungskosten + übliche Bankgebühren für Lastschrifteinzug	0,2 % vom Umsatz	0,2 % vom Umsatz (Euro-Raum)	0,3 % vom Umsatz (VISA und mastercard; andere bis zu 4 %)

Kompetenztraining

42 Überweisung und SEPA-Lastschrift

1. Erläutern Sie, welche Rolle dem Girokonto beim bargeldlosen Zahlungsverkehr zukommt!

2. Suchen Sie im Internet ein Blanko-Überweisungsformular (vgl. nebenstehende Abbildung) und füllen Sie es nach folgenden Angaben aus:

   Die Sport-Burr KG, Ulm, überweist für ein Kopiergerät 4669,00 EUR von ihrem Girokonto bei der Sparkasse Ulm mit der IBAN DE66 6305 0000 0002 0235 59 an das Handelsunternehmen Stefan Osann e. Kfm., Ulm, auf dessen Konto bei der Volksbank Ulm-Biberach mit der IBAN DE64 6309 0100 0002 6432 60. Vermerk: Rechnung vom 16. Mai d. J.

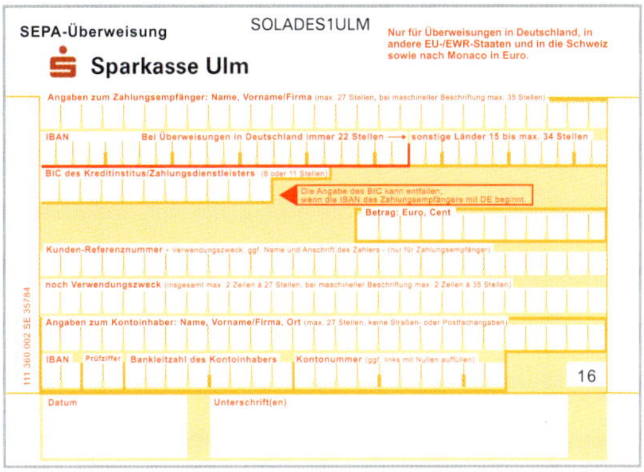
SEPA-Überweisung
SOLADES1ULM
Nur für Überweisungen in Deutschland, in andere EU-/EWR-Staaten und in die Schweiz sowie nach Monaco in Euro.
Sparkasse Ulm
Angaben zum Zahlungsempfänger: Name, Vorname/Firma (max. 27 Stellen, bei maschineller Beschriftung max. 35 Stellen)
IBAN
Bei Überweisungen in Deutschland immer 22 Stellen → sonstige Länder 15 bis max. 34 Stellen
BIC des Kreditinstituts/Zahlungsdienstleisters (8 oder 11 Stellen)
Die Angabe des BIC kann entfallen, wenn die IBAN des Zahlungsempfängers mit DE beginnt.
Betrag: Euro, Cent
Kunden-Referenznummer - Verwendungszweck, ggf. Name und Anschrift des Zahlers - (nur für Zahlungsempfänger)
noch Verwendungszweck (insgesamt max. 2 Zeilen à 27 Stellen, bei maschineller Beschriftung max. 2 Zeilen à 35 Stellen)
Angaben zum Kontoinhaber: Name, Vorname/Firma, Ort (max. 27 Stellen, keine Straßen- oder Postfachangaben)
IBAN
Prüfziffer
Bankleitzahl des Kontoinhabers
Kontonummer (ggf. links mit Nullen auffüllen)
16
111 360 002 SE 35784
Datum
Unterschrift(en)

3. Begründen Sie, warum es wenig Sinn macht, die Rechnung von 2. mithilfe des SEPA-Basis-Lastschriftverfahrens zu begleichen!

4. 4.1 Sie sind Kassierer des Fußballvereins FV Saulgau 04 e. V. und möchten die Mitglieder dazu auffordern, dem Verein ein SEPA-Lastschriftmandat für den Einzug des Vereinsbeitrags zu erteilen. Als Mandatsreferenz soll die Mitgliedsnummer verwendet werden.

   Schreiben Sie den Begleitbrief an die Mitglieder!

   4.2 Entwerfen Sie das Formular für das SEPA-Lastschriftmandat, das (mittels Serienbrief) mit den vorgedruckten Empfängerdaten an die Mitglieder verschickt werden soll!

   Gehen Sie von folgenden Musterdaten aus:

Zahlungsempfänger	FV Saulgau 04 e. V. Am Birkenweg 1 88348 Bad Saulgau
Gläubiger-ID des Vereins:	DE73 FVSG 0000 8274 91
Name des Mitglieds:	Franz Bergmüller
Seine Mitgliedsnummer:	001762
Straße und Hausnummer:	Wuhrweg 36
Ort	88348 Bad Saulgau

43 Zahlung mit der Girocard

1. Nennen und erläutern Sie die Zahlungsmöglichkeiten, die mit der Girocard verbunden sind!

2. In einem Onlineshop wird die Bezahlung per Giropay angeboten. Beschreiben Sie den Ablauf des Verfahrens!

3. 3.1 Beschreiben Sie, welchem Zweck die Kreditkarte dient!

   3.2 Stellen Sie dar, wie der Kreditkarteninhaber beispielsweise seine Hotelrechnung bezahlt!

4. Sarah Bach macht die Buchhaltung für das Autohaus Stolz & Krug OHG. Frau Bach überlegt sich, wie sich die nachfolgenden monatlichen Zahlungen rationeller und einfacher durchführen lassen:

   4.1 Mitarbeitergehälter,

   4.2 Rechnung der Tankstelle,

   4.3 Pacht für die angemieteten Parkplätze,

   4.4 Pauschale für den Sicherheitsdienst.

   Aufgabe:

   Erläutern Sie, welche Zahlungsweisen sich für die jeweiligen Fälle anbieten!

5. Erklären Sie die Unterrichtungs- und Anzeigepflichten des Karteninhabers (Kontoinhabers) beim Verlust oder bei einer missbräuchlichen Verfügung mit seiner Girocard!

6. Bernd Häfner e.K. entschließt sich, die bargeldlose Zahlungsmöglichkeit mittels Girocard in seinem Fachgeschäft einzuführen. Lediglich über die Art des Verfahrens hat Herr Häfner noch keine Entscheidung getroffen.

   Aufgabe:

   Stellen Sie die Abläufe bei der Zahlung mit dem Girocard-Online-Verfahren und dem elektronischen Lastschriftverfahren (ELV) dar und nennen Sie je einen Vor- und Nachteil für jedes der beiden Zahlungssysteme!

44 Zahlung in Fremdwährung

Die Motorenbau Anton Thomalla e.Kfm. möchte mit der Gonzales Ltd., Buenos Aires, einen Vertrag über die Lieferung von drei Blockheizkraftwerken für Mehrfamilienhäuser im Wert von 133500,00 EUR abschließen.

Der argentinische Importeur besteht auf einer Fakturierung in USD und einem Zahlungsziel von drei Monaten.

Aufgaben:

1. Berechnen Sie den Betrag in USD, den die Motorenbau Anton Thomalla e.Kfm. in Rechnung stellen muss!

   Hinweis: Nutzen Sie hierzu die Kurstabelle von S. 211.

2. Begründen Sie, weshalb die Gonzales Ltd. keine Fakturierung in EUR möchte!

3. Prüfen Sie, ob die Gonzales Ltd. die SEPA-Überweisung zur Begleichung der Rechnung nutzen kann!

Kompetenzbereich 3: Beschaffung und Lagerhaltung

1 Einen Überblick über die Beschaffungsprozesse erhalten und die Nachhaltigkeit der Beschaffung untersuchen

KB 3 Lernsituation 1: Nachhaltigkeit der Beschaffung

Nachdem die Stadt Ulm im Jahr 2014 als Fairtrade-Stadt zertifiziert wurde, plant die Kaffeerösterei Arabica KG ihre Nachhaltigkeitsstrategie weiter auszubauen. Mittelfristig plant das Unternehmen, überwiegend Bio- und Fairtrade-Kaffee anzubieten. In diesem Zusammenhang sollen im Rahmen der Beschaffung Kaffeebohnen, die mit dem Fairtrade Siegel zertifiziert sind, eingekauft und weiterverarbeitet werden. Die Unternehmensleitung interessiert sich insbesondere dafür, ob mit einer nachhaltigen Beschaffungsstrategie die Situation der Kaffeeproduzenten vor Ort verbessert werden kann und inwieweit sich der Gedanke der Nachhaltigkeit auch bei anderen regionalen Unternehmen wiederfindet.

Sie sind Assistent/-in in der Abteilung für Einkauf und Beschaffung. Für die nächste Konferenz werden Sie gebeten, der Unternehmensleitung eine erste Einschätzung vorzulegen. Ihre Abteilungsleiterin legt Ihnen dazu die folgenden Informationsquellen vor (siehe Anlagen 1–4).

Kompetenzorientierte Arbeitsaufträge:

Arbeiten Sie das folgende Kapitel des Schulbuches durch und verwenden Sie die Aufzeichnungen aus dem Unterricht zur Bearbeitung der Arbeitsaufträge!

1. Lesen Sie den Informationstext zur nachhaltigen Entwicklung **(Anlage 1)** und übertragen Sie den Gedanken einer nachhaltigen Entwicklung auf die Beschaffungswirtschaft eines Unternehmens!
2. Geben Sie der Unternehmensleitung einen Überblick über die aktuelle Situation auf dem Kaffeemarkt! Nutzen Sie dazu die **Anlage 2** und die **Anlage 3**.
3. Erläutern Sie, inwieweit die Beschaffung von zertifiziertem Bio- und Fairtrade-Kaffee die Situation der Kaffeeproduzenten verbessert! Nutzen Sie dazu die **Anlage 3** und die **Anlage 4**.
4. Recherchieren Sie in Ihrer Region nach einem Unternehmen Ihrer Wahl. Informieren Sie sich bei diesem Unternehmen, inwieweit sich der Gedanke der Nachhaltigkeit
   - in seinem Unternehmensleitbild,
   - in seiner Beschaffungsstrategie

   wiederfindet.

   Informieren Sie sich in diesem Zusammenhang auch, welche Rolle Labels und Zertifizierungen bei der Auswahl der Lieferanten bei diesem Unternehmen spielen!

Anlage 1

Nachhaltige Entwicklung ist das Leitbild für verantwortungsvolles und zukunftsfähiges Handeln in Politik und Wirtschaft. Das Leitbild umfasst gleichrangig die drei Dimensionen Ökologie, Soziales und Ökonomie, innerhalb derer bestimmte Qualitätsziele erreicht werden sollen. Doch was genau verbirgt sich hinter einem „nachhaltigen" Produkt? Grundsätzlich zeichnen sich diese dadurch aus, dass sie gegenüber entsprechenden, dem gleichen Gebrauchszweck dienenden Erzeugnissen über besondere Umwelt- oder Gesundheitsvorteile verfügen, besonders sozialverträglich hergestellt werden oder einen volkswirtschaftlichen Vorteil bieten. Diese Vorteile können beispielsweise ein sparsamer Umgang mit Energie, Wasser und Verbrauchsmaterialien, die Vermeidung von Schadstoffen oder die Beachtung von Sozialstandards bei der Herstellung sein.

Quelle: Ministerium für Umwelt, Klima und Energiewirtschaft Baden-Württemberg (Hrsg.): Nachhaltige Beschaffung konkret, Stuttgart 2017, S. 5.

Anlage 2

COFFEE NEWS FAIRTRADE DEUTSCHLAND

BILLIGER KAFFEE MACHT ARM

HERAUSGEBER: TRANSFAIR E.V.

Kaffee ist das Lieblingsgetränk der Verbraucherinnen und Verbraucher in Deutschland. Doch er ist bedroht. Dumpingpreise und die Folgen des Klimawandels zwingen viele Familien zur Aufgabe ihrer Kaffeefelder. Obwohl sie die Pflanze mit den begehrten Kirschen anbauen, leben viele Familien in bitterer Armut. [. . .]

Ob der duftende Kaffee am Morgen, der starke Espresso am Mittag oder der cremige Cappuccino am Nachmittag – Kaffee ist in Deutschland das beliebteste Getränk. 163 Liter trinken die Bundesbürgerinnen und -bürger pro Jahr, mehr als Mineralwasser oder Bier. Das Geschäft mit dem Heißgetränk boomt. In den vergangenen 15 Jahren ist die globale Produktion um mehr als 20 Prozent gewachsen. Weltweit werden mehr als zwei Milliarden Tassen Kaffee täglich getrunken, was einem Umsatz von rund 180 Milliarden Euro pro Jahr entspricht. Damit gehört Kaffee zu den wertvollsten Rohstoffen dieser Erde. Während arabische Ölscheichs von ihrem Rohstoff profitieren, erhalten Kaffeebäuerinnen und -bauem so gut wie nichts von den riesigen Erlösen. Im Gegenteil: Das schwarze Gold treibt sie in bittere Armut. Bei dem aktuellen Weltmarktpreis von rund einem US-Dollar für ein Pfund Rohkaffee, erhalten nicht Fairtradezertifizierte Produzenten in Honduras, eines der wichtigsten Kaffee-Importländer für Deutschland, rund 130 US-Dollar für einen Sack Kaffeebohnen. Ihre Produktionskosten liegen jedoch bei rund 180 US-Dollar. Verkaufen Kooperativen ihren Kaffee zu Fairtrade-Bedingungen erhalten sie 210 US-Dollar – für Biokaffee sogar 250 US-Dollar. Dies zeigt: Der Kaffeemarkt ist zutiefst ungerecht. Während die Einnahmen in den Produktionsländern zwischen 1994 und 2017 um zehn Prozent gesunken sind, bat sich die Wertschöpfung bei Röstern und Händlern in Deutschland mehr als verdoppelt. Nach Angaben eines Marktreports des Kaffeehändlers Volcafe verkaufen rund 60 Prozent der Kleinbauern ihren Kaffee unterhalb der Produktionskosten. Kurzfristig mögen die Kaffeekonzerne von niedrigen Preisen in Folge von Spekulationsgeschäften und Rekordernten profitieren. Doch wenn die Bäuerinnen und Bauern nicht bald bessere Preise und mehr Unterstützung im Kampf gegen den Klimawandel erhalten, stehen der Kaffeebranche düstere Zeiten bevor. „Wenn wir auch in Zukunft täglich Kaffee genießen möchten, müssen sich die Anbau- und Handelsbedingungen für die Kaffeebäuerinnen und -bauern dringend verbessern", betont Dieter Overath, geschäftsführender Vorstandsvorsitzender bei TransFair e. V. [...]

Fairer Konsum muss gefördert werden, die Ziele für nachhaltige Entwicklung müssen umgesetzt werden!

Quelle: TransFair e. V.: Kaffeezeitung 2019, Köln 2019, S. 1.

Anlage 3

KAFFEE

24.500 Tonnen Rohkaffee (+11 %)

Wachsender Absatzmarkt in schwierigen Zeiten. Der Preis für ein Pfund Arabica fiel letztes Jahr unter die kritische Grenze von einem US-Dollar. Seitdem hat sich der Preis nicht erholt – im Gegenteil: Wetten und Spekulationen an der New Yorker Börse, eine Rekordernte in Brasilien sowie ungünstige Wechselkurse sorgen für ein Dauertief. Neben der Preisentwicklung bereitet den Kaffeebäuerinnen und -bauern der Klimawandel große Sorgen. Dies belegt die Studie „Kaffee – eine Erfolgsgeschichte verdeckt die Krise“ (2018). Sie zeigt, dass dem Kaffeeanbau angesichts des Klimawandels dramatische Entwicklungen bevorstehen. Positiv: Die Studie zeigt auch, dass der faire Handel die Situation der Kaffeeproduzent*innen verbessert. Auch Projekte in Honduras und Bolivien zur Stärkung kleinbäuerlicher Strukturen zahlen auf bessere Lebens- und Arbeitsbedingungen ein.

Quelle: TransFair e. V.: Transfair in Bewegung. Jahres- und Wirkungsbericht 2018, S. 8.

Anlage 4

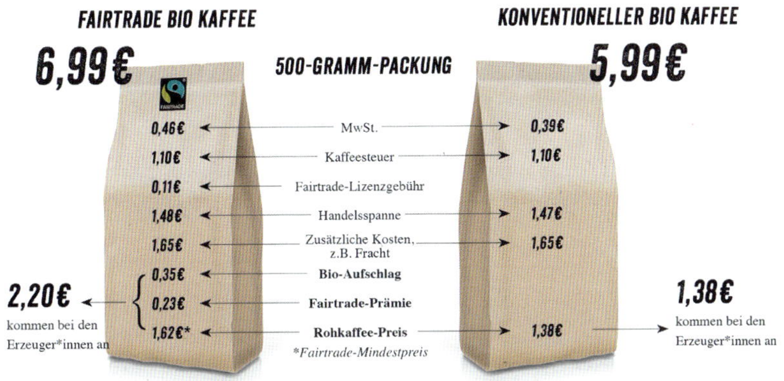

In diesem realistischen Rechenbeispiel erhalten die Erzeuger des Fairtrade-Kaffees einen Mindestpreis, der aktuell deutlich über dem Weltmarktpreis liegt. Zusätzlich erhalten sie eine Prämie für Gemeinschaftsprojekte und einen Aufschlag für Bioanbau. In der Summe bleiben vom Fairtrade-Kaffee 2,20 € bei den Erzeuger*innen. Beim konventionellen Kaffee kommen beim Erzeuger nur 1,38 € an.

Quelle: TransFair e. V.: Kaffeezeitung 2019, Köln 2019, S. 4.

1.1 Überblick über die Beschaffungsprozesse

(1) Wirtschaftliche Bedeutung der Beschaffung

Die **Beschaffung** umfasst die Bereitstellung von Materialien, Dienstleistungen, Betriebsmitteln,[1] Rechten sowie Informationen über den Beschaffungsmarkt für den Leistungsprozess eines Unternehmens.

Eine alte kaufmännische Redensart lautet: „Das Geld wird in der Beschaffung verdient!". Mit anderen Worten: Es sind die Bemühungen im Rahmen der Beschaffung, die am wirkungsvollsten zu einer Verbesserung der Gewinnsituation führen. In Amerika bezeichnet man die Beschaffung daher auch als einen „Profit-making-Job" – einen „Job", mit dem man Geld verdienen kann.

Beispiel:

	Vorher (in EUR)	Nachher (in EUR)
Umsatzerlöse	110,00	110,00
– Bezugspreis	50,00	48,00
– Kosten im eigenen Unternehmen	50,00	50,00
= Gewinn	10,00	12,00
Gewinnzuschlag in %	$= \frac{10,00 \cdot 100}{100,00} = 10\,\%$	$= \frac{12,00 \cdot 100}{98,00} = 12,25\,\%$

Erläuterungen:

Die Minderung des Bezugspreises um 2,00 EUR entspricht einer Preissenkung von 4 %. Eine solche Preissenkung führt zu einer Erhöhung des Gewinnzuschlagssatzes von 10 % auf 12,25 %. Der Gewinn kann durch die gesunkenen Kosten um 2,00 EUR oder 22,5 % gesteigert werden.[2]

1 Betriebsmittel sind z. B. Maschinen, Verkaufsraum, Werkzeuge, Kassensysteme.

2

Nachher:	Gewinn bei 100,00 EUR Kosten	12,25 EUR
Vorher:	Gewinn bei 100,00 EUR Kosten	10,00 EUR
Gewinnerhöhung		2,25 EUR

Alter Gewinn	10,00 EUR ≙	100 %?
Gewinnerhöhung	2,25 EUR ≙	x %

$$x = \frac{2,25 \cdot 100}{10} = 22,5\,\%$$

(2) Beschaffungsprozesse als Kernprozesse eines Industrieunternehmens

Gliedert man die Beschaffungsprozesse in ihre Teilprozesse auf, so können diesen die jeweiligen betriebswirtschaftlichen Inhalte zugeordnet werden.

Rahmenbedingungen und Teilprozesse	Ökologische, soziale und betriebswirtschaftliche Inhalte
Nachhaltigkeit der Beschaffung	■ ökologische Beschaffung ■ Umweltlabels und Zertifizierungen ■ soziale Beschaffung
Bezugsquellenermittlung	■ Beschaffungsstrategien unterscheiden ■ Informationen über Lieferer einholen ■ Informationsquellen ■ Informationswege

Liefererauswahl	■ Angebotsvergleich unter Berücksichtigung von Nachhaltigkeitsaspekten
	  ■ Einfaktorenvergleich mit Bezugskalkulation
	  ■ Mehrfaktorenvergleich (Scoring-Modell)

Beschaffungsplanung	■ Bestellverfahren
	  ■ Mengenplanung
	  ■ Zeitplanung
	■ ABC-Analyse

Beschaffungsprozess	■ Anfragen der Kunden bearbeiten[1]
	  ■ Anfrage
	  ■ Angebot
	■ Anfragen der Kunden ausführen[1]
	  ■ Auftragseingang
	  ■ Auftragsdurchführung
	■ Zahlung abwickeln[1]

Umgang mit Vertragsstörungen	■ Zahlungsverzug[1] (Nicht-Rechtzeitige-Zahlung) ■ Lieferungsverzug (Nicht-Rechtzeitige-Lieferung)

1 Dieses Themengebiet wurde bereits im Kompetenzbereich 2 Auftragsbearbeitung und Vertragsgestaltung behandelt.

1.2 Nachhaltigkeit der Beschaffung untersuchen

1.2.1 Grundlagen einer nachhaltigen Beschaffung

Nachhaltiges Wirtschaften bedeutet, dass wir heute so leben und handeln, dass künftige Generationen überall eine lebenswerte Umwelt vorfinden und ihre Bedürfnisse befriedigen können.

Bezogen auf den Grundsatz der Nachhaltigkeit, müssen bei der Beschaffung der angebotenen Werkstoffe und Dienstleistungen – neben dem ökonomischen Gesichtspunkt – auch die **ökologischen** und **sozialen Auswirkungen** berücksichtigt werden.

Eine **nachhaltige Beschaffung** hat das Ziel, die Einhaltung von sozialen und ökologischen (Mindest-)Anforderungen über die gesamte Lieferantenkette eines Unternehmens sicherzustellen.

Um eine nachhaltige Beschaffung im Unternehmen umzusetzen, ist es sinnvoll, die Beschaffungspraxis hinsichtlich sozialer und ökologischer Aspekte zu untersuchen. Folgende Fragen sollten dabei beantwortet werden:

- **Stakeholder:** Gibt es Stakeholder, die ein Interesse an einer nachhaltigen Beschaffung haben? Werden ihre Erwartungen an eine nachhaltige Beschaffung berücksichtigt?
- **Unternehmensleitbild:** Werden Nachhaltigkeitsziele bzw. nachhaltige Beschaffungsziele im Leitbild des Unternehmens erwähnt?
- **Strategie:** Werden Nachhaltigkeitsziele bzw. nachhaltige Beschaffungsziele in der Unternehmensstrategie erwähnt?
- **Verhaltenskodex für Zulieferer:** Werden die Zulieferbetriebe zu sozialen und ökologischen Anforderungen verpflichtet und wie sind diese festgehalten?
- **Leitfaden:** Bestehen Dokumente, die konkrete Vorgehensweisen für ein nachhaltiges Beschaffungsmanagement intern und für Zulieferer beschreiben und regeln?
- **Überprüfung von Zulieferbetrieben:** Findet eine Überprüfung der Zulieferer hinsichtlich sozialer und ökologischer Anforderungen statt?
- **Qualifikation von Zulieferbetrieben:** Erhalten Zulieferer Schulungen oder sonstige Unterstützungsleistungen, die sie bei der Umsetzung von sozialen und ökologischen Anforderungen unterstützen?

1.2.2 Ökologische Ausrichtung der Beschaffung

(1) Durchlaufstrategie bei der Beschaffung von Gütern

Bis vor wenigen Jahren wurde nur selten darüber nachgedacht, welche ökologischen[1] Folgen die Beschaffung eines Gutes haben kann. Bei der Auswahl der Handelswaren/Werkstoffe bzw. der Entscheidung für einen bestimmten Lieferer wurden allein wirtschaftliche und produktionstechnische Gesichtspunkte zugrunde gelegt. Abfälle, die bei der Produktion anfielen, wurden einfach über Mülldeponien und Verbrennungsanlagen entsorgt. Gleiches galt für Konsumgüter. Wurde ein Konsumgut unbrauchbar, unmodern oder war

1 Die **Ökologie** ist die Wissenschaft von den Wechselwirkungen zwischen den Lebewesen untereinander und ihren Beziehungen zur übrigen Umwelt.

das Gut technisch überholt, wurde es den anderen Abfällen beigegeben und durch die Müllabfuhr auf der Mülldeponie entsorgt.

Diese Form des ökologischen Wirtschaftens bezeichnet man als **Durchlaufwirtschaft**.

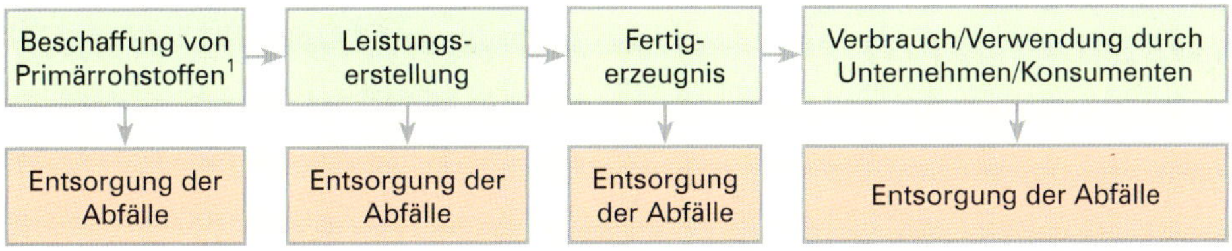

Unter ökologischen Gesichtspunkten ist die Durchlaufwirtschaft **nicht vertretbar**.

(2) Kreislaufstrategie bei der Beschaffung von Gütern

Nach dem Kreislaufwirtschaftsgesetz [KrWG] sind alle, die Güter produzieren, vermarkten oder konsumieren, für die Vermeidung, Verwertung oder umweltverträgliche Entsorgung der Abfälle grundsätzlich selbst verantwortlich.

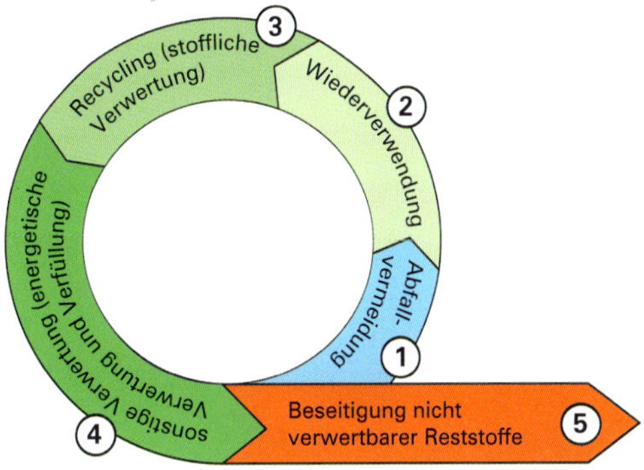

① **Abfallvermeidung**

Der wirksamste Schutz der Umwelt als Aufnahmemedium für Schadstoffemissionen aller Art und als Quelle der natürlichen nicht regenerierbaren Ressourcen (Primärrohstoffe) ist, alle umweltbelastenden Emissionen (Abfälle, Abgase, Abstrahlungen usw.) möglichst zu vermeiden oder zumindest zu verringern.

② **Wiederverwendung**

Die Produkte werden für den gleichen Verwendungszweck mehrfach genutzt (z. B. Pfandflaschen) bzw. für andere Verwendungszwecke verwendet (z. B. Senfgläser werden als Trinkgläser weiterverwendet).

③ **Recycling (stoffliche Verwertung)**

Eine wirksame umweltorientierte Recyclingpolitik der Unternehmen umfasst alle Maßnahmen, mit denen bereits angefallene und zukünftig zu erwartende Stoffrückstände aus der Produktion und Rückstände von Konsumgütern in den industriellen Produktionsprozess zurückgeführt werden können. Aus Produktionsrückständen und Konsumgüterabfällen werden keine Abfälle, sondern „neue“ Werkstoffe oder Energien **(sekundäre Werkstoffe, Energiestoffe)** gewonnen.

Beispiele:

- Glasscherben werden zur Glasherstellung wiederverwertet.
- Aus Kunststoffflaschen werden Fleece-Pullis.

1 **Primärrohstoffe** (z. B. Roh-, Hilfs- oder Betriebsstoffe) werden aus natürlichen Ressourcen gewonnen.

④ **Sonstige Verwertung (energetische Verwertung und Verfüllung)**
Nicht recycelbare Abfallstoffe können z. B. zur Energiegewinnung in Müllkraftwerken oder zur Verfüllung von Kiesgruben u. Ä. verwendet werden.

⑤ **Beseitigung nicht verwertbarer Reststoffe**
Wenn eine stoffliche Verwertung („Abfallnutzung") aus technischen Gründen nicht möglich oder unter wirtschaftlichen Gesichtspunkten zu teuer ist, dann müssen die nicht verwertbaren Reststoffe umweltverträglich durch ihre stoffliche Lagerung (Deponierung) auf Mülldeponien und/oder durch Verbrennung entsorgt werden.

Beispiele:

Eine umweltverträgliche Deponierung liegt z. B. vor, wenn der gelagerte Müll durch seine Verrottung wieder in den biologischen Kreislauf zurückgeführt wird.

Die Möglichkeiten des betrieblichen Umweltschutzes durch eine umweltorientierte Abfallvermeidung, Abfallverminderung, Recyclingpolitik und Entsorgung sind in dem nachfolgenden Modell zusammengefasst.

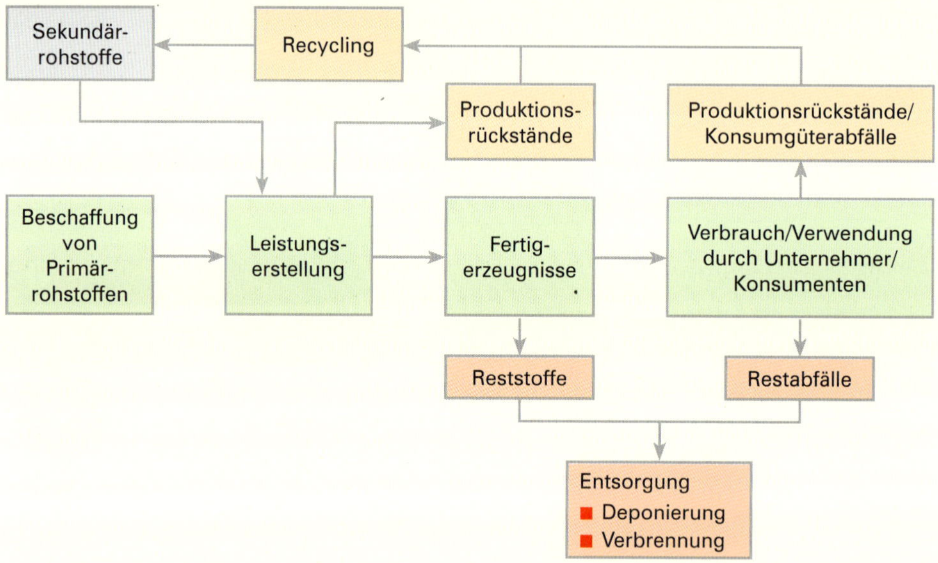

1.2.3 Nachhaltige Ausrichtung der Beschaffung anhand ausgewählter Labels[1] und Zertifizierungen

KB 3 **Lernsituation 2: Nachhaltige Beschaffung unter Berücksichtigung von Labels**

Stefan Osann, Inhaber des gleichnamigen Unternehmens für Bürobedarf, Computertechnik, Drucker und Kopiergeräte, möchte für sein Verkaufsteam neue einheitliche Arbeitsbekleidung beschaffen.

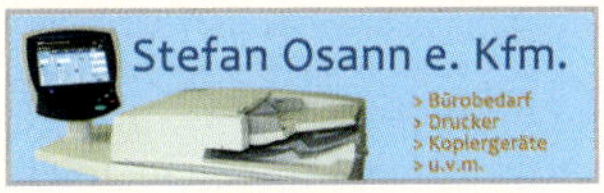

Neben guter Qualität und ansprechendem Design legt Herr Osann besonderen Wert auf nachhaltig produzierte Arbeitsbekleidung. Bei der bisherigen Beschaffung der Arbeitsbekleidung achtete Stefan Osann stets darauf, dass der Nachweis einer nachhaltigen Arbeitsbekleidung durch Labels oder Siegel zertifiziert war. Das Unternehmen Brands Fashion wirbt bei seinem Angebot mit dem Siegel „Grüner Knopf":

Auszug aus dem Angebot:[2]

Grüner Knopf: Wir sind dabei!
[...] Wir sind eines der ersten Unternehmen, das die vom grünen Knopf gestellten, anspruchsvollen Kriterien erfüllt und die Prüfungen erfolgreich bestanden hat. Wir sind stolz darauf, nun auch unsere Textilprodukte mit dem Siegel „Grüner Knopf" kennzeichnen zu können.

GRÜNER KNOPF
SOZIAL. ÖKOLOGISCH. STAATLICH. UNABHÄNGIG ZERTIFIZIERT.

Da Stefan Osann noch nie etwas von diesem Siegel gehört hat, bittet er Sie um Ihre Hilfe. Neben den grundsätzlichen Merkmalen interessieren Herrn Osann insbesondere die Kriterien, nach welchen das neue Siegel vergeben wird.

Kompetenzorientierte Arbeitsaufträge:

Arbeiten Sie das folgende Kapitel des Schulbuches durch und verwenden Sie die Aufzeichnungen aus dem Unterricht zur Bearbeitung der Arbeitsaufträge! Nutzen Sie als Informationsquelle zusätzlich die Internetseite https://www.gruener-knopf.de.

1. Erläutern Sie die wesentlichen Merkmale des Siegels „Grüner Knopf"!
2. Bilden Sie **Arbeitsgruppen** von je 3 Schülern/Schülerinnen. Teilen Sie in Ihrer Gruppe die folgenden Bearbeitungsthemen für die **Kriterien** des Siegels „Grüner Knopf" auf. Nutzen Sie dabei die folgende Internetquelle: https://www.gruener-knopf.de/kriterien.html.
   - Schüler/-in 1: Unternehmenskriterien
   - Schüler/-in 2: Umweltkriterien (Auszug)
   - Schüler/-in 2: Soziale Kriterien (Auszug)

1 label (engl.): Etikett. Anstelle von „Label" werden häufig auch die Begriffe **Siegel** oder **Gütesiegel** verwendet.
2 Quelle: https://www.brands-fashion.com/news/2019-09-09-brands-gruenes-licht-fuer-den-gruenen-knopf/ [29.01.2020].

Bearbeiten Sie in **Einzelarbeit** die von Ihnen gewählten Kriterien und machen Sie sich dazu Notizen. Orientieren Sie sich bei den Unternehmenskriterien an den auf der Internetseite dargestellten fünf Kernelementen und bei den Umwelt- und Sozialkriterien an den dargestellten Beispielen (Auszügen).

3. Erläutern Sie Ihren Gruppenmitgliedern die Merkmale der von Ihnen erarbeiteten Kriterien. Erstellen Sie, nachdem alle Gruppenmitglieder ihr Thema dargestellt haben, gemeinsam eine **Mindmap**. Orientieren Sie sich an dem unten dargestellten Muster!

Methodentipp: Verwenden Sie ein DIN-A4- oder DIN-A3-Blatt im Querformat. Tablet-Klassen können für die Erstellung der Mindmap das Tablet einsetzen. Achten Sie darauf, dass Sie für die Mindmap lediglich Schlüsselwörter bzw. kurze Bezeichnungen verwenden.

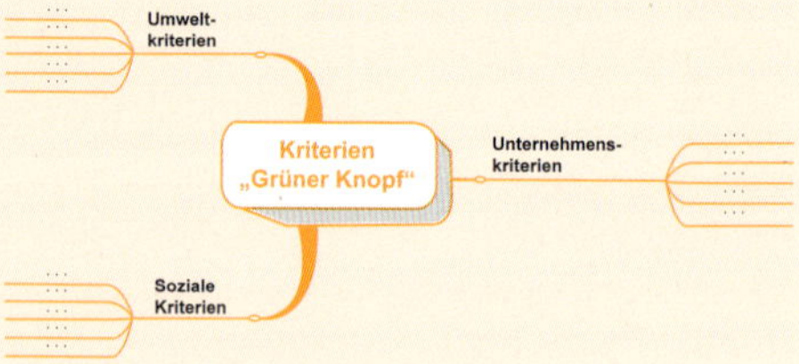

4. Präsentieren Sie die von Ihrer Gruppe erstellte Mindmap vor Ihrer Klasse!

Nachdem Sie Stefan Osann die wesentlichen Merkmale und Kriterien des Siegels „Grüner Knopf" vorgestellt haben, möchte er die neue Arbeitsbekleidung bei dem Lieferanten Brands Fashion beschaffen. Dagmar Keller, die für den Einkauf zuständig ist, hat Zweifel, ob Labels bzw. Siegel grundsätzlich eine hohe Aussagekraft bei der Auswahl der Lieferanten haben sollten. Sie zeigt Stefan Osann einen Artikel aus dem Handelsblatt:[1]

„Noch ein weiter Weg zu objektiven Standards" – Wenige Firmen verschreiben sich dem Grünen Knopf

[..] Es ist ein wesentliches Ziel des Siegels, die Produktionsbedingungen in den armen Lieferländern zu verbessern. [...] Es dürfte zumindest noch sehr lange dauern, bis die gewünschten Segenswirkungen in den Fabriken in Bangladesch ankommen. Denn bislang haben sich nur diejenigen Unternehmen für den Grünen Knopf qualifiziert, die ohnehin schon Vorbildfunktion haben. [...] Das heißt: Die Unternehmen, die eigentlich die Produktion ihrer T-Shirts, Jeans oder Pullover dringend ändern müssten, machen bisher beim neuen Siegel nicht mit. [...]

Das neue Siegel überprüft nur, ob Mindestlöhne in den Textilfabriken in Fernost gezahlt werden. Diese sind deutlich geringer, als die von vielen Organisationen geforderten existenzsichernden Löhne, die ausreichen, um davon zu leben. [...]

Ein Sprecher von C&A begründet seine Zurückhaltung so: „Als international tätiger Einzelhändler nutzen wir global gültige Zertifizierungen." [...]

Auch ein Sprecher von Marc O'Polo hat Bedenken, „unter anderem mit Hinblick auf die internationale Verständlichkeit des Siegels". Denn bislang ist der Grüne Knopf nur eine deutsche Angelegenheit.

[...] Kritisiert wird auch, dass nur 50 Prozent der Produktionsstufen erfasst werden. Tatsächlich umfasst das Siegel nicht alle Produktionsstufen, sondern nur das Zuschneiden, Nähen, Bleichen und Färben von Kleidungsstücken. Andere Arbeiten auf vorgelagerten Stufen werden nicht erfasst. Das will der Bundesentwicklungsminister erst in den nächsten Jahren ändern.

1 https://www.handelsblatt.com/unternehmen/handel-konsumgueter/modebranche-noch-ein-weiter-weg-zu-objektiven-standards-wenige-firmen-verschreiben-sich-dem-gruenen-knopf/25137774.html [29.01.2020].

So hat der Modedienstleister Brands Fashion aus Buchholz bei Hamburg zwar die Autorisierung für das neue Prüfsiegel erhalten. [...] Aber „wir müssen noch viele unserer Kunden vom neuen Siegel überzeugen", sagt Geschäftsführer Ulrich Hofmann. „Einige sind nicht bereit, mehr für ein nachhaltig produziertes Kleidungsstück zu bezahlen." [...]

5. Lesen Sie den Artikel und fassen Sie die wesentlichen Kritikpunkte an dem Siegel „Grüner Knopf" in eigenen Worten zusammen!
6. Diskutieren Sie gemeinsam in Ihrer Klasse die Vor- und Nachteile des Siegels „Grüner Knopf". Geben Sie Stefan Osann eine Empfehlung, ob es sinnvoll ist, bei der Beschaffung der Arbeitsbekleidung auf ein Siegel wie den „Grünen Knopf" zu achten!

(1) Begriff und Grundsätze der Produkt- und Managementlabels

Eine zunehmende Bedeutung bei der Auswahl der Lieferanten im Rahmen einer nachhaltigen Beschaffung spielen **Labels** und **Zertifizierungen**[1] in Bezug auf ökonomische, ökologische und soziale Aspekte. Für Unternehmen schaffen Labels und Zertifizierungen bei der Beschaffung eine wichtige Plattform zur umweltgerechten Produktentwicklung. Anerkannte und positiv bewertete Labels und Zertifizierungen geben den Unternehmen die Möglichkeit, glaubwürdig ihre ökologische und soziale Verantwortung zu dokumentieren und sich im Wettbewerb zu profilieren.

- Der Begriff **Label** ist in Bezug auf die Nachhaltigkeit mit den Begriffen Umwelt- und Sozialsiegel gleichzusetzen. Diese zeichnen Produkte aus, die umweltfreundlich und sozialverträglich produziert wurden.
- Unter **Zertifizierung** versteht man ein Überprüfungs- und Bestätigungsverfahren durch eine unparteiische Instanz, das zeigt, dass sich ein entsprechend bezeichnetes Erzeugnis, Verfahren oder eine Dienstleistung in Übereinstimmung mit einer bestimmten Norm befindet.

Labels und Zertifizierungen liefern dem Unternehmen wichtige Hinweise, welche sozialen und ökologischen Themen für eine nachhaltige Beschaffung von Bedeutung sind. Bei der Lieferantenauswahl unterstützen sie das Unternehmen, die sozialen und ökologischen Anforderungen zu definieren, die das Unternehmen an die Lieferer stellen möchte.

Inzwischen gibt es auf dem deutschen Markt über 1 000 Labels und Zertifizierungen. Umso wichtiger ist es für das Unternehmen, sich zunächst einen Überblick über die in der jeweiligen Branche relevanten Umwelt- und Sozialstandards zu verschaffen. In Bezug auf eine nachhaltige Beschaffung werden im Folgenden ausgewählte **Produktlabels** und **Zertifizierungen von Managementstandards** in Form von **Managementlabels** näher vorgestellt.

1 Siehe Fußnote 1, S. 230.

15 Hug u.a. - ISBN 978-3-8120-0578-4

Produktlabel

Der Begriff Produktlabel lässt sich in drei Kategorien aufteilen:[1]

Produktlabel

Umweltzeichen	Nachhaltigkeitslabel	Regionalzeichen
Umweltzeichen werden auch Öko-Label genannt und kennzeichnen besondere Umwelteigenschaften von Produkten oder Dienstleistungen. Sie geben z. B. Hinweise, ob Produkte umweltfreundlich hergestellt wurden oder ob sie möglichst umweltschonend genutzt oder entsorgt werden können.	Nachhaltigkeitslabel kennzeichnen Produkte, bei deren Herstellung und Verbreitung ökologische, soziale und wirtschaftliche Gesichtspunkte berücksichtigt werden und somit ein besonderes Augenmerk darauf liegt, zukunftsfähig und nachhaltig zu wirtschaften.	Regionalzeichen sollen Unternehmen und Verbrauchern signalisieren, dass ein Produkt aus einer bestimmten Region kommt. Da der Begriff „Region" gesetzlich nicht geschützt ist, können damit eine Stadt, ein Landkreis, eine bestimmte landschaftliche Region oder mehrere Bundesländer gemeint sein.

Managementlabels (Managementstandards)

Zertifizierungen durch Managementlabel dienen in erster Linie Unternehmen oder auch Organisationen dazu, ihre Betriebsabläufe und Unternehmensstrategie zu verbessern und beispielsweise umweltschonender und sozialer auszurichten. Die hinter den Labeln liegenden Standards werden von den Unternehmen bzw. Organisationen in Form einer freiwilligen Selbstverpflichtung eingeführt und beruhen nicht auf gesetzlichen Vorschriften.

(2) Ausgewählte Beispiele für Management- und Produktlabels

Managementlabel	
ISO[2] 14001	Die seit 1996 weltweit geltende Norm **ISO 14001** ermöglicht es Unternehmen, ein Umweltmanagementsystem[2] nach einheitlichen und überprüfbaren Vorgaben aufzubauen. Das übergeordnete Ziel besteht darin, im Einklang mit wirtschaftlichen, sozialen und politischen Erfordernissen, die Umweltpolitik eines Unternehmens mit konkreten Zielen zu formulieren und dadurch den Umweltschutz zu fördern und Umweltbelastungen zu verringern. Mit diesem Zertifikat bescheinigt eine unabhängige Zertifizierungsgesellschaft (z. B. TÜV Süd), dass ein den Anforderungen der ISO 14001 entsprechendes Umweltmanagementsystem in einem Unternehmen aufgebaut ist und dieses geeignet ist, die vom Unternehmen gesetzten Umweltziele zu erreichen und die Umweltleistung dauerhaft zu verbessern. Weltweit sind über 260 000 Unternehmen und Organisationen und in Deutschland ca. 6 000 nach der Norm ISO 14001 zertifiziert.

1 Quelle: http://label-online.de/produktlabel/ [29.01.2020].

2 **ISO** (engl.: International Organization for Standardization): Internationale Organisation für Normung.

2 **Umweltmanagement** ist der Teil des Managements, der sich mit den Umweltaspekten eines Unternehmens beschäftigt, z. B. wie sich Prozesse, Tätigkeiten, Dienstleistungen, Produkte, Planungen, Organisationsstruktur, Verhalten usw. auf die Umwelt auswirken.

Managementlabel	
EMAS[1]	**EMAS** ist ein freiwilliges Nachhaltigkeitsinstrument der Europäischen Union, das Unternehmen und Organisationen dabei unterstützt, ihre Umweltleistung kontinuierlich zu verbessern. Die EMAS-Verordnung ist umfangreicher als die Norm ISO 14001 und ist das anspruchsvollste System für nachhaltiges Umweltmanagement weltweit. Unternehmen und Organisationen jeder Art werden mit dem EU-Label ausgezeichnet, wenn sie die Anforderungen der EMAS-Verordnung erfüllen. Unternehmen, die nach EMAS zertifiziert sind, veröffentlichen eine Umwelterklärung, in der sie über die gesteckten Umweltziele und deren Umsetzung berichten. Staatlich zugelassene Umweltgutachter kontrollieren regelmäßig, ob die EMAS-zertifizierten Unternehmen alle vorgegebenen Umweltvorschriften einhalten.

Produktlabel	
EU-Bio-Logo[2]	Das EU-Bio-Logo wird seit 2010 von der Europäischen Union herausgegeben. Ziel dieses Labels ist es, die biologische Landwirtschaft über klar definierte Regeln zu fördern. Das EU-Bio-Logo ist für vorverpackte Bio-Lebensmittel, die nach den EU-Rechtsvorschriften für den ökologischen Landbau hergestellt wurden, Pflicht. Das EU-Bio-Logo kennzeichnet Produkte aus kontrolliert biologischem Anbau wie z. B. Fleischprodukte, Käse, Milch, Eier, Obst, Getreideprodukte. Dabei müssen die Inhaltsstoffe der Produkte zu mindestens 95 % aus dem ökologischen Landbau stammen.
Bio-Siegel[3]	Das deutsche Bio-Siegel wird seit 2001 vom Bundesministerium für Ernährung und Landwirtschaft herausgegeben. Für das Bio-Siegel gelten dieselben Kriterien wie für das EU-Bio-Logo (siehe oben). Es kennzeichnet Produkte aus kontrolliert biologischem Anbau und trägt wesentlich zu ökologischen Verbesserungen beim Anbau und der Verarbeitung von Nahrungsmitteln bei. Zusätzlich zum EU-Bio-Logo kann das deutsche Bio-Siegel auf den Produkten aufgebracht werden.
PEFC[4]	Das Ziel des **PEFC-Labels** besteht darin, die Waldbewirtschaftung im Hinblick auf soziale, ökologische und ökonomische Standards zu verbessern. Das Label steht somit für eine nachhaltige, pflegliche und verantwortungsbewusste Waldbewirtschaftung. Unternehmen, die mit Holz handeln, und Waldbesitzer können eine Zertifizierung beantragen. Das PEFC-Label garantiert eine ausreichende Versorgung mit Holz und Holzprodukten aus zertifizierten, nachhaltig bewirtschafteten Wäldern für jeden Produktbereich und ist das größte Waldzertifizierungssystem weltweit.

1 **EMAS**: **E**co-**M**anagement and **A**udit **S**cheme. Ausführliche Informationen unter http://www.emas.de/home/ [29.01.2020].

2 Ausführliche Informationen unter: https://ec.europa.eu/info/food-farming-fisheries/farming/organic-farming/organics-glance/organic-logo.de [29.01.2020].

3 Ausführliche Informationen unter: https://www.oekolandbau.de/bio-siegel/ [29.01.2020].

4 **PEFC** (engl.: Programme for the Endorsement of Forest Certification Schemes): Programm für die Anerkennung von Forstzertifizierungssystemen. Ausführliche Informationen unter http://pefc.de/ [29.01.2020].

Produktlabel	
FSC[1]	Das **FSC-Label** steht für eine umweltfreundliche, sozialförderliche und ökonomisch tragfähige Bewirtschaftung von Wäldern weltweit. Der Wald soll als Ökosystem gesichert werden und dadurch eine langfristige Nutzung von Holz ermöglicht werden. Dadurch, dass auch weiterverarbeitende Unternehmen FSC-zertifiziert sein müssen, wird gewährleistet, dass das Produkt auf seinem Weg zum Konsumenten über die gesamte Verarbeitungs- und Handelskette nicht mit nicht-zertifizierten, d. h. nicht-kontrolliertem Holz oder Papier vermischt wurde.
Der Blaue Engel[2]	Beim **Blauen Engel** handelt es sich um das erste Umweltsiegel weltweit. Es wird seit dem Jahr 1978 vom Umweltbundesamt vergeben. Der Blaue Engel garantiert, dass die zertifizierten Produkte und Dienstleistungen hohe Ansprüche an Umwelt-, Gesundheits- und Gebrauchseigenschaften erfüllen. Dabei wird bei der Beurteilung stets der gesamte Produktlebensweg betrachtet. **Beispiel:** Im Bereich Textilien stellt das Siegel Anforderungen an eine umweltschonende Textilproduktion entlang des gesamten Produktionsweges, wobei sowohl Natur- als auch Kunstfasern berücksichtigt werden. Ein Fokus liegt dabei auf dem Einsatz von Chemikalien. Zusätzlich wird die Einhaltung von bestimmten Arbeitsnormen gefordert. Alle Anforderungen des Blauen Engels müssen unmittelbar erfüllt werden.
EU-Energielabel[3] 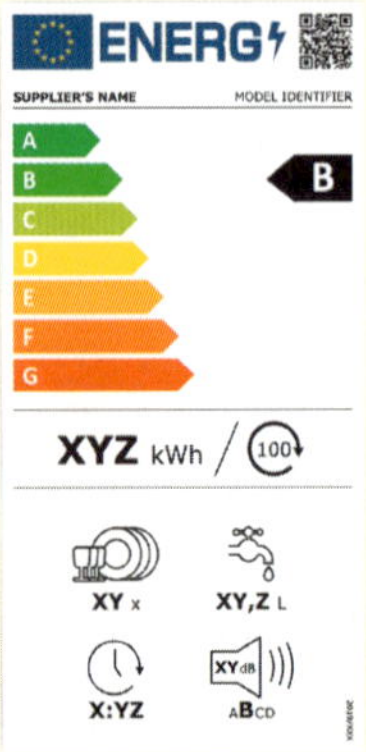	In der Europäischen Union sind energieverbrauchsrelevante Produkte mit einem verbraucherfreundlichen Etikett gekennzeichnet – dem **EU-Energielabel**. Nach der EU-Energielabel-Verordnung[4] werden Elektrogeräte mit den **Buchstaben A bis G** gekennzeichnet. A steht für die besten Geräte am Markt, G für die am meisten Strom verbrauchenden Modelle. Für die Hersteller soll es den Anreiz schaffen, ihre Produkte energieeffizienter zu gestalten. Für die Verbraucher soll es den Vergleich zwischen verschiedenen Produkten erleichtern. Das Energieeffizienzlabel gilt europaweit und ist sprachneutral. Neben der Energieeffizienzklasse sind auch **Zusatzinformationen** in Form eines **QR-Codes** enthalten.

1 **FSC**: Forest Stewardship Council. Ausführliche Informationen unter: http://www.fsc-deutschland.de [29.01.2020].

2 Ausführliche Informationen unter: http://www.blauer-engel.de [29.01.2020].

3 Ausführliche Informationen unter: http://www.bmwi.de/DE/Themen/Energie/Energieeffizienz/energieverbrauchskennzeichnung-von-produkten.html [29.01.2020].

4 Die EU hat entschieden, die drei Plusklassen A+, A++ und A+++ abzuschaffen und durch eine einfache Skala von A bis G zu ersetzen. Das **neue EU-Energielabel** gilt ab **März 2021** zunächst für die folgenden Produktgruppen: Geschirrspüler, Waschmaschinen, Wäschetrockner, Kühlschränke und Weinkühlschränke, Lampen, elektronische Displays. Bis alle Produktgruppen ein überarbeitetes Label erhalten, soll es noch bis voraussichtlich 2030 dauern.

Produktlabel	
EU-Ecolabel[1]	Das EU-Ecolabel wurde im Jahr 1992 von der Europäischen Kommission ins Leben gerufen. Das Label ist in allen EU-Mitgliedsstaaten sowie in Norwegen, Island, der Schweiz und der Türkei anerkannt. Das Ziel des EU-Ecolabel besteht darin, Verbrauchern und Unternehmen die Möglichkeit zu geben, umweltfreundlichere und gesündere Produkte und Dienstleistungen identifzieren zu können. Das Spektrum der Vergabe reicht von Reinigungsprodukten über Textilien, Schmierstoffe, Farben und Lacke bis zu Campingplätzen.

1.2.4 Soziale Ausrichtung der Beschaffung am Beispiel des „Fairen Handels"

(1) Begriff und Grundsätze des Fairen Handels

- Der **Faire Handel** unterstützt **kleinbäuerliche Familienbetriebe** in **Entwicklungsländern.** Durch **feste Mindestpreise** und eine **Fairtrade-Prämie**[1] werden die Lebens- und Arbeitsbedingungen von Menschen in Afrika, Asien und Südamerika verbessert.
- Durch den Fairen Handel wird versucht, für die benachteiligten Produzenten in den Entwicklungsländern eine **gerechtere Stellung im Welthandel** zu schaffen.

Ein wesentliches Prinzip des Fairen Handels ist die **Nachhaltigkeit.**

Wichtige **Grundsätze des Fairen Handels** sind:[2]

- gleichberechtigte Form wirtschaftlicher Beziehungen zwischen Industriestaaten und Entwicklungsländern;
- den benachteiligten Produzenten aus den Entwicklungsländern durch die Zahlung fairer Preise eine Basis für ihre Existenz schaffen;
- den Produzenten aus den Entwicklungsländern die Möglichkeit bieten, entwicklungsfördernde Investitionen durchzuführen;
- zusätzliches Engagement in wichtigen Bereichen wie z. B. Gesundheit und Bildung (Bau von Schulen, Apotheken) und z. B. landwirtschaftliche Beratung (Know-how), ländlicher Entwicklung Impulse geben;
- Direkteinkauf ohne Zwischenhandel;
- bestmögliche Qualität der Produkte;

1 Ausführliche Informationen unter: http://www.eu-ecolabel.de [29.01.2020].

1 Die **Fairtrade-Prämie** fließt direkt von jedem Einkauf auf ein Prämienkonto der jeweiligen Produzentenorganisation oder der Plantage. Kleinbauern und Arbeiter entscheiden selbstständig und demokratisch darüber, welche Projekte sie mit der Prämie umsetzen.

2 Quelle: http://www.iz.shuttle.de/iz/avs/aktuelles/wettbewerb/fair_allgemein.html [29.01.2020].

- Vermeidung von Kinderarbeit;
- Förderung umweltverträglicher Anbaumethoden, Nachhaltigkeit;
- direkte Verbesserung der Lebens- und Arbeitsbedingungen der Produzenten in den Entwicklungsländern.

(2) Faire Preise für die Produkte

Die **Preise** für die Produkte des Fairen Handels liegen **über denen vergleichbarer Produkte,** da sie drei Kosten beinhalten:

- die allgemeinen Produktionskosten,
- die Lebenshaltungskosten der Produzentenfamilien und
- ein Betrag für entwicklungsfördernde Investitionen.

Die wichtigsten Fairtrade-Produkte sind Kaffee, Kakao, Bananen/Südfrüchte, Blumen und Eiscreme. Weitere Produkte sind Textilien, Farben, Lacke, Waschmittel aus überwiegend nachwachsenden pflanzlichen und mineralischen Rohstoffen, Schmuck, Kunsthandwerk.

Alle Fairtrade-Produkte sind **zertifiziert.**[1]

(3) Fairtrade-Siegel[2]

Fairtrade kennzeichnet Waren, die aus fairem Handel stammen und bei deren Herstellung bestimmte soziale, ökologische und ökonomische Kriterien eingehalten werden, mit **Siegeln.**

Im Folgenden werden die wichtigsten **Fairtrade-Siegel** vorgestellt:

Fairtrade-Produkt-Siegel FAIRTRADE FAIRTRADE	Das **Fairtrade-Produkt-Siegel** steht für fair angebaute und gehandelte Produkte, bei denen alle Zutaten zu 100 % unter Fairtrade-Bedingungen gehandelt und physisch rückverfolgbar sind. Handelt es sich bei dem Produkt um ein Mischprodukt (z. B. Kekse, Schokolade), dann ist das Fairtrade-Produkt-Siegel zusätzlich mit einem Pfeil gekennzeichnet, der auf weiterführende Informationen auf der Rückseite verweist.
Spezielle Faitrade-Produkt-Siegel (Beispiel) FAIRTRADE FAIRTRADE TEXTILE PRODUCTION	Das **Spezielle Faitrade-Produkt-Siegel** für Textilproduktion kennzeichnet Produkte, bei denen die gesamte Textillieferkette nach dem Fairtrade-Textilstandard zertifiziert ist.

1 Unter **Zertifizierung** versteht man ein Überprüfungs- und Bestätigungsverfahren durch eine unparteiische Instanz, das zeigt, dass sich ein entsprechend bezeichnetes Erzeugnis, Verfahren oder eine Dienstleistung in Übereinstimmung mit einer bestimmten Norm befindet.
Beim Fairen Handel überprüft die Zertifizierungsgesellschaft FLO-CERT vor Ort, ob bei Produzenten und Händlern die Fairtrade-Standards eingehalten und die sozialen, ökonomischen und ökologischen Standards erfüllt werden. Sie kontrolliert auch, dass die Produzentenorganisationen den festgelegten Mindestpreis und die Fairtrade-Prämie ausgezahlt bekommen.

2 Quelle: https://www.fairtrade-deutschland.de/was-ist-fairtrade/fairtrade-siegel.html [29.01.2020].

Fairtrade-Rohstoff-Siegel FAIRTRADE COCOA	Das **Fairtrade-Rohstoff-Siegel** bezieht sich auf einen einzelnen fair angebauten und gehandelten Rohstoff (z. B. Kakao, Zucker, Baumwolle). Nur dieser angegebene Rohstoff im jeweiligen Produkt ist dann Fairtrade-zertifiziert.

(4) Organisation des Fairen Handels

Organisiert wird der Faire Handel vom Dachverband Fairtrade International. Das nachfolgende Schaubild zeigt den organisatorischen Ablauf des Fairtrade-Handels.

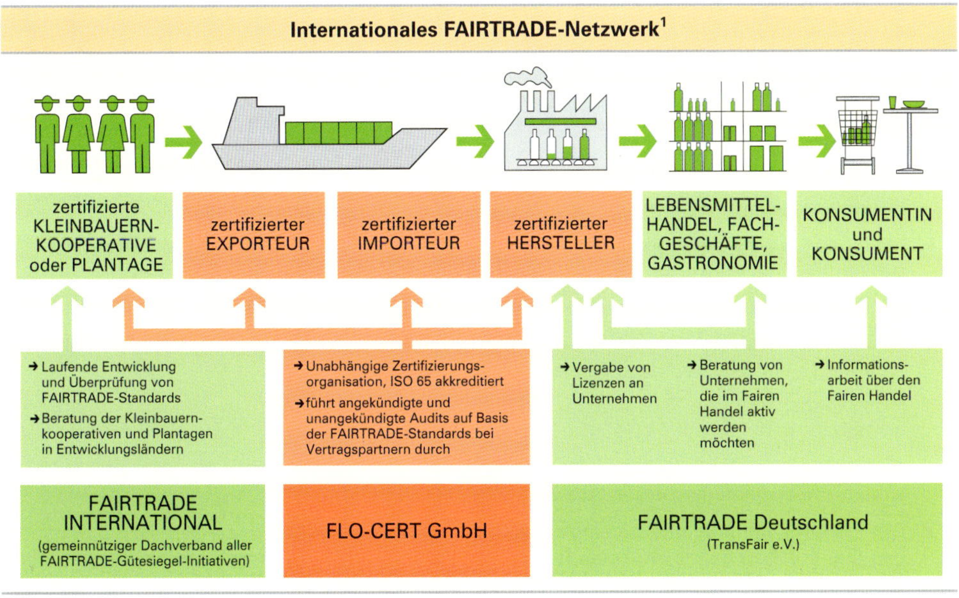

Rund 1,5 Millionen Kleinbauern, Arbeiterinnen und Arbeiter in über 75 Ländern profitieren direkt von den Vorteilen des Fairen Handels. Zusammen mit ihren Familien sind das rund sechs Millionen Menschen, die durch Fairtrade ihre Lebens- und Arbeitssituation verbessern können.

In Deutschland kauften Verbraucherinnen und Verbraucher im Jahr 2018 für 1,62 Milliarden Euro Fairtrade-zertifizierte Produkte ein.[2]

1 Quelle: TransFair-Jahresbericht 2010/11, S. 4.

2 Quelle: http://www.fairtrade-deutschland.de [29.01.2020].

1.2.5 Vorteile einer nachhaltigen Beschaffung

- Einhaltung sozialer und ökologischer Standards durch die Lieferanten und dadurch eine positive Einflussnahme auf ökologische und soziale Entwicklungen weltweit.
- Einsparungspotenzial durch effizientere Ressourcennutzung.
- Imageverbesserung des Unternehmens in der Öffentlichkeit, bei Kunden und Mitarbeitern.
- Erhöhung der Qualität und Effizienz der Austauschbeziehungen zu Lieferanten.

Quelle: Angelehnt an den Kompass Nachhaltigkeit der Deutschen Gesellschaft für Internationale Zusammenarbeit (GIZ): http://kmu.kompass-nachhaltigkeit.de/projekt/wieso-nachhaltig-beschaffen/ [29.01.2020].

Zusammenfassung

- Eine **nachhaltige Beschaffung** verfolgt das Ziel, die Einhaltung von sozialen und ökologischen (Mindest-)Anforderungen über die gesamte Lieferantenkette eines Unternehmens sicherzustellen.
- Bei der Beschaffung nach der **Durchlaufstrategie** werden die Güter allein nach produktionstechnischen und wirtschaftlichen Gesichtspunkten ausgewählt.
- Nach der **Kreislaufstrategie** sind alle, die Güter produzieren, vermarkten oder konsumieren, zur Vermeidung, Verwertung und Beseitigung von Abfällen verpflichtet.
- Für die Entsorgung von Abfallstoffen gilt die Rangfolge:
- ① Abfallvermeidung → ② Wiederverwendung → ③ Recycling → ④ sonstige Verwertung → ⑤ Beseitigung nicht verwertbarer Reststoffe.
- **Produktlabel** zeichnen Produkte aus, die umweltfreundlich und sozialverträglich produziert wurden.
- **Managementlabel** dienen Unternehmen dazu, ihre Betriebsabläufe und ihre Unternehmensstrategie nach ökologischen und sozialen Vorgaben auszurichten.
- Der **Faire Handel** unterstützt kleinbäuerliche Familienbetriebe in Afrika, Asien und Südamerika. Sie erhalten durch Fairtrade-Standards, die unter anderem eine Fairtrade-Prämie vorschreiben, die Möglichkeit, ihre Dörfer und Familien aus eigener Kraft zu stärken und ihre Lebens- und Arbeitsbedingungen nachhaltig zu verbessern.

Kompetenztraining

45 Nachhaltige Beschaffung

1. 1.1 Erläutern Sie den Begriff nachhaltige Beschaffung und nennen Sie Vorteile einer nachhaltigen Beschaffung!

   1.2 Nennen Sie Beispiele, wie eine Sportgerätefabrik das Prinzip der Nachhaltigkeit umsetzen könnte!

2. Die Unternehmenspolitik der Elektromotorenfabrik Ehrmann GmbH ist deutlich ökologisch ausgerichtet.

   Aufgaben:

   2.1 Erklären Sie, was in diesem Zusammenhang mit „ökologisch" gemeint ist!

   2.2 Nennen und beschreiben Sie drei Maßnahmen einer ökologischen Leistungserstellung im Zulieferbetrieb!

3. Begründen Sie, warum die Abfallvermeidung und Abfallminderung unter ökologischen Gesichtspunkten günstiger zu bewerten ist als die Wiederaufbereitung (Rückstandsnutzung) von Wertstoffen durch Recycling!
4. Beschreiben Sie zwei Abfallvermeidungsmaßnahmen in einem Industriebetrieb!
5. Nehmen Sie Stellung zu folgender Aussage: „Die Wirtschaft soll lernen, künftig vom Abfall her zu denken!"
6. **Arbeitsauftrag:** Erstellen Sie einen Bericht darüber, wie durch Kunststoff-Recycling unersetzbare fossile Rohstoffe eingespart und (zusätzlich) Energie gewonnen werden kann! (Lassen Sie sich von Chemieunternehmen entsprechende Informationen zuschicken bzw. informieren Sie sich über das Internet.)

   Hinweis: Es ist sinnvoll, den Bericht in Teamarbeit zu erstellen.

46 Produktlabels

1. Im Rahmen einer nachhaltigen Beschaffung planen die Ulmer Büromöbel AG, Stefan Osann e. Kfm und Beauty Moments Emmy Reisacher e. Kfr. des Industrie- und Gewerbeparks Ulm bei der Auswahl von Lieferanten verstärkt auf Labels und Zertifizierungen zu achten. Dazu benötigen die Unternehmen Informationen über infrage kommende Umweltlabels.

   Aufgabe:

   Lesen Sie die jeweiligen Fallbeispiele in der nachfolgenden Tabelle und gehen Sie auf die Internetseite http://label-online.de des Bundesverbandes der Verbraucherinitiative e. V. Auf der Startseite können Sie bei der Label-Suche die zu dem jeweiligen Unternehmen passenden Kategorien (vgl. Tabelle) angeben. Suchen Sie nach zwei passenden Labels für jedes Unternehmen und beschreiben Sie deren Merkmale und Labelziele.

	Unternehmen	**Fallbeispiele**
1.1	Ulmer Büromöbel AG UB Ulmer Büromöbel AG	Die Ulmer Büromöbel AG möchte die Büroschränke mit einem Umweltlabel verkaufen. Dafür ist es notwendig, dass bei der Beschaffung des Rohstoffes Holz Lieferanten mit einem passenden Label ausgesucht werden. (**http://label-online.de/ → Kategorie: Natur und Garten**)
1.2	Stefan Osann e. Kfm. Stefan Osann e. Kfm. > Bürobedarf > Drucker > Kopiergeräte > u.v.m.	Aufgrund zahlreicher Kundennachfragen nach Laptops, Tablets und Tischcomputern mit einem Umweltlabel möchte Stefan Osann in Zukunft diese Waren ausschließlich mit einem solchen Label beschaffen. (**http://label-online.de/ → Kategorie: Internet und IT**)
1.3	Beauty Moments Emmy Reisacher e. Kfr. Beauty Moments Emmy Reisacher e. Kfr.	Emmy Reisacher hat sich nach einer Fortbildung über Nachhaltigkeit in der Kosmetikbranche dazu entschlossen, nur noch Cremes, Seifen, Shampoos, Lotion und Körperöle mit einem passenden Label von ihren Lieferanten zu beziehen und in ihrem Kosmetikinstitut zu verwenden. (**http://label-online.de/ → Kategorie: Kosmetik und Sanitär**)

2. Die Ulmer Büromöbel AG hat sich in einer Vorauswahl für die Holz-Labels FSC und PEFC entschieden. Nun soll aufgrund der Ergebnisse der Umweltumfrage ein Holz-Label ausgesucht werden.

   Aufgabe:

   Beurteilen Sie aufgrund der nebenstehenden Grafik, für welches Holz-Label sich die Ulmer Büromöbel AG entscheiden soll. Schreiben Sie eine kurze Stellungnahme Ihres Ergebnisses für die Geschäftsleitung.

Abbildung 27: **Bekanntheit und Einfluss von Holz-Labels**

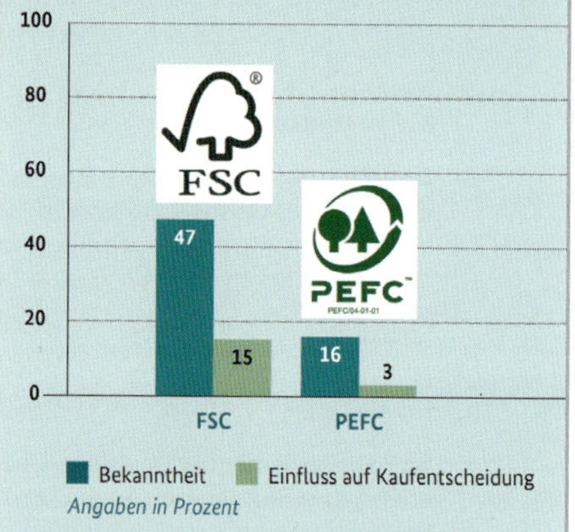

Frage: **Im Folgenden sehen Sie bestimmte Zeichen und Siegel. Bitte geben Sie jeweils an, ob sie diese kennen und wenn ja, ob diese Ihre Kaufentscheidung beeinflussen.**

N=2.117, Onlinebefragung, Stichprobe ab 14 Jahren
Top-Two-Nennungen bei „Einfluss auf Kaufentscheidung“ (6er-Skala: 1=immer und 6=nie)

Quelle: Umweltbewusstsein in Deutschland 2014, hrsg. von Bundesamt für Umwelt, Naturschutz, Bau und Reaktorsicherheit, 2015.

3. Beschreiben und analysieren Sie die nebenstehende Grafik zur Bekanntheit und dem Einfluss produktübergreifender Labels auf die Kaufentscheidung.

Abbildung 28: **Bekanntheit und Einfluss von produktgruppenübergreifenden Labels**

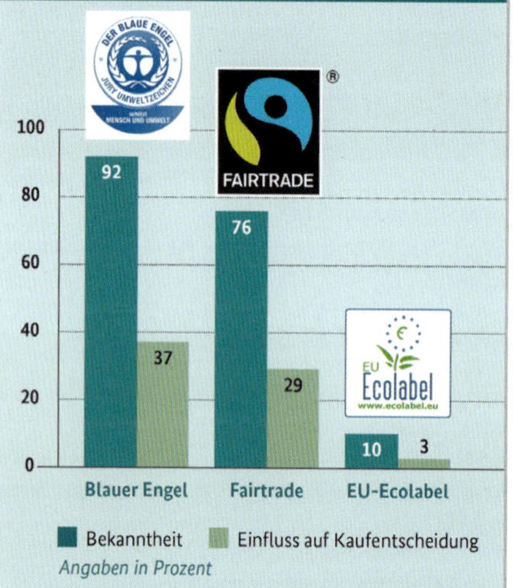

Frage: **Im Folgenden sehen Sie bestimmte Zeichen und Siegel. Bitte geben Sie jeweils an, ob sie diese kennen und wenn ja, ob diese Ihre Kaufentscheidung beeinflussen.**

N=2.117, Onlinebefragung, Stichprobe ab 14 Jahren

Quelle: Umweltbewusstsein in Deutschland 2014, hrsg. von Bundesamt für Umwelt, Naturschutz, Bau und Reaktorsicherheit, 2015.

47 Nachhaltigkeit bei der Lieferanten-Vergabe

Der Automobilhersteller Audi hat in Bezug auf die Nachhaltigkeitsstrategie bei der Beschaffung die folgenden Informationen veröffentlicht:[1]

Neues Rating bei Audi: Nachhaltigkeit entscheidet bei Lieferanten-Vergaben

Mit seiner Beschaffungsstrategie hat Audi die Nachhaltigkeit in seinen Lieferantenbeziehungen verstärkt im Blick. Die nachhaltige Rohstoffbeschaffung und eine Sorgfaltspflicht in der Lieferkette spielen auch hier eine zentrale Rolle. An den Standorten in Ingolstadt, Neckarsulm und Brüssel unterstützt Audi gezielt lokale soziale Einrichtungen durch die Vergabe von Lieferaufträgen im Bereich der Montage. Vor Abgabe eines Angebots müssen Lieferanten die Kenntnisnahme der Nachhaltigkeitsanforderungen, die für alle eingekauften Waren und Dienstleistungen gelten, bestätigen und diese Kenntnisnahme nach dem Ablauf einer Frist von zwölf Monaten bei erneuter Angebotsabgabe aktualisieren.

Von den Lieferanten wird erwartet, dass sie selbst Verantwortung übernehmen. So wird zum Beispiel bei Hauptlieferanten gefordert, dass ein zertifiziertes Umweltmanagementsystem gemäß ISO 14001 und/oder EMAS implementiert ist.

„Eine nachhaltige Lieferkette ist für uns ein wichtiges strategisches Ziel", sagt Dr. Bernd Martens, Audi-Vorstand für Beschaffung. Dafür hat Audi ein Nachhaltigkeitsrating eingeführt. Dies bezieht sich zunächst auf Zulieferer für Kaufteile und Komponenten und auf Dienstleister und Lieferanten für Anlagen und Maschinen.

Das Rating wird bereits vor der Vergabe an den Lieferanten durchgeführt, um eine Einschätzung zu sozialen, ökologischen und menschenrechtsbezogenen Risiken zu erhalten. Es beruht auf einem Vor-Ort-Check am Produktionsstandort des Lieferanten sowie einer Selbstauskunft.

Der Vor-Ort-Check umfasst Betriebsrundgänge und Interviews mit Mitarbeitern am Produktionsstandort des Lieferanten. Dabei überprüft Audi mit einem externen Dienstleister zwölf Kriterien aus dem Bereich Umwelt, Soziales und Integrität.

Durch die Evaluation will Audi dem Lieferanten die Möglichkeit geben, Optimierungspotenziale zu identifizieren und Verbesserungen vorzunehmen. Außerdem sollen in Zukunft nur Unternehmen mit einem positiven Rating beauftragt werden.

Aufgaben:

1. Beschreiben Sie die wesentlichen Inhalte der Audi-Strategie bei der Lieferantenauswahl!
2. Legen Sie dar, ob bei der Auswahl der Lieferanten Zertifizierungen bzw. Labels berücksichtigt werden und erläutern Sie die wesentlichen Merkmale dieser Labels!

48 Fairtrade und Richtlinien einer nachhaltigen Beschaffung

1. Nennen Sie das Hauptziel des Fairen Handels!
2. Erläutern Sie den Sinn der Fairtrade-Prämie!
3. Prüfen Sie, wodurch sichergestellt ist, dass es sich um Fairtrade-Produkte handelt!

   Recherchetipp: Nutzen Sie hierzu die Internetadresse www.flo-cert.net und/oder den Suchbegriff „ISO/IEC 17065:2012".
4. Erkunden Sie, welche Fairtrade-Produkte der Supermarkt an Ihrem Wohnort führt und berichten Sie darüber in der Klasse!

1 Quelle: https://www.audi.com/de/company/sustainability/core-topics/value-creation-and-production/supplier-management.html [30.01.2020].

5. Sie sind Sachbearbeiter beim Bürofachgeschäft Stefan Osann e. Kfm. Die Abteilungsleiterin Frau Sommer beauftragt Sie, Richtlinien zu formulieren, die zukünftig bei der Beschaffung der Materialien zu beachten sind. Maßgebend für die zu formulierenden Richtlinien ist das Unternehmensleitbild.

Ausschnitt aus dem Unternehmensleitbild des Bürofachgeschäftes Stefan Osann e. Kfm.:

- Wir möchten unsere Marktstellung als führendes Bürofachgeschäft in der Stadt langfristig ausbauen und setzen dabei auf gewinnorientiertes Wachstum. Dadurch, dass alle wichtigen Neuheiten umgehend in das Sortiment aufgenommen werden, sichern wir das Vertrauen unserer Kunden und den Fortbestand des Unternehmens.
- Die Zufriedenheit unserer Kunden steht im Mittelpunkt unserer Zielsetzungen. Freundlichkeit und Höflichkeit, fachkundige Beratung und das unbedingte Einhalten vereinbarter Liefertermine sind für uns selbstverständlich. Unsere Waren müssen von höchster Qualität sein, bei einem fairen Preis-Leistungs-Verhältnis.
- Die Basis unseres Bürofachgeschäfts bilden unsere motivierten und verantwortungsbewussten Mitarbeiter. Die Kompetenz unserer Mitarbeiter fördern wir durch ständige Weiterbildung. Damit sichern wir langfristig Arbeitsplätze. Wir unterstützen Offenheit, kollegiale Zusammenarbeit und ständige Kommunikation.
- Wir unterstützen soziale und Umweltprojekte. Wir achten darauf, nur umweltfreundliche Artikel ins Sortiment aufzunehmen und bemühen uns, ressourcenschonende Materialien zu verwenden. Waren, die mit einem unzureichenden Arbeitsschutzstandard oder mit Kinderarbeit hergestellt werden, haben in unserem Sortiment keinen Platz.
- Wir bekennen uns zu einem fairen und partnerschaftlichen Verhältnis gegenüber unseren Mitarbeitern, Kunden und Lieferanten.

6. Informieren Sie sich auf der Internetseite https://www.fairtrade-schools.de/kampagne/ über die Kampagne „Fairtrade-Schools".

Aufgabe:

Organisieren Sie an Ihrer Schule die Teilnahme an der „Fairtrade-School-Kampagne"!

2 Bezugsquellen ermitteln und voneinander unterscheiden können

KB 3 Lernsituation 3: Bezugsquellen ermitteln

Die Ulmer Büromöbel AG benötigt bei der Produktion ihrer Rollcontainer ein technisches Schmiermittel Molybdändisulfid (MoS_2). Der bisherige Lieferant des Betriebsstoffs hält seine Liefertermine fast nie ein.

KOMPETENZORIENTIERTE ARBEITSAUFTRÄGE:

Arbeiten Sie das folgende Kapitel des Schulbuches durch und verwenden Sie die Aufzeichnungen aus dem Unterricht zur Bearbeitung des Arbeitsauftrags!

Sie haben gerade Ihre Ausbildung zum Industriekaufmann abgeschlossen und sind jetzt Sachbearbeiter in der Einkaufsabteilung der Ulmer Büromöbel AG.

Aufgrund der beschriebenen Situation ist die Ulmer Büromöbel AG mit dem Lieferanten des Betriebsstoffs nicht mehr zufrieden. Mithilfe der externen Informationsbeschaffung sollen neue (externe) Bezugsquellen ermittelt werden. Dabei kann bei der externen Informationsbeschaffung zwischen der Primär- und Sekundärforschung unterschieden werden.

Überlegen Sie sich jeweils Vor- und Nachteile der Primär- und Sekundärforschung und erstellen Sie eine Tabelle, in der Sie diese gegenüberstellen!

2.1 Begriff Bezugsquellenermittlung

Sollen neue Materialien bzw. neue Dienstleistungen beschafft werden, muss man sich auf jeden Fall über die möglichen Bezugsquellen informieren. Aber auch dann, wenn ein Unternehmen schon über längere Zeit hinweg bestimmte Lieferer hat, kann es sich lohnen, andere Lieferer ausfindig zu machen, deren Angebote einzuholen und diese Angebote mit denen der bisherigen Lieferer zu vergleichen.

Tut dies ein Unternehmen nicht, dann besteht das Risiko, dass es Entwicklungen konkurrierender Anbieter auf dem Beschaffungsmarkt verschläft. Ihm entgehen dann z. B.

- Verbesserungen der Produkte in Bezug auf Konstruktionseigenschaften oder Material,
- günstigere Preise,
- qualitativ bessere Produkte,
- attraktivere Vertragsbedingungen.

Bezugsquellenermittlung ist die **systematische** Beschaffung von Informationen über die **Verhältnisse auf den Beschaffungsmärkten** des Unternehmens, die **anbietenden Lieferer,** die **Beschaffungskonkurrenten**[1] und die **angebotenen Materialien bzw. Dienstleistungen.**

1 Hierbei handelt es sich um Mitbewerber, die bei den gleichen Lieferanten dieselben Sachgüter und Dienstleistungen nachfragen.

2.2 Beschaffungsstrategien unterscheiden

Innerhalb der Bezugsquellenermittlung benötigt das Unternehmen zunächst einen Überblick über mögliche **Beschaffungsstrategien.** Da die Industrieunternehmen zunehmend ihre Fertigungstiefe (Leistungstiefe) reduzieren und die **Globalisierung** der Märkte die Beschaffungsaufgaben für den Einkäufer vielschichtiger werden lassen, sollten langfristig orientierte Beschaffungsstrategien in jedem Unternehmen beachtet werden.

(1) Begriff und Elemente der Globalisierung

Globalisierung im wirtschaftlichen Sinne bedeutet die zunehmende **erdweite Verflechtung von Volkswirtschaften.**

Bis 1990 sprach man in diesem Zusammenhang noch von der **Internationalisierung** der Märkte. Erst danach setzte sich der viel umfassendere Begriff „Globalisierung" durch.

Die Globalisierung ist keine „Erfindung der Neuzeit", sondern ein über viele Jahrhunderte andauernder Prozess. Allenfalls die Geschwindigkeit, in der dieser Prozess abläuft, hat sich stark verändert, sodass es nicht verwundert, wenn aktuell der Begriff der **„Turbo-Globalisierung"** verwandt wird.

Globalisierung umfasst jedoch weit mehr als die zunehmende Integration der Weltwirtschaft und sollte nicht auf wirtschaftliche Prozesse verkürzt werden. Insbesondere die Umweltprobleme (z. B. Treibhauseffekt, Ozonloch) erfordern eine weltweite Zusammenarbeit.

Die Globalisierung bietet eine Vielzahl von Risiken und Chancen, wobei die nachfolgende Tabelle einen Überblick über die wichtigsten Aspekte gibt.

Chancen	Risiken
▪ Nutzung der Kostenvorteile anderer Volkswirtschaften. ▪ Günstige Einkaufspreise durch weltweite Konkurrenz der Anbieter. ▪ Risikostreuung durch weltweites Engagement der multinationalen Konzerne („Global Players"). ▪ Verbesserung des Lebensstandards in den Entwicklungsländern durch Know-how-Transfer. ▪ Verringerung der Kriegsgefahr wegen der gestiegenen wirtschaftlichen Abhängigkeiten. ▪ Steigende Toleranz gegenüber anderen Kulturen und Mentalitäten durch den intensiven Austausch von Waren und Dienstleistungen.	▪ Vergrößerung der Umweltprobleme durch eine verstärkte Wirtschaftstätigkeit und höheren Konsum. ▪ Gefahr einer ruinösen Konkurrenz zwischen den einzelnen Volkswirtschaften. ▪ Menschen können mit der Geschwindigkeit des Strukturwandels nicht mithalten. ▪ Gefahr zunehmender Arbeitslosigkeit in Hochlohnländern. ▪ Sinkende Sozialstandards in den bisherigen Industrieländern durch den zunehmenden Kostendruck. ▪ Fremde Kultureinflüsse können zu Identitätsängsten führen (Gefahr des Terrorismus). ▪ Weltweit operierende Konzerne untergraben die Macht der Nationalstaaten.

(2) Global Sourcing[1] und Local Sourcing[2]

Bei der Frage, von welchem Ort die Materialien beschafft werden sollen, muss sich der Einkäufer bei der Auswahl der Lieferer mit den Beschaffungsstrategien **Global Sourcing** und **Local Sourcing** auseinandersetzen. Hierbei sollte das Unternehmen Nachhaltigkeitsaspekte sowie Zertifizierungen und Labels[3] der Lieferer berücksichtigen.

- **Global Sourcing** ist eine Beschaffungsstrategie, bei der das einkaufende Unternehmen auf alle potenziellen Lieferanten auf dem Weltmarkt zurückgreift.
- Beim **Local Sourcing** werden die Materialien in geografischer Nähe zum einkaufenden Unternehmen beschafft.

	Global Sourcing	Local Sourcing
Vorteile/ Chancen	■ Günstigere Einstandspreise realisierbar. ■ Beschaffung bei weltweiten Qualitätsführern möglich. ■ Verminderung von Abhängigkeiten. ■ Größere Ressourcenvielfalt. ■ Ausnutzung von Konjunktur-, Wachstums- und Inflationsunterschieden. ■ Zugang zu neuen Absatzmärkten möglich.	■ Geringere Frachtkosten. ■ Kurze Kommunikationswege aufgrund örtlicher Nähe zum Lieferanten. ■ Kurze Transportwege und damit geringerer Emissionsausstoß. ■ Imagegewinn durch Bevorzugung lokaler Anbieter und Sicherung von Arbeitsplätzen. ■ Ökologisch nachhaltiger und bessere Kontrolle der Einhaltung von Sozial- und Umweltstandards möglich.
Nachteile/ Risiken	■ Hoher Informationsbedarf sowie Koordinations- und Kommunikationsaufwand. ■ Hohe Transport- und Logistikkosten. ■ Höhere Emissionen durch längere Transportwege. ■ Eventuell geringere Sozial- und Umweltstandards der Lieferer. ■ Längere Reaktionszeiten bei Fehlern oder Qualitätsproblemen. ■ Währungsrisiken. ■ Rechtsunsicherheiten durch unterschiedliche Rechtssysteme oder Rechtsauffassungen. ■ Längere Lieferzeiten.	■ Häufig höhere Preise, da geringere Wettbewerbssituation. ■ Begrenzt verfügbare Ressourcen und Kapazitäten.

1 **Global Sourcing** (engl.): weltweite, globale Beschaffung.
2 **Local Sourcing** (engl.): regionale, lokale Beschaffung.
3 Vgl. dazu ausführlich S. 225ff.

(3) Überblick über weitere wichtige Beschaffungsstrategien

<table>
<tr><th>Beschaffungsstrategie</th><th>Kurzdefinition</th><th>Merkmale</th></tr>
<tr><td>Single bzw. Double Sourcing (Einzelquellen- bzw. Doppelquellenbeschaffung)

Single Sourcing:

Double Sourcing:
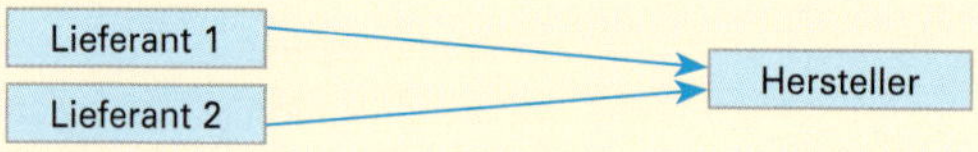</td><td>Beim Single Sourcing oder Double Sourcing wird beim Einkauf einer Materialart auf einen bzw. zwei Lieferanten zurückgegriffen.</td><td>■ Auf Dauer angelegte Geschäftsbeziehungen mit einer engen Zusammenarbeit mit dem Lieferanten.
■ Für Just-in-time-Lieferungen geeignet.
■ Geringer Verhandlungs-, Kommunikations- und Logistikaufwand durch langfristige Geschäftsbeziehungen.
■ Kooperationsbereitschaft muss vorhanden sein.
■ Lieferer ist in die Produktentwicklung eingebunden.
■ Gefahr einer zu starken Abhängigkeit von einem oder zwei Lieferanten.</td></tr>
<tr><td>Multiple Sourcing (Mehrquellenbeschaffung)

Multiple Sourcing:
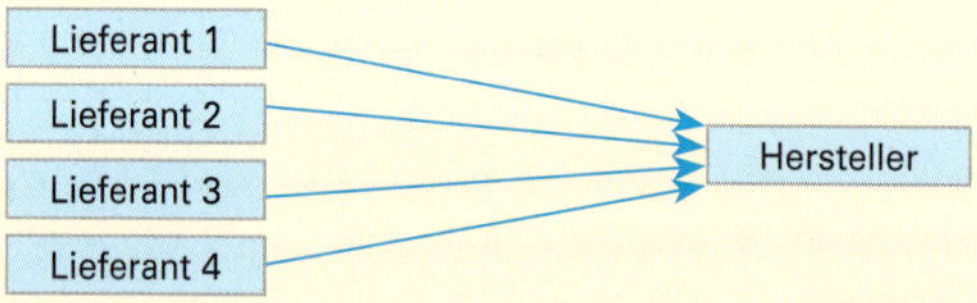</td><td>Beim Multiple Sourcing wird beim Einkauf von Materialien auf mehrere Lieferanten zurückgegriffen.</td><td>■ Durch einen hohen Wettbewerb zwischen den Lieferanten können günstigere Einkaufspreise ausgehandelt werden.
■ Keine Abhängigkeit von einem bestimmten Lieferer.
■ Nur für einfachere Materialien oder Güter sinnvoll.
■ Hoher Informationsbedarf.</td></tr>
<tr><td>Modular Sourcing (Modulbeschaffung)

Modular Sourcing:
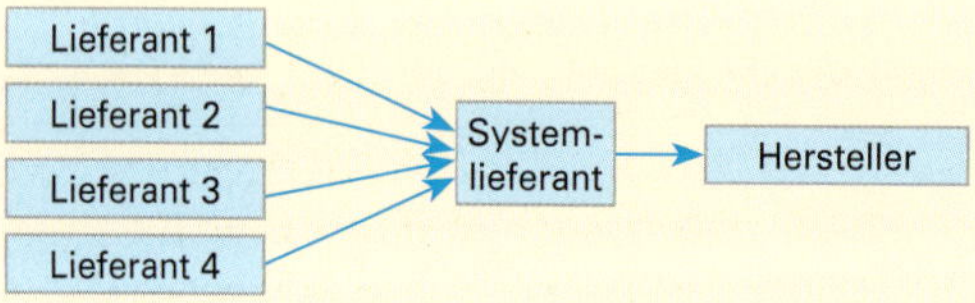</td><td>Beim Modular Sourcing werden keine Einzelteile, sondern komplexe Beschaffungsobjekte (Baugruppen bzw. Module) vom Lieferanten beschafft.</td><td>■ Reduzierung der Lieferantenanzahl durch Bezug von Modulen bzw. Baugruppen.
■ Verlagerung von lohn- und montageintensiven Tätigkeiten auf den Lieferanten.
■ Enge Zusammenarbeit mit dem Lieferanten und dabei gegenseitiger Austausch von Know-how.
■ Starke Abhängigkeit zwischen dem einkaufenden Unternehmen und dem Lieferanten.</td></tr>
</table>

2.3 Informationen über Lieferer beschaffen

(1) Überblick

Aufbauend auf die Beschaffungsstrategie findet die Sammlung von Informationen über die Lieferer und die Liefererauswahl statt. Besteht Bedarf an bestimmten Materialien, muss sich der Einkäufer darüber klar werden, bei welchem Lieferer er anfragen möchte.

Diese **Vorauswahl** trifft er nicht nur danach, welche Lieferer erfahrungsgemäß am **preisgünstigsten** sind. Vielmehr kommt es auch darauf an, welche **langfristigen Beschaffungsstrategien** das Unternehmen verfolgt, welche Lieferer bisher die **kürzesten Lieferfristen** und die besten **Qualitäten** anboten sowie den **ökologischen** und **sozialen Kriterien** gerecht wurden.

Weitere wichtige Entscheidungskriterien sind z. B.

- **Zuverlässigkeit** im Rahmen der Vertragsabwicklung,
- **räumliche Nähe,**
- Umfang der **Gegengeschäfte,**[1]
- Umgang mit **Vertragsstörungen,**
- **Kulanz,**[2]
- Möglichkeiten zum **elektronischen Datenaustausch** usw.

Bei der Liefererauswahl können **Checklisten** und **Punktebewertungstabellen** Entscheidungshilfen geben. Sie sollen sicherstellen, dass die vertragsbedeutsamen Gesichtspunkte (Kriterien) aller Lieferanten einheitlich berücksichtigt werden.

(2) Checklisten[3] zur Liefererauswahl

Nachfolgend wird ein Beispiel für eine Checkliste zur Liefererauswahl vorgestellt.

Checkliste	
Alter und Image des Unternehmens	■ Seit wann besteht das Unternehmen? ■ Welchen Ruf genießt das Unternehmen (z. B. Auskünfte der Auskunfteien, Eindrücke und Informationen unserer Außendienstmitarbeiter)? ■ Seit wann bestehen Geschäftsbeziehungen mit dem Unternehmen?
Konkurrenzverhältnisse und lokale/globale Auswahlkriterien	■ Welche Lieferer haben wir? ■ Welche anderen zusätzlichen Lieferer kommen in Betracht? ■ Werden Chancen und Risiken einer lokalen und globalen Beschaffung – auch hinsichtlich von Nachhaltigkeitsaspekten – bewertet?

1 **Beispiel:** Ein Sägewerk liefert Holz an eine Möbelfabrik, zugleich bezieht das Sägewerk Büromöbel von dieser Möbelfabrik.

2 **Kulanz** bedeutet eine Leistung des Lieferers, ohne dass hierzu eine rechtliche Verpflichtung besteht. Kulant: entgegenkommend, großzügig.

3 **To check** (engl.): prüfen, abhaken.

16 Hug u.a. - ISBN 978-3-8120-0578-4

Checkliste	
Leistungsfähigkeit und -bereitschaft, Aktualität und Kreativität	■ Entsprechen die Produktqualitäten – auch hinsichtlich ihrer Umweltfreundlichkeit – unseren Anforderungen? ■ Sind ausreichende Lieferkapazitäten vorhanden? ■ Kann der Lieferer auf Abruf liefern? ■ Entspricht das Personal unseren Anforderungen (Beratung, Lösungsvorschläge bei bestimmten technischen Problemen)? ■ In welchem Umfang werden Kundendienstleistungen angeboten? ■ Werden vorhandene Produkte weiterentwickelt? ■ Werden neue Produkte entwickelt?
Pünktlichkeit und Zuverlässigkeit	■ Werden vereinbarte Lieferfristen eingehalten? ■ Werden die zugesagten Qualitäten geliefert? ■ Welche Qualitätsgarantien werden übernommen?
Preise und Zahlungsziele	■ Wie hoch sind die Bezugspreise im Vergleich zu den Bezugspreisen anderer Lieferer? ■ Wie lange sind die Zahlungsziele? ■ Können günstigere Konditionen durch Verhandlungen erreicht werden (z. B. Sonderrabatte, Mengenrabatte)? ■ Werden Sonderangebote unterbreitet?
Einhalten von ökologischen Kriterien und Sozialstandards (Nachhaltigkeitskriterien)	■ Dient das Produktangebot der Verbesserung der Situation von Beschäftigten und dem Schutz der Umwelt? ■ Werden die Arbeitsbedingungen der Lieferer und die Einhaltung von Nachhaltigkeitsstandards überprüft? ■ Werden bei der Auswahl der Lieferer ökologische und soziale Labels und Zertifizierungen berücksichtigt?
Sonstige Beurteilungskriterien	■ Wo befinden sich Gerichtsstand und Leistungsort? ■ Gibt es Haftungsausschlüsse?

(3) Punktebewertungstabellen[1] zur Liefererauswahl

Die mithilfe der Checkliste geprüften Gesichtspunkte (Kriterien) können bewertet werden. Für die Summe aller Kriterien werden z. B. 100 Bewertungspunkte vergeben. Die Gesamtpunkte werden auf die einzelnen Kriterien verteilt. Wie die Punkte zu verteilen sind, hängt von der Bedeutung ab, die das Unternehmen den Bewertungskriterien beimisst.

Wird z. B. auf Leistungsfähigkeit, Leistungsbereitschaft, Kreativität und Aktualität der größte Wert gelegt, wird diesem Gesichtspunkt auch die höchste Punktzahl zugeteilt. Werden in zweiter Linie die Kriterien Einhaltung von ökologischen Kriterien und Sozialstandards für wichtig gehalten, erhalten diese die zweithöchste Punktzahl.

1 Für die Nutzwertanalyse sind auch die Begriffe Entscheidungsbewertungstabelle und Scoring-Modell gebräuchlich.

Beispiel: [1]

Die aufgrund der Checkliste von S. 241 f. ermittelten Bewertungspunkte werden in einer Punktebewertungstabelle (Entscheidungsbewertungstabelle) festgehalten. Der Lieferer mit der höchsten Punktzahl wird ausgewählt. In diesem Beispiel ist das der Lieferer Nr. 4714.

Punktebewertungstabelle

Kriterien	Höchst-punkt-zahl	Lieferer-Nummern				
		4713	4714	4715	4716	4717
1. Alter und Image des Unternehmens	5	2	3	1	1	1
2. Konkurrenzverhältnisse	15	10	8	13	6	6
3. Leistungsfähigkeit und -bereitschaft, Aktualität und Kreativität	25	15	20	25	20	21
4. Pünktlichkeit und Zuverlässigkeit	15	15	15	13	10	10
5. Preise und Zahlungsziele	15	15	10	15	10	12
6. Einhaltung von ökologischen Kriterien und Sozialstandards	20	10	20	8	10	15
7. Sonstige Beurteilungskriterien	5	3	4	2	3	5
Summen	100	70	80	77	60	68

2.4 Informationsquellen nutzen

(1) Externe Informationen

Ist man mit den bisherigen Lieferern nicht mehr zufrieden oder müssen bisher noch nicht bezogene Güter beschafft werden, weil das Fertigerzeugnisprogramm geändert wurde, müssen die Bezugsquellen außerhalb des Betriebs (extern) ermittelt werden.

Bei den **externen Informationsquellen** kann man zwischen **primären** und **sekundären Informationsquellen** unterscheiden.

1 Ein ausführliches Beispiel finden Sie in Kapitel 3 „Einen Angebotsvergleich erstellen“, S. 251 ff.

Informationsquelle	Beispiele
Primäre (direkte, unmittelbare) Informationsquellen Die zur Beschaffung erforderlichen Informationen werden direkt auf den Beschaffungsmärkten eingeholt.	■ schriftliche oder telefonische Befragungen und/oder persönliche Gespräche bei Lieferern und Kunden, ■ Besuche von Messen, Ausstellungen und Warenbörsen (Produktenbörsen), ■ Berichte der Einkaufs- und Verkaufsreisenden, ■ Betriebsbesichtigungen bei Lieferern und Kunden, ■ Testanzeigen (für Kauf und Verkauf), ■ Vertreterbesuche, ■ elektronische Marktplätze.
Sekundäre (indirekte, mittelbare) Informationsquellen Hier werden keine speziellen Erhebungen durchgeführt, sondern zu anderen Zwecken erfolgte Aufzeichnungen zur Beschaffung ausgewertet.	■ Statistiken (z. B. Umsatz- und Preisstatistiken der Verbände, des Statistischen Bundesamts, der Deutschen Bundesbank und Europäischen Zentralbank, der Ministerien, Statistiken über die Kostenstruktur/Materialanteile), ■ Adressbücher, Branchenhandbücher, Einkaufsführer (z. B. „Wer liefert was?“, „Einkaufs-1x1 der deutschen Industrie“, „ABC der deutschen Wirtschaft“ usw.), „Gelbe Seiten“ der Deutschen Telekom Medien GmbH, ■ Fachbücher und Fachzeitschriften, Verkaufskataloge, -prospekte, Markt- und Börsenberichte, Geschäftsberichte, Hauszeitschriften, Messekataloge, Tages- und Wirtschaftszeitungen, ■ Einschaltung ausländischer Handelskammern und deutscher Handelsmissionen im Ausland, ■ Internetseiten (z. B. http://www.gelbeseiten.de; http://www.werliefertwas.de).

Dateien von externen Bezugsquelleninformationen können vom Betrieb selbst angelegt werden. Sie können aber auch in vielen Ausführungen und Größen gekauft werden. Werden diese Informationen, die ständig aktualisiert werden müssen, in eine Datenbank integriert, dann stehen deren unterstützende Funktionalitäten zur Datenfassung, Datenauswertung und -gruppierung zur Verfügung.

(2) Interne Informationen

Wurden die zu beschaffenden Güter bereits früher schon einmal eingekauft, sind die Bezugsquellen bekannt. Die erforderlichen Informationen können im Betrieb selbst (intern) beschafft werden, sofern die organisatorischen Voraussetzungen vorliegen, z. B. die entsprechenden Tabellen in einer Datenbank angelegt wurden.

Dateien (Tabellen), die bei der internen Informationsbeschaffung benutzt werden:

Dateien mit internen Bezugsquelleninformationen	
Materialdatei	Sie enthält für jede Materialposition (Roh-, Hilfs-, Betriebsstoff, Einzelteil, Baugruppe, Enderzeugnis) ■ das identifizierende[1] Element (Primärschlüssel), z. B. Teilenummer, ■ die klassifizierenden[2] Elemente (z. B. Teileart, Beschaffungsart, ABC-Klasse), ■ die beschreibenden Elemente (z. B. Bezeichnung, Preis, Bestand).

1 **Identifizieren:** genau wiedererkennen.

2 **Klassifizieren:** in Klassen einteilen, einordnen.

Dateien mit internen Bezugsquelleninformationen	
Liefererdatei	Sie enthält alle Attribute[1] (identifizierend, klassifizierend, beschreibend) über den Lieferanten, z. B. Lieferernummer, Name, Straße, PLZ, Ort, Bonität.
Konditionen-datei	In ihr werden die Lieferungs- und Zahlungsbedingungen (Konditionen) der Lieferer erfasst.
Bezugsquellen-datei	Sie ist die elektronische Version des „Wer liefert was?", stellt also die Verbindung her zwischen der Materialtabelle und der Liefererertabelle.

Beispiel für eine Liefererdatei:

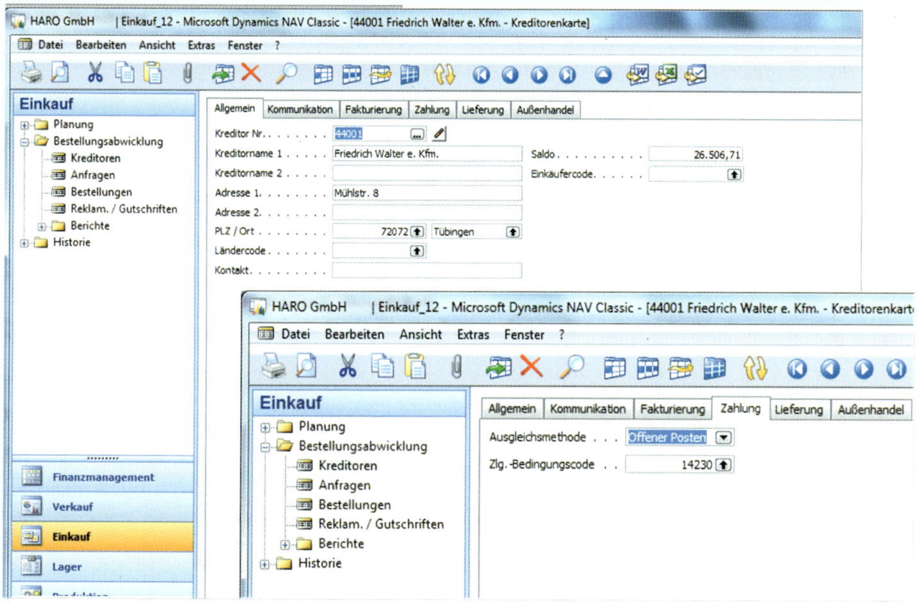

2.5 Informationswege (Kommunikationswege) recherchieren

Informationswege bezeichnen **die Medien,** die zur Bewältigung des Informationsflusses im Rahmen der Beschaffung gewählt werden. Ihre **Zugänglichkeit, Flexibiliät** und ihre **Leistungsfähigkeit** entscheiden darüber, wie wirksam die Planungs- und Steuerungsprozesse der Beschaffung (z. B. Bezugsquellenrecherche) ablaufen.

(1) Informationswege in Papierform

Zu diesen Informationswegen gehören z. B.:

- Rückgriff auf schriftliche Informationen wie z. B. Angebote, Anzeigen, Messeprospekte,
- Auswertung von Berichten,
- Gedächtnisprotokolle von Kontaktgesprächen.

1 **Attribut:** Eigenschaft, Merkmal.

(2) Informationswege in elektronischer Form

Hausinterne Datenbanken ermöglichen dem Sachbearbeiter einen raschen Zugriff auf Lieferer-, Artikel- und Bezugsquelleninformationen, die mithilfe von Abfragefiltern eingeengt werden können. Standardinformationen wie z. B. Preise, Rabattstaffelungen können der Standard-Benutzeroberfläche[1] der entsprechenden Anwendungssoftware entnommen werden.

Informationsbedürfnisse, die immer wiederkehren, können z. B. durch ein sogenanntes **Customizing**[2] verwirklicht werden. Dabei passt in der Regel das Softwarehaus – gegen teures Entgelt – das Anwendungsprogramm an die speziellen Bedürfnisse des Kunden an, z. B. durch Aufnahme weiterer Datenfelder oder Berechnungen.

Vorausgesetzt, der Sachbearbeiter hat ausreichende Kenntnis und die Berechtigung hierzu, können ganz individuelle Abfragen an die Datenbank gerichtet werden.

Beispiel:

Ein Einkäufer will alle Lieferer im Postleitzahlenbereich 596xx, die Reinigungsmittel im Sortiment führen, abrufen.

Die Abfrage könnte lauten:

```
SELECT * FROM LIEFERER WHERE PLZ LIKE "596*" AND SORTIMENT LIKE "Reinigung*";
```

In der Regel bieten die Datenbanken bei der Formulierung der Abfragen Unterstützung an, sodass dem Einkäufer das Erlernen der Abfragesprache erspart bleibt.

(3) Intranet

Das Intranet ist ein firmeneigenes Rechnernetz, das für Personen außerhalb des Unternehmens nicht zugänglich ist. **„Intra"** (lat: innerhalb) meint nicht die räumliche Beschränkung auf die Ausdehnung des Unternehmens, sondern die personenbezogene Beschränkung der **Zugangsberechtigten**. Räumlich ist der Zugang praktisch von jedem beliebigen Ort der Erde aus möglich, und zwar über Standleitungen oder über sogenannte Tunnelverbindungen durch das Internet. Bei der Anmeldung wird über eine „Log-in"-Maske mit Passwort-Kontrolle das Zugriffsrecht geprüft.

(4) Internet

Das Internet ist ein weltweites Rechnernetzwerk, das die Verbindung von jedem Rechner mit jedem anderen ermöglicht. Der meistgenutzte Dienst des Internets ist das World Wide Web. Durch besondere Portale (Eingangspforten) hat der Einkäufer die Möglichkeit, Bezugsquellen zu finden oder den günstigsten Preis zu ermitteln.

So treffen sich z. B. auf **elektronischen Marktplätzen** mehrere Anbieter und Nachfrager. Diese Marktplätze haben sich inzwischen zu einem wichtigen verkaufs- und beschaffungspolitischen Instrument besonders im B2B[3]-Bereich entwickelt.[4]

---

1 Siehe Benutzeroberfläche einer Liefererdatei, S. 245.

2 **Customizing** umfasst alle Maßnahmen zur Anpassung einer standardisierten Software an die konkreten Anforderungen des Anwenders.

3 **B2B**: Bezeichnung für die Beziehung zwischen zwei Unternehmen, business-to-business.

4 Neben den elektronischen Marktplätzen gibt es noch die Onlineshops. Onlineshops werden in der Regel von **einem** Anbieter betrieben.

Diese Situation lässt sich grafisch wie folgt darstellen:

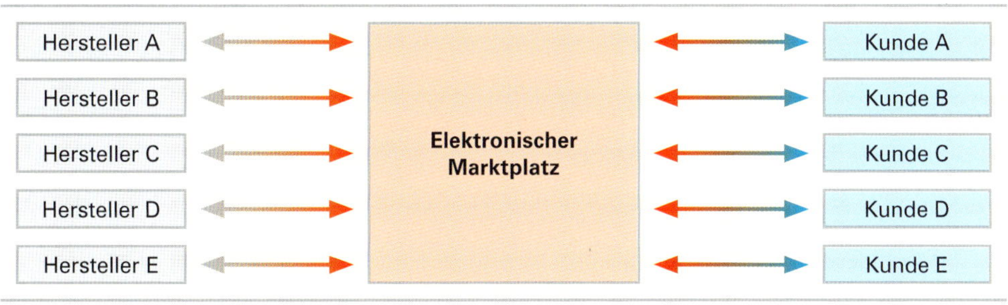

Der Teilprozess einer **Angebotsbearbeitung** kann z. B. in folgenden Schritten ablaufen:

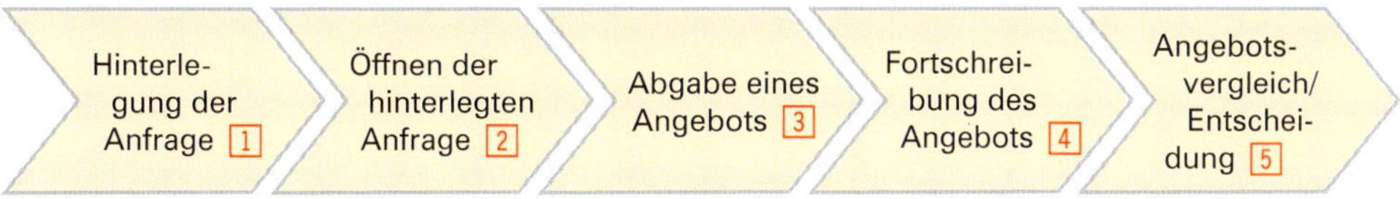

Erläuterungen:

1 Der Kunde hinterlegt eine Anfrage um ein Angebot am „Schwarzen Brett" des Marktplatzes. Dieser Anfrage kann er weitere Informationen, wie z. B. Konstruktionszeichnungen, beifügen und sie um die Vorgabe bestimmter Qualitätsstandards ergänzen, die vom Hersteller einzuhalten sind.

2 Alle Lieferanten können die Anfrage und die zugehörigen Dokumente öffnen und herunterladen.

3 Der Lieferant sichtet die Anfrage und die Dokumente, kalkuliert das Angebot und stellt dieses wieder in den Marktplatz ein.

4 Konkurrierende Lieferanten können die anonymisierten Angebote der Mitbewerber einsehen und gegebenenfalls ihr Angebot weiter verbessern.

5 Der Kunde vergleicht die Angebote und wählt einen Lieferer aus.

Beispiel einer Online-Plattform:

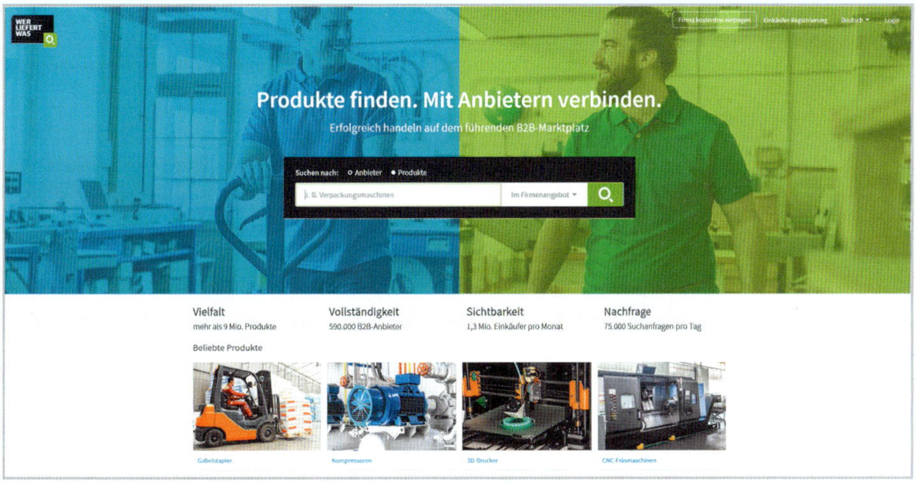

Quelle: www.wlw.de [03.02.2020].

Zusammenfassung

- Sollen Materialien neu beschafft werden, muss man sich in jedem Fall über neue **Bezugsquellen** informieren.
- 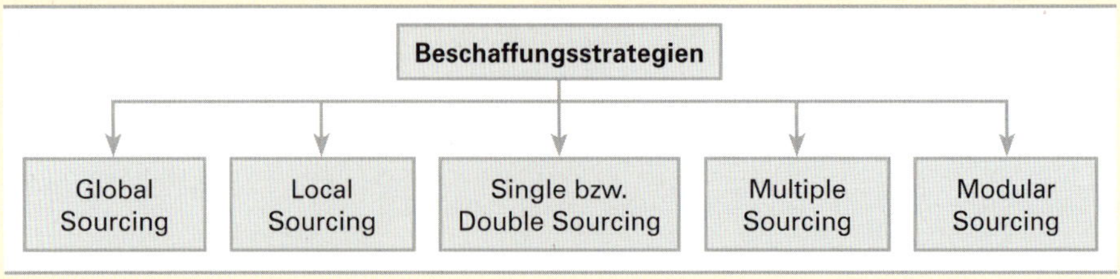

- Die Vor- und Nachteile von **Global** und **Local Sourcing** sollten auch unter **Nachhaltigkeitsaspekten** bewertet werden.
- Eine wichtige **Aufgabe der Beschaffung** ist, sich **Informationen** über die anbietenden **Lieferer** zu beschaffen.
- Zur Informationsbeschaffung können **externe** und **interne Informationsmittel** herangezogen werden.
- Bei der Liefererauswahl können **Checklisten** und **Punktebewertungstabellen** Entscheidungshilfe geben.
- **Informationswege** bezeichnen **die Medien,** die zur Bewältigung des Informationsflusses im Rahmen der Beschaffung gewählt werden.

Kompetenztraining

49 Lieferantensuche und -auswahl

1. Bei der Beschaffung von Informationen über Lieferer spielt auch der Standort des Lieferers eine Rolle.

   Aufgabe:

   1.1 Nennen Sie je zwei Vor- und Nachteile von Global Sourcing und Local Sourcing!

   1.2 Begründen Sie, ob Global Sourcing oder Local Sourcing unter Nachhaltigkeitsaspekten vorteilhafter ist!

2. Die Geschäftsleitung der Weber Metallbau GmbH überlegt sich, wie die Liefererauswahl effektiver organisiert werden kann. Im Gespräch sind die Einführung von Checklisten und Punktebewertungstabellen.

   Aufgabe:

   2.1 Begründen Sie, warum Checkliste und Punktebewertungstabelle ein wesentliches Hilfsmittel bei der Liefererauswahl sein können!

   2.2 Kritiker sagen, die Punktebewertungstabelle sei ein Instrument, subjektiv begründete Entscheidungen scheinbar objektiv zu untermauern. Nehmen Sie hierzu Stellung!

   2.3 Man unterscheidet zwischen internen und externen Bezugsquelleninformationen. Erklären Sie diese Begriffe und nennen Sie Beispiele!

3. 3.1 Erläutern Sie, wodurch sich ein elektronischer Marktplatz von traditionellen E-Commerce-Systemen unterscheidet!

   3.2 Nennen Sie Vorteile, die der elektronische Marktplatz für die Marktteilnehmer hat!

4. Die Ulmer Büromöbel AG benötigt für das Lager einen Gabelstapler mit folgenden Daten: 5 t Hublast, 4 m Hubhöhe, Elektroantrieb, 2000 kg Tragkraft, 15000,00 EUR bis 20000,00 EUR Investitionssumme, Lieferzeit ca. 2 Monate.

Aufgaben:

4.1 Ermitteln Sie durch Internetrecherche (z. B. www.wlw.de) vier Hersteller, die Gabelstapler mit den geforderten Vorgaben anbieten!

4.2 Nennen Sie dem Einkauf jeweils die (Ihrem Schulort) nächstgelegene Niederlassung des Herstellers bzw. den nächstgelegenen Fachhändler mit den Kontaktdaten, damit Angebote eingeholt werden können!

4.3 Schlagen Sie dem Einkauf – unter Angabe der Kontaktdaten – noch zwei Unternehmen vor, die gebrauchte Gabelstapler anbieten!

50 Globalisierung

1. Aus dem Umweltbericht der adidas-Salomon AG:[1]

1.1 Transportkilometer für die Beschaffung von Rohstoffen für die Serienfertigung der Fußballschuhe und für die Ballproduktion sowie die Verlagerung der Schaftproduktion und des Ballnähens:

Rohstoffeinkauf Fußballschuhe:	179633 km
Rohstoffeinkauf Fußbälle:	22075 km
Schaftproduktion:	69163 km
Ballnähen:	164416 km

Aufgabe:

Zeigen Sie auf, welche Konsequenzen in diesem Fall die Globalisierung für den Standort Deutschland hat!

1.2

Die Baumwolle wird in Kasachstan oder Indien geerntet und anschließend in die Türkei versandt.

In der Türkei wird die Baumwolle zu Garn gesponnen.

In Taiwan wird die Baumwolle mit chemischer Indigofarbe aus Deutschland gefärbt.

Aus dem gefärbten Garn werden in Polen die Stoffe gewebt.

Innenfutter und die kleinen Schildchen mit den Wasch- und Bügelhinweisen kommen aus Frankreich, Knöpfe und Nieten aus Italien.

Alle „Zutaten" werden auf die Philippinen geflogen und dort zusammengenäht.

In Griechenland erfolgt die Endverarbeitung mit Bimsstein.

Die Jeans werden in Deutschland verkauft, getragen und schließlich in der Altkleidersammlung einer karitativen Organisation gegeben.

Quelle: www.globalisierung-online.de.

Aufgaben:

1.2.1 Berechnen Sie, wie viele km für die Herstellung einer Jeans wohl zurückgelegt werden!

1.2.2 Diskutieren Sie in der Klasse über den Sinn dieser globalen Arbeitsteilung!

---

1 Vgl. adidas-Salomon AG (Hrsg.): Umweltbericht 2001, S. 16.

2. **Projektvorschlag**:

   Zur Vertiefung des Themas Globalisierung, insbesondere zu den globalen Herausforderungen bzw. zur Entwicklung von Maßnahmen zur aktiven Gestaltung der realen Herausforderungen, können die nachfolgenden Workshopangebote des Jugendnetzwerkes teamGLOBAL in Anspruch genommen werden.

teamGLOBAL ist ein bundesweites, partizipatives und offenes Netzwerk von Jugendlichen und jungen Erwachsenen zwischen 16 und 27 Jahren. Es bietet Bildungsangebote rund um das Thema Globalisierung für Jugendliche an. Ziel ist es, gemeinsam mit jungen Menschen zu erarbeiten, wo ihnen in ihrem Alltag Globalisierung begegnet und welche Handlungsmöglichkeiten es geben kann, um auf diese Entwicklung zu reagieren.

Quelle: www.teamglobal.de [03.02.2020].

3 Einen Angebotsvergleich erstellen

KB 3 Lernsituation 4: Angebote vergleichen

Ihre Recherche als Sachbearbeiter des Einkaufs in der Ulmer Büromöbel AG nach neuen Lieferanten für das Schmiermittel Molybdändisulfid (MoS_2) ergab, dass zwei Lieferer denselben Artikel zum gleich günstigen Preis anbieten.

Kompetenzorientierte Arbeitsaufträge:

Arbeiten Sie das folgende Kapitel des Schulbuches durch und verwenden Sie die Aufzeichnungen aus dem Unterricht zur Bearbeitung des Arbeitsauftrags!

Ihr Abteilungsleiter verlangt von Ihnen eine schriftliche Übersicht weiterer Entscheidungskriterien für die endgültige Auswahl des zukünftigen Lieferanten.

Erstellen Sie eine Gegenüberstellung mit Pro- und Kontra-Argumenten zum Einfaktoren- und Mehrfaktorenvergleich beim Bezug des Schmiermittels!

3.1 Grundsätzliches

Hat die Beschaffungsmarktforschung mögliche Lieferer ermittelt, schließt sich der **Angebotsvergleich** an. Für den Angebotsvergleich kann ein einziges Kriterium (z. B. der Preis) oder aber eine Kombination von Kriterien herangezogen werden. Es sind zu unterscheiden:

- **quantitative,** d. h. **messbare Kriterien** (z. B. Preis, Zahlungsbedingungen, Lieferungsbedingungen) und/oder
- **qualitative,** d. h. **nicht messbare Kriterien** (z. B. Qualität, Liefertreue, ökologische und soziale Nachhaltigkeitsstandards, Labels und Zertifizierungen, Image, technisches Know-how, Unterstützung bei Problemlösungen).

Als Instrumentarium zur Analyse der Kriterien kann der **Einfaktorenvergleich**[1] oder der **Mehrfaktorenvergleich (Scoring-Modell)** dienen.

3.2 Einfaktorenvergleich mit Bezugskalkulation

Legt man für einen Angebotsvergleich nur einen einzigen Auswahlgesichtspunkt (ein Kriterium) zugrunde, dann kommt man sehr schnell zu einer Lieferantenauswahl. Solche Einfaktorenvergleiche sind z. B. möglich in Bezug auf den Preis, die Lieferungs- und Zahlungsbedingungen oder die Produktqualität.

1 **Faktor:** Gesichtspunkt.

Beispiel für einen Einfaktorenvergleich (Preisvergleich von Angeboten):

Ein Betrieb erhält vier Angebote über den Bezug von 50 Schlössern. Die angebotenen Waren sind qualitätsmäßig vollkommen gleich. Die Lieferzeit beträgt in allen Fällen 14 Tage. Die Angebote lauten:

Angebot 1: Listeneinkaufspreis 569,00 EUR, Rabatt 6 %, Skonto 2,5 %, Bezugskosten 36,40 EUR.
Angebot 2: Listeneinkaufspreis 518,00 EUR, Rabatt 8 %, Skonto 2,0 %, Bezugskosten 71,50 EUR.
Angebot 3: Listeneinkaufspreis 550,00 EUR, Rabatt 9 %, Skonto 3,0 %, Bezugskosten 59,80 EUR.
Angebot 4: Listeneinkaufspreis 598,00 EUR, Rabatt 7 %, Skonto 0,0 %, Bezugskosten 44,20 EUR.

Aufgabe:
Berechnen Sie, welches Angebot den niedrigsten Bezugspreis bietet!

Lösung:

	Angebot 1		Angebot 2		Angebot 3		Angebot 4	
	%	EUR	%	EUR	%	EUR	%	EUR
Listeneinkaufspreis		569,00		518,00		550,00		598,00
− Rabatt	6	34,14	8	41,44	9	49,50	7	41,86
Zieleinkaufspreis		534,86		476,56		500,50		556,14
− Skonto	2,5	13,37	2	9,53	3	15,02	0	0,00
Bareinkaufspreis		521,49		467,03		485,48		556,14
+ Bezugskosten		36,40		71,50		59,80		44,20
Bezugspreis		557,89		538,53		545,28		600,34

Ergebnis: Den niedrigsten Bezugspreis für 50 Schlösser bietet das Angebot 2 mit 538,53 EUR.

3.3 Mehrfaktorenvergleich (Scoring-Modell)[1]

Der Mehrfaktorenvergleich wird vorgenommen, wenn mehrere Faktoren (Einflussgrößen) über die Beschaffung entscheiden. Dies ist z. B. dann der Fall, wenn

- an die Produktqualität besondere Anforderungen gestellt werden,
- die eigenen Geschäftsabläufe in besonderem Maße von der Zuverlässigkeit des Lieferanten abhängen,
- die Marktstellung und das Image des Zulieferers in der Wahrnehmung unserer Kunden eine besondere Rolle spielen,
- unsere Kunden bereit sind, dafür auch mehr Geld auszugeben,
- das beschaffende Unternehmen sich selbst in besonderem Maße ökologischen und/oder sozialen Zielen verpflichtet fühlt,
- Labels und Zertifizierungen bei der Auswahl der Lieferer eine Rolle spielen und
- lokale und globale Kriterien, wie z. B. die Länge der Transportwege, berücksichtigt werden.

1 **Scoring-Modell:** Modell zur Bewertung von Handlungsalternativen. Kann hier übersetzt werden mit Punktebewertungstabelle. Den Mehrfaktorenvergleich bezeichnet man auch als **Nutzwertanalyse** oder **Entscheidungsbewertungstabelle**.

Ist für einen Angebotsvergleich nicht nur ein Kriterium entscheidend, dann entsteht sehr schnell eine komplexe[1] Situation, da die Kriterien unter Umständen einander zuwider laufen, wie z. B. Qualität und Preis. Ein günstiger Preis ist zumeist mit geringerer Qualität verbunden und umgekehrt.

Ein Instrument, um einen Angebotsvergleich unter Berücksichtigung mehrerer Kriterien durchzuführen, ist das **Scoring-Modell.** Dabei werden den Auswahlkriterien zunächst Gewichtungen zugeordnet (Spalte 2), die für alle Lieferanten gleichermaßen gelten. Danach werden die Lieferanten einzeln dahingehend analysiert, inwieweit sie die Auswahlkriterien erfüllen. Hierfür werden Punkte vergeben, z. B. 5: hohe Zielerfüllung, 0: keine Zielerfüllung (z. B. Spalte 3). Durch Multiplikation der Gewichtungen mit den einzelnen Punkten erhält man je Auswahlkriterium die gewichteten Punkte (z. B. Spalte 4). Ausgewählt wird jener Lieferant, dessen Summe der gewichteten Punkte maximal ist.

Die Verwendung des Scoring-Modells hat den Vorteil, dass neben rein **quantifizierbaren Größen** (z. B. Preise) auch die Einbeziehung von **qualitativen Kriterien** (z. B. Qualität, ökologische und soziale Kriterien usw.) möglich ist.

Beispiel:

Zur Auswahl stehen die drei Lieferanten Abel, Bebel und Cebel. Als Entscheidungsfaktoren spielen die Qualität, der Preis, die Liefertreue und Lieferzeit, der technische Kundendienst, die Unterstützung bei Problemlösungen sowie ökologische und soziale Kriterien eine Rolle. Die Gewichtungen für die Entscheidungsfaktoren sind der Spalte 2 zu entnehmen. Eine Beurteilung der Lieferanten ergab jeweils die in den Spalten 3, 5 und 7 dargestellten Punkte.

Entscheidungsbewertungstabelle:

Auswahl-Kriterien	Gewichtung	Abel		Bebel		Cebel	
		Punkte Abel	Gewichtete Punkte Abel	Punkte Bebel	Gewichtete Punkte Bebel	Punkte Cebel	Gewichtete Punkte Cebel
(1)	(2)	(3)	(4) = (2) · (3)	(5)	(6) = (2) · (5)	(7)	(8) = (2) · (7)
Qualität	25	5	125	4	100	3	75
Preis	15	4	60	5	75	5	75
Liefertreue und Lieferzeit	10	3	30	4	40	5	50
Technischer Kundendienst	20	5	100	3	60	4	80
Unterstützung bei Problemlösungen	10	2	20	2	20	3	30
Ökologische und soziale Kriterien	20	4	80	2	40	3	60
Summe der Punkte	**100**		**415**		**335**		**370**

Erläuterung (am Beispiel Abel):

Die zeilenweise Multiplikation der Gewichtungen mit den Punkten Abels für die einzelnen Kriterien ergibt jeweils die gewichteten Punkte. Deren Summe beträgt bei Abel 415. Bebel und Cebel erhielten je 335 bzw. 370 Punkte. Somit fällt die Entscheidung zugunsten von Abel.

1 **Komplex:** vielfältig verflochten.

Zusammenfassung

- Für den **Angebotsvergleich** kann **ein einziges Kriterium (quantitativer Angebotsvergleich)** oder eine **Summe von Kriterien (qualitativer Angebotsvergleich)** herangezogen werden.
- Ein **Einfaktorenvergleich** berücksichtigt nur ein einzelnes Auswahlkriterium, in der Regel den Einstandspreis. Er wird durch die **Bezugskalkulation** ermittelt.
- Ein **Mehrfaktorenvergleich** erlaubt es, neben quantitativen auch qualitative Faktoren zu berücksichtigen. Eines dieser Verfahren ist das sogenannte **Scoring-Modell.** Das Scoring-Modell dient der Entscheidungsfindung zwischen mehreren Alternativen bei mehreren gegebenen Zielen mithilfe einer Entscheidungsbewertungstabelle.
- Welche Gründe für die Einkaufsentscheidung maßgebend sind (z. B. der besonders niedrige Angebotspreis, die Lieferzeit oder Qualität der Werkstoffe, Handelswaren oder Betriebsmittel) hängt vor allem von der **Dringlichkeit des Bedarfs** und der **Art der einzukaufenden Güter** (z. B. komplizierte Investitionsgüter oder problemlose, von vielen Verkäufern angebotene Verbrauchsgüter) ab.

Kompetenztraining

51 Rechnerischer Angebotsvergleich (Einfaktorenvergleich)

1. Beschreiben Sie die Zielsetzung des Scoring-Modells an einem selbst gewählten Beispiel!
2. Vor der Kaufentscheidung ist es sinnvoll, einen Angebotsvergleich durchzuführen.
   2.1 Erklären Sie, welche betriebswirtschaftliche Aufgabe der Angebotsvergleich erfüllt!
   2.2 Nennen Sie wichtige Punkte der einzelnen Angebote, die ein Einkäufer zu vergleichen hat!
   2.3 Nennen Sie drei Gründe, die vorliegen könnten, dass ein Unternehmen ein Angebot bei sonst gleichen Listeneinkaufspreisen mit 15 % Rabatt und 2 % Skonto einem Angebot mit 25 % Rabatt und 3 % Skonto vorzieht!
3. Unter qualitativ gleichwertigen Werkstoffen gleich zuverlässiger Verkäufer soll ein rechnerischer Angebotsvergleich vorgenommen werden. Folgende Angebote liegen vor:

Lieferer Nr. 3102:	3 500,00 EUR frei Lager, 3 % Skonto;
Lieferer Nr. 3103:	3 360,00 EUR frachtfrei (ab Bahnhof des Käufers);
Lieferer Nr. 3108:	3 700,00 EUR ab Bahnhof des Verkäufers, $12^1/_2$ % Rabatt und 2 % Skonto.

Die Bahnfracht beträgt 200,00 EUR, die Kosten für die Anlieferung zum Bahnhof bzw. Zulieferung ab Bahnhof belaufen sich auf je 30,00 EUR.

Aufgabe:

Berechnen Sie das günstigste Angebot!

52 Qualitativer Angebotsvergleich (Mehrfaktorenvergleich) mit Entscheidungsbewertungstabelle

Die CLEAN-TEC OHG aus Ulm ist Anbieter von haushaltsnahen Dienstleistungen. Zu einem der Geschäftsfelder zählt die Gebäudereinigung. Insbesondere auf Reinigungsarbeiten in Dienstgebäuden, Schulen, Arztpraxen usw. hat sich die CLEAN-TEC OHG spezialisiert.

CLEAN-TEC OHG
Alfred-Nobel-Str. 17
89079 Ulm

Sie sind Mitarbeiter im Einkauf der CLEAN-TEC OHG und verantwortlich für die Beschaffung der Reinigungs- und Desinfektionsmittel. Die Kunden der CLEAN-TEC OHG legen zunehmend großen Wert auf den Einsatz von Reinigungsmitteln, die soziale und ökologische Nachhaltigkeitsstandards erfüllen. Aus diesem Grund hat sich das Unternehmen entschlossen, unter dem Slogan „Green Cleaning" auf eine nachhaltige Gebäudereinigung zu setzen. Bei der Auswahl der Lieferer spielen deshalb neben einem guten Preis-Leistungs-Verhältnis auch soziale und ökologische Kriterien eine entscheidende Rolle.

Für den Bezug von 300 Liter Bodenreinigungsmittel sind bei der CLEAN-TEC OHG drei Angebote eingegangen. Um die optimale Bezugsquelle zu ermitteln, wurde zusätzlich eine interne Bewertung vorgenommen. Die folgenden Informationen liegen dem Einkauf vor:

Angebot 1	
Name:	Betriebshygiene GmbH Hauffstr. 13, 88400 Biberach an der Riß
Ansprechpartner:	Herr Thomsen, 07351 73498
Artikelnummer:	229111, Bodenreinigungsmittel, Gebinde mit 4 Flaschen je 3 l
Listeneinkaufspreis:	39,00 EUR
Lieferungsbedingungen:	ab Werk, innerhalb 5 Tagen
Frachtkosten:	30,00 EUR je Sendung
Zahlungsbedingungen:	5 % Rabatt, 3 % Skonto innerhalb 10 Tagen, 30 Tage Ziel
Interne Bewertung:	
Qualität:	Die Qualität des Bodenreinigers wird als gut angesehen.
Soziale und ökologische Kriterien:	Die Betriebshygiene GmbH ist seit Jahren an ihrem Produktionsstandort Biberach nach ISO 14001 zertifiziert. Das Bodenreinigungsmittel wird nach umweltfreundlichen Rezepturen auf höchstem europäischem Umweltstandard hergestellt und ist mit dem EU Eco Label zertifiziert. Durch modernste Technik in der Produktion ist der Emissionsausstoß sehr gering. Die Standards bei Arbeitssicherheit und Gesundheitsschutz sind nachweislich sehr hoch. Die Betriebshygiene GmbH unterstützt seit Jahren soziale Projekte in der Region.
Verpackung:	Die Betriebshygiene GmbH verwendet umweltgerechte PET-Flaschen und setzt auf Recycling statt auf klimaschädliche Entsorgung.
Beratung/Reklamationen:	Die Beratung ist sehr gut. Aufgrund der örtlichen Nähe zum Lieferanten ist die Kommunikation ausgezeichnet. Reklamationen werden unverzüglich bearbeitet.
Lieferzeit und Termineinhaltung:	Sehr kurze Lieferzeit aufgrund der örtlichen Nähe. Die Liefertermine werden genau eingehalten.

Angebot 2	
Name:	Chemische Betriebe Schneider KG Voltastr. 88, 90513 Zirndorf
Ansprechpartner:	Frau da Silva, 0911 6438876
Artikelnummer:	498578, Bodenreinigungsmittel, Gebinde mit 4 Folienverpackungen je 3 l
Listeneinkaufspreis:	32,00 EUR
Lieferungsbedingungen:	ab Werk, innerhalb 10 Tagen
Frachtkosten:	40,00 EUR je Sendung
Zahlungsbedingungen:	10 % Rabatt, 2 % Skonto innerhalb 14 Tagen 30 Tage Ziel
Interne Bewertung:	
Qualität:	Die Qualität des Bodenreinigers wird als gut angesehen.
Soziale und ökologische Kriterien:	Die Chemische Betriebe Schneider KG verwenden für ihre Produkte das branchenspezifische Zertifikat Cleanright, das auf Initiative der europäischen Reinigungsmittelindustrie vergeben wird. Im Unterschied zum echten Umweltzeichen, das umweltfreundliche Produkte kennzeichnet, steht dieses Zeichen für das Engagement des Herstellers im Bereich einer nachhaltigen Produktion. Es sagt aber nichts über die Umweltfreundlichkeit des Produktes selbst aus. Die Arbeitsbedingungen vor Ort werden als befriedigend eingestuft.
Verpackung:	Bei den Verpackungen ist die Chemische Betriebe Schneider KG vorbildlich. Der Bodenreiniger ist in Material sparenden Nachfüllverpackungen erhältlich. Die Folienverpackungen bringen eine Rohstoffersparnis, sind leichter zu transportieren und besser zu entsorgen.
Beratung/Reklamationen:	Die Beratung ist gut. Der zuständige Ansprechpartner ist sehr kompetent, aber schwer telefonisch zu erreichen.
Lieferzeit und Termineinhaltung:	Die Lieferzeit ist mit 10 Tagen in Ordnung. Die Liefertermine werden zu 90 % eingehalten.

Angebot 3	
Name:	LHANDANG 4PLUS1 INDUSTRY CO., LTD 18A/Floor, Guihe Edifice, No. 307 Yantai Road, Rizhao, Shandong 276826 Rizhao, China
Ansprechpartner:	Herr Fong, +86-633-6161663
Artikelnummer:	564, Bodenreinigungsmittel, 1 Karton mit 6 Flaschen mit je 2 l
Listeneinkaufspreis:	19,00 EUR
Lieferungsbedingungen:	ab Werk, innerhalb 15 Tagen
Frachtkosten:	200,00 EUR je Sendung
Zahlungsbedingungen:	10 % Rabatt bei Abnahme von 20 Kartons, 3 % Skonto innerhalb 10 Tagen oder 60 Tage ohne Abzug

Angebot 3	
Interne Bewertung:	
Qualität:	Die Qualität des Bodenreinigers wird als sehr gut angesehen. Das Unternehmen ist asiatischer Marktführer bei Bodenreinigern und verwendet eine patentierte Reinigungsformel.
Soziale und ökologische Kriterien:	Die LHANDANG 4PLUS1 INDUSTRY CO.,LTD verzichtet aus Kostengründen auf Zertifizierungen und Labels. Die Inhaltsstoffe des Bodenreinigers basieren auf nicht nachwachsenden Rohstoffen. Ökologische Nachhaltigkeitsstandards werden nicht eingehalten. Recherchen ergaben, dass der Emissionsausstoß und der Wasserverbrauch als sehr hoch eingestuft werden. Das Unternehmen nutzt Energie aus Kohlekraftwerken. Aufgrund der großen Entfernung fallen darüber hinaus beim Transport hohe Emissionen an. Der Arbeitsschutz genügt nicht europäischen Standards.
Verpackung:	Die Verpackungen sind robust, jedoch nicht recyclingfähig.
Beratung/Reklamationen:	Die Beratung ist ausreichend. Der zuständige Ansprechpartner ist kompetent, telefonisch jedoch so gut wie nie zu erreichen. Auf den schriftlichen Informationsverkehr ist wenig Verlass.
Lieferzeit und Termineinhaltung:	Die Lieferzeit ist mit 15 Tagen mit befriedigend zu bewerten. Die Liefertermine werden häufiger nicht eingehalten.

Aufgaben:

1. Ermitteln Sie die verschiedenen Einstandspreise der Anbieter für die benötigte Menge nach folgendem Schema!

	Listenpreis
–	Rabatt
=	Zieleinkaufpreis
–	Skonto
=	Bareinkaufspreis
+	Fracht
=	Einstandspreis

2. Führen Sie anhand der Entscheidungsbewertungstabelle einen Angebotsvergleich durch!

Entscheidungsbewertungstabelle: Angebotsvergleich

Kriterien	Gewichtung d. Kriterien	Betriebshygiene GmbH		Chemische Betriebe Schneider KG		LHANDANG 4PLUS1 INDUSTRY CO., LTD	
		Punkte	gewicht. Pkt.	Punkte	gewicht. Pkt.	Punkte	gewicht. Pkt.
1. Preis	30						
2. Qualität	20						
3. Soz. u. ökol. Kriterien	20						
4. Verpackung	10						
5. Beratung/Reklamation	10						
6. Lieferzeit u. -einhaltung	10						
Summe der Punkte	**100**						

Hinweis zur Spalte Punkte: 5 ≙ sehr gut, 4 ≙ gut, 3 ≙ befriedigend, 2 ≙ ausreichend, 1 ≙ schlecht

3. Treffen Sie eine begründete Entscheidung, welcher Verkäufer aufgrund der Summe aller relativierten Punkte den Auftrag erhalten wird!

17 Hug u.a. - ISBN 978-3-8120-0578-4

4 ABC-Analyse durchführen und die Konsequenzen für die Beschaffung ableiten

KB 3 Lernsituation 5: Hintergrund der Beschaffung analysieren und ABC-Analyse durchführen

Anton Thomalla, Inhaber der Motorenbau Anton Thomalla e. Kfm., sucht eine Möglichkeit, Kosten zu reduzieren. Er schickt Lena Heine, die Leiterin der Beschaffung, zu einem Seminar mit dem Thema „Einkaufsmanagement – Materialkosten senken, Gewinn erhöhen".

Bei dem Seminar erfährt Lena Heine, dass sich die Bedeutung der Beschaffung in der Vergangenheit entscheidend verändert hat: vom Dienstleister für die Produktion zu einem Unternehmensbereich mit erheblicher Wertschöpfung.

Kompetenzorientierte Arbeitsaufträge:

1. Listen Sie auf, welche Tätigkeiten in der Einkaufsabteilung der Motorenbau Anton Thomalla e. Kfm. anfallen!
2. Arbeiten Sie die nachfolgenden Kapitel des Schulbuches durch und verwenden Sie die Aufzeichnungen aus dem Unterricht zur Bearbeitung der Arbeitsaufträge!

   Durch das Seminar wird Lena Heine bewusst, dass in der Motorenbau Anton Thomalla e. Kfm. beim Einkauf von günstigen Gütern, beispielsweise Büromaterial, der gleiche Zeitaufwand investiert wird wie bei der Beschaffung von hochpreisigen Gütern.

   Helfen Sie Lena Heine, der Leiterin der Beschaffung, die ABC-Analyse für die Artikelgruppen A01 bis A10 durchzuführen!

   Gegeben sind folgende Zahlenwerte:

Artikelgruppe	Jahresbedarf in Stück	Preis je ME in EUR	Artikelgruppe	Jahresbedarf in Stück	Preis je ME in EUR
A01	100	290,00	A06	700	7,10
A02	9000	1,60	A07	100	22,00
A03	5000	2,80	A08	18000	0,05
A04	5000	1,50	A09	20000	0,08
A05	700	5,50	A10	32500	0,07

2.1 Führen Sie – gegebenenfalls mithilfe einer Tabellenkalkulation – eine ABC-Analyse entsprechend der angegebenen Zahlenwerte durch!

ABC-Analyse, Tabelle 1

Artikelgruppe	Jahresbedarf in Stück	Preis je ME in EUR	Verbrauchsmenge in % des Gesamtverbrauchs	Verbrauchswert in EUR	Verbrauchswerte in % des gesamten Verbrauchswertes	Rang nach Verbrauchswert
A01	100	290,00				
A02	9000	1,60				
A03	5000	2,80				
A04	5000	1,50				
A05	700	5,50				
A06	700	7,10				
A07	100	22,00				
A08	18000	0,05				
A09	20000	0,08				
A10	32500	0,07				
Summe						

ABC-Analyse, Tabelle 2

Artikelgruppe	Jahresbedarf in Stück	Preis je ME in EUR	Verbrauchsmenge in % des Gesamtverbrauchs	Verbrauchswert in EUR	Verbrauchswerte in % des gesamten Verbrauchswertes	Kumulierter Wertanteil in %	Kumulierter Mengenanteil in %	ABC-Klasse	Wertanteil in %	Mengenanteil in %
Summe										

2.2 Legen Sie fest, welche Artikelgruppen jeweils in die Klasse der A-, B- bzw. der C-Güter gehören und begründen Sie Ihre Entscheidung!

2.3 Setzen Sie die gewonnenen Erkenntnisse in eine aussagefähige Grafik um!

2.4 Nach Durchführung der ABC-Analyse ergeben sich für die Firma Motorenbau Anton Thomalla e. Kfm. zwangsläufig Schlussfolgerungen im Bereich der Materialwirtschaft, die geeignet sind, einen Beitrag zur Kostensenkung zu erbringen. Nennen Sie – getrennt für die A- und die C-Güter – jeweils solche Maßnahmen!

4.1 Begriff ABC-Analyse

Die **ABC-Analyse** ist ein Verfahren, Materialien zu erkennen, die aufgrund ihres **hohen wertmäßigen Anteils** am Gesamtbedarf von **besonderer Bedeutung** sind. Die aus der Analyse gewonnenen Informationen helfen dabei,

- sich auf wirtschaftlich bedeutende Materialien zu konzentrieren (A-Güter),
- hohen Arbeitsaufwand bei Materialien untergeordneter Bedeutung (C-Güter) zu vermeiden und damit
- die Wirtschaftlichkeit der gesamten Materialwirtschaft zu steigern.

In vielen Unternehmen wird häufig eine große Anzahl verschiedenartiger Fertigungsmaterialien (Roh-, Hilfs-, Betriebsstoffe, Halbfabrikate) bzw. Handelswaren beschafft, die nur einen geringen Anteil (Prozentsatz) am gesamten Beschaffungswert der eingekauften Materialien haben.

Die ABC-Analyse wurde entwickelt, um zu entscheiden, bei welchen Fremdbezugsteilen es erforderlich ist,

- **ausführliche Beschaffungsmarktanalysen** vorzunehmen,
- intensive **Einkaufsverhandlungen** zu führen,
- **Mengen und Lieferzeit** genau zu planen,
- die **Materialbereitstellungsverfahren** dem Materialbedarf anzupassen und
- die **Lagerbestände** laufend zu überwachen.

Beispiel (siehe auch S. 261):

Ein Industriebetrieb benötigt zehn verschiedene Materialarten. Statistisch erfasst werden die monatlichen Verbrauchsmengen in Stück und die Einstandspreise (Bezugspreise) je Stück.

Diese Maßnahmen verursachen den Unternehmen viel Zeit und Kosten.

4.2 Durchführung der ABC-Analyse

Tabelle 1:

Materialart	Verbrauchsmenge in Stück	Verbrauchsmenge in % des Gesamtverbrauchs	Einstandspreis je Stück in EUR	Verbrauchswert in EUR	Verbrauchswerte in % des gesamten Verbrauchswertes	Rang nach Verbrauchswert
T_1	4500	13,24	25,00	112500,00	15,85	2
T_2	700	2,06	145,00	101500,00	14,30	3
T_3	2700	7,94	15,00	40500,00	5,71	7
T_4	600	1,76	300,00	180000,00	25,36	1
T_5	450	1,32	150,00	67500,00	9,51	6
T_6	3000	8,82	25,00	75000,00	10,57	5
T_7	8200	24,12	2,00	16400,00	2,31	8
T_8	1000	2,94	95,00	95000,00	13,38	4
T_9	7150	21,03	1,00	7150,00	1,01	10
T_{10}	5700	16,76	2,50	14250,00	2,01	9
	34000	100,00[1]		709800,00	100,00[1]	

1 Bedingt durch die Beschränkung auf zwei Nachkommastellen können geringe Rundungsdifferenzen in der Summenzeile auftreten.

Tabelle 2:

Rang nach Verbrauchswert	1 Materialart	Verbrauchsmenge in Stück	2 Verbrauchsmenge in Prozent des Gesamtverbrauchs	3 Kumulierte Verbrauchsmenge in Prozent	Einstandspreis je Stück in EUR	4 Verbrauchswert in EUR	5 Verbrauchswerte in Prozent des gesamten Verbrauchswertes	6 Kumulierter Verbrauchswert in Prozent	7 ABC-Klasse
1	T_4	600	1,76	1,76	300,00	180 000,00	25,36	25,36	A
2	T_1	4 500	13,24	15,00	25,00	112 500,00	15,85	41,21	A
3	T_2	700	2,06	17,06	145,00	101 500,00	14,30	55,51	A
4	T_8	1 000	2,94	20,00	95,00	95 000,00	13,38	68,89	A
5	T_6	3 000	8,82	28,82	25,00	75 000,00	10,57	79,46	B
6	T_5	450	1,32	30,15	150,00	67 500,00	9,51	88,97	B
7	T_3	2 700	7,94	38,09	15,00	40 500,00	5,71	94,68	B
8	T_7	8 200	24,12	62,21	2,00	16 400,00	2,31	96,99	C
9	T_{10}	5 700	16,76	78,97	2,50	14 250,00	2,01	98,99	C
10	T_9	7 150	21,03	100,00	1,00	7 150,00	1,01	100,00	C
		34 000	100,00[1]			709 800,00	100,00[1]		

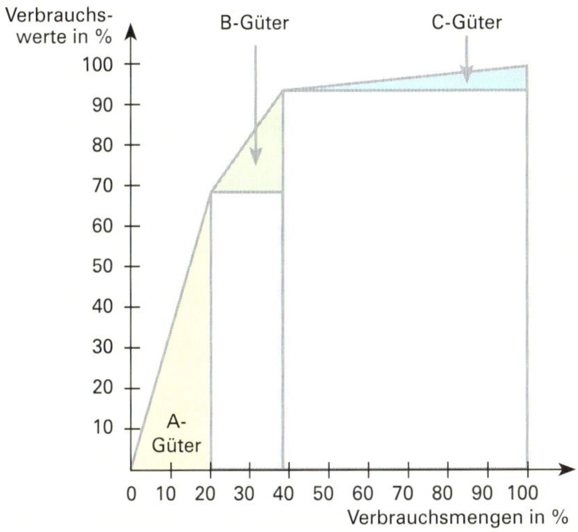

Auswertung:

A-Güter: 20 % des mengenmäßigen Materialverbrauchs haben einen Anteil von fast 70 % (genau: 68,9 %) am gesamten wertmäßigen Materialverbrauch (Beschaffungswert).

B-Güter: 18,1 % des mengenmäßigen Materialverbrauchs entsprechen einem Anteil von 25,8 % am gesamten wertmäßigen Materialverbrauch.

C-Güter: Die meisten Materialien (61,9 %) sind C-Güter. Auf sie entfällt nur ein Verbrauchswertanteil von 5,3 %.

1 Bedingt durch die Beschränkung auf zwei Nachkommastellen können geringe Rundungsdifferenzen in der Summenzeile auftreten.

Erläuterungen zu den Arbeitsschritten für eine ABC-Analyse (Tabelle 2):

1 Materialien nach dem Rang ihres Verbrauchswertes ordnen.
2 Prozentanteil jedes Materials an der Gesamtverbrauchsmenge berechnen.
3 Errechnete Prozentanteile schrittweise aufaddieren (kumulieren).
4 Verbrauchswert berechnen.
5 Prozentanteil jedes Materials am Gesamtverbrauchswert berechnen.
6 Errechnete Prozentanteile schrittweise aufaddieren (kumulieren).
7 Nach den kumulierten Prozentanteilen Gruppen bilden.

4.3 Bedeutung der ABC-Analyse

Die Auswertung der ABC-Analyse zeigt der Geschäftsführung, bei welchen Gütern ein größerer Beschaffungsaufwand wirtschaftlich sinnvoll ist, um größere Kostensenkungen (z. B. durch vereinbarte Rabatte bei größeren Bestellmengen, Einsatz billigerer Substitutionsgüter[1]) zu erreichen.

Die Festlegung der Schranken, mit deren Hilfe eine **Zuordnung zu den einzelnen Klassen** getroffen wird, liegt im **Ermessen der Unternehmen.** Erfahrungsgemäß liegt die Schranke für A-Güter bei den ersten 75–80 % der kumulierten Verbrauchswerte in Prozent, die C-Güter bei den letzten 5 % der kumulierten Verbrauchswerte in Prozent. Dazwischen liegen die B-Güter.

4.4 Schlussfolgerungen aus der ABC-Analyse für die Materialwirtschaft

Die Tätigkeiten (Aktivitäten) in der Materialwirtschaft konzentrieren sich in erster Linie auf die **A-Güter.** Sie bestehen zwar aus wenigen Lagerpositionen, stellen aber den überwiegenden Teil des Verbrauchswertes dar. Daher führen bereits geringe prozentuale Verbesserungen zu Einsparungen in hohen absoluten Euro-Beträgen.

Die Aktivitäten können sich z. B. auf folgende **Maßnahmen** richten:

- Intensive Bemühungen um Preis- und Kostensenkungen.
- Exakte Untersuchungsergebnisse darüber, ob Eigenproduktion oder Fremdbezug günstiger ist.
- Einkauf der Materialien bei Bedarf.
- Möglichst geringer Lagerbestand in Verbindung mit Sondervereinbarungen über Lieferzeiten.
- Beschaffung in bedarfsnahen, auftragsspezifischen kleinen Losen (Liefermengen) und damit Tendenz zur fertigungssynchronen Beschaffung.[2]
- Verzicht auf Wareneingangskontrolle im eigenen Haus und Verlagerung der Qualitätsprüfung zum Lieferanten unter Vorgabe von Qualitätsstandards.
- Strenge Kontrolle der Bestände, des Verbrauchs und gegebenenfalls der Lagerverluste.

Bei den **B-Gütern** darf der Berechnungsaufwand für eine optimale Bestellung nicht so hoch sein. Hier kann es sinnvoll sein, optimale Bestellmengen und Lagermengen für ganze **Materialgruppen** zu berechnen und Fehler in Kauf zu nehmen.

Die **C-Güter** bestehen aus vielen Lagerpositionen, stellen aber nur einen geringen Verbrauchswert dar. Zu hohe Lagerbestände beeinflussen daher die Wirtschaftlichkeit des Materialwesens in geringerem Umfang. Sie können daher großzügiger und mit einfacheren Verfahren geplant werden.

Die ABC-Analyse wird nicht nur in der Beschaffungswirtschaft, sondern (mit gleichen Berechnungsmethoden) auch in allen anderen Unternehmensbereichen zur Einsparung von Kosten angewendet (z. B. ABC-Bewertung der Kunden).

---

1 **Substitutionsgüter** sind Güter, die problemlos durch andere Güter ersetzt werden können. Diese Güter erfüllen denselben Zweck (z. B. Schafwolle – Baumwolle, Butter – Margarine).

2 Vgl. hierzu Kapitel 6.2, S. 278 f.

Zusammenfassung

- Die **ABC-Analyse** ist ein Verfahren, welches jene Materialien aufdeckt, die **aufgrund ihres hohen wertmäßigen Anteils am Gesamtbedarf besondere Aufmerksamkeit** im Rahmen der Beschaffungsplanung **verdienen.**
- Sie weist dem Unternehmen den Weg, sich bei der Materialbeschaffung in erster Linie **auf solche Produkte zu konzentrieren,** bei denen die Möglichkeit besteht, **hohe Einsparungen** zu erzielen.

Kompetenztraining

53 ABC-Analyse

1. Charakterisieren Sie A- und C-Materialien und erklären Sie jeweils ihre Bedeutung für die Beschaffung!
2. Die Auswertung der Bestellungen eines Industriebetriebs zur Ermittlung der Bestellgrößenstruktur im Geschäftsjahr 20 . . ergab folgende Kennzahlen:

Anteile der Bestellgruppen an der Gesamtzahl der Bestellungen in % (kumuliert)	Anteile der Bestellgruppen an der Gesamtzahl der Bestellungen in %	Anzahl der Bestellungen	Bestellwerte (Auftragswerte) je Bestellung in EUR (Bestellgruppen)	Bestellwerte (Auftragswerte) je Bestellgruppe in EUR	Anteile der Bestellgruppen am Gesamtbestellwert in %	Anteil der Bestellgruppen am Gesamtbestellwert in % (kumuliert)	ABC-Kennzeichnung
62,3 %	27,9	1 240	1 – 50	37 200,00	0,36	2,83 %	C
	20,0	890	51 – 100	60 310,00	0,59		
	14,4	640	101 – 500	192 000,00	1,88		
30,1 %	16,0	712	501 – 1 000	462 820,00	4,52	16,89 %	B
	9,5	420	1 001 – 2 000	632 400,00	6,18		
	4,6	204	2 001 – 5 000	634 200,00	6,19		
7,6 %	2,3	103	5 001 – 10 000	824 000,00	8,05	80,28 %	A
	1,9	84	10 001 – 20 000	1 344 000,00	13,12		
	1,4	61	20 001 – 50 000	2 190 000,00	21,38		
	2,0	87	über 50 000	3 864 200,00	37,73		
100,0 %	100,00	4 441		10 241 130,00	100,00	100,00 %	

Aufgaben:

2.1 Vereinfachen Sie die Tabelle, indem Sie für folgende Bestellgruppen deren Anteile an der Gesamtzahl der Bestellungen und am Gesamtbestellwert (Gesamtauftragswert) vergleichend gegenüberstellen:

2.1.1 Bestellgruppe A mit Auftragswerten von 5 001,00 EUR bis über 50 000,00 EUR je Bestellung,

2.1.2 Bestellgruppe B mit Auftragswerten von 501,00 EUR bis 5 000,00 EUR je Bestellung und

2.1.3 Bestellgruppe C mit Auftragswerten von 1,00 EUR bis 500,00 EUR je Bestellung!

2.2 Veranschaulichen Sie die ABC-Analyse der Bestellungen, indem Sie die Anteile der Bestellgruppen A, B und C an der Gesamtzahl der Bestellungen und am Gesamtbestellwert (Gesamtauftragswert) jeweils in einem Säulendiagramm vergleichend gegenüberstellen!

2.3 Beurteilen Sie die Strukturanalyse der Bestellungen und begründen Sie, inwieweit die hierdurch gewonnenen Informationen zur Aktivierung der in der Beschaffungswirtschaft liegenden Gewinnreserven beitragen können![1]

5 Die Beschaffung planen

Die **Beschaffungsplanung** legt die für einen bestimmten Termin und eine bestimmte Periode zur Fertigung benötigten Materialien nach **Zeitraum, Menge** und **Wert** fest.

- Die **Zeitplanung** setzt den Zeitpunkt fest, zu welchem die zu beschaffenden Materialien zur Verfügung stehen müssen (Kapitel 5.1).
- Bei der **Mengenplanung** wird bestimmt, welche Mengen von jedem Material beschafft werden (Kapitel 5.2).

5.1 Bestellpunkt- und Bestellrhythmusverfahren anwenden und dadurch den Zeitpunkt der Bestellung bestimmen (Zeitplanung)

KB 3 Lernsituation 6: Sich für ein Bestellverfahren entscheiden

Emmy Reisacher, die Inhaberin des Kosmetikinstituts „Beauty Moments“, hat einen zuverlässigen Lieferer für zertifizierte Bio-Kosmetik gefunden, der Mengenrabatte gewährt.

Werden die Bio-Kosmetik-Produkte kühl und trocken gelagert, sind sie laut Hersteller ungeöffnet 6 Monate haltbar.

Emmy Reisachers Lagerraum ist relativ klein und reicht gerade aus, um Kosmetikprodukte für einen Monat unterzubringen.

Kompetenzorientierte Arbeitsaufträge:

1. Erklären Sie Emmy Reisacher den Zusammenhang zwischen Bestellmenge und Lagerkosten, indem Sie die Auswirkung der zwei folgenden Varianten beschreiben:

   Variante 1: Emmy Reisacher bestellt zu Jahresbeginn die voraussichtliche Jahresmenge.

   Variante 2: Emmy Reisacher bestellt alle zwei Tage den voraussichtlichen Bedarf für zwei Tage.

1 **Lösungshilfe**: Lange Bearbeitungszeiten der Bestellungen im Einkauf und die anfallenden Bestellkosten, z. B. durch Angebotseinholungen, Angebotsvergleiche, Einkaufsverhandlungen, Formular- und Portokosten, können die Materialkosten beträchtlich erhöhen, vor allem bei vielen Kleinbestellungen.

2. Arbeiten Sie die folgenden Kapitel des Schulbuches durch und verwenden Sie die Aufzeichnungen aus dem Unterricht zur Bearbeitung der Arbeitsaufträge!

2.1 Beraten Sie Emmy Reisacher bei ihrer Überlegung, im Industriepark einen zusätzlichen Lagerraum bei Stefan Osann e. Kfm. zu mieten. Fertigen Sie ein Diskussionspapier mit Gründen für und gegen die Anmietung eines zusätzlichen Lagerraums an.

2.2 Emmy Reisachers Kosmetikinstitut hat inzwischen wegen der qualitativ hochwertigen Produkte, die sie benutzt, einen sehr guten Ruf und ihr Kundenstamm hat sich entsprechend vergrößert.

Aus diesem Grund ist es ihr zeitlich nicht mehr möglich, jeden Abend ihr Lager zu kontrollieren und bei Bedarf die fehlenden Produkte nachzubestellen.

Halten Sie schriftlich fest, welches Bestellverfahren für Emmy Reisacher geeignet ist, wenn sie Kunden mit sehr unterschiedlichen Produktvorlieben hat und folglich der Tagesverbrauch eines Produkts nur sehr ungenau bestimmt werden kann!

(1) Grundlegendes

Die Bestellzeitpunkte für die Werkstoffe müssen unter Berücksichtigung der Wiederbeschaffungszeit so bestimmt werden, dass einerseits die **Kundenwunschtermine nicht gefährdet sind,** andererseits aber auch keine **unnötigen Lagerzeiten** in Kauf genommen werden müssen.

- Beim **Bestellpunktverfahren** wird mit jeder Entnahme geprüft, ob damit der **Meldebestand unterschritten** wurde. Ist dies der Fall, wird eine Nachbestellung ausgelöst.
- Beim **Bestellrhythmusverfahren** erfolgt die Nachbestellung in **bestimmten Zeitabständen.**

(2) Bestellpunktverfahren

Aus Vereinfachungsgründen gehen wir im Folgenden davon aus, dass bei Erreichen des festgelegten Meldebestands jeweils die **Fehlmenge bis zum Höchstbestand** aufgefüllt wird. Außerdem wird unterstellt, dass ein **regelmäßiger Tagesverbrauch** vorliegt. Der Meldebestand muss so hoch angesetzt werden, dass bei normalen Werkstoffverbrauch innerhalb der Wiederbeschaffungszeit der Mindestbestand (Sicherheitsbestand) nicht angegriffen wird.

Beispiel:

- Tagesbedarf: 4 Elektromotoren;
- Mindestbestand: 8 Stück;
- Höchstbestand: 40 Stück;
- Wiederbeschaffungszeit: 2 Tage;
- feste Bestellmenge: 32 Stück;
- in der Wiederbeschaffungszeit werden (4 Stück · 2 Tage) 8 Stück verbraucht.

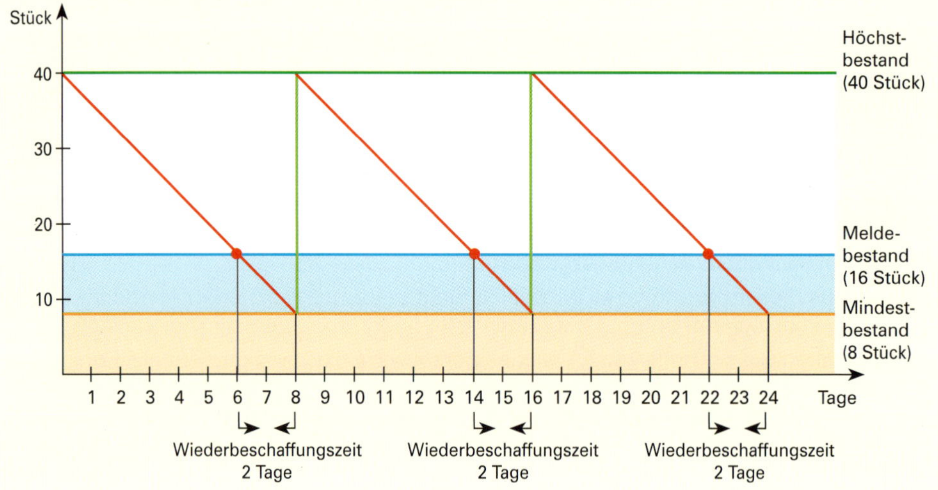

Erläuterungen:

- **Mindestbestand (Sicherheitsbestand):** Er dient zur Abdeckung von Bestands-, Bedarfs- und Bestellunsicherheiten. Er steht nur für unvorhergesehene Ereignisse zur Verfügung und darf daher nicht zur laufenden Disposition[1] verwendet werden. Im Beispiel beträgt der festgelegte Mindestbestand 8 Stück.
- **Meldebestand:** Erreicht der Lagerbestand diese Bestandshöhe, dann ist eine neue Bestellung auszulösen. Im Beispiel beträgt der Meldebestand 16 Stück (8 Stück Mindestbestand + 4 Stück · 2 Tage Beschaffungsdauer).
- **Höchstbestand:** Er gibt an, welcher Bestand maximal eingelagert wird. Der Höchstbestand wird immer nach Eintreffen der bestellten Materialien erreicht. Im Beispiel beträgt der festgelegte Höchstbestand 40 Stück.
- **Wiederbeschaffungszeit:** Summe der Zeitbedarfe für eigene Überlegungszeit (z. B. Liefererauswahl), Durchführung der Bestellung, Transportzeit, Lieferzeit, Zeit für Materialeingangskontrolle und Einlagerung.
- **Bestellzeitpunkt:** Zeitpunkt, zu welchem bestellt werden muss, um die Versorgung während der Lieferzeit sicherzustellen. Im Beispiel muss nach 6 Tagen bestellt werden, da zu diesem Zeitpunkt der Meldebestand von 16 Stück erreicht wird.
- **Auffüllmenge:** Es handelt sich um die Menge, die bestellt werden muss, um das Lager bis zum Höchstbestand aufzufüllen. Die konstante Auffüllmenge beträgt 32 Stück (40 Stück – 8 Stück).

(3) Bestellrhythmusverfahren

Aus Vereinfachungsgründen gehen wir davon aus, dass aufgrund eines **Rahmenvertrags** zwischen Hersteller und Zulieferer die vereinbarten Lieferungen in einem **gleichen Zeitabstand** (Rhythmus) und mit einer **konstanten Liefermenge** erfolgen.

Beispiel:

Eine Möbelfabrik vereinbart mit ihrem Zulieferer, dass in Abständen von jeweils 30 Tagen 200 m^2 Weisseichenfurnier geliefert werden.

1 **Disposition:** freie Verwendung.

In der Praxis entfällt bei einem solchen Rahmenvertrag eine ständige Bestellwiederholung.

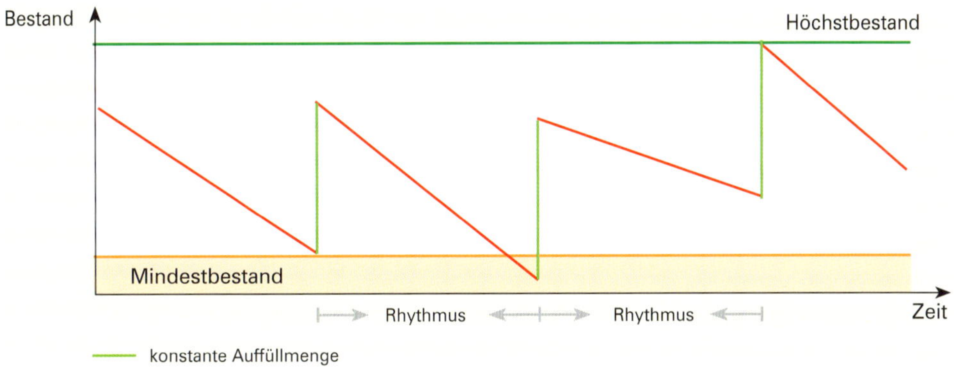

Stellt man die beiden Verfahren einander gegenüber, dann lassen sie sich durch folgende Merkmale kennzeichnen:

Bestellpunktverfahren	Bestellrhythmusverfahren
■ Es handelt sich um eine sehr sichere Strategie. Dadurch, dass mit jeder Entnahme geprüft wird, ob der Meldebestand erreicht ist, ist auch die Gefahr der Unterdeckung sehr gering. ■ Es ist geeignet für Güter, bei denen ein hoher Servicegrad verlangt wird. ■ Wird bis auf die Lagerobergrenze aufgefüllt, dann führt dies tendenziell zu hohen Beständen. ■ Der Kontrollaufwand ist relativ hoch. ■ Durch ständige Bestandskontrolle ist das Verfahren auch geeignet für Güter mit unregelmäßigem Bedarf.	■ Es wird nur in festen Zeitintervallen (Bestellrhythmus) nachbestellt. ■ Muss mit unregelmäßigem Bedarf gerechnet werden, dann besteht hier die große Gefahr der Unterdeckung. ■ Das Verfahren ist nur sinnvoll, wenn die Lagerabgangsraten relativ konstant sind. ■ Der Verwaltungsaufwand ist gering.

Für welches Bestellsystem sich das Unternehmen letztlich entscheidet, hängt maßgeblich von den Nachfrageverhältnissen und Einkaufsbedingungen der verkauften Waren ab. Entscheidend ist, dass das Unternehmen im Vorhinein prüft, ob die Lagerabgangsraten relativ konstant (Bestellrhythmusverfahren) oder schwankend (Bestellpunktverfahren) sind. So besteht z. B. die Gefahr, dass bei unregelmäßigem Bedarf und der Wahl des Bestellrhythmusverfahrens die **Liefersicherheit** nicht gewährleistet werden kann.

Unter **ökologischen Kriterien** sollte das Unternehmen die Variante wählen, welche insgesamt weniger Bestellprozesse und damit verbundene Lieferungen auslöst. Durch weniger Transportaufkommen kann der Emissionsausstoß und die Verpackungsmüllmenge reduziert werden.

(4) Sustainable Supply Chain Management[1]

Um die ökologischen Konsequenzen der beschriebenen Bestellverfahren zu optimieren, bietet sich für das Unternehmen die Einführung des Sustainable Supply Chain Management Systems an.

Beim nachhaltigkeitsorientierten **Supply Chain Management** bilden mehrere Unternehmen für die Herstellung eines bestimmten Produkts eine **Beschaffungseinheit** mit dem **Ziel** einer **nachhaltigen Entwicklung.**

Dazu stimmen sie den gesamten Beschaffungsprozess untereinander ab und teilen die einzelnen Beschaffungsschritte auf die beteiligten Unternehmen auf. Auf diese Weise

- vereinfachen die Unternehmen den Güterfluss,
- senken sie die Lagerbestände,
- mindern sie die Beschaffungskosten für das Produkt und
- verkürzen sie zudem die Lieferzeiten.

Sustainable Supply Chain Management stellt eine **„Lieferkette"** bzw. eine **„Wertschöpfungskette"** dar, bei der sich die beteiligten Unternehmen jeweils auf ihr „Hauptkönnen" (Kernkompetenz) beschränken. Entscheidend dabei ist, dass neben **ökonomischen** Aspekten gleichermaßen **ökologische** und **soziale** Aspekte entlang der gesamten Lieferkette bzw. Wertschöpfungskette berücksichtigt werden.

Sustainable Supply Chain Management hat das Ziel,
- basierend auf einer **nachhaltigen Orientierung,**
- mit einer **geringeren Anzahl** von Lieferanten
- **langfristig strategisch zusammenzuarbeiten,** um dadurch eine
- **schnelle und reibungslose Auftragsabwicklung** bis zur Bezahlung zu erreichen
- und langfristig eine **nachhaltige Entwicklung** zu gewährleisten.

Die nachfolgende Grafik veranschaulicht diese Denkweise:

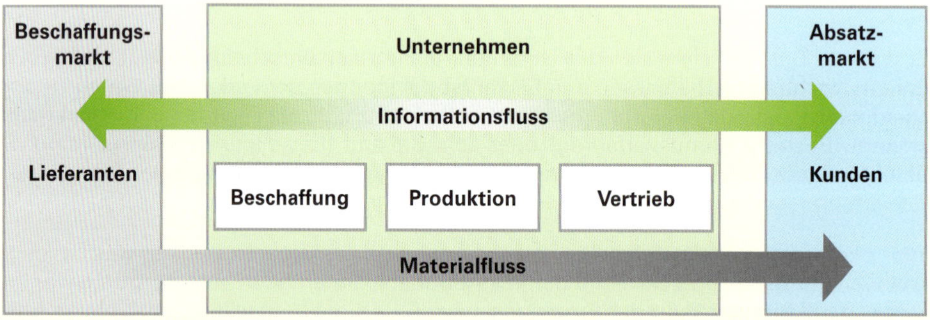

Berücksichtigung von ökonomischen, ökologischen und sozialen Aspekten (Nachhaltigkeitsmanagement) über die gesamte Lieferkette bzw. Wertschöpfungskette

1 **Sustainable Supply Chain:** Nachhaltige Versorgungskette.

5.2 Optimale Bestellmenge bestimmen (Mengenplanung)

KB 3 Lernsituation 7: Optimale Bestellmenge bestimmen

Die Sport-Burr KG bezieht für ihre Nordic-Walking-Stöcke die passenden Handschuhe von den Textilwerken Maiberger AG. Die Sport-Burr KG benötigt jährlich 2500 Paar Handschuhe.

Kompetenzorientierte Arbeitsaufträge:

1. Überlegen Sie, ob die Sport-Burr KG die Handschuhe in einem Beschaffungsvorgang bestellen oder mehrere kleinere Bestellungen vornehmen soll! Welche Vorteile und Nachteile sprechen für die jeweilige Vorgehensweise?
2. Arbeiten Sie die folgenden Kapitel des Schulbuches durch und verwenden Sie die Aufzeichnungen aus dem Unterricht zur Bearbeitung des Arbeitsauftrags!

   Die Lagerhaltungskosten pro Paar betragen 0,50 EUR, die fixen Bestellkosten 50,00 EUR je Bestellung, unabhängig davon, welche Menge bestellt wird.

   Berechnen Sie die Bestellmenge, bei der die Beschaffungskosten (fixe Bestellkosten und Lagerhaltungskosten) am niedrigsten sind (optimale Bestellmenge)!

Um **Beschaffungsprozesse zu prüfen** sowie **Bereitstellungsprozesse zu gestalten** und deren **Wirtschaftlichkeit zu beurteilen,** sind folgende Schritte erforderlich:

Optimale Bestellmenge bestimmen → Beschaffungsvorgang beschreiben → ABC-Analyse anwenden → Bereitstellungsfähigkeit prüfen → Wertströme dokumentieren → Wirtschaftlichkeit überprüfen

Das Hauptproblem der Mengenplanung im Beschaffungsbereich liegt in der Festlegung der **kostengünstigsten (optimalen) Bestellmenge.** Um sie zu ermitteln, muss zwischen den **Lagerhaltungskosten** und den **fixen Bestellkosten** ein Ausgleich gefunden werden.

(1) Fixe Bestellkosten

Sie fallen bei jeder Bestellung an, gleichgültig wie groß die Menge bzw. wie hoch der Wert der bestellten Werkstoffe ist.

Beispiel:

Kosten der Bearbeitung der Bedarfsmeldung, der Angebotseinholung, der Wareneingangsprüfung und der Rechnungsprüfung.

(2) Lagerhaltungskosten

Zu den Lagerhaltungskosten zählen z. B. die Personalkosten für die im Lager beschäftigten Personen, die im Wert der gelagerten Güter gebundenen Zinsen und die Kosten des Lagerrisikos.

Beispiel für die Ermittlung der optimalen Bestellmenge:

Die fixen Bestellkosten je Bestellung betragen 50,00 EUR. Der Einstandspreis je Stück beläuft sich auf 30,00 EUR und der Lagerhaltungskostensatz[1] auf 25 %. Der Jahresbedarf beträgt 3600 Stück.

Außer Betracht bleibt, dass mit zunehmender Bestellgröße Mengenrabatte in Anspruch genommen werden können. Außerdem wird nicht berücksichtigt, dass bei größeren Bestellungen häufig Verpackungs- und Transportkosten eingespart werden können.

Aufgaben:

1. Ermitteln Sie rechnerisch die optimale Bestellmenge, indem Sie die Gesamtkosten für eine Bestellmenge von 50 bis 500 Stück jeweils in 50er-Schritten berechnen!
2. Stellen Sie die optimale Bestellmenge grafisch dar!

Lösungen:

Zu 1.: Berechnung der optimalen Bestellmenge

Bestellmenge in Stück	Anzahl der Bestellungen	Bestellkosten in EUR	Durchschn. Lagerbestand in Stück	Durchschn. Lagerbestand in EUR	Lagerhaltungskosten in EUR	Gesamtkosten in EUR
50	72	3600,00	25	750,00	187,50	3787,50
100	36	1800,00	50	1500,00	375,00	2175,00
150	24	1200,00	75	2250,00	562,50	1762,50
200	18	900,00	100	3000,00	750,00	1650,00
250	14,4	720,00	125	3750,00	937,50	1657,50
300	12	600,00	150	4500,00	1125,00	1725,00
350	10,29	514,29	175	5250,00	1312,50	1826,79
400	9	450,00	200	6000,00	1500,00	1950,00
450	8	400,00	225	6750,00	1687,50	2087,50
500	7,2	360,00	250	7500,00	1875,00	2235,00

Erläuterung:

Werden z. B. 50 Stück bestellt, muss der Bestellvorgang 72-mal wiederholt werden, um den Jahresbedarf von 3600 Stück zu beschaffen. Die fixen Bestellkosten betragen dann 3600,00 EUR und die Lagerhaltungskosten 187,50 EUR. Mit zunehmender Bestellmenge verringert sich die Anzahl der Bestellungen und damit sinken auch die fixen Bestellkosten, während im Gegenzug die Lagerhaltungskosten steigen. Da der Betrieb **beide Kostenarten** berücksichtigen muss, ist das Optimum erreicht, wenn die **Summe beider Kosten das Minimum** erreicht hat. Dieses Minimum liegt bei den vorgegebenen Mengenintervallen bei 200 Stück und 18 Bestellungen. Eine exakte Berechnung (mithilfe der Andler-Formel)[2] ermittelt eine optimale Bestellmenge von 219 Stück bei Gesamtkosten von 1643,17 EUR.

1 Der **Lagerhaltungskostensatz** gibt an, wie groß die Lagerkosten gemessen am durchschnittlichen Lagerbestand sind, ausgedrückt in Prozent.

2 Siehe S. 274.

Zu 2.: Grafische Darstellung der optimalen Bestellmenge

Trägt man an der x-Achse die jeweilige Bestellmenge und an der y-Achse die Kosten ab, erhält man folgendes Bild:

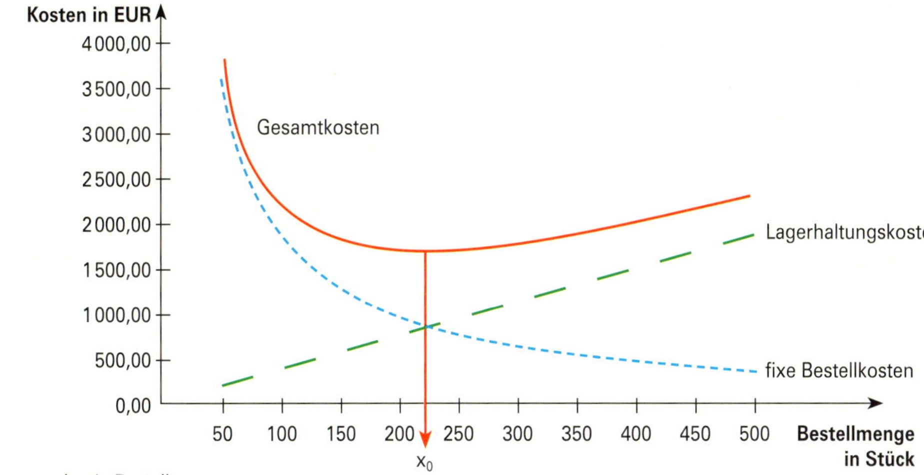

x_0: optimale Bestellmenge

- Die **optimale Bestellmenge** ist die Beschaffungsmenge, bei der die **Gesamtkosten** (Summe aus fixen Bestellkosten und Lagerhaltungskosten) **am niedrigsten** sind.
- Bei dieser Menge gleichen sich die **sinkenden fixen Bestellkosten** und die **steigenden Lagerhaltungskosten** aus.

Werden bei steigender Bestellgröße Liefererrabatte gewährt und/oder Transport- und Verpackungskosten gespart, vergrößert sich die optimale Bestellmenge. An der grundsätzlichen Aussage des Modells ändert sich nichts.

Die Anwendung dieser Modellrechnung in der Praxis ist ungleich komplizierter, weil zahlreiche Bedingungen berücksichtigt werden müssen, die hier vernachlässigt wurden (z. B. unterschiedliche Zahlungs- und Lieferungsbedingungen bei verschiedenen Lieferern). Außerdem ist die Ermittlung der optimalen Bestellmenge teuer, zumal sich verändernde Daten (z. B. Veränderungen der durchschnittlichen täglichen Materialentnahme) zu Neuberechnungen führen müssen.

Die Ermittlung der optimalen Bestellmenge wird sich daher nur bei solchen Gütern lohnen, die einen **hohen wertmäßigen Jahresverbrauch** haben **(A-Güter).**[1] Voraussetzung zur Berechnung und Verwirklichung der optimalen Bestellmenge ist außerdem, dass der Lieferer die „optimale" Menge auch tatsächlich liefern kann, was nicht immer der Fall sein muss. Außerdem müssen die Lagergröße und die finanziellen Mittel ausreichen, die optimale Bestellmenge zu beschaffen.

1 Siehe S. 260 f.

Zusammenfassung

- Der **Bestellzeitpunkt** ist so festzulegen, dass Fertigung und/oder Absatz reibungslos durchgeführt werden können.
- Beim **Bestellpunktverfahren** wird bestellt, wenn der **Meldebestand erreicht** ist.
- Beim **Bestellrhythmusverfahren** erfolgt die Bestellung in **bestimmten Zeitabständen.**
- Sustainable Supply Chain Management ermöglicht die Steuerung der Material- und Informationsflüsse in einer Lieferkette mit dem Ziel **nachhaltiger Entwicklung.**
- Das **Hauptproblem der Bestellmengenplanung** ist die Festlegung der optimalen Bestellmenge, denn es besteht ein Spannungsverhältnis zwischen den hohen Lagerkosten bei großen Lagervorräten einerseits und hohen fixen Bestellkosten bei niedrigen Lagervorräten andererseits.
- Die **optimale Bestellmenge** ist die Beschaffungsmenge, bei der die Gesamtkosten (Summe aus fixen Bestellkosten und Lagerhaltungskosten) am niedrigsten sind.

Kompetenztraining

54 Bestellpunkt- und Bestellrhythmusverfahren

Eine Artikeldatei liefert folgende Zahlen:

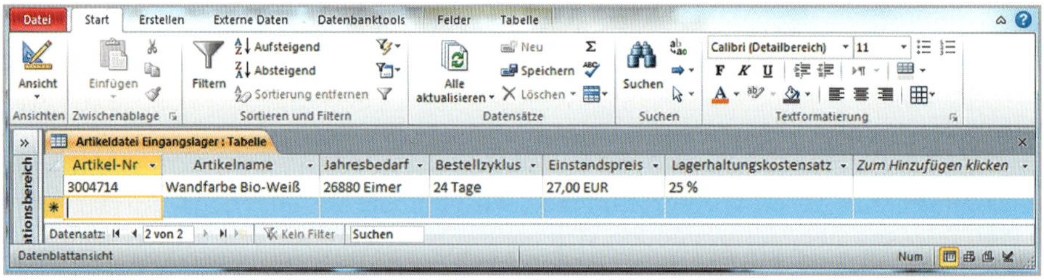

Artikeldatei Eingangslager : Tabelle

Artikel-Nr	Artikelname	Jahresbedarf	Bestellzyklus	Einstandspreis	Lagerhaltungskostensatz
3004714	Wandfarbe Bio-Weiß	26880 Eimer	24 Tage	27,00 EUR	25 %

Die fixen Bestellkosten je Bestelleinheit belaufen sich auf 80,00 EUR. Die Geschäftsleitung möchte den Bestellzyklus auf 30 Tage erhöhen.

Aufgaben:

1. Prüfen Sie, ob diese Erhöhung zu einer Kostenersparnis führt!
2. Als typische Bestellstrategien kommen das Bestellpunkt- und das Bestellrhythmusverfahren infrage. Welches der beiden Verfahren ist zu bevorzugen
   2.1 bei unregelmäßigem Bedarf,
   2.2 wenn hohe Lieferbereitschaft sichergestellt werden soll,
   2.3 bei gleichmäßigem Bedarf,
   2.4 bei sehr teuren Produkten, von denen möglichst wenig auf Lager sein sollte?

55 Bestellrhythmus- und Bestellpunktverfahren

1. Beschreiben Sie anhand der nachfolgenden Grafik, welche Problematik mit dem Bestellrhythmusverfahren einhergehen kann!

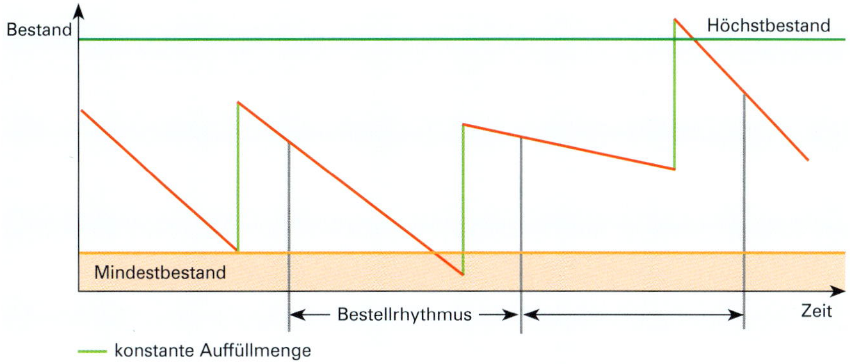

2. Die Ulmer Büromöbel AG verbraucht täglich 100 Stahlrahmen für die Herstellung von Schreibtischen.

   Die Wiederbeschaffungszeit der Stahlrahmen beträgt 5 Tage, der Mindestbestand 600 Stück. Der Höchstbestand, der auf Lager genommen werden kann, beträgt 2000 Stück.

   Aufgaben:

   2.1 Berechnen Sie den Meldebestand!

   2.2 Fertigen Sie eine Grafik über einen Zeitraum von 30 Tagen an!

3. Der Bedarf für das Fremdteil B 312 beträgt 30 Stück je Kalendertag, die Wiederbeschaffungszeit 8 Tage und der Mindestbestand 80 Stück. Die konstante Bestellmenge beträgt 480 Stück. Am Abend des 4. März beträgt der Lagerbestand 440 Stück.

   Aufgaben:

   3.1 Planen Sie die Bestellzeitpunkte (Daten angeben) für den Monat März!

   3.2 Zeichnen Sie die Bestandsentwicklung in ein Diagramm ein (vgl. S. 266)!

4. Wiederholen Sie die Unternehmensziele der Sportartikelfabrik Sport-Burr KG auf S. 39. Arbeiten Sie heraus, welche Beschaffungsziele Sie aufgrund der Unternehmensziele für besonders wichtig erachten! Halten Sie die erarbeiteten Beschaffungsziele schriftlich fest!

   Tragen Sie Ihre Ergebnisse in der Klasse vor und diskutieren Sie im Klassenverband!

56 Optimale Bestellmenge

Das Hauptproblem der Mengenplanung ist die Ermittlung der optimalen Bestellmenge.

Aufgaben:

1. Erläutern Sie, was unter der optimalen Bestellmenge zu verstehen ist!

2. Berechnen Sie mithilfe einer Tabelle (siehe S. 270) die optimale Bestellmenge aufgrund des Zahlenbeispiels von S. 270, wenn

   2.1 die fixen Bestellkosten sich auf 100,00 EUR verdoppeln und die übrigen Bedingungen gleich bleiben!

   2.2 der Lagerhaltungskostensatz auf 45 % steigt und die übrigen Bedingungen gleich bleiben!

18 Hug u.a. - ISBN 978-3-8120-0578-4

3. Zeichnen Sie die entsprechenden Kostenkurven zu den Aufgaben 2.1 und 2.2!

4. Mithilfe der Andler-Formel lässt sich der exakte Wert für die optimale Bestellmenge bestimmen. Die Andler-Formel lautet:

$$Q_{opt} = \sqrt{\frac{200 \cdot F \cdot M}{P \cdot L}}$$

Q_{opt}: Optimale Bestellmenge
F: Fixe Bestellkosten
M: Jahresbedarf
P: Einstandspreis je Stück
L: Lagerhaltungskostensatz in Prozent

Überprüfen Sie die Richtigkeit Ihrer Ergebnisse von 2.1 und 2.2!

5. Fassen Sie Ihre Erkenntnisse aus den Aufgaben 2. und 3. in Form von Regeln zusammen!

6. Nennen Sie je drei Beispiele für fixe Bestellkosten und Lagerhaltungskosten!

7. Geben Sie Argumente an, welche die exakte Ermittlung der optimalen Bestellmenge in der Praxis erschweren!

57 Bestellpunktverfahren und optimale Bestellmenge

1. Die SHG GmbH in Freiburg produziert und vertreibt verschiedene hochwertige Fahrradmodelle. Im vergangenen Jahr wurde das Produktprogramm um Fahrräder mit Elektroantrieb der Marke „Boss" erweitert.

   Bei der Abteilungsleiterin in der Beschaffung, Frau Detzel, gehen immer wieder Beschwerden aus der Produktion ein: Einzelne Bauteile für das E-Bike „Boss" sind im Lager nicht ausreichend vorhanden. Durch die fehlenden Bauteile kann die Produktion der Fahrräder nicht wie geplant erfolgen.

   Aufgaben:

   1.1 Nennen Sie drei mögliche Ursachen für diese Engpässe bei den Bauteilen!

   1.2 Die Bestellungen für die Bauteile Elektromotoren werden nach dem Bestellpunktverfahren ermittelt. In der Produktion werden täglich 240 Stück verbraucht, es soll ein Sicherheitsbestand von 5 Tagen gehalten werden. Die Wiederbeschaffungszeit beträgt 4 Tage.

   Berechnen Sie den Meldebestand für die Elektromotoren!

   1.3 Nennen Sie zwei konkrete Vorschläge, wie in Zukunft diese Engpässe in der Produktion vermieden werden können!

2. Die Herbert Fels GmbH in Reutlingen vertreibt über ein bundesweites Filialnetz Drogerieartikel. In Reutlingen steht auch das Zentrallager, in dem die bestellten Produkte gelagert werden, bevor die Auslieferung an die Filialen erfolgt. Sie sind Mitarbeiter der Herbert Fels GmbH.

   Bei der Anlieferung des Waschmittels „Turboclean" stellt der Mitarbeiter im Wareneingang fest, dass eigentlich noch ausreichend Waschmittel auf dem dafür vorgesehenen festen Lagerplatz vorhanden gewesen wäre. Aufgrund dieses Fehlers beschließt der Einkauf, in Zusammenarbeit mit dem Vertrieb die Materialbeschaffung zu überprüfen und den Meldebestand und die Bestellmenge neu festzulegen. Der Einkauf geht dabei von folgenden weiteren Angaben aus:

Jahresbedarf:	60 000 Einheiten
Lagerhaltungskosten:	0,03 EUR pro Einheit
fixe Bestellkosten:	200,00 EUR pro Bestellung
Sicherheitsbestand:	500 Einheiten
Wiederbeschaffungszeit bei der Unilever GmbH:	7 Tage
Arbeitstage im Jahr:	200 Tage

Aufgaben:

2.1 Ermitteln Sie die optimale Bestellmenge anhand der nachfolgenden Tabellenvorlage!

Bestell-menge	Bestell-häufigkeit pro Jahr	Durchschnitt-licher Lager-bestand	Lager-kosten	Fixe Bestell-kosten	Summe aus Lager- und Bestellkosten
10 000					
20 000					
30 000					
40 000					
50 000					
60 000					

2.2 Erläutern Sie die Entwicklung der fixen Bestellkosten und Lagerkosten in Abhängigkeit von der Bestellmenge und beschreiben Sie den Zielkonflikt, der sich aus dieser Entwicklung ergibt!

2.3 Künftig soll bei Erreichung des Meldebestands eine Bestellung ausgelöst werden. Ermitteln Sie den Meldebestand!

2.4 Ermitteln Sie im Rahmen dieses Verfahrens den Höchstbestand!

6 Bereitstellungsprinzipien unterscheiden und bewerten

KB 3 Lernsituation 8: Material just in time beschaffen

Anton Thomalla, Inhaber der „Motorenbau Anton Thomalla e. Kfm.", benötigt für die Produktion Rußpartikelfilter, die er bisher immer bei Bedarf bei seinem Zulieferer bestellt hat. Bei einem Arztbesuch liest er den folgenden Artikel im Manager-Magazin.

Der Japan-Tsunami hat die eng getaktete Just-in-time-Produktion weggespült. Jetzt wird den Managern vor Augen geführt, dass ihr Fertigungsplan nur ein Konzept für den Schönwetterbetrieb ist – und den Arbeitnehmern, dass deshalb noch mehr Betriebe ihre Produktion in das Ausland verlagern könnten.

Hamburg. Vorsichtige Mahnungen erweisen sich beim Blick zurück manchmal als prophetisch: „Der wachsende Einfluss von Desastern[1] multipliziert das operative Risiko vieler Firmen", warnte Lieferkettenexperte Dirk de Waart. Am 11. März 2011 traf die Prophezeiung durch das Erdbeben in Japan aus der Sicht global tätiger Firmen mit schier unvorstellbarer Wucht ein. Bei Flugzeugbauern, Autoherstellern, Smartphone-Fabrikanten und Halbleiterfirmen wurden die Einkaufsmanager eilig durch ganze Krisenstäbe ersetzt.

In Europa sind noch gar nicht alle Schockwellen des Lieferketteninfarktes angekommen, da beginnt schon eine lebhafte Debatte in der Industrie: Wie kann das Just-in-time-Konzept – das ironischerweise[2] Toyota, eines der größten Opfer des Erdbebens, zum Industriestandard erhoben hatte – angepasst werden? Hat es überhaupt irgendwelche Überlebenschancen in einer Welt eskalierender Energiepreise?

„In der Industrie räumen einige schon ein, dass wir etwas zu weit gegangen sind und dass wir dieses Konzept noch einmal überprüfen müssen", gibt Jim Lawton zu, der Vizepräsident bei D&B Supply Management Solutions, das zum Geschäftsdaten- und Lieferketten-Spezialisten Dun & Bradstreet gehört.

Das Timing dieser Erkenntnis könnte kaum besser sein. Denn sie kommt zu einer Zeit, in der das Institut of Supply Management bei US-Firmen eine rekordniedrige Vorratshaltung registriert und damit deutlich macht: Minimierte Kosten, unterstützt durch extrem schlanke Hochregale, haben seit vielen Jahren das Denken der Firmenstrategen in Europa, Amerika und Asien beherrscht. Andere wichtige Überlegungen – wie die Versorgungssicherheit – traten dabei oft in den Hintergrund, und das bei immer dünner gestrickten Netzwerken rund um den Globus sowie einer wachsenden Zahl von Naturkatastrophen. [...]

Quelle: http://www.manager-magazin.de/unternehmen/industrie/0,2828,759680,00.html

Kompetenzorientierte Arbeitsaufträge:

Arbeiten Sie das nachfolgende Kapitel des Schulbuches durch und verwenden Sie die Aufzeichnungen aus dem Unterricht zur Bearbeitung der Arbeitsaufträge!

1. Bilden Sie in Ihrer Klasse Gruppen, die jeweils Argumente
   1.1 für die Vorteile und
   1.2 die Gefahren

   der Bereitstellungsverfahren ohne Vorratshaltung für Abnehmer und Zulieferer sammeln!

2. Wählen Sie in jeder Gruppe einen Vertreter, der vor der Klasse die gefundenen Argumente in Form eines Plädoyers[3] zusammenfasst!

1 **Desaster** (ital.-fr.): Missgeschick, Unheil.
2 **Ironie** (gr.-lat.): feiner Spott.
3 **Plädoyer**: Rede, mit der jemand entschieden für oder gegen etwas eintritt.

Grundsätzlich gibt es zwei Möglichkeiten, das Problem der Bereitstellung von Handelswaren und Werkstoffen zu lösen, nämlich die **Bedarfsdeckung durch Vorratshaltung** und die **Bedarfsdeckung ohne Vorratshaltung.**

6.1 Bedarfsdeckung durch Vorratshaltung

Die **Vorratshaltung** ist vor allem dann anzutreffen, wenn **Schwankungen des Beschaffungsmarktes** abgesichert sein müssen. Außerdem kann die Lagerung **geringwertiger Güter** mit relativ hohen Anschaffungsaufwendungen sinnvoll sein.

Vorteile	Nachteile
Sie liegen vor allem bei den günstigeren Beschaffungs- und Frachtkosten beim Bezug größerer Materialmengen sowie die größere Sicherheit der Bedarfsdeckung bei Beschaffungsschwierigkeiten.	Sie ergeben sich aus den hohen Kapitalbindungskosten und Lagerrisiken. Somit besteht ein ständiger Zielkonflikt zwischen dem Ziel, die Lagerkosten und Lagerrisiken möglichst niedrig zu halten und dem Ziel, den **Servicegrad** zu sichern oder zu verbessern.

Beispiel:

Von einem Lager werden im Laufe eines Vierteljahres 2700 Stück des Teils T 34 angefordert. Von diesen Anforderungen konnten 2592 Stück sofort aus dem Lagervorrat bedient werden. Der Servicegrad beträgt damit 96 %.

$$\text{Servicegrad} = \frac{\text{Anzahl der bedienten Lageranforderungen} \cdot 100}{\text{Gesamtzahl der Lageranforderungen}}$$

In der Praxis ist es kaum möglich, einen hundertprozentigen Servicegrad zu erreichen, wenn (zu) teure Sicherheitsbestände vermieden werden sollen. Welcher Servicegrad anzustreben ist, hängt vor allem von der Art der Produktion ab. Ist der Produktionsablauf starr, kann die Fertigung bereits beim Fehlen eines einzelnen Teils nicht weiterlaufen. Ist der Produktionsablauf flexibel, kann bei Fehlen eines oder mehrerer Teile mit der Fertigung anderer Produkte fortgefahren werden, wie dies z. B. bei der Fertigung nach dem **Baukastensystem**[1] der Fall sein kann.

1 Beim Baukastensystem werden einzelne Teile (Baugruppen) wie z. B. Motoren und Karosserien eines Autoherstellers typisiert (vereinheitlicht), um sie dann (z. B. dem Bedarf entsprechend) kombinieren zu können.

6.2 Bedarfsdeckung ohne Vorratshaltung

(1) Begriffe Just-in-time-Verfahren[1] und Just-in-sequence-Verfahren[2]

- Die **lagerlose Sofortverwendung** ist Bestandteil eines Logistiksystems, bei dem die Materialbereitstellung genau zu dem von der Fertigungsplanung vorher bestimmten Zeitpunkt erfolgt. Man spricht von **fertigungssynchroner[3] Beschaffung** oder vom **Just-in-time-Verfahren.**
- Beim **Just-in-sequence-Verfahren** wird zusätzlich zur zeitgenauen Anlieferung auch sequenzgerecht geliefert, d.h. in exakt der Reihenfolge, in welcher die Teile oder Baugruppen schließlich in der Montage beim Kunden verbaut werden.[4]

Das Prinzip der lagerlosen Sofortverwendung der angelieferten Teile wird vor allem von Industriebetrieben angewendet, die ihren Bedarf an großvolumigen und hochwertigen Werkstoffen und Fertigteilen genau vorausberechnen können (z.B. vormontierte Armaturenbretter in der Autoindustrie). Die Kapitalbindungs- und Lagerkosten werden auf die Zulieferbetriebe abgewälzt, die im Gegenzug einen sicheren Abnehmer bekommen.

(2) Voraussetzungen der Bereitstellungsverfahren ohne Vorratshaltung

Um die Lieferung nach dem Just-in-time- oder Just-in-sequence-Verfahren einführen zu können, sind folgende Voraussetzungen erfüllt sein:

- ständiger Bedarf des beschaffenden Unternehmens für das betreffende Material,
- langfristige Planung der Absatzmengen,
- wirksame Maßnahmen zur ständigen Qualitätskontrolle,
- ständige Lieferbereitschaft der beteiligten Lieferanten,
- genaue Abstimmung der Produktions- und Lieferpläne zwischen Lieferer, Spediteur und dem abnehmenden Industrieunternehmen,

1 **Just in time** (engl.): gerade rechtzeitig.

2 **Just in sequence** (engl.): genau in der Reihenfolge.

3 **Synchron:** gleichzeitig.

4 Vgl. Klaus, P.; Krieger, W.; Krupp, M. (Hrsg.): Gabler Lexikon Logistik: Management logistischer Netzwerke und Flüsse, 5. Auflage, Wiesbaden 2012, S. 253.

- Datenaustausch zwischen allen Beteiligten, z.B. über Electronic Data Interchange,
- langfristige Verträge zwischen allen Beteiligten,
- ein Transportsystem, das jederzeit den ununterbrochenen Materialzufluss gewährleistet.

(3) Vor- und Nachteile der lagerlosen Bereitstellungsverfahren

Vorteile
■ Die **Lagerkosten und -risiken entfallen,** weil das benötigte Material sofort zum Ort der Weiterverarbeitung bzw. -verwendung gebracht wird. ■ Es wird **weniger Kapital gebunden,** das dann für andere Unternehmensaufgaben bereitsteht. ■ Das Unternehmen kann sich rasch auf einen **Wechsel des Kundenbedarfs** einstellen und seine **Lieferbereitschaft erhöhen.** ■ Die Gefahr, Produkte **nicht absetzen** zu können, **sinkt.** ■ Sie vermindern den Flächenverbrauch für Lagerkapazitäten.

Nachteile
■ Verwundbarkeit des Unternehmens gegenüber Störungen im Nachschub, z.B. durch Streiks, Zugverspätungen, Staus **(Terminrisiko).** ■ Umweltbelastung bei der Belieferung durch Lastkraftwagen z.B. durch Versiegelung der Landschaft durch Straßenbau, Belastung der Luft durch Reifenabrieb und Abgase **(Umweltrisiko).** Die Kosten für die Beseitigung der Umweltbelastung trägt jedoch nicht der Besteller der Werkstoffe (Kostenverursacher), sondern die Allgemeinheit. Man spricht dann von **„Social Costs".** ■ Gefahr, dass es zu Produktionsstörungen kommt, da schadhafte Teile nicht durch eine Lagerentnahme ausgewechselt werden können **(Qualitätsrisiko).** ■ Bestell- und Transportkosten steigen wegen häufiger Bestellungen **(Kostenrisiko).** ■ Bei zahlreichen Werkstoffen ist die fertigungssynchrone Beschaffung nicht oder wenigstens nicht in ihrer extremen Anwendung durchführbar, weil die Vorlieferer ihre Produktion nicht an dem schwankenden Bedarf der Abnehmer ausrichten können oder wollen. Sie streben aus **kosten- und beschäftigungspolitischen Gründen** selbst eine kontinuierliche Produktion an.

Die Bereitstellungsverfahren ohne Vorratshaltung erfordern eine zuverlässige Lieferkette, die nur durch eine enge Abstimmung zwischen Zulieferer und Hersteller des Endprodukts zu erreichen ist. Üblicherweise wird mit dem Lieferanten ein **Rahmenvertrag** geschlossen.

Ein solcher Vertrag liegt in der Regel für eine bestimmte Periode den Gesamtbedarf für eine Werkstoffart oder eine Werkstoffgruppe fest. Für die geplante Abnahmemenge werden die Preise, die Lieferungs- und die Zahlungsbedingungen festgelegt. Die Einzelbestellungen verweisen dann jeweils auf den Rahmenvertrag und beinhalten nur noch nähere Festlegungen in Bezug auf Artikel, Menge und Termin.

Eine langfristige Bindung an einen Lieferanten über einen Rahmenvertrag setzt voraus, dass die Nachfragemenge über diesen Zeitraum vorhersehbar und in etwa konstant ist. Der **Vorteil** von Rahmenvereinbarungen liegt insbesondere darin, dass die Kosten für wiederholte Verhandlungsführungen über Preise, Lieferungs- und Zahlungsbedingungen entfallen. Der verbleibende Restprozess ist dann so weit reduziert, dass er sich relativ leicht automatisieren lässt.

Zusammenfassung

- Grundsätzlich gibt es zwei Möglichkeiten, Werkstoffe bereitzustellen, nämlich die **Bedarfsdeckung durch Vorratshaltung** und die **Bedarfsdeckung ohne Vorratshaltung.**
- Die Bedarfsdeckung ohne Vorratshaltung kann nach dem **Just-in-time-Verfahren** oder nach dem **Just-in-sequence-Verfahren** erfolgen.
- **Rahmenverträge** verringern die Kosten des Beschaffungsprozesses, indem
  - wiederholte Verhandlungsführungen über Preise, Lieferungs- und Zahlungsbedingungen entfallen sind
  - sich der verbleibende Restprozess weitestgehend automatisieren lässt.
- Zu den **Vor- und Nachteilen** der lagerlosen Bereitstellungsverfahren siehe Tabelle auf S. 279.

Kompetenztraining

58 Lagerlose Beschaffungsverfahren

1. Stellen Sie in einer Tabelle die Vor- und Nachteile der Vorratshaltung und der lagerlosen Verfahren einander gegenüber!
2. Beschreiben Sie den Unterschied zwischen dem Just-in-time-Verfahren und dem Just-in-sequence-Verfahren!
3. Erläutern Sie Vor- und Nachteile der Just-in-time-Beschaffung für Abnehmer und Zulieferer!
4. Stellen Sie dar, welche „Social Costs" durch die Verwirklichung des Just-in-time-Verfahrens entstehen können! (Social Costs sind Kosten, die nicht der Verursacher trägt, sondern die Allgemeinheit.)
5. 5.1 Nennen Sie zwei Güter, die besonders für den Einsatz des Just-in-sequence-Verfahrens geeignet sind!

   5.2 Nennen Sie die jeweils größte Gefahr der Just-in-sequence-Beschaffung für den Zulieferer und den Abnehmer!
6. Die Auto AG hat sich dazu entschlossen, mit dem Zulieferer der Bremsanlage eine Just-in-time-Lieferung zu vereinbaren.

   Aufgaben:

   6.1 Erläutern Sie, warum es sinnvoll ist, für die Abwicklung der Bestellungen einen Rahmenvertrag abzuschließen!

   6.2 Nennen Sie vier Voraussetzungen, die die Auto AG von dem Zulieferer erwartet!

   6.3 Im Rahmen der Just-in-time-Lieferung können Umstände eintreten, die den Materialfluss empfindlich stören können. Zeigen Sie an zwei Beispielen solche Störmöglichkeiten auf!

7 Lagerarten und -ordnungssysteme abgrenzen und die Wirtschaftlichkeit der Lagerhaltung beurteilen

KB 3 Lernsituation 9: Lagerhaltung optimieren

Die Ulmer Büromöbel AG hat ihre Absatzbemühungen bisher auf die Bundesländer Baden-Württemberg und Bayern konzentriert. Im Rahmen einer Abteilungsleitersitzung diskutieren Herr Sutter (Leiter der Produktion), Frau Sigg (Leiterin des Verkaufs) und Herr Agsten (Leiter der Finanzabteilung) darüber, ob die unzureichende Auslastung der Produktion nicht dadurch verbessert werden könnte, dass das Absatzgebiet ausgedehnt wird.

Herr Sutter: *„Gerade vor drei Jahren haben wir in eine Montagelinie investiert, die jetzt nur zu 60 % ausgelastet ist. Die hohen Fixkosten auf der einen Seite und die asiatischen Billiganbieter auf der anderen Seite – da bleibt nicht mehr viel an Gewinn übrig. Wir brauchen dringend die Kostendegression,[1] die mit größeren Produktionszahlen verbunden sind. Aber dafür ist der bisherige Markt zu klein. Ich denke, wir sollten, nein, wir müssen uns etwas einfallen lassen."*

Frau Sigg: *„Daran habe ich auch schon gedacht – aus ganz anderen Gründen. Ich erhalte immer wieder Anfragen von Möbelhäusern, Büroausstattern oder Innenarchitekten aus dem norddeutschen Raum. Sogar Anfragen aus Dänemark und dem skandinavischen Raum sind dabei. Aber: Die Auslieferung soll in der Regel möglichst schnell gehen, weil die ja ihrerseits ihre Lagerbestände niedrig halten wollen. Und da kann ich kalkulieren, wie ich will – kleinere Einzelaufträge rechnen sich nicht wegen der Transportkosten.*

Ich werf den Gedanken jetzt mal in die Runde: Wie wäre es, wenn wir uns irgendwo im Norden einen Standort suchen, den man mit großen Transporteinheiten beliefern kann und von wo aus man wiederum kleinere Zwischenstandorte beliefert? Die könnten wir ja vorläufig erst mal anmieten. Und von dort aus gehen wir in die Fläche und beliefern die Endkunden."

Herr Sutter: *„Na also, das klingt ja ganz gut und käme mir sehr entgegen. Dann könnten wir endlich größere Serien auflegen, unsere Montagelinie auslasten und die Umrüstkosten[2] verringern. Das Lager an dem ersten großen Standort müsste halt groß genug sein für unser gesamtes Sortiment. Darüber hinaus gewännen wir auch endlich wieder freie Kapazitäten in unserem Werkslager."*

Herr Agsten: *„Da wäre ich mir nicht so sicher! So ein großes Lager – weit weg von uns –, das ist mit erheblichen Risiken verbunden. Bauen wir zu klein, dann platzt es aus allen Nähten, bauen wir zu groß, dann geht es ähnlich wie mit der Montagelinie. Der Raum wird nicht optimal genutzt und verlockt zu großen Lagerbeständen, nach dem Motto: ‚Es sind ja Plätze frei!'. Das ist genauso schlecht wie zu kleine Bestände. Ich denke, wir*

---

1 **Degression:** hier Verminderung der Stückkosten mit steigender Auflage (Stückzahl).

2 **Rüstkosten:** Sie entstehen durch das Einrichten der Maschinen und Werkzeuge auf die Herstellung einer anderen Produktart.

sollten überlegt an die Sache rangehen, weil sich mit dem Aufbau eines solchen Lagers unterschiedliche Erwartungen verbinden."

KOMPETENZORIENTIERTE ARBEITSAUFTRÄGE:

Arbeiten Sie das folgende Kapitel durch und verwenden Sie die Aufzeichnungen aus dem Unterricht zur Bearbeitung der Arbeitsaufträge.

1. Erläutern Sie, welche Argumente für umfangreiche Lagerbestände und welche für geringe Lagerbestände sprechen!
2. Bestimmen Sie einen möglichen Ort für ein Zentrallager in Norddeutschland und legen Sie noch drei Orte für dezentrale Regionallager in dieser Region fest. Begründen Sie Ihre Standortentscheidungen!
3. Herr Agsten sprach von unterschiedlichen Erwartungen, die sich mit dem Aufbau einer Lagerlogistik verbinden.
   Nennen Sie Erwartungen, die an ein solches Lagersystem gestellt werden!
4. Stellen Sie die Risiken dar, die mit einer fehlerhaften Lagerplanung verbunden sind!
5. Diskutieren Sie, ob die Ulmer Büromöbel AG das Risiko eingehen sollte, weitere Lagerstandorte zu errichten. Beziehen Sie in Ihre Überlegungen auch mögliche Alternativen ein!

7.1 Grundlagen der Lagerplanung

7.1.1 Funktionen und Arten des Lagers

7.1.1.1 Lagerfunktionen

Unter einem **Lager** versteht man einen Raum oder eine Fläche zum Aufbewahren von Sachgütern. Die Sachgüter werden mengen- und/oder wertmäßig erfasst.

Die Sachgüter werden im Wesentlichen aus vier Gründen gelagert:

Funktionen des Lagers[1]	Erläuterungen
Sicherungsfunktion	Die einzelnen Verbrauchsstellen eines Industriebetriebs müssen jederzeit über die notwendigen Werkstoffe verfügen, wenn die Produktion störungsfrei ablaufen soll. Aus diesem Grund wird in den Industriebetrieben meistens ein Sicherheitsbestand (eiserner Bestand) gehalten.
Zeitüberbrückungs-funktion/ Mengenausgleichs-funktion	■ Witterungseinflüsse (z. B. verspätete Ernten), Liefererausfälle, Transportschwierigkeiten, politische Entscheidungen (z. B. Ausfuhrstopps) können die Produktion zum Erliegen bringen. Ein Roh-, Hilfs- und Betriebsstofflager sichert die Funktionsfähigkeit des Betriebs. ■ Ein plötzlicher Nachfrageanstieg kann die Lieferbereitschaft beeinträchtigen. Das Lager an Fertigerzeugnissen gleicht die Marktschwankungen aus. Bei steigender Nachfrage werden die Lager abgebaut, bei sinkender Nachfrage aufgestockt.

1 **Funktionen:** hier Aufgaben.

Funktionen des Lagers	Erläuterungen
Umformungsfunktion	Bei bestimmten Gütern hat die Lagerhaltung auch die Aufgabe, die Eigenschaften der Güter an die Anforderungen der Produktion und/oder des Absatzes anzupassen. Hierzu gehört z. B. das Austrocknen von Holz, das Aushärten von Autoreifen oder das Reifen alkoholischer Getränke (z. B. Bier, Wein).
Spekulationsfunktion	Durch Großeinkäufe (z. B. durch das Ausnutzen von Mengenrabatten, Transportkostenvergünstigungen und Verbilligungen bei den Verpackungskosten) sowie durch Gelegenheitskäufe werden die Betriebe in die Lage versetzt, die Preise auch bei steigender Nachfrage stabil zu halten.

7.1.1.2 Arten des Lagers

(1) Lagerarten nach der räumlichen Gestaltung

Offene Lager. Wirtschaftliche Güter, die in ihrer Qualität durch Witterungseinflüsse nicht leiden, werden in kostengünstigen offenen, d. h. nicht überdachten Lagern untergebracht (z. B. Kohle, Sand, Steine, Röhren, Ziegel usw.).

Geschlossene Lager. Die weitaus meisten Güter müssen in geschlossenen (umbauten) Lagern eingelagert werden, um sie vor Witterungseinflüssen (Kälte, Wärme, Feuchtigkeit) sowie Diebstahl zu schützen. Bei vielen Gütern sind **Speziallagerräume** (z. B. Kühlräume, Öltanks, Silos) erforderlich. **Getrennte Lagerräume** können aus Zweckmäßigkeitsgründen (leichterer Zugriff) oder aus Gründen, die in der Natur der Güter liegen, notwendig sein (z. B. Trennung von Lebensmitteln mit Geruchsbildung wie Käse von sonstigen Lebensmitteln, Trennung von Chemikalien von Lebensmitteln).

(2) Lagerarten nach dem Bearbeitungszustand der Erzeugnisse

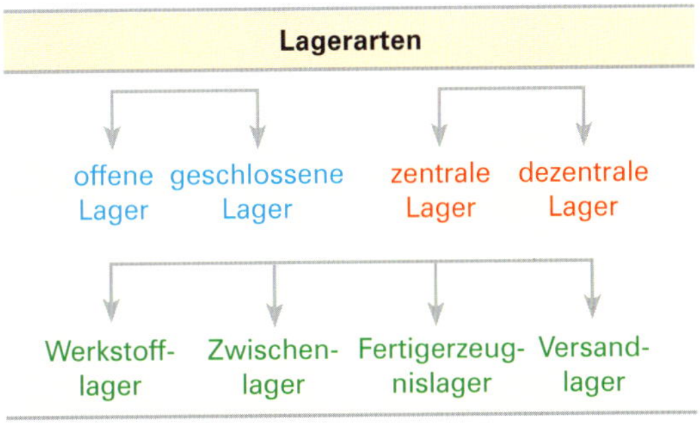

- **Roh-, Hilfs- und Betriebsstofflager (kurz Werkstofflager).** Diese Lager haben die Aufgabe, die Zeitspanne zwischen Beschaffung und Produktion (Verbrauch der Roh-, Hilfs- und Betriebsstoffe) zu überbrücken.
- **Zwischenlager.** Sie nehmen unfertige, noch weiter zu bearbeitende Erzeugnisse auf. Zwischenlager sind häufig deshalb erforderlich, weil die Fertigungsstufen innerhalb des Produktionsprozesses – besonders in Mehrproduktunternehmen – selten so genau aufeinander abgestimmt werden können, dass in jeder Produktionsstufe die erforderlichen Teile in der benötigten Menge zur Verfügung stehen. Außerdem würde ohne Zwischenlager bei der geringsten Betriebsstörung in einer Vorstufe (z. B. aufgrund eines Maschinenschadens) der gesamte Produktionsprozess zum Stillstand kommen.

- **Fertigerzeugnislager.**[1] In diesen Lagern werden die fertiggestellten Erzeugnisse gelagert, um sie für den Absatz bereitzuhalten.
- **Versandlager.** Hierbei handelt es sich um die kurzfristige Lagerung von Gütern, die versandfertig gemacht (z. B. seemäßig verpackt) werden. Versandlager sind Durchgangslager bereits bestellter Erzeugnisse.

(3) Lagerarten nach dem Lagerort (Lagerstandort)

Nach dem Lagerstandort unterscheidet man zentrale und dezentrale Lager.

	Zentrallager	Dezentrale Lager (Regionallager, Auslieferungslager)
Funktionen	■ Sie lagern jeweils das gesamte Vertriebssortiment. ■ Sie sichern einen hohen Servicegrad. ■ Sie haben eine Ausgleichsfunktion zwischen Produktionsmengen und Absatzmengen. ■ Von ihnen aus werden die Regionallager beliefert.	■ Sie beliefern einen regional begrenzen Absatzmarkt. ■ Sie stellen aus den gelagerten Erzeugnissen und Handelswaren die von den Endkunden georderten Aufträge zusammen. ■ Es werden kleinere Transporteinheiten gebildet.
Eigenschaften	■ Die Lagerprozesse stehen gegenüber den Transport- und Bewegungsprozessen im Vordergrund. ■ Die Förder- und Lagersysteme innerhalb des Lagergebäudes sind technisch aufwendig und verfügen über einen hohen Automatisierungsgrad, z. B. Hochregallager. ■ Zentrallager haben aufgrund ihrer Betriebsgröße Kostenvorteile bei Personaleinsatz, Organisation und Betriebstechnik – bezogen auf eine Lagereinheit. ■ Vom Charakter her handelt es sich um ein Vorratslager. ■ Wirksame Kontrolle über Bestände, Fehlmengen, Verderb.	■ Sie enthalten – im Gegensatz zu den Zentrallagern – nicht jederzeit das gesamte Sortiment. ■ Ist eine Mischform aus Vorrats-, Umschlags- und Verteilungslager. ■ Transportsystem auf der Eingangsseite sind überwiegend Waggon- und Lastwagenladungen, auf der Ausgangsseite hingegen schnelle Kurierdienste.

7.1.2 Strategien der Lagerbewirtschaftung (Lagerordnungssysteme)

Die Lagerbewirtschaftungsstrategien beschäftigen sich damit, nach welchem Verfahren ein Lagerplatz vergeben wird **(Lagerplatzvergabe)** und wie die Ein- bzw. Auslagerung geregelt wird **(Ein- und Auslagerungsstrategien)**.

1 Industriebetriebe, die neben ihren Erzeugnissen auch Handelswaren anbieten, führen auch ein Handelswarenlager.

7.1.2.1 Lagerplatzvergabe

(1) Systematische Lagerplatzordnung

Die systematische Lagerplatzordnung bedeutet, dass bestimmten Lagergütern **festgelegte Lagerplätze** zugewiesen werden (Gleiches zu Gleichem). Für größere Lagerräume wird ein **Lagerplan** erstellt, mit dessen Hilfe die benötigten Güter schnell gefunden werden können. Jede Abteilung erhält eine Nummer, jede Unterabteilung und jeder Platz (z.B. Regal, Schrank) eine Unternummer. Die Grafik veranschaulicht den Sachverhalt, dass im Regalfach 1 (F1) der Artikel 1 gelagert wird usw. Die Regalfächer F6 und F8 sind leer, weil von den zugehörigen Artikeln (Artikel 6 und Artikel 8) keine Lagervorräte vorhanden sind. Diese beiden Regalfächer bleiben jedoch reserviert. Weitere Artikel könnten in diesem Lager nicht untergebracht werden. Die Kapazität ist trotz freier Plätze bereits ausgeschöpft.

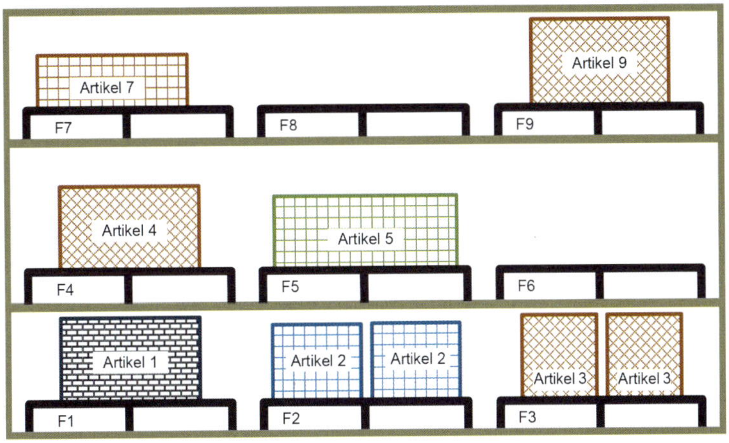

(2) Chaotische Lagerplatzordnung

Die chaotische Lagerplatzordnung kennt **keinen Lagerplan.** Eingehende Güter werden mittels EDV den jeweils gerade **frei gewordenen Lagerplätzen zugewiesen.** Der Lagerort wird von der elektronischen Führungseinrichtung gespeichert. Ziel der chaotischen Lagerplatzordnung ist die **Optimierung der Lagerkapazität.** Fallen die EDV-Systeme aus, so ist es jedoch fast nicht möglich, eine bestimmte Ware zu finden. Da keine feste Lagerplatzzuordnung besteht, wird bei jedem Lagerzugang der nächste freie Platz belegt. Nicht belegte Plätze werden nicht reserviert. Weitere Artikel könnten problemlos in den Regalfächern F8 und F9 aufgenommen werden. Folge: Die Lagerkapazität wird besser genutzt.

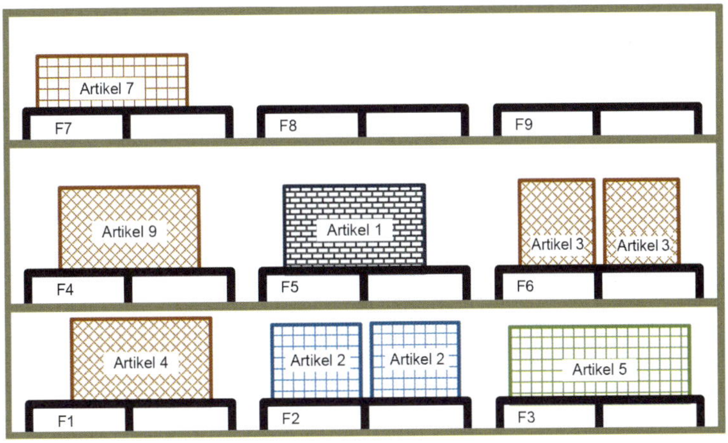

(3) Freie Lagerplatzvergabe innerhalb fester Bereiche

Die Strategie der freien Lagerplatzvergabe innerhalb fester Bereiche trägt dazu bei, dass Wege und Zeiten bei der Ein- und Auslagerung verringert werden können. Hierbei werden innerhalb des Lagers Zonen nach Umschlagshäufigkeit (Langsamdreher, Schnelldreher) gebildet. Die Schnelldreher lagern nahe am Ein- und Auslagerungspunkt, während die Langsamdreher fern von diesem Punkt gelagert werden.

7.1.2.2 Ein- und Auslagerungsstrategien

Fifo-Strategie	Bei der Fifo-Strategie (First in – first out) werden jene Artikel zuerst entnommen, die schon am längsten auf Lager liegen. Dadurch wird das Risiko einer Überalterung des Lagerbestands und damit ein möglicher Verderb verringert.
Lifo-Strategie	Die Lifo-Strategie (Last in – first out) folgt dem genau umgekehrten Prinzip. Diese Strategie verringert Ein-/Auslagerungszeiten und vermeidet unter Umständen eine erforderliche Umlagerung, da der zuletzt eingelagerte Artikel auch am ehesten zu greifen ist.
Wegeoptimierte Ein-/Auslagerung	Die wegeoptimierte Ein-/Auslagerung strebt danach, eine notwendige Einlagerung mit einer Auslagerung zu verbinden, um zeitaufwendige Leerfahrten des Transportsystems (z. B. im Hochregallager) zu minimieren.

7.1.3 Bedeutung der Logistik

Die Wandlung vom Verkäufer- zum Käufermarkt zwingt die Unternehmen, den Konsumenten durch ein zunehmend variantenreicheres Angebot zu gewinnen. Diese Angebotsvielfalt führt zu einer Vermehrung der Komponentenzahl auf der Ebene der Zukaufteile, der Halbfabrikate und der Baugruppen. Dadurch hat sich die Beschaffung vom reinen Zulieferer zur Produktion zum **wertschöpfenden Kernprozess** verändert.

In vielen Industriebetrieben wird Produktion mehr und mehr durch **Zulieferung** oder durch **Fremdvergabe (Outsourcing)** ersetzt. Einkauf bedeutet jedoch Transport und Logistik. Eine weitere Ursache für die Zunahme der Logistikprobleme liegt in der **Globalisierung der Märkte,** denn sowohl die Beschaffung der Werkstoffe, Handelswaren und Betriebsmittel als auch der Verkauf der Erzeugnisse erfolgt weltweit.

Beispiel:

Die Automobilindustrie schafft im Rahmen ihrer Produktion nur noch eine Wertschöpfung von unter 30 %, d. h., es wird wertmäßig immer mehr eingekauft und dabei auf eine hohe Wertsteigerung durch die Produktion verzichtet.

Logistik wandelt sich in der Bedeutung – vom notwendigen Übel zu einem wesentlichen **Bestandteil der Wertschöpfung.** Mit innovativen Logistiklösungen lassen sich heute **Wettbewerbsvorteile** erzielen, die den entscheidenden Vorteil haben, dass sie schlecht kopiert werden können, weil sie kaum sichtbar sind.

7.2 Beurteilung der Lagerhaltung anhand von Kennziffern

KB 3 Lernsituation 10: Berechnung und Beurteilung von Lagerkennziffern

Die Sport-Burr KG produziert seit vielen Jahren erfolgreich Tennisschläger. Zu den beliebtesten Modellen im Sortiment zählt der Tennisschläger ROCKY. Die Unternehmensleitung möchte mithilfe von Lagerkennziffern die Lagersituation in Bezug auf Wirtschaftlichkeit und Qualität für dieses Modell erfassen. Die Selbstkosten je Tennisschläger betragen 95,00 EUR. Für die Lagerung der Tennisschläger wurden durch die Kostenrechnung Lagerkosten in Höhe von 15 000,00 EUR ermittelt.

Kompetenzorientierte Arbeitsaufträge:

Arbeiten Sie das folgende Kapitel des Schulbuches durch und verwenden Sie die Aufzeichnungen aus dem Unterricht zur Bearbeitung der Arbeitsaufträge!

1. Für das Tennisschlägermodell ROCKY liegt eine noch unvollständige Lagerdatei vor. Die fehlenden Bereiche sind in der Lagerdatei gelb markiert. Berechnen Sie die fehlenden Werte der Lagerdatei!

Lagerdatei

Produktbezeichnung: **Tennisschläger ROCKY**
Produktnummer: **431 500**

Datum	Zugänge (Stück)	Abgänge (Stück)	Bestand Monatsende (Stück)
31. 12. des Jahres 01			500
Januar 02	2.500	2.300	
Februar 02		1.700	900
März 02	2.000	2.100	800
April 02	2.200	2.000	
Mai 02		2.200	600
Juni 02	2.100	2.050	650
Juli 02	2.450	2.360	740
August 02	2.660	2.500	900
September 02	2.100	2.100	900
Oktober 02	2.350		1.000
November 02	1.700	2.000	700
Dezember 02	2.300	2.600	400

2. Berechnen Sie den durchschnittlichen Lagerbestand für den Tennisschläger ROCKY anhand der Quartalsendbestände aus der Lagerdatei!
3. Ermitteln Sie die Lagerumschlagshäufigkeit und erläutern Sie, was diese Kennzahl für die Sport-Burr KG aussagt!
4. Im Jahr 02 betrug die Lagerumschlagshäufigkeit der Branche für die Herstellung von Sportgeräten 45. Erläutern Sie, welche Bedeutung dies für die Sport-Burr KG hat und machen Sie der Unternehmensleitung zwei Vorschläge, um diese Lagerkennzahl zu verbessern!

5. Die Abteilungsleiterin Simone Schläger erläutert Ihnen in einem Gespräch, dass „der Lagerkostensatz als Anhaltspunkt für die Beurteilung der Wirtschaftlichkeit des betrieblichen Lagers dienen kann. Weicht der Wert von den typischen ca. 15 % nach oben ab, sind die Kosten der Lagerung des Güterbestandes zu hoch".
   5.1 Berechnen Sie den Lagerkostensatz für den Tennisschläger ROCKY!
   5.2 Beurteilen Sie den ermittelten Lagerkostensatz in Bezug auf die Aussage von Simone Schläger und überlegen Sie sich Maßnahmen für die Senkung dieser Kennziffer!

7.2.1 Strukturelle Lagerkennziffern

(1) Durchschnittlicher Lagerbestand

Der durchschnittliche Lagerbestand bildet die Grundlage für die Bestimmung der Lagerumschlagshäufigkeit und der durchschnittlichen Lagerdauer. Der durchschnittliche Lagerbestand kann z. B. als arithmetisches Mittel (Durchschnitt) aus dem **Jahresanfangsbestand** und dem **Jahresschlussbestand** berechnet werden.

Beispiel:

Anfangsbestand am 1. Januar:	72 000 Stück
Endbestand lt. Inventur am 31. Dezember:	68 000 Stück

$$\text{Durchschnittlicher Lagerbestand} = \frac{\text{Anfangsbestand am 01.01.} + \text{Endbestand am 31.12.}}{2}$$

$$= \frac{72\,000 + 68\,000}{2} = \underline{\underline{70\,000 \text{ Stück}}}$$

Eine höhere Genauigkeit ergibt sich durch die Verwendung der **Monatsendbestände,** weil durch die häufigeren Beobachtungspunkte die Bestandsschwankungen innerhalb des Jahresverlaufes besser berücksichtigt werden.

$$\text{Durchschnittlicher Lagerbestand} = \frac{\text{Anfangsbestand am 01.01.} + 12 \text{ Monatsendbestände}}{13}$$

Multipliziert man den durchschnittlichen Lagerbestand mit den Selbstkosten, erhält man den **durchschnittlichen Lagerbestandswert.**

Beispiel:

Betragen die Selbstkosten je Stück 8,50 EUR, dann ermittelt sich der durchschnittliche Lagerbestandswert zu obigem Beispiel wie folgt:

$$\text{Durchschnittlicher Lagerbestandswert} = \text{Durchschnittlicher Lagerbestand} \cdot \text{Selbstkosten}$$

$$= 70\,000 \cdot 8{,}50 = \underline{\underline{595\,000{,}00 \text{ EUR}}}$$

Der **durchschnittliche Lagerbestand** gibt an, welche Menge oder welcher Wert (bewertet zu Selbstkosten) von einem Lagergut durchschnittlich auf Lager ist. In dieser Höhe ist ständig Kapital des Unternehmens gebunden.

(2) Lagerumschlagshäufigkeit

Sie gibt an, wie oft die Menge oder der Wert des durchschnittlichen Lagerbestandes innerhalb einer Periode (i. d. R. ein Jahr) umgeschlagen wurde.

$$\text{Lagerumschlagshäufigkeit} = \frac{\text{Lagerabgang in Mengeneinheiten}}{\text{durchschnittlicher Lagerbestand in Mengeneinheiten}}$$

oder

$$\text{Lagerumschlagshäufigkeit} = \frac{\text{Lagerabgang bewertet zu Selbstkosten}}{\text{durchschnittlicher Lagerbestand bewertet zu Selbstkosten}}$$

Beispiel:

Beträgt der Lagerabgang zu Selbstkosten 7 437 500,00 EUR und der durchschnittliche Lagerwert (siehe letztes Beispiel) 595 000,00 EUR, dann ergibt sich folgende Lagerumschlagshäufigkeit:

$$\text{Lagerumschlagshäufigkeit} = \frac{7\,437\,500}{595\,000} = \underline{\underline{12{,}5}}$$

Ergebnis:

Die Zahl 12,5 besagt, dass der durchschnittliche Lagerbestand 12,5-mal innerhalb der Rechnungsperiode umgeschlagen wurde.[1]

Die Lagerumschlagshäufigkeit schwankt je nach Branche, Warenart und Organisationsstand der Lagerwirtschaft in einem Unternehmen.

Die **Lagerumschlagshäufigkeit** sagt dem Unternehmer, wie oft der durchschnittliche Lagerbestand in einer Rechnungsperiode umgeschlagen wurde.

(3) Durchschnittliche Lagerdauer

Sie gibt an, wie lange der durchschnittliche Lagerbestand auf Lager geblieben ist. Angestrebt ist ein möglichst geringer Wert, weil er Einfluss hat auf das im Lager gebundene Kapital und die hieraus zu zahlenden Lagerzinsen, auf das Risiko des Schwundes, des Verderbs, des Diebstahls und der technischen bzw. wirtschaftlichen Alterung.

$$\text{Durchschnittliche Lagerdauer in Tagen} = \frac{360}{\text{Lagerumschlagshäufigkeit}}$$

1 Dies darf nicht gleichgesetzt werden mit der Häufigkeit des Auffüllens des Lagers. **Beispiel:** Monatlich wird das Lager mit 10 Stück aufgefüllt, die im Laufe des Monats abgehen. Dann beträgt der durchschnittliche Lagerbestand = 5, der Lagerabgang = 120 Stück. Hieraus ergibt sich eine Lagerumschlagshäufigkeit von 120 : 5 = 24, das Lager hingegen wurde 12-mal gefüllt.

19 Hug u.a. - ISBN 978-3-8120-0578-4

Beispiel:

Aus der im letzten Beispiel berechneten Lagerumschlagshäufigkeit von 12,5 errechnet sich eine durchschnittliche Lagerdauer wie folgt:

$$\text{Durchschnittliche Lagerdauer} = \frac{360 \text{ Tage}}{12{,}5} = \underline{\underline{28{,}8 \text{ Tage}}}$$

Ergebnis:

Das Lagergut liegt durchschnittlich 28,8 Tage auf Lager.

Aus der **durchschnittlichen Lagerdauer** erkennt der Unternehmer, wie lange die Erzeugnisse (oder Handelswaren) im Durchschnitt im Lager waren.

Lagerumschlagshäufigkeit und durchschnittliche Lagerdauer stehen in **umgekehrtem Verhältnis** zueinander. Je höher die Lagerumschlagshäufigkeit, desto kürzer die durchschnittliche Lagerdauer und umgekehrt.

7.2.2 Risiken einer fehlerhaften Lagerplanung

Zu **hohe Lagerbestände** binden Kapital und verursachen Kosten. Ein zu großes Lager bringt außerdem die Gefahr mit sich, dass infolge technischer Änderungen und/oder infolge Geschmackswandels das Lagergut veraltet.

Zu **niedrige Lagerbestände** können zu Produktions- und Absatzstockungen führen.

Beispiele:

Muss die Produktion z. B. wegen zu geringer Rohstoffvorräte eingeschränkt werden, dann sind die im Unternehmen anfallenden Kosten (z. B. Löhne, die für die weiterhin benötigten Facharbeiter bezahlt werden müssen; Zinsen für die aufgenommenen Kredite; Abschreibungskosten für das im Unternehmen investierte Sachkapital der Gebäude, Maschinen, Lagereinrichtungen usw.) nicht mehr voll durch den möglichen Verkauf der Fertigerzeugnisse gedeckt.

Besonders nachteilig wirken sich zu niedrige Lagervorräte aus, wenn hierdurch fest zugesagte Liefertermine nicht eingehalten werden können und deshalb Kunden nicht mehr bei dem Unternehmen kaufen. Absatzstockungen führen mittel- bis langfristig auch zu Zahlungsschwierigkeiten. Während die Aufwendungen im Wesentlichen in unveränderter Höhe weiterlaufen, stagnieren oder sinken die Erträge bei Absatzstockungen.

7.2.3 Wirtschaftlichkeitskennziffern

(1) Lagerzinssatz

Der Lagerzinssatz gibt an, wie viel Prozent Zinsen für das in den Lagervorräten investierte Kapital pro Umschlag, also während der durchschnittlichen Lagerdauer, einkalkuliert werden müssen. Je kürzer die durchschnittliche Lagerdauer und damit je höher die Umschlagshäufigkeit, desto geringer ist der Lagerzinssatz.

$$\text{Lagerzinssatz} = \frac{\text{Marktzinssatz} \cdot \text{durchschnittliche Lagerdauer}}{360}$$

Beispiel:

Bei der in einem früheren Beispiel ermittelten durchschnittlichen Lagerdauer von 28,8 Tagen und einem Marktzinssatz von 9 % ergibt sich folgender Lagerzinssatz:

$$\text{Lagerzinssatz} = \frac{9 \cdot 28{,}8}{360} = \underline{\underline{0{,}72\,\%}}$$

(2) Lagerkostensatz

Zur Ermittlung des Lagerkostensatzes werden die Lagerhaltungskosten in ein Verhältnis gesetzt zum Wert des durchschnittlichen Lagerbestands.

$$\text{Lagerkostensatz} = \frac{\text{Lagerkosten} \cdot 100}{\text{durchschnittlicher Lagerwert}}$$

Beispiel:

In einem der früheren Beispiele wurde ein durchschnittlicher Lagerbestandswert von 595 000,00 EUR ermittelt. In der Kostenrechnung wurden Lagerkosten in Höhe von 142 562,00 EUR festgestellt.

$$\text{Lagerkostensatz} = \frac{142\,562 \cdot 100}{595\,000} = \underline{\underline{23{,}96\,\%}}$$

Der Lagerkostensatz gibt an, wie hoch die Lagerkosten sind, gemessen am durchschnittlichen Lagerbestand, ausgedrückt in Prozent.

(3) Zusammenhang zwischen sinkender durchschnittlicher Lagerdauer (steigender Umschlagshäufigkeit) und sinkenden Lagerkosten am Beispiel des Lagerzinses

Beispiel:

Die Selbstkosten der Erzeugnisse eines Unternehmens betragen konstant 600 000,00 EUR, der Marktzinssatz liegt bei 9 %.

Selbstkosten der Erzeugnisse in EUR	600 000,00	600 000,00	600 000,00	600 000,00
Umschlagshäufigkeit	1	2	4	8
durchschnittliche Lagerdauer	360	180	90	45
durchschnittlicher Lagerbestand	600 000,00	300 000,00	150 000,00	75 000,00
Lagerzinssatz	9	4,5	2,25	1,125
Lagerzins pro Umschlag	54 000,00	13 500,00	3 375,00	843,75
Lagerzins pro Jahr (Zins pro Umschlag · Umschlagshäufigkeit)	54 000,00	27 000,00	13 500,00	6 750,00

Da der Lagerabgang eine Größe ist, die vom Unternehmen nicht ohne Weiteres vergrößert werden kann, liegen die Optimierungsmöglichkeiten in Bezug auf die Kosten darin, dasselbe Absatzziel

- mit einer **höheren Umschlagshäufigkeit** und damit
- einer **kürzeren Lagerdauer** und folglich
- einem **geringeren durchschnittlichen Lagerbestand**

zu erreichen. Es ist nachvollziehbar, dass die damit verbundene Senkung des durchschnittlichen Lagerbestands auch einhergeht mit einer Senkung der übrigen Lagerkosten.

Zusammenfassung

- Ein **Lager** ist ein **Knoten in einem Netzwerk des Unternehmens,** in welchem
  - die Produkte **vorübergehend ruhen** oder
  - auf andere Wege **umgeleitet** werden.
- Die mengen- und/oder wertmäßig erfassten Sachgüter werden aus folgenden Gründen gelagert:
  - Sicherung des störungsfreien Ablaufs,
  - Überbrückung von Lieferausfällen,
  - Mengenausgleich bei Nachfrageschwankungen,
  - Umformung (Trocknung, Reife) und
  - Ausnutzung der Vorteile eines Großeinkaufs.
- Im Industrieunternehmen unterscheidet man
  - Werkstofflager,
  - Zwischenlager,
  - Fertig- und Handelswarenlager,
  - Versandlager.

- Auf dem Vertriebsweg vom Hersteller zum Endkunden unterscheiden wir folgende Lagerstufen:

Lagerstufe	Lagerart	vorrangige Prozesse
Werkslager	Vorratslager	Lagerprozesse
Zentrallager	Vorratslager	Lagerprozesse
Regionallager	Mischform aus Vorrats-, Umschlags- und Verteilungslager	Lager- und Bewegungsprozesse gleichermaßen

- Vergleich der Funktionen von Zentrallagern und dezentralen Lagern.

Zentrallager	dezentrale Lager (z. B. Regionallager)
▪ Bevorratung des gesamten Vertriebssortiments. ▪ Absicherung eines hohen Servicegrades. ▪ Ausgleichsfunktion zwischen Produktion und Absatz. ▪ Basis für die Belieferung der Regionallager.	▪ Sie beliefern einen regional begrenzten Absatzmarkt. ▪ Güterfluss wird in der Zusammensetzung geändert von sortenreinen Paletten auf der Eingangsseite zu kleineren Transporteinheiten auf der Ausgangsseite.

- **Lagerkennziffern** erfassen die Ist-Situation in Bezug auf Wirtschaftlichkeit und Qualität der Lagerorganisation.

Kompetenztraining

59 Funktionen und Arten des Lagers

1. Erläutern Sie, wodurch sich Werkslager, Zentrallager und Regionallager in Bezug auf
   1.1 Standort,
   1.2 Lagerart,
   1.3 vorrangige Prozesse
   unterscheiden!
2. Nennen Sie Kriterien, die darüber entscheiden, in welchem Maße eine Zentralisierung bzw. Dezentralisierung der Lagerhaltung vorgenommen wird!
3. Nennen Sie fünf Funktionen/Aufgaben der Lagerhaltung!
4. 4.1 Begründen Sie, inwiefern die Bezeichnung „chaotische" Lagerhaltung berechtigt ist!
   4.2 Nennen Sie den entscheidenden Vorteil der damit verbunden ist!
   4.3 Beschreiben Sie die systematische Lagerhaltung!
   4.4 Stellen Sie dar, worüber ein Lagerplan Auskunft gibt!

60 Lagerkennziffern

Lagerkennziffern sind wichtige Indikatoren, die einen Hinweis darauf geben, ob die Optimierungsbemühungen in der Lagerhaltung zum gewünschten Erfolg führten.

1. Berechnen Sie
   1.1 den durchschnittlichen Lagerbestand,
   1.2 die Lagerumschlagshäufigkeit,
   1.3 die durchschnittliche Lagerdauer
   1.4 den Lagerzinssatz (Marktzinssatz 9 %),

   wenn folgende Angaben vorhanden sind:

Anfangsbestand des Lagergutes	150 000,00 EUR
Zugänge	700 000,00 EUR
Schlussbestand	250 000,00 EUR

2. Eine Lageranalyse bei der Kleiner OHG ergab folgende Situation:

Lagerabgang zu Selbstkosten	600 000,00 EUR
Der Lagerkostensatz beträgt	30 %

   Aufgaben:

   2.1 Stellen Sie tabellarisch dar, wie sich die Lagerkosten ändern, wenn es dem Betrieb gelingt, die Umschlagshäufigkeit schrittweise zu steigern von 3 über 4, 6, 8 bis 10!

   2.2 Erklären Sie, wie sich eine Erhöhung der Lagerumschlagshäufigkeit auf die Lagerkosten und das Lagerrisiko auswirkt!

   2.3 Für die Lagerkosten gilt stets: „Je kürzer die Lagerdauer, desto geringer die Kosten.“ Nennen Sie zwei Maßnahmen, durch die eine Verkürzung der durchschnittlichen Lagerdauer erreicht werden kann!

3. Lagerkosten und Lagerrisiko stehen in engem Zusammenhang mit den Lagerkennziffern. Die Lagerbuchhaltung liefert für das Holzlager folgende Informationen:

Anfangsbestand am 1. Januar	120 000,00 EUR
12 Monatsschlussbestände insgesamt	1 180 000,00 EUR

   Berechnen Sie den durchschnittlichen Lagerbestand!

4. Bei der Holzart „Buche“ werden folgende Zahlen angegeben:

Anfangsbestand am 1. Januar	80 000,00 EUR
Zugänge 1. Januar – 31. Dezember	960 000,00 EUR
Schlussbestand am 31. Dezember	240 000,00 EUR

   Berechnen Sie die Lagerumschlagshäufigkeit und die durchschnittliche Lagerdauer!

5. Die Lagerzinsen sind vom Wert und von der Lagerdauer des eingelagerten Gutes abhängig.

   Aufgabe:

   Beweisen Sie diese Aussage anhand folgender Zahlen, indem Sie die Lagerzinsen bei einer Lagerdauer von 14, 16, 18 und 20 Tagen berechnen! Zugrunde gelegter Marktzins 10 %; Wert des durchschnittlichen Lagerbestandes 400 000,00 EUR.

8 Nicht-Rechtzeitige-Lieferung (Lieferungsverzug)

KB 3 **Lernsituation 11: Mit einer nicht rechtzeitig erfolgten Lieferung umgehen**

Die Ulmer Büromöbel AG bestellte am 15. März 20.. aufgrund eines verbindlichen Angebots vom 13. März 20.. bei der Holzland GmbH 300 m^3 Dekorplatten unterschiedlicher Oberflächenstruktur. Lieferung: sofort.

Nach 14 Tagen ist die Lieferung noch nicht erfolgt. Es liegt ein Versehen der Versandabteilung in der Holzland GmbH vor.

KOMPETENZORIENTIERTE ARBEITSAUFTRÄGE:

1. Bei der Holzland GmbH führt ein Versehen in der Versandabteilung zu einer Verzögerung der Lieferung. Nennen Sie weitere Ursachen, die zu einer verzögerten Lieferung führen können!
2. Arbeiten Sie das folgende Kapitel durch und verwenden Sie die Aufzeichnungen aus dem Unterricht zur Bearbeitung der Arbeitsaufträge.
   - 2.1 Prüfen Sie, ob die Holzland GmbH in Verzug ist! Begründen Sie Ihre Entscheidung!
   - 2.2 Verfassen Sie eine Mahnung, um die Holzland GmbH in Verzug zu setzen! Gehen Sie dabei davon aus, dass die Holzland GmbH seit langer Zeit Geschäftsbeziehungen zur Ulmer Büromöbel AG unterhält und dass sich die Probleme verzögerter – und zum Teil auch mangelhafter – Lieferungen in den letzten zwei Jahren gehäuft haben.
   - 2.3 Erläutern Sie, wie sich die Rechtslage ändert, wenn die Holzland GmbH die Lieferung bis zum 25. März 20.. fix zugesagt hätte!
   - 2.4 Gehen Sie aus von Aufgabe 2.3. Die Lieferung ist am 25. März 20.. noch nicht erfolgt. Stellen Sie dar, welche Rechte der Ulmer Büromöbel AG ohne Fristsetzung zustehen!
   - 2.5 Gehen Sie aus von Aufgabe 2.4. Erläutern Sie, von welchem Recht die Ulmer Büromöbel AG Gebrauch machen wird, wenn der Preis für Dekorplatten inzwischen gefallen ist!

8.1 Begriff Lieferungsverzug

Voraussetzungen für den Eintritt des Lieferungsverzugs sind:

(1) Möglichkeit der Leistung

Beim Lieferungsverzug handelt es sich um eine **nur vorübergehende Leistungsstörung.** Die Nachholbarkeit ist also grundsätzlich noch möglich. Ist die Nachholbarkeit der Leistung **nicht mehr möglich,** dann liegt **kein Lieferungsverzug** vor, sondern eine **Unmöglichkeit der Leistung.**[1]

1 In diesem Fall ist der Anspruch auf Leistungserfüllung ausgeschlossen [§ 275 I BGB].

(2) Fälligkeit der Lieferung

Die **Fälligkeit einer Lieferung** ist der **Zeitpunkt,** von dem ab der Käufer eine **Lieferung** (z. B. die Übergabe und Übereignung der Kaufssache) **verlangen kann.** Ist keine Vereinbarung über einen Zeitpunkt getroffen worden, kann der Käufer die Lieferung sofort verlangen.

(3) Mahnung durch den Käufer

Eine Mahnung ist erforderlich, wenn der **Kalendertag** der Lieferung **nicht genau bestimmt** ist.

Beispiele:

Eine Bestellung zur „sofortigen Lieferung", „sobald als möglich", „ab 20. Juli 20..", „frühestens ab 10. Juni", „nach Zahlungseingang".

Ausnahmen: In folgenden Fällen ist keine Mahnung erforderlich	Beispiele
Als Liefertermin ist ein **bestimmter Kalendertag** festgelegt.	„Warenlieferung am 24. April 20..", „Lieferung Ende Mai 20.."
Die Lieferung lässt sich aufgrund eines vorausgegangenen Ereignisses **genau berechnen.**	„Die Lieferung der Kaufsache erfolgt innerhalb von vierzehn Kalendertagen nach Bestelldatum", „Lieferung im Juni", „Lieferung innerhalb 10 Tagen nach Abruf", „Lieferung zwischen dem 5. und 12. Juni".
Fixkauf[1] oder Zweckkauf, d.h. die **verspätete Lieferung** ergibt für den Käufer **keinen Sinn** mehr.	„Lieferung fix am 14. Juni 20..", „Lieferung fix zum Eröffnungstag am 31. Juli 20..".
Ernsthafte und endgültige Verweigerung der **geschuldeten Leistung** durch den Verkäufer (Selbstinverzugsetzung).	„Zu dem vereinbarten Preis werde ich die Ware keinesfalls liefern".

(4) Verschulden des Verkäufers

Ein Verschulden liegt vor, wenn der Verkäufer **vorsätzlich**[2] oder **fahrlässig**[2] gehandelt hat.

Ausnahme: Der Verkäufer hat solche Lieferungsverzögerungen **nicht zu vertreten,** die z. B. auf höhere Gewalt zurückzuführen sind (z. B. Unwetter, Hochwasser, Streik).

Beispiele:

- **Fall 1: Verschulden liegt vor**
  Der Verkäufer kann deshalb nicht termingerecht liefern, weil er sich nicht rechtzeitig bei seinem Lieferer mit den Waren, die er verkauft, eingedeckt hat.

- **Fall 2: Verschulden liegt nicht vor**
  Der Verkäufer kann nicht termingerecht liefern, weil ein Blitzschlag im Lager einen Brand verursacht hat. Dadurch wurde die versandfertige Ware zerstört. Die Neuproduktion nimmt eine Woche in Anspruch.

1 Ein **Fixkauf** liegt vor, wenn der Zweck des Kaufvertrags mit der Einhaltung eines bestimmten Termins steht oder fällt. Siehe auch S. 129f.

2 Wiederholen Sie hierzu die Ausführungen auf S. 168.

Beachte:

Nach dem Eintritt des Lieferungsverzugs haftet der Verkäufer – unabhängig von einem Verschulden – für **Vorsatz,** für **Fahrlässigkeit** und für **Zufall.**

- Ein Schuldner gerät mit seiner geschuldeten Leistung **in Verzug,** wenn er
  - **trotz Mahnung** (sofern sie erforderlich ist)
  - **nicht oder nicht rechtzeitig** leistet,
  - obwohl die **Leistung möglich** ist und
  - er die Nichtleistung oder die zu späte Leistung **verschuldet** hat.
- Der Lieferungsverzug ist ein **Schuldnerverzug.**

8.2 Rechte des Käufers beim Lieferungsverzug

(1) Überblick

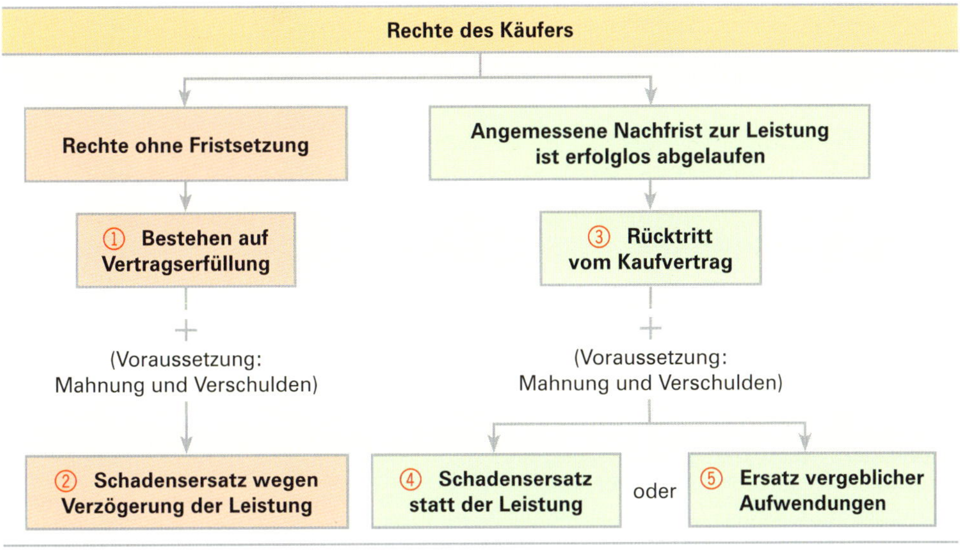

(2) Rechte, die der Käufer ohne Fristsetzung geltend machen kann

① Bestehen auf Vertragserfüllung

Da der Verkäufer seiner Lieferungspflicht aus dem Kaufvertrag noch nicht nachgekommen ist, hat der Käufer das Recht, weiterhin auf **Vertragserfüllung** zu bestehen.

Gründe des Käufers, keine weitergehenden Rechte geltend zu machen, sind z. B.

- langjährige gute Geschäftsbeziehungen mit dem Verkäufer,
- die Lieferungsverzögerung ist für den Käufer von untergeordneter Bedeutung,
- bei anderen Verkäufern bestehen längere Lieferfristen, höhere Preise und/oder ungünstigere Zahlungsbedingungen als beim säumigen Verkäufer.

② Schadensersatz wegen Verzögerung der Leistung

Besteht der Käufer auf Vertragserfüllung und möchte er gleichzeitig den durch die Verzögerung der Leistung verursachten Schaden ersetzt haben, so kann er **Schadensersatz wegen Verzögerung der Leistung (Verzugsschaden)** verlangen.

Gefordert werden können insbesondere

- der Ersatz **aller Mehraufwendungen,** die durch die Verzögerung angefallen sind, wie z. B. die **Kosten einer Ersatzbeschaffung** für die Dauer des Verzugs (z. B. Miete einer Ersatzmaschine) sowie
- ein **entgangener Gewinn** (z. B. infolge der verspäteten Lieferung einer Ware).

Beispiel:

Stefan Osann e. Kfm. kauft bei der Düsseldorfer Elektrogesellschaft mbH ein Kopiergerät zum Preis von 1 500,00 EUR. Dieses hat er lt. Kaufvertrag an Anna Bergmann zu 1 800,00 EUR weiterverkauft. Wegen der Lieferungsverzögerung scheitert der Weiterverkauf. Abzüglich aller Kosten hätte Stefan Osann e. Kfm. einen Gewinn von 240,00 EUR erzielt. Stefan Osann e. Kfm. kann nach § 252 BGB 240,00 EUR entgangenen Gewinn als Verzugsschaden geltend machen.

(3) Rechte, die der Käufer nach Ablauf einer angemessenen Nachfrist geltend machen kann

③ Rücktritt vom Kaufvertrag

Der Käufer kann vom Kaufvertrag zurücktreten, wenn die dem Verkäufer vorher gesetzte angemessene Nachfrist zur Lieferung erfolglos abgelaufen ist. Diese Fristsetzung ist z. B. entbehrlich, wenn der Verkäufer die Lieferung ernsthaft und endgültig verweigert oder beim Fixkauf. Ein Rücktritt ist nicht möglich, wenn die **Pflichtverletzung unerheblich** ist [§ 323 V, S. 2 BGB].

Beispiel:

Der Verkäufer liefert nicht innerhalb der ihm gesetzten angemessenen Nachfrist. Der Käufer tritt vom Kaufvertrag zurück, weil er die bestellte Sache inzwischen anderweitig zu einem günstigeren Preis kaufen kann.

④ Schadensersatz statt der Leistung

Tritt der Käufer vom Kaufvertrag zurück, so kann er bei Verschulden zusätzlich **Schadensersatz statt der Leistung** verlangen [§ 325 BGB]. Ersatzfähig sind in diesem Fall insbesondere die Mehrkosten eines **Deckungskaufs.**[1] Daneben kann der Käufer auch einen **entgan-**

1 Ein **Deckungskauf** liegt vor, wenn sich der Käufer die mangelhaft gelieferte Ware ersatzweise von einem anderen Lieferer beschaffen muss.

genen Gewinn geltend machen. Verlangt der Käufer Schadensersatz statt der Leistung, hat er keinen Anspruch mehr auf die Lieferung.

Bei der **Schadensberechnung** sind **drei Vorgehensweisen** zu unterscheiden:

Konkrete Schadensberechnung	Abstrakte Schadensberechnung	Konventionalstrafe[1]
Der Käufer kann den Preisunterschied zwischen dem Vertragspreis und dem Preis des Deckungskaufs verlangen.	Der Käufer kann Schadensersatz für den ihm durch den Lieferungsverzug „entgangenen" Gewinn geltend machen.	Eine Vertragsstrafe wird in der Regel vom Verkäufer bei einer Bank hinterlegt. Die Auszahlung an den Käufer wird fällig, sobald der Verkäufer in Verzug ist.

⑤ Ersatz notwendiger vergeblicher Aufwendungen

Der Käufer kann anstelle des Schadensersatzes statt der Leistung auch Ersatz vergeblicher Aufwendungen verlangen. Die Aufwendungen müssen aber angemessen sein und nachgewiesen werden.

Zusammenfassung

- **Lieferungsverzug** liegt vor, wenn der Schuldner
  - **trotz Mahnung** (sofern sie erforderlich ist),
  - **nicht oder nicht rechtzeitig leistet,**
  - obwohl die **Leistung möglich** ist und
  - er die Nichtleistung oder die zu späte Leistung **verschuldet** hat.
- **Fälligkeit** der Leistung ist der Zeitpunkt, zu dem der Schuldner die Leistung erbringen muss und der Gläubiger das Recht hat, sie zu fordern.
- Eine **Mahnung** ist z.B. in folgenden Fällen **nicht erforderlich**:
  - Der Liefertermin ist kalendermäßig bestimmt oder bestimmbar.
  - Die geschuldete Leistung wird durch den Verkäufer (Schuldner) ernsthaft und endgültig verweigert.
- **Rechtsfolge des Lieferungsverzugs**:

  Erweiterte Haftung des säumigen Verkäufers während des Verzugs, auch für Zufall (z.B. höhere Gewalt).
- Die **Rechte des Käufers beim Lieferungsverzug** sind:
  - **ohne** das Setzen einer **Nachfrist**: Bestehen auf Vertragserfüllung **und,** sofern eine notwendige Mahnung erfolgt ist und ein Verschulden aufseiten des Verkäufers vorliegt, Schadensersatz wegen Verzögerung der Leistung;
  - **nach erfolgslosem Ablauf einer angemessenen Frist**: Rücktritt vom Kaufvertrag und, sofern eine notwendige Mahnung erfolgt ist und ein Verschulden aufseiten des Verkäufers vorliegt, Schadensersatz statt der Leistung oder Ersatz vergeblicher Aufwendungen.

1 Bei Vertragsabschluss vereinbarte Geldsumme, die ein Vertragspartner erbringen muss, wenn er die vertraglich vereinbarte Leistung nicht zum festgelegten Zeitpunkt oder in der festgelegten Weise erfüllt hat.

Kompetenztraining

61 Begriffe zur nicht rechtzeitigen Lieferung

Klären Sie folgende Begriffe:

1. Lieferungsverzug
2. Fälligkeit der Leistung
3. Fixgeschäft
4. Schadensersatz wegen Verzögerung der Leistung

62 Lieferungsverzug: Voraussetzungen und Rechte des Käufers

1. Nennen Sie die Voraussetzungen für den Eintritt eines Lieferungsverzugs!
2. Angenommen, es ist keine Vereinbarung über einen Zeitpunkt zur Leistung getroffen. Stellen Sie dar, wann die Leistung dann fällig ist!
3. Erklären Sie den Begriff Mahnung!
4. Bilden Sie drei Beispiele für Vertragsformulierungen, die einer Mahnung bedürfen, damit Lieferungsverzug eintritt!
5. 5.1 Beschreiben Sie, in welchen Fällen keine Mahnung erforderlich ist!

   5.2 Bilden Sie hierzu jeweils ein Beispiel!
6. Entscheiden Sie bei folgenden Vertragsvereinbarungen über die Leistungszeit, ob der Verkäufer vom Käufer durch eine Mahnung in Verzug gesetzt werden muss:

   6.1 Heute in drei Monaten,

   6.2 Im Juli 20..,

   6.3 Im Laufe des März 20..,

   6.4 Am 28. Juli 20..,

   6.5 14 Tage nach Weihnachten 20..,

   6.6 8 Tage nach Abruf,

   6.7 sofort,

   6.8 20 Tage nach Erhalt der Auftragsbestätigung.
7. Notieren Sie die Voraussetzungen, die gegeben sein müssen, damit ein Gläubiger die folgenden Rechte geltend machen kann:

   7.1 Bestehen auf Vertragserfüllung,

   7.2 Bestehen auf Vertragserfüllung und Schadensersatz wegen Verzögerung der Leistung,

   7.3 Rücktritt vom Vertrag,

   7.4 Schadensersatz statt der Leistung,

   7.5 Ersatz vergeblicher Aufwendungen.
8. Erläutern Sie, wodurch sich der Schadensersatz neben der Leistung vom Schadensersatz wegen Verzögerung der Leistung unterscheidet!
9. Erläutern Sie, wodurch sich der Schadensersatz wegen Verzögerung der Leistung vom Schadensersatz statt der Leistung unterscheidet!
10. Damit ein Gläubiger vom Vertrag zurücktreten kann, muss er dem Schuldner zunächst eine Nachfrist setzen. Ist diese erfolglos abgelaufen, dann kann er vom Vertrag zurücktreten.

    Aufgabe:

    Stellen Sie dar, warum der Gesetzgeber vorgesehen hat, dass erst der erfolglose Fristablauf abgewartet werden muss!
11. Bilden Sie ein Beispiel, nach dem der Gläubiger zwar vom Vertrag zurücktreten, aber keinen Schadensersatz statt der Leistung verlangen kann!

63 Rechtsfälle zum Lieferungsverzug

Klären Sie die folgenden Rechtsfälle:

1. Die Sägewerk Gnädinger KG hat am 29. Juni 20.. 60 m^3 Eichenschnittholz zu liefern. Weil die Gnädinger KG den Termin vergessen hat, liefert sie nicht vereinbarungsgemäß. Am 4. Juli 20.. verbrennt ihr Holzlager aufgrund eines Blitzschlags.

   Aufgabe:

   Prüfen Sie rechtlich, ob die Gnädinger KG hierdurch von ihrer Leistungspflicht befreit ist!

2. Die Ulmer Büromöbel AG (Verkäufer) und Maria Kieble e. Kfr. (Käuferin) vereinbaren im Kaufvertrag den 20. April 20.. als Liefertermin für die Sonderanfertigung eines Eckregals.

   Maria Kieble e. Kfr. schreibt der Ulmer Büromöbel AG am 10. April 20.., sie würde sich in Lieferungsverzug befinden, da die Lieferung bis jetzt noch nicht bei ihr eingegangen sei.

   Aufgaben:

   2.1 Erläutern Sie, was Sie der Ulmer Büromöbel AG raten würden, an Maria Kieble e. Kfr. zu schreiben!

   2.2 Die Ulmer Büromöbel AG hat bis zum vereinbarten Liefertermin am 20. April 20.. nicht geliefert. Begründen Sie, ob sie sich in Lieferungsverzug befindet, wenn sie die Kaufsache wegen eines mehrwöchigen Streiks nicht produzieren konnte!

64 Fallbeispiel: Störungen bei der Erfüllung des Kaufvertrags

„Ich weiß auch nicht, warum unser Verkäufer ..."

Über den Versuch eines Kunden, bestellte Möbel auch geliefert zu bekommen

Der Kunde, der an einem schönen Mittwochmorgen am 23. August ein Möbelhaus betritt, wendet sich an einen Verkäufer: „Guten Tag, ich hätte gerne die 4 Regalteile dort, diesen Schreibtisch, beides in Kirschbaum, und dazu noch einen solchen Bürostuhl." Zunächst irritiert über die Entschlussfreudigkeit des Kunden, greift der Verkäufer sofort zum Auftragsbuch, nimmt die Wünsche entgegen, rechnet den Gesamtpreis aus und weist den Kunden auf die übliche Anzahlung von 20 % hin. „Kein Thema", sagt der Kunde. Bis zu diesem Zeitpunkt also nahezu ein Bilderbuchfall. Dann versteigt sich der Verkäufer zu einer Äußerung, die sich im nachhinein als fatal[1] erweisen sollte: „Dieser Hersteller liefert nach meinen Erfahrungen sehr zügig, die Möbel sind in ungefähr drei Wochen da."

Am 19. September mahnt der Kunde das Möbelhaus an, um sich nach dem Verbleib seiner Möbel zu erkundigen, auf die er bereits seit einer Woche wartet. Die Antwort: „Der Hersteller hat uns die Lieferung der Möbel bis zum Ende dieser Woche, also bis zum 24. September versprochen. Wir liefern Ihnen dann unverzüglich am 27. September."

Nächster Anruf des Kunden am 28. September. Eine Schreckensnachricht: Die Möbel sollen jetzt erst in der 41. Woche ankommen, also Mitte Oktober, glatte 4 Wochen nach dem vorgesehenen Termin. Als der Kunde seinen Unmut darüber äußert, entgegnet ihm seine Gesprächspartnerin, sie „könne ja nichts dafür", wenn der Hersteller nicht pünktlich liefere. „Ich vermittle doch nur zwischen Ihnen und dem Hersteller." Der Käufer stellt klar: „Ich will die Möbel bis zum 5. Oktober haben!"

Am 5. Oktober sind die Möbel endlich beim Kunden eingetroffen. Beim Auspacken stellt der Kunde fest, dass die Möbel bis in das kleinste Teil nach Lego-Art zerlegt sind, kein Teil ist montiert. Zum Zusammenbau der Regale benötigt der Kunde vier Stunden.

Den Höhepunkt bildet jedoch der Schreibtisch: In den Holzplatten sind nicht einmal Löcher gebohrt! „Wie soll ich denn die Schrauben hineindrehen ohne Löcher?", stöhnt der Kunde. Entnervt wendet er sich seiner letzten Neuerwerbung zu. Endlich klappt alles. Der Bürostuhl ist äußerst bequem. Am nächsten Tag sitzt der Käufer auf seinem Stuhl und ruft wieder beim Möbelhaus an, um seinen Schreibtisch zu reklamieren. Plötzlich bricht die Rückenlehne ab und er stürzt schwer zu Boden und bricht sich beide Arme.

Quelle: In Anlehnung an Martin T. Roht, FAZ vom 28. November 2000.

1 **Fatal:** verhängnisvoll.

Aufgaben:

1. Beschreiben Sie mit Worten oder mithilfe einer Skizze, wie in vorliegendem Fall ein Kaufvertrag zustande kommt!
2. Der Kunde wartet auf seine Möbel.
   2.1 Nennen Sie das Datum, ab wann das Möbelhaus in Verzug ist!
   2.2 Nennen Sie die Rechte, die der Kunde zu diesem Zeitpunkt hat!
   2.3 Beschreiben Sie, was der Käufer mit seiner Fristsetzung am 28. September erreicht!
3. Beurteilen Sie die Aussage: „Ich vermittle doch nur zwischen Ihnen und dem Hersteller" aus rechtlicher Sicht!
4. Prüfen Sie rechtlich, ob der Kunde die Zeit zum Aufbau der Regale dem Möbelhaus in Rechnung stellen kann!
5. Bestimmen Sie den Sachmangel, um den es sich beim Fehlen von Montagebohrungen handelt!

65 Kaufvertrag, Leistungsort und Lieferungsverzug

1. Das Kinderland Hannelore Schlegel e. Kfr., Konstanz, erhielt folgendes schriftliches Angebot der Textilwerke Maucher GmbH, Braunlage (Datum des Angebots: 10. Mai 20..):

   Kindermatratze Schlafwohl, 100 x 48 x 10 cm
   Preis pro Stück 35,00 EUR
   Lieferbedingungen: Die Lieferung erfolgt 10 Tage nach Auftragserteilung durch die Deutsche Bahn AG „frachtfrei". Mindestbestellmenge: 50 Stück. Es gilt der gesetzliche Leistungsort.

   Am 15. Mai 20.. bestellt das Kinderland Hannelore Schlegel e. Kfr. lt. Angebot 80 Matratzen.

   Aufgaben:

   1.1 Begründen Sie, ob durch die Bestellung ein Kaufvertrag zustande kam!
   1.2 Nennen Sie die Pflichten, die beim Abschluss eines Kaufvertrags für den Käufer und den Verkäufer entstehen!
   1.3 Stellen Sie dar, wie die Transportkosten in diesem Fall aufgeteilt werden!
   1.4 Stellen Sie dar, wo sich jeweils der gesetzliche Leistungsort befindet!
   1.5 Am 10. Juni 20.. sind die Kindermatratzen noch nicht eingetroffen.
      1.5.1 Prüfen Sie, ob sich die Maucher GmbH in Lieferungsverzug befindet!
      1.5.2 Prüfen Sie, ob sich an der Rechtslage etwas ändern würde, wenn als Liefertermin der 28. Mai 20.. vereinbart worden wäre!
      1.5.3 Nennen Sie die Rechte, die der Käufer grundsätzlich beim Lieferungsverzug geltend machen kann!
      1.5.4 Erläutern Sie, für welches Recht Sie sich entscheiden würden, wenn die Matratzen dringend benötigt werden und diese kurzfristig von keinem anderen Lieferanten bezogen werden können!

2. Die Lebensmitteleinzelhandlung Heinz Schaffer KG, Calw, bestellte am 20. Februar 20.. telefonisch bei der ERNTEFRISCH-Conserven GmbH, Groß-Gerau, 200 1/1 Dosen Mischpilze zum Preis von 0,65 EUR netto wie gehabt zur Lieferung bis 28. Februar fest. Der Auftrag wurde umgehend schriftlich bestätigt.

   Aufgaben:

   2.1 Nennen Sie die vorliegende Kaufvertragsart!

2.2 Trotz Auftragsbestätigung mit fest zugesagtem Liefertermin trifft die dringend benötigte Ware am 28. Februar nicht ein. Herr Oberem, Einkäufer bei der Heinz Schaffer KG, bestellt deshalb am 1. März bei den Lebensmittelwerken Schübel KG, Goslar, 200 1/1 Dosen Mischpilze zum Preis von 0,80 EUR je Dose. Am 2. März trifft die bei der Schübel KG bestellte Ware ein.

2.2.1 Prüfen Sie, welche Rechte der Lebensmitteleinzelhandlung Heinz Schaffer KG gegenüber der ERNTEFRISCH-Conserven GmbH wahlweise zustehen!

2.2.2 Begründen Sie, für welchen Anspruch sich Herr Oberem entscheiden wird!

3. Das Spielwarenhaus Götz Strübel OHG bestellt Spielwaren bei der Reutlinger Spiele GmbH. Vereinbarter Liefertermin: fix 14. Oktober d. J. Am 14. Oktober teilt die Reutlinger Spiele GmbH mit, dass sich die Lieferung wegen einer Überschwemmung nach einem Unwetter um einige Wochen verzögern wird.

Aufgaben:

3.1 Prüfen Sie, ob sich die Reutlinger Spiele GmbH in Lieferungsverzug befindet! Begründen Sie Ihre Ansicht.

3.2 Erläutern Sie, ob sich die Rechtslage ändert, wenn es sich um Spielwaren handelt, die nur die Reutlinger Spiele GmbH herstellt und vertreibt!

9 Genehmigungspflichtige und genehmigungsfreie Importe unterscheiden

KB 3 Lernsituation 12: Genehmigungspflichtige und genehmigungsfreie Importe unterscheiden

Die Weber Metallbau GmbH überlegt, aufgrund des steigenden Kostendrucks im Fassadenbau weltweit nach Lieferanten für Stahlträger und Stahlbänder zu suchen (Global Sourcing).

Bevor die Abteilung Einkauf nach neuen Lieferanten suchen soll, bittet die Unternehmensleitung um Informationen hinsichtlich genehmigungspflichtiger und genehmigungsfreier Importe.

Kompetenzorientierte Arbeitsaufträge:

Arbeiten Sie das folgende Kapitel des Schulbuches durch und verwenden Sie die Aufzeichnungen aus dem Unterricht zur Bearbeitung der Arbeitsaufträge!

1. Erklären Sie den Begriff „Import“!
2. Erstellen Sie eine Liste der Staaten, die zur Europäischen Union gehören!
3. Erläutern Sie, worin sich der Warenverkehr innerhalb der EU-Länder vom Warenverkehr mit Ländern außerhalb der EU in Bezug auf genehmigungsfreie und genehmigungspflichtige Importe unterscheidet!
4. Überlegen Sie sich Gründe für Importbeschränkungen beim Warenverkehr mit Ländern außerhalb der EU!

(1) Begriffe Import und Außenwirtschaftsrecht

Import

Der Begriff **Import** steht im internationalen Handel für die Einfuhr von Waren und Dienstleistungen von Wirtschaftseinheiten, die ihren ständigen Sitz außerhalb des jeweiligen Landes haben.

Auf die Bundesrepublik Deutschland bezogen bezeichnet Import somit die Einfuhr von Waren und Dienstleistungen von Wirtschaftseinheiten (z. B. Unternehmen), die ihren ständigen Sitz außerhalb der Bundesrepublik Deutschland haben.[1]

1 Eine Sonderstellung nimmt der Warenverkehr innerhalb der EU ein, siehe S. 305.

Außenwirtschaftsrecht

Das deutsche **Außenwirtschaftsrecht** wird durch das **Außenwirtschaftsgesetz (AWG)**, der **Außenwirtschaftsverordnung (AWV)** sowie durch Verordnungen und Entscheidungen der **Europäischen Union (EU)** gesetzlich geregelt.

Es umfasst mit dem Begriff **Außenwirtschaftsverkehr** alle Leistungen wirtschaftlicher Natur, die zwischen verschiedenen Ländern getätigt werden (z.B. Import, Export). Dazu gehört der Verkehr mit Gütern, Dienstleistungen und Kapital. Der Außenwirtschaftsverkehr ist grundsätzlich frei, unterliegt jedoch gewissen Einschränkungen, die sich aus dem EU-Recht, aus dem Außenwirtschaftsgesetz sowie der Außenwirtschaftsverordnung ergeben.

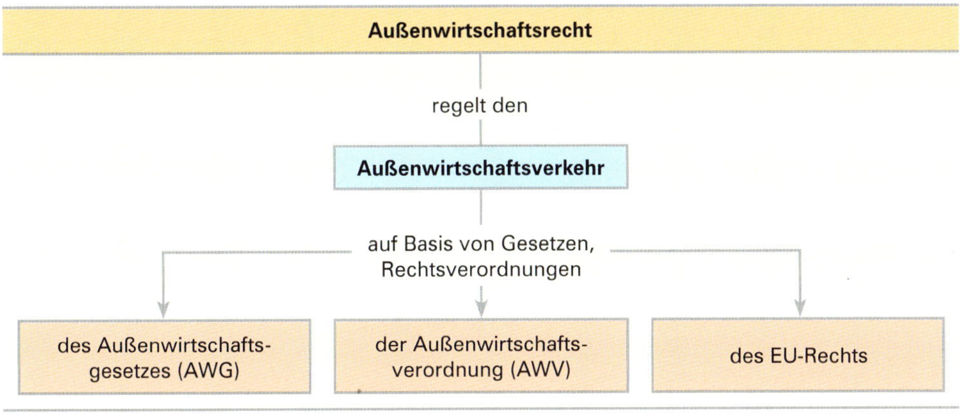

(2) Warenverkehr innerhalb der EU-Länder

Der Warenverkehr innerhalb der Europäischen Union ist grundsätzlich frei. Beim Bezug von Waren aus Ländern der Europäischen Union wird der Begriff Import nicht verwendet, da die Staatsgebiete der Mitgliedsstaaten der Europäischen Union grundsätzlich dem Zollgebiet der Europäischen Gemeinschaft entsprechen.

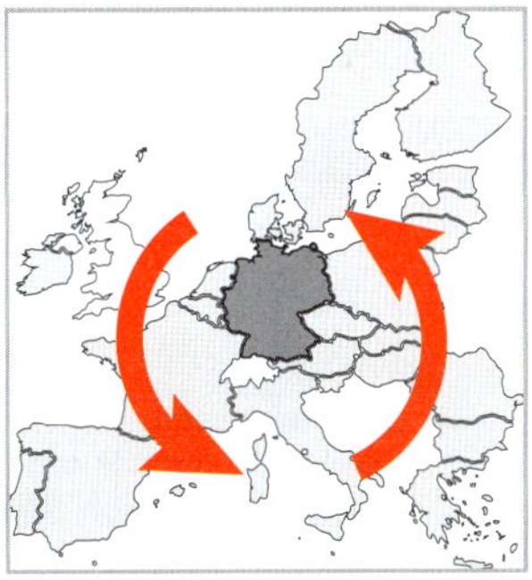

Beispiel:

Der Versand einer Ware von Frankreich nach Deutschland ist ebenso wenig ein Import wie der Versand von Nordrhein-Westfalen nach Baden-Württemberg.

Der Begriff Import wird bei Handelsgeschäften innerhalb des EU-Binnenmarktes durch den Begriff „Eingang“, „Bezug“ oder „Erwerb“ ersetzt. Einen „Außenwirtschaftsverkehr“ gibt es unter den Ländern der EU nicht und somit ist auch die Abwicklung von Zollformalitäten weitestgehend ausgeschaltet. Die Unternehmen müssen jedoch die Vorschriften der Umsatzsteuer beim innergemeinschaftlichen Erwerb beachten.

20 Hug u.a. - ISBN 978-3-8120-0578-4

(3) Warenverkehr außerhalb der EU-Länder

In diesem Fall werden Waren aus Drittländern in die EU bzw. nach Deutschland eingeführt. Dieser Warenverkehr wird als Import bezeichnet. Der Import von Waren aus Drittländern in die EU bzw. nach Deutschland ist grundsätzlich ohne Einschränkungen zulässig.

Abweichend von diesem Grundsatz bestehen Beschränkungen für bestimmte Waren zum Schutz der öffentlichen Sicherheit und der auswärtigen Interessen der Bundesrepublik Deutschland und der Europäischen Union [§ 4 AWG].

Importbeschränkungen können sich auf bestimmte Länder oder Waren beziehen:[1]

Länder	Waren
Länderbezogene Beschränkungen gegenüber Nicht-EU-Staaten werden auch als Embargomaßnahmen bezeichnet. Diese Beschränkungen werden aus außen- oder sicherheitspolitischen Gründen erlassen und umfassen Einfuhrverbote oder Genehmigungspflichten für bestimmte Waren oder Warengruppen. Je nach Umfang der Beschränkungen können drei Embargoarten unterschieden werden: ■ **Totalembargos:** Sie verbieten jeglichen Wirtschaftsverkehr mit dem betreffenden Land. ■ **Teilembargos:** Sie bestimmen Verbote und Beschränkungen im Handelsverkehr mit dem jeweiligen Land. ■ **Waffenembargos:** Sie betreffen die Aus- bzw. die Einfuhr von Rüstungsgütern. **Beispiele:** ■ **Nordkorea:** Waffenembargo, Handelsbeschränkungen. Genehmigungspflichtig sind z. B. Textilwaren und Bekleidung. ■ **Russland:** Waffenembargo, Handelsbeschränkungen. Genehmigungspflichtig sind z. B. Eisen- und Stahlerzeugnisse.	Der Import einiger Warengruppen unterliegt Beschränkungen oder ist gänzlich verboten. Die Gründe hierfür liegen zum Beispiel im Außenwirtschaftsrecht, im Kinder- und Jugendschutz, im Umweltschutz oder im Verfassungsschutz. **Beispiele:** ■ **Abfälle:** Grundsätzlich ist die Einfuhr von Abfällen zur Beseitigung oder Verwertung verboten. Ausnahmen sind möglich. ■ **Textilwaren und Bekleidung:** Für die Einfuhr bestimmter Textilwaren ist eine Einfuhrgenehmigung erforderlich. ■ **Tiere und Produkte daraus:** Artenschutz, Schutz vor Tierseuchen. ■ **Lebensmittel, Futtermittel:** Lebens- und Futtermittel aus Nicht-EU-Staaten müssen sicher sein, d. h., sie müssen die europarechtlichen und einzelstaatlichen Kriterien erfüllen, damit sie eingeführt werden dürfen.

Alle Waren, die aus einem Nicht-EU-Staat importiert werden, müssen durch den **Zoll** abgefertigt werden. Vor dem Erwerb einer einzuführenden Ware ist es empfehlenswert, sich anhand des Elektronischen Zolltarifs (EZT)[2] oder bei einer Zollstelle beziehungsweise bei der zentralen Auskunftsstelle des Zolls zu informieren, ob der Import der Ware Beschränkungen unterliegt und so z. B. **genehmigungspflichtig** ist.

1 Quelle: http://www.zoll.de [03. 02. 2020].

2 Quelle: http://auskunft.ezt-online.de/ezto/Welcome.do [03. 02. 2020].

Ist bei der Einfuhrabfertigung die Vorlage einer **Einfuhrgenehmigung** notwendig, so ist die Einfuhrgenehmigung beim Bundesamt für Wirtschaft und Ausfuhrkontrolle (BAFA) zu beantragen.

Das **Bundesamt für Wirtschaft und Ausfuhrkontrolle (BAFA)** nimmt Aufgaben zum Schutz verschiedener Branchen der europäischen und damit auch der deutschen Industrie vor einem unkontrollierten Marktzugang durch Nicht-EU-Staaten wahr. Zu diesem Zweck erteilt es für bestimmte **Waren** des gewerblichen Sektors, die durch europäische Regelungen **genehmigungspflichtig** sind, **Einfuhrgenehmigungen.**

Möchte ein Unternehmen Waren aus Nicht-EU-Staaten importieren, so muss das Unternehmen zunächst einen **Antrag auf Einfuhrabfertigung** zusammen mit der Zollanmeldung bei der Zollstelle beantragen.

Für die **Einfuhrabfertigung** benötigt das Unternehmen folgende Unterlagen [§ 32 AWV]:

Rechnung oder sonstige Unterlagen	Die Rechnung oder sonstige Unterlagen, aus denen das Einkaufs- oder Versendungsland und das Ursprungsland der Waren ersichtlich werden.

Und je nach **eingeführter Ware**:

Ursprungszeugnis	Notwendig für die eindeutige Feststellung des Ursprungslandes einer Ware, z. B. bei landwirtschaftlichen Erzeugnissen.
Einfuhrgenehmigung	Notwendig bei der Einfuhr genehmigungspflichtiger Waren. Ausgestellt durch das Bundesamt für Wirtschaft und Ausfuhrkontrolle (BAFA).
Konformitätsbescheinigung[1] oder Verzichtserklärung	Notwendig zur Sicherstellung der Qualität von bestimmten Obst- und Gemüsesorten, die für den Frischmarkt bestimmt sind. Die Einhaltung der Qualitätsnormen wird von der Bundesanstalt für Landwirtschaft und Ernährung (BLE) kontrolliert und dem Importeur durch eine Konformitätsbescheinigung bestätigt. Verzichtet die BLE auf eine Kontrolle, wird eine Verzichtserklärung ausgestellt.
Einfuhrkontrollanmeldung	Notwendig bei der Einfuhr für die im § 35 Abs. 1 AWV genannten Waren zum Zwecke der Marktbeobachtung, wenn die Einfuhrabfertigung in Papierform beantragt wird und der Wert der Waren 1 000,00 EUR übersteigt.

Die Informationen darüber, welche Unterlagen das Unternehmen für die Einfuhrabfertigung einer Ware benötigt, kann z. B. dem Elektronischen Zolltarif (EZT) entnommen werden.

Zusammenfassung

- Das deutsche Außenwirtschaftsrecht wird durch das **Außenwirtschaftsgesetz (AWG),** der **Außenwirtschaftsverordnung (AWV)** sowie durch Verordnungen und Entscheidungen der **Europäischen Union (EU)** gesetzlich geregelt.
- Der Bezug von Waren **innerhalb** der **Europäischen Union** ist grundsätzlich **genehmigungsfrei.**
- Der Import von Waren **aus Drittländern** in die EU bzw. nach Deutschland ist grundsätzlich **genehmigungsfrei.**

1 Beleg zur Gleichwertigkeit mit europäischen und nationalen Qualitätsnormen.

- Zum **Schutz** der **öffentlichen Sicherheit** und der **auswärtigen Interessen** der Bundesrepublik Deutschland und der Europäischen Union bestehen für bestimmte Waren **Beschränkungen** in Form von **Importverboten** oder einer **Genehmigungspflicht.**

Kompetenztraining

66 Importanalyse für Deutschland

Im Jahr 2018 importierte Deutschland Waren im Gesamtwert von 1 088,72 Mrd. Euro. Das folgende Diagramm zeigt die 16 größten Importländer für Deutschland im Jahr 2018.

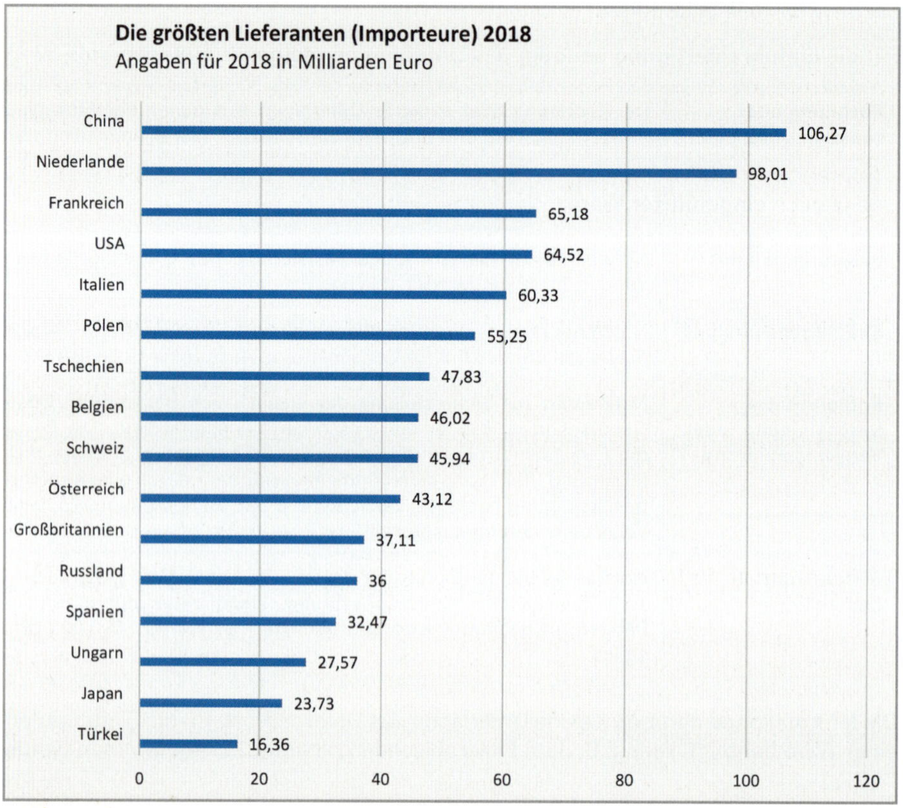

Quelle: Statistisches Bundesamt, Wiesbaden, 2019.

Aufgaben:

1. Ermitteln Sie den prozentualen Importanteil Chinas am gesamten deutschen Importvolumen! Nehmen Sie zu Ihrem Ergebnis auch aus sozialen und ökologischen Nachhaltigkeitsaspekten kritisch Stellung!
2. 2.1 Ermitteln Sie den Importanteil der 16 größten Importländer in EUR und berechnen Sie von diesen 16 Ländern den prozentualen Anteil der EU-Länder.

   2.2 Interpretieren Sie das Ergebnis!

Kompetenzbereich 4: Marketing[1]

1 Märkte mithilfe der Marktforschung analysieren und abgrenzen

KB 4 Lernsituation 1: Absatzmärkte erforschen

Die Kafferösterei Arabica KG, Ulm, produziert ihre verschiedenen Kaffeevarianten (z. B. Crema, Espresso) ausschließlich aus Rohkaffee der Sorte Arabica. Die Rösterei prüft momentan, ob sie auch in den Markt für Bio- und Fairtrade-Kaffee einsteigen soll.

Sie sind Assistent in der Marketingabteilung der Kaffeerösterei Arabica KG. In einer Konferenz, die in der nächsten Woche stattfindet, soll die Entscheidung über die Einführung des Bio- und Fairtrade-Kaffees weiter vorangetrieben werden. Ihr Abteilungsleiter legt Ihnen gerade den nachfolgenden Artikel der Süddeutschen Zeitung auf den Schreibtisch. „Wäre das nicht auch ein Weg für uns? Denken Sie bis zur nächsten Konferenz mal darüber nach! Ich möchte gerne Ihr Urteil dazu hören."

Marktforschung im Internet

Knecht und Käufer

Marktforschung? Entwicklungskosten? Ideen? Von wegen. Viele Unternehmen lassen ihre Aufgaben lieber günstig im Netz erledigen – von den eigenen Kunden.

Von Angelika Slavik

Die Sache mit dem Glitzerzeug ist kompliziert. Ist es ein Kaufanreiz, wenn Duschgel schimmert? Sollte es dazu auch noch blau sein? Rosa? Oder kauft es dann keiner mehr, der älter als sieben Jahre alt ist?

Früher haben sie sich bei der Drogeriekette dm immer viele Gedanken gemacht, wenn die Eigenmarke Balea mit einem neuen Produkt auf den Markt kommen sollte. Es wurde eine Menge Zeit investiert, Marktforschung, Studien, Fokusgruppen, wie die meisten Unternehmen das eben so machen. Das kostet ganz ordentlich, aber die Gefahr, den Geschmack der Zielgruppe nicht zu treffen, ist dann immer noch nicht gebannt. Trotz des ganzen Aufwands. Diesmal aber soll das alles ganz anders laufen: Es soll billiger werden und schneller und am Ende sollen die Kunden ganz verrückt sein nach dem Zeug – weil sie es ja schließlich auch selbst entwickelt haben. Beim Online-Netzwerk Facebook.

Seit ein paar Wochen basteln Konsumenten dort am neuen Duschgel. Sie streiten über Inhaltsstoffe, Namen und über das Glitzerzeug natürlich. Immer wieder wird über die einzelnen Vorschläge abgestimmt. Am Ende werde das Produkt genau so im Regal stehen, wie die Facebook-Nutzer es haben wollen, heißt es bei dm. Derzeit ganz vorne: Blau, mit „samtiger Konsistenz", wie es heißt. Und, ganz genau: mit Glitzerzeug.

Catharina van Delden ist die Gründerin der Firma Innosabi, ein Unternehmen, das sich auf sogenannte Open-Innovation-Prozesse spezialisiert hat. Sie organisiert also Aktionen, mit denen Unternehmen ihre Entwicklungsprozesse öffnen: für externe Berater natürlich, aber immer öfter auch für Kunden. „Für die Firmen ist das eine gute Möglichkeit, mit geringem finanziellen Aufwand herauszufinden, was die Zielgruppe eigentlich wirklich will", sagt van Delden. Und es ist ein ziemlich einfaches Konzept, Kosten einzusparen: Marktforschung? Hat sich erübrigt. Produkttests? Machen die Kunden zu Hause. Marketing? Erledigen sie auch gleich mit – etwa wenn sie ihre Freunde einladen zum Duschgel-Testen oder zur Diskussion bei Facebook.

---

1 Die Ausführungen dieses Kompetenzbereichs lehnen sich an die folgende Literatur an:
Nieschlag, R./Dichtl, E./Hörschgen, H.: Marketing, 24. Aufl., Berlin 2010.
Meffert, H.: Marketing, Grundlagen marktorientierter Unternehmensführung, 9. Aufl., Wiesbaden 2005.
Ramme, I.: Marketing, 2. Aufl., Stuttgart 2004.
Kotler, P., Bliemel, F.: Marketing-Management, 2. Aufl., Stuttgart 2004.

„In den meisten Fällen entsteht bei den Konsumenten eine enge, sehr emotionale Bindung an das Produkt, das sie selbst mitgestaltet haben", sagt van Delden. Anders ausgedrückt: Die Kunden übernehmen erst die ganze Arbeit. Und dann fühlen sie sich dem Produkt auch noch verpflichtet und wollen nicht mehr bei der Konkurrenz kaufen.

Kann Wirtschaft schöner sein? ...

Quelle: http://www.sueddeutsche.de/digital/marktforschung-im-internet-knecht-und-kaeufer-1.1084568 [03.02.2020].

Kompetenzorientierte Arbeitsaufträge:

Arbeiten Sie die folgenden Kapitel des Schulbuches durch und verwenden Sie die Aufzeichnungen aus dem Unterricht zur Bearbeitung der kompetenzorientierten Arbeitsaufträge!

1. Geben Sie den Konferenzteilnehmern einen vergleichenden Überblick über die Datenerhebungsverfahren und Methoden der Informationsgewinnung!
2. Erläutern Sie den Teilnehmern die in dem obigen Artikel beschriebene Art der Marktforschung und beurteilen Sie die Tauglichkeit dieses Verfahrens für den Bio- und Fairtrade-Kaffee der Kaffeerösterei Arabica KG!
3. Die Marketingabteilung der Kaffeerösterei Arabica KG möchte die Marktforschung vor der Einführung des Bio- und Faitrade-Kaffees möglichst kostengünstig durchführen. Der Leiter der Marketingabteilung erwartet von Ihnen zur Konferenz einen begründeten und schriftlich ausgearbeiteten Vorschlag darüber, welches Datenerhebungsverfahren bzw. welche Methode der Informationsgewinnung am ehesten geeignet ist!

1.1 Marketing: Den Kunden im Mittelpunkt der betrieblichen Aktivitäten wahrnehmen

Grundaufgabe eines jeden Unternehmens ist es, den Absatz seiner Ideen, Waren und Dienstleistungen so zu organisieren, dass es auf dem gewählten Markt erfolgreich ist.

(1) Entwicklung zur Marketingkonzeption

Durch die zunehmende Sättigung der Bedürfnisse, den technischen Fortschritt und die Liberalisierung der Märkte kommt es derzeit zu einem **Überhang des Leistungsangebots.** Dies führt dazu, dass weniger die Produktion und ihre Gestaltung, sondern der **Absatz der erzeugten Produkte** zur Hauptaufgabe der Unternehmen wird.

Schlagworte zum Marketing

- Erfülle Kundenbedürfnisse auf profitable Art!
- Entdecke Kundenwünsche und erfülle sie!

Diese Veränderungen bleiben nicht ohne nachhaltige Auswirkungen auf die Durchführung des Absatzes. Während früher vorrangig die Verteilung der Erzeugnisse das Problem war, kommt es nun darauf an, den **Absatzmarkt systematisch** zu **erschließen.** Dies erfordert für das Erreichen der Unternehmensziele zunehmend die Ausrichtung aller Unternehmensfunktionen auf die tatsächlichen und die zu erwartenden Kundenbedürfnisse. Für diese Führungskonzeption wird das aus dem Amerikanischen übernommene Wort **Marketing** verwendet.

(2) Begriff Marketing

Die Marketingkonzeption besagt, dass der Schlüssel zur Erreichung des gesetzten Unternehmensziels darin liegt, die Bedürfnisse und Wünsche des Kunden zu ermitteln und diese dann wirksamer und wirtschaftlicher zufriedenzustellen als die Mitbewerber. Oberstes **Ziel des Marketings** ist die **Kundenzufriedenheit.**

Ein zufriedener Kunde

- kauft mehr und bleibt länger „treu",
- kauft bevorzugt vom gleichen Unternehmen, wenn dieses neue oder verbesserte Produkte bringt,
- denkt und spricht gut über das Unternehmen und seine Produkte,
- beachtet Marken, Werbe- und Preisangebote der Mitbewerber weniger stark,
- bietet dem Unternehmen gern neue Ideen zu Produkt und Service an.

- **Marketing** ist eine Konzeption, bei der alle Aktivitäten eines Unternehmens konsequent auf die Erfüllung der Kundenbedürfnisse ausgerichtet sind.
- Ziel der Marketingkonzeption ist die **Kundenzufriedenheit.**

(3) Einbindung der Kundenorientierung in die Unternehmenskultur

Durch die Marketingkonzeption rückt der Kunde in den Mittelpunkt der betrieblichen Aktivitäten. Es geht dabei um mehr als um die Verwaltung der Kundendaten – es geht um die Wertschätzung des Kunden als Partner, um die Übererfüllung seiner Erwartungen und einen guten Service. Dies gelingt nur, wenn das Unternehmen zuvor detaillierte Kenntnisse über die Kunden und den Markt gewonnen hat. Verfügt das Unternehmen über die erforderlichen Informationen, dann kann es mit allen Mitteln und Möglichkeiten dafür sorgen, dass der Kunde mit unserer Leistung seinerseits gute Geschäfte macht.

Diese Denkweise wird z.B. sichtbar in der Unternehmenskultur der Firma Henkel:[1]

Beispiel:

Wir stellen unsere Kunden in den Mittelpunkt unseres Handelns

Wir denken voraus und gehen auf die Wünsche und Bedürfnisse unserer Kunden ein, indem wir höchsten Kundennutzen, ausgezeichnete Qualität sowie innovative Marken und Technologien bieten.

Wir schätzen unsere Kunden und stellen sie in den Mittelpunkt unserer Arbeit. Nur so können wir ihnen Mehrwert bieten. Da nicht alle Henkel-Mitarbeiter im direkten Kontakt mit den Kunden stehen, ist es umso wichtiger für uns alle zu wissen, was dieser Wert für Henkel bedeutet. Denn er ist maßgeblich für unseren Erfolg. Um die besten Produkte, die höchste Qualität und hervorragenden Service zu gewährleisten, müssen wir Kunden und Konsumenten besser verstehen, als es unsere Wettbewerber tun. Wenn uns das gelingt, werden wir in all unseren Märkten weiter erfolgreich wachsen.

1 Quelle: https://www.henkel.de/resource/blob/20058/cb75ed0e753f39689c71679019d1be98/unternehmenszweck-vision-mission-werte-data.pdf [03.02.2020].

Mehrwert für die Kunden schaffen

Der Wert „Kunde" ist maßgeblich für unseren Erfolg. Unsere Kunden und Verbraucher stehen im Fokus aller unserer Aktivitäten. Dies gilt nicht nur für die Mitarbeiter, die im Marketing, Kundenservice oder Vertrieb im direkten Kontakt mit den Kunden stehen, sondern es gilt für jeden Mitarbeiter. Denn auch in der Forschung, der Personalabteilung oder Buchhaltung werden Entscheidungen getroffen, die sich auf unsere Kundenbeziehungen auswirken.

Bei allem, was wir tun, erinnert uns der Kunden-Wert daran, dass unsere Kunden in der Industrie, im Handel und im Handwerk nicht nur unsere Produkte, Technologien und Dienstleistungen kaufen, sondern darüber hinaus auch unsere Partner sind. Gemeinsam mit ihnen entwickeln wir Lösungen, die direkt auf sie zugeschnitten sind. Diese erhöhen auch die Qualität und Nachhaltigkeit der Produkte, die unsere Kunden wiederum anbieten.

Wir schaffen für unsere Kunden und Verbraucher Mehrwert durch Innovationen und legen damit gleichzeitig den Grundstein für weiteres Wachstum in all unseren Märkten.

- Wird der Kunde als Partner des Unternehmens gesehen, lässt sich das **Problem des Kunden besser ermitteln und lösen.**
- Gelingt es, dieses über den **spezifischen Nutzen der eigenen Produkte** besser zu lösen als die Wettbewerber, stellt sich für das Unternehmen der Erfolg ein.

1.2 Marktforschung und deren Teilgebiete

(1) Begriff Marktforschung

Unternehmen, die ohne grundlegende Kenntnisse der Märkte und ohne sinnvolle Abstimmung der Marketinginstrumente Produkte auf den Markt bringen, laufen Gefahr, auf ihren Produkten ganz oder teilweise „sitzen zu bleiben".

Werden hingegen **vor** dem Verkauf der Produkte Marktinformationen (z. B. über Kundenwünsche, Kaufkraft der Kunden, Verhalten der Konkurrenten, die Lage auf den Beschaffungsmärkten und allgemeine Marktdaten) beschafft, sind die Aussichten wesentlich besser, die Absatzpläne zu verwirklichen.

- **Marktforschung** ist die systematische Erforschung, Beschaffung und Aufbereitung von Marktinformationen.
- Marktforschung geschieht durch **Marktanalyse** und **Marktbeobachtung.**

Marktanalyse

Die **Marktanalyse** untersucht die Marktgegebenheiten zu einem **bestimmten Zeitpunkt.**

Eine Marktanalyse wird z. B. vorgenommen, wenn **neue Produkte** oder **weiterentwickelte Produkte** auf den Markt gebracht werden sollen. **Untersuchungsgegenstände** sind z. B.:

- Anzahl der Personen, Unternehmen und Verwaltungen, die als Käufer infrage kommen,
- Einkommens- und Vermögensverhältnisse der mutmaßlichen Käufer,
- persönliche Meinung der (möglichen) Käufer zum angebotenen Produkt,
- Beschaffung von Daten über die Konkurrenzunternehmen, die den zu untersuchenden Markt bereits beliefern (z. B. deren Preise, Lieferungs- und Zahlungsbedingungen, Qualitäten der angebotenen Erzeugnisse, Werbung).

Marktbeobachtung

- Die **Marktbeobachtung** hat die Aufgabe, Veränderungen auf den Märkten **laufend** zu erfassen und auszuwerten.
- Beobachtet werden zum einem die vorhandenen bzw. neu zu gewinnenden **Kunden,** und zum anderen das Verhalten der Konkurrenzunternehmen.

Die **Fragestellungen** lauten z. B.:

- Wie entwickelt sich die Zahl der Nachfrager, wie die mengen- und wertmäßige Nachfrage nach einem bestimmten Produkt?
- Wie entwickeln sich die Einkommen, wie die Vermögensverhältnisse der Abnehmer?
- Wie verändert sich die Einstellung der Käufer zum angebotenen Produkt?
- Wie reagieren die Konkurrenzunternehmen auf absatzpolitische Maßnahmen (z. B. Preisänderungen, Werbemaßnahmen)?

Ziel der Marktbeobachtung ist die Ermittlung von Tendenzen, Veränderungen sowie Trends innerhalb eines bestimmten Zeitraums.

(2) Gebiete der Marktforschung

Die wichtigsten Gebiete der Marktforschung sind in der nachfolgenden Tabelle zusammengefasst.

Bedarfsforschung	Sie sammelt Informationen über tatsächliche und mögliche Nachfrager. Ziel ist es, die Absatzchancen für die Erzeugnisse, Handelswaren oder Dienstleistungen herauszufinden.
Konkurrenzforschung	Sie sammelt Informationen über die wichtigsten Konkurrenten sowie zur Branchenentwicklung. Wichtig sind z. B. Informationen über die Konkurrenzprodukte; die Größe des Marktanteils; die Angebotspalette, Kapitalstärke, Absatzorganisation der Konkurrenzanbieter; Marketingverhalten der Konkurrenten.
Volkswirtschaftliche Entwicklung	Erfasst werden vor allem die Konjunkturentwicklung, wirtschafts- und umweltpolitische Maßnahmen der Regierung, Saisonschwankungen, Entwicklung des Arbeitsmarktes u. a.
Absatzforschung	Sie dient der Überprüfung absatzpolitischer Maßnahmen. Überprüft werden z. B. Auswirkungen von Produktveränderungen, von Änderungen der Preise, der Kundenrabatte oder der Lieferbedingungen, die Effektivität von Werbemaßnahmen, der Erfolg der eingesetzten Absatzorgane wie Reisende, Handelsvertreter, Filialen oder der Absatzwege etwa über den Groß- und Einzelhandel.

(3) Marktprognose

Marktanalyse und Marktbeobachtung haben letztlich den Zweck, das **Marktrisiko zu vermindern.** Dies ist nur möglich, wenn die Gegenwartsentscheidungen der Geschäftsleitung auf Daten beruhen, die die zukünftige Entwicklung auf den Märkten mit einiger Sicherheit aufzeigen können.

Marktprognosen sind Vorhersagen über künftige Entwicklungen am Absatzmarkt, z. B. über den Absatz bestimmter Produkte oder Leistungen.

Eine wichtige Aufgabe der Marktprognose ist es auch, für die einzelnen Produkte jeweils eine **Entwicklungsprognose** zu erstellen. Hierzu wird der bisherige Absatz des Produkts statistisch erfasst und daraus ein zu erwartender **Absatztrend** abgeleitet. Eine **Trendverlängerung** ist allerdings nur dann gerechtfertigt, wenn man aus gutem Grund davon ausgehen kann, dass die Entwicklungsrichtung weder durch eine nachhaltige **Änderung der Umweltfaktoren,** insbesondere **konjunkturelle Bewegungen** und **technische Entwicklungen,** noch durch einen grundsätzlichen **Wandel der Absatzkonzeption** für das betrachtete Produkt (z. B. Verschiebungen im Produktprogramm des Unternehmens) **gestört wird.**

(4) Träger der Marktforschung

Die Träger der Marktforschung sind die Großbetriebe mit ihren wissenschaftlichen Stäben, wissenschaftliche Institute und vor allem Marktforschungsinstitute.

Marktforschungsinstitute sind gewerbliche Einrichtungen und Unternehmen, die sich im Auftrag von Industrie und Handel der Meinungsforschung und der Marktforschung widmen.

Beispiele:

EMNID-Institut GmbH & Co. KG, Bielefeld; Institut für Demoskopie Allensbach GmbH, Allensbach (Bodensee); INFRA-TEST-Marktforschung, Wirtschaftsforschung, Motivforschung, Sozialforschung GmbH & Co. KG, München.

1.3 Verfahren zur Datenerhebung

(1) Begriffsdefinitionen

Informationen über Marktdaten (z. B. über die Kunden eines Unternehmens) können unmittelbar am Markt erhoben oder es kann auf bereits vorhandenes Datenmaterial zurückgegriffen werden. Im ersten Fall spricht man von **Primärforschung**[1] **(Feldforschung).** Sie ermittelt **Primärdaten.** Im zweiten Fall spricht man von **Sekundärforschung**[2] **(Schreibtischforschung).** Sie geht von Daten aus, die häufig bereits für andere Zwecke ermittelt worden sind. Man bezeichnet diese Daten als **Sekundärdaten.**

1 **Primär:** an erster Stelle stehend, vorrangig.

2 **Sekundär:** an zweiter Stelle stehend, zweitrangig.

(2) Primärforschung

Die **Primärforschung** gewinnt die Informationen direkt an ihrem Entstehungsort.

Voraussetzung für die Gewinnung von Marktinformationen (z. B. über die Kunden) ist eine möglichst umfassende und genaue Planung aller erforderlichen Einzelschritte.

Der **Ablauf einer Primärerhebung** umfasst vier Phasen:

Phasen	Erläuterungen	Beispiel
Phase der Problemformulierung	Es ist zu klären, worin das Marketingproblem besteht. Anschließend sind die Erhebungsziele zu formulieren.	Rückgang von Bestellungen und Umsatzeinbruch. Erhebungsziel: Rückgewinnung von Kunden.
Phase der Informationsgewinnung	Auswahl der Methoden, mit denen die gewünschten Daten gewonnen werden sollen.	Befragung der Kundenmeinung über das Image des Unternehmens, der Qualität und Aktualität der Produkte mithilfe von Fragebögen und Interviews.
Phase der Informationsverarbeitung	Die gewonnenen Informationen werden aufbereitet, ausgewertet, interpretiert und dokumentiert.	Die Produkte haben mindere Qualität und sind technisch veraltet. Außerdem fehlt ein modernes Design.
Phase der Ergebnispräsentation	Die dokumentierten Ergebnisse werden den zuständigen Entscheidungsträgern präsentiert.	Der Geschäftsführung werden die Informationen mit einem Vorschlag zur Verbesserung der Produkte präsentiert.

(3) Sekundärforschung

Gegenstand der **Sekundärforschung** ist die Beschaffung und Zusammenstellung des bereits vorhandenen Datenmaterials.

Die Daten können aus **internen und externen Informationsquellen** stammen. Diese Form der Informationsgewinnung ist im Vergleich zur Gewinnung von Primärdaten schneller und kostengünstiger. Außerdem erweitert die Verfügbarkeit weltweiter elektronischer Netze (z. B. Internet) und Datenbanken die Möglichkeiten der Sekundärforschung, bei vergleichweise geringen Kosten, erheblich. Darüber hinaus sind bestimmte Daten (z. B. volkswirtschaftliche Gesamtgrößen, Branchenkennziffern, Entwicklungszahlen) auf anderem Wege für das einzelne Unternehmen praktisch nicht zugänglich.

Einen **Überblick über Quellen der Sekundärforschung** zeigt die folgende Aufstellung:

I. Unternehmensinterne Quellen

- Umsatz- und Absatzstatistik,
- Auftragsstatistik,
- Kundendatei, Kundenkorrespondenz, Berichte des Einkaufs,
- Vertreter- und Kundendienstberichte,
- Kostenrechnung,
- Berichte aus früheren Sekundär- und Primäruntersuchungen.

II. Unternehmensexterne Quellen
■ Amtliche Quellen (z. B. Berichte des Statistischen Bundesamtes: Daten zur Entwicklung von Bevölkerung, Verbrauch, Preisen, Einkommen, Umsatz und Produktion einzelner Wirtschaftszweige, Konkurse, usw.; Statistische Landesämter: regionale Wirtschafts- und Bevölkerungsdaten; Kommunale statistische Ämter: Wirtschafts- und demografische Daten auf Kreis- und Stadtebene),
■ Internationale Organisationen (z. B. EU, UN, OECD),
■ Staatliche oder halbstaatliche Einrichtungen (z. B. Bundesversicherungsanstalt, IHK, Krankenkassen, Kraftfahrt-Bundesamt),
■ Verbände und Organisationen (z. B. Zentralausschuss der Werbewirtschaft, Ring Deutscher Makler, Architektenkammer, Deutscher Direktmarketing Verband),
■ Firmenveröffentlichungen (z. B. Geschäftsberichte, Prospekte),
■ Wirtschaftswissenschaftliche Institute, Hochschulen, Fachzeitschriften u. Ä.,
■ Online-Dienste (z. B. Ifo-Institut, statistische Ämter, Börsen, Suchhilfen im WWW),
■ Externe Datenbanken.

Zusammenfassung

- Die Unternehmen brauchen Informationen über ihre Kunden. Die Daten werden von der **Marktforschung** ermittelt.
- Die **Marktforschung** bedient sich wissenschaftlicher Methoden, um die Gegebenheiten und die Entwicklungen auf den Absatzmärkten zu erforschen. Dies geschieht durch **Marktanalyse** und **Marktbeobachtung.**
- Eine wichtige **Aufgabe der Marktforschung** ist die **Kundenstruktur** zu ermitteln.
- Informationen über Kunden werden mithilfe von **Datenerhebungsverfahren** gewonnen. Die Datenerhebungsverfahren geben an, ob die Informationen auf Primärdaten oder auf Sekundärdaten beruhen.
- **Primärforschung** liegt vor, wenn unmittelbar am Markt Informationen gewonnen und anschließend ausgewertet werden.
- **Sekundärforschung** liegt vor, wenn aus bereits vorhandenen Daten Erkenntnisse für die Marktanalyse, Marktbeobachtung und Marktprognose gewonnen werden.

Kompetenztraining

67 Grundsätzliches zum Marketing

1. Beschreiben Sie die Gründe, für die das Entstehen des Marketings maßgebend waren!
2. Erläutern Sie den Begriff Marketing mit eigenen Worten!

68 Marktforschung

1. Um eine Entscheidung treffen zu können, soll Marktforschung betrieben werden. Informationen können mithilfe der Primärforschung oder mithilfe der Sekundärforschung beschafft werden.

   Aufgaben:

   1.1 Erläutern Sie die Begriffe Primärforschung und Sekundärforschung!

   1.2 Begründen Sie, welche der beiden in 1.1 genannten Methoden kostengünstiger ist!

   1.3 Erklären Sie, aus welchen Gründen sollten, bevor Primärerhebungen durchgeführt werden, Sekundärerhebungen vorgenommen werden!

   1.4 Beschreiben Sie den Ablauf einer Primärforschung!

   1.5 Beschreiben Sie jeweils an einem Beispiel die Vor- und Nachteile der internen und der externen Informationsbeschaffung!

2. Der französische Käsehersteller Dubois S. A. möchte die neue Käsesorte „Tête de Chèvre" auf den deutschen Markt bringen. Um die Absatzchancen zu untersuchen, wird intensive Marktforschung betrieben.

   Aufgaben:

   2.1 Erläutern Sie, warum die Marktforschung die Grundlage für Entscheidungen im Marketing liefert!

   2.2 Erläutern Sie, warum der Käsehersteller vor allem Primärforschung betreiben muss!

   2.3 Begründen Sie, warum die Dubois S. A. zunächst vor allem Marktanalyse (und nicht Marktbeobachtung) betreiben muss!

3. Die Molkerei Allgäu AG möchte ihr Produktprogramm optimieren und beauftragt ein Marktforschungsinstitut in einer Langzeitstudie die Kaufgewohnheiten der Verbraucher (Art der Milchprodukte, Menge, bevorzugte Preisstellung, Geschmacksrichtungen ...) zu erforschen.

   Aufgaben:

   3.1 Begründen Sie, ob eine Marktbeobachtung oder eine Marktanalyse vorliegt!

   3.2 Erläutern Sie, auf welche Bereiche des Marketings die ermittelten Ergebnisse Auswirkungen haben können!

69 Umsetzung von Ergebnissen der Marktforschung

Beim Start-up mymuesli können sich Kunden online aus über 80 Biozutaten ihr individuelles Müsli zusammenstellen. Was als kleines Start-up dreier Studenten begann, ist mittlerweile zu einer europäischen Erfolgsgeschichte mit 700 Beschäftigten und Niederlassungen in Österreich, der Schweiz und seit 2016 auch in Schweden herangewachsen.

Das Gottlieb Duttweiler Institut liefert folgende Marktforschungsergebnisse:[1]

Woran Kunden interessiert sind

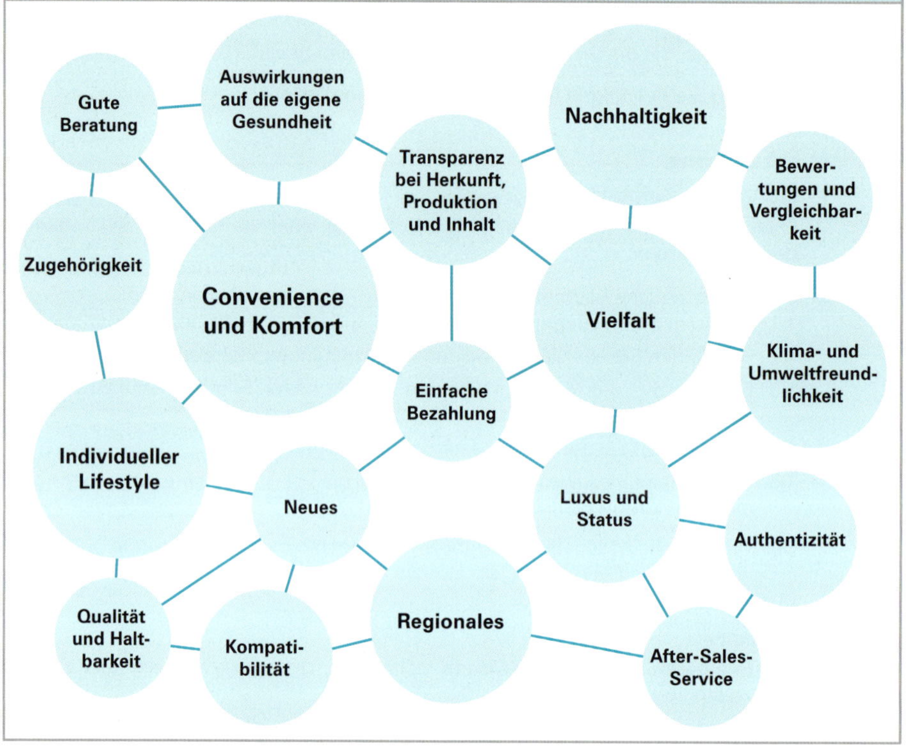

Aufgabe:

Nennen Sie die drei wichtigsten, von mymuesli berücksichtigen Kundeninteressen, die den Erfolg erklären!

1.4 Kundenstruktur ermitteln

1.4.1 Analyse der Kundenstruktur

Um das Unternehmen auf die verschiedenen Absatzbedingungen der Kundengruppen ausrichten zu können, brauchen die Unternehmen Informationen über ihre Kunden.[2] In der nachfolgenden Übersicht werden beispielhaft wichtige Bereiche angeführt, über die Informationen benötigt werden. Aus den gewonnenen Daten erstellt das Unternehmen dann ein **Kundenprofil.**

Das Kundenprofil hat besondere Bedeutung für den **Absatz der Waren,** für die **Risikosituation des Unternehmens** und es zeigt die **Abhängigkeit des Unternehmens von einzelnen Abnehmern** auf.

1 Quelle: https://www.gtai.de/GTAI/Content/DE/Trade/Service/Markets-International/2017/download-markets-international-2017-06.pdf?v=3 [30.11.2019].

2 Zuständig für die Erfassung der Daten ist die **Marktforschung.**

<table>
<tr><th rowspan="2">Bereiche
(Beispiele)</th><th colspan="2">Benötigte Informationen</th></tr>
<tr><th>Privatpersonen</th><th>Unternehmen</th></tr>
<tr><td>Wer sind unsere Käufer und welche potenziellen[1] Käufer kaufen nicht bei uns?</td><td>Wohnort, Alter, Beruf, Familienstand, Einkommens- und Besitzverhältnisse u. Ä.</td><td>Unternehmensgröße, Wirtschaftszweig, Abnehmerstufe (Hersteller, Wiederverkäufer, Großverbraucher), Unternehmensform, finanzielle Ausstattung (z. B. anhand von Bilanzen) u. Ä.</td></tr>
<tr><td>Welches Kaufverhalten haben die Kunden entwickelt?</td><td>■ Welche Mengen, Qualitäten, Preislagen, Größen, Einheiten usw. werden bevorzugt?
■ Wie hoch ist der durchschnittliche Kaufbetrag?
■ Wann kaufen die Kunden (Stunde, Wochentag, Monat, Jahreszeit)?
■ Wie bzw. durch wen lassen sich die Betroffenen zu Einkäufen anregen?
■ Welche Gewohnheiten bestehen beim Verbrauch/Gebrauch der erworbenen Güter?
■ …</td><td>■ Welche Unternehmen kommen als Abnehmer in Betracht?
■ Wer ist für den Einkauf zuständig (Anzahl der entscheidenden Personen, Abteilungen, …)?
■ Bestehen kapitalmäßige Verflechtungen oder sonstige Bindungen an andere Unternehmen?
■ Welchen Jahresbedarf hat ein bestimmter Abnehmer? Wie viel wurde bisher von uns bezogen?
■ Wo hat ein potenzieller Kunde bisher eingekauft? Bestehen langfristige Verträge?
■ Wie verhält es sich mit der Zahlungsmoral des Kunden?
■ …</td></tr>
<tr><td>Welche Größenordnungen liegen bei den verschiedenen Kundengruppen vor?</td><td>■ Zahl der potenziellen Kunden (Personen, Haushalte).
■ Wie entwickelt sich die Zahl der Jugendlichen, Arbeitnehmer, Rentner, Haushalte, …?
■ Welche Veränderungen der Lebensbedingungen sind zu erwarten?
■ …</td><td>■ Anzahl der Unternehmen als potenzielle Kunden.
■ Gliederung der Unternehmen nach Größe, Rechtsform, Branche, …
■ Entwicklung der Gesamtwirtschaft, von bestimmten Branchen, Einfluss der Globalisierung, …
■ Welche Teilmärkte sind bereits gesättigt?
■ …</td></tr>
</table>

1.4.2 Bestands-, Neu- und ABC-Kunden unterscheiden

1.4.2.1 Bestandskunden und Neukunden

(1) Bestandskunden

Bestandskunden sind Kunden, die bereits mit dem Unternehmen in Geschäftsbeziehung stehen.

Bestandskunden kennen das Unternehmen, seine Produkte und Dienstleistungen, seine Preise, seinen Service und die Ansprechpartner. Sie können wesentlich zum Gewinn des

1 **Potenziell:** möglich, denkbar.

Unternehmens beitragen, denn je länger ein Kunde dem Unternehmen treu bleibt, desto mehr Geld gibt dieser aus. Er entwickelt Vertrauen zum Unternehmen und empfiehlt das Unternehmen weiter. Die Bestandskunden dem Unternehmen durch Maßnahmen der Kundenbindung zu erhalten, ist ein wichtiges Marketingziel.

(2) Neukunden

Neukunden sind Kunden, die erstmals mit dem Unternehmen in Geschäftsbeziehung treten.

Neukunden können auf drei Wegen gewonnen werden:

Marktsituation	Beschaffungsweg
Auf dem Markt gibt es Nachfrager **mit freier Kaufkraft.**[1]	Es wird ein neuer Bedarf geschaffen, z. B. durch Werbung, innovative Produkte, neuer Modetrend.
Auf dem Markt gibt es Nachfrager **ohne freie Kaufkraft.**	Neukunden werden durch Wirtschaftswachstum gewonnen, z. B. indem die Ware auf Kredit gekauft wird.
Der Markt ist von **Wettbewerbern besetzt.**	Neukunden werden gewonnen, indem den Wettbewerbern Marktanteile abgerungen werden, z. B. über niedrigere Preise, höhere Qualität.

1.4.2.2 ABC-Kunden

(1) Begriff ABC-Kunden

Im Kompetenzbereich 3 wurde im Rahmen der ABC-Analyse der wertmäßige Verbrauch an Werkstoffen als Bewertungsmaßstab für die Strukturierung der Werkstoffe in ABC-Klassen angewandt.[2] Dieses Verfahren lässt sich auch für die Kundenstrukturierung anwenden.

Bei einer **ABC-Analyse** werden die Kunden in A-, B- und C-Kunden klassifiziert.

Als Kriterium für diese Einteilung wird in der Regel die Umsatzhöhe mit dem Kunden herangezogen.[3] Für die Bildung der ABC-Klassen gibt es keine zwingend verbindliche Regel.

Als Faustregel kann etwa gelten:

- **A-Kunden:** sehr wichtig; umsatzstärkste Gruppe; obwohl sie nur ca. 20 % der Kundenzahl ausmachen, erwirtschaftet das Unternehmen mit ihnen rund 75 % des gesamten Umsatzes.
- **B-Kunden:** mittelwichtig; durchschnittliche Umsatzstärke; ca. 35 % der Kundenzahl erwirtschaften ca. 20 % des gesamten Umsatzes.
- **C-Kunden:** weniger wichtig; umsatzschwächste Gruppe: ca. 45 % der Kundenzahl erwirtschaften ca. 5 % des gesamten Umsatzes.

---

1 **Kaufkraft** ist der Geldbetrag, der Nachfragern für Einkaufszwecke zur Verfügung steht.

2 Vgl. Kompetenzbereich 3, Kapitel 4.1, S. 260.

3 Weitere mögliche Kriterien sind Kundentreue, Bestellhäufigkeit, Gewinnsatz.

(2) Vorteile der ABC-Kundenanalyse

- Die ABC-Analyse ist ein **universelles**[1] und **einfach anwendbares Instrumentarium.** Es ist geeignet, einen **groben Überblick** über die **Ist-Situation** zu geben.
- Für die wesentlichen Kunden können **zielgerichtete, strategische Entscheidungen getroffen** werden.
- Die ABC-Analyse gibt einen einfachen, verständlichen und schnellen **Überblick über die Kundenstruktur.**
- Sie verursacht einen **geringen Analyseaufwand.**

(3) Nachteile der ABC-Kundenanalyse

- Die Konzentration auf die Höhe des Umsatzes ist nicht ungefährlich. Ein erzielter Umsatz muss nicht **zwangsläufig zu Gewinn führen** (weil z.B. die Kosten zu hoch sind), und auch die Zahlungsfähigkeit des Kunden ist damit nicht gesichert.
- Die ABC-Analyse verwendet die **Werte aus der Vergangenheit.** Diese müssen nicht zwingend auch in der Zukunft Gültigkeit haben. Mögliche **Entwicklungspotenziale** werden nicht **berücksichtigt.**
- Ein C-Kunde von heute könnte der A-Kunde von morgen sein. Eine ausschließliche Orientierung an den vergangenen Ist-Daten macht **blind gegenüber dem möglichen Wachstumspfad eines Neukunden** zum späteren Stammkunden. Folge: Ihm wird nicht die erforderliche Aufmerksamkeit geschenkt, sodass er unter Umständen verloren geht.

Beispiel:

Strukturiert man die Kaffeetrinker nach ihren Berufen, kommt man zu folgender Erkenntnis:

Quelle: https://de.statista.com/infografik/4365/kaffee-am-arbeitsplatz [04.02.2020].

1 **Universell:** umfassend, weit gespannt.

21 Hug u.a. - ISBN 978-3-8120-0578-4

1.4.2.3 Marktsegmentierung[1]

Grundlegendes

In der Regel setzt sich ein Gesamtmarkt aus einer Vielzahl von tatsächlichen und potenziellen Kunden zusammen, die – bezogen auf das Produktprogramm eines Unternehmens – unterschiedliche Bedürfnisse haben. Es ist daher sinnvoll, wenn ein Unternehmen intern die Kunden hinsichtlich ihres Kaufverhaltens in Gruppen **(Segmente, Cluster)** aufteilt **(segmentiert),** die weitgehend homogen[2] sind, sich von anderen Gruppen aber deutlich unterscheiden. Durch die Marktsegmentierung kann das Unternehmen differenzierte, auf die Kunden abgestimmte Marktleistungen erbringen.

- **Marktsegmentierung** bedeutet die Aufteilung des Gesamtmarktes in Teilmärkte.
  - Die Marktteilnehmer innerhalb eines Teilmarktes bilden in Bezug auf mindestens ein Kriterium eine **homogene** Gemeinschaft. Die Teilnehmer eines Teilmarktes unterscheiden sich deutlich von denen eines anderen Teilmarktes.
  - Die einzelnen **Teilmärkte** können mit **spezifischen Marketingprogrammen** zielgerichteter bearbeitet werden.
- Die Marktsegmentierung ist eine **Konzeption zur Markterfassung und Marktbearbeitung.**

Kriterien zur Marktsegmentierung

Bei der Segmentierung des Marktes kann nach verschiedenen Kriterien vorgegangen werden. In der betriebswirtschaftlichen Literatur wird die Marktsegmentierung üblicherweise nach geografischen, soziodemografischen und psychografischen Kriterien sowie nach Kriterien des beobachtbaren Kaufverhaltens vorgenommen.

Bereich	Beispiele
Geografische Marktsegmentierung Der Markt wird nach räumlichen Gesichtspunkten aufgegliedert.	Aufteilung nach Bundesländern, Großstädten, Regierungsbezirken, Wohngebietstypen (gekennzeichnet durch homogene Lebensstile und Kaufverhaltensmuster) u. Ä.
Psychografische Marktsegmentierung Der Markt wird nach gleichartigen Käuferschichten aufgegliedert. Erfasst wird die gleichartige Käuferschicht, indem übereinstimmende Persönlichkeitsmerkmale ermittelt werden.	Persönlichkeitsmerkmale sind etwa die allgemeine grundsätzliche **Einstellung der Verbraucher,** die Persönlichkeitsstruktur der Konsumenten, ihre Wertvorstellungen, ihre Interessen, ihre soziale Orientierung, ihre Risikobereitschaft, Lebensstil, Nutzenerwartungen u. Ä. Hinsichtlich ihrer ökologischen Gesinnung gibt es Segmente der umweltaktiven, der umweltaktivierbaren und der umweltpassiven Käufer.
Soziodemografische Marktsegmentierung Der Markt wird nach demografischen und sozioökonomischen Kriterien aufgedeckt.	■ **Demografische Kriterien,** wie Geschlecht, Alter, Familienstand, soziale Schicht, Haushaltsgröße, Zahl der Kinder usw. ■ **Sozioökonomische Kriterien,** wie Ausbildung, Beruf, Einkommen usw.

1 **Segment**: Teilstück, Abschnitt.

2 **Homogen** (lat.): gleichartig.

Bereich	Beispiele
Marktsegmentierung nach dem beobachtbaren Kaufverhalten	■ **Produktbezogene Verhaltensmerkmale,** wie Markentreue, Kaufrhythmus, bevorzugte Packungsgröße, Kauf bestimmter Preisklassen, Reaktion auf Sonderangebote usw. ■ **Einkaufsstättenwahl,** wie Einkauf im Fachgeschäft, beim Discounter, Supermarkt; Geschäftstreue u. Ä.

Hauptziel der Marktsegmentierung ist es, einen hohen Übereinstimmungsgrad zwischen den Bedürfnissen der Zielgruppen und den angebotenen Marktleistungen zu erreichen.

1.5 Wettbewerbsstruktur ermitteln

1.5.1 Grundlagen der Wettbewerbsanalyse

Bevor ein Unternehmen in den Markt eintritt bzw. sich mit seinen Produkten neu positioniert, muss es die Wettbewerbersituation ermitteln, d.h. eine **Wettbewerberanalyse** durchführen. Für die **Beurteilung** der Situation der **Wettbewerber** sind vor allem folgende Kriterien von Bedeutung:[1]

Beurteilungskriterien	Beispiele
Marketingressourcen und -fähigkeiten	■ Art und Qualität der Produkte ■ Breite und Tiefe des Produktprogramms ■ Altersstruktur der Produkte ■ Anteil der Neuproduktentwicklung ■ Qualität des Services, Kundendienst ■ Image des Unternehmens ■ ...
Produktionsressourcen und Forschungspotenzial	■ Auslastung und Flexibilität der Produktion ■ Ausmaß der Rationalisierungsanstrengungen ■ Technischer Stand und Automatisierungsgrad der Fertigung ■ Qualität und Innovationsgrad der Forschung ■ Anzahl der Patentanmeldungen und Lizenzbeziehungen ■ Standortvor- und -nachteile ■ ...
Finanzkraft und Rentabilität	■ Höhe der aufgenommenen Kredite ■ Gewinnsituation ■ Verzinsung des investierten Kapitals ■ Möglichkeiten zur Finanzierung des weiteren Wachstums ■ ...

1 Die Daten werden im Rahmen der Marktforschung erhoben.

Beurteilungskriterien	Beispiele
Fähigkeiten des Managements	■ Qualität der Führungskräfte und Mitarbeiter ■ Umsatz und Kosten je Mitarbeiter ■ Effektivität der Organisationsstruktur ■ Umfang von Aus- und Weiterbildung ■ Qualität der Informationssysteme ■ EDV-technische Durchdringung des Unternehmens ■ ...

Quelle: Nach Nierschlag, R., Dichtl, E., Hörschgen, H.: Marketing, 19. Aufl., Berlin 2002, S. 108.

1.5.2 Wettbewerbssituation der Branche analysieren

Es reicht nicht aus, lediglich die aktuell auf dem Markt agierenden Konkurrenten in die Untersuchung einzubeziehen. Neben dem Konkurrenzkampf mit den direkten Mitbewerbern in der Branche ist die Wettbewerbssituation eines Unternehmens noch geprägt von

- der Bedrohung durch neue Konkurrenten in der Zukunft,
- den Ausweichmöglichkeiten der Kunden auf Substitutionsprodukte,[1]
- der Zahl und Macht der Lieferanten und
- der Zahl und dem Bedarf der Abnehmer.

Ein Unternehmen, das sich langfristig am Markt behaupten will, muss daher nicht nur seine Kundenstruktur und die Mitbewerberstruktur analysieren, sondern die gesamte Wettbewerbssituation betrachten.[2]

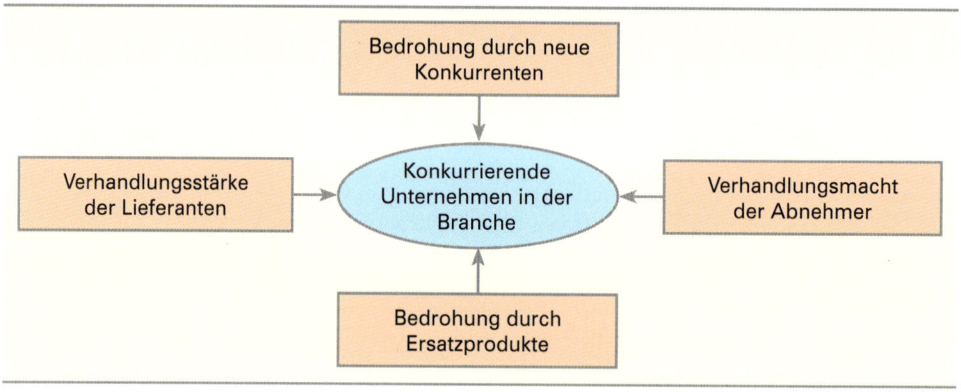

1 **Substitution**: Stellvertretung; **Substitutionsprodukte**: Ersatzprodukte.
Beispiel Behälterglasindustrie: Die in diesem Wirtschaftszweig agierenden Unternehmen stehen nicht nur mit ihresgleichen im Wettbewerb, sondern auch mit solchen, die Blechdosen (z. B. Bierdosen), Kartons (z. B. Milch), Aluminiumbehältnisse (z. B. Fruchtsaft) und Plastikgebinde (z. B. Joghurt) vermarkten.

2 Dem Schema liegt das Konzept der Wettbewerbsstrategie von Porter zugrunde. Die Grafik ist angelehnt an Nieschlag, R., Dichtl, E., Hörschgen, H.: Marketing, 19. Aufl., Berlin 2002, S. 189.

1.6 Verhalten der Wettbewerber und Kunden vor dem Hintergrund konjunktureller Phasen erfassen

1.6.1 Begriff Konjunktur

Das Phänomen[1] ist den Menschen seit jeher bekannt: Die wirtschaftliche Entwicklung vollzieht sich nicht regelmäßig, sondern in „Schwankungen". Selbst die Bibel berichtet von den „sieben fetten und den sieben mageren Jahren".

Unter **Konjunktur** versteht man mittelfristige Schwankungen der wirtschaftlichen Aktivitäten in einer Volkswirtschaft mit einer Dauer von 4 bis 6 Jahren.

1.6.2 Merkmale des Konjunkturverlaufs

Die Wirtschaftsschwankungen, wegen ihrer Regelmäßigkeit auch **Zyklen**[2] **(Konjunkturzyklen)** genannt, erscheinen als Wellenbewegungen um den Trend (langfristiger Wachstumspfad einer Wirtschaft).

Grafisch lässt sich der idealtypische Konjunkturverlauf wie folgt darstellen:

Darstellung eines Konjunkturzyklus von vierjähriger Dauer

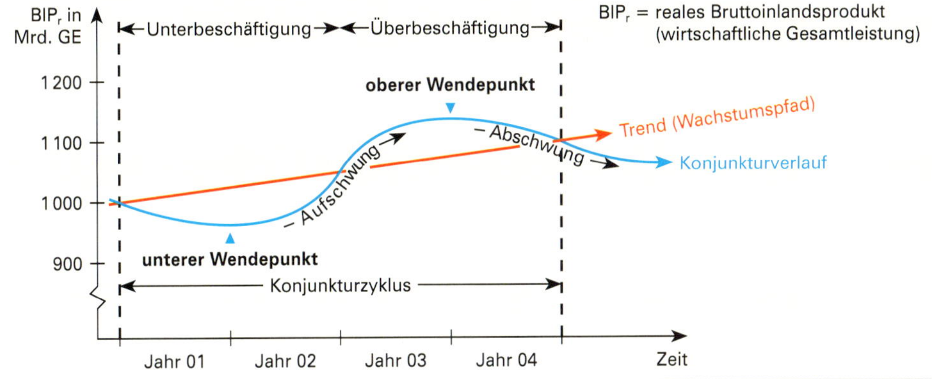

Erläuterungen:

- **Aufschwung:** Der konjunkturelle Aufschwung ist durch zunehmende Kapazitätsauslastung und abnehmende Arbeitslosigkeit gekennzeichnet. Da die Unternehmen jetzt mit sinkenden Stückkosten arbeiten, bleibt trotz **steigender Nachfrage** nach Konsum- und Investitionsgütern das Preisniveau weitgehend stabil. Zu Beginn des Aufschwungs ist der Kreditmarkt noch flüssig, d.h., die Banken besitzen genügend finanzielle Mittel zur Kreditgewährung. Somit bleiben die Zinsen noch verhältnismäßig niedrig.
- **Oberer Wendepunkt:** Bevor die Konjunktur „umkippt", tritt die Situation der **Konjunkturüberhitzung** ein, die als **Boom** oder **Hochkonjunktur** bezeichnet wird. Auf den Kreditmärkten werden die Mittel knapp. Die Zinsen steigen. Die Preissteigerungsraten erhöhen sich. Ebenso steigen die

1 **Phänomen:** Erscheinung.

2 **Zyklus** (griech./lat.) Folge, Reihe.

Löhne verhältnismäßig schnell, weil die Arbeitskräfte knapp sind: Die Gewerkschaften haben eine starke Stellung. Infolge der erhöhten Kosten nehmen die Unternehmergewinne ab. Die **Investitionsgüternachfrage geht zurück,** während die **Nachfrage nach Konsumgütern noch steigt.** Im Investitionsgüterbereich finden die ersten Betriebsstilllegungen und Entlassungen statt. Die Krise (oberer Wendepunkt des Konjunkturverlaufs) tritt ein, der Abschwung wird eingeleitet.

- **Abschwung (Rezession):** Die allgemeine Grundhaltung der Verbraucher und Unternehmer ist pessimistisch. Die allseits zu beobachtende **Kaufzurückhaltung** führt zu Umsatzeinbußen, zu weiteren Betriebsstilllegungen, Vergleichen und Insolvenzen. Die Arbeitslosenzahl steigt. Die abnehmende Kreditnachfrage führt zu sinkenden Zinssätzen. Einen lang anhaltenden Abschwung wirtschaftlicher Aktivitäten bezeichnet man als Stagnation.[1]
- **Unterer Wendepunkt:** Kommt der Abschwung zum Stillstand und beginnt sich die Konjunktur wieder zu erholen, **nimmt die Nachfrage** also **wieder zu,** ist der untere Wendepunkt – die sogenannte Talsohle – überschritten.

  Einen lang anhaltenden wirtschaftlichen Abschwung nennt man **Depression.** Die Depression ist Ausdruck einer tiefgreifenden strukturellen Krise.[2]

1.6.3 Verhalten der Wettbewerber und Kunden im Ablauf eines Konjunkturzyklus

Kein Konjunkturzyklus ist mit dem anderen vergleichbar, denn die sozialen, technischen und wirtschaftlichen Bedingungen sind laufenden Änderungen unterworfen. Den langfristigen Trend der Auf- und Abwärtsbewegung bezeichnet man als **Wachstumspfad.** Er zeigt an, wie die Volkswirtschaft langfristig wächst, stagniert (gleich bleibt) oder gar sinkt.

Die nachfolgende Tabelle skizziert das Verhalten der Wettbewerber und der Kunden im Ablauf eines Konjunkturzyklus.

Konjunkturphasen	Verhalten der Wettbewerber (Anbieter)	Verhalten der Kunden (Nachfrager)
Aufschwung	■ Aufgrund der sich abzeichnenden Nachfrageerhöhung erhöhen sich die Auftragsbestände in den Unternehmen. ■ Die Auslastung der Produktionskapazitäten nimmt zu. ■ Infolge zunehmender Kapazitätsauslastung kommt es zu einer steigenden Investitionsbereitschaft. ■ Die Unternehmen stellen Mitarbeiter ein.	■ Die Zukunftserwartung ist optimistisch, da künftig Lohnerhöhungen zu erwarten sind bzw. Arbeitsplätze angeboten werden. ■ Das Preisniveau ist noch relativ stabil und das Zinsniveau noch niedrig. Daher nutzen die Kunden diese Situation und planen Anschaffungen in größerem Umfang. ■ Es zeichnet sich eine steigende Nachfrage nach Konsum- und Investitionsgütern ab.
	Fazit: Sowohl unter den Wettbewerbern als auch unter den Kunden steigt die optimistische Zukunftserwartung. Die Bereitschaft, vertragliche Verpflichtungen einzugehen zum Zweck von Konsum- und Investitionsausgaben nimmt zu. Die Chancen auf Gewinnung neuer Kunden und auf Vertragsabschlüsse steigen.	

1 **Stagnation** (lat.): Stillstand.

2 Der Begriff „Krise" wird hier im Sinne von „Ungleichgewicht", „Störung" gebraucht.

<table>
<tr><th>Konjunktur-phasen</th><th>Verhalten der Wettbewerber (Anbieter)</th><th>Verhalten der Kunden (Nachfrager)</th></tr>
<tr><td rowspan="2">Boom</td><td>■ Obgleich die Nachfrage nach Investitionsgütern bereits stagniert, steigt die Nachfrage nach Konsumgütern immer noch. Die Auftragslage ist daher sehr gut, die Produktion ausgelastet, Lagerbestände können abgebaut werden.
■ Da die Unternehmen nicht mehr jeden Auftrag annehmen müssen, picken sie bevorzugt die attraktiven Aufträge heraus mit der Folge, dass die Preise rasch steigen.
■ Für alle Wettbewerber ist der „Tisch reich gedeckt“.</td><td>■ Sinkende Arbeitslosenzahlen und deutliche Lohnerhöhungen sorgen für kräftige Nachfrage, die zusätzlich genährt wird, weil die Nachfrager den künftigen Preissteigerungen zuvorkommen wollen.
■ Die Sparneigung ist gering, es wächst die Bereitschaft, sich zu verschulden.</td></tr>
<tr><td colspan="2">Fazit: Für Kundengewinnung und die Möglichkeit, Verträge zu besonders lukrativen Bedingungen abzuschließen, ist dies die beste aller Zeiten. Es gilt aber, bereits jetzt vorauszuschauen und Neukunden langfristig zu binden, um gewappnet zu sein für die Zeiten des Abschwungs.</td></tr>
<tr><td rowspan="2">Abschwung (Rezession)</td><td>■ Die sinkende Ausgabebereitschaft der Kunden führt zu sinkenden Auftragseingängen. Die Produktionsplanung wird zurückgenommen.
■ Die Lagerbestände nehmen zu.
■ Der Druck unter den Wettbewerbern um die sinkenden Aufträge steigt.
■ Da sie gezwungen sind, die Preise der Wettbewerber zu unterbieten, sinkt das Preisniveau.
■ Nicht mehr alle Arbeitnehmer können beschäftigt werden, die Arbeitslosigkeit beginnt zu steigen.</td><td>■ Die Güterpreise und die Kreditzinsen steigen. Das steigende Einkommen hält mit den rascher steigenden Ausgaben nicht mehr Schritt.
■ Die Zukunftserwartung wird pessimistischer, die Sparneigung steigt, die Ausgabebereitschaft sinkt.
■ Die Lohnerhöhungen sinken und beschränken sich in erster Linie auf einen Inflationsausgleich.
■ Anschaffungen werden zurückgestellt oder zumindest nicht mehr „auf Pump“ gekauft. Daher sinken die Kreditzinsen.</td></tr>
<tr><td colspan="2">Fazit: Am Horizont ziehen dunkle Wolken auf. Der Kampf um die Kunden wird härter. Gut ist jener Wettbewerber dran, dem es gelungen ist, in den Zeiten des Booms möglichst viele Stammkunden zu gewinnen und an sich zu binden.</td></tr>
<tr><td rowspan="2">Unterer Wendepunkt bzw. Depression</td><td>■ Die Auftragseingänge sind auf sehr geringem Niveau.
■ Der Druck zwischen den Wettbewerbern ist daher hoch.
■ Sie kämpfen u. U. mit „Dumpingpreisen“ um jeden Auftrag.
■ Die Lohnerhöhungen sind sehr gering.</td><td>■ Mit niedrigen Zinsen versucht die Kreditwirtschaft, die Nachfrage anzukurbeln.
■ Die Preissteigerung ist gering.
■ Aus Furcht vor Arbeitslosigkeit sind die Kunden sehr vorsichtig mit ihren Ausgaben und tragen ihr Geld bevorzugt auf das Sparkonto.</td></tr>
<tr><td colspan="2">Fazit: „Überleben“ heißt die Devise. Der Wettbewerb ist hart. Unter Umständen müssen großzügige Zugeständnisse an die Kunden gemacht werden, um diese zu halten.</td></tr>
</table>

1.7 Marktgrößen

(1) Grundlegendes

Die reine Verkaufsleistung eines Unternehmens gibt noch keinen hinreichenden Aufschluss über seine Position am Markt. Die Tatsache, dass der Umsatz des Unternehmens steigt, lässt sich einerseits auf einen allgemeinen Wirtschaftsaufschwung zurückführen, andererseits kann dies auch darauf zurückzuführen sein, dass das eigene Unternehmen denen der Konkurrenz Marktanteile abgerungen hat. Um die Marktsituation als Ganzes oder auch die Positionierung des eigenen Unternehmens am Markt besser beurteilen zu können, liefert die quantitative Marktforschung Marktkennzahlen. Hierzu gehören die Kennzahlen

- **Marktpotenzial,**[1]
- **Marktvolumen,**
- **Absatzpotenzial** und
- **Absatzvolumen.**

Die ersten der beiden Kennzahlen charakterisieren den Markt, die beiden anderen die Situation des eigenen Unternehmens. Weitere wichtige Erkenntnisse lassen sich dadurch gewinnen, indem man die oben bezeichneten Kennzahlen zueinander in Beziehung setzt.

(2) Marktpotenzial, Marktvolumen, Absatzpotenzial, Absatzvolumen

Marktgröße	Kurzbeschreibung	Erläuterungen
Marktpotenzial	Als Marktpotenzial bezeichnet man die Menge der Erzeugnisse (Sach- oder Dienstleistungen) für eine bestimmte Produktgattung, die langfristig abgesetzt werden kann, bis der Markt gesättigt ist.	Es handelt sich um eine theoretische Zielgröße, welche die absolute Aufnahmefähigkeit des Marktes zeigt, wenn alle potenziellen Kunden über die erforderliche Kaufkraft verfügen und ein Kaufbedürfnis besteht. Das Marktpotenzial wird in erster Linie durch folgende Faktoren bestimmt: ■ die Zahl möglicher Nachfrager ■ die Bedarfsintensität ■ die Markttransparenz[2] ■ die Marktsättigung ■ die Marketingaktivitäten der Anbieter
Marktvolumen	Das Marktvolumen kennzeichnet die gegenwärtige realisierte Absatzmenge einer ganzen Branche für eine bestimmte Produktgattung.	Es handelt sich um den Teil des Marktpotenzials, den alle Wettbewerber dieser Branche zusammen tatsächlich erzielt haben.

1 **Potenzial:** möglich; die bloße Möglichkeit bezeichnend.

2 **Transparent:** durchsichtig. Markttransparenz: Marktübersicht (z. B. der Käufer und Verkäufer).

Marktgröße	Kurzbeschreibung	Erläuterungen
Absatzpotenzial	Das Absatzpotenzial ist diejenige Menge, welche ein Unternehmer für sich als realistisch betrachtet.	Es handelt sich ebenfalls – wie beim Marktpotenzial – um eine theoretische Zielgröße, allerdings beschränkt auf die Möglichkeit eines Unternehmens. Die Höhe des Absatzpotenzials wird beeinflusst durch ■ das bisherige Absatzvolumen, ■ die gegebene Produktionskapazität, ■ die vorhandene Kaufkraft ■ das Verhalten der Konkurrenten auf dem Markt und ■ den Preis und die Produktqualität im Vergleich zu Konkurrenzprodukten.
Absatzvolumen	Das Absatzvolumen kennzeichnet die gegenwärtige realisierte Absatzmenge eines Unternehmens für eine bestimmte Produktgattung.	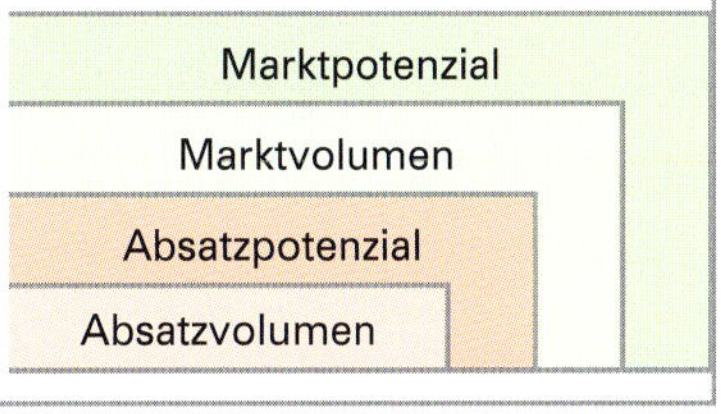

(3) Zusammenhang zwischen Marktpotenzial, Marktvolumen, Absatzpotenzial und Absatzvolumen

Gliedert man die bisher angesprochenen Begriffe danach auf, ob sie den Gesamtmarkt betreffen oder ob sie sich auf das Unternehmen beziehen, so können folgende Zusammenhänge festgestellt werden:

Bezugsgröße: gesamter Markt	**Marktpotenzial** Möglicher Gesamtabsatz bis zur Sättigung des Marktes	**Marktvolumen** Tatsächlicher Gesamtabsatz auf dem Markt
Bezugsgröße: einzelnes Unternehmen	**Absatzpotenzial** Möglicher Absatz eines Unternehmens	**Absatzvolumen** Tatsächlicher Absatz eines Unternehmens
	Theoretische Zielgröße	Realisierte Größe

Beispiel:

Das Marktvolumen für Fairtrade-Produkte lag 2018 bei 1 697 Mio. EUR. Dabei entfiel ein Absatzvolumen von rund 209 Mio. EUR auf Fair-Handels-Unternehmen.

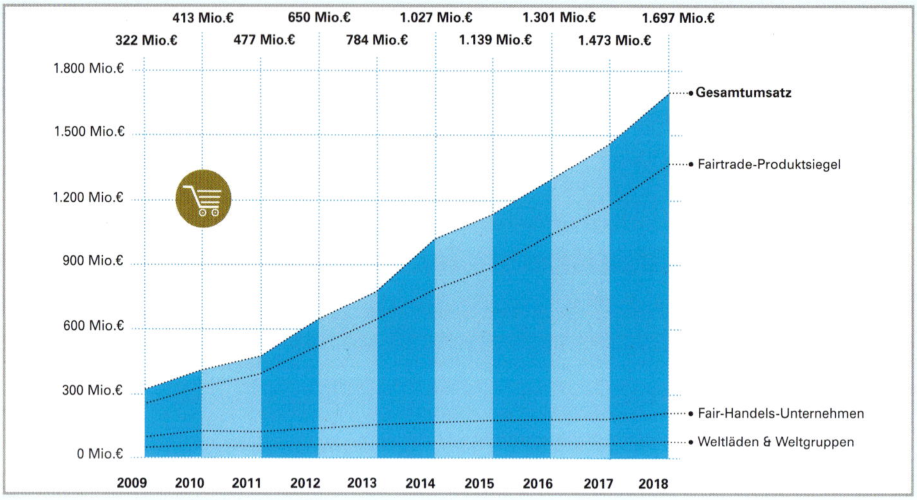

Quelle: http://www.forum-fairer-handel.de/fairer-handel/zahlen-fakten/ [26. 11. 2019].

Weitere Erkenntnisse lassen sich gewinnen, indem diese Größen zueinander in Beziehung gesetzt werden, z. B.

$$\text{Sättigungsgrad des Marktes} = \frac{\text{Marktvolumen} \cdot 100}{\text{Marktpotenzial}}$$

$$\text{Marktanteil} = \frac{\text{Absatzvolumen} \cdot 100}{\text{Marktvolumen}}$$

Von einem **relativen Marktanteil** spricht man, wenn der Marktanteil des eigenen Unternehmens auf den Marktanteil des Hauptkonkurrenten bezogen wird.

Zusammenfassung

- Die wichtigsten Aufgaben der Marktforschung sind die Ermittlung
  - der **Kundenstruktur** und der Marktsegmente
  - der **Wettbewerbsstruktur** und
  - der **konjunkturellen Situation.**
- Die **Kundenstruktur** gibt Hinweise auf das erforderliche **Warensortiment** und die **Abhängigkeiten** des Unternehmens von den Abnehmern.
- **Marktsegmentierung** bedeutet die Aufteilung des Gesamtmarktes in **homogene Teilmärkte.**
- Die **Wettbewerbsanalyse** gibt Auskunft über aktuelle und drohende neue **Konkurrenten,** aber auch über die Bedrohung durch **Ersatzprodukte.**
- Die **Konjunkturanalyse** gibt Auskunft über die Auf- und Abwärtsbewegungen des Wirtschaftswachstums, d. h. die allgemeine Marktsituation.
- Die **Marktsituation** wird durch folgende Marktgrößen gekennzeichnet: das **Marktpotenzial,** das **Marktvolumen,** den **Marktanteil,** das **Absatzpotenzial** und das **Absatzvolumen.**

Kompetenztraining

70 Kundenorientierung und Marktsegmentierung

1. Erläutern Sie, warum ein Unternehmen bestrebt ist, von den einzelnen Kunden ein Kundenprofil zu erstellen!

2. Erklären Sie, warum der Betreuung der Bestandskunden im Vergleich zur Neukundengewinnung mehr Bedeutung eingeräumt wird!

3. **Textauszug:**

„Kundenorientierung" ist das neue Zauberwort im Kampf um Märkte und Absatz

Der Chef der Berliner Software AG ist auf seine Mitarbeiter nicht gut zu sprechen. „Zufriedene Aktionäre setzen zufriedene Kunden voraus", sagt er. Aber die Service-Qualität sei ein Schwachpunkt seines Unternehmens, bemängelte er gestern im Frankfurter Presse-Club. Schon auf der CeBit hatte er wissen lassen, die Mitarbeiter der Berliner Software AG müssten jetzt beharrlich und notfalls mit Härte darauf hinwirken, dass konsequente Kundenorientierung gelebte Praxis wird.

„Kundenorientierung" ist aber nicht nur bei der Berliner Software AG die Losung. Es ist für viele Unternehmen das neue Zauberwort im schärfer werdenden Konkurrenzkampf um Märkte und Kunden. Porsche hat eine Aktion „Liebe deinen Kunden" gestartet, selbst der Infodienst für Landwirtschaft verteilt eine Broschüre „Kommunikation mit Urlaubsgästen auf Bauernhöfen". In den Wirtschaftsmagazinen häufen sich Seminarangebote. Der Kontakt zum Kunden wird nicht mehr der Willkür von Charakter oder Laune der Mitarbeiter überlassen ...

Weil so (wenig freundliche) Appelle wie die des Chefs der Berliner Software AG den Mitarbeitern keine Service-Mentalität vermitteln, lernen sie in Seminaren, freundlich und verbindlich zu sein ...

Wie viele Mitarbeiter die Berliner Software AG jährlich schult, bleibt Betriebsgeheimnis vor der Konkurrenz. Die Berliner Software AG macht sozusagen im Kleinen durch, was die allgemeine wirtschaftliche Entwicklung ist: Den Wandel zur Dienstleistungsgesellschaft ...

Folgende Grundmotive hat die Verkaufspsychologie beim Kunden festgestellt: Geltungsbedürfnis und Gewinnstreben, Sicherheitsbedürfnis und Selbsterhaltung, Bequemlichkeit, Wissensdrang und Kontakt.

Aufgaben:

3.1 Welcher Zusammenhang besteht zwischen „zufriedenen Kunden" einerseits und „zufriedenen Aktionären" andererseits?

3.2 Erklären Sie mit eigenen Worten, was Sie unter Kundenorientierung verstehen!

4. 4.1 Erläutern Sie den Begriff Marktsegmentierungsstrategie!

   4.2 Erklären Sie die psychografische Marktsegmentierung an einem Beispiel!

   4.3 Beschreiben Sie, worin das Hauptziel der Marktsegmentierung besteht!

5. Suchen Sie im Internet die Webseiten jener Automarken, die zum Volkswagenkonzern gehören und verschaffen Sie sich einen Überblick über die Modelle der einzelnen Marken. Bilden Sie nach eigenem Ermessen drei Teilmärkte. Beschreiben Sie die Kriterien, die für diese Teilmärkte gelten. Ordnen Sie diesen Teilmärkten die passenden Automodelle der verschiedenen Marken zu!

71 Kundensegmente und Wettbewerberanalyse

1. Erläutern Sie das nachfolgende Schaubild!

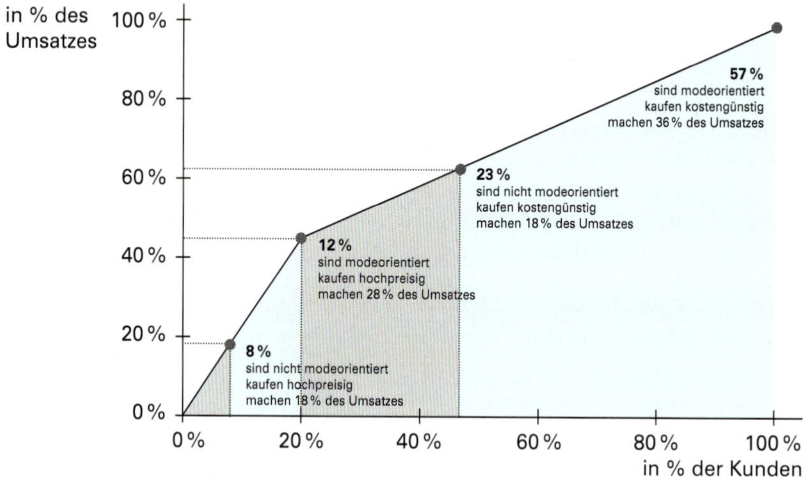

Quelle: In Anlehnung an Ramme, Iris: Marketing, 2. Aufl., Stuttgart 2004, S. 75.

2. 2.1 Erläutern Sie, warum Unternehmen eine Wettbewerberanalyse betreiben!
   2.2 Nennen Sie vier Bereiche, auf die sich eine Wettbewerberanalyse beziehen kann und bilden Sie zu jedem Bereich zwei Beispiele!
   2.3 Erläutern Sie den Unterschied zwischen der Wettbewerberanalyse und der Analyse der Wettbewerbssituation!

72 Konjunkturelle Einflüsse und Marktvolumen

In nebenstehender Abbildung sind die wesentlichen Phasen des typischen Konjunkturverlaufs mit den Ziffern 1–4 versehen.

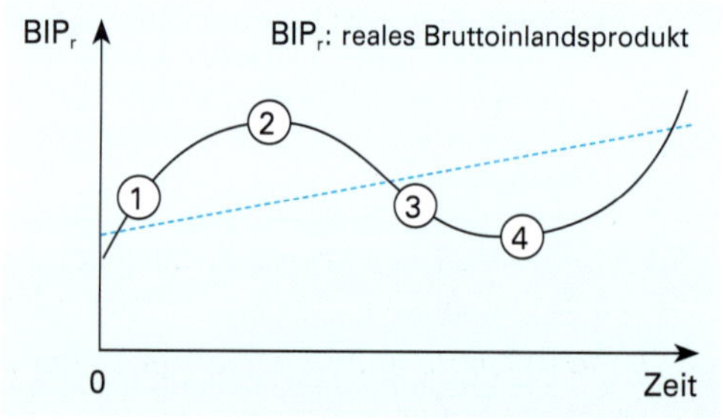

Aufgaben:

1. Erklären Sie den Begriff Konjunktur!
2. 2.1 Benennen Sie die einzelnen Konjunkturphasen!
   2.2 Beschreiben Sie das Verhalten der Wettbewerber und der Kunden in den Phasen!
3. 3.1 Nennen Sie die Faktoren, die für einen Konjunkturaufschwung förderlich sind!
   3.2 Begründen Sie Ihre Entscheidung!
4. 4.1 Nennen Sie Faktoren, die einen Konjunkturabschwung auslösen können!
   4.2 Begründen Sie Ihre Entscheidung!
5. 5.1 Grenzen Sie die Begriffe Marktpotenzial und Absatzpotenzial sowie Markt- und Absatzvolumen ab!
   5.2 Verdeutlichen Sie an einem selbst gewählten Beispiel den Marktanteil eines Unternehmens!

2 Den „gläsernen Konsumenten" aufgrund von „Big Data" kritisch reflektieren

KB 4 Lernsituation 2: Kaufverhalten vorhersagen[1]

Die US-Kaufhauskette Target analysierte das Kaufverhalten von Kundinnen. Dabei zeichnete sich folgendes Kaufmuster ab: Schwangere kaufen ab dem dritten Schwangerschaftsmonat meist parfümfreie Lotionen, einige Wochen später spezielle Nahrungsergänzungsmittel.

Es zeigte sich, dass die Änderungen im Konsumverhalten bei voranschreitender Schwangerschaft ein einheitliches Muster aufweisen. Die Supermarktkette schloss daraus auf den jeweiligen Geburtstermin und legte Produktlisten an, die sozusagen als Frühwarnsignal für Schwangerschaften bei Kundinnen dienen. „Zeigt das Kaufverhalten einer Kundin plötzlich dieses ‚Schwangerschaftsmuster', so ist es bei Supermarktketten mittlerweile üblich, die Kundin dementsprechend durch gezielte Werbung oder Gutscheine anzusprechen", schreibt die Deutsche Bank.

Die individuelle Kundenansprache von Target ist mittlerweile so ausgefeilt und treffsicher, dass sie sogar Familienkrisen auslösen kann. So warf ein Mann der Einkaufskette vor, seine junge Tochter mit gezielter Werbung für Babyprodukte zu einer Schwangerschaft anstiften zu wollen. Kurz darauf musste er jedoch einsehen, dass Target einen Informationsvorsprung hatte: Seine Tochter erwartete tatsächlich ein Kind.

Kompetenzorientierte Arbeitsaufträge:

Arbeiten Sie die folgenden Kapitel des Schulbuches durch und verwenden Sie die Aufzeichnungen aus dem Unterricht zur Bearbeitung der Arbeitsaufträge!

1. Beschreiben Sie die Möglichkeiten der Datensammlung und -auswertung!
2. Hinterfragen Sie kritisch die Folgen der Erkenntnisse für den „gläsernen Konsumenten"!

1 Vgl. http://www.cio.de/a/praxisbeispiele-fuer-big-data,2949500 [03.02.2020].

2.1 Sammlung und Auswertung von elektronischen Daten (Big Data)[1]

2.1.1 Begriff Big Data

Die Entwicklungen der Informationstechnologie der vergangenen Jahre bieten Unternehmen völlig neue Möglichkeiten der Erfassung, Speicherung, Auswertung und Vernetzung bisher unvorstellbarer Mengen an Informationen (Big Data).

Die Gründe für die rasante Zunahme der verfügbaren Datenmengen liegen im Zusammenspiel von mehreren Trends. Einerseits entstehen durch die Kommunikation im Internet (Blogs, Beiträge in Diskussionsforen und auf Videoportalen oder Mitteilungen in sozialen Netzwerken wie Facebook oder Twitter) täglich riesige Datenmengen. Andererseits haben die Entwicklung von Smartphones und die Nutzung von mobilen Diensten im Internet diesen Datenzuwachs gefördert. Ein weiterer wichtiger Treiber von Big Data ist die Möglichkeit, über Sensortechnologie Produkte, Maschinen und Endgeräte miteinander zu verknüpfen. Diese M2M-Kommunikation (Machine-to-Machine) führt zu einem stetigen Datenstrom an Informationen über das Nutzungsverhalten der Verbraucher.

Herkunftskategorien von Big Data

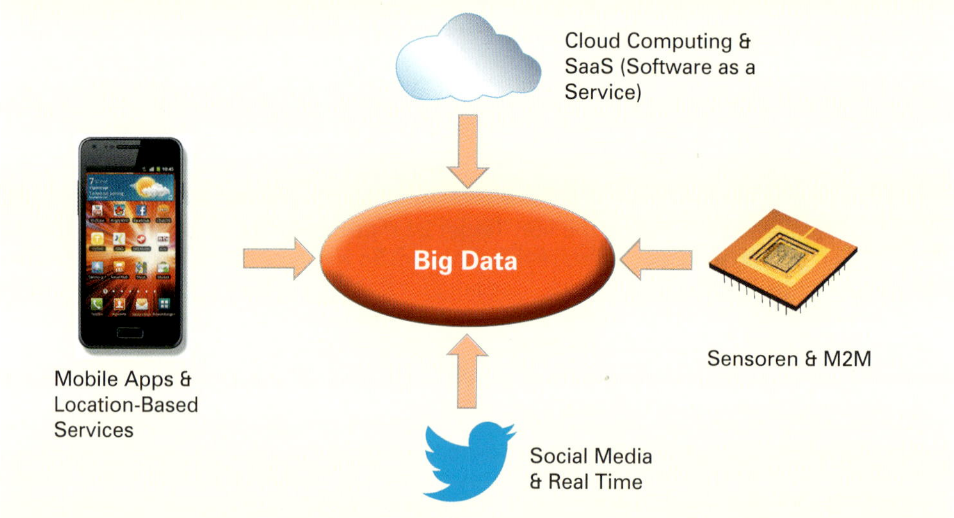

Quelle: In Anlehnung an: Velten/Janata 2012, S. 5.

Selbst die unterschiedlichen Datenformate können immer umfangreicher analysiert und zusammengeführt werden. Um immer auf dem neuesten Informationsstand zu sein, werden die Daten teilweise bereits in Echtzeit ausgewertet.

Big Data umfasst Konzepte und Methoden, mit denen sich die Informationsflut intelligent auswerten und vernetzen lässt.

1 Vgl. http://www.controlling-wiki.com/de/index.php/Big_Data [03.02.2020].

2.1.2 Nutzung von Big Data

Marketing und Vertrieb erleben derzeit durch Big Data einen fundamentalen Veränderungsprozess. Beispielsweise sind intelligente Algorithmen in der Lage, **Zusammenhänge** zwischen verschiedenen Merkmalen eines Kunden zu erkennen. Auf der Grundlage von Big Data können Absatzprognosen, Kunden- und Marktsegmentierungen und sogar Cross-Selling-Angebote[1] für **jeden einzelnen Kunden** erstellt werden.

Speziell im **Online-Handel** kann durch diese Techniken das Kaufverhalten der Kunden entsprechend den Marketingzielen gesteuert werden, weil für diese nur Produkte angezeigt werden, die für sie interessant sind. Eine erhöhte Übersichtlichkeit sorgt dafür, dass die Kunden sich im Shop wohler fühlen und dadurch mehr kaufen.

Die Nutzung von Big Data wird besonders effektiv, wenn alle Entscheidungen im Unternehmen datenbasiert getroffen werden. Dies umfasst insbesondere die Integration von kunden- und marktorientierten Daten in die Produktentwicklung sowie das Angebot neuer Produkte und Dienstleistungen.

2.2 Bewertung von Big Data aus der Sicht des Konsumenten

Durch Kundenkarten, Bank- und Kreditkarten sowie persönliche Zugangsdaten wird jeder Kunde vom Informationssystem eines Unternehmens erkannt. Das hat einerseits Vorteile, aber auch gravierende Nachteile:

Vorteile	Nachteile
■ Suchanfragen führen schneller zum Erfolg. ■ Angebote sind auf den Kunden zugeschnitten. ■ Persönliche Daten müssen nicht jedes Mal neu eingegeben werden.	■ Der „gläserne Konsument" wird manipulierbar. ■ Anonyme Einkäufe fast nicht mehr möglich. ■ Gezielte Werbung „verfolgt" den Kunden. ■ Handel mit Verbraucherprofilen.

Insbesondere die Verletzungen der Privatsphäre beschäftigen auch die Datenschützer. Sie fordern folgende Regelungen:[2]

- **Zweckbindung** der Daten (z. B. nur für die Handy-Rechnung)
- **Datensparsamkeit,** d. h. so wenige Daten wie möglich erheben und nicht mehr benötigte Daten löschen.
- **Datenschutz als Grundprinzip** in EDV-Systemen.
- **Datenmissbrauch** ist zu verhindern.

Da aber viele Unternehmen Big Data als Geschäftsmodell entdeckt haben, liegt es vor allem an jedem einzelnen, so wenig wie möglich Daten von sich preiszugeben.

1 **Cross-Selling** (engl.): Querverkauf, d. h. Verkauf von sich ergänzenden Produkten oder Dienstleistungen.

2 Vgl. http://www.handelsblatt.com/unternehmen/it-medien/glaeserner-konsument-sie-sind-durchschaut/7493006.html [11.01.2016].

Kompetenztraining

73 Nutzung von Big Data

1. Erläutern Sie, inwiefern die Nutzung von Big Data ein Wettbewerbsvorteil sein kann!
2. Big-Data-Nutzer sind in hohem Maß an Bewegungsdaten interessiert, die insbesondere von Smartphones und Tablets geliefert werden.

   2.1 Begründen Sie, weshalb es für ein Unternehmen interessant ist, ob sich ein Kunde im Fitness-Center oder einer Buchhandlung aufhält!

   2.2 Ein Mobilfunkanbieter verzichtet darauf, Bewegungsdaten von Kunden an Einzelhändler zu verkaufen.

   Nennen Sie mögliche Gründe für diesen Verzicht!
3. Die nachfolgende Grafik zeigt die branchenabhängige Zustimmung der Unternehmen zur Nutzung von Big Data.[1]

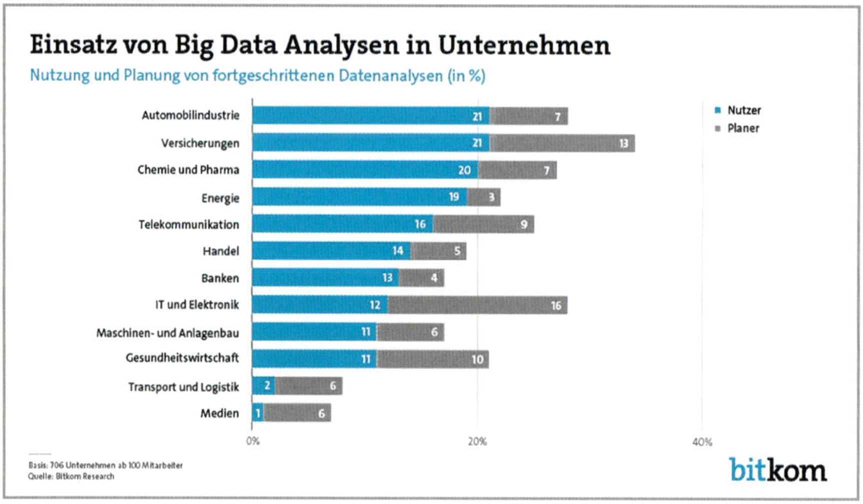

Begründen Sie, weshalb die Zustimmung in der Autoindustrie am größten und in der Gesundheitswirtschaft deutlich geringer ist!

1 Quelle: https://de.statista.com/infografik/4372/nutzung-von-fortgeschrittenen-datenanalysen/ [12.03.2020].

3 Marketingziele festlegen und beurteilen

KB 4 Lernsituation 3: Marketingziele aus den Unternehmenszielen ableiten

Die Ulmer Büromöbel AG möchte ihren bisherigen Marktanteil bei Regalsystemen innerhalb eines Jahres von 15 % auf 20 % erhöhen. Zur Erreichung dieses Ziels wird über eine intensive Werbekampagne nachgedacht.

Kompetenzorientierte Arbeitsaufträge:

Arbeiten Sie die folgenden Kapitel des Schulbuches durch und verwenden Sie die Aufzeichnungen aus dem Unterricht zur Bearbeitung der Arbeitsaufträge!

1. Das übergeordnete Unternehmensziel der Ulmer Büromöbel AG ist die Gewinnmaximierung. Diskutieren Sie in Ihrer Arbeitsgruppe zunächst, ob das Marketingziel „Erhöhung des Marktanteils“ und das Unternehmensziel „Gewinnmaximierung“ zusammenpassen!
2. Als Mitarbeiter setzen Sie sich gegenüber der zögerlichen Geschäftsleitung dafür ein, das für die Werbekampagne notwendige Budget[1] zur Ausweitung des Marktanteils freizugeben.

   Entwerfen Sie eine Argumentationskette,[2] mit der Sie die Geschäftsleitung überzeugen können!
3. Bestimmen Sie auch je ein soziales und ökologisches Marketingziel, welches nicht zwingend mit dem übergeordneten Unternehmensziel der Gewinnmaximierung konkurriert!

3.1 Allgemeine Marketingziele festlegen

(1) Begriff Marketingziele

- **Marketingziele** formulieren eine angestrebte künftige **Marktposition,** die vor allem durch den **Einsatz der absatzpolitischen Instrumente** erreicht werden soll.
- Marketingziele leiten sich aus den **Unternehmenszielen** bzw. dem **Unternehmensleitbild** ab.

1 **Budget**: Haushaltsplan.

2 **Argumentation**: Beweisführung.

22 Hug u.a. - ISBN 978-3-8120-0578-4

(2) Beispiel für die Festlegung von allgemeinen Marketingzielen

Auf der Grundlage des folgenden Beispiels soll gezeigt werden, wie eine Ableitung von Marketingzielen aus Unternehmenszielen erfolgen kann.

Beispiel:

Aus den Unternehmenszielen (vgl. S. 39) leitet die Sport-Burr KG folgende allgemeine Marketingziele ab:

- Wir bieten eine hohe Produkt- und Servicequalität an.
- Unsere Produkte sind zertifiziert und unsere Produktionsverfahren ressourcensparend und umweltfreundlich.
- Wir streben eine Erhöhung unseres Marktanteils am Gesamtmarkt für Sommer- und Wintersportgeräte an.
- Wir bieten attraktive Preise, die in der Regel unter denen der Mitbewerber liegen.
- Die Rentabilität und damit die Sicherung des Unternehmens steht im Vordergrund. Kein Verkauf um jeden Preis.
- Wir halten die vereinbarten Liefertermine ein, schaffen Vertrauen und streben langfristige Kundenbindungen an.

Aufgabe:

Formulieren Sie unter Berücksichtigung der Marketingziele für das Produktprogramm Wintersportgeräte preispolitische, produktpolitische, distributionspolitische und werbepolitische Teilziele!

Lösung: **Marketingziele für das Produktprogramm Wintersportgeräte (Auswahl)**

Preispolitische Teilziele	Produktpolitische Teilziele	Distributionspolitische Teilziele	Werbepolitische Teilziele
■ Preisunterbietung der Konkurrenz um mindestens 3 % und höchstens 5 % bei vergleichbaren Sportgeräten. ■ Forderung eines umsatzmaximalen Preises in Abhängigkeit von örtlichen Gegebenheiten. ■ Preisdifferenzierung. ■ …	■ Hochwertige, den Konkurrenzunternehmen mindestens gleichwertige Produktqualität. ■ Modernes, mit den Kundenbedürfnissen abgestimmtes Design. ■ Hohe Funktionalität der Sportgeräte. ■ Produktdifferenzierung. ■ …	■ Übernahme von 10 Sportgeschäften nahe der Ballungszentren innerhalb von 5 Jahren. ■ Senkung der Logistikkosten um 10 % innerhalb von 2 Jahren. ■ Steigerung des Marktanteils um jeweils 2 % pro Jahr. ■ Einrichtung einer zentralen Serviceabteilung. ■ Direktverkauf über das Internet. ■ …	■ Innovation und Zertifizierung der Sportgeräte hervorheben. ■ Vertrauen bei den Kunden stärken. ■ Deutlich machen, dass die Sportgeräte den Sportgeschäften (Kunden) beste Verkaufschancen bieten. ■ Hohes Verantwortungsbewusstsein gegenüber Kunden und Gesellschaft herausstellen. ■ Mit Spitzensportlern, die die Sportgeräte benutzen, Werbeveranstaltungen durchführen und damit das Unternehmensimage steigern. ■ …

(3) Anforderungen an die konkreten Formulierungen von Marketingzielen

Ein absatzpolitisches Ziel ist umfassend formuliert, wenn es hinsichtlich der folgenden vier Anforderungen genau bestimmt ist. Diese vier Anforderungen sollen am Beispiel des Ziels **Absatzsteigerung** dargestellt werden:

Anforderungen	Fragestellungen	Beispiele
Zielinhalt	**Was** soll erreicht werden?	Der **Absatz** unserer **E-Bikes** soll **gesteigert** werden.
Zielausmaß	**Wie viel** soll erreicht werden?	Wir wollen den Absatz unserer E-Bikes **um 15 %** steigern.
Zeithorizont	**Bis wann** soll das Ziel erreicht werden?	**Bis zum Ende des nächsten Jahres** wollen wir den Absatz unserer E-Bikes um 15 % steigern.
Geltungsbereich	**Wo** soll dieses Ziel erreicht werden?	Bis Ende des nächsten Jahres wollen wir den Absatz unserer E-Bikes **im Inland** um 15 % steigern.

(4) Beschreibung der Marketingziele

Marketingziele	Erläuterungen	Zielformulierung (Beispiele)
Absatzsteigerung	Die Absatzsteigerung wird gemessen am Absatz des vergangenen Jahres, ausgedrückt in Prozent. Es handelt sich hierbei um eine Mengengröße. $\textbf{Absatzsteigerung} = \frac{\text{Absatzsteigerung (Stück, Liter ...)}}{\text{Absatz des vergangenen Jahres}} \cdot 100$ Die Kennzahl gibt Auskunft darüber, um welche Verkaufsmenge der Absatz erhöht werden konnte.	Bis zum Ende des nächsten Jahres wollen wir den Absatz unserer E-Bikes im Inland um 15 % steigern.
Marktanteil	Er ist der Anteil des eigenen Absatzes (Absatzvolumen), gemessen am Gesamtabsatz aller Unternehmen auf einem Teilmarkt innerhalb einer Periode (Marktvolumen), ausgedrückt in Prozent. $\textbf{Marktanteil (mengenorientiert)} = \frac{\text{Absatzvolumen}}{\text{Marktvolumen}} \cdot 100$ $\textbf{Marktanteil (wertorientiert)} = \frac{\text{Umsatz}}{\text{Gesamtumsatz des Marktes}} \cdot 100$ Diese Kennzahl gibt Auskunft darüber, in welchem Maße das eigene Unternehmen das Marktvolumen bzw. den Gesamtumsatz des Marktes ausschöpfen und sich damit gegen die Mitbewerber erfolgreich durchsetzen konnte.	Bis Ende des Jahres 20.. wollen wir im Inland für unsere Mountainbikes einen Marktanteil von 20 % erreicht haben.

Marketingziele	Erläuterungen	Zielformulierung (Beispiele)
Bekanntheitsgrad	Er drückt die Wertschätzung der Kunden für das Produkt, der Dienstleistung und der Marke aus. Die Steigerung des Bekanntheitsgrades gehört zu den psychografischen Marketingzielen. Diese sind Merkmale wie Werte, Motive, Einstellungen oder Interessen der Kunden. Aus deren Kenntnis kann man Rückschlüsse ziehen auf die Bedürfnisse der Kunden. Und daraus wiederum lassen sich Aussagen ableiten über das künftige Kundenverhalten. $\textbf{Bekanntheitsgrad} = \frac{\text{Anzahl der Befragten, die einen Gegenstand kennen}}{\text{Anzahl aller Befragten}} \cdot 100$ Maggi, Coca-Cola und Nivea haben z. B. einen Bekanntheitsgrad von nahezu 100 %. Allerdings: Der Bekanntheitsgrad sagt nur etwas darüber aus, wie viele der Befragten einen Gegenstand (Produkt, Marke, Unternehmen) kennen. Es sagt noch nichts darüber aus, ob die Befragten auch eine positive Einstellung gegenüber diesem Gegenstand haben. (Zum Beispiel kann ein Automobilunternehmen auch deswegen bekannt werden, weil eine umfangreiche Rückrufaktion aufgrund eines Konstruktionsfehlers erforderlich war. In diesem Fall wäre ein hoher Bekanntheitsgrad eher negativ.) Wertvoll verfeinert werden kann diese Kennzahl durch den Sympathiegrad. $\textbf{Sympathiegrad} = \frac{\text{Anzahl jener, die den Gegenstand mögen}}{\text{Anzahl jener, die den Gegenstand kennen}} \cdot 100$	Wir wollen innerhalb von 3 Jahren in unserer Region einen Bekanntheitsgrad von 25 % erzielen.
Kundenbindung	Die Kennzahlen zur Kundenbindung sagen etwas aus über die **Beziehungsqualität** der Kunden zu einem Produkt. Die Komplexität dieses Zieles bedingt, dass es nur über ein Bündel an Kennzahlen zu fassen ist, z. B. $\textbf{Wiederkäuferrate} = \frac{\text{Anzahl jener, die den Gegenstand wiederholt gekauft haben}}{\text{Anzahl jener, die den Gegenstand gekauft haben}} \cdot 100$ Die **Empfehlungsrate** lässt sich erfassen in einer Skalenfrage mit einer Bandbreite von 0–10: *„Wie wahrscheinlich ist es, dass Sie unser Unternehmen weiterempfehlen?“* $\textbf{Kundenfluktuationsrate} = \frac{\text{Anzahl der Neukunden}}{\text{Ø Anzahl der Kunden pro Jahr}} \cdot 100$	Innerhalb von 5 Jahren wollen wir in unserem Webshop eine Wiederkäuferrate von 30 % erreichen.

(5) Einbettung der Marketingziele in ein ganzheitliches Marketingkonzept

Die Marketingziele bilden das **Fundament** eines ganzheitlichen **Marketingkonzeptes**. Zur Erreichung dieser Ziele ist die Wahl der passenden **Wettbewerbsstrategien** notwendig. Darunter versteht man mittel- bis langfristig wirkende Grundausrichtungen der Marketingaktivitäten eines Unternehmens. Deren Umsetzung erfolgt durch den Einsatz passgenau abgestimmter **Marketinginstrumente**.

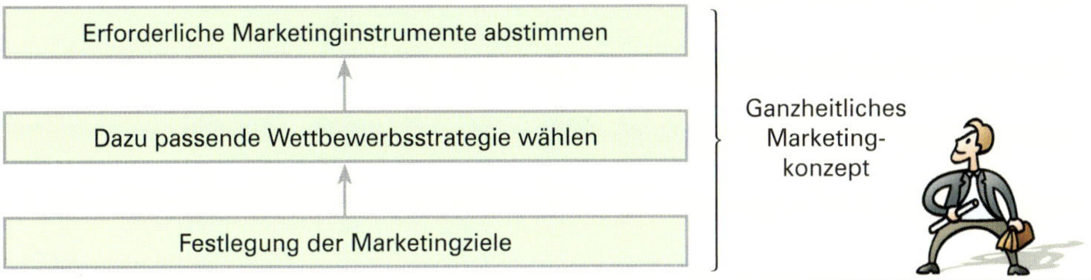

3.2 Konkrete Marketingziele im Hinblick auf Kunden, Konkurrenz und konjunkturelle Situation setzen

(1) Marketingziele im Hinblick auf Kunden setzen

Will ein Unternehmen am Markt erfolgreich sein, muss es seine Eigenschaften und die seiner Produkte positiv darstellen. Diese Eigenschaften müssen:

- vom Kunden **wahrnehmbar** sein,
- sie müssen ihm **wichtig** sein und
- ihm einen **dauerhaften** Nutzenvorteil bringen.

Die Kundenstruktur sollte die Marketingziele ganz entscheidend beeinflussen. Die nachfolgenden Beispiele verdeutlichen diesen Zusammenhang:

Beispiele:

- **Kundenstruktur bei der Ulmer Büromöbel AG:**
  Die Umsätze werden zu 70 % mit Stammkunden gemacht.
  ➥ **Marketingziel:** Förderung der Kundenbindung.
- **Kundenstruktur eines Lebensmittelhändlers:**
  Die Kunden ernähren sich überdurchschnittlich gesundheitsbewusst.
  ➥ **Marketingziel:** Erhöhung des Anteils an Bio-Produkten.
- **Kundenstruktur bei der Sport-Burr KG:**
  Mehr als die Hälfte der Kunden ist jünger als 30 Jahre.
  ➥ **Marketingziel:** Förderung der Fun-Sportarten.
- **Kundenstruktur bei der Kaffeerösterei Arabica KG:**
  Ca. 20 % der Kunden sind bereit, für fair gehandelten Kaffee mehr zu bezahlen.
  ➥ **Marketingziel:** Erweiterung des Sortiments um Transfair-Kaffee.

Erkenntnisse über die Kundenstruktur bzw. -wünsche fruchten nur dann, wenn sie sich in den konkreten Marketingzielen niederschlagen und konkrete Marketingmaßnahmen auslösen.

(2) Marketingziele im Hinblick auf die Konkurrenz setzen

Neben der Kundenstruktur werden die Marketingziele sehr stark von der Wettbewerbssituation bestimmt. Die nachfolgenden Beispiele verdeutlichen anhand einiger typischer Wettbewerberstrukturen deren Einfluss auf die Zielsetzung:

Beispiele:

- **Wettbewerberstruktur bei der Ulmer Büromöbel AG:**
  Besonders viele Konkurrenten gibt es vor allem bei Standard-Büromöbeln.
  ➥ **Marketingziel:** Spezialisierung auf Möbel mit Sonderausstattung.
- **Wettbewerberstruktur eines Supermarkts:**
  In der Nachbarschaft eröffnet ein Bio-Supermarkt.
  ➥ **Marketingziel:** Erhöhung des Anteils an Bio-Produkten im Sortiment.
- **Wettbewerberstruktur bei der Sport-Burr KG:**
  Wettbewerbsdruck durch Billigangebote aus Fernost.
  ➥ **Marketingziel:** Schnelle Reaktion auf neue Trendsportarten.
- **Wettbewerberstruktur bei der Kaffeerösterei Arabica KG:**
  Zunehmende Konkurrenz durch Online-Anbieter.
  ➥ **Marketingziel:** Erweiterung der Vertriebskanäle.

An der Wettbewerberstruktur orientierte Marketingziele schaffen die nötigen Wettbewerbsvorteile, um am Markt erfolgreich zu bleiben oder es noch zu werden.

(3) Marketingziele im Hinblick auf die konjunkturelle Situation setzen

Wirtschaftsschwankungen stellen die Marketingabteilung eines Unternehmens vor besondere Herausforderungen. Nachfolgend werden beispielhaft einige konjunkturbedingte Marketingziele skizziert:

Beispiele:

- **Konjunkturelle Situation für die Ulmer Büromöbel AG:**
  Die Nachfrage nach Büromöbeln ist in der ganzen Branche rückläufig.
  ➥ **Marketingziel:** Ausweitung des Möbelprogramms auf neue Produktarten und neue Märkte (Diversifikation).
- **Konjunkturelle Situation der Motorenbau Anton Thomalla e. Kfm.:**
  Aufgrund von staatlichen Zuschüssen boomt das Geschäft.
  ➥ **Marketingziel:** Deutliches Umsatzwachstum.
- **Konjunkturelle Situation beim Autohaus Stolz & Krug OHG:**
  Die Autokonjunktur liegt am Boden, d.h., es werden kaum noch Neuwagen verkauft.
  ➥ **Marketingziel:** Niedrigpreisstrategie, Konzentration auf Fahrzeugreparaturen.
- **Konjunkturelle Situation beim Logistik-Unternehmen Kramer GmbH:**
  Branche befindet sich durch steigende Zahl von Online-Händlern im Aufschwung.
  ➥ **Marketingziel:** Steigerung der Schnelltransporte.

Die Herausforderung besteht darin, die Marketingziele je nach konjunktureller Situation so zu setzen, dass einerseits im Aufschwung und in der Hochkonjunktur die sich eröffnenden neuen Marktchancen optimal genutzt und andererseits Umsatzrückgänge im Abschwung und im Konjunkturtief vermieden oder zumindest abgeschwächt werden können.

3.3 Marketingziele nach ökonomischen, ökologischen und gesellschaftlichen Kriterien beurteilen

Nachhaltiges Marketing ist gegeben, wenn **gleichzeitig** ökonomische, ökologische und soziale Ziele erreicht werden.

Beispiel:

Beurteilung des konkurrenzorientierten Marketingziels eines Supermarkts:
Erhöhung des Anteils an Bio-Produkten im Sortiment auf 30 % innerhalb von drei Monaten.

Kriterium	Beurteilung
Ökonomische Aspekte	Verhinderung der Abwanderung von Kunden zum Bio-Supermarkt.
Ökologische Aspekte	Bio-Produkte belasten die Umwelt geringer und sind gesünder.
Gesellschaftliche Aspekte	Entlassung von Mitarbeitern wird vermieden. Bio-Bauern werden unterstützt.

Erläuterungen:

Das Marketingziel des Supermarkts ist zumindest für regionale Produkte nachhaltig. Bei Bio-Produkten aus fernen Ländern ist jedoch der Energieaufwand für die Lagerung und den Transport dieser Produkte sehr hoch. Darüber hinaus sind die Arbeitsbedingungen in vielen Entwicklungsländern sehr schlecht. Von Nachhaltigkeit kann erst dann gesprochen werden, wenn diese Bio-Produkte auch fair gehandelt werden.

Ökonomie, Ökologie und Soziales sind die drei Säulen der **Fairtrade-Standards**. Sie bilden die Spielregeln des Fairen Handels. Alle Produzenten und Händler müssen sich an die Standards halten – nur dann dürfen ihre Produkte mit dem Fairtrade-Siegel ausgezeichnet werden.[1]

ÖKOLOGIE	ÖKONOMIE	SOZIALES
Liste verbotener Substanzen	Beratung	Arbeitsbedingungen
Umweltschonender Anbau	Stabile Mindestpreise	Gemeinschaftsprojekte
Förderung des Bio-Anbaus	Fairtrade-Prämie	Versammlungsfreiheit
Verbot gentechnisch veränderter Organismen	Langfristige Handelsbeziehungen	Diskriminierungsverbot
Biozertifizierung	Vorfinanzierung	Keine illegale Kinderarbeit

1 Vgl. https://www.fairtrade-deutschland.de/?id=30 [03.02.2020].

Zusammenfassung

- **Marketingziele** beschreiben die **künftige Marktposition.** Sie leiten sich aus den Unternehmenszielen bzw. dem Unternehmensleitbild ab.
- Man unterscheidet **preispolitische, produktpolitische, distributionspolitische** und **werbepolitische Teilzeile.**
- Die **Marketingziele** müssen die **Unternehmenseigenschaften** so darstellen, dass
  - sie vom Kunden **positiv wahrnehmbar** sind,
  - sie ihm **wichtig** erscheinen und
  - diese ihm einen **dauerhaften Nutzenvorteil** signalisieren.
- Die konkreten **Marketingziele berücksichtigen** die **Kundenstruktur,** die **Wettbewerbsstruktur** und **konjunkturelle Situation.**
- **Nachhaltiges Marketing** ist gegeben, wenn **gleichzeitig** ökonomische, ökologische und soziale Ziele erreicht werden.

Kompetenztraining

74 Ableitung und Beurteilung von Marketingzielen

1. Die Ziele, die im Marketing angestrebt werden, leiten sich aus den Unternehmenszielen ab.

   Aufgabe:

   Erklären Sie diesen Sachverhalt anhand von zwei selbst gewählten Beispielen!

2. Erläutern Sie, in welchen Zielbeziehungen zueinander Marketingziele stehen können!

3. Ein Ziel ist konkret formuliert, wenn es Aussagen enthält über Zielinhalt, Zielausmaß, Zeithorizont und Geltungsbereich.

   Aufgaben:

   Formulieren Sie konkrete Ziele

   3.1 für einen asiatischen Newcomer auf dem Markt für Smartphones!

   3.2 für die Filiale einer Parfümeriekette in der Fußgängerzone einer Großstadt!

4. Auszug aus dem Konjunkturbericht eines Marktforschungsinstituts:

   > Das Marktforschungsinstitut sieht „erhebliche Abwärtsrisiken" für die deutsche Konjunktur. In seinem Bericht zur wirtschaftlichen Lage erklärt das Institut, die deutsche Wirtschaft entwickele sich mit merklich gedämpfter Dynamik. „Die Stimmung bei den Unternehmern hat sich weiter verschlechtert."
   >
   > Der Anstieg der Erwerbstätigkeit sei erstmals seit zweieinhalb Jahren zum Erliegen gekommen. Dadurch würden auch die Impulse für den privaten Konsum kleiner, der gleichwohl die Konjunktur auch in der zweiten Jahreshälfte weiter stützen werde.

   Aufgabe:

   Lesen Sie den Konjunkturbericht sorgfältig durch und interpretieren Sie, welche Auswirkungen der Konjunkturbericht auf die Marketingziele der Sport-Burr KG haben könnte!

5. Die Sport-Burr KG hat sich als preispolitisches Marketingziel „Preisunterbietung der Konkurrenz um mindestens 3 %" gesetzt.

   5.1 Prüfen Sie dieses Ziel auf Nachhaltigkeit!

   5.2 Begründen Sie, mit welchem Marketingziel die Konkurrenz reagieren sollte!

4 Produktpolitik unter Beachtung von Produktlebenszyklus und Portfolio-Analyse gestalten

KB 4 **Lernsituation 4: Produkte gestalten und deren Lebenszyklus beschreiben**

Die Sport-Burr KG plant, künftig auch Geräte für die neue Trendsportart Stand-up-Paddling herzustellen und zu vermarkten, da dieser Sport nicht nur auf Seen, sondern auch auf Flüssen wie der Donau ausgeübt werden kann.

Neben der Produktgestaltung sind für eine erfolgreiche Vermarktung auch Kenntnisse zum voraussichtlichen Produktlebenszyklus notwendig.

Immer häufiger wollen die Kunden auch wissen, wie ausgediente Sportgeräte umweltgerecht entsorgt werden können.

Kompetenzorientierte Arbeitsaufträge:

Arbeiten Sie die folgenden Kapitel des Schulbuches durch und verwenden Sie die Aufzeichnungen aus dem Unterricht zur Bearbeitung der Arbeitsaufträge!

1. Klären Sie ab, über welche Produktmerkmale Entscheidungen zu treffen sind und machen Sie konkrete Vorschläge für eine Stand-up-Paddling-Ausrüstung!
2. Machen Sie sich Gedanken, welche Marketingmaßnahmen in den verschiedenen umsatzbezogenen Lebensphasen des Produkts sinnvoll sind!
3. Diskutieren Sie den ökologischen Lebenszyklus einer Stand-up-Paddling-Ausrüstung!

4.1 Produktgestaltung

4.1.1 Begriff Produkt

Während man vor wenigen Jahren noch unter einem „Produkt" eine hergestellte Sache, also ein Erzeugnis verstand, bezeichnet heute der Begriff Produkt die gesamte Angebotspalette eines Unternehmens.

- Im **Industriebetrieb** z. B. gehören zum Produkt im weiteren Sinne nicht nur die Erzeugnisse, sondern auch dessen Serviceleistungen (Dienstleistungen) wie z. B. Beratung, Montage, Reparatur- und Garantieleistungen sowie Ersatzlieferungen. Die Summe des Produktangebots eines Industriebetriebs bezeichnet man als **Produktprogramm**.
- Im **Handelsbetrieb** zählen zum Produkt die Waren und die vom Handelsbetrieb erbrachten Dienstleistungen. Die Summe des Produktangebots bezeichnet man im Handel auch als **Sortiment**.

Neben den Erzeugnissen lassen sich auch die Dienstleistungen „gestalten". Sie unterscheiden sich z. B. durch folgende Merkmale: Pünktlichkeit und Sicherheit (z. B. bei der Durchführung von Transporten), Fehlerfreiheit (z. B. bei Reparaturarbeiten) oder Höflichkeit (z. B. bei der Beratung).

Das **Produkt** stellt die Leistung (Sachgüter und/oder Dienstleistungen) eines Anbieters dar, die dieser erbringt, um die Bedürfnisse und Ansprüche des Abnehmers zu befriedigen.

4.1.2 Merkmale eines Produkts

(1) Überblick

Um die Eigenschaften eines Produkts übersichtlich darstellen zu können, verwenden wir im Folgenden vier Kriterien:

- den **Leistungskern,** wobei dies ein Produkt oder eine Dienstleistung sein kann,
- die **Verpackung,**
- die **Markierung (Markenpolitik, Branding)** und
- den **Service.**

Produktmerkmale

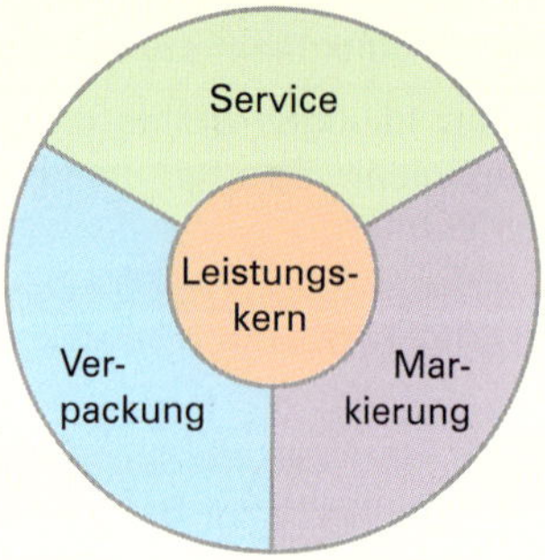

(2) Leistungskern

Von einem Konsum- oder Investitionsgut wird erwartet, dass es gebrauchstüchtig, funktionssicher, nicht störanfällig, haltbar, umweltfreundlich und wertbeständig ist. Diese Eigenschaften machen den **Nutzen** des Produkts aus.

Inwieweit das Produkt dem Bedürfnis- und Anspruchsbündel entspricht, ist immer auch eine subjektive Entscheidung der Nachfrager. Insoweit umfasst das Produkt einen **Grundnutzen (objektiven Nutzen),** z. B. ein T-Shirt dient der Bekleidung, und einen **Zusatznutzen (subjektiven Nutzen),** z. B. das T-Shirt einer bestimmten Marke befriedigt das Modebewusstsein bzw. das Geltungsstreben des Trägers.

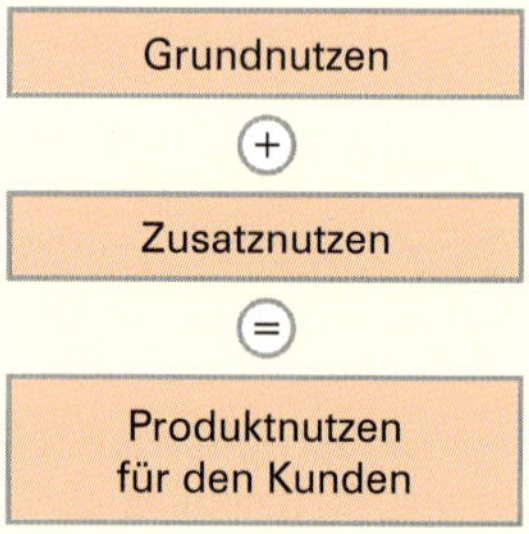

Der versprochene Zusatznutzen ist oft nur vordergründig vorhanden. Insbesondere Lebensmittel enthalten oft viele Zusatzstoffe zur geschmacklichen und optischen „Aufwertung".

(3) Alleinstellungsmerkmal von Produkten

Im Normalfall hat in unserer Zeit der Konsument die Qual der Wahl. Eine Vielzahl von Produkten erfüllt den gleichen Kundennutzen (löscht den Durst, hält warm, macht satt, bringt einen von A nach B). Unterscheiden sich die eigenen Produkte nicht von denen anderer, dann läuft die Entscheidung über den Preis. Die Heraushebung aus der Masse und die Erzielung eines höheren Preises lässt sich nur über ein **Alleinstellungsmerkmal** (Unique Selling Proposition, USP) erreichen.[1]

Ein **Alleinstellungsmerkmal** ist ein Produktmerkmal (oder auch eine Kombination davon), mit dem sich ein Erzeugnis oder eine Dienstleistung deutlich von dem der Wettbewerber unterscheidet.

Damit ein Merkmal als Alleinstellungsmerkmal genutzt werden kann, muss es einige **Voraussetzungen** erfüllen. Es sollte

- **verteidigungsfähig** sein, d.h., Angriffe Dritter müssen durch Patente oder sonstige Schutzrechte abgewehrt werden können.
- **klar wahrnehmbar** sein, d.h., das Merkmal muss erkennbar mit dem Produkt verbunden und der versprochene Nutzen (nur über dieses Produkt) wahrnehmbar sein. Das Produkt muss halten, was die Werbebotschaft über das Alleinstellungsmerkmal verspricht.
- für den Kunden **bedeutsam** sein.
- **dauerhaft** sein. Je dauerhafter, desto mehr prägt es sich im Kundenbewusstsein ein und ist damit wertvoller.
- **nicht rasch und nicht leicht kopierbar** sein. Dies trifft besonders auf die Merkmal bei Banknoten zu.

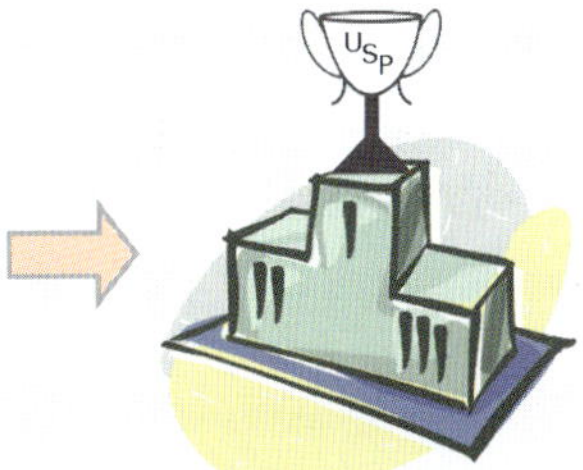

(4) Verpackung

Während früher die Verpackung die alleinige Aufgabe hatte, die Erzeugnisse vor Transportschäden zu schützen, ist heute die Verpackung zu einem Marketinginstrument geworden, vor allem bei Konsumgütern. Das besagt, dass die Verpackung zusätzlich zur **Schutz- und Transportfunktion** noch **Werbe- und Informationsfunktionen** zu übernehmen hat.

Beispiele:

- Verkaufsfördernde Verpackungen von Pralinen, Schokoladentafeln;
- Geschenkpackungen für Weine und Liköre, Spielzeug, Bastelartikel usw.

Auf der Verpackung werden auch Bio- und Fairtrade-Siegel angebracht. Alle Bio-Lebensmittel aus der Europäischen Union (EU) müssen mit dem nebenstehenden grünen **EU-Bio-Logo** gekennzeichnet sein. Daneben gibt es eine Vielzahl von weiteren Bio-Siegeln.

1 Der Begriff **Unique Selling Proposition** wurde 1940 von dem amerikanischen Werbefachmann Rosser Reeves als „einzigartiges Verkaufsversprechen" geprägt.

Hier eine kleine Auswahl:

Bio nach EG-Öko-Verordnung	Dieses Bio-Siegel ist das staatlich anerkannte Gegenstück zum EU-Bio-Logo für Produkte aus überwiegend ökologischem Landbau.
Bioland	Die Produkte beruhen auf einer organisch-biologischen Kreislaufwirtschaft. Dabei wird auf synthetische Pestizide und chemisch-synthetischen Stickstoffdünger verzichtet. Die nachhaltige und umweltverträgliche Lebensmittelerzeugung beinhaltet auch die artgerechte Tierhaltung und schonende Verarbeitung der Lebensmittel.
demeter	Diese biodynamische Landbewirtschaftung gilt als die nachhaltigste Form ihrer Art. Gleichzeitig ist Demeter der einzige ökologische Anbauverband, der die Tierhaltung vorschreibt.

Neben dem Bio-Siegel sollte auf der Verpackung auch die Nummer der Öko-Kontrollstelle (z. B. DE-Öko-003) enthalten sein.

Fair gehandelte Produkte dürfen z. B. mit folgenden Siegeln ausgezeichnet werden:[1]

(5) Markierung (Markenpolitik, Branding)

Begriff Markierung

Die Markenpolitik (Branding) zielt darauf ab, das Produkt aus der Anonymität herauszuheben, auf Merkmale hinzuweisen und bestimmte (Qualitäts-)Assoziationen[2] zu wecken. Das Produkt soll durch die Markengebung „individualisiert" werden, um es „einmalig" erscheinen zu lassen.

Eine **Marke** oder ein anderes Kennzeichen ist dazu bestimmt, Waren oder Dienstleistungen eines Unternehmens von denjenigen anderer Unternehmen (Hersteller, Händler und sonstige Dienstleistungsunternehmen) zu unterscheiden.

1 Vgl. auch Kompetenzbereich 3, Kapitel 1.2.4, S. 229 ff.

2 **Assoziation:** gedankliche Verbindung; Verknüpfung mit einer bestimmten Vorstellung.

■ Markenschutz

Um den Hersteller vor unberechtigter Verwertung und Nachahmung seiner Produkte zu schützen, hat der Gesetzgeber Schutzrechte erlassen.

Durch das Markengesetz werden **Marken, geschäftliche Bezeichnungen** und **geografische Herkunftsangaben** geschützt. Markenrechte können von jedermann, also auch von einer Privatperson ohne jeden Geschäftsbetrieb, für beliebige Waren und Dienstleistungen erworben werden.

Die Marke dient als einprägsames Werbemittel. Sie ist deshalb schutzbedürftig.

Wortzeichen	Bildzeichen	Buchstabenzeichen	gemischte Zeichen
brother at your side	(Mercedes-Stern)	Google	Red Bull

(6) Service

Mit dem Anbieten von Dienstleistungen – entgeltlich oder unentgeltlich – wird versucht, gegenüber den Konkurrenten einen Wettbewerbsvorteil zu erringen.

In der Regel umfasst das Dienstleistungsangebot die **Beratung,** den **Kundendienst** und die **Garantien.**

Beratung 	Die Zielrichtung der Beratung besteht zunächst darin, dass der Anbieter einem potenziellen Abnehmer hilft zu erkennen, dass und woran er genau Bedarf hat. In der Nutzungsphase muss dem Käufer dann die Sicherheit gegeben werden, dass ihm im Störungsfall geholfen wird. Am Ende der Nutzungszeit schließlich zielt die Beratung darauf ab, dem Kunden beim Kauf eines neuen Produkts bzw. bei der Entsorgung des alten Produkts zu helfen.
Kundendienst 	Der **technische Kundendienst** umfasst die **Einstellung** (z. B. von Skibindungen, Fernsehsendern), die **Einpassung** (z. B. von Büromöbeln) und die **Installation** (z. B. von Maschinen und maschinellen Anlagen), die **Wartung** und **Pflege** (z. B. bei Heizungsanlagen, EDV-Anlagen) sowie die **Reparatur.** Wichtig dabei ist, dass die Reparaturleistungen (unter Umständen unter Einschaltung des Reparaturhandwerks) schnell erfolgen. Dies gilt vor allem für Investitionsgüter, denn Produktionsunterbrechungen sind teuer. Der **kaufmännische Kundendienst** hat das Ziel, dem Käufer den Kauf vor, während und nach dem Erwerb des Produkts zu erleichtern. Zu diesen Kundendienstleistungen werden im Allgemeinen gezählt: der **Zustelldienst,** die **Inzahlungnahme** eines alten Produkts, die Bereitstellung **zusätzlicher Informationen.** Die Grenzen zwischen technischem und kaufmännischem Kundendienst sowie der Beratung sind fließend.

Garantien

Im Falle der Garantie übernimmt der Verkäufer oder ein Dritter (z. B. der Hersteller) unabhängig vom Bestehen oder Nichtbestehen eines Mangels bei Gefahrübergang die Gewähr für die Beschaffenheit **(Beschaffenheitsgarantie)** oder dafür, dass die Sache für eine bestimmte Dauer eine bestimmte Beschaffenheit behält **(Haltbarkeitsgarantie).**

Zu beachten ist aber, dass jede Garantieleistung für den Lieferer Kosten verursacht. Eine wirtschaftlich vertretbare Qualitätskontrolle muss daher dafür Sorge tragen, dass die Zahl der Reklamationen in Grenzen bleibt.

Die meisten Unternehmen bieten in ihrem Produktprogramm mehrere Produkte an. Für die Unternehmensleitung stellt sich daher die Frage,

- **welches Produkt** man besonders fördern will und
- in welchem **Umfang** man **Marketinginstrumente** einsetzen soll.

Die Lösung dieser Fragestellungen hängt insbesondere von zwei Faktoren ab:

- vom „Lebensalter“ der Produkte **(Konzept des Produktlebenszyklus)** und
- vom Marktanteil des Produkts sowie den damit verbundenen Wachstumsaussichten **(Marktwachstums-/Marktanteils-Portfolio).**

4.2 Konzept des Produktlebenszyklus

4.2.1 Marktorientierte Betrachtung des Produktlebenszyklus

(1) Grundlegendes zum Konzept des Produktlebenszyklus

Hat ein Unternehmen ein neues Produkt entwickelt, steht es vor der Frage, mit welchen Marketingmaßnahmen es am Markt eingeführt und anschließend begleitet und gefördert werden soll. Die betriebswirtschaftliche Theorie hat hierzu das Konzept des Produktlebenszyklus entwickelt, das die „Lebensdauer“ eines Produkts in verschiedene Phasen einteilt, und für jede der Phasen ein entsprechendes **Marketingziel** vorschlägt.

Das **Modell des Lebenszyklus von Produkten** möchte den „Lebensweg“ eines Produkts, gemessen an Umsatz und Gewinnhöhe, **zwischen der Markteinführung** des Produkts und dem **Ausscheiden aus dem Markt** darstellen.

(2) Phasen des Produktlebenszyklus

Der **Lebenszyklus eines Produkts** lässt sich in **vier unterscheidbare Phasen** gliedern.

Einführungsphase

Die Einführungsphase beginnt mit dem Eintritt des Produkts in den Markt. In dieser Phase dauert es einige Zeit bis die Kunden ihr bisheriges Konsumverhalten geändert haben und das Produkt am Markt eingeführt ist. In diesem Stadium werden zunächst **Verluste** oder nur **geringe Gewinne** erwirtschaftet, da das Absatzvolumen niedrig und die Aufwendungen für die Markteroberung hoch sind. Handelt es sich um ein wirklich neues Produkt, gibt es zunächst noch keine Wettbewerber.

Um dem Produkt den Durchbruch auf dem Markt zu ermöglichen, ist die **Werbung** das wirksamste Instrument. Daneben gilt es, das Verkaufsnetz auszubauen. Das neue Produkt wird meist nur in der **Grundausführung** hergestellt.

Marketingziel in der **Einführungsphase** ist, das Produkt bekannt zu machen und Erstkäufe herbeizuführen.

Wachstumsphase

Die Wachstumsphase tritt ein, wenn die Absatzmenge rasch ansteigt. Die Mehrheit der infrage kommenden Kunden beginnt zu kaufen. Die Chance auf hohe Gewinne lockt neue Konkurrenten auf den Markt. Die **Preise** bleiben aufgrund der regen Nachfrage **stabil** oder **fallen nur geringfügig.** Da sich die Kosten der Absatzförderung auf ein größeres Absatzvolumen verteilen und zudem die Fertigungskosten aufgrund der größeren Produktionszahlen sinken, **steigen die Gewinne** in dieser Phase.

Die Werbung wird in dieser Phase noch nicht nennenswert herabgesetzt. In der Produktpolitik wird in der Regel so verfahren, dass die **Produktqualität verbessert, neue Ausstattungsmerkmale** entwickelt und das **Design aktualisiert** wird.

Marketingziel in der **Wachstumsphase** ist, einen größtmöglichen Marktanteil zu erreichen.

Reife- und Sättigungsphase

Die Reife- und Sättigungsphase lässt sich in drei Abschnitte untergliedern. Im ersten Abschnitt **verlangsamt sich das Absatzwachstum,** im zweiten Abschnitt kommt es zur **Marktsättigung,** sodass der Umsatz in etwa konstant bleibt. Im dritten Reifeabschnitt wird der **Prozess des Absatzrückgangs** eingeleitet. Die Kunden fangen an, sich anderen Produkten zuzuwenden. Dies führt in der Branche zu Überkapazitäten und löst einen verschärften Wettbewerb aus. Die Gewinne gehen zurück. Die schwächeren Wettbewerber scheiden aus dem Markt aus.

Die Wettbewerber versuchen in der Reife- und Sättigungsphase insbesondere durch **Produktmodifikationen**[1] wie Qualitätsverbesserungen (z. B. bessere Haltbarkeit, Zuverlässigkeit, Geschmack, Geschwindigkeit), **Verbesserung der Produktausstattung** (z. B. Schiebedach, heizbare Sitze, Klimaanlage) und/oder **Differenzierung des Produktprogramms** (z. B. Schokolade mit unterschiedlichem Geschmack, Formen, Verpackungen) neue Nachfrager zu gewinnen. Daneben werden **preispolitische Maßnahmen** (z. B. Sonderverkauf, hohe Rabatte, Hausmarken zu verbilligten Preisen) und servicepolitische Maßnahmen (z. B. Einrichtung von Beratungszentren, kürzere Lieferzeiten, großzügigere Lieferungs- und Zahlungsbedingungen) ergriffen. Außerdem werden **spezielle Werbemaßnahmen** eingesetzt, um bestehende Präferenzen[2] zu erhalten bzw. neue aufzubauen.

1 **Modifikation:** Abwandlung, Veränderung. Vgl. hierzu auch die Ausführungen auf S. 359 f.

2 **Präferenz:** Bevorzugung (z. B. bestimmte Produkte und/oder Verkäufer).

Marketingziel in der **Reife- und Sättigungsphase** ist, einen größtmöglichen Gewinn zu erzielen, indem die Umsatzkurve „gestreckt" wird, bei gleichzeitiger Sicherung des Marktanteils. Da die hohen Kosten der Markteinführung und des Wachstums weitestgehend entfallen, verspricht diese Phase eine hohe Rentabilität.

Rückgangsphase (Degenerationsphase)

In der Rückgangsphase **sinkt die Absatzmenge** stark ab und **Gewinne** lassen sich nur noch **in geringerem Umfang** bzw. gar **nicht mehr erwirtschaften.** Die Anzahl der Wettbewerber sinkt. Die übrig gebliebenen Anbieter **verringern systematisch ihr Produktprogramm,** die Werbung wird zunehmend eingeschränkt, die **Distributionsorganisation wird ausgedünnt.** Auch starke Preissenkungen können sinnvoll sein.

Als Ursachen für einen Rückgang der Absatzzahlen können der technische Fortschritt, ein veränderter Verbrauchergeschmack oder Änderungen in der Einkommensverteilung, die ihrerseits zu Verschiebungen der Bedarfsstrukturen führt, angesehen werden.

Marketingziel in der **Rückgangsphase** ist, die Kosten zu senken und gleichzeitig den möglichen Gewinn noch „mitzunehmen".

(3) Gesamtdarstellung

Den Beginn und das Ende der einzelnen Abschnitte festzulegen ist Ermessenssache. Je nach Produkttyp ist die Dauer der einzelnen Phasen und der Verlauf der Umsatz- und Gewinnkurven unterschiedlich. Der abgebildete Kurvenverlauf ist daher als ein Spezialfall unter verschiedenen möglichen Verläufen anzusehen.

Umsatz- und Gewinnverlauf[1] im Produktlebenszyklus

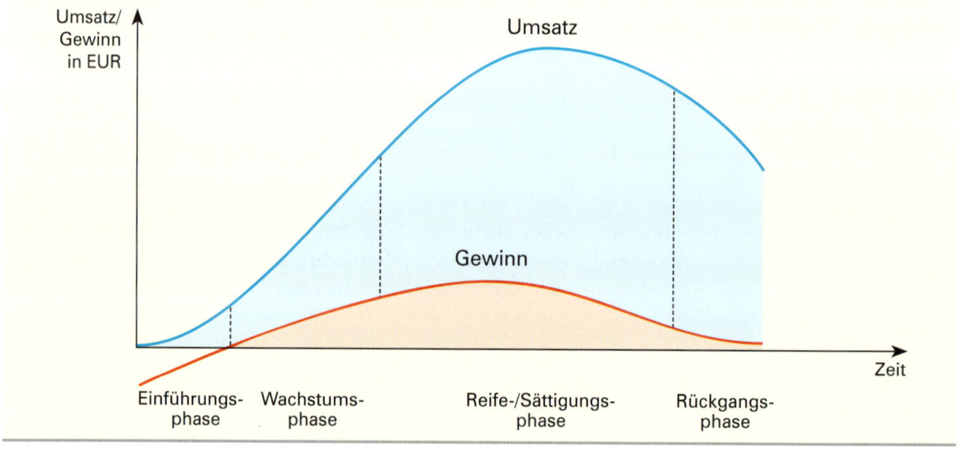

1 Der **reale** Gewinn errechnet sich als Differenz zwischen dem Umsatz zu konstanten Preisen und den Kosten zu konstanten Preisen.

Die charakteristischen Merkmale der Produktlebenszyklus-Phasen sind in der nachfolgenden Übersicht zusammengestellt.[1]

	Phasen des Produktlebenszyklus			
Merkmale	**Einführungsphase**	**Wachstumsphase**	**Reife- und Sättigungsphase**	**Rückgangsphase**
Umsatz	gering	schnell ansteigend	Spitzenabsatz	rückläufig
Kosten	hohe Kosten pro Kunde	durchschnittliche Kosten pro Kunde	niedrige Kosten pro Kunde	niedrige Kosten pro Kunde
Gewinne	negativ	steigend	hoch	fallend
Konkurrenten	nur einige	Zahl der Konkurrenten nimmt zu	gleichbleibend, Tendenz nach unten setzt ein	Zahl der Konkurrenten nimmt ab
Marketingziele	Produkt bekannt machen, Erstkäufe herbeiführen	größtmöglicher Marktanteil	größtmöglicher Gewinn bei gleichzeitiger Sicherung des Marktanteils	Kostensenkung und „Gewinnmitnahme“
Marketinginvestitionen	sehr hoch	hoch (degressiv ansteigend)	mittel (sinkend)	gering
Kernbotschaft der Werbung	neu, innovativ	Bestätigung des Verhaltens	verlässlich, bewährt	Schnäppchen

4.2.2 Ökologische Betrachtung des Produktlebenszyklus

Ökologische Argumente bringen zunehmend auch Marketingvorteile durch eine Verbesserung des Unternehmensimages[2] mit sich.

Soll ein Produkt als **ökologisch nachhaltig** eingestuft werden, muss der gesamte Lebensweg eines Produkts von der Produktion bis zur Entsorgung betrachtet werden. Eine umweltgerechte Produktpolitik verlangt die Minimierung aller durch das Produkt hervorgerufenen Umweltbelastungen. Nachfolgende Tabelle zeigt beispielhaft auf, welche Konsequenzen dies in den einzelnen Lebensphasen des Produkts haben kann:

Produktionsphase	Nutzungsphase	Entsorgungsphase
■ Sparsamer Umgang mit Energie und Ressourcen ■ Vermeidung von Schadstoffen ■ Verwertung von Abfällen ■ Umweltfreundliche Verpackung	■ Vermeidung jeglicher Gesundheitsgefährdung ■ Lange Nutzungsdauer ■ Reparatur- und Wartungsfreundlichkeit ■ Geringer Energieverbrauch	■ Einsatz von wiederverwertbaren Materialien ■ Stoffkennzeichnungen, die das Recycling erleichtern ■ Rücknahmegarantie des Herstellers

1 Die Tabelle ist angelehnt an Kotler, P., Bliemel, F.: Marketing-Management, 8. Aufl., Stuttgart 1995, S. 586.

2 **Image** (engl.): Bild; Unternehmensimage: das Bild, das sich die Unternehmensumwelt (z.B. Kunden, Lieferer) von einem Unternehmen macht.

23 Hug u.a. - ISBN 978-3-8120-0578-4

Insbesondere die Nutzungsphase vieler Produkte ist häufig viel zu kurz oder fällt aufgrund von Fehlkäufen ganz weg. Unmodern gewordene Kleidung, elektronische Geräte, die technisch nicht auf dem neuesten Stand sind, aber auch Lebensmittel werden einfach weggeworfen und durch neue ersetzt.

Noch immer ist Deutschland keine Gesellschaft, die mehrheitlich auf Nachhaltigkeit setzt, sondern eine **Wegwerfgesellschaft.**

Beispiel:

Lauf einer Umfrage im Auftrag des Frischhaltefolien-Hersellers Cofresco landen 21 % aller Lebensmittel, die deutsche Privathaushalte kaufen, letztlich nicht auf dem Esstisch, sondern im Müll. Pro Jahr sind das 6,6 Mio. Tonnen, also mehr als 165 000 Sattelschlepper voll mit Essen. Und pro Person etwa 80 kg jährlich.

Neben planlosem Einkaufen (z. B. bei Lebensmitteln) ist vor allem die starke **Konsumfixierung** vieler Verbraucher schuld an der häufig verfrühten Entsorgung. Viele haben das Shoppen als neues Hobby entdeckt und nicht wenige stehen unter dem Zwang, etwas kaufen zu müssen. Wenn ein neues Produkt (z. B. ein Smartphone) auf den Markt kommt, rennen viele Konsumenten den entsprechenden Geschäften die Türen ein. Auch die „Gier" nach Markenartikeln ist eine Folge der Konsumfixierung.

- Unsere Gesellschaft ist eine **Wegwerfgesellschaft,** in der viele Waren nur kurz gebraucht, immer schneller durch neue ersetzt und dann weggeworfen werden.
- Die **Konsumfixierung** führt dazu, dass Konsum zum Lebensmotto wird und nicht selten zur Konsumsucht führt.
- Beides **verhindert** ein nachhaltiges Wirtschaften.

Das **Kreislaufwirtschaftsgesetz (KrWG)** und das **Verpackungsgesetz (VerpackG)** zwingen auch Unternehmen ohne ökologische Zielsetzungen, die Auswirkungen von Abfällen aus Verpackungen auf die Umwelt zu vermeiden oder zu verringern. Dabei wird nach der Zielsetzung der Verordnung der Wiederverwendung von Verpackungen, der stofflichen Verwertung sowie den anderen Formen der Verwertung Vorrang vor der Beseitigung von Verpackungsabfällen eingeräumt.[1]

Immer mehr Hersteller verzichten freiwillig auf die aufwendige Verpackung ihrer Produkte.

Als eine wichtige Leistung des technischen Kundendienstes schiebt sich derzeit verstärkt die Rücknahme und umweltgerechte sowie preisgünstige **Entsorgung des alten Produkts** in den Vordergrund. Oftmals verwandelt sich ein solcher Service in den Kern der Leistung, d. h., der Käufer erwirbt das Produkt nur dann, wenn er sicher sein kann, dass später die Entsorgung des Produkts sichergestellt ist.

Die Ausweitung des technischen Kundendienstes ist auch unter ökologischen Gesichtspunkten von Bedeutung, weil sie einen Schritt „weg von der Wegwerfgesellschaft" bedeutet.

Beispiel:

Der Computerhersteller A wirbt u. a. damit, dass seine Geräte zu 90 % wieder verwertbar seien. Er verpflichtet sich darüber hinaus, die Geräte nach Ablauf der Nutzungsdauer zurückzunehmen. Falls der Hersteller B diese Zusicherungen nicht geben kann, hat A einen Wettbewerbsvorteil bei umweltbewussten Abnehmern. Er kann möglicherweise einen höheren Preis verlangen als B, ohne dass seine Kunden „abspringen".

1 Näheres zum KrWG in Kompetenzbereich 3, Kapitel 1.2.2, S. 220 ff.

4.3 Konzept der Portfolio-Analyse

KB 4 Lernsituation 5: Portfolio-Analysen durchführen

Die Ulmer Büromöbel GmbH stellt Büromöbel verschiedener Arten her. Die Marketingabteilung analysiert das Produktportfolio der Ulmer Büromöbel AG, um sinnvolle Strategien in Bezug auf die zukünftige Produktpolitik zu entwickeln. Aus Übersichtsgründen wird im Folgenden nur das Produktportfolio der Regalsysteme betrachtet.

Die folgenden Daten stehen Ihnen als Mitarbeiter der Marketingabteilung zur Verfügung:

Produktgruppe	Eigener Marktanteil	Marktanteil des Hauptkonkurrenten	Relativer Marktanteil	Marktwachstum	Umsatz in Mio. EUR
Regalsystem „Basic“	6,4 %	8,9 %	0,7	4,5 %	12
Regalsystem „Trend“	4,5 %	3,7 %	1,2	4,8 %	17
Regalsystem „Design“	9,3 %	6,6 %	1,4	2,1 %	24
Regalsystem „Boss“	8,7 %	2,4 %	3,6	1,3 %	22
Regalsystem „Luxus“	6,2 %	2,2 %	2,8	3,9 %	14

Das durchschnittliche Marktwachstum bei Regalsystemen beträgt 3,2 %.

Portfolio-Analyse – Ulmer Büromöbel AG

Regalsysteme

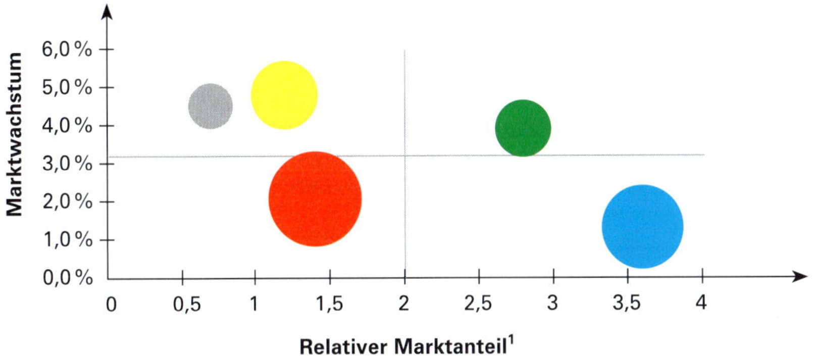

1 Der **relative Marktanteil** ist der eigene Marktanteil bezogen auf den Marktanteil des Hauptkonkurrenten, z. B. für das Regalsystem „Basic“ $\frac{6{,}4\,\%}{8{,}9\,\%} = \underline{\underline{0{,}7}}$.

KOMPETENZORIENTIERTE ARBEITSAUFTRÄGE:

Arbeiten Sie die folgenden Kapitel des Schulbuches durch und verwenden Sie die Aufzeichnungen aus dem Unterricht zur Bearbeitung der Arbeitsaufträge!

1. Begründen Sie die Position des blauen Punktes in der Grafik!
2. Erläutern Sie, in welcher Phase des Produktlebenszyklus sich das Regalsystem „Design" befindet!
3. Geben Sie als Mitarbeiter der Marketingabteilung eine begründete Empfehlung für eine Portfolio-Strategie im Hinblick auf die Regalsysteme „Boss" und „Luxus" ab!

4.3.1 Grundsätzliches zur Portfolio-Analyse

Die Portfolio-Analyse[1] sieht das Unternehmen als eine Gesamtheit von strategischen Geschäftseinheiten (SGE).

- Eine **strategische Geschäftseinheit (SGE)** umfasst eine genau abgrenzbare Gruppe von Produkten, für die es einen eigenen Markt und spezifische Konkurrenten gibt.
- Die **Portfolio-Methode** untersucht die gegenwärtige Marktsituation einer strategischen Geschäftseinheit sowie deren Entwicklungsmöglichkeit und stellt dies grafisch dar.
- Mithilfe der Portfolio-Methode lassen sich **Strategien** entwickeln, mit deren Hilfe das Management eines Unternehmens entscheidet, welche **strategischen Geschäftseinheiten (SGE)** gefördert, welche erhalten und welche abgebaut werden.

4.3.2 Marktwachstums-/Marktanteils-Portfolio[2]

(1) Aufbau

Die **Vier-Felder-Portfolio-Matrix,** die dem Marktwachstums-/Marktanteils-Portfolio zugrunde liegt, gliedert die SGE nach den Kriterien **Marktanteil** und **Marktwachstum** in eine Matrix ein. In der Matrix können die einzelnen SGE vier grundlegend unterschiedliche Positionen einnehmen, die in der Portfolio-Terminologie mit den Bezeichnungen **Questionmarks, Stars, Cashcows** und **Poor Dogs** belegt werden.

- Die **horizontale Achse** zeigt den (relativen) **Marktanteil der strategischen Geschäftseinheit** auf, d. h. den eigenen Marktanteil im Verhältnis zu dem größten Konkurrenten. Der Marktanteil dient als Maßstab für die Stärke des Unternehmens im Markt.
- Die **vertikale Achse** zeigt den **Grad der Wachstumsphase** der Produkte an.

1 **Portfolio** (hier): schematische Abbildung zusammenhängender Faktoren im Bereich der strategischen Unternehmensführung.

2 Dieser Portfolio-Ansatz wurde von dem amerikanischen Beratungsunternehmen „Boston-Consulting-Group" entwickelt.

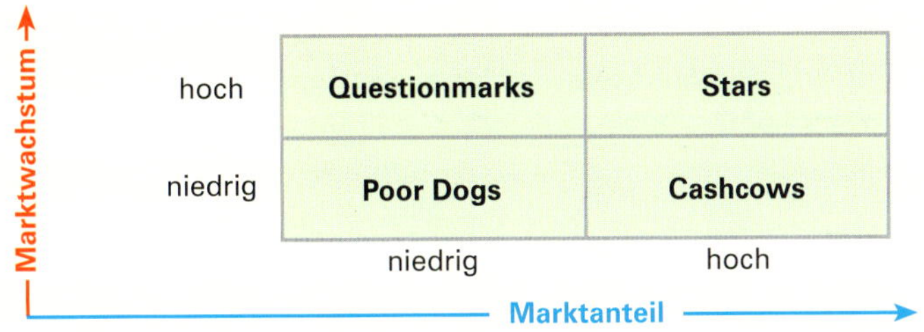

(2) Darstellung des Modells im Einzelnen

Questionmarks (Fragezeichen)

Strategieempfehlung: **Offensivstrategie**

Hierunter versteht man Produkte, die neu auf dem Markt sind. Der relative Marktanteil ist (noch) gering. Man verspricht sich bei ihnen gute Wachstumschancen. Sie sollen daher besonders stark gefördert werden, was bedeutet, dass die Questionmarks einen hohen Finanzmittelbedarf haben. Der Begriff „Fragezeichen" ist äußerst treffend, denn die Unternehmensleitung muss sich nach einer gewissen Zeit fragen, ob sie weiterhin viel Geld in diese SGE stecken oder den fraglichen Markt verlassen soll.

Stars (Sterne)

Strategieempfehlung: **Investitionsstrategie**

Aus dem anfänglichen „Fragezeichen", das Erfolg hat, wird ein „Star". Ein „Star" ist der Marktführer in einem Wachstumsmarkt. Er erfordert umfangreiche Finanzmittel, um mit dem Marktwachstum Schritt halten zu können. Im Allgemeinen bringen „Stars" schon Gewinne. Die generelle Strategie heißt, den Marktanteil leicht zu erhöhen bzw. zu halten.

Cashcows (Melkkühe; Kühe, die bares Geld bringen)

Strategieempfehlung: **Abschöpfungsstrategie**

Da der Markt kaum wächst, kommt es darauf an, durch gezielte Erhaltungsinvestitionen die erreichte Marktposition zu halten. Dadurch lassen sich Finanzmittel erwirtschaften. Cashcows stellen deshalb die Finanzquelle eines Unternehmens dar. Man lässt sie so lange „laufen", wie sie noch Gewinn bringen.

Poor Dogs (arme Hunde)

Strategieempfehlung: **Desinvestitionsstrategie**[1]

Sie weisen nur noch einen geringen Marktanteil und eine geringe Wachstumsrate auf. Es bestehen keine Wachstumschancen mehr. Die Produktion der Poor Dogs sollte eingestellt werden.

1 **Desinvestition**: Verringerung des Bestandes an Gütern.

Beachte:

Der **Marktanteil** und das **Marktwachstum eines Produkts** sind immer auch aus der **Sicht der Mitbewerber** zu sehen.

- Wird z. B. ein Produkt von einem Unternehmen neu in den Markt eingeführt (Questionmark), so trifft es in aller Regel auf gleichartige Produkte von Mitbewerbern, die bereits auf dem Markt sind und dort eventuell schon die Stellung eines Stars besitzen. Das neue Produkt muss sich daher seinen Marktanteil erobern, indem es Mitbewerber teilweise oder ganz aus dem Markt drängt oder sich einen neuen Markt schafft.

  Umgekehrt muss sich ein Produkt, das bereits als Cashcow auf dem Markt ist, gegen „Angriffe" der Mitbewerber behaupten, die neue Produkte auf den Markt bringen.
- Bei der Auswahl der Marketingstrategie hat das Unternehmen somit immer zu berücksichtigen, dass der Mitbewerber mit einer Gegenstrategie antwortet, damit sich seine Produkte am Markt behaupten können.

(3) Beziehungen zwischen der Portfolio-Analyse und dem Konzept des Produktlebenszyklus

Die folgende Darstellung zeigt, dass durch die Portfolio-Analyse das Konzept des Produktlebenszyklus ergänzt wird. Die Matrix zeigt den Zusammenhang zwischen den beiden Konzeptionen sowie die inhaltliche Aussage des Marktwachstums-/Marktanteils-Portfolios auf.

Marktwachstum ↑ / Marktanteil →	niedrig	hoch
hoch	**„Fragezeichen"** **Lebenszyklus:** Einführungs- bzw. frühe Wachstumsphase **Strategie:** Offensivstrategie **Planungsziel:** Marktanteil des Produkts erhöhen oder Aufgabe	**„Sterne"** **Lebenszyklus:** Wachstumsphase **Strategie:** Investitionsstrategie **Planungsziel:** Marktanteil halten bzw. leicht ausbauen
niedrig	**„Arme Hunde"** **Lebenszyklus:** Späte Reife- bzw. Degenerationsphase oder Flops in der Einführungsphase **Strategie:** Desinvestitionsstrategie **Planungsziel:** Abbau des Marktanteils bzw. Aufgabe des Produkts	**„Melkkühe"** **Lebenszyklus:** Reifephase **Strategie:** Abschöpfungsstrategie **Planungsziel:** Marktanteil halten bzw. leicht ausbauen

(4) Generelle Zielsetzung des Modells

Nachdem das Unternehmen alle seine strategischen Geschäftseinheiten in die Marktwachstum-Marktanteil-Matrix eingeordnet hat, gilt es festzustellen, ob das Portfolio ausgeglichen ist.

Das Portfolio ist dann **ausgeglichen,** wenn das Wachstum eines Unternehmens gesichert ist und ein Risikoausgleich zwischen den verschiedenen SGE besteht. Ein Portfolio wäre dann **nicht ausgeglichen,** wenn in der Matrix zu viele „arme Hunde" oder „Fragezeichen" bzw. zu wenig „Sterne" und „Melkkühe" existieren.

Ziel eines Unternehmens muss es sein, die einzelnen **SGE so zu positionieren,** dass es zu einer möglichst optimalen Kombination von **„kapitalliefernden" SGE** (Stars und Cashcows) in **zurückgehenden Märkten** und **„kapitalverbrauchenden" SGE** (Questionmarks) in **Wachstumsmärkten** kommt. Nur in diesem Fall kann der Unternehmenserfolg langfristig als gesichert angesehen werden.

(5) Beurteilung des Marktwachstums-/Marktanteils-Portfolios

Vorteile	Nachteile
Der Unternehmensleitung wird z. B. dazu verholfen, ■ zukunfts- und strategieorientiert zu denken, ■ die aktuelle Geschäftssituation zu erfahren, ■ Chancen und Risiken zu erkennen, ■ die Planungsqualität zu steigern, ■ die Kommunikation zwischen der Unternehmensleitung und den einzelnen strategischen Geschäftseinheiten zu verbessern, ■ die anstehenden Probleme schneller auszumachen, ■ die schwachen Geschäftseinheiten zu eliminieren und die vielversprechenden durch gezielte Investitionen zu fördern.	■ Eine Eingliederung der SGE in die Matrix hängt von der Gewichtung der einzelnen Faktoren ab und diese ist teilweise subjektiv. Man kann also eine SGE in eine gewünschte Position hineinmanipulieren. ■ Es kann geschehen, dass sich die Unternehmensleitung zu stark auf die Wachstumsmärkte konzentriert und dabei andere Geschäftseinheiten vernachlässigt. ■ Die Verflechtungen zwischen den einzelnen SGE bleiben völlig unberücksichtigt. Es kann somit riskant sein, für eine SGE unabhängige, von den übrigen Bereichen „losgelöste" Entscheidungen zu treffen. Eine solche Entscheidung kann nämlich für eine SGE eine positive und für eine andere SGE eine negative Wirkung haben.

4.4 Produktprogrammpolitik

Bei der Erstellung eines Produktprogramms sind insbesondere folgende **zentrale Fragestellungen** zu lösen:

- Mit welchen neuen Produkten kann die Position des Unternehmens am Markt gefestigt werden **(Produktinnovation)?**
- Mit welchen Anpassungen kann die Produktlebenskurve verlängert werden **(Produktmodifikation, Produktvariation)?**
- Welches Erzeugnis soll aus dem Produktprogramm entfernt werden **(Produkteliminierung)?**

Zweck der Produktprogrammpolitik ist die Sicherung und Steigerung des Absatzes. Maßnahmen hierzu sind z. B.:

Produktinnovation	Entwicklung völlig neuer Produkte (z. B. Wasserstoffmotor, dreidimensionales Fernsehen).
Produktvariation	Modifikation (Anpassung) alter Produkte an neue Bedarfsentwicklungen (z. B. von der Doppel- zur Dreifachverglasung, um Energie zu sparen).
Produkt-differenzierung	Das Grundprodukt (z. B. Opel Astra) wird mit verschiedenen Motoren und weiteren Karosserieformen (z. B. Cabrio) angeboten, um verschiedene Zielgruppen ansprechen zu können.
Produkteliminierung	Herausnahme von Erzeugnissen oder Dienstleistungen aus dem Produktprogramm, weil sie sich nicht mehr lohnen oder nicht mehr zulässig sind (z. B. Glühbirnenverbot).
Produkt-diversifikation	Erweiterung des Produktprogramms (z. B. Backpulver und Trockenhefe) durch Aufnahme weiterer Produkte (z. B. Fertigteige).

Zusammenfassung

- Aus Sicht des Marketings stellt ein **Produkt** eine Summe von **nutzenstiftenden Eigenschaften** dar.
- In Zeiten gesättigter Märkte rücken bei der **Gestaltung des Produktprogramms** absatzwirtschaftliche Überlegungen in den Vordergrund, wie z. B. Kaufmotive, Zusatznutzen, Marktnischen.
- Produktpolitische Entscheidungen orientieren sich am **Lebenszyklus eines Erzeugnisses.** Das Nachfolgeprodukt muss am Markt eingeführt werden, solange sich das aktuelle Erzeugnis noch in der Reifephase befindet.
- Die **Portfolio-Analyse** ist ein Instrument der strategischen Planung. Sie ergänzt die Erkenntnisse aus der Lebenszyklus-Analyse und unterstützt die Unternehmensleitung bei programmpolitischen Entscheidungen.
- Zur Sicherung des Unternehmenserfolgs sind die SGE so zu positionieren, dass es zu einer optimalen **Kombination von kapitalliefernden SGE** (Stars und Cashcows) in zurückgehenden Märkten **und kapitalverbrauchenden SGE** (Questionmarks) in Wachstumsmärkten kommt.
- Die **Änderung des Produktprogramms** erfolgt durch Produktinnovation, -variation, -differenzierung, -eliminierung und -diversifikation.

Kompetenztraining

75 Produktmerkmale

1. Beschreiben Sie kurz die vier Kriterien, durch die ein Produkt charakterisiert ist!
2. 2.1 Welcher Zweck kann bei einer bestimmten Art der Verpackung von Produkten verfolgt werden? Nennen Sie drei Beispiele!

   2.2 Die meisten Hersteller versuchen, ihre Produkte durch Markierung aus der Anonymität (Unbekanntheit, Namenlosigkeit) herauszuheben.

   Erläutern Sie, warum Kunden Markenartikel bevorzugen!

76 Produktlebenszyklus

1. Erklären Sie, welche Zielsetzung das Konzept des Produktlebenszyklus verfolgt!
2. Zeigen Sie an einem Beispiel, wie der Lebenszyklus eines Produkts verlängert werden kann!
3. Die Lebensmittel Schelzig AG hat einen neuen Vollmilch-Schoko-Riegel auf den Markt gebracht. Der Schoko-Riegel hat die Einführungsphase glänzend überstanden und befindet sich jetzt am Beginn der Wachstumsphase.

   Aufgabe:

   Formulieren Sie mindestens drei Marketingstrategien, die in der Wachstumsphase von Bedeutung sind!

77 Portfolio-Analyse

1. Beschreiben Sie die Grundidee der Portfolio-Methode!
2. Skizzieren Sie die Grundaussage der vier strategischen Geschäftseinheiten der Marktwachstums-Marktanteil-Matrix!
3. Beschreiben Sie die generelle Strategie, die in den einzelnen Matrix-Feldern jeweils angemessen ist!
4. Die acht Kreise in der vorgegebenen Marktwachstums-Marktanteil-Matrix symbolisieren die acht Geschäftseinheiten der Crailsheimer Chemie AG.

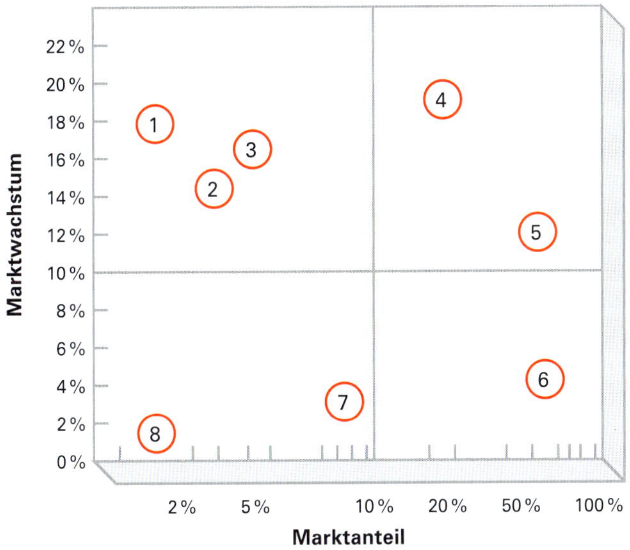

Hinweis:

– Die **vertikale Achse** zeigt das jährliche Marktwachstum der einzelnen Märkte.

– Die **horizontale Achse** zeigt den Marktanteil im Verhältnis zu dem des Marktführers.

(Nachweis: Kotler/Bliemel: Marketing-Management, S. 99)

   Aufgabe:

   Bewerten Sie die langfristigen Erfolgsaussichten der Crailsheimer Chemie AG!

5. Übertragen Sie das Portfolio von Aufgabe 4 (ohne Kreise) in Ihre Unterlagen. Tragen Sie anschließend die folgenden Daten der Limonadenwerke Leberer GmbH in das Portfolio ein:

Nr.	Produkt	Marktanteil	Marktwachstum
1	Zitronengetränk	40 %	16 %
2	Orangengetränk	5 %	14 %
3	Multivitaminsaft	2 %	12 %
4	Grapefruitsaft	8 %	5 %
5	Apfelsaft	20 %	6 %

Aufgaben:

5.1 Beurteilen Sie das Produktprogramm der Limonadenwerke Leberer GmbH!

5.2 Formulieren Sie Empfehlungen für die zukünftig anzuwendenden Strategien!

6. Der Mobilfunkanbieter Telepoint GmbH ist trotz guter Umsätze mit seinem Cashflow unzufrieden. Nachfolgende Grafik zeigt das Smartphone-Portfolio der Telepoint GmbH:

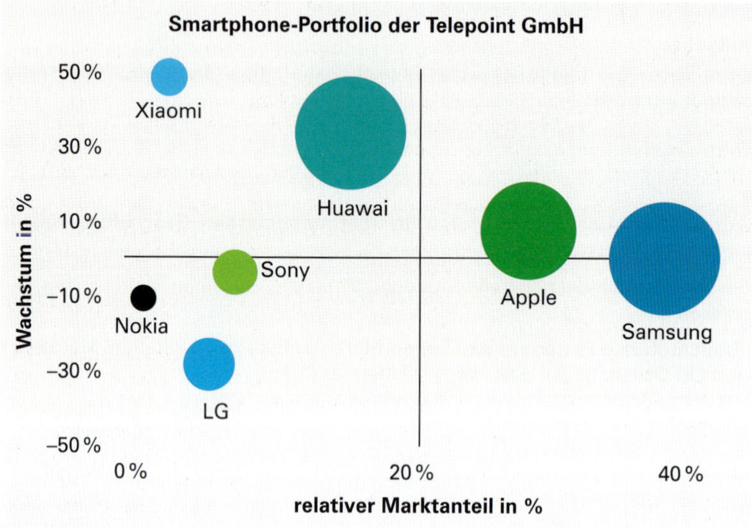

Aufgaben:

6.1 Erklären Sie den unbefriedigenden Cashflow des Mobilfunkanbieters!

6.2 Schlagen Sie Strategien zur Verbesserung der Situation vor!

78 Produktprogrammpolitik

1. Erläutern Sie die folgenden Maßnahmen der Produktpolitik: Produktdifferenzierung, Produktinnovation, Produkteliminierung!

2. Ein Unternehmer erzeugt als einziges Produkt ein Vitamingetränk, das in Portionsfläschchen zu drei Stück pro Packung über Fitnesscenter vertrieben wird.

   Aufgabe:

   Geben Sie jeweils ein konkretes Beispiel dafür an, wie das Unternehmen Produktdifferenzierung, Mehrmarkenpolitik[1] und Produktdiversifikation durchführen könnte!

3. Ein Unternehmen produziert Futter für Haustiere. In der letzten Rechnungsperiode wurde das Vogelfutter „Schrill“ eliminiert.

   Aufgabe:

   Nennen Sie Gründe, die zu dieser Maßnahme geführt haben könnten!

4. 4.1 Erläutern Sie, warum Unternehmen durch eine umweltverträgliche Produktpolitik einen Wettbewerbsvorteil erlangen können!

   4.2 Nennen Sie drei Beispiele für eine umweltverträgliche Produktpolitik! Geben Sie auch an, welchen Zweck die genannten Maßnahmen verfolgen!

1 Das Produkt wird unter verschiedenen Namen (Marken) angeboten.

79 Praxisbeispiel zur Produktpolitik

Analyse einer Pressemeldung:

Wie die Uhrenbranche Apple und Co. mit den eigenen Waffen schlägt

Die Smartwatch stellt die klassische Uhrenbranche vor neue Herausforderungen. Apple wurde mit einem Schlag einer der wichtigsten Uhrenhersteller der Welt. Jetzt geht die Branche neue Wege – und erobert sich den Markt zurück.

Für die klassischen Uhrenhersteller war der Trend ein Albtraum. Sie hatten die Entwicklung verschlafen, die Verkaufszahlen sanken merklich. Jetzt erobern die Uhren-Hersteller ihren Markt zurück – indem selbst herkömmliche Uhren smart werden.

Ihr großer Vorteil: Sie kennen ihren Markt und die Kundenbedürfnisse deutlich besser als die Tech-Konzerne. „Die meisten Kunden sehen die smarten Funktionen nicht als Haupt-Kaufgrund – sondern als Extra", erklärt Antonio Nigro, der beim Modeuhren-Hersteller Fossil für das Europa-Geschäft zuständig ist, dem *stern*. „Die Nachfrage nach smarten Uhren ist klar da. Deswegen bieten wir mittlerweile fast alle Modelle auch als smarte Version an."

Während die Tech-Firmen sich beim Release neuer Geräte an klassischen Ein-Jahres-Zyklen orientieren und vor allem Wert auf die neue Technik legen, denkt Fossil aber in Mode-Zyklen. „Wir haben ganz klassisch Frühjahrs- oder Herbstkollektionen – auch bei den Smartwatches." Der Hersteller verkauft nicht nur Uhren unter dem eigenen Namen, sondern entwirft auch die Modeuhren für Diesel, Armani, Michael Kors und die dänische Marke Skagen. Die Auswahl ist dadurch riesig, vom schlichten Modell bis zum mit Glitzersteinen übersäten. [...]

Im Luxussegment [...] kommen die smarten Funktionen auch gut an. Als Tag Heuer seine erste Smartwatch vorstellte, sagte ihr kaum jemand eine echte Chance auf Marktrelevanz voraus. 1 200 Stück wollte man jede Woche fertigen. Schon bald musste man die Produktion erweitern, weil die Nachfrage deutlich höher ausfiel – trotz ihres Preises von über 1700 Euro. Technisch kann die Uhr nicht mehr als die günstigen Konkurrenten um 300 Euro.

[...] Kein Wunder, dass andere Luxus-Marken nachgezogen haben: Mittlerweile bieten auch Louis Vuitton oder Breitling eigene Smartwatches an.

Den Markt beherrscht aber längst ein anderer. Den Löwenanteil von satten 49,6 Prozent hat sich ein einzelner Hersteller gekrallt: Apple. Damit ist Apple einer der wichtigsten Uhren-Hersteller der Welt. [...]

Apple ist allerdings die Ausnahme: Für die meisten Tech-Hersteller läuft das Geschäft längst nicht so gut wie erhofft. Viele der Unternehmen ziehen sich wegen mieser Verkaufszahlen aus dem Uhren-Geschäft zurück. Motorola hat seine Smartwatch-Ambitionen schon offiziell beerdigt, auch Huawei und Asus sollen Gerüchten zufolge keine Nachfolger zu ihren wenig erfolgreichen Uhren planen. [...] Das Hauptproblem der meisten Hersteller scheint das Technik-Denken zu sein. Smartwatches werden wie Computer beworben, Feature-Listen und technisches Wettrüsten inklusive. Nur Apple ging von Anfang an einen anderen Weg – und platzierte die Apple Watch als Lifestyle-Produkt mit Wechselarmbändern und Luxus-Editionen. So, wie es die Uhrenhersteller seit Jahrzehnten tun. [...]

Quelle: https://www.stern.de/digital/online/smartwatches--warum-nun-auch-klassische-uhren-smart-sein-muessen-7610798.html [03.02.2020] (Text stark gekürzt).

Aufgaben:

1. Beschreiben Sie zwei marketingrelevante Produktmerkmale der Apple Watch, die sie sowohl erfolgreich gegenüber klassischen Uhren als auch gegenüber reinen Smartwatches anderer Hersteller macht!
2. Erläutern Sie, mit welchen Produktmerkmalen die klassischen Uhrenhersteller sich am Uhrenmarkt behaupten!
3. Ordnen Sie der Apple Watch, reinen Smartwatches anderer Hersteller und klassischen Uhren mit bzw. ohne smarter Technik eine Position im Marktwachstums-Marktanteils-Portfolio zu!

80 Konsumfixierung und Wegwerfgesellschaft

Mode zum Wegwerfen
Das Prinzip PRIMARK

Schubsen, drängeln, kreischen – wo auch immer in Deutschland eine PRIMARK-Filiale eröffnet, herrscht Ausnahmezustand. Der irische Textil-Discounter erobert mit seiner Wegwerfmethode die Fußgängenzonen. Bisher sind es in Deutschland zehn Filialen, acht weitere sind schon angekündigt. Immer Riesenverkaufsflächen, immer Toplagen. Ein Paradies für Teenager: hip wie H&M und billig wie KiK.

Ein T-Shirt für zwei Euro, eine Hose für elf Euro. Viele Fummel werden aufgrund ihres Spottpreises nicht einmal anprobiert, geschweige denn später gewaschen. Kaufen, anziehen, wegwerfen. Auf dem Internetportal Youtube tummeln sich begeisterte Teenies mit Vidoes über ihre Einkaufsbeutezüge, genannt „PRIMARK-Hauls". […]

Quelle: https://www.fernsehserien.de/zdfzoom/folgen/94-mode-zum-wegwerfen-das-prinzip-primark-540761 [03. 02. 2020].

Aufgabe:

Erörtern Sie diesen ZDF-Beitrag hinsichtlich der Aspekte Konsumverhalten und Nachhaltigkeit!

5 Begründete preispolitische Entscheidungen treffen

KB 4 Lernsituation 6: Preise gestalten

Die Sportartikelfabrik Sport-Burr KG stellt qualitativ hochwertige Nordic-Walking-Stöcke als Marktführer her. Sie produziert und verkauft jährlich 12000 Nordic-Walking-Stöcke. Die Nordic-Walking-Stöcke werden zu einem Einheitspreis von 38,00 EUR angeboten. Dieser Preis deckt alle Kosten ab und enthält einen Gewinn von 1,81 EUR. Die Konkurrenten bieten ähnliche Nordic-Walking-Stöcke zu Preisen zwischen 34,90 EUR und 35,99 EUR an.

Kompetenzorientierte Arbeitsaufträge:

Arbeiten Sie die folgenden Kapitel des Schulbuches durch und verwenden Sie die Aufzeichnungen aus dem Unterricht zur Bearbeitung der Arbeitsaufträge!

1. Erläutern Sie, welche Preispolitik die Sport-Burr KG bisher betrieben hat!
2. Die Sport-Burr KG möchte den Verkaufspreis (Barverkaufspreis) der Nordic-Walking-Stöcke auf 41,80 EUR anheben. Die Abteilung „Marktforschung" warnt: Der (mengenmäßige) jährliche Absatz wird von bisher 12000 Stück auf 11000 Stück zurückgehen. (Die fixen Kosten betragen 175000,00 EUR monatlich, die variablen Kosten 20,00 EUR je Stück.)

   2.1 Begründen Sie, wie die Sport-Burr KG entscheiden sollte, wenn das vorrangige Ziel ein möglichst großer Marktanteil ist!

   2.2 Weisen Sie rechnerisch nach, wie die Sport-Burr KG entscheiden sollte, wenn sie nach dem kurzfristigen Gewinnmaximierungsprinzip handelt!

   2.3 Prüfen Sie rechnerisch, ob die Entscheidung zu 2.2 anders ausfiele, wenn die Absatzmenge aufgrund der Preiserhöhung um 3000 Stück zurückginge!

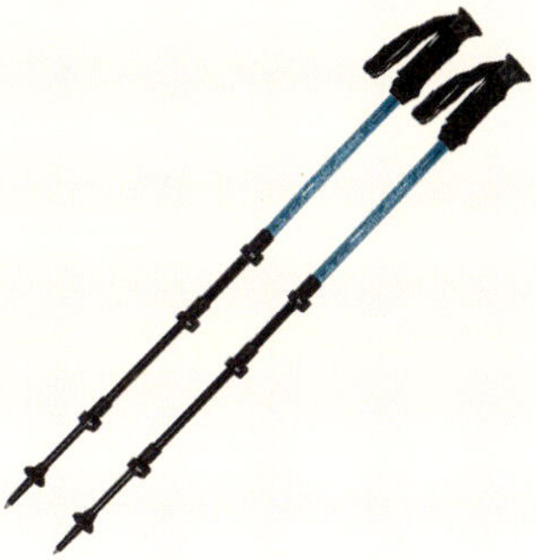

5.1 Grundlagen der Preispolitik

Preispolitik ist das Bestimmen der Absatzpreise.

Für die Preisfindung haben sich insbesondere drei Entscheidungskriterien als nützlich erwiesen:

- die **kostenorientierte Preisfindung,**
- die **nachfrageorientierte Preisfindung** und
- die **konkurrenzorientierte Preisfindung.**

5.1.1 Kostenorientierte Preispolitik

Das nachfolgende Beispiel basiert auf der **Handelskalkulation**[1].

Beispiel:

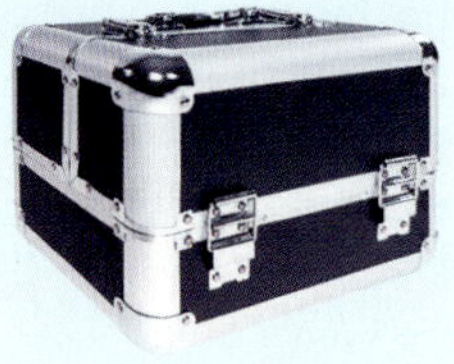

Das Kosmetikinstitut Beauty Moments Emmy Reisacher e. Kfr. möchte eine Beauty Box, gefüllt mit einem Basis-Set für die tägliche Augen-, Nagel-, Haut- und Körperpflege in das Sortiment aufnehmen.

Die Bestellung des Sets „Verena" beim Fachgroßhandel „Schönheitsprodukte GmbH" erfolgt zu folgenden Bedingungen:

Listeneinkaufspreis	39,00 EUR
Wiederverkäuferrabatt	30 %
Skonto	3 %
anteilige Transportkosten	4,00 EUR

Ferner rechnet das Kosmetikinstitut mit einem Handlungskostenzuschlag[2] von 50 %, einem Gewinnzuschlag von 15 % sowie 2 % Kundenskonto.

Aufgabe:

Berechnen Sie den Angebotspreis!

Lösung:

	100 %		Listeneinkaufspreis netto	39,00 EUR
	30 %	–	Liefererrabatt	11,70 EUR
100%	70 %	=	**Zieleinkaufspreis**	27,30 EUR
3%		–	Liefererskonto	0,82 EUR
97 %		=	**Bareinkaufspreis**	26,48 EUR
		+	Bezugskosten	4,00 EUR
	100 %	=	**Einstandspreis** (Bezugspreis)	30,48 EUR
	50 %	+	Handlungskostenzuschlag	15,24 EUR
100%	150 %	=	**Selbstkosten**	45,72 EUR
15 %		+	Gewinn	6,86 EUR
115 %	98 %	=	**Barverkaufspreis**	52,58 EUR
	2 %	+	Kundenskonto	1,07 EUR
100%		=	**Angebotspreis**	**53,65 EUR**

5.1.2 Nachfrageorientierte (abnehmerorientierte) Preispolitik

(1) Überblick

Um eine nachfrageorientierte Preispolitik betreiben zu können, bedarf es zuverlässiger Informationen über die Wechselwirkung zwischen der **Höhe des Preises** und der **zu erwartenden Nachfrage**. Mithilfe einer **Preis-Absatz-Funktion**[3] wird die Veränderung der Nachfragemenge nach einem Gut bei sich verändernden Preisen erfasst.

1 Die **Industriekalkulation** wird im Fach „Kaufmännische Steuerung und Kontrolle" behandelt. Näheres hierzu im Merkurbuch 0579, Kompetenzbereich 2.

2 **Handlungskosten** sind Kosten, die für Lagerung, Verwaltung und Verkauf entstehen. Sie werden im Handel häufig pauschal in einem Prozentsatz auf den Einstandspreis aufgeschlagen.

3 Die **Preis-Absatz-Funktion** gibt an, welche Menge ein einzelner Anbieter jeweils zu einem von ihm festgesetzten Preis absetzen kann.

In den nachfolgenden Beispielen werden die Daten der Preis-Mengenentwicklung jeweils vorgegeben.

(2) Festlegung der preispolitischen Obergrenze

Bei Preisänderungen ist im Normalfall mit folgenden Nachfragerreaktionen zu rechnen: Bei Preiserhöhungen springen die Kunden ab, bei Preissenkungen werden neue Kunden gewonnen.

Beispiel:

Die Weber Metallbau GmbH bietet ihren Artikel 220437 „Büroschere" an. Aufgrund exakter Marktforschung kennt sie die Reaktionen ihrer Kunden auf Preisänderungen. Sie stellt fest, dass sie sich einer normalen Nachfrage gegenübersieht, d.h., bei Preiserhöhungen nimmt die mengenmäßige Nachfrage ab, bei Preissenkungen nimmt sie zu.

Die fixen Kosten für die Produktion der Büroschere belaufen sich auf 10000,00 EUR je Periode, die variablen Kosten auf 6,00 EUR je Stück. Der Verkaufserlös beträgt 10,00 EUR je Stück. Die Preis-Mengenentwicklung (Nachfragefunktion) ist der nachfolgenden Tabelle (Spalte 1 und 2) zu entnehmen.

Aufgabe:

Ermitteln Sie die preispolitische Obergrenze!

Lösung:

Erlös/St. in EUR	Absetzbare Menge	Umsatz in EUR	Kosten fK: 10000,00 EUR vK: 6,00 EUR/St.[1]	Gewinn/ Verlust in EUR
13,00	2000	26000,00	22000,00	4000,00
12,50	2500	31250,00	25000,00	6250,00
12,00	3000	36000,00	28000,00	8000,00
11,50	3500	40250,00	31000,00	9250,00
11,00	4000	44000,00	34000,00	10000,00
10,50	4500	47250,00	37000,00	10250,00
10,00	5000	50000,00	40000,00	10000,00
9,50	5500	52250,00	43000,00	9250,00
9,00	6000	54000,00	46000,00	8000,00
8,50	6500	55250,00	49000,00	6250,00

Ergebnis:

Den maximalen Gewinn in Höhe von 10250,00 EUR erzielt die Weber Metallbau GmbH bei einem Preis von 10,50 EUR pro Stück.

1 **Fixe Kosten:** Sind Kosten, die sich bei Änderung der Produktionsmenge in ihrer **absoluten Höhe nicht verändern.**
Variable Kosten: Sind Kosten, die sich bei Änderung der Produktionsmenge in ihrer **absoluten Höhe verändern.**
Die fixen und variablen Kosten werden im Fach „Kaufmännische Steuerung und Kontrolle" behandelt. Näheres hierzu im Merkurbuch 0579, Kompetenzbereich 2.

Die nebenstehende Zeichnung veranschaulicht die Situation des anbietenden Unternehmens. Dabei kennzeichnet das rot ausgedruckte Rechteck das Umsatzvolumen, das von dem Unternehmen bei Anwendung der preispolitischen Obergrenze erreicht wird. Hierbei geht dem Unternehmen jedoch ein erheblicher Umsatz verloren. Es ist aus der Zeichnung ersichtlich, dass es eine ganze Reihe von Konsumenten gibt, die bereit wären, einen höheren Preis als die einheitlich verlangten 10,50 EUR zu bezahlen. So wären z.B. zu einem Preis von 12,00 EUR 3000 Stück abzusetzen gewesen. Die Differenz zwischen dem höheren Preis, den einige Konsumenten bereit wären zu zahlen, und dem verlangten Preis bezeichnet man als **Konsumentenrente.** Diese Kunden haben keine Veranlassung, diesen höheren Preis zu bezahlen, solange sie zu dem günstigeren Preis einkaufen können. Die Konsumentenrente geht dem anbietenden Unternehmen verloren.

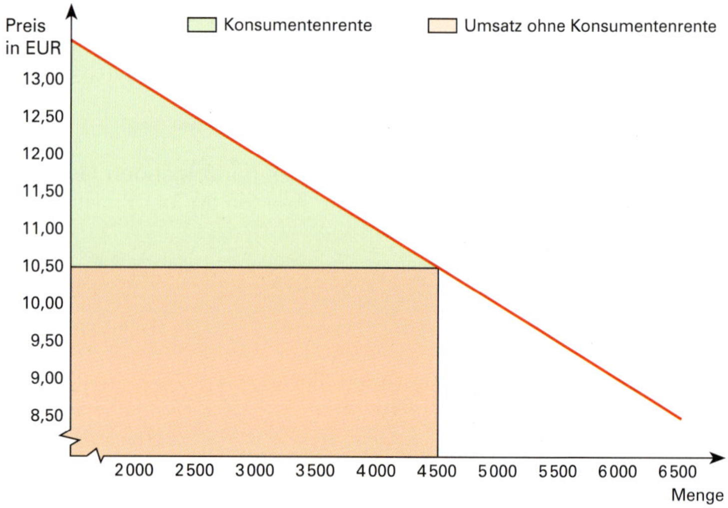

5.1.3 Konkurrenzorientierte (wettbewerbsorientierte) Preispolitik

Konkurrenzorientierte Preispolitik ist das Ausrichten des eigenen Preises an den Preisstellungen der Konkurrenten.

(1) Orientierung am Leitpreis

Sich auf einen Preiswettbewerb einzulassen, stellt keine sinnvolle Maßnahme dar, wenn die Wettbewerber stark und willens sind, ihre Preispositionen auf Biegen und Brechen zu verteidigen. In solchen Fällen ist es sinnvoll, sich den Preisvorgaben des Preisführers[1] bzw. dem Branchenpreis[2] unterzuordnen und sich durch andere Leistungsmerkmale (z.B. andere Qualitätsabstufungen, Sondermodelle, besondere Vertriebswege) von der Konkurrenz abzuheben. Wird der Branchenpreis bzw. der Preis des Preisführers für die eigene Preisfindung herangezogen, dann ändert das Unternehmen immer dann seine Preise, wenn der Preisführer dies tut bzw. der Branchenpreis sich ändert. Eine Preisänderung erfolgt dagegen nicht, wenn sich lediglich seine eigene Nachfrage- oder Kostensituation ändert.

1 Als **Preisführer** bezeichnet man einen Anbieter, dem sich bei Preisänderungen die übrigen Anbieter anschließen. Preisführer treten insbesondere in oligopolistischen Marktstellungen wie bei Öl, Stahl, Papier oder Kunstdünger auf.

2 Von einem **Branchenpreis** spricht man dann, wenn mehrere Unternehmen den Preis mit ihrer Marktmacht bestimmen. Diese Preisfindung herrscht vor allem auf oligopolistischen und polypolistischen Märkten mit homogenen Gütern vor.

Die Preisbildung nach Leitpreisen ist relativ beliebt. Wenn ein Unternehmen seine eigenen Kosten nur schwer ermitteln kann oder wenn Wettbewerbsreaktionen Ungewissheit auslösen, dann sieht es die Ausrichtung des eigenen Preises an den Konkurrenzpreisen als zweckmäßige Lösung an.

(2) Unter- und Überbietung des Leitpreises

Unterbietung des Leitpreises	■ Die Unterbietung des Leitpreises ist für ein Unternehmen nur bis zur **kurzfristigen (absoluten) Preisuntergrenze** des Produkts sinnvoll. Sie liegt dort, wo die Summe der dem Produkt direkt zurechenbaren Kosten **(variable Kosten)** noch gedeckt ist. Kurzfristig kann das Unternehmen nämlich die fixen Kosten außer Acht lassen, denn diese fallen an, ob ein Verkauf getätigt wird oder nicht. ■ Langfristig hingegen kann ein Unternehmen nicht mit Verlusten produzieren, es muss zumindest (gesamt-)kostendeckend arbeiten. Die **langfristige Preisuntergrenze** wird daher durch die Selbstkosten je Produkteinheit bestimmt.
Überbietung des Leitpreises	■ Die Überbietung des Leitpreises ist prinzipiell nur möglich, wenn das Produkt hinsichtlich seiner **Innovation** oder seiner **Alleinstellung** aufgrund seiner Ausstattungselemente im Markt eine Sonderstellung einnimmt. ■ Gleiches gilt, wenn sich das Unternehmen wegen seines **Images** oder seiner **Trendstellung** von den anderen Unternehmen abhebt. Da es sich hier um Einzelfälle handelt, wird hierauf nicht weiter eingegangen.

5.2 Preisstrategien

Preisstrategien sind ein planvolles Vorgehen zur Durchsetzung eines bestimmten Preisniveaus auf dem Markt.

5.2.1 Hochpreisstrategie

Bei der Hochpreisstrategie versucht der Anbieter langfristig einen hohen Preis für seine Produkte zu erzielen, indem er die Produkte mit einer „Prämie“ ausstattet, z. B. gleichbleibend hoher Qualitätsstandard, hohes Image, Vertrieb nur über Exklusivläden bzw. Beratungszentren, langfristige Garantiezeiten für Ersatzteile, Reparaturservice innerhalb 24 Stunden u. Ä. Diese Art der Exklusivpreisstrategie bezeichnet man als **Prämienpreisstrategie.**

Voraussetzungen für diese Preisstrategie sind, dass das Produkt eine Alleinstellung hat und sich die Nachfrage bei einer Preiserhöhung nur wenig ändert.

Beispiele:

Champagner, Hummer, Kaviar, Tafelsilber, Rolls-Royce, Porsche, Rolex-Uhren, Cartier-Schmuck, Bogner-Kleidung usw.

24 Hug u.a. - ISBN 978-3-8120-0578-4

5.2.2 Niedrigpreisstrategie

Bei der Niedrigpreisstrategie strebt der Anbieter an, dass der geforderte Preis dauerhaft unter dem Preis vergleichbarer Produkte liegt. Ziele einer Niedrigpreisstrategie können sein: Verdrängung von Wettbewerbern, Verhinderung des Markteintritts neuer Anbieter, Auslastung der Kapazität, Aufbau eines Niedrigpreisimages. Die Niedrigpreisstrategie wird vor allem zur **Verkaufsförderung (Promotion)** von Massenwaren, die keinen hohen Serviceanspruch haben, herangezogen. Diese Art von Preisstrategie bezeichnet man als **Promotionspreispolitik.**[1]

Beispiele für Unternehmen, die eine Niedrigpreisstrategie betreiben, sind:

Aldi, Norma, OBI, H&M, Ratiopharm (Herstellung von Generika).[2]

Die **Festsetzung eines niedrigen Preises** ist zweckmäßig,

- wenn die Preissensibilität[3] des Marktes hoch ist,
- niedrige Preise ein Marktwachstum stimulieren und
- ein niedriger Preis den Markteintritt von Konkurrenten verhindert.

5.2.3 Abschöpfungspreisstrategie

Die Abschöpfungspreisstrategie **(Skimming-Strategie)**[4] stellt eine Sonderform der Hochpreisstrategie dar. Diese Preisstrategie setzt, insbesondere bei Innovationsgütern, den Einführungspreis hoch an, um die Forschungs- und Entwicklungskosten schnell abzudecken. Das Unternehmen senkt den Preis aber jedesmal, wenn der Absatz zurückgeht, um jeweils die nächste Schicht preisbewusster Kunden für sich zu gewinnen. Ziel dieser Preisstrategie ist das Abschöpfen des Marktes.

Die Skimming-Strategie ist unter **folgenden Bedingungen** sinnvoll:

- Es besteht eine ausreichend große Kundenzahl, die bereit ist, das Produkt zu einem hohen Preis zu erwerben.
- Die kleine Absatzmenge bringt trotz hoher Stückkosten eine höhere Gewinnspanne.
- Der hohe Einführungspreis lockt keine weiteren Konkurrenten auf den Markt.
- Der hohe Preis unterstützt den Anspruch, dass die Ausstattungselemente des Produkts eine Alleinstellung einnehmen.

5.2.4 Penetrationsstrategie

Die **Penetrationspreispolitik,**[5] als eine Sonderart der Niedrigpreisstrategie, versucht mit kurzfristig niedrigen Preisen für neue Produkte schnell einen hohen Marktanteil zu erreichen. Nach der Markteinführung werden die Preise dann angehoben.

Durch die schnelle Marktdurchdringung verspricht sich ein Unternehmen eine gute Ausgangssituation im Wettbewerb mit Konkurrenten. Durch den niedrigen Preis sollen Kon-

1 **Promotion**: Förderung.

2 Werden Medikamente, deren Schutzrechte abgelaufen sind, in der gleichen Zusammensetzung wie das Original hergestellt, so spricht man von **Generikapräparaten.**

3 **Sensibilität**: Empfindlichkeit; sensibel: empfindsam, feinfühlig.

4 **To skim**: abschöpfen, absahnen.

5 **Penetration** (lat.): Durchdringung, Durchsetzung.

kurrenten so lange am Markteintritt gehindert werden, bis das Unternehmen eine Vorherrschaft am Markt aufgebaut hat.

Für den Einsatz der Penetrationsstrategie müssen bestimmte **Voraussetzungen** vorliegen:

- Die Konsumenten sind bereit, von ihren bisherigen Produkten zum billigeren Produkt zu wechseln **(elastische Nachfrage).**
- Eine Erhöhung der Produktionsstückzahlen muss Kostensenkungen mit sich bringen **(Stückkostendegression).**
- Das eigene **Produkt** muss **entweder völlig neu oder** mit dem Konkurrenzprodukt **gleichwertig** sein.

5.3 Preisdifferenzierung

(1) Begriff Preisdifferenzierung und die Auswirkungen von Preisdifferenzierungen

Die **Preisdifferenzierung** hat das Ziel, den Gewinn zu erhöhen, indem das anbietende Unternehmen Teilmärkte bildet, auf welchen unterschiedliche Preise verlangt werden.

Die Bildung der **Teilmärkte** setzt voraus, dass es gelingt, jene Kunden, die bereit sind, den höheren Preis zu bezahlen, am Übergang zum günstigeren Teilmarkt zu hindern. Die Abgrenzung der Teilmärkte wird in erheblichem Maße dadurch erleichtert, dass sich die Konsumenten nicht konsequent rational[1] verhalten, sondern sich z. B. aus Prestigegründen in teurere Teilmärkte einordnen (z. B. bei Preisdifferenzierung in Verbindung mit Produktdifferenzierung).

Beispiel:

Angenommen, es gelingt, aus dem Gesamtmarkt der Büroschere (vgl. S. 367) zwei Teilmärkte zu bilden, auf welchen ein Preis von 12,00 EUR (Teilmarkt I, z. B. Verkauf über die Bürofachgeschäfte) und ein Preis von 10,50 EUR (Teilmarkt II, z. B. Direktverkauf an die Unternehmen) verlangt werden kann.

Aufgaben:

1. Ermitteln Sie, ob durch die Bildung von zwei Teilmärkten eine Gewinnsteigerung eintritt!
2. Stellen Sie den Sachverhalt grafisch dar!

Lösung:

Zu 1.:	Erlöse ohne Preisdifferenzierung in EUR	Erlöse mit 2 Teilmärkten und differenzierten Preisen in EUR	
Umsatzerlös	47 250,00	TM I (3 000 · 12,00) TM II (1 500 · 10,50)	36 000,00 15 750,00 51 750,00
Kosten	37 000,00		37 000,00
Gewinn	10 250,00		14 750,00
Gewinnsteigerung			4 500,00

1 **Rational:** vernünftig.

Zu 2.:

Erläuterung:

Zumindest ein Teil der Konsumentenrente kann nunmehr abgeschöpft werden. Ein Vergleich der alten mit der neuen Situation lässt sich durch nebenstehende Grafik veranschaulichen.

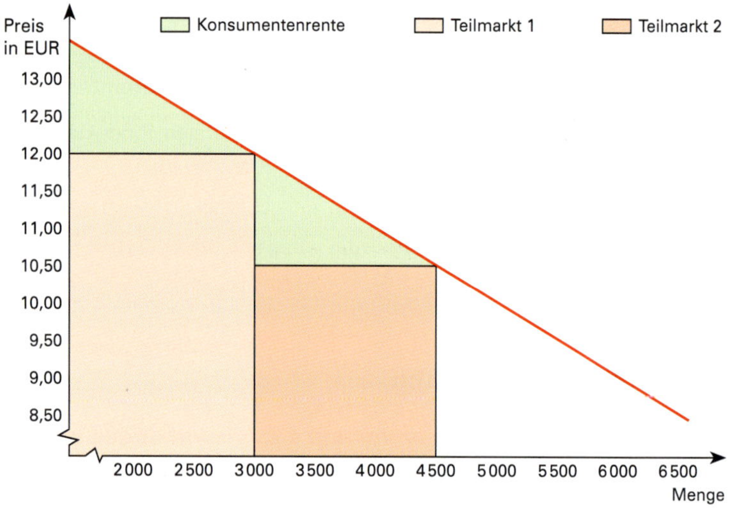

Beispiel:

Die zweifache Preisdifferenzierung (siehe oben) wird noch durch ein Billigsegment erweitert. In diesem Segment wird ein Erlös von 9,00 EUR erzielt. Lt. Nachfragefunktion werden damit zusätzlich 1500 Erzeugnisse an Kunden verkauft, die nicht bereit waren, 10,50 EUR zu bezahlen.

Aufgabe:

Ermitteln Sie die Gewinnsteigerung!

Lösung:

	Erlöse ohne Preisdifferenzierung in EUR	Erlöse mit 2 Teilmärkten in EUR	Erlöse mit 3 Teilmärkten in EUR
Umsatzerlös	47 250,00	TM I 36 000,00 TM II 15 750,00 51 750,00	TM I 36 000,00 TM II 15 750,00 TM III 13 500,00 65 250,00
Kosten	37 000,00	37 000,00	46 000,00
Gewinn	10 250,00	14 750,00	19 250,00
Gewinnsteigerung		4 500,00	9 000,00

Anmerkung:

Die Gewinnsteigerung wird gegebenenfalls noch geschmälert durch den unternehmerischen Aufwand, die beiden Teilmärkte gegeneinander abzugrenzen.

(2) Arten der Preisdifferenzierung

Begriffe	Beispiele
Preisdifferenzierung in Verbindung mit Produktdifferenzierung	Relativ geringfügige Produktunterschiede mit erheblich unterschiedlichem Prestigewert, z. B. Ausstattung, Lackierung, PS-Zahl eines Pkw, Bio-Produkte.
Preisdifferenzierung nach Abnehmergruppen oder nach Verwendungszweck	Strom für private Haushalte – Strom für gewerbliche Verbraucher; normale Fahrkarten – Schülerfahrkarten; Alkohol – Spiritus; Dieselkraftstoff – Heizöl.
Räumliche Preisdifferenzierung	Pkw-Preise im Ausland günstiger als im Inland; Benzin an Autobahntankstellen ist teurer als an einer Tankstelle in einer Stadt.
Zeitliche Preisdifferenzierung	Haupt- und Nebensaison; Tag-/Nachtstrom.
Zeitlich gestaffelte Preisdifferenzierung	Ein erfolgreiches Buch wird zunächst als Leinenband, dann in Halbleinen und anschließend als Taschenbuch verkauft.
Preisdifferenzierung durch Bildung von Herstellerpräferenzen	Schaffung eines Markennamens, Bildung von Erst- und Zweitmarken, Herstellermarke, Händlermarke; Fairtrade-Marken.
Preisdifferenzierung nach Abnahmemenge	Großabnehmer erhalten Sonderpreise im Vergleich zu Kleinabnehmern, insbesondere im Energiesektor (Aluminiumherstellung).

Zusammenfassung

- Unter der **Preispolitik** versteht man das Herab- oder Heraufsetzen der Absatzpreise mit der Absicht, den Absatz und/oder Gewinn zu beeinflussen.
- Die **Preispolitik** kann **kostenorientiert, nachfrageorientiert** oder **konkurrenzorientiert** ausgerichtet sein.
  - Die **kostenorientierte Preispolitik** richtet sich an den betrieblichen Daten aus, d.h., die angefallenen Kosten bestimmen den Verkaufspreis.
  - Die **nachfrageorientierte Preispolitik** bestimmt den Preis mithilfe der Preis-Absatz-Funktion eines Produkts, d.h., es wird die Veränderung der Nachfragemenge nach dem Produkt bei variierenden Preisen erfasst. Eine nachfrageorientierte preispolitische Maßnahme ist z. B. die Festlegung der preispolitischen Obergrenze.
  - Die **konkurrenzorientierte Preispolitik** richtet die Preisgestaltung an den Preisstellungen der Konkurrenten aus, wobei vor allem der **Leitpreis** sowie die **oberen** und **unteren Preisgrenzen** der Wettbewerber von Bedeutung sind.
- Unter **Preisstrategien** versteht man ein planvolles Vorgehen zur Durchsetzung eines bestimmten Preisniveaus auf dem Markt.
- Als **grundsätzliche Preisstrategien** können gewählt werden:
  - **Hochpreisstrategie.** Sie versucht langfristig einen hohen Preis für die Produkte zu erzielen, indem die Produkte „exklusiv" ausgestattet werden. Eine besondere Art der Hochpreisstrategie ist die **Abschöpfungspreisstrategie (Skimming-Strategie).**
  - **Niedrigpreisstrategie.** Hier versucht der Unternehmer, dass der Preis für sein Produkt dauerhaft unter dem Preis vergleichbarer Produkte liegt. Eine besondere Art der Niedrigpreisstrategie ist die **Penetrationspreispolitik.**
  - **Strategie der Preisdifferenzierung,** d.h. für das gleiche Produkt werden auf abgegrenzten Teilmärkten unterschiedliche Preise verlangt.

Kompetenztraining

81 Preisstrategien

1. Ein Unternehmen steht vor der Entscheidung, eine Zahncreme unter neuer Marke einzuführen.

   Aufgaben:

   1.1 Erläutern Sie, nach welchen Kriterien der Einführungspreis bestimmt werden könnte!

   1.2 Treffen Sie eine begründete Entscheidung, für welchen Weg der Preisbestimmung Sie sich einsetzen würden!

2. Ein Hersteller von Skibindungen beabsichtigt, eine neuartige elektronische Skibindung auf den Markt zu bringen.

   Aufgaben:

   2.1 In der Einführungsphase plant das Unternehmen, eine Abschöpfungsstrategie anzuwenden. Erläutern Sie den Begriff!

   2.2 Erläutern Sie die Gründe, die das Unternehmen zur Wahl dieser preispolitischen Strategie veranlasst haben könnten!

3. Erklären Sie, wodurch sich die Skimming-Strategie von der Hochpreisstrategie unterscheidet!

4. Begründen Sie, ob es Ihrer Meinung nach im vorliegenden Fall sinnvoll wäre, dem Unternehmen zu raten, eine Penetrationspreispolitik zu betreiben!

5. Nennen Sie die Ziele, die mit einer Niedrigpreisstrategie verbunden sind!

6. Bei der Preisfestsetzung kann es für das Unternehmen vorübergehend sinnvoll sein, die Preise unter die allgemein angekündigte und geforderte Preisfestsetzung abzusenken.

   Begründen Sie die Richtigkeit der Aussage anhand von zwei selbst gewählten Beispielen!

7. Begründen Sie, welche Preisstrategie die Kaffeerösterei Arabica KG für ihren neuen Bio-Fairtrade-Kaffee anwenden sollte!

82 Preisdifferenzierung

1. Ein Unternehmen sieht sich bei einem Produkt einer normalen Nachfrage gegenüber. Die fixen Kosten für das Produkt belaufen sich auf 30 000,00 EUR je Periode, die variablen Kosten auf 18,00 EUR je Stück. Der Verkaufserlös beträgt 30,00 EUR je Stück. Die Preis-Mengenentwicklung hat folgende Ausgangsdaten: Erlös 39,00 EUR, absetzbare Menge 6 000 Stück.

   Aufgaben:

   1.1 Berechnen Sie die preispolitische Obergrenze, wenn beim Absinken des Erlöspreises um 1,50 EUR die absetzbare Menge jeweils um 1 500 Stück steigt!

   1.2 Erläutern Sie den Begriff Konsumentenrente am vorgegebenen Beispiel!

   1.3 Gehen Sie davon aus, dass es gelingt, zwei Teilmärkte zu bilden, auf welchen ein Preis von 36,00 EUR (Teilmarkt I) und ein Preis von 31,50 EUR (Teilmarkt II) verlangt werden kann.

   Ermitteln Sie, ob durch die Bildung von zwei Teilmärkten eine Gewinnsteigerung eintritt!

2. Erläutern Sie, was unter einer räumlichen, zeitlichen und einer Preisdifferenzierung in Verbindung mit einer Produktdifferenzierung zu verstehen ist!

   Aufgabe:

   Bilden Sie jeweils ein Beispiel!

6 Kommunikationspolitische Maßnahmen planen und beurteilen

KB 4 Lernsituation 7: Kommunikationspolitik gestalten

Emmy Reisacher, die Inhaberin des Einzelhandelsunternehmens Beauty Moments Emmy Reisacher e. Kfr., möchte den Umsatz ihres Kosmetikinstituts erhöhen. Da der Industrie- und Gewerbepark Ulm nicht über eine ausreichende Anzahl von Laufkundschaft verfügt, muss sie das Interesse von Neukunden auf eine andere Art wecken.

Emmy Reisacher warb bisher immer mit kleinen Anzeigen in dem Ulmer Anzeiger für ihre Dienstleistungen. Eine gute Freundin empfiehlt ihr, etwas kreativer und innovativer zu sein, um ihr Institut einer breiteren Öffentlichkeit bekannt zu machen. Daraufhin informiert sich Emmy Reisacher in Büchern und im Internet über aktuelle marketingpolitische Maßnahmen:

Jeder Tablet-Computer ist eine Abspielfläche für digitale Anzeigen. Das klingt so schlicht, doch um dieses Geschäft umfassend zu betreiben, muss man eine komplexe Datenwirtschaft beherrschen und mit Dutzenden von Technologiefirmen zusammenarbeiten. Deren Aufgabe ist es, immer genauere Profile von Nutzergruppen zu erstellen, um dem Ideal näherzukommen, jedem Verbraucher nur noch die für ihn nützliche Werbung zu liefern. Dafür sammeln die Firmen alte Datenbestände aus der Zeit vor dem Internet und führen sie mit Profildaten zusammen, die jeder Nutzer am Computer, auf seinem Smartphone und auf dem iPad hinterlässt.

Quelle: http://www.zeit.de/2012/48/Medien-Zeitung-Journalismus/seite-3

Kompetenzorientierte Arbeitsaufträge:

Arbeiten Sie die folgenden Kapitel des Schulbuches durch und verwenden Sie die Aufzeichnungen aus dem Unterricht zur Bearbeitung der Arbeitsaufträge!

1. Erläutern Sie, für welche Unternehmen die in dem Zeit-Artikel erwähnte Werbung sinnvoll ist!

2. Emmy Reisacher möchte für ihr Kosmetikinstitut eine Werbeanzeige in einer Zeitung aufgeben. Format: 50 mm hoch, 2-spaltig (88 mm breit). Zur Wahl stehen:
   - der **Ulmer Anzeiger.** Dies ist eine regionale Tageszeitung, die auch überregionale und internationale Informationen über Wirtschaft, Politik und Sport enthält. Jede Ausgabe wird von etwa 5 Personen gelesen.
   - das **Ulmer Wochenblatt.** Dies ist vorwiegend ein Anzeigenblatt mit einem nur geringen redaktionellen Anteil. Es wird wöchentlich einmal an alle lokalen Haushalte kostenlos verteilt. Jede Ausgabe wird im Durchschnitt von 2 Personen gelesen.

   Um die Kosten einer Werbeanzeige in verschiedenen Zeitungen vergleichen zu können, ermittelt man den sogenannten Tausenderpreis.

$$\text{Tausenderpreis} = \frac{\text{Preis der Werbeanzeige} \cdot 1000}{\text{Höhe der Auflage} \cdot \text{Leser pro Ausgabe}}$$

Entscheiden Sie unter Berücksichtigung der Mediadaten begründet, in welcher der beiden örtlichen Zeitungen das Inserat aufgegeben werden soll. Legen Sie Ihrer Entscheidung nicht nur die absoluten Kosten einer Anzeige und den Tausenderpreis zugrunde, sondern beziehen Sie auch qualitative Aspekte in Ihre Entscheidung ein!

Folgende **Mediadaten** sind bekannt:

	Ulmer Anzeiger	**Ulmer Wochenblatt**
Auflage	36 000 erscheint werktäglich	78 000 erscheint 1 x wöchentlich
Kosten einer Anzeige	2,03 EUR je mm, 1-spaltig	1,54 EUR je mm, 1-spaltig

3. Gestalten Sie die Werbeanzeige für das Kosmetikinstitut in dem oben genannten Format!

6.1 Begriff Kommunikationspolitik

Zur **Kommunikationspolitik**[1] gehören alle marketingpolitischen Maßnahmen, die das Unternehmen und seine Produkte in der Öffentlichkeit darstellen und bekannt machen.

Der Begriff umfasst sowohl die klassische Werbung als auch Unternehmensauftritte in sozialen Netzwerken, aber auch Verkaufsförderung, Öffentlichkeitsarbeit und Sponsoring.

6.2 Werbung

6.2.1 Grundsätze der Werbung

Zur **Werbung** gehören alle Maßnahmen mit dem Ziel, bestimmte Botschaften an Personen heranzutragen, um auf ein Erzeugnis und/oder eine Dienstleistung aufmerksam zu machen und Kaufwünsche zu erzeugen.

1 Unter **Kommunikation** versteht man die Übermittlung von Informationen von einem Sender zu einem Empfänger.

Wichtige **Grundsätze** der Werbung sind:

Klarheit und Wahrheit	Die Werbung muss für den Kunden klar und leicht verständlich sein. Sie sollte sachlich unterrichten, die Vorzüge eines Artikels eindeutig herausstellen, keine Unwahrheiten enthalten und nicht täuschen. Falsche Informationen (Versprechungen) führen zu Enttäuschungen und langfristig zu Absatzverlusten. Eine irreführende Werbung ist verboten [§ 5 UWG].
Wirksamkeit	Die Werbung muss die Motive der Umworbenen ansprechen, Kaufwünsche verstärken und letztlich zum Kauf führen. Eine wichtige Voraussetzung für eine wirksame Werbung ist eine genaue Bestimmung der Zielgruppe.
Einheitlichkeit, Stetigkeit, Einprägsamkeit	Die Werbung sollte stets einen gleichartigen Stil aufweisen (bestimmte Farben, Symbole, Figuren, Slogans), um beim Kunden einen Wiedererkennungseffekt zu erzielen. Durch die regelmäßige Wiederholung der Werbebotschaft wird deren Einprägsamkeit erhöht.
Wirtschaftlichkeit	Die Aufwendungen der Werbung finden ihre Grenzen in ihrer Wirtschaftlichkeit. Die Werbung ist dann unwirtschaftlich, wenn der auf die Werbung zurückzuführende zusätzliche Ertrag niedriger ist als der Aufwand.
Soziale Verantwortung	Die Werbung darf keine Aussagen oder Darstellungen enthalten, die gegen die guten Sitten verstoßen oder ästhetische, moralische oder religiöse Empfindungen verletzen. Die rechtliche Umsetzbarkeit von Werbemaßnahmen hängt insbesondere von den Bestimmungen des Gesetzes gegen den unlauteren Wettbewerb [UWG] ab.

Um den Erfolg der Werbung sicherzustellen und um die Werbemaßnahmen kontrollieren zu können, ist für jede Form der Werbung das Aufstellen eines Werbeplans notwendig.

6.2.2 Werbeplan

(1) Überblick

Im Werbeplan sind insbesondere folgende Fragen zu beantworten:

- Welche **Art der Werbung** soll durchgeführt werden?
- Welche **Werbemittel** und **Werbeträger** sind einzusetzen?
- Welche Beträge können für die Werbung eingesetzt werden **(Werbeetat)?**
- Welche **Streuzeit** wird festgesetzt?
- Welche **Streugebiete** und **Streukreise** sind auszuwählen?

(2) Arten der Werbung

Beispielhaft werden im Folgenden zwei Formen der Werbung angeführt.

Werbung nach der Anzahl der Umworbenen

Direktwerbung	Massenwerbung
Einzelne Personen, Unternehmen, Behörden werden unmittelbar angesprochen, z. B. durch Werbebriefe, Reisende.	■ Die **gezielte Massenwerbung** möchte eine bestimmte Gruppe durch die Werbung ansprechen (z. B. eine Berufs- oder Altersgruppe, die Nichtraucher, die Autofahrer). ■ Die **gestreute Massenwerbung** wird mithilfe von Massenmedien (Rundfunk, Fernsehen, Zeitungen) betrieben.

Werbung nach der Anzahl der Werbenden

Alleinwerbung	Verbundwerbung	Gemeinschaftswerbung
Ein Unternehmen wirbt für seine Produkte. **Beispiel:** Beauty Moments Emmy Reisacher e. Kfr. wirbt: *„Gesichtspflege bei Beauty Moments!"*	Mehrere Unternehmen führen gemeinsam eine Werbeaktion durch. **Beispiel:** Das Einkaufszentrum Gänsbühl wirbt: *„10 % Rabatt in allen Geschäften!"*	Hier tritt ein ganzer Wirtschaftszweig als Werber auf. **Beispiel:** Der Bundesverband Deutscher Milchviehhalter e. V. wirbt: *„Trinkt Milch!"*

(3) Werbemittel und Werbeträger

Werbemittel

Werbemittel sind Kommunikationsmittel (z. B. Wort, Bild, Ton, Symbol), mit denen eine Werbebotschaft dargestellt wird (z. B. Anzeige, Rundfunkspot, Plakate usw.).

Je nachdem, **welche Sinne angesprochen** werden sollen, gliedert man die Werbemittel in:

optische Werbemittel	Sie wirken auf das Sehen des Umworbenen (z. B. Plakate, Anzeigen, Schaufensterdekorationen, E-Mails und Short Message Service [SMS]).
akustische Werbemittel	Sie sprechen das Gehör an (z. B. Verkaufsgespräch, Werbevorführungen, Werbespots im Radio).
geschmackliche Werbemittel	Hier soll der Kunde durch eine Kostprobe von der Güte der Ware überzeugt werden. Die Kostproben sprechen den Geschmackssinn an.
geruchliche Werbemittel	Sie wirken auf den Geruchssinn der Kunden (z. B. Parfümproben).

Werden die verschiedenen Werbemittel kombiniert (z. B. Lebensmittelproben können gesehen und gekostet werden, Stoffproben können gesehen und gefühlt werden), so spricht man von **gemischten Werbemitteln.** Sie sind besonders werbewirksam, weil sie verschiedene Sinne des Menschen ansprechen.

Werbeträger

Der **Werbeträger** ist das Medium, durch das ein Werbemittel an den Umworbenen herangetragen werden kann.

Wichtige Werbeträger (Streumedien) sind:

Werbeträger

Printmedien	Hörfunk	Plakatanschlagstellen	Internet	Werbegeschenke
– Zeitungen, Zeitschriften – Werbebrief, Kundenzeitschrift – Prospekte, Kataloge	Hörfunk Fernsehen Kino	Plakatanschlagstellen Nah- und Fernverkehrsmittel Bandenwerbung	z. B. in den sozialen Netzwerken	z. B. Einkaufstasche mit Firmenaufdruck

(4) Werbeetat

Richtet sich der Werbeetat nach der jeweiligen Finanzlage des Unternehmens, die wiederum eng mit dem Umsatz zusammenhängt, spricht man von **zyklischer**[1] **Werbung.** Das bedeutet, dass bei steigenden Umsätzen mehr, bei fallenden Umsätzen weniger geworben wird. Diese zyklische Werbung ist jedoch im Allgemeinen wenig sinnvoll, weil gerade dann geworben wird, wenn der Umsatz ohnedies steigt, die Werbung jedoch unterlassen wird, wenn der Umsatz fällt.

Aus diesem Grund wird die **antizyklische Werbung** empfohlen. Sinkt der Umsatz, werden die Werbeanstrengungen verstärkt, steigt der Umsatz, werden sie verringert. Die antizyklische Werbung erfüllt den Zweck, einen gleichbleibenden Absatz und Gewinn zu sichern.

Ist der Werbeetat festgelegt, ist die Frage zu klären, wie die zur Verfügung stehenden Werbegelder auf die einzelnen Produktgruppen aufzuteilen sind. Hier kann das Unternehmen auf die **Portfolio-Analyse** zurückgreifen, und die Geldmittel nach der Marktsituation der einzelnen Produktgruppen zuordnen.

Beispiel:

Sieht die Geschäftsleitung für Produkte, die die Stellung eines Questionmarks oder Stars innehaben, gute Wachstumschancen, so wird sie diesen Produkten einen hohen Werbebetrag zuweisen (Offensiv- bzw. Investitionsstrategie). Dagegen werden Cashcows weniger stark beworben, da hier eine Abschöpfungsstrategie sinnvoll ist.

1 **Zyklus:** regelmäßig wiederkehrende Erscheinung.

(5) Streuzeit

Festlegen der **Streuzeit** besagt, dass in der Werbeplanung Beginn und Dauer der Werbung sowie der zeitliche Einsatz der Werbemittel und Werbeträger bestimmt werden.

Grundsätzlich hat ein Unternehmen drei Möglichkeiten für die zeitliche Planung von Werbeaktionen:

- **einmalig** bzw. **zeitlich begrenzt** und intensiv zu werben,
- **regelmäßig** zu werben (pro Tag, pro Woche, pro Monat),
- in **unregelmäßigen Abständen** kurz, aber intensiv zu werben.

Vergessenskurve bei Werbeabbruch nach einmaliger Veröffentlichung

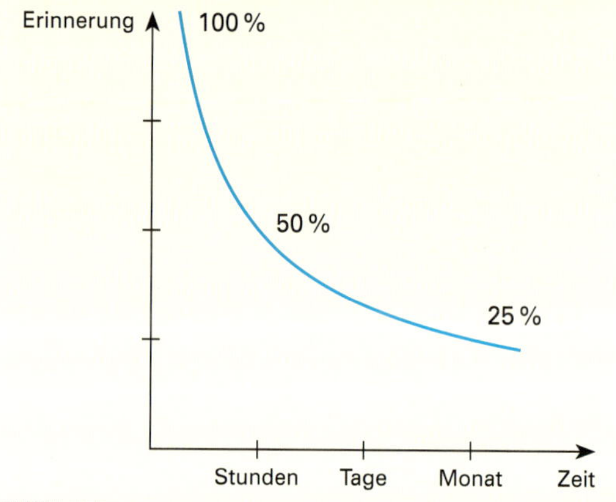

Vergleicht man die Wirkung von kurzzeitigen Werbeaktionen mit Werbeaktionen, die über einen längerfristigen Zeitraum angelegt sind, so gilt: Je länger und je häufiger geworben wird, desto schneller treten wirtschaftliche Werbewirkungen ein.

Die **Vergessenskurve** aus der Lernforschung zeigt, dass binnen weniger Stunden 50 % der empfangenen Informationen bereits wieder vergessen sind.

(6) Streukreis und Streugebiet

- Der **Streukreis** beschreibt den Personenkreis, der umworben werden soll. Der Personenkreis wird häufig noch nach **Zielgruppen** (z. B. Berufs-, Alters-, Kaufkraftgruppen, Geschlecht) untergliedert.
- Das **Streugebiet** (Werbeverbreitungsgebiet) ist das Gebiet, in welchem die Werbemaßnahmen durchgeführt werden sollen.

Streugebiete sind deswegen festzulegen, weil Art und Umfang des Bedarfs in den einzelnen Gebieten (beispielsweise sei auf die andersartigen Bedürfnisse von Stadt- und Landgemeinden hingewiesen) unterschiedlich sein können.

Ein **Beispiel für einen einfachen Werbeplan** finden Sie auf S. 381.

Werbeplan einschließlich der Werbeetatplanung für das 2. Quartal:

Ulmer Büromöbel AG

Nr.	Werbemittel/ Werbeträger	Reichweite in Tsd.	Umfang/ Dauer	Anzahl der Werbe-maßnahmen	Kosten für 1000 Kontakte	Kosten für Gestaltung/ Druckvorlagen/ Dekoration insg.	Kosten für Werbeverbreitung insg.	Werbedispositionen		
								April	Mai	Juni
1.	Anzeigen Titel/Ausgaben									
	1.1 Tageszeitung	180	$^1/_4$ Seite	10	8,40	1800,00	16920,00[1]	4	3	3
	1.2 Anzeigenblatt	210	$^1/_2$ Seite	4	5,10	2200,00	6484,00	2	1	1
2.	Prospekte Titel/Ausgaben									
	2.1 Gewerbliche Büromöbel	22	6 Seiten	2	5,40	7200,00	7437,60	1	1	
	2.2 Schulmöbel für Kinderzimmer	22	4 Seiten	2	4,10	4400,00	4580,40		1	1
3.	Hörfunk Sender									
	3.1 Regio TV 1	3300	30 Sekunden	5	1,12	3800,00	22280,00	2	2	1
	3.2 Regio TV 2	2400	45 Sekunden	8	1,30	4900,00	29860,00	2	3	3

1 Kosten für Werbeverbreitung insgesamt = 180 · 10 · 8,40 + 1800,00 = 16920,00 EUR.

6.2.3 Nachhaltigkeit in der Werbung

Das Thema Nachhaltigkeit gewinnt auch in der Werbung einen immer größeren Einfluss.[1] Dabei achten Verbraucher nicht nur auf die Nachhaltigkeit der Produkte, sondern auch auf die Einstellung des Unternehmens, das die Werbung vermittelt.

Unternehmen, die das **Nachhaltigkeitsdreieck** aus Ökonomie, Ökologie und Sozialem glaubwürdig vermitteln, sind deutlich erfolgreicher als Mitbewerber. Während es früher ausgereicht hat, seine Marke ökologisch auszurichten, wollen viele Verbraucher inzwischen wissen, ob das Unternehmen auch sozial eingestellt ist, d.h. seine Mitarbeiter gut behandelt und ob es wirtschaftlich vernünftig arbeitet.

Beispiele:

- Der Windelhersteller Procter & Gamble hilft UNICEF, indem das Unternehmen mit jeder Packung Pampers eine lebensrettende Tetanus-Impfdosis für Neugeborene in Entwicklungsländern stiftet.[2]
- Mit Nachhaltigkeit werben u.a. der Kindernahrungsmittelproduzent Hipp und die Drogeriemarktkette dm.

Deshalb sollte aus Sicht des werbenden Unternehmens die Nachhaltigkeitskommunikation bei den Nachhaltigkeitsattributen der Produkte und der Art und Weise, wie sie hergestellt werden, ansetzen.

Als Werbemittel kann beispielsweise das aufgedruckte Recycling-Logo, das FSC-[3] oder Bio-Siegel oder ein eingenähtes Fairtrade-Label bei Stofftaschen aus Bio-Baumwolle dienen. Solche Labels kommunizieren direkt den nachhaltigen Mehrwert eines Werbemittels und transportieren so die entsprechende Botschaft.

Derartige Werbung mit Nachhaltigkeit hat einen positiven Effekt auf das Markenvertrauen, die Innovationswahrnehmung und die emotionale Nähe der Kunden.

Die **Verantwortung für nachhaltigen Konsum** liegt natürlich nicht allein bei den Werbetreibenden. Eine große Mitverantwortung muss auch der Käufer übernehmen, indem er z.B. bereit ist, für nachhaltige Produkte einen höheren Preis zu bezahlen. Nur dann gelingt es, Nachhaltigkeit und nachhaltige Produkte in den Massenmarkt zu bringen.

6.2.4 Werbeerfolgskontrolle

(1) Begriff Werbeerfolgskontrolle

Die **Werbeerfolgskontrolle** überprüft,

- in welchem Umfang die gesetzten Werbeziele durch die eingesetzten Werbemittel und Werbeträger erreicht wurden und
- ob sich die Werbemaßnahmen gelohnt haben.

1 Vgl. https://www.nachhaltigkeit.info/artikel/nachhaltigkeit_in_der_werbung_1981.htm [04.11.2019].

2 Vgl. https://mypianetal.de/sponsored-video-beim-pampers-kauf-tetanusimpfung-ermoeglichen [04.11.2019].

3 **FSC**: Forest Stewardship Council (engl.): Rat für nachhaltige Forstwirtschaft. Vgl. hierzu auch Kompetenzbereich 3, Kapitel 1.2.3, S. 228.

Gegenstand der Werbeerfolgskontrolle:

- Die **wirtschaftliche Werbeerfolgskontrolle** möchte den mithilfe der Werbung erzielten Gewinn feststellen.
- Die **nicht wirtschaftliche Werbeerfolgskontrolle** fragt danach, wie die Werbung bei den Umworbenen „angekommen" ist.

(2) Wirtschaftliche Werbeerfolgskontrolle

Die Feststellung des Werbegewinns ist in der Praxis sehr schwierig. Die Gründe liegen darin, dass es einerseits nicht immer möglich ist, die Werbeaufwendungen für eine Periode genau abzugrenzen, und dass andererseits Umsatzsteigerungen nicht unbedingt auf die Werbung zurückzuführen sind.

Beispiel:

Mithilfe der Marktforschung soll die Wirkung einer Plakataktion („Trinkt mehr Milch!") festgestellt werden. Es werden eine Versuchsgruppe und eine Kontrollgruppe gebildet. Die Versuchsgruppe wird von der Werbung berührt, die Kontrollgruppe erhält von der Werbung keine Kenntnis.

Nach Abschluss der Werbekampagne ergeben sich folgende Zahlen:

Zeitpunkt	Milchverbrauch pro Kopf	
	Versuchsgruppe	**Kontrollgruppe**
Vor Beginn der Werbekampagne Nach Beendigung der Werbekampagne	0,32 Liter 0,40 Liter	0,32 Liter 0,35 Liter
Verbrauchsänderung	0,08 Liter	0,03 Liter

Die Versuchsgruppe hat ihren Verbrauch um 0,08 Liter je Person erhöht. Daraus kann nicht der Schluss gezogen werden, dass die gesamte Veränderung auf die Werbung zurückzuführen ist. Das Ergebnis der Kontrollgruppe zeigt, dass der Prokopfverbrauch auch ohne Werbung um 0,03 Liter gestiegen wäre. Die durch die Werbung hervorgerufene Verbrauchsänderung beträgt also lediglich 0,05 Liter.

Betrug nun bei dem werbenden Unternehmen der **zusätzliche** Milchabsatz im untersuchten Zeitraum 160 000 Liter, so sind davon nur 100 000 Liter auf die Absatzwerbung zurückzuführen. Wenn die Kosten der Werbeaktion 2 100,00 EUR und der Reingewinn je Liter 0,05 EUR betragen, lässt sich der wirtschaftliche Werbeerfolg, also der Werbegewinn, folgendermaßen errechnen:

Auf die Werbekampagne zurückzuführender Ertrag (100 000 · 0,05 EUR)	5 000,00 EUR
– Werbeaufwand	2 100,00 EUR
= Werbegewinn	2 900,00 EUR

Der Werbegewinn erhöht sich, wenn der Milchverbrauch in Zukunft auf dem höheren Niveau bleibt.

(3) Nicht wirtschaftliche Werbeerfolgskontrolle

Während die wirtschaftliche Werbeerfolgskontrolle im eigenen Unternehmen in Geld, Stückzahlen oder Prozentsätzen (z. B. Umsatz, Absatz, Marktanteil) gemessen werden kann, lässt sich der nicht wirtschaftliche Werbeerfolg nur am Umworbenen selbst messen, z. B. in der Änderung seiner Haltung gegenüber dem Produkt oder dem Hersteller.

Um diese verborgenen Daten zu gewinnen, werden spezielle Verfahren eingesetzt, wie z. B. Wortassoziationstests oder Satzergänzungstests. Auf indirekte Art und Weise erhält man dadurch Informationen über folgende Personengruppen:

Werbegemeinte (Adressaten)	Es handelt sich dabei um die Umworbenen, die durch die Werbung angesprochen werden sollen. Ihre Zahl ist die **Adressatenzahl.**
Werbeberührte	Darunter versteht man die Umworbenen, bei denen eine Sinneswirkung erzielt wird. Ihre Zahl ist die **Perzeptionszahl** (lat. perceptio: Wahrnehmung).
Werbebeeindruckte	Damit sind diejenigen Umworbenen gemeint, die nicht nur von der Werbung „berührt" worden sind, sondern bei denen die Werbung eine Aufmerksamkeitswirkung erzielt hat. Die Zahl der Werbebeeindruckten ist die **Aperzeptionszahl** (lat. aperceptio: Verarbeitung von Eindrücken).
Werbeerfüller	Hier handelt es sich um die Umworbenen, die den Werbezweck erfüllen, die z. B. das Produkt kaufen, für das geworben worden ist. Ihre Zahl ist die **Akquisitionszahl** (lat. acquisitii: die Hinzugeworbenen).

Beispiel:

Ein Industrieunternehmen möchte seinen Kunden (Händlern) ein neues Produkt vorführen. Dabei soll ein Werbefilm gezeigt werden. Darüber hinaus werden Prospekte ausgelegt. Die Einladung ergeht an 80 Händler.

Von den eingeladenen Händlern (also den Werbegemeinten) erscheinen 60 Personen (Werbeberührte). Daraus lässt sich eine Kennzahl (Streuzahl) ermitteln, nämlich der **Berührungserfolg.**

Er errechnet sich wie folgt:

$$\text{Berührungserfolg} = \frac{\text{Zahl der Werbeberührten}}{\text{Zahl der Werbegemeinten}}$$

In unserem Beispiel ergibt sich: $\text{Berührungserfolg} = \frac{60}{80} = \underline{\underline{0{,}75}}$

Das bedeutet, dass $^3/_4$ der Werbegemeinten von der Werbung berührt worden sind.

Haben von den 60 erschienenen Personen 48 einen Prospekt mitgenommen, zeigt das, dass diese Personen zumindest von der Werbung beeindruckt worden sind. Der **Beeindruckungserfolg** kann daher folgendermaßen berechnet werden:

$$\text{Beeindruckungserfolg} = \frac{\text{Zahl der Werbebeeindruckten}}{\text{Zahl der Werbegemeinten}}$$

In diesem Beispiel beträgt der Beeindruckungserfolg $= \frac{48}{80} = \underline{\underline{0{,}60}}$

Die Zahl bedeutet, dass 60 % der Werbegemeinten von der Werbung beeindruckt waren.

Angenommen, 20 der erschienenen Personen haben das neue Erzeugnis nach der Veranstaltung gekauft. Der **Erfüllungserfolg** (Akquisitionserfolg) kann dann wie folgt ermittelt werden:

$$\text{Erfüllungserfolg} = \frac{\text{Zahl der Werbeerfüller}}{\text{Zahl der Werbegemeinten}}$$

In diesem Fall lautet das Ergebnis: $\text{Erfüllungserfolg} = \frac{20}{80} = \underline{\underline{0{,}25}}$

Die Kennzahl sagt aus, dass $^1/_4$ der Werbegemeinten den Werbezweck erfüllt haben.

Allgemein lässt sich also sagen, dass der (nicht wirtschaftliche) Werbeerfolg umso größer ist, je höher die ermittelte Kennzahl ist.

6.3 Unternehmensauftritt in sozialen Netzwerken[1]

(1) Begriff soziale Netzwerke

Menschen vertrauen niemandem mehr als ihren Freunden aus dem sozialen Umfeld. Das Internet mit seinen sozialen Netzwerken (z. B. Facebook, Twitter, Xing, YouTube usw.) erweitert die realen Freunde um virtuelle Freunde. Es ist der Aufenthaltsort von Millionen von Menschen. Die sozialen Netzwerke haben damit die Nutzung des Internets verändert. Die Menschen verwenden das Internet nicht nur, um Informationen zu suchen, sie gestalten es aktiv mit durch ihre eigenen Beiträge. Verständlich, dass die Unternehmen dorthin wollen, wo ihre Kunden sind.

Soziale Netzwerke sind Plattformen im Internet, mit deren Hilfe Nutzer Nachrichten senden und empfangen, Bilder, Texte, Audio- und Videodateien austauschen, miteinander Spaß haben, sich verabreden, lachen und diskutieren.

Der Zugang zu den sozialen Netzwerken ist in der Regel für den Nutzer kostenlos. Die Einnahmen gewinnen die Betreiber aus der Vermarktung von Werbeflächen auf ihren Plattformen.

Um ein soziales Netzwerk nutzen zu können, muss der Nutzer zunächst ein Profil anlegen, bei dem er Name, Tätigkeit, Beruf, Interessen usw. angibt – genau die Informationen, die für die Gegenseite, die werbenden Unternehmen im Netzwerk, sehr kostbar und daher hoch willkommen sind.

(2) Möglichkeiten zur Gestaltung des Unternehmensauftritts

Frühere Werbung im Internet trat in Bannerform auf und sprang dem Nutzer direkt ins Auge. Unternehmensauftritte in sozialen Netzwerken sind ausgeklügelter, eher als Inhalt getarnt und werden daher nicht unmittelbar als Werbung wahrgenommen. Der Nutzer soll unbewusst auf die Werbung reagieren. Es liegt weder im Interesse des Werbenden noch im Interesse des Betreibers des sozialen Netzes, wenn der Nutzer gestört oder gar vertrieben wird.

Targeting[2]

- **Targeting** ist eine **digitale Werbung,** die mithilfe von **Programmen** möglichst exakt auf die **Zielgruppe ausgerichtet** ist.
- **Ziel des Targeting** ist, die Zielgruppe mit möglichst geringem Streuverlust zu erreichen.

Da die Nutzer sozialer Netzwerke im Rahmen der Profilerstellung völlig freiwillig eine Fülle personenbezogener Daten mit hohem Wahrheitsgehalt von sich preisgeben, können diese Daten für eine zielgerichtete Werbung sehr einfach genutzt werden.

1 Quellen: http://www.informatik.uni-oldenburg.de/~iug11/ge/website/werbung.html [16.04.2014].
http://www.unternehmer.de/marketing-vertrieb/30166-mehr-kunden-dank-facebook-so-nutzen-sie-soziale-netzwerke [15.11.2019].

2 **target** (engl.): Ziel.

25 Hug u.a. - ISBN 978-3-8120-0578-4

Beispiel: Facebook

Der Ersteller eines Unternehmensauftritts bei Facebook kann seine Werbeeinschaltung gezielt spezifizieren, z. B. in Bezug auf

Ort	Durch die Beschränkung auf eine bestimmte Region ist der Auftritt nur für jene Nutzer sichtbar, die in dieser Region wohnen.
Demografie	Festlegungen auf Alter und Geschlecht sind möglich.
Interessen	Die Werbung richtet sich nur an jene Nutzer, die in ihrem Profil identische Interessen angeben (z. B. Sport, Kochen).
Bildung & Arbeit	Damit wird eine Beschränkung auf Berufsgruppen oder Bildungsniveau erreicht (z. B. auf Schüler, Studenten, Akademiker).

Facebook unterstützt die Filterung beim Erstellen wirkungsvoll, indem es bei jeder Kriterienauswahl eine direkte Prognose darüber abgibt, wie viele Nutzer durch die augenblickliche Festlegung erreicht würden.

Damit erreicht der Unternehmensauftritt genau die gewünschte Zielgruppe. Der **Streuverlust wird minimiert** und die **Werbungskosten effizient** genutzt.

Reagiert der Benutzer auf den Unternehmensauftritt („Gefällt-mir"-Button bei Facebook), gibt er indirekt eine weitere Rückmeldung an den Werbenden, der dadurch seine Informationen über die Zielkundschaft weiter präzisieren kann.

Beispiel:

Estimated Reach [?]

6,680 people

- who live in **Germany**
- who live within 25 miles of **Oldenburg**
- age **18** and older
- who like **#Film** oder **#Movies**

Virales[1] Marketing

Virales Marketing ist ein Marketingkonzept, das die Kunden veranlassen soll, in digitaler Form Werbekommunikation über Produkte und Dienstleistungen aus eigenen Stücken weiterzuverbreiten.

Virales Marketing nutzt z. B. die Strukturen sozialer Netzwerke,[2] um Werbebotschaften **virusartig zu verbreiten.** Damit dieser Verbreitungseffekt eintritt, muss der Nutzer das Bedürfnis haben, seine **Entdeckung im Internet** mit seinen **Freunden zu teilen.** Gut geeignet ist hierfür ein witziges, originelles Ausgangsmaterial.

Beispiel:

Bekannt ist das Werbespiel Moorhuhn der Whiskymarke Johnnie Walker. Das Spiel erreichte eine weite Verbreitung und die Popularität färbte auf die Marke ab.

Personen, die aus eigenem Antrieb regelmäßig Beiträge (Text, Bild, Audio, Video) zu von ihnen verwendeten Produkten über internetbasierte Kommunikationskanäle wie Blogs

1 **Viral:** ansteckend, sich verbreitend.

2 Weitere Übertragungskanäle sind E-Mails, Webseiten, Foren oder Chatrooms.

und soziale Netzwerke wie Facebook, Instagram, YouTube, Snapchat oder Twitter verbreiten, sind **Influencer.**[1] Sie ragen aus der Masse der normalen Social-Media-Nutzer heraus, da sie mit ihren unterhaltsamen Beiträgen und Tipps ihre Fans für Produkte begeistern können und oft hohe Reichweiten erzielen. Influencer mit hohen Followerzahlen werden so nicht selten zum Meinungsführer. Solche **Influencer** werden zu Werbeikonen und tragen zum Beispiel die Kleidung oder Accessoires der Auftraggeber. Die zu bewerbenden Produkte werden geschickt im Hintergrund platziert oder werden bei Aktivitäten genutzt.

(3) Erstellung eines Firmenauftritts bei Facebook

Die Erstellung eines Firmenauftritts bei Facebook ist einfach. Voraussetzung ist, dass man bei diesem sozialen Netzwerk registriert ist. Auf der Startseite findet sich (unten) der Link „Werbeanzeige erstellen". Von dort ab wird man Schritt für Schritt durch Facebook geführt.

(4) Chancen durch den Unternehmensauftritt

Nur ein einfacher Mausklick auf der Webseite des Unternehmens – schon ist der Nutzer im Unternehmensauftritt innerhalb des sozialen Netzwerks, siehe am folgenden Beispiel von OBI.

Dort steht ihm die ganze Spielwiese des sozialen Netzes zur Verfügung. Es gibt Foren, in denen Nutzer ihre Erfahrungen zu bestimmten Themen/Produkten einbringen können, Experten beantworten Fragen, Videos zeigen Schritt für Schritt, wie bestimmte Arbeiten durchgeführt werden usw.

Schnell, kostengünstig und zielbezogen wird so ein breites Publikum angesprochen, unterhalten und gebunden. Da Inhalte durch Empfehlungen von Freunden weiterverbreitet werden, sind sie automatisch mit einem Vertrauensvorschuss belegt.

(5) Risiken

- Wird der Unternehmensauftritt nicht durch Aktualität, vertrauenswürdige Informationen und konstruktiven Umgang mit Kritik gestützt, dann besteht die Gefahr, dass der Auftritt außer Kontrolle gerät. Negative Meinungen verbreiten sich rasch im Netz und schaden dem Unternehmensimage.

- Es liegt in der Natur der Netzwerke, dass Nutzer in erster Linie dies nicht deswegen aufsuchen, um sich über Produkte zu informieren oder etwas zu kaufen. Nutzer von sozialen Netzwerken wollen sich mit Freunden austauschen, Spaß haben, diskutieren. Hier wird „geliked", kommentiert, geteilt. Traditionelle Werbeanzeigen funktionieren daher nicht in den sozialen Netzwerken. Um Erfolg zu haben, muss man zunächst ein Verständnis dafür entwickeln, wie Nutzer in sozialen Netzwerken „ticken". Gefragt ist ein Auftritt, der zum Mitmachen einlädt, der Gesprächsstoff liefert und zur Weiterempfehlung verführt.

1 to influence (engl.): beeinflussen, einwirken, prägen; vgl. hierzu auch https://wirtschaftslexikon.gabler.de/definition/influencer-100360 [03.02.2020].

- Da der Nutzer (z.B. in Foren) selbst aktiv wird, hat das Unternehmen weniger Kontrolle darüber, was an welcher Stelle geschrieben und verbreitet wird. Forenbeiträge zu löschen wird rasch als Zensur wahrgenommen. Das Unternehmen muss sein Rollenverständnis ändern. Es muss sich darauf einlassen, die Kontrolle aufzugeben, um stattdessen zum Zuhörer, Kümmerer, Partner, Ratgeber und Moderator zu werden.

(6) Bedeutung sozialer Netzwerke

Steht ein Unternehmensauftritt innerhalb eines sozialen Netzwerkes auf dem Prüfstand, dann muss man sich darüber bewusst sein, dass soziale Netzwerke ihre eigenen Ziele und Spielregeln haben.

Es ist ein wenig wie ein „Tag der offenen Tür" – nur eben digital: Auch ein solcher dient dem Unternehmensauftritt. In der Regel kommen vorwiegend solche Besucher, die von vornherein eine positive Grundhaltung (Affinität) zu diesem Unternehmen und dessen Leistung haben. Sie bummeln von einem Infostand zum anderen, informieren sich über die neusten Entwicklungen, schauen der ein oder anderen Vorführung zu und holen sich gezielt Ratschläge von Fachleuten für ihre persönlichen Aufgabenstellungen. Irgendwann sitzen sie im Cateringzelt und tauschen mit dem Nachbarn ihre Erfahrungen dieses Tages aus. War der Tag ereignisreich, unterhaltsam und informativ, dann übertragen sie all diese positiven Eindrücke auch auf die Firma. Und mehr oder weniger unbewusst fließt dies in die nächste Kaufentscheidung ein.

6.4 Weitere kommunikationspolitische Maßnahmen

6.4.1 Verkaufsförderung

- Die Verkaufsförderung hat das Ziel, durch **Maßnahmen am Ort des Verkaufs (Point of Sale)** den Umsatz anzukurbeln.
- Die Aktionen sind **kurzfristig** und dienen der **Profilierung des Unternehmens.**

(1) Salespromotion[1]

Salespromotion sind zeitlich begrenzte Aktionen mit dem Ziel, bei Wiederverkäufern bzw. -verbrauchern durch zusätzliche Aktionen Absatzsteigerungen zu erzielen.

Sie beinhaltet in der Regel eine **enge Zusammenarbeit zwischen Händler und Hersteller** – zu beiderseitigem Vorteil. Während der Hersteller durch die persönliche Ansprache der Zielgruppe (in der Regel Stammkunden des Händlers) wenig Streuverlust erleidet, profitiert der Händler vom Image einer großen Herstellermarke. Der Spielraum möglicher Salespromotion-Aktionen ist dabei sehr vielfältig. In der Regel lassen sich jedoch umsatz-, produkt- und imagebezogene Zielvorstellungen harmonisch miteinander verbinden.

1 **Salespromotion** (engl.): Verkaufsförderung; to promote: fördern, befördern, vorantreiben.

Beispiele:

- Eine Parfümerie lädt zu einer Typ- und Hautberatung ein und hat als Berater einen Visagisten eines Kosmetikherstellers im Haus.
- In einem Haushaltswarengeschäft demonstriert ein bekannter Koch im Rahmen einer Kochvorführung die Verwendung von Küchengerätschaften eines bestimmten Herstellers. Zugleich werden Bücher dieses Kochs verkauft und zudem führt das Haushaltswarengeschäft eine Umtauschaktion „Alt gegen Neu" für Kochtöpfe dieses Herstellers durch. Jeder Kochtopf – gleich welcher Marke – wird beim Kauf eines neuen Kochtopfs dieses einen Herstellers mit 8,00 EUR vergütet.

Quelle: © KaDeWe Presseabteilung, Berlin

(2) Merchandising

Merchandising ist die Vermarktung von **zusätzlichen Produkten** mit Werbung für bekannte Produkte, Stars, Städte, Vereine usw., um deren Bekanntheitsgrad für den Verkauf zu nutzen.

Der englische Begriff „merchandise" bedeutet Warenvertrieb, Verkauf, Vertriebsstrategie. Häufig wird der Begriff inzwischen mit dem gleichgesetzt, was man international als „Licensing" bezeichnet. Dies ist ein Marketingkonzept, bei welchem rund um ein Hauptprodukt Ableger desselben (Storys, Figuren, CDs, Trikots, Schlüsselanhänger, Fahnen usw.) vertrieben werden. Vorreiter dieses Konzeptes war der Walt-Disney-Konzern. Heute handelt es sich bei dem Hauptprodukt in der Regel um einen Kinofilm. Dies ist der klassische Bereich des Merchandising. Inzwischen sind auch andere Bereiche wie der Sport (Formel 1, Bundesliga), Autohersteller oder auch der Kulturbereich (Musicals) angesichts der Kürzung öffentlicher Mittel davon betroffen.

Der Kerngedanke besteht darin, zusätzlich Produkte zu vermarkten, indem von beliebten bzw. bekannten Charakteren oder Produkten deren besondere Qualitätsvorstellung und Image auf die Ablegerprodukte übertragen werden. Ein positives Image wird also von einem Medium auf ein anderes übertragen.

Beispiel:

So trägt der Fan eines Bundesligaclubs einen Schal „seines" Vereins, der Besucher des Musicals ein T-Shirt, das es nur dort zu kaufen gibt und das Kind schläft in der Bettwäsche mit Motiven von Harry Potter. Und auch die Lebensmittelindustrie verwendet Packungsaufdrucke oder beigefügte Plastikfiguren, um ihre Produkte attraktiver zu machen.

6.4.2 Public Relations (Öffentlichkeitsarbeit)

Die **Public Relations** wirbt für den guten Ruf, das Ansehen eines Unternehmens oder einer Unternehmensgruppe in der Öffentlichkeit (Verbraucher, Lieferer, Kunden, Gläubiger, Aktionäre, Massenmedien, Behörden usw.).

Mithilfe der Öffentlichkeitsarbeit soll z. B. gezeigt werden, dass ein Unternehmen besonders fortschrittlich, sozial oder ein guter Steuerzahler ist oder dass es die Belange des Umweltschutzes in besonderem Maße berücksichtigt.

Beispiel:

Mittel der Public-Relations-Politik sind u. a. die Abhaltung von Pressekonferenzen, Tage der offenen Tür, Einrichtung von Sportstätten und Erholungsheimen, Spenden, Zeitungsanzeigen („Unsere Branche weist die Zukunft") oder Rundfunk- und Fernsehspots („Mach was gegen Hässlich!").

6.4.3 Sponsoring

Sponsoring basiert auf dem Prinzip des gegenseitigen Leistungsaustauschs. So stellt ein Unternehmen Fördermittel nur dann zur Verfügung, wenn es hierfür eine Gegenleistung vom Gesponserten (z. B. die Duldung von Werbemaßnahmen) erhält.

Beim **Sponsoring** stellt der Sponsor dem Gesponserten Geld oder Geldmittel zur Verfügung. Dafür erhält er Gegenleistungen, die zur Erreichung der Marketingziele beitragen sollen.

Die wichtigsten **Sponsoringarten** sind:

Sportsponsoring	Der Sport bietet ein positiv besetztes Erlebnisumfeld mit Eigenschaften wie dynamisch, sympatisch und modern. Dieses Imageprofil möchte der Sponsor auf sein Unternehmen übertragen.
Kultur- und Kunstsponsoring	Es umfasst die Förderung von Bildender Kunst, Theater, Musik, Film und Literatur. Arten der Förderung können die Unterstützung einzelner Künstler, einer Ausstellung oder eines Konzerts bis hin zur Errichtung eines eigenen Museums sein.
Sozialsponsoring	Hier wird vor allem die gesellschaftliche Verantwortung eines Unternehmens in den Vordergrund gestellt. Ein Unternehmen kann z. B. direkte Zahlungen an Sozialorganisationen oder Ausbildungsstätten leisten, eine eigene Stiftung gründen oder eine Kampagne zur Unterstützung eines sozialen Projekts starten.
Ökosponsoring	Es konzentriert sich vor allem auf die Unterstützung von Umweltschutzorganisationen, die Ausschreibung von Umweltpreisen oder das Starten von Natur- und Artenschutzaktionen.

6.4.4 Neuere Formen der Kommunikationspolitik

Kommunikations-form	Erläuterungen	Beispiele
Product-Placement	Beim Product-Placement werden Produkte werbewirksam in die Handlung eines Kino- oder Fernsehfilms, eines Videos oder eines Rundfunkprogramms integriert, wobei das Marketing verschleiert wird, der Auftraggeber dafür aber bezahlen muss. Ziel des Product-Placements ist es, über das positive Image des ausgewählten Programms und der darin auftretenden Schauspieler einen Imagetransfer auf das Werbeobjekt zu erreichen. Der Bekanntheitsgrad von bereits eingeführten Marken soll dabei erhöht und neu eingeführte Produkte sollen vorgestellt werden.	In einem Spielfilm isst eine bekannte Schauspielerin zum Frühstück ein Müsli, wobei die Marke deutlich erkennbar ist; Platzierung eines bestimmten Autotyps in einem Film.
Direktmarketing	Direktmarketing umfasst alle Maßnahmen, die ein Unternehmen einsetzt, um mit dem Empfänger einen Kontakt herzustellen.	Werbung per E-Mail; Zusendung einer Nachricht per Post; Anruf durch ein Callcenter; Zusendung einer Kundenzeitschrift.
Eventmarketing	Eventmarketing ist eine erlebnisorientierte Darstellung des Unternehmens und seiner Produkte in einer Mixtur aus Showaktionen, die den Erwartungshorizont der Zielgruppe treffen.	Ein Autohaus stellt ein neues Modell im Rahmen eines Familientages mit Essen, Trinken, Probefahrten, Spiele für Kinder, einer Band und einem bekannten Rennfahrer vor.

6.5 Wirtschaftliche, rechtliche und ethische Grenzen der Werbung berücksichtigen

6.5.1 Datenschutz[1]

Bei der Informationsgewinnung und -nutzung, die sich bei der Verwendung aktueller Kommunikationswege über das Internet ergeben, muss auf die datenschutzrechtlichen Belange Rücksicht genommen werden. Tatsächlich bleibt der Datenschutz häufig auf der Strecke. Völlig freiwillig geben die Nutzer persönliche Daten und Fotos preis, ohne sich über mögliche Konsequenzen Gedanken zu machen. Die Betreiber sozialer Netzwerke lassen sich zumeist weitreichende Rechte an den eingestellten Daten und Bildern einräumen.

1 Dieses Thema wurde ausführlich behandelt in Kapitel 2, S. 333ff. Vergleiche zu den folgenden Ausführungen: https://www.verbraucherportal-bw.de/,Lde_DE/Startseite/Verbraucherschutz/Verantwortungsvolle+Nutzung+sozialer+Netzwerke [04.02.2020].

Doch **das Internet vergisst nichts!** Eingestellte Informationen können von Dritten kopiert und an anderer Stelle eingestellt werden. Eine Löschung der Eintragungen ist zumeist nicht einfach und die Möglichkeit hierfür bewusst schwer aufzufinden. Um sich nicht von der Gewissenhaftigkeit der Betreiber abhängig zu machen, sollte der Nutzer im Internet selbst die notwendige Sorgfalt walten lassen.

Zum Schutz der personenbezogenen Daten hat die Europäische Union die **Datenschutz-Grundverordnung (DSGVO)** herausgegeben, mit der die Regeln zur Verarbeitung personenbezogener Daten EU-weit vereinheitlicht werden. Gleichzeitig soll andererseits der freie Datenverkehr innerhalb des Europäischen Binnenmarktes gewährleistet werden. Der Schutz soll vor allem durch die **Zweckbindung** (Verarbeitung nur für festgelegte, eindeutige und legitime Zwecke), **Datenminimierung** (auf das notwendige Maß beschränkt) und eine zeitliche **Speicherbegrenzung** erreicht werden.

6.5.2 Grenzen der Werbung

6.5.2.1 Gesetz gegen den unlauteren Wettbewerb [UWG]

(1) Zweck des Gesetzes [§ 1 UWG]

Das UWG dient dem Schutz der Mitbewerber, der Verbraucher sowie der sonstigen Marktteilnehmer vor unlauteren geschäftlichen Handlungen.

- **Mitbewerber:** Das sind alle Unternehmen, die als Anbieter oder Nachfrager von Waren oder Dienstleistungen mit anderen Unternehmen in direktem Wettbewerb stehen.
- **Verbraucher:** Das sind die Käufer, die die Produkte oder Dienstleistungen beziehen.
- **Sonstige Marktteilnehmer:** Das sind (neben den Mitbewerbern und Verbrauchern) alle Unternehmen, die als Anbieter oder Nachfrager von Waren oder Dienstleistungen tätig sind.

Das Gesetz schützt zugleich die **Interessen der Allgemeinheit** an einem unverfälschten Wettbewerb.

(2) Unlautere geschäftliche Handlungen

Begriff unlautere geschäftliche Handlungen

Unlautere geschäftliche Handlungen sind **unzulässig** [§ 3 I UWG].

- Unlauter handelt, wer **gegen eine gesetzliche Vorschrift** verstößt und der Verstoß geeignet ist, die **Interessen** von Mitbewerbern, Verbrauchern und sonstigen Marktteilnehmern **spürbar zu beeinträchtigen** [§ 3a UWG].
- Ebenfalls unlauter sind **geschäftliche Handlungen gegenüber Verbrauchern,** wenn sie **nicht** der **unternehmerischen Sorgfalt entsprechen** und dazu geeignet sind, das wirtschaftliche **Verhalten des Verbrauchers wesentlich zu beeinflussen.**

  Im Anhang des Gesetzes werden geschäftliche Handlungen aufgeführt, die stets unzulässig sind (**„Schwarze Liste"**).

Unlautere geschäftliche Handlungen gegenüber Mitbewerbern (Beispiele)

Es werden Waren oder Dienstleistungen angeboten, die eine **Nachahmung der Waren oder Dienstleistungen eines Mitbewerbers** sind [§ 4, Nr. 3 UWG].	Ein Produkt soll vortäuschen, dass es sich um ein Markenprodukt handelt. Dazu werden das Produkt und dessen Marke nachgeahmt. Lediglich der Preis unterscheidet sich vom Original (z. B. gefälschte Rolex-Uhren, gefälschte Lacoste-T-Shirts).
Waren, Dienstleistungen, Tätigkeiten oder die persönlichen und geschäftlichen Verhältnisse eines Mitbewerbers werden **herabgesetzt oder verunglimpft** [§ 4, Nr. 1 UWG].	■ Ein Lebensmittelhändler behauptet wahrheitswidrig von einem Konkurrenten, dass dessen „Bio-Gemüse" nicht von einem Bio-Bauer stamme, sondern von einem Landwirt, der das Gemüse mit Fungiziden[1] und Pestiziden[2] spritze. ■ Der Autohändler Ron Winienz erzählt ständig seinen Kunden, dass der Pleitegeier auf dem Dach des gegenüberliegenden Autohauses säße.

Aggressive geschäftliche Handlungen (Beispiele)

Die Verbraucher oder sonstige Marktteilnehmer werden in einer Weise **unzulässig beeinflusst,** die ihre Fähigkeit zu einer informierten Entscheidung wesentlich beeinträchtigt [§ 4a I, Nr. 3 UWG].	Bei einer sogenannten „Kaffeefahrt" werden die Teilnehmer während der Verkaufsveranstaltung nicht aus dem Raum hinausgelassen. Teilnehmer, die nicht kaufen wollen, werden vor allen Anwesenden mit folgender Bemerkung bloßgestellt: „Kostenlos mitfahren tun Sie, aber kaufen wollen Sie nicht!"
Die **geschäftliche Unerfahrenheit,** insbesondere von Kindern und Jugendlichen, wird **ausgenutzt** [§ 4a II, S. 2 UWG].	Kurznachrichten auf dem Smartphone durch einen Betreiber, die zu einem Rückruf auffordern. „Ruf mich zurück, du kannst gewinnen."
Die **Entscheidungsfreiheit** des Verbrauchers oder sonstiger Marktteilnehmer wird durch **aggressive Handlungen erheblich beeinträchtigt** [§ 4a I, Nr. 3 UWG].	Auf der Webseite eines Wellnesshotels erfolgt die Einblendung: „Gerade sehen sich fünf Interessenten diese Zimmerkategorie an. Im Augenblick sind noch drei Zimmer frei." Der Konsument hat somit keine Möglichkeit, das Angebot sachlich und in Ruhe zu prüfen.

(3) Irreführende geschäftliche Handlungen

- **Unlauter** handelt, wer eine **irreführende geschäftliche Handlung** vornimmt, die geeignet ist, den Verbraucher oder sonstigen Marktteilnehmer zu einer geschäftlichen Entscheidung zu veranlassen, die er andernfalls nicht getroffen hätte.
- Eine geschäftliche **Handlung ist irreführend,** wenn sie **unwahre Angaben** enthält oder sonstige zur **Täuschung geeignete Angaben** enthält [§ 5 I UWG].

1 **Fungizid** (lat.): Mittel zur Pilzbekämpfung.

2 **Pestizid** (lat.): Mittel zur Schädlingsbekämpfung.

Unlautere Handlungen	Beispiele
Es werden **unwahre und/oder irreführende Angaben** über die geschäftlichen Verhältnisse des eigenen Unternehmens verbreitet [§ 5 I, Nr. 3 UWG].	Die Bezeichnung „Größte Goldschmiede Deutschlands" ist dann unlauter, wenn es Konkurrenten mit höherem Umsatz gibt. Kann aber nachgewiesen werden, dass das eigene Unternehmen tatsächlich den höchsten Umsatz in der Bundesrepublik Deutschland erzielt, ist die Bezeichnung zulässig.
Unlauter handelt auch, wer **irreführend wirbt.** Z.B. die Herabsetzung eines Preises gilt nur für eine unangemessen kurze Zeit [§ 5 IV UWG].	Ein Schuhgeschäft bietet Wanderschuhe zu 120,00 EUR an. Nach 3 Tagen setzt es den Preis auf 99,00 EUR herab. In den Zeitungsanzeigen des Schuhgeschäfts steht zu lesen: „Wanderschuhe der Marke G & W für nur 99,00 EUR statt 120,00 EUR." Nach zwei Tagen wird der Preis der Wanderschuhe wieder auf 120,00 EUR heraufgesetzt.
Die Ware wird **nicht in angemessenem Umfang** zur Befriedigung der zu erwartenden Nachfrage **vorgehalten** („Lockvogelangebote") [Anhang (zu § 3 IV), Nr. 5 UWG]. Angemessen ist im Regelfall ein Vorrat von zwei Tagen.[1]	Eine Lebensmittelkette bietet in ihren Prospekten vom 15. Juli frische Pfifferlinge zum Preis von 4,99 EUR je Körbchen an. Jede Filiale erhält nur 10 Körbchen. Bereits eine halbe Stunde nach Geschäftsöffnung sind die Pfifferlinge ausverkauft.
Die Entscheidungsfähigkeit des Verbrauchers wird dadurch beeinflusst, dass ihm eine **wesentliche Information vorenthalten** wird [§ 5 a II UWG].	Der Vertreter verschweigt dem Kunden beim Kauf einer Schlagbohrmaschine, dass in wenigen Tagen ein wesentlich verbessertes Modell auf den Markt kommt.

(4) Unlautere vergleichende Werbung

Grundsätzlich ist eine vergleichende Werbung zulässig. Sie ist dann **nicht zulässig,** wenn **unlauter vergleichend** geworben wird.

Unlauter ist die vergleichende Werbung z.B. dann, wenn sie

- sich nicht auf Waren oder Dienstleistungen für den **gleichen Bedarf** oder **dieselbe Zweckbestimmung** bezieht [§ 6 II, Nr. 1 UWG].

Beispiel:

„Unser Reparaturservice ist freundlicher als bei Y: Bei jeder Reparatur erhalten Sie eine Tasse Kaffee oder Tee."

- den **Ruf** des von einem **Mitbewerber verwendeten Kennzeichens** in unlauterer Weise **ausnutzt** oder **beeinträchtigt** [§ 6 II, Nr. 4 UWG].

Beispiel:

„Die Möbel der Marke ‚Wertgut' sind gegenüber unseren Möbeln von minderer Qualität."

1 Vgl. https://www.haufe.de/recht/weitere-rechtsgebiete/wirtschaftsrecht/uwg-bei-lockvogelangebot-ueber-mangelnden-vorrat-informieren_210_393530.html [04.02.2020].

(5) Unzumutbare Belästigung

Eine **geschäftliche Handlung,** durch die ein Marktteilnehmer in **unzumutbarer Weise belästigt wird,** ist unzulässig [§ 7 I UWG].

- Eine unzumutbare Belästigung liegt z. B. bei einer erfolgten Werbung vor, obwohl erkennbar ist, dass der Empfänger diese Werbung nicht wünscht [§ 7 II, Nr. 1 UWG].
- Eine unzumutbare Belästigung ist z. B. auch anzunehmen
  - bei einer Werbung mit **Telefonanrufen** gegenüber Verbrauchern ohne deren **Einwilligung** [§ 7 II, Nr. 1 UWG],
  - bei einer Werbung unter Verwendung von **automatischen Anrufmaschinen, Faxgeräten** oder **elektronischer Post** (E-Mails), **ohne** dass eine **Einwilligung** des Adressaten (Empfängers) vorliegt [§ 7 II, Nr. 3 UWG] oder
  - bei der Werbung mit Nachrichten, bei der die **Identität**[1] **des Absenders verschleiert** oder verheimlicht wird oder bei der keine gültige Adresse vorhanden ist, an die der Empfänger eine Aufforderung zur Einstellung solcher Nachrichten richten kann [§ 7 II, Nr. 4 UWG].

Beispiel:

Frau Sonntag hat an ihrem Briefkasten ein Schild mit der Aufschrift „Bitte keine Werbung einwerfen". Dennoch findet sie im Briefkasten täglich einen Werbeprospekt eines ortsansässigen Handelshofs vor.

Beachte:

Die **Werbung per Brief ist immer möglich.**

Briefkastenwerbung mit Werbewurfsendungen (Werbebriefe, Handzettel, Prospekte u. Ä.) ist grundsätzlich zulässig. Hat allerdings der Empfänger einer individuell gestalteten Briefwerbung den Werbenden aufgefordert, von weiteren Werbesendungen abzusehen, ist dieser Wunsch zu respektieren. Auch der Aufkleber am Briefkasten muss beachtet werden, mit dem sich eine Person gegen den Einwurf von Werbematerial und Anzeigenblättern wehrt.

(6) Rechtsfolgen bei Verstößen gegen die Wettbewerbsbestimmungen

Beseitigungs- und Unterlassungsanspruch	Wer eine nach § 3 oder § 7 UWG unzulässige geschäftliche Handlung vornimmt, kann auf **Beseitigung** und bei Wiederholungsgefahr auf **Unterlassung** in Anspruch genommen werden (Näheres siehe § 8 UWG).
Schadensersatz	Wer vorsätzlich oder fahrlässig eine nach § 3 oder § 7 UWG unzulässige geschäftliche Handlung vornimmt, ist den Mitbewerbern zum Ersatz des daraus entstehenden Schadens verpflichtet (Näheres siehe § 9 UWG).
Gewinnabschöpfung	Wer vorsätzlich nach § 3 oder § 7 UWG unzulässige geschäftliche Handlung vornimmt und hierdurch Gewinne erzielt, kann auf Herausgabe dieses Gewinns an den Bundeshaushalt in Anspruch genommen werden (Näheres siehe § 10 UWG).

1 **Identität:** vollkommene Gleichheit, hier: das Wesen der Person.

6.5.2.2 Selbstkontrolle

(1) Deutscher Werberat

Zunehmender Konkurrenzdruck verleitet oft dazu, dass sich Unternehmen in der Werbung um die Gunst der Kunden unfairer Mittel bedienen. Unfaire Mittel überschreiten leicht die Grenze des guten Geschmacks, ohne dass sie gleich einen Gesetzesverstoß darstellen. Um Missständen in der Werbung nachzugehen und zu untersuchen, ob die Werbung ethische[1] Grenzen überschreitet, hat der **Zentralverband der deutschen Werbewirtschaft (ZAW)** den Deutschen Werberat gegründet.

ZAW
Die Werbewirtschaft
DEUTSCHER WERBERAT

Der **Deutsche Werberat** regelt Konflikte zwischen den eingereichten Beschwerden aus der Bevölkerung und den Werbung betreibenden Unternehmen.

Zusammen mit den Werbeagenturen hat der Deutsche Werberat Verhaltensregeln für die Werbung aufgestellt mit denen er prüft, ob die zur Beschwerde vorgebrachte Werbung diskriminierend[2] bzw. unlauter ist. Beschwerdeberechtigt ist jeder Bürger. Stellt der Deutsche Werberat fest, dass die Beschwerde berechtigt ist, so wird der Werbetreibende öffentlich kritisiert und erhält eine **Rüge**.

Beispiel für Grundsätze des Werberates:[3]

Verhaltensregeln für die Werbung mit und für Kinder

Werbemaßnahmen sollen

- keinen Vortrag von Kindern über besondere Vorteile und Eigenarten des Produktes enthalten, der nicht den natürlichen Lebensäußerungen des Kindes gemäß ist;
- keine direkten Aufforderungen zum Kauf oder Konsum an Kinder enthalten;
- keine direkten Aufforderungen von Kindern und/oder an Kinder enthalten, andere zu veranlassen, ein Produkt zu kaufen;
- nicht das besondere Vertrauen, das Kinder bestimmten Personen entgegenzubringen pflegen, missbräuchlich ausnutzen;
- strafbare Handlungen oder sonstiges Fehlverhalten, durch das Personen gefährdet werden können, nicht als nachahmenswert oder billigenswert darstellen oder erscheinen lassen;
- Jugendliche nicht ohne berechtigten Grund in gefährlichen Situationen zeigen.

Der Deutsche Werberat kann eine Werbung, die seinen Grundsätzen widerspricht, **nicht verbieten**. Er ist auf eine **freiwillige Selbstkontrolle** der werbenden Unternehmen angewiesen.

1 **Ethik:** Sittenlehre.
2 **Diskriminieren:** herabsetzen, ausstoßen.
3 Zu weiteren Beispielen siehe im Internet: www.werberat.de.

(2) Weitere private Organisationen zur Überwachung des Wettbewerbs

- Neben dem Deutschen Werberat wacht auch der Verbraucherschutzverein (VSV) darüber, dass die Verbraucherinteressen geschützt werden. Der Verbraucherschutzverein ist Bestandteil der Verbraucherzentrale Bundesverband e. V. in Berlin.

Beispiel:

Im Bereich des unlauteren Wettbewerbs widmet sich der VSV vor allem der

- Gewinnspielwerbung,
- Werbung mit Testergebnissen,
- Werbung für Geldanlagen,
- Gesundheitswerbung,
- Telefon-, Fax- und E-Mail-Werbung.

- Wettbewerbsverstöße werden auch von der **Zentrale zur Bekämpfung unlauteren Wettbewerbs e. V.,** Frankfurt a. M. bekämpft. Im Rahmen ihrer Selbstverwaltung hat die Wirtschaft bereits kurz nach Verabschiedung des UWG die Wettbewerbszentrale gegründet. Zu den Mitgliedern der Wettbewerbszentrale zählen sämtliche Industrie- und Handelskammern, die meisten Handwerkskammern, weitere ca. 400 Verbände und Organisationen der Wirtschaft sowie ca. 1 000 Unternehmen.

Beispiel:

Aufgaben der Wettbewerbszentrale sind z. B.:

- Verfolgung von Wettbewerbverstößen,
- Information der Öffentlichkeit,
- Führen von Musterprozessen,
- Stellungnahmen zu Gesetzesvorhaben.

Die Wettbewerbszentrale bearbeitet im Jahr mehr als 20 000 Beschwerden über Wettbewerbsverstöße. Sie berät darüber hinaus ihre Mitglieder in allen wettbewerbsrechtlichen Fragen.

6.5.3 Auswirkungen der Kommunikationspolitik auf die Gesellschaft

Aufgabe der Werbung ist es,

- neue Bedürfnisse zu wecken oder bestehende anzupassen,
- neue Kunden zu beschaffen (Expansionswerbung),
- neue Produkte und Dienstleistungen bekannt zu machen (Einführungswerbung),
- den bisherigen Kundenstamm zu erhalten (Erhaltungswerbung).

Ohne Werbung ist unser Alltag nicht mehr vorstellbar. Sie ist allgegenwärtig. Über Fernsehen, Radio, Zeitungen, Internet mit seinen sozialen Netzwerken, auf der Straße, an Bahnhöfen mit Werbetafeln, Plakatwänden, Neonleuchten und Litfasssäulen ist sie fest und tief in unserem Leben verankert.

Werbung hat jedoch nicht nur den positiven Effekt, dass sie den Absatz der Produkte erhöht, für Beschäftigung sorgt, für ein höheres Einkommen und damit für Wohlstand in der Gesellschaft. Sie hat durchaus auch negative Auswirkungen. Exemplarisch seien drei Beispiele hierfür genannt.

Beispiele für negative Auswirkungen	Beschreibung
Werbung führt zu vorzeitigem Wegwerfen noch funktionierender Produkte.	Millionen von Produkten werden vorzeitig durch neue ersetzt, weil die Werbung eine vermeintlich neue, bisher noch nicht dagewesene Produkteigenschaft anpreist. Dies führt dazu, dass durchaus noch funktionierende Produkte auf den Müll geworfen werden und die Umwelt belasten.
Werbung verringert die Unabhängigkeit der Medien.	Haupteinnahmequelle für die privaten Fernsehsender und die Presse sind die Werbeeinnahmen. Die Medien sind also finanziell von den Werbetreibenden abhängig. Dies beeinträchtigt die Objektivität der Berichterstattung im redaktionellen Teil, indem über negative Nachrichten oder tiefer gehende Kritik an den Werbekunden zurückhaltender berichtet wird.
Werbung schadet der Gesundheit.	■ Die Zahl der ambulant behandelten Essstörungen ist zuletzt jährlich um rund 20 % gestiegen, 26 % davon waren unter 15-Jährige.[1] Ursache hierfür ist lt. Kaufmännischer Krankenkasse (KKH) eine nach Perfektion strebende Körperkultur, mit hervorgerufen durch fragwürdige Schönheitsideale, die in der Werbung als erstrebenswert dargestellt werden. ■ Werbung wendet sich an immer jüngere Altersgruppen,[2] um deren Essverhalten frühzeitig zu prägen. Beworben wird nicht Obst, sondern überwiegend Lebensmittel mit zu viel Zucker, Fett und Salz. Auf bei Kindern besonders beliebten TV-Kanälen fand sich ein Anteil von rund 98 % ungesunder Produkte unter den beworbenen Lebensmitteln. … TV-Werbung für zweifelsfrei unbedenkliche Lebensmittel wie Obst und Gemüse sei mit einem Anteil von 1 % „praktisch unsichtbar“.

Zusammenfassung

- Bei der **Kommunikationspolitik** geht es darum, das Unternehmen und sein Angebot an Waren und Dienstleistungen in der Öffentlichkeit umfassend darzustellen.
- Die **Werbung** hat zum Ziel, bisherige und mögliche (potenzielle) Abnehmer auf die eigene Betriebsleistung (Waren, Erzeugnisse, Dienstleistungen) aufmerksam zu machen und Kaufwünsche zu erhalten bzw. zu erzeugen.
- Der **Werbeplan** umfasst
  - die Art der Werbung,
  - die Auswahl der Werbemittel und Werbeträger,
  - Angaben über die Höhe des Werbebudgets sowie
  - die Festsetzung der Streuzeit, der Streugebiete und des Streukreises.
- Der Werbeplan sollte die **Grundsätze** der Wirtschaftlichkeit, der Wahrheit und der Klarheit sowie der Wirksamkeit beachten.
- Bei der **Streuung** der Werbung sind Zeitpunkt, Zielgruppe und Gebiet zu beachten.

1 Quelle: http://www.welt.de/gesundheit/psychologie/article127847007/Zahl-der-Maedchen-mit-Essstoerungen-steigt-rasant.html [04.02.2020].

2 Prof. Dr. Christian Kreiß, Hochschule Aalen Werbung: Einige volkswirtschaftliche und soziale Auswirkungen, entnommen aus http://www.kritisches-netzwerk.de/forum/werbung-einige-volkswirtschaftliche-und-soziale-auswirkungen [04.02.2020].

- Durch die **Werbeerfolgskontrolle** werden die Werbeziele (z. B. Zahl der Neukunden oder erwartete Gewinnsteigerung) überprüft.
- Bei einem **Unternehmensauftritt in sozialen Netzwerken** wird das sogenannte virale Marketingkonzept genutzt, bei der die Nutzer die Werbebotschaft weiterverbreiten.
- Die **Public Relations** werben für den guten Ruf (das „Image") eines Unternehmens.
- Unter **Salespromotion** sind alle Maßnahmen der Verkaufsförderung zu verstehen, die sich zusätzlich zur Werbung an die Verwender richten (z. B. Warenproben).
- **Merchandising** bedeutet, dass ein Nebenprodukt (Figur, CD, Bettwäsche, Schlüsselanhänger, Bekleidung usw.) rund um ein Hauptprodukt (Sportler, Roman- oder Filmfigur) vertrieben wird.
- Zu den modernen Kommunikationsmitteln gehören z. B. das **Sponsoring,** das **Product-Placement,** das **Direktmarketing** und das **Eventmarketing.**
- Das **UWG schützt** sowohl Verbraucher als auch Mitbewerber **vor unlauterer Werbung** (z. B. Irreführung und unzumutbarer Belästigung).
- Der **Deutsche Werberat** kümmert sich um Beschwerden aus der Bevölkerung.
- Es bleiben dennoch **negative Auswirkungen der Werbung** auf die Gesellschaft (z. B. Wegwerfen noch funktionierender Produkte, Abhängigkeit der Medien von Werbeeinnahmen, Essstörungen durch fragwürdige Schönheitsideale).

Kompetenztraining

83 Werbemaßnahmen planen

1. Die Geschäftsleitung des Elektrohauses Lorenz OHG beschließt, einen neuen, energiesparenden „Ökospüler" in das Sortiment aufzunehmen.

   Aufgaben:

   1.1 Schlagen Sie der Geschäftsleitung begründet drei Werbemittel vor, die geeignet sind, das neue Produkt erfolgreich auf den Markt zu bringen!

   1.2 In der Diskussion über die durchzuführenden Werbemaßnahmen fallen auch die Begriffe Streukreis und Streugebiet. Definieren Sie diese Begriffe!

   1.3 Nennen Sie Werbeträger, die von der Lorenz OHG eingesetzt werden können. Unterbreiten Sie drei Vorschläge und begründen Sie Ihre Entscheidung!

   1.4 Die Werbung sollte bestimmten Grundsätzen genügen. Nennen Sie drei wichtige Werbegrundsätze!

   1.5 Nach Meinung der Geschäftsleitung soll vor allem Massenwerbung und Alleinwerbung betrieben werden. Nennen Sie noch weitere Arten der Werbung a) nach der Zahl der Umworbenen und b) nach der Anzahl der Werbenden!

   1.6 Begründen Sie, warum die Lorenz OHG die unter 1.5 genannten Werbearten bevorzugt!

2. 2.1 Erläutern Sie, warum es sinnvoll ist, alle Werbemaßnahmen in einem Werbeplan zusammenzufassen!

   2.2 Nennen Sie die Inhalte eines Werbeplans!

   2.3 Beschreiben Sie, in welchen Schritten die Umsetzung des Werbeplans erfolgen könnte!

   2.4 Stellen Sie dar, wovon die Höhe des Werbeetats abhängig ist!

3. Die folgenden Werbeslogans erlauben einen Rückschluss darauf, auf welches Alleinstellungsmerkmal der Anbieter abzielt.

   Aufgabe:

   Übernehmen Sie zunächst die nachfolgende Tabellenstruktur in Ihr Hausheft oder ein Textverarbeitungsprogramm! Nennen Sie die Art des Nutzens, der mit dem jeweiligen Slogan suggeriert (unterschwellig vermittelt) wird und erläutern Sie kurz die Botschaft, die hinter dem Werbeslogan liegt!

Werbeslogan	Verwender	Suggerierter Nutzen	Dahinterliegende Botschaft
„Mit dem Zweiten sieht man besser"	ZDF		
„Alles Gute für Ihr Kind"	Alete		
„Vorsprung durch Technik"	Audi		
„Think different. Switch!"	Apple		
„Mit Maggi macht das Kochen Spaß"	Maggi		
„Wohnst du noch oder lebst du schon?"	Ikea		
„Ihr Guter Stern auf allen Straßen"	Mercedes-Benz		
„Bezahlen Sie mit Ihrem guten Namen"	American Express		
„Spiegelleser wissen mehr"	Der Spiegel		
„Schrei vor Glück"	Zalando		

84 Wirtschaftlichkeit der Werbung

1. Ein Hersteller von Kaminöfen, die Kamino GmbH, hat einen Werbefeldzug in Funk und Fernsehen durchgeführt. Vor und nach der Durchführung des Werbefeldzugs hat die Kamino GmbH folgende Zahlen ermittelt:

	vor der Werbung	nach der Werbung
Umsatz	31 750 000,00 EUR	40 980 000,00 EUR
Gesamtumsatz des Marktes	476 250 000,00 EUR	609 500 000,00 EUR
Werbeaufwand		635 000,00 EUR
Produktions- und Vertriebskosten	1 108 000,00 EUR	1 428 000,00 EUR

Aufgaben:

1.1 Berechnen Sie die Wirtschaftlichkeit der Werbung!

1.2 Berechnen Sie vor und nach der Werbung in Prozent

   1.2.1 die Umsatzsteigerung,

   1.2.2 die Steigerung des Gesamtumsatzes des Marktes,

   1.2.3 die Steigerung der Produktions- und Vertriebskosten,

   1.2.4 den Marktanteil vor und nach dem Werbefeldzug!

1.3 Erläutern Sie den ökonomischen Werbeerfolg!

1.4 Beurteilen Sie die Aussagekraft der ermittelten Kennzahlen!

2. Ein Fahrradhaus veröffentlicht im Wochenblatt ein Preisausschreiben mit einem Mountainbike als Hauptpreis. Am Preisausschreiben haben 4600 Personen teilgenommen; aufgrund des Preisausschreibens haben sich 1140 Personen für das Fahrradprogramm im Fahrradhaus interessiert; 80 Kunden haben sich zu einem Fahrradkauf entschlossen. Das Wochenblatt hat eine Auflage von 7500 Exemplaren.

   Aufgabe:

   Führen Sie mithilfe von Kennzahlen eine nicht wirtschaftliche Werbeerfolgskontrolle durch!

85 Analyse von Werbebotschaften

Achten Sie einen Tag lang verstärkt auf die Werbung, die Ihnen begegnet. Picken Sie zwei Werbebotschaften heraus und betrachten Sie diese intensiver unter folgenden Fragestellungen:

1. Welche Unternehmung wirbt für welches Produkt bzw. Dienstleistung?
2. Liefert die Werbung genügend Information über das Produkt, um eine Kaufentscheidung zu treffen?
3. Welche Zielgruppe wird mit dieser Werbung angesprochen?
4. Welche Stilmittel (Bildmotiv, Farbwahl, Text, verwendete Adjektive) wurden in der Werbung benutzt?
5. Passen die Stilmittel zur angesprochenen Zielgruppe?
6. Welche Emotionen wurden durch die Werbung angesprochen (Freude, Attraktivität, Bewunderung, Spaß, Genuss, ...)?
7. An welche Wertvorstellungen des Betrachters wird appelliert (Sicherheit, Qualität, Umweltverträglichkeit, ...)?
8. Hat diese Werbung Einfluss auf die Gesellschaft? Wenn ja, welchen: positiv oder negativ?

Notieren Sie Ihre Ergebnisse und berichten Sie über eine Ihrer Analysen in der Klasse.

86 Öffentlichkeitsarbeit und Verkaufsförderung

1. Zur Absatzförderung trägt auch die Öffentlichkeitsarbeit – also Maßnahmen der Public Relations – bei. Begründen Sie diese Aussage!
2. Notieren Sie, ob es sich bei den nachfolgenden Maßnahmen um Public Relations oder Salespromotion handelt!
   - 2.1 Ein Mitglied der Geschäftsleitung der Sport-Burr KG stellt sich als Vorstand für den örtlichen Fußballclub zur Verfügung.
   - 2.2 25 Tablets werden einer Schulklasse von Stefan Osann e. Kfm. gestiftet.
   - 2.3 In verschiedenen Filialen der Drogeriekette Hannes Maurer GmbH werden Kunden Produktproben angeboten.
   - 2.4 Die Drogeriekette Hannes Maurer GmbH schreibt für die Verkäufer einen Verkaufswettbewerb aus.
   - 2.5 Der Geschäftsführer der Kramer GmbH überreicht der Stiftung „SOS-Kinderdorf" bei einem Pressetermin einen Scheck über 4500,00 EUR.
3. Die Geschäftsleitung des Installationsbetriebs Jens Wolters OHG prüft, ob auch Maßnahmen der Verkaufsförderung ergriffen werden sollen.

   Aufgaben:

   - 3.1 Erläutern Sie, welche Maßnahmen zur Verkaufsförderung gehören!
   - 3.2 Schlagen Sie der Geschäftsleitung der Jens Wolters OHG Maßnahmen aus dem Bereich Salespromotion vor, um den Absatz der Gasheizanlage „Therma 2020" zu fördern!

26 Hug u.a. - ISBN 978-3-8120-0578-4

4. Die Stolz & Krug OHG plant eine Werbeaktion zur Vorstellung des „Autos des Jahres".

   Stellen Sie ein Veranstaltungsprogramm auf für ein Marketing-Event in der Ausstellungshalle und auf dem Freigelände des Automobilhändlers!

87 Grenzen der Werbung

Prüfen Sie, ob die folgenden Maßnahmen zulässig sind und begründen Sie Ihre Meinung!

1. Der Rentner Paul Ihle nimmt an einer Verkaufsveranstaltung teil. Er wurde hierzu vom Veranstalter kostenlos in ein Ausflugslokal gefahren und zu Kaffee und Kuchen eingeladen. Nach der Verkaufsveranstaltung, auf der ein Orientteppich angeboten wurde, lehnt Herr Ihle einen Kauf ab. Der Verkäufer erklärt ihm, dass er in diesem Fall von seinem Unternehmen angewiesen worden ist, für die Rückreise einen Fahrkostenanteil von 20,00 EUR zu erheben.
2. Die Preise der Winterpullover werden um 10 % reduziert. Auf den Preisschildern sind die alten Preise rot durchgestrichen und die neuen Preise daneben geschrieben.
3. Das Lebensmittelhaus Elke Eckert e. Kfr. wirbt mit dem Slogan: „Das Gemüse der Gärtnerei Friedrich Holle GmbH hat eine mindere Qualität gegenüber unserem Gemüse."
4. Der Baumarkt Schöne GmbH bietet den Hochdruckreiniger K 3500 T50 zu 259,90 EUR an. Nach zwei Tagen setzt er den Preis auf 199,90 EUR herab. In der Zeitungsanzeige steht folgender Text: „Hochdruckreiniger K 3500 T50 für nur 199,90 EUR statt 259,90 EUR."
5. Das Haushaltswarengeschäft Hans Holler GmbH bietet in seinem Prospekt vom 20. Mai 20.. einen elektrischen Kochtopf für 9,90 EUR an. Das Haushaltswarengeschäft hat einen Vorrat von drei Kochtöpfen. Bereits eine Stunde nach Geschäftseröffnung sind die Kochtöpfe ausverkauft.
6. Ein Lederwarengeschäft wirbt im Schaufenster mit folgendem Plakat: „Gewinnen Sie 1 000,00 EUR bei unserem Gewinnspiel. Teilnahmeberechtigt ist, wer einen Kassenbeleg vorweisen kann."

88 Folgen der Werbung

1. Interpretieren Sie nebenstehende Karikatur!

2. Begründen Sie, warum der Werbung Grenzen gesetzt werden müssen!
3. Beim Lesen der Tageszeitung fällt Frau Weber folgende Überschrift auf: „WERBERAT HAT VIEL ZU TUN" – Der Deutsche Werberat hat im vergangenen Jahr ... behandelt.

   Aufgabe:

   Nennen Sie zwei Aufgaben, die der Deutsche Werberat verfolgt!

7 Absatzwege unterscheiden und auswählen

KB 4 Lernsituation 8: Distributionspolitik gestalten

Der Sport-Burr KG ist es gelungen, ein neues Sportgerät zu entwickeln, das eine Kombination zwischen Ski und Schlitten darstellt. An einen gepolsterten Sitz werden ein Paar Skier mithilfe von Gelenken so anmontiert, dass die Skier durch Gewichtsverlagerung verkantet werden können. Auf diese Weise erzielt man mit dem neuen Gerät ein Fahrverhalten, das dem Parallelschwingen des Skifahrers ähnlich ist. Die Sport-Burr KG nennt das neue Gerät „Snow-Swinger". Es wird weltweit patentiert.

Für den „Snow-Swinger" wurde ein möglicher Zielverkaufspreis ab Werk von 250,00 EUR ermittelt. Der empfohlene Ladenverkaufspreis soll 390,00 EUR betragen.[1]

Die Produkte wurden bisher durch Handlungsreisende der Sport-Burr KG an die Sportfachgeschäfte verkauft. Mit der Einführung des neuen Produkts soll die bisherige Absatzform überprüft werden.

Zur Diskussion steht, anstelle der angestellten Handlungsreisenden selbstständige Handelsvertreter einzusetzen.

Ferner ist die Eröffnung eines Internetshops geplant.

Kompetenzorientierte Arbeitsaufträge:

Arbeiten Sie die folgenden Kapitel des Schulbuches durch und verwenden Sie die Aufzeichnungen aus dem Unterricht zur Bearbeitung der Arbeitsaufträge!

1. Vergleichen Sie die Gewinnerwartungen bei Handlungsreisenden bzw. Handelsvertretern unter Berücksichtigung folgender Absatzprognosen und Kostenerwartungen mithilfe der vorgegebenen Tabelle!

   Absatzprognose

   Das Institut für Absatzförderung e.V., Köln, hat im Auftrag der Sport-Burr KG die Umsatzerwartungen der beiden Absatzorgane Handlungsreisender und Handelsvertreter ermittelt. Nach diesen Marktforschungsergebnissen hat die Sport-Burr KG in den ersten drei Jahren für den Snow-Swinger mit folgenden Umsätzen zu rechnen:

Gesamtumsatz 1.–3. Jahr	
Handlungsreisender	5200 Stück
Handelsvertreter	4320 Stück

Kostenerwartungen

Sport-Burr KG – Abteilung Rechnungswesen

	Handlungsreisender	Handelsvertreter
Einmalige Investition	200000,00 EUR	40000,00 EUR
Fixkosten jährlich	100000,00 EUR	60000,00 EUR
Variable Stückkosten	90,00 EUR	110,00 EUR

1 Die Lernsituation basiert auf einer Fallstudie von Werner Dorsch und Eckhard Klett.

Gewinnsituation der Alternativen	Handlungsreisender	Handelsvertreter
Umsatzerwartung in Stück	...	...
Preis/Stück in EUR	...	...
Erlöse in EUR	...	...
Investitionen in EUR	...	...
Fixkosten in EUR (3 Jahre)	...	...
Variable Stückkosten in EUR	...	...
Gesamtkosten in EUR	...	...
Gesamt-Stückkosten in EUR	...	...
Gewinn pro Stück in EUR	...	...
Gesamtgewinn in EUR	...	...

2. Ermitteln Sie mithilfe der vorgegebenen Entscheidungsbewertungstabelle (Bewertung der Kriterien mit 0–3 Punkten), ob eher der Handlungsreisende oder der Handelsvertreter den genannten Anforderungen entspricht!

Anforderungen des Unternehmens	Diesen Anforderungen entspricht	
	der **Handlungsreisende** (Punkte)	der **Handelsvertreter** (Punkte)
1. Unmittelbarer Kontakt Hersteller – Einzelhändler	...	...
2. Einsatzbereitschaft	...	...
3. Möglichkeit zur Marktbeobachtung	...	...
4. Ansehen beim Kunden (Image)	...	...
5. Möglichkeit zum Vertrieb von Komplementärartikeln[1]	...	...
6. Branchenkenntnis	...	...
7. Möglichkeit zur Tätigkeitskontrolle	...	...
8. Weisungsgebundenheit	...	...
9. Eigeninteresse am Umsatz	...	...
10. Marktausschöpfung	...	...
11. Voller Einsatz für ein Produkt	...	...
12. Gewissenhaftigkeit	...	...
Gesamtpunkte	...	...

3. Unterbreiten Sie der Unternehmensleitung der Sport-Burr KG unter Berücksichtigung der Ergebnisse aus 1. und 2. einen Entscheidungsvorschlag bezüglich der Wahl von Handlungsreisenden oder Handelsvertretern!
4. Recherchieren Sie im Internet nach Möglichkeiten, den neuen Onlineshop der Sport-Burr KG bekannt zu machen!

7.1 Begriff Distributionspolitik

Distribution heißt Verteilung der Produkte. Die Distributionspolitik befasst sich mit der Frage, wie das Produkt an den Käufer herangetragen werden kann.

1 **Komplementärgüter** sind sich **gegenseitig ergänzende Güter** wie z. B. Bohrer und Bohrmaschine, Bleistift und Radiergummi.

Die Absatzorganisation muss festlegen:

- auf welchem **Absatzweg** die Ware vertrieben werden soll: **direkt** an den Kunden oder **indirekt** unter Einschaltung des Handels.
- mit welchen **Absatzorganen** die Ware vertrieben werden soll: mit **eigenen** oder **fremden** Absatzorganen.

7.2 Absatzwege

7.2.1 Direkter Absatz

Wenden sich Herstellungsbetriebe (Industriebetriebe) bei der marktlichen Verwertung (Absatz) **unmittelbar** an die Verbraucher, Gebraucher und Weiterverarbeiter, liegt direkter Absatz vor. Beim **direkten Absatz** werden also **keine Zwischenhändler** eingeschaltet. Der Verkauf erfolgt über den Fabrikverkauf oder Onlineshop.

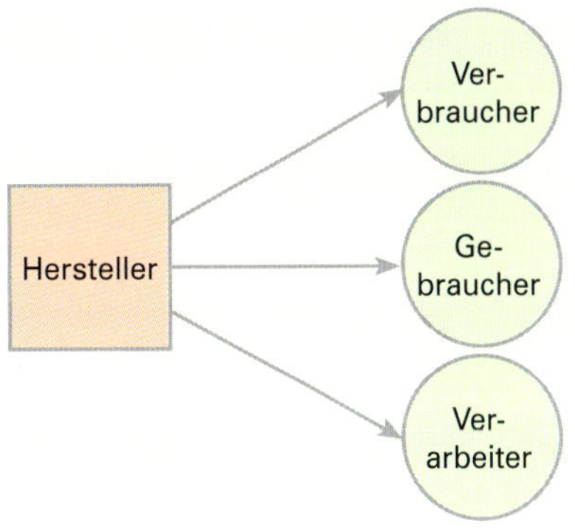

Der **Vorteil** des direkten Absatzes ist, dass Gewinnanteile, die fremden Unternehmen zufließen würden, dem Hersteller selbst zugute kommen. Der **Nachteil** ist, dass hohe Vertriebskosten entstehen.

7.2.2 Indirekter Absatz

Verkaufen Herstellungsbetriebe an solche Personen oder Betriebe, die die Erzeugnisse nicht für ihren eigenen Verbrauch oder Gebrauch verwenden, sondern diese mehr oder weniger unverändert weiterverkaufen, spricht man von **indirektem Absatz**. Der Absatzweg ist also länger, weil andere Unternehmen eingeschaltet werden.

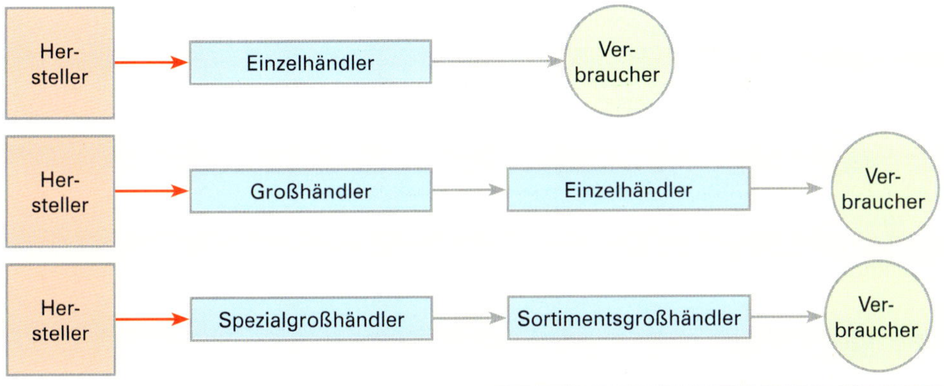

Vorteile für den Hersteller sind, dass Vertriebskosten eingespart werden können, der Handel (meist) kurz- und mittelfristig das Absatzrisiko übernimmt[1] und die Kunden die Erzeug-

1 Langfristig trägt der Hersteller das Absatzrisiko, da der Handel beim Hersteller auf Dauer keine Waren kaufen wird, die sich nicht verkaufen lassen.

nisse in den Lagern besichtigen können. Der **Nachteil** ist, dass der Handel Gewinnanteile beansprucht, die andernfalls (beim direkten Absatz) dem Hersteller zufließen würden. Der direkte und indirekte Absatz kann zentralisiert oder dezentralisiert sein.

Sowohl direkter als auch indirekter Absatz bedienen sich der Absatzorgane Handlungsreisender und Handelsvertreter.

7.3 Absatzorgane

7.3.1 Absatz über eigene Absatzorgane am Beispiel des Handlungsreisenden

Handlungsreisende[1] sind **kaufmännische Angestellte,** die damit betraut sind, außerhalb des Betriebs Geschäfte **im Namen** und **für Rechnung des Arbeitgebers** zu vermitteln oder abzuschließen.

Handlungsreisende sind weisungsgebunden. Sie schließen **in fremdem Namen** und für **fremde Rechnung** Geschäfte (z. B. Kaufverträge) ab. Ist nichts anderes vereinbart, sind die Handlungsreisenden nur ermächtigt zum **Abschluss von Kaufverträgen** und zur **Entgegennahme von Mängelrügen.** In diesem Fall spricht man von **„Abschlussreisenden".**

Zur **Einziehung des Kaufpreises** (zum sog. „Inkasso") sind Handlungsreisende nur befugt, wenn hierzu vom Arbeitgeber ausdrückliche Vollmacht erteilt wurde **(„Inkassoreisende").**

Beispielhaft für den Geschäftsablauf bei Einsatz eines Handlungsreisenden wird nachfolgend der Geschäftsablauf bei einem Handlungsreisenden mit Abschluss- und Inkassovollmacht dargestellt:

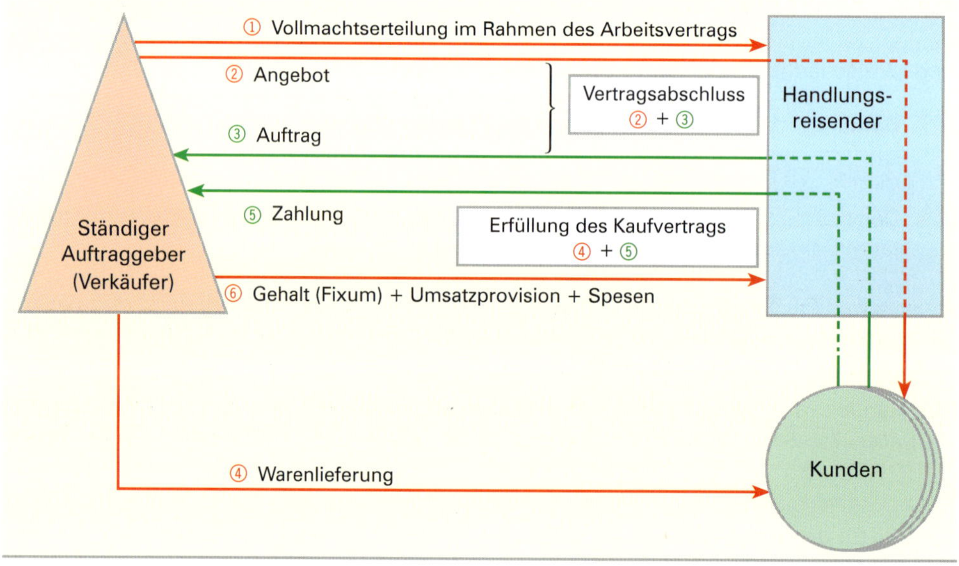

1 Das HGB spricht vom **Handlungsgehilfen.**

Wie alle Angestellten erhalten die Handlungsreisenden in der Regel ein **festes Gehalt (Fixum).** Darüber hinaus steht ihnen als zusätzlicher Leistungsanreiz eine **Umsatzprovision** zu. Daneben werden ihnen **Spesen** (Auslagen) erstattet.

Für den Arbeitgeber hat der Absatz der Produkte über Handlungsreisende z. B. folgende **Vorteile:**

- Als weisungsgebundener Angestellter steht der Handlungsreisende **ständig zur Verfügung.**
- Die Anzahl der Kontaktaufnahmen zu Stammkunden bzw. potenziellen Kunden kann von der **Geschäftsleitung gesteuert** werden.
- Durch intensive betriebliche Schulung hat der Handlungsreisende **sehr gute Produktkenntnisse.**
- Über die Besuchsberichte erhält die Geschäftsleitung **wertvolle Marktinformationen.**
- Durch den ständigen Kontakt mit den Kunden können **Produktmängel rechtzeitig erkannt** und beseitigt sowie **Kundenanregungen zur Verbesserung des Produkts** aufgegriffen werden.
- Eine **intensive Beratung** und die **Durchführung von Serviceleistungen** beim Verkauf von erklärungs- und serviceintensiven Produkten wird erleichtert.
- Durch den Handlungsreisenden wird das **Unternehmen direkt vertreten,** da dieser als Repräsentant des Unternehmens auftritt.

Von **Nachteil** ist, dass bei zurückgehendem Absatz der Arbeitgeber hohe fixe Kosten zu tragen hat, da die Gehälter nicht ohne Weiteres gekürzt werden können. Der Aufbau einer unternehmenseigenen Absatzorganisation mit Handlungsreisenden ist daher nur sinnvoll, wenn ein Absatzgebiet voll erschlossen ist.

7.3.2 Absatz über fremde Absatzorgane am Beispiel des Handelsvertreters

(1) Begriff Handelsvertreter

- **Handelsvertreter** sind **selbstständige Gewerbetreibende,** die ständig damit betraut sind, **im Namen** und **für Rechnung eines anderen Unternehmers** Geschäfte zu vermitteln oder abzuschließen [§ 84 I, S. 1 HGB].
- Der Handelsvertreter wird aufgrund eines **Vertretungsvertrags (Agenturvertrag)** tätig. Der Vertretungsvertrag ist auf **Dauer** ausgerichtet.

Beispielhaft für den Absatz der Güter beim Einsatz eines Handelsvertreters wird nachfolgend der Geschäftsablauf (siehe S. 408) bei einem Handelsvertreter mit Abschluss-, aber ohne Inkassovollmacht dargestellt.

Der Handelsvertreter erhält lediglich eine **Umsatzprovision.** Übernimmt er die Haftung für den Zahlungseingang bei einem Auftrag, erhält er noch eine **Haftungsprovision (Delkredereprovision).**

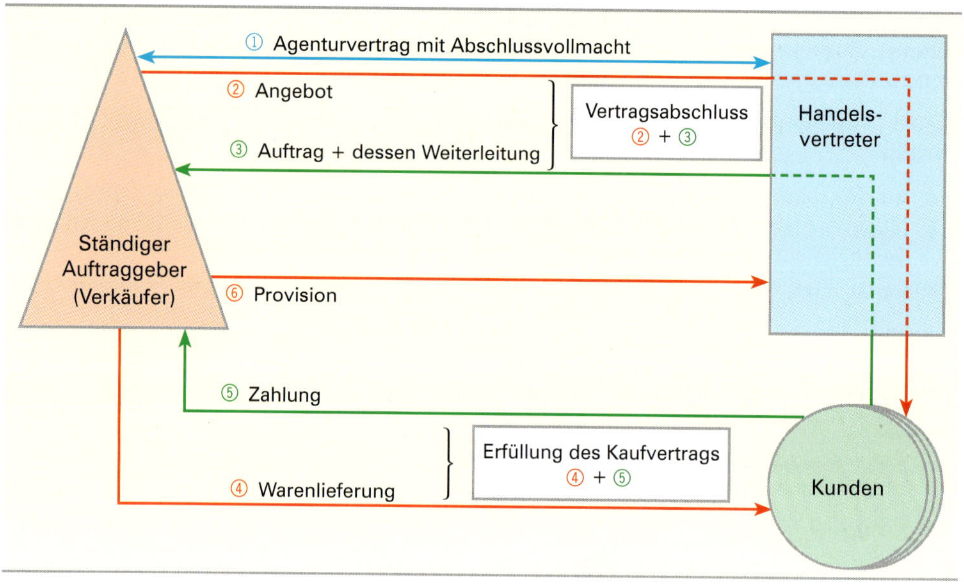

(2) Kostenvergleich zwischen Handelsvertreter und Handlungsreisenden

Beispiel:

Ein Unternehmen steht vor der Wahl, entweder Handlungsreisende oder Handelsvertreter einzusetzen. Die Handlungsreisenden erhalten ein Fixum (Gehalt) von insgesamt 12 000,00 EUR im Monat und 4 % Provision, die Handelsvertreter lediglich 8 % Umsatzprovision. Es stellt sich die Frage, von welchem Umsatz an sich der Einsatz von Reisenden lohnt.

Grafische Lösung

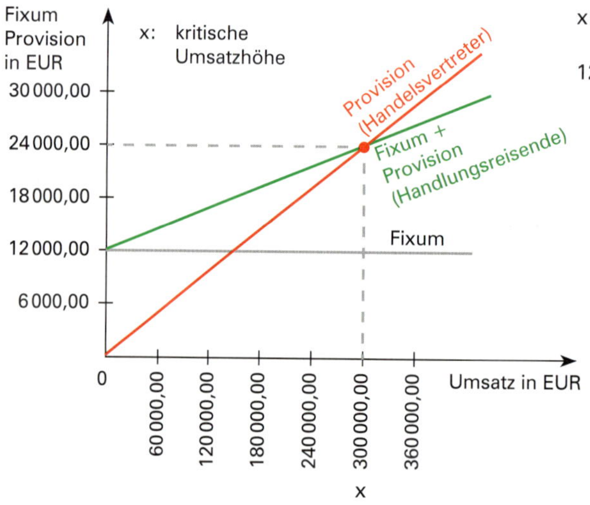

Mathematische Lösung

x: gesuchter Umsatz (kritische Umsatzhöhe)

$$\begin{aligned} 12\,000{,}00 + 0{,}04\,x &= 0{,}08\,x \\ 0{,}04\,x &= 12\,000{,}00 \\ 4\,x &= 1\,200\,000{,}00 \\ x &= \underline{\underline{300\,000{,}00}} \end{aligned}$$

Liegt der Umsatz über 300 000,00 EUR monatlich, lohnt sich der Einsatz von Handlungsreisenden; liegt er darunter, ist der Einsatz von Handelsvertretern kostengünstiger.

Die Entscheidung, ob Handelsvertreter oder Handlungsreisende eingesetzt werden sollen, hängt – neben anderen Gründen – auch davon ab, wie hoch der erwartete bzw. geplante Umsatz ist.

- Bei einem **geringen Umsatz** ist es **häufig günstiger,** mit **Handelsvertretern** zu arbeiten, da **Kosten nur anfallen,** wenn **Aufträge hereingebracht** werden.
- Bei **höheren Umsätzen** ist im Regelfall der Einsatz von **Handlungsreisenden günstiger.**

Weitere Gründe, die **für den Einsatz von Handelsvertretern** sprechen, sind:

- Kleine Unternehmen stützen sich auf Handelsvertreter, wenn sie sich **keinen eigenen Außendienst** leisten können.
- Auch große Unternehmen setzen Handelsvertreter ein, wenn sie neue Absatzgebiete **ohne zusätzliche Personalkosten** erschließen wollen.
- Handelsvertreter mit **speziellen Warenkenntnissen** bzw. **Kenntnissen in einer Region** können damit beauftragt werden, Waren zu prüfen, zu beschaffen, zu lagern und anschließend an den Auftraggeber zu senden.
- Die **Vergütung** des Handelsvertreters ist **leistungsabhängig.** Er hat daher ein besonderes hohes Interesse am Verkauf der Waren.
- Da der Handelsvertreter in der Regel verschiedene Unternehmen vertritt, kann er eventuell ergänzende Produkte von anderen Herstellern übernehmen, um so auf einem bestimmten Gebiet ein **breites Produktprogramm** anbieten zu können.
- Aufgrund der **räumlichen Nähe zu den Kunden** kann er gezielt neue Kunden gewinnen.
- Die **Kündigung eines Agenturvertrages** ist mit **weniger Schwierigkeiten verbunden** als die Kündigung eines Arbeitsverhältnisses (z. B. kein Kündigungsschutzgesetz, keine Tarifverträge, kein Mitspracherecht des Betriebsrats).

Gründe, die **gegen den Einsatz von Handelsvertretern** sprechen, sind:

- Vertritt der Handelsvertreter verschiedene Hersteller, so hat er oft **geringe spezifische Warenkenntnisse** bezüglich der einzelnen Produkte.
- Eine **Kontrolle** des Handelsvertreters ist **nur eingeschränkt möglich.**
- Der Hersteller wird nur indirekt vertreten, sodass darunter der **persönliche Kontakt** zwischen Hersteller und Kunden **leiden kann.**

7.4 Elektronischer Handel durch Onlineshops[1]

Die Umsätze der Onlineshops hatten in den letzten Jahren jeweils zweistellige Zuwachsraten. Zu Recht bezeichnet man diese Internetportale auch als „Kaufhäuser der Zukunft". Je nach Vertragspartner unterscheidet man Geschäfte zwischen Business to Business (B2B) oder Business to Consumer (B2C):

B2C	**Business to Consumer.** Die Geschäftsbeziehung berührt auf der Verkäuferseite ein Unternehmen, auf der Käuferseite eine Privatperson.
B2B	**Business to Business.** Beide Partner sind Unternehmen.

1 Vgl. hierzu BITKOM (Hrsg.): Praxisleitfaden E-Commerce, E-Commerce-Projekte erfolgreich vorbereiten und realisieren, Berlin 2009, S. 7 ff.

Online-Verkauf

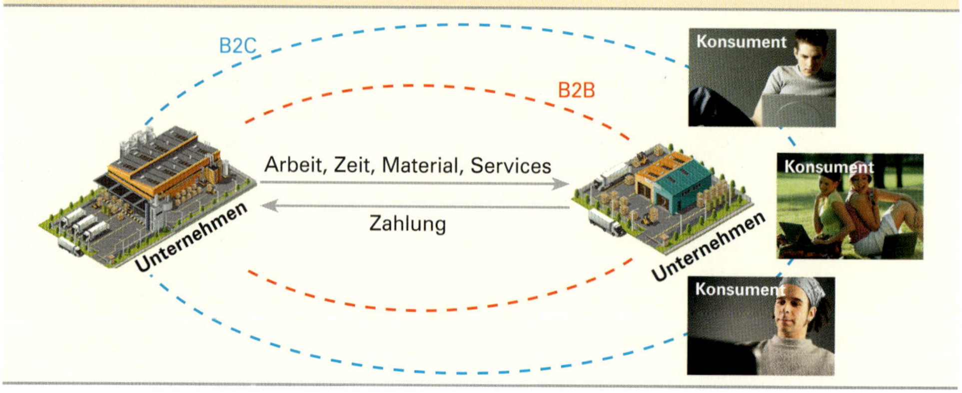

Beispiel: Business to Consumer (B2C) – Verkauf

Ein Unternehmen möchte seine Produkte öffentlich präsentieren und verkaufen. Die entsprechenden Marketing- und Vertriebsaktivitäten beinhalten zum Beispiel die Produktpräsentation, den Vertragsabschluss, den Bezahlvorgang bis hin zur nachvertraglichen Kundenbetreuung. Als Bezahlverfahren werden neben der Überweisung auch Lastschrift, Kreditkarten oder andere Online-Zahlverfahren angeboten.

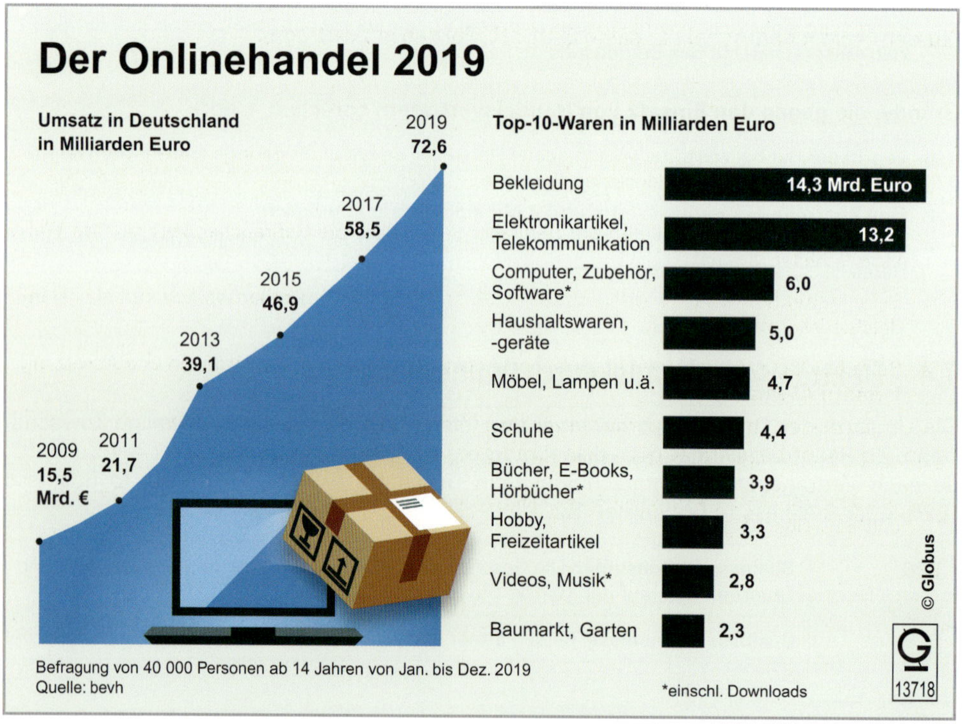

	Vor- und Nachteile des Online-Handels	
	für den Käufer	**für den Verkäufer**
Vorteile	■ permanente Öffnungszeiten ■ rasche Suche nach Waren durch Shop-eigene Suchmaschinen ■ umfangreiches Angebot ■ bequem von zu Hause/vom Betrieb aus erreichbar, keine Fahrten notwendig, keine Parkplatzsuche, Ware wird ins Haus gebracht ■ einfache Preisvergleiche ■ große Auswahl	■ weltweites Absatzgebiet ■ keine Ladenöffnungszeiten ■ Kunden hinterlassen – quasi als Abfallprodukt – ihre elektronisch gespeicherten Daten. Sie können daher in der Folgezeit wirkungsvoll direkt und warenbezogen beworben werden („one-to-one“-Marketing) ■ Automatisierung des Verkaufs- und Zahlungsverkehrs ■ aufwendige Warenpräsentation und Ladeneinrichtung entfällt ■ Kostenersparnis beim Verkaufspersonal
Nachteile	■ in Deutschland noch weitgehend Befangenheit bezüglich der Sicherheit beim Zahlungsvorgang ■ Einkaufserlebnis entfällt ■ kein Berühren/Prüfen der Waren möglich	■ hohe Unsicherheit ■ hohe Anfangsinvestitionen

Zu den rechtlichen Aspekten siehe S. 157 ff. (Fernabsatzverträge).

Zusammenfassung

- Beim **direkten Absatz** beliefert der Hersteller unmittelbar die Gebraucher, Verbraucher, Weiterverarbeiter.
- Beim **indirekten Absatz** werden zwischen Hersteller und Verbraucher/Weiterverarbeiter Handelsbetriebe eingeschaltet.
- Beim Absatz unterscheidet man zwischen Absatz mit **eigenen Absatzorganen** und Absatz mit **fremden Absatzorganen.**
  - Zu den **eigenen Absatzorganen** zählt der Verkauf über Handlungsreisende.
  - Zu den **fremden Absatzorganen** zählt der Verkauf über Handelsvertreter.
- Bei den **Onlineshops** unterscheidet man je nach Vertragspartner zwischen B2B-Geschäften und B2C-Geschäften.

Kompetenztraining

89 Betrachtung verschiedener Absatzwege

1. Entscheiden Sie, ob aus der Sicht der Hersteller indirekter oder direkter Absatz vorliegt. Begründen Sie Ihre Antwort!

   1.1 Hersteller – Handelsvertreter – Einzelhändler – Verbraucher

   1.2 Hersteller – Handlungsreisender – Großhändler – Verarbeiter

   1.3 Hersteller – Handlungsreisender – Verbraucher

2. Ein Hersteller von Kosmetikartikeln betreibt einen eigenen Internet-Shop.

   2.1 Erläutern Sie den elektronischen Handel!

   2.2 Nennen Sie je zwei Vor- und Nachteile des Onlineshops für den Kosmetikhersteller!

3. Die Geschäftsleitung der Kolb & Co. KG steht vor der Entscheidung, entweder Handelsvertreter oder Handlungsreisende einzusetzen. Für die Handlungsreisenden muss sie monatlich insgesamt 20 000,00 EUR Fixum zahlen. Die Handlungsreisenden erhalten 4 % Umsatzprovision, die Handelsvertreter 9 %. Der erwartete Monatsumsatz beträgt durchschnittlich 500 000,00 EUR.

   Aufgaben:

   3.1 Weisen Sie rechnerisch nach, ob der Einsatz von Handlungsreisenden oder von Handelsvertretern kostengünstiger ist!

   Bearbeitungshinweis: Fertigen Sie eine Tabelle nach folgendem Muster an:

Umsatz	Kosten für Handlungsreisende			Kosten für Handelsvertreter (Provision)
	Fixum	Provision	insgesamt	

   3.2 Ermitteln Sie zeichnerisch die kritische Umsatzhöhe!

   3.3 Nennen Sie Gründe, die – unabhängig von Kostenüberlegungen –

   3.3.1 für die Einstellung von Handlungsreisenden,

   3.3.2 für den Einsatz von Handelsvertretern sprechen!

4. Handelsvertreter Franz Knigge ist Bezirksvertreter im Raum Stuttgart. Anfangs hat er sehr viel gearbeitet und für seinen Auftraggeber einen großen Kundenstamm aufgebaut. Nun ist er nicht mehr so fleißig, aber die von ihm einst geworbenen Kunden bestellen immer noch direkt bei der Kolb & Co. KG.

   Die Geschäftsleitung der Kolb & Co. KG verweigert die Provisionszahlung. Stellen Sie die Rechtslage dar!

90 Vergleich Handlungsreisender – Handelsvertreter

1. Die Lux-GmbH rechnet aufgrund der erstellten Marktprognose mit einer beträchtlichen Umsatzsteigerung. Aus diesem Grund soll der bisher übliche Verkauf der Geschirrspülmaschinen durch Handelsvertreter überdacht werden. Es soll untersucht werden, ob der Einsatz von Handlungsreisenden sinnvoll ist.

   – Kosten für Handelsvertreter: 9 % Umsatzprovision.

   – Kosten für Handlungsreisende: monatliche fixe Kosten (Fixum und Spesen) 3 500,00 EUR und 3 % Umsatzprovision.

Aufgaben:

1.1 Berechnen Sie den kritischen Umsatz!

1.2 Berechnen Sie die Kosten der beiden Absatzmittler bei einem geschätzten Jahresumsatz von 1,0 Mio. EUR!

1.3 Erläutern Sie vier Gesichtspunkte, die außer den Kosten bei der Entscheidung für den günstigsten Absatzmittler zu berücksichtigen sind!

1.4 Schlagen Sie der Geschäftsleitung den nach Ihrer Meinung für den Verkauf der neuen Geschirrspülmaschinen geeignetsten Absatzmittler vor. Berücksichtigen Sie dabei Ihre Lösungen zu den Aufgaben 1.2 und 1.3!

2. Eine Möbelfabrik verkauft ihre Produkte sowohl an Großhändler, Einzelhändler und Hotels als auch an Privatleute.

Aufgaben:

2.1 Erläutern Sie, welche Absatzwege beschritten werden!

2.2 Nennen Sie Vor- und Nachteile, die die von Ihnen genannten Absatzwege haben!

91 Motivation von Handlungsreisenden und Handelsvertreter

I. Sachverhalt

Schon seit einiger Zeit ist die Unternehmensleitung der Sport-Burr KG mit dem von den Reisenden erzielten Ergebnis nicht mehr zufrieden. In einer Konferenz der Unternehmensleitung vertritt der Leiter der Marketingabteilung folgende Meinung:

„Die Leistungsintensität[1] bedingt wesentlich den wirtschaftlichen Erfolg des Absatzwegs. Ein Handelsvertreter kann als selbstständiger Unternehmer im Gegensatz zum Handlungsreisenden nur Einkommen erzielen, wenn er Umsätze tätigt, denn er erhält als Vergütung nur Provision. Er muss also unablässig für die von ihm vertretenen Unternehmen Geschäfte vermitteln. Sein eigenes geschäftliches Interesse treibt ihn zu immer neuen Bemühungen bei der Kundenbearbeitung. Er hat den ständigen Zwang zum Umsatz im Nacken. Der Erfolg ist ihm wichtiger als die Arbeitszeit."

Dagegen wendet der Leiter der Einkaufsabteilung ein, dass nach seiner Erfahrung Handelsvertreter am liebsten Großkunden bearbeiten und kleine Abnehmer wegen der geringen Provisionserwartung gern vernachlässigen.

Aufgabe:

Beurteilen Sie die Aussagen der beiden Abteilungsleiter!

1 **Intensität:** Stärke.

8 Einen Marketing-Mix zusammenstellen und reflektieren

KB 4 Lernsituation 9: Konkretes Marketingkonzept entwickeln

Eine von der Ulmer Büromöbel AG durchgeführte Marktforschungsaktion für einen neuen, noch vielseitiger verstellbaren elektrischen Schreibtisch ergab, dass eine relativ große Nachfrage vorhanden wäre. Aus diesem Grund soll die Marketingabteilung eine Marketingkonzeption mit geeigneten Marketinginstrumenten entwickeln und der Geschäftsleitung vorlegen.

Kompetenzorientierte Arbeitsaufträge:

Arbeiten Sie die folgenden Kapitel des Schulbuches durch und verwenden Sie die Aufzeichnungen aus dem Unterricht zur Bearbeitung der Arbeitsaufträge!

1. Beschreiben Sie die Vorarbeiten, die notwendig sind, bevor die Ulmer Büromöbel AG das fertige Produkt am Markt anbieten kann!

2. Erstellen Sie mithilfe der nachfolgenden Informationen eine Marketingkonzeption für das neue, elektrisch verstellbare Schreibtischmodell „e-Desk Vario+"!

   Die Zielgruppe für den Schreibtisch „e-Desk Vario+" sind Unternehmen, die anspruchsvolle Büromöbel benötigen.

   - Die Produktgestaltung ist frei, es werden aber nur hochwertige Materialien verwendet.
   - Die Herstellungskosten betragen maximal 500,00 EUR.
   - Der eigene Marktanteil des alten Schreibtischmodells „e-Desk" beträgt 9,2 %, der relative Marktanteil (bezogen auf den Marktanteil des Hauptkonkurrenten) 2,7 %.
   - Das Werbebudget, das zur Verfügung steht, wurde mit Umsatzzahlen des alten Schreibtischmodells bestimmt und beträgt 480 000,00 EUR.
   - Die Distribution des alten Schreibtischmodells erfolgt über einen Onlineshop und Vertragshändler.
   - Die Kommunikationspolitik muss die Zielgruppe berücksichtigen (Business-to-Business).

8.1 Grundlagen und Begriff Marketingkonzeption

Nach der Marktanalyse, den erarbeiteten Marktprognosen für die Produktidee und der Klärung der verfügbaren Marketinginstrumente stehen auf der Grundlage der Unternehmensziele (z. B. Nachhaltigkeit) und den Marketingzielen (z. B. Kundenzufriedenheit) die konkreten Marketingentscheidungen (z. B. ehrliche Beratung) an.

Beispiel:

Die Sport-Burr KG, die auch Geräte für Trend- und Funsportarten herstellen möchte, setzt in den ersten Jahren vorrangig auf Kundenzufriedenheit und die Förderung des gesellschaftlichen Lebens. Beide Ziele sichern ihr langfristig eine gute Marktposition. Gerade im Sportbereich sind gute Kontakte zu den Vereinen und das Engagement bei öffentlichen Veranstaltungen wichtig.

Auf die strategischen Marketingentscheidungen folgt ein abgestimmter Einsatz der verfügbaren Marketinginstrumente in einem Maßnahmenbündel.

- Unter **Marketingkonzept** versteht man die individuelle Art und Weise, wie ein Unternehmen das absatzpolitische Instrumentarium einsetzt.
- Die abgestimmte **Kombination der Marketinginstrumente** bezeichnet man als **Marketing-Mix.**

8.2 Wichtige strategische Marketingentscheidungen

8.2.1 Auswahl möglicher Zielmärkte

Für die konkrete Umsetzung einer Geschäftsidee muss sich der Jungunternehmer aus dem möglichen Kundenkreis auf einige Zielgruppen beschränken, um sich nicht zu verzetteln. Die Auswahl der Zielmärkte erfordert z. B. folgende Entscheidungen:

- Sollen die Kunden Konsumenten und/oder Wiederverkäufer (Händler) sein?
- Soll sich das Angebot an Kinder, Jugendliche, Erwachsene oder Senioren richten?
- Sollen Durchschnittsverdiener oder Besserverdienende angesprochen werden?
- Soll eine Spezialisierung auf Kunden mit Sonderwünschen erfolgen?
- Soll der Zielmarkt regional, national oder international ausgelegt werden?

Beispiel:

Hinsichtlich der Trend- und Funsportgeräte der Sport-Burr KG ist eine differenzierte Betrachtung der verschiedenen Zielgruppen notwendig:

Während mit Trendsportarten (z. B. Nordic Walking oder Inlineskating) alle Altersklassen angesprochen werden können, beschränkt sich dies bei den Funsportarten (z. B. Bungee-Jumping oder Zorbing) auf Jugendliche und junge Erwachsene. Bei den Extremsportarten (z. B. Freeclimbing, Tauchen oder Fallschirmspringen) ist der Zielmarkt wieder ein anderer. Er beschränkt sich weitgehend auf besonders sportliche Jugendliche und Erwachsene.

Da Sport häufig in der freien Natur ausgeübt wird (z. B. Snowboarding), ist der Zielmarkt bei bestimmten Sportarten stark von den regionalen Gegebenheiten abhängig.

8.2.2 Festlegung der konkreten Marketingstrategie

Die Festlegung der Unternehmensziele hat einen unmittelbaren Einfluss auf die Festlegung der strategischen Marketingziele. Nebenstehende Grafik[1] verdeutlicht noch einmal die bereits erwähnten Zielkonflikte. So ist es unmöglich, das Ziel der Qualitätsführerschaft mit einer Niedrigpreis-Strategie erreichen zu wollen. Eine aggressive Preisstrategie ist nur mit Massenartikeln und eben nicht mit Nischenprodukten umsetzbar.

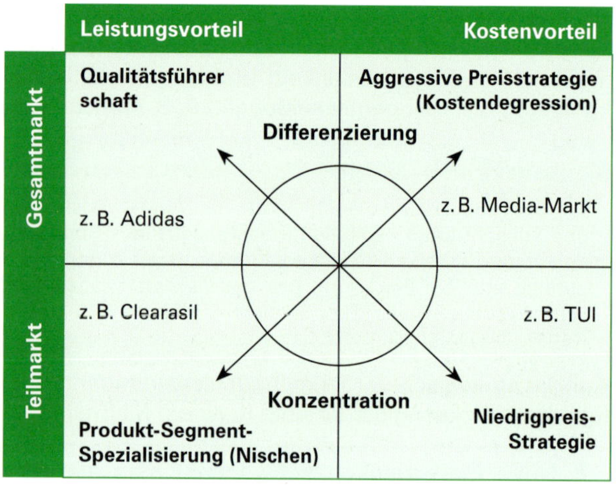

Beispiel:

Auf der Grundlage des von der Sport-Burr KG gesetzten Unternehmensziels „Kundenzufriedenheit" (vgl. Beispiel S. 415) ist folgende strategische Grundkonzeption denkbar:

Die Sport-Burr KG stellt nicht den Kostenvorteil, sondern den Leistungsvorteil in den Vordergrund ihrer Überlegungen. Nur ein qualitativ hochwertiges Sortiment gewährleistet dauerhafte Kundenzufriedenheit. Kundenbindung und Förderung des gesellschaftlichen Lebens kann sie mit einer Produkt-Segment-Spezialisierung in Form von Kursen zu den verschiedenen Sportarten und Reisen zu entsprechenden Sportevents erreichen.

8.3 Abstimmung der Maßnahmen im Marketing-Mix

8.3.1 Ableitung von Marketingunterzielen

Aus den strategischen Marketingentscheidungen (Vorgabe der Oberziele) sind geeignete konkrete Marketingentscheidungen (Unterziele, Vorgehensweisen) abzuleiten.

Nachfolgende Tabelle verdeutlicht den Zusammenhang zwischen den gesetzten Oberzielen und den damit verbundenen Unterzielen:

Oberziele	Unterziele
Gewinnmaximierung	Beschränkung auf gängige Standardprodukte; Selbstbedienung
Umsatzmaximierung	Intensive Werbung; Leitpreis unterbieten
Streben nach Marktmacht	Preiskampf; Massenware

1 Quelle: in Anlehnung an Coca-Cola GmbH (Hrsg.): Marke, Markt und Marketing, Essen o. J., S. 23.

Oberziele	Unterziele
Sicherung der Liquidität	Verkäufe in bar oder gegen Vorauskasse; Gewährung von Kundenskonto
Kundenzufriedenheit	Nur Qualitätsprodukte, gute Beratung und guter Service
Sicherung der Arbeitsplätze	Breites Sortiment, geringer Gewinnaufschlag
Förderung des gesellschaftlichen Lebens	Sponsoring von Vereinen

Beispiel:

Ausgehend von den Produktideen zu den Trend- und Funsportarten sowie den getroffenen strategischen Marketingentscheidungen ergeben sich für die Sport-Burr KG folgende Marketingunterziele:

- qualitätsbewusste Sortimentsgestaltung
- gute Beratung und guter Service
- Einführungskurse für Sportneulinge
- Sponsoring von Sportvereinen
- Förderung des Breitensports
- Organisieren von Sportevents

8.3.2 Festlegung des Marketing-Mix

Die Positionierung des Unternehmens gibt vor, in welche Richtung die Marketing-Aktivitäten gehen sollen:[1]

Beispiel:

Positionierung

„Wir sind ein Hersteller von Sportgeräten, der besonders innovative und hochwertige Geräte mit sehr gutem Design und exzellentem Kundendienst anbietet."

Produktpolitik	Preispolitik	Kommunikationspolitik	Distributionspolitik
■ Hoher Stellenwert der Produktinnovation ■ große Bedeutung der Qualitätssicherung, ■ Verzicht auf das Angebot einfacher, billiger Geräte, ■ bestes Design.	Eher Hochpreispolitik ■ wegen relativ hoher Kosten, ■ um den hohen Qualitätsanspruch zu verdeutlichen, ■ um den erstklassigen Fachhandel zu motivieren.	■ Darstellung als Premium-Marke, ■ Verdeutlichung der Produktvorteile, ■ eher informative Werbung.	■ Vertrieb nur über Fachhandel, der Beratung und Service gewährleistet, ■ Billig-Anbieter im Handel werden nicht eingeschaltet.

Im letzten Schritt geht es um eine sinnvolle **Kombination der verschiedenen Marketinginstrumente,** d. h. um die Festlegung des konkret auf eine Produktidee zugeschnittenen **Marketing-Mix.**

1 Vgl. Kuß/Kleinaltenkamp: Marketing-Einführung, 6. Auflage, Wiesbaden 2013, S. 288.

27 Hug u.a. - ISBN 978-3-8120-0578-4

Beispiel:

In Bezug auf die Geräte für Trend- und Funsportarten ist für die Sport-Burr KG auf der Basis der formulierten Marketingunterziele folgender Marketing-Mix denkbar:

8.4 Überwachung und Reflexion des Marketing-Mix

Um wettbewerbsfähig zu bleiben, ist es für jedes Unternehmen von grundsätzlicher Bedeutung zu erfahren, ob die Plandaten **erreicht wurden,** die es sich im Rahmen der Marketing-Planung vorgenommen hatte. Da sich zwischen Planung und den tatsächlich erzielten Ergebnissen immer Abweichungen ergeben, muss analysiert werden, worauf die in den Kennziffern erfassten Abweichungen zurückzuführen sind. Abweichungen von Plandaten werden in der Praxis in einem **Bericht** an die Geschäftsleitung festgehalten.

Beispiele:

Es ist zu überprüfen, ob sich Umsatz, Gewinn, Marktanteil, Bekanntheitsgrad der Produkte der Planung entsprechend entwickelt haben.

Ergebnisse, die sich aus der Überwachung der Marketingaktivitäten ergeben, sind anschließend mit dem Prozess der Planung zu verknüpfen. Es gilt zu überprüfen – insbesondere dann, wenn das erwartete Ergebnis nicht eingetreten ist –, ob die **gewählte Strategie** untauglich ist, ob ein **falsches Ziel** gesetzt wurde, oder ob die vorhandene **Datenbasis unzureichend** war.

Zusammenfassung

Erforderliche Marketinginstrumente abstimmen

↑

Dazu passende Wettbewerbsstrategie wählen

↑

Festlegung der Marketingziele

} Ganzheitliches Marketingkonzept

Ein **Marketing-Mix** umfasst **vier Entscheidungsfelder:**

Entscheidungsfelder	Überblick
Produktpolitik	Zur Produktpolitik gehören alle Entscheidungen, die das Leistungsangebot des Unternehmens umfassen, insbesondere: ■ Festlegung des Produktionsprogramms (Industrie) bzw. des Sortiments (Handel) ■ Produktgestaltung ■ Verpackung ■ Markenbildung ■ Service (Garantie, Kundendienst)
Preispolitik	Die Preispolitik fällt alle Entscheidungen, die mit der Gestaltung des Preises in Verbindung stehen, insbesondere: ■ Preisfestsetzung und Preisanpassung in Abhängigkeit von der Kunden-, Konkurrenz- und Kostensituation ■ Preisdifferenzierung ■ Preisnachlässe
Distributionspolitik	Die Distributionspolitik entscheidet darüber, auf welchem Weg die Leistungen vom Ort ihrer Erstellung zum Kunden gelangen, insbesondere: ■ Wahl des Absatzweges und Festlegung der Standorte ■ Gestaltung des Außendienstes ■ Logistik
Kommunikationspolitik	Zur Kommunikationspolitik gehören die Entscheidungen darüber, auf welche Weise das Unternehmen mit seinen Kunden in Verbindung tritt, insbesondere: ■ Werbung ■ Öffentlichkeitsarbeit (Public Relations) ■ Sponsoring ■ Salespromotion

Kompetenztraining

92 Marketing-Mix

1. Beschreiben Sie, was unter einem Marketing-Mix zu verstehen ist!
2. Nennen Sie die vier Marketinginstrumente, die in einem Marketingkonzept aufeinander abgestimmt werden müssen!
3. Erläutern Sie, welche Bedeutung die Unternehmensziele für die Gestaltung des Marketing-Mix haben!
4. Begründen Sie, welcher Marketing-Mix typisch für eine Produktgruppe ist, die sich in der Portfolio-Kategorie „Armer Hunde" befindet!
5. Entwerfen Sie je einen Marketing-Mix für eine Herren- und eine Damenseife und stellen Sie Ihre Ergebnisse in einer Tabelle mit folgender Struktur gegenüber!

Marketinginstrument	Herrenseife	Damenseife
Produktpolitik am Beispiel Farbe und Duft	...	...
Preispolitik	...	...
Distributionspolitik	...	...
Kommunikationspolitik	...	...

93 Marketinginstrumente zur Zielerreichung

Gegeben sind folgende Marketingziele:

1. Erhöhung des Anteils von Bio-Produkten im Sortiment.
2. Erschließung neuer Märkte
3. Steigerung des Umsatzwachstums um 10 % jährlich.
4. Förderung der Kundenbindung

Aufgabe:

Machen Sie für jedes der genannten Marketingziele Vorschläge, wie die verschiedenen Marketinginstrumente für die Zielerreichung genutzt werden können!

94 Marketingkonzept für ein neues Produkt

Der Forschungs- und Entwicklungsabteilung der MicroTex Technologies GmbH, Hersteller von technischen Garnen, Alfred-Nobel-Straße 42, 89079 Ulm, ist eine bahnbrechende Entwicklung gelungen. Sie entwickelte ein Garn, welches die UV-Strahlung der Sonne umwandelt in Wärme. Zudem hat das Garn die folgenden Eigenschaften.

- Es kann beliebig durchgefärbt werden.
- Es lässt sich zu großflächigen Bahnen weben.
- Die Herstellung sowohl von ganz feinen als auch von sehr festen Tuchen ist möglich.
- Die Tuche können sowohl genäht als auch verklebt werden.

Das Garn wurde patentrechtlich geschützt. Eine intensive Analyse der Marktsituation führte zu dem Ergebnis, dass mit diesem Produkt nicht nur eine Unternehmensneuheit, sondern auch eine absolute Marktneuheit entwickelt wurde.

Zwei interessante Kundengruppen konnten definiert werden:

1. Das **Bauhauptgewerbe,** insbesondere jene Gewerke, die im Freien den Wetterbedingungen ausgesetzt sind. Mit den hergestellten Tuchen können die Baugerüste vollständig verkleidet werden. Daraus ergibt sich folgender Nutzen:
   - In der kalten Jahreszeit können die Arbeiten an den Bauten im Außenbereich fortgesetzt werden.
   - Die Bauzeit wird dadurch verkürzt.
   - Das Unternehmen hat keine Stillstandszeiten.
   - Die Arbeitskräfte können das ganze Jahr über beschäftigt werden und haben damit ein gleichmäßiges Einkommen.
   - Schlechtwettergeld muss nicht in Anspruch genommen werden.
2. Die **Outdoorausrüster**. Das Gewebe eignet sich zur Herstellung von Zelten, Biwakschachteln und -säcken ebenso wie für Funktionskleidung wie Hosen, Jacken und Handschuhen. Der Nutzen des Gewebes im Outdoorbereich:
   - Ein Teil der erforderlichen Innenwärme von (Not-)Unterkünften wird (gratis) durch die Sonne erzielt.
   - Die Wärmedämmung der Bekleidung kann verringert werden. Dadurch wird Gewicht eingespart, das ansonsten getragen werden muss.

Aufgabe:

Die geschäftsführenden Gesellschafter der MicroTex Technologies GmbH beauftragen Sie mit der Entwicklung und Präsentation eines Marketingkonzeptes für die Neuentwicklung.

Stichwortverzeichnis

C

D

E

F

G

H

N

O

P